高等学校建筑环境与能源应用工程专业规划教材

供热系统运行调节与控制

石兆玉　杨同球　编著

中国建筑工业出版社

图书在版编目（CIP）数据

供热系统运行调节与控制/石兆玉，杨同球编著. —北京：中国建筑工业出版社，2018.12（2024.6重印）
高等学校建筑环境与能源应用工程专业规划教材
ISBN 978-7-112-22484-5

Ⅰ. ①供…　Ⅱ. ①石…②杨…　Ⅲ. ①供热系统-高等学校-教材　Ⅳ. ①TK17

中国版本图书馆 CIP 数据核字（2018）第 171096 号

本书共 9 章，内容包括：供热工程基础、供热系统水力工况、供热系统热力工况、供热系统节流式流量调节、分布式输配系统、能源管理与节能技术、供热系统协调运行、供热智能控制、控制系统静态优化与设备的特性指数。

读者在使用本书过程中，有任何意见或建议，可发送邮件至 qiqingmei@163.com 联系。

责任编辑：齐庆梅
责任校对：焦　乐

高等学校建筑环境与能源应用工程专业规划教材
供热系统运行调节与控制
石兆玉　杨同球　编著
*
中国建筑工业出版社出版、发行（北京海淀三里河路 9 号）
各地新华书店、建筑书店经销
霸州市顺浩图文科技发展有限公司制版
建工社（河北）印刷有限公司印刷
*
开本：787×1092 毫米　1/16　印张：28¾　字数：713 千字
2018 年 12 月第一版　2024 年 6 月第四次印刷
定价：**65.00** 元
ISBN 978-7-112-22484-5
（32565）

前　言

《供热系统运行调节与控制》（第一版）于1994年1月由清华大学出版社出版。在书中，首次提出了供热系统热力工况的概念，并就水力工况与热力工况的关系进行了探讨，指出了水力失调是热力失调的主要影响因素。还从理论上阐述了大流量小温差运行方式的利弊，为我国供热行业运行水平的提高发挥了积极作用。同时，对供热系统流量调节的基理作了较深入的分析，提出了“模拟分析”初调节法和快速简易调节法，丰富了现有的调节方法。在系统定压方面，创新性地提出了旁通变频补水定压方式，弥补了现行定压方式的不足。在供热系统运行调节方面，首次提出了最佳流量的变流量调节，使系统调节更加科学合理。该书出版以来，一直是业内技术人员的良师益友，为推动行业的技术进步起到了较好的促进作用。

该书出版20多年来，国内外供热技术有了突飞猛进的发展，我们也继续进行了新的科学研究。2015年2月《石兆玉教授论文集——供热技术研究》的出版，集中反映了这些新的研究成果。为了满足广大读者的愿望，决定再版《供热系统运行调节与控制》，主要目的是将新的研究成果补充到该书中。为此，该书将原有的6章，扩充为9章，新增加了分布式输配系统、能源管理与节能技术、供热系统调节特性与控制决策。别的章节，也都有相应的删增。在新增的章节中详细阐述了分布输配系统的设计、运行的技术细节，为供热行业这一工艺上的重大革新的推广，搭建了应用的技术平台。为促使供热计量技术推广工作的健康发展，书中首次提出了分布式户用泵的热量分摊方法，可使系统近端多余的水量、热量调剂到系统末端，同时实现系统调节、室温控制、热量分摊与计量收费四个功能。为了更有效地选择供热系统的控制决策，书中还另辟蹊径，对系统的调节特性进行了独特的分析。此外，书中还对节能技术、热泵技术以及智能供热，阐述了作者另有新意的见解。

本书再版，第1～7章、8.8节由石兆玉教授撰写，第8～9章主要由杨同球高级工程师编著。杨同球，1966年毕业于清华大学本科暖通专业，后长期在西南自动化研究所从事自动控制的研究，多有建树。

由于作者水平有限，难免有不当之处，敬请读者提出宝贵的批评、指正，不胜感谢！

目　录

第1章　供热工程基础

本章介绍供热工程最基本的内容：热负荷计算，散热器的选择计算，供热系统及其水力计算。

热负荷是供热工程设计中最基本的数据，它的数值直接影响着供热方案的选择，各种设备、仪表的确定。因此，热负荷计算是供热系统设计、运行中最基础的工作。供热系统形式的选择，是确定供热方案的重要内容，必须进行技术、经济的综合分析。散热设备的选择计算和供热系统水力计算，是供热工程设计的最基本内容，也是进行供热系统水力工况和热力工况分析的前提和依据。因此，在学习供热系统运行调节与控制时，必须对上述内容有比较深入的了解。由于篇幅所限，本章只能对这些内容进行概括地叙述，读者如有需要，可参阅有关的参考文献。

1.1　供热设计热负荷

1.1.1　室内供热系统热负荷

室内供热系统热负荷一般需进行精确计算。室内供暖热负荷通常包括三部分：

$$Q=Q_1+Q_2+Q_3 \tag{1.1}$$

式中　Q——室内供暖总热负荷，W；

Q_1——房间围护结构耗热量，W；

Q_2——房间通过门、窗缝的冷风渗透耗热量，W；

Q_3——外门开启冷风侵入耗热量，W。

（1）Q_1 最主要，称为基本耗热量，由下式计算：

$$Q_1=\left(\sum_{i=1}^{4}K_iF_i(t'_{\mathrm{n}}-t'_{\mathrm{w}})\right)(1+\beta_1+\beta_2)(1+\beta_3) \tag{1.2}$$

式中　t'_{w}——设计外温，不同地区其值不同，北京地区为−7.6℃，哈尔滨地区为−26℃，各地区的 t'_{w} 值可由暖通设计手册查得。

t'_{n}——设计室温，一般为+18℃。

i——房间围护结构的种类数，$i=1$，表示外墙；$i=2$，表示外窗；$i=3$，表示外屋顶；$i=4$，为一层地面。F_i 分别表示房间各围护结构的面积，m^2。K_i 分别表示房间各围护结构的传热系数，$\mathrm{W/(m^2\cdot ℃)}$，根据需要和围护结构实际情况查有关手册获得。

β_1——朝向附加，该附加值主要考虑太阳辐射（日照）对房间的影响，由于南向房间获取日照热量最多，所以耗热量应该扣除最多。北向房间基本上无日照影响，因此不予附加。南向附加一般为−15%～−25%；东南向与西南向附加−10%～−15%；东西向附加−5%；北、东北、西北向不附加。

β_2——风向附加，一般风力愈大，房间耗热量愈大；但在一般多层建筑中，不考虑风力附加，这是因为在多层建筑的高度范围风力变化不大。

β_3——房屋层高附加。房屋层高愈大，自然对流影响愈大，耗热量愈大。房屋层高4m以下影响小，$\beta_3 \approx 0$；层高大于4m，每增高1m，β_3 增加2%。

（2）Q_2 为房间门、窗缝冷风渗透耗热量，这部分耗热量是指把每小时由门、窗缝进入室内的冷空气加热到室温需要的热量。按下式计算：

$$Q_2 = 0.278 L l \rho_w c (t'_n - t'_w) \quad (1.3)$$

式中 ρ_w——室外空气密度，kg/m^3；

c——冷空气比热，$c = 1kJ/(kg \cdot ℃)$；

L——门、窗缝的总长度，m；

l——门、窗缝单位长度每小时渗入的冷空气量，$m^3/(h \cdot m)$。该值由实际测定获取，由暖通设计手册查得。

（3）Q_3 为外门冷风侵入耗热量。由于外门冷风侵入量不易确定，通常按外门的基本耗热量的百分比计算：

无门斗的双层外门　　　　$100n\%$

有门斗的双层外门　　　　$80n\%$

无门斗的单层外门　　　　$65n\%$

其中 n 为楼层数。

双层外门附加值比单层外门附加值大，是因为双层外门的基本热耗小。

对于频繁开启的公共建筑外门，外门冷风侵入量取外门基本热耗量的5倍。

将 Q_1、Q_2、Q_3 相加即得房间的总热耗量。高层建筑热负荷计算、辐射供暖热负荷计算、空调冷负荷计算，见有关设计规范。

1.1.2 集中供热系统热负荷

对于区域集中供热系统，由于常常缺少单体建筑的有关资料，难以用上述方法详细计算各建筑物热负荷。在这种情况下，一般采用概算方法进行计算。

1. 供暖建筑面积概算热指标

供暖热负荷是随室外温度变化而变化的季节性热负荷，概算热指标按下式计算：

$$Q_n = q_n A \quad (1.4)$$

式中 Q_n——供暖设计总热负荷，W；

A——供暖建筑物的建筑面积，m^2；

q_n——建筑面积概算热指标，W/m^2；指每 $1m^2$ 供暖建筑面积的热负荷。

上式与房间基本耗热量的计算公式

$$Q_n = KF(t'_n - t'_w) \quad (1.5)$$

相比较，可有下列关系：

$$q_n = \frac{KF(t'_n - t'_w)}{A} \quad (1.6)$$

式中 K，F——房屋围护结构传热系数和传热面积。

式（1.6）表明：（1）室内设计室温 t'_n 要求愈高，概算热指标 q_n 愈大；（2）建筑物围护结构愈好，外墙愈厚，门窗比例愈小，传热系数 K 值愈小，q_n 值愈小；反之，q_n 愈大；（3）平房、层高愈高的建筑，单位建筑面积中的围护结构面积 F/A 愈大，q_n 愈大；（4）地区愈冷，设计外温 t'_w 愈低，q_n 愈大。但应指出：往往地区愈冷，外墙愈厚，传热系数反而减少，q_n 是增大还是减小，要具体分析。对于同厚外墙，t'_w 愈低，q_n 愈大。当地区差别比较大时，因设计外温 t'_w 是主要影响因素，而外墙薄厚的传热系数影响相对减小（24 砖墙，$K_{24}=2.08$W/(m^2·℃)，37 砖墙，$K_{37}=1.56$W/(m^2·℃)，49 砖墙，$K_{49}=1.27$W/(m^2·℃)。北京地区与齐齐哈尔比较，北京 37 墙，后者外墙 49 墙，$t'_w=-25$℃；即齐齐哈尔室内外温差比北京增加 1.59 倍，而传热系数只减少了 1.23 倍。综合考虑齐齐哈尔的 q_n 值比北京地区要大，增加约 36%左右。沈阳与北京地区相比，同为 37 墙，但沈阳设计外温 $t'_w=-19$℃，则沈阳的 q_n 应比北京的大 37%，按理齐齐哈尔比沈阳冷，但因齐齐哈尔建筑物墙厚，所以两地区 q_n 增加比例差不多。按上述比例，若北京地区 $q_n=52.3$W/m^3(45kcal/(m^2·h))，沈阳 $q_n=71.7$W/m^2(61.7kcal/(m^2·h))，齐齐哈尔 $q_n=71.2$W/m^2(61.2kcal/(m^2·h))。以上讨论的，多以既有建筑而言。分步实施节能建筑以来，建筑的围护结构保温性能有了明显改善，外墙的传热系数大幅减小，但影响概算热指标 q_n 的影响因素仍然是一样的。

我国现行的《严寒和寒冷地区居住建筑节能设计标准》JGJ 26—2010、《民用建筑供暖通风与空气调节设计规范》GB 50736—2012（以下简称《暖通规范》）分别给出了我国各地区在四步建筑节能标准下的建筑围护结构热工设计标准。现将有关漠河、哈尔滨、北京地区的外墙传热系数、建筑物耗热量指标列于表 1.1 中，并换算出了相应的建筑面积概算热指标，以供参考。

民用住宅供暖面积概算热指标 **表 1.1**

名称＼地区	北京	哈尔滨	漠河
地区分类	寒冷Ⅱ(B)	严寒Ⅰ(B)	严寒Ⅰ(A)
室内设计温度 t'_n(℃)	18	18	18
室外设计温度 t'_w(℃)	−7.6	−24.2	−37.5
供暖天数(d)	123	176	224
外墙传热系数 K(W/(m^2·℃))	0.45～0.7	0.25～0.3	0.25～0.5
耗热量指标 q_h(W/(m^2·a))	12.1～16.9	16.1～22.9	20.6～25.2
供暖概算热指标 q_n(W/m^2)	16.8～22.8	24.8～35.2	33.6～41.0

2. 供暖体积概算热指标

供暖热负荷也可按建筑体积大小进行概算。计算公式如下：

$$Q_n=q_v V_w(t'_n-t'_w) \tag{1.7}$$

式中 Q_n——建筑物设计供暖热负荷，W；

V_w——建筑物的外围体积，m^3；

q_v——建筑物供暖体积概算热指标，W/(m^3·℃)；它表示各类建筑物，在室内外温差 1℃时，每 1m^3 建筑物外围体积的供暖热负荷。为比较 q_v 的影响因素，可根据下式进行

$$q_v=\frac{KF}{V_w} \tag{1.8}$$

在式（1.8）中，K、F 意义同前，表示围护结构的传热系数和传热面积。根据公式：（1）围护结构愈好，门窗比例愈小，墙愈厚，K 值愈小，q_v 愈小；（2）和建筑物外形有关，由几何学知，同面积同体积中，正方形和正方体的周长和外表面积最小的原理，建筑物平面为正方形、立面为正方体时其 F/V_w 最小，即单位体积中的围护结构面积最小，此时 q_v 最小；（3）因 q_v 表示室内外单位温差的热负荷，理论上讲 q_v 与地区冷热无关。但寒冷地区，一般墙厚，当给出 q_v 值的上下限时，应取偏小值。

由式（1.4）、式（1.7）计算的热负荷，再乘以外网热损失，即得锅炉房的总设计热负荷。

3. 供暖季总供暖耗热量概算——度日法

以上介绍的是设计供暖热负荷，亦即每小时在供暖期间的最大热负荷。为了进行能效分析，常常还需要知道整个供暖期的总热耗量。由于在供暖期间，随着室外气温的不同，严格说，每小时的实际供暖热负荷都是不同的，因此，可以想象，总供暖热耗量的计算工作量是相当复杂的。

南京大学大气科学系为此提出了度日法，以此进行供暖季总热耗量的概算就变得十分方便。

这种方法的基本思路是把整个供暖季计算热耗量的室内外温差总数统计出来，然后乘以室内外单位温差热负荷。计算公式为：

$$q_{h(GJ)}=\frac{3.6\times 24\times q_n D_{18}}{t_n'-t_w'}\times 10^{-6} \tag{1.9}$$

式中　$q_{h(GJ)}$——供暖季每 1m² 供暖建筑面积总热耗量，GJ/(m²·a)；

D_{18}——各地区室内温度以 18℃为基准的供暖期度日数℃·d（全年供暖度日数为 HDD18）；度日的定义是每日的室外平均温度与规定的室内基准温度（如 18℃）每日相差 1℃的数值。可按下式计算

$$D_{18}=Z(t_n'-t_{wp}')\quad (℃\cdot d) \tag{1.10}$$

式中　t_{wp}'——供暖季室外平均温度，℃；

Z——供暖季供暖天数，d；

对于北京地区，$t_{wp}'=-0.7$℃，$Z=123$ 天（d），按照公式（1.10）计算出 $D_{18}=$ 2300.1℃·d。

在式（1.9）中，q_n 为建筑面积供暖概算热指标，$q_n/(t_n'-t_w')$ 表示室内外单位温差的设计热负荷。因度日数以日作为计量单位，而 $q_n/(t_n'-t_w')$ 是以小时为计量单位，因此该公式需乘以 24 小时。对于北京地区，按式（1.9）计算出的每 1m² 建筑供暖面积的供暖季总热耗量为 0.12～0.16GJ/（m²·a）(根据表 1.1 数据)。

4. 通风设计热负荷

为了保证室内空气满足一定清洁度及湿度等要求，就要对生产厂房、公用建筑及居住房间进行通风或空调，在供暖季节中，加热从室外进入的新鲜空气所耗的热量，称为通风热负荷。通风热负荷也是季节性热负荷，但由于通风系统的使用情况和工作班次不同，一般公用建筑和工业厂房的通风热负荷，在一昼夜间波动也较大。

根据建筑物的性质和外围体积，通风设计热负荷的概算多采用体积热指标法，可按下式计算

$$Q_T = q_T V_w (t'_n - t'_w) \tag{1.11}$$

式中 Q_T——建筑物的通风设计热负荷，W；

q_T——建筑物的通风热指标，W/(m^3·℃)，它是指各类建筑物，在室内外温差1℃时，每1m^3 建筑物外围体积的通风热负荷；

V_w——建筑物的外围体积，m^3；

t'_n——供暖室内计算温度，℃；

t'_w——通风室外计算温度，℃。

工业厂房的供暖体积热指标 q_v 和通风体积热指标 q_T 值，可参考有关设计手册选用。对于一般民用建筑、室外空气无组织地从门窗等缝隙进入，预热这些空气到达室温所需的通风耗热量，已在供暖热负荷中计入，不再另行计算。

5. 生活用热的设计热负荷

（1）热水供应用热。热水供应热负荷为日常生活中用于洗脸、洗澡、洗衣服以及洗刷器皿等的用热。无论是居住建筑、服务性行业或工厂企业，热水供应热负荷的大小都和人们生活水平、生活习惯及生产发展情况（设备情况）有关。

热水供应系统的工作特点是用水量具有昼夜的周期性。因此，通常首先根据使用热水的人数（或设备数目等指标）和相应的热水用水量标准，确定全天的热水用量；然后根据用户在昼夜中小时用水量的变化规律。利用所谓小时变化系数 K_r 值的概念，确定热水设计用水量（L/h）。其计算公式如下：

$$q_d = m q_r \tag{1.12}$$

$$q_h = K_r \frac{m q_r}{24} \tag{1.13}$$

式中 m——使用热水的人数；

q_r——热水供应的用水量标准，L/(天·人)，可查有关资料；

q_d——全天热水用水量，L/天；

q_h——热水供应设计用水量，L/h。

K_r——小时变化系数。

小时变化系数表示最大小时用水量与平均小时用水量之比值。对全日使用热水的用户，如住宅、医院、旅馆等，K_r 值可按有关资料选用。如用户设置足够大的储水箱时，K_r 值可等于1，亦即可按平均小时用水量作为设计小时用水量。对短时间使用热水的用户，如工业企业、体育馆和学校的淋浴设备等，K_r 值取大些可按 K_r = 5～12 计算。

确定热水供应设计用水量后，可按下式确定热水供应的设计热负荷

$$Q_r = c q_h (t_r - t_l) \rho \times 10^{-3} \tag{1.14}$$

式中 Q_r——热水供应系统的设计热负荷，kJ/h；

c——水的质量比热，kJ/(kg·℃)；

q_h——热水供应设计用水量，L/h；

t_r、t_l——热水和冷水温度，℃；

ρ——水的密度，kg/m^3。

（2）其他生活用热。在工厂、医院、学校中，除热水供应以外尚有开水供应、蒸饭等

项用热。这些用热负荷的概算，可参照式（1.13）计算。例如计算开水供应用热时，t_r 可取105℃，q_r 可取2～3L/(天·人)；蒸饭锅的蒸汽消耗量，当蒸量为100kg时，约需耗汽100～250kg蒸汽（蒸汽量越大，单位耗气量越小）。一般开水和蒸锅要求的加热蒸汽压力为1.5×10^5～2.5×10^5Pa。

6. 生产工艺热负荷

生产工艺热负荷是为了满足生产过程中用于加热、烘干、蒸煮、清洗、熔化等项的用热，或作为动力用于拖动机械设备（汽锤、汽泵等）。

生产工艺热负荷和生活用热热负荷一样，属于全年性热负荷。生产工艺设计热负荷的大小以及需要的热媒种类和参数，主要取决于生产工艺过程的性质、用热设备的形式以及企业生产的工作制度，由于用热设备多种多样、工艺过程对热媒要求的参数不一致、工作制度各有不同，因而生产工艺热负荷很难用固定的公式表述，一般只能根据用热设备制造厂提供的说明、已有的运行经验数据，通过调查试验，或由生产工艺方面提供。

生产工艺热负荷的用热参数，按照工艺要求热媒温度的不同，大致可分为三种：供热温度在130～150℃以下称为低温供热，一般靠供给4×10^5～6×10^5Pa（绝对压力）蒸汽供热；供热温度在130～150℃以上到250℃以下时称为中温供热，这种供热的热源往往是中小型锅炉或热电厂热化汽轮机8×10^5～13×10^5Pa（绝对压力）级的抽汽供热；当供热温度高于250～300℃时，称为高温供热。这种供热的热源通常直接从大型锅炉房或热电厂取用新汽经过减压减温后供热。

在有较多生产工艺用热设备或热用户的场合下，它们的最大负荷往往不会同时出现。在考虑集中供热系统生产工艺总的设计热负荷或管线承担的热负荷时，应考虑各设备或各用户的同时使用系数。同时使用系数是用热设备运行的实际最大热负荷与全部用热设备的最大热负荷之和的比值。利用同时使用系数使总热负荷适当降低，有利于供热的经济效果。

对于热电厂供热系统，还应对生产工艺热负荷在全年中的变化情况有更多的调查统计数据。如除最大热负荷外，还有最小热负荷，冬、夏平均负荷，用汽参数，典型的周期蒸汽热负荷曲线和年延续曲线等资料。这些数据对选择供热汽轮机组形式，分析热电厂的经济性和运行管理都是很必要的。

7. 热负荷延续图

进行城市集中供热规划，特别是对热电厂供热方案进行技术经济分析时，往往需要绘制热负荷延续图。在供暖热负荷延续图中（如图1.1所示），能表示出各个不同大小的供暖热负荷与其延续时间的乘积，能够很清楚地显示出不同大小的供暖热负荷在整个采暖季中的累计耗热量，以及它在整个采暖季总耗热量中所占的比重。

图1.1中横坐标的左方t'_w、$t_{w,1}$、$t_{w,2}$…表示温度等差为2～5℃的一系列室外温度。横坐标的右方Z_0、Z_1、Z_2…表示各室外温度间隔的小时数（根据当地多年气象资料平均得出）。如Z_0表示采暖季中室外温度$t_w\leqslant t'_w$（供暖室外计算温度）的总小时数（或天数），Z_1表示当$t'_w<t_w\leqslant t_{w,1}$时的总小时数等等。纵坐标表示供暖热负荷（GJ/h或GW）。图左方直线Q'_N-Q_k表示供暖热负荷随室外温度变化曲线。Q'_N为供暖设计热负荷，Q_k为室外温度+5℃开始采暖的热负荷。

热负荷延续图的绘制方法如下：从横坐标右方b_0点（b_0点的横坐标值为Z_0）引垂直

线与纵坐标 Q_N' 引的水平线相交于 a_0 点；又从横坐标右方 b_1 点处（b_1 点的横坐标值为 Z_0+Z_1，它表示室外气温 $t_w \leqslant t_{w,1}$ 的延续小时数），引垂直线与纵坐标 Q_1（相应 $t_{w,1}$ 时的供暖热负荷）引水平线相交于 a_1 点。依此类推，连接 Q_N'、a_0、a_1、a_2…等点形成的曲线，得出热负荷延续图。显而易见，曲线 $Q_N' a_1 a_2 \cdots a_k$ 与坐标轴所包围的面积就是采暖季中的总耗热量，而曲线 $a_0 a_1 b_1 b_0$ 所包围的面积就是在 $t_w' < t_w \leqslant t_{w,1}$ 范围内的累计耗热量。

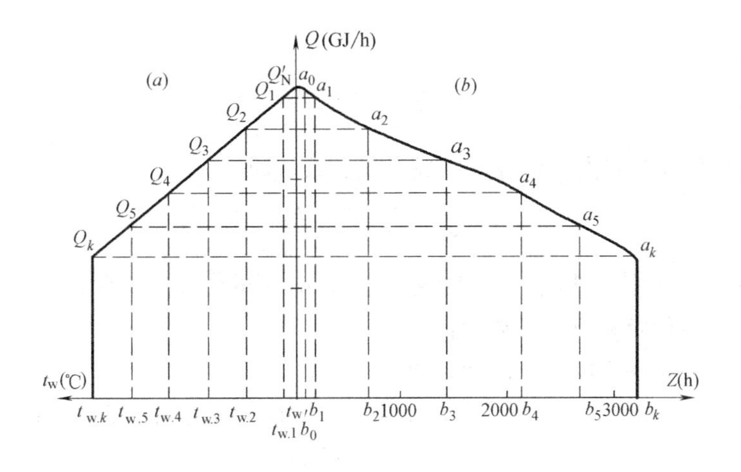

图 1.1 供暖热负荷延续图的绘制方法

（a）供暖热负荷随室外温度的变化曲线；（b）供暖热负荷延续图

供热系统的总供热负荷应为供暖、通风、空调、生活热水供应及生产工艺负荷之和（考虑同时使用系数之后）再乘以 1.1 的热网损失系数。

8. 利用无因次综合公式法绘制供暖热负荷延续时间曲线

当某地区气象数据不全时，可利用无因次综合公式法绘制供暖热负荷延续时间曲线，进行计算总供暖热负荷。该方法是根据历年室外日平均气温资料，通过数学分析和回归计算，利用无因次形式的数学模型，来表达供暖期内的气温分布规律。设 R_t、R_n 两个无因次变量，分别表示无因次室外气温和无因次延续天数或小时数，则：

$$R_t = \frac{t_w - t_w'}{5 - t_w'} \tag{1.15}$$

$$R_n = \frac{N-5}{N_{zh}-5} = \frac{n-120}{n_{zh}-120} \tag{1.16}$$

式中 t_w——某一室外温度，℃；

t_w'，5——供暖室外计算温度；供暖起始、终止时的室外日平均温度，℃；

N_{zh}、n_{zh}、5、120——供暖期总天数或总小时数；不保证天数（5 天）或不保证小时数（120h）；

N、n——延续天数或延续小时数，即供暖期内室外日平均温度等于或低于某 t_w 的历年平均天数或小时数；

则 R_t、R_n 可整理成如下关系式：

$$R_t = \begin{cases} 0 & N \leqslant 5 \\ R_n^b & 5 < N \leqslant N_{zh} \end{cases} \tag{1.17}$$

或用下式表示：

$$t_w=\begin{cases}t'_w & N\leqslant 5\\ t'_w+(5-t_{pj})R_n^b & 5<N<N_{zh}\end{cases} \tag{1.18}$$

式中 t_{pj}——供暖期室外日平均温度，℃；

b——R_n 的指数值；

$$b=\frac{5-\mu t_{pj}}{\mu t_{pj}-t'_w} \tag{1.19}$$

式中 μ——修正系数

$$\mu=\frac{N_{zh}}{N_{zh}-5}=\frac{n_{zh}}{n_{zh}-120} \tag{1.20}$$

根据供暖热负荷与室内、外温度差成正比关系，即

$$\overline{Q}=\frac{Q_n}{Q'_n}=\frac{t_n-t_w}{t_n-t'_w} \tag{1.21}$$

式中 Q'_n、Q_n——供暖设计热负荷和在室外温度 t_w 下的供暖热负荷；

$\overline{Q}$——供暖相对热负荷比；

t_n——供暖室内计算温度，取 $t_n=18$℃。

综合式（1.17）和式（1.18），可得出供暖热负荷延续时间图的数学表达式：

$$\overline{Q}=\begin{cases}1 & N\leqslant 5\\ 1-\beta_0 R_n^b & 5<N\leqslant N_{zh}\end{cases} \tag{1.22}$$

或

$$Q_n=\begin{cases}Q'_n & N\leqslant 5\\ (1-\beta_0 R_n^b)Q'_n & 5<N\leqslant N_{zh}\end{cases} \tag{1.23}$$

式中

$$\beta_0=(5-t'_w)/(t_n-t'_w) \tag{1.24}$$

利用无因次综合公式法绘制供暖热负荷延续时间图的最大优点是：当缺乏一个城市详细的室外气温分布统计资料情况下，只要从暖通相关规范中查出该城市的三个规定数据——即供暖室外计算温度 t'_w、供暖期天数 N_{zh}和供暖期室外日平均温度 $t_{p\cdot j}$，就可以利用式（1.23）绘制出供暖热负荷延续时间图。由《供热工程》附录6-6给出了我国北方二十个城市的元因次综合公式中的 β_0 和 b 值，通过二十个城市的验证，按无因次综合公式绘制的供暖热负荷延续时间曲线，某一室外温度 t_w 下的热负荷偏差率（与某一室外温度 t_w 下的理想公式（1.21）与式（1.22）确定的热负荷的差异），一般不超过±5%；整个供暖期供热总耗热量的相对误差很小，其值只在1.74%～2.85%以内，因而所具有的精度，可适用于工程计算上。

1.2 散热设备选择计算

1.2.1 散热设备分类

散热器按其制造材质分为铸铁、钢制散热器。按其结构形状分为柱形、翼形、平板形和管形等。按其传热方式分为辐射型（辐射换热占60%以上），对流型（对流换热占60%以上）。辐射供暖散热设备主要有辐射供暖地面和毛细管网辐射板。

1. 铸铁散热器

（1）圆翼形散热器，是一根管子外面带有许多圆形肋片的铸件。它的规格用内径 D

表示，有 $D50$（内径 50mm，肋片 27 片）和 $D75$（内径 75mm，肋片 47 片）两种。每根管长 1m，两端法兰连接成组。

（2）长翼形散热器，外表面具有许多竖向肋片，外壳内部为一扁盒状空间，每个散热器所带肋片的数目分别为 10 片和 14 片两种。此种散热器高度为 60cm，故肋片为 14 片的称为大 60。肋片为 10 片的称小 60。可单独悬挂或搭配组装。

（3）四柱散热器，外表光滑，无肋片，每片有 4 个中空立柱互相连通。高 813mm，规格为四柱 813 型。有带脚不带脚两种片型，用于落地或悬挂安装。

（4）二柱散热器，每片两侧各有一个中空立柱互相连通，中间有波浪形纵向肋片与两个立柱连通。片宽 132mm，又称为 M-132 型散热器，一般组对成组悬挂安装。

铸铁散热器具有结构比较简单、防腐性能好、使用寿命长以及热稳定性好等优点。缺点是金属耗量大，制造安装和运输劳动繁重和承压能力较低（4.0×10^5Pa）等。与钢制散热器比较，虽有不尽人意之处，但防腐性能好，因而长期广泛应用于多层建筑中。稀土合金铸铁散热器可用于高层建筑（可承压 $6.0\times10^5\sim8.0\times10^5$Pa）。

2. 钢制散热器

（1）钢串片对流散热器，该散热器是在钢管外侧串以用 0.5mm 的薄钢片制成的串片而成。可组合成组。一般外面加罩，侧面形成上下两个有栅格的进出风口，多以对流方式换热。

（2）板式散热器，主要由面板、背板、对流片和进出口接头等组成。面板、背板材料由 1.2mm 厚的冷轧钢板冲压成型。主要水道呈圆弧形或梯形，直接压制在面板上，水平联箱压制在背板上。在背板后面电焊对流片，对流片由 0.5mm 厚的冷轧钢板冲压成型。

板式散热器高度有 480、600mm 等几种规格，长度由 400mm 开始，每 200mm 进位至 1800mm，共八种规格。

（3）扁管式散热器，它是采用 $52\times11\times1.5$（宽×高×厚，mm）的水通路扁管作为散热器的基本模数单元，然后将数根扁管叠加焊接在一起，在两端加上断面 35mm×40mm 的联箱而成。

扁管散热器外形尺寸是以 52mm 为基数，根据需要可叠加成 416mm（8 根管）、520mm（10 根管）和 624mm（12 根管）三种高度。长度起点为 600mm，以 200mm 进位至 2000mm，共八种不同长度。

（4）钢制柱式散热器，结构、外形与铸铁柱式散热器相似，也有几个中空立柱。高度为 640mm。

这种散热器采用 1.5～2.0mm 厚普通冷轧钢板经过冲压延伸形成片状半柱型，将两片片状半柱型经压力滚焊复合成单片，单片之间经气体弧焊连接成散热器段。

与铸铁散热器相比，钢制散热器的优点是金属耗量少；耐压强度高（$(5\sim12)\times10^5$Pa）。主要缺点是容易腐蚀，特别是氧腐蚀（即点腐蚀），使用寿命短，板式、扁管式和柱式尤为突出。该类型散热器水容量小，热稳定性较差。此外，由于我国工艺水平不高，焊接质量差，板式、扁管式散热器常常漏水，达不到应有承压能力。根据上述分析，目前我国已较少采用板式、扁管式和柱式钢制散热器。在高层建筑中，宜采用钢串片式散热器。

3. 辐射供暖地面

适用于地板辐射供暖系统的散热设备一般做成辐射供暖地面。主要由加热管、绝热层和地面层等组成。地面层有水泥、地砖、石材和木地板等。绝热层有塑料绝热层、发泡水泥绝热层。加热管有塑料管（PB管、PB-R管、PE-X管、PE-RTⅡ型、PE-RTⅠ型和PP-R管），公称外径16、20、25mm，工作压力0.4MPa、0.6MPa、0.8MPa和1.0MPa；铝塑复合管，公称外径16、20、25mm，工作压力1.0～2.0MPa；无缝铜管，公称外径15、18、22、28mm，工作压力3.3～10.0MPa。所有加热管，工作温度为60～80℃。其具体结构见《辐射供暖供冷技术规程》JGJ 142—2012附录A。辐射供暖地面厚度为120mm。

4. 毛细管网辐射板

采用细小管道，加工成网状，敷设于地面、顶棚或墙面，以热水为热媒的一种辐射供暖方式。其毛细管直径为3.5～4.3mm，管间距为0.8～10mm。每$1m^2$辐射板的容水量只有0.32～0.49kg，比辐射供暖地板的1kg少很多。毛细管网辐射板的厚度为45mm，也比普通辐射供暖地板厚许多。由于结构特点，其蓄热层厚，温差和热惰性小，温度均匀，是一种较好的供暖形式。

1.2.2 散热设备选择

1. 散热器选择

散热器计算主要是确定供暖房间所需散热器的散热面积和片数。它是在供暖热负荷、系统形式及散热器选型确定之后进行的。

散热器散热面积$F(m^2)$由下式计算

$$F=\frac{Q}{K(t'_p-t'_n)}\beta_1\beta_2\beta_3 \tag{1.25}$$

式中　Q——散热器散热量即供暖房间热负荷，W；

K——散热器的传热系数，W/(m²·℃)；

t'_p——散热器内热水平均温度，℃；

t'_n——室内设计温度，℃；

β_1——散热器的片数修正系数；

6片以下　　$\beta_1=0.95$；

6～10片　　$\beta_1=1.00$；

11～20片　　$\beta_1=1.05$；

20～25片　　$\beta_1=1.0$

β_2——管道热水冷却修正系数，当室内管道明装时$\beta_2=1.0$；暗装时$\beta_2>1.0$，详见暖通设计手册；

β_3——散热器装置方式修正系数，当无外罩时$\beta_3=1.0$；有外罩时$\beta_3\geqslant1.0$，详见暖通设计手册。

散热器散热量Q由上节介绍方法计算。传热系数K可查阅有关散热器的技术经济指标。散热器平均温度t'_p采用散热器的供、回水温度的算术平均值，即$t'_p=(t'_g+t'_h)/2$。设计室温一般取18℃。

在计算传热面积F时，散热器片数尚未求出，β_1难以确定。通常做法是先取$\beta_1=1.0$，计算出F值（按式（1.25）），然后按下式计算散热器片数n

$$n=F/f \tag{1.26}$$

式中　f——每片或每米长散热器的散热面积（可由产品说明书查得）。

然后根据每组散热器片数n确定β_1值，再校核计算散热器的散热面积F和散热器片数n。

在散热器片数（或长度）n 的计算中，只能取整数。如果 n 不为整数，应根据下述原则进行取舍：

对柱形、长翼形、板式、扁管式等散热器，散热面积的减少不宜超过 $0.1m^2$；对于串片式、圆翼形散热器，散热面积的减少不宜超过计算面积的 10%。

在通常情况下，也可用粗估方法大体了解散热器的选取片数。对于铸铁四柱 813 型，每 $1m^2$ 供暖面积所需散热器片数为 0.5 片。

散热器一般布置在供暖房间外窗台下。房间进深较小时，也可布置在内墙一侧，但当房间进深超过 4m 时，最好布置在外窗台下，否则冷空气流经人们的工作区，影响舒适感。

楼梯间的散热器应尽量布置在底层，当建筑物为五层时，可将 50%的散热器布置在一层，30%的散热器布置在二层，20%的散热器布置在三层，四、五层楼梯不放散热器。楼梯上层由空气自然对流来补偿热损失。为防止冻裂，双层外门的外室以及门斗内不宜布置散热器。

2. 辐射板选择

辐射面传热量应满足房间所需供热量或供冷量的需求。辐射面传热量应按下列公式计算：

$$q=q_f+q_d \tag{1.27}$$

$$q_f=5\times10^{-8}[t_{pj}+273)^4-(t_{fj}+273)^4] \tag{1.28}$$

全部顶棚供暖时：

$$q_d=0.134(t_{pj}-t_n)^{1.25} \tag{1.29}$$

地面供暖、顶棚供冷时：

$$q_d=2.13|t_{pj}-t_n|^{0.31}(t_{pj}-t_n) \tag{1.30}$$

墙面供暖或供冷时：

$$q_d=1.78|t_{pj}-t_n|^{0.32}(t_{pj}-t_n) \tag{1.31}$$

地面供冷时：

$$q_d=0.87(t_{pj}-t_n)^{1.25} \tag{1.32}$$

式中 q——辐射面单位面积传热量，W/m^2；

q_f——辐射面单位面积辐射传热量，W/m^2；

q_d——辐射面单位面积对流传热量，W/m^2；

t_{pj}——辐射面表面平均温度，℃；

t_{fj}——室内非加热表面的面积加权平均温度，℃；

t_n——室内空气温度，℃。

辐射板面积的选择，首先要确定供暖房间所需单位地面面积向上供热量：

$$q_1=\beta\frac{Q_1}{F_r} \tag{1.33}$$

$$Q_1=Q-Q_2 \tag{1.34}$$

式中 q_1——房间所需单位地面面积向上供热量或供冷量，W/m^2；

Q_1——房间所需地面向上的供热量或供冷量，W；

F_r——房间内敷设供热供冷部件的地面面积，m^2；

β——考虑家具等遮挡的安全系数；

Q——房间热负荷或冷负荷，W；

Q_2——自上层房间地面向下传热量，W。

确定供暖地面向上供热量时，应校核地表面平均温度，确保其不高于技术规程规定的限值。地表面平均温度宜按下式计算：

$$t_{pj}=t_n+9.82\times\left(\frac{q}{100}\right)^{0.969} \tag{1.35}$$

式中　t_{pj}——地表面平均温度，℃；

t_n——室内空气温度，℃；

q——单位地面面积向上的供热量，W/m^2。

有关辐射板向上、向下的供热量（供冷量）在《辐射供暖供冷技术规程》的附录B中有详细数据，可供选用。

毛细管网辐射板的选择类似于辐射板的选择。

1.3　供热系统

以热水作为热媒的供热系统，称为热水供热系统。以蒸汽作为热媒的供热系统称为蒸汽供热系统。

供热系统由热源、热力网和热用户三部分组成。热源负责制备热水、蒸汽，热力网负责热水、蒸汽的输送，热用户指用热场所，可以是民用住宅、公共建筑，也可以是工业厂房。热源可以是集中锅炉房、热电厂、低温核能供热堆、地热、余热锅炉、垃圾焚烧炉等。

热水供热系统可按下述方法进行分类：

(1) 按热源形式分，有集中锅炉房供热系统；热电厂供热系统；核能供热系统；地热供热系统；余热供热系统等。

(2) 按热媒参数分，有低温热水供热系统（供水温度低于100℃）；高温热水供热系统（供水温度高于100℃）。

(3) 按系统循环动力分，有自然循环系统（无循环水泵，靠水的密度差形成的自然循环压头循环）；机械循环系统（靠水泵强制循环）。

(4) 按系统的密闭性分，有闭式供热系统（热用户只取热，不取水）；开式供热系统（热用户不仅取热，而且取水，如用来作为洗澡等生活热水供应）。

(5) 按热网输送管道的根数分，有单管系统（只有一根供水管，无回水管，属于开式系统）；双管系统（一根供水管，一根回水管，可以是闭式系统，也可以是开式系统）；多管系统（有三根以上输送管道。当为三管系统，一根供水管负责供暖热负荷，一根供水管负责生活热水供应负荷，一根为总回水管。当为四管系统，则有两根供水管，两根回水管，其中两根负责供暖负荷，两根负责生活热水供应负荷）。

(6) 对于室内供暖系统，按每组立管的根数分，有单管系统和双管系统。

(7) 对于室内供暖系统，按管道敷设方式分，有垂直式系统和水平式系统。

(8) 按系统各环路的长度分，有同程式系统（各环路长度相等）和异程式系统（各环路的长度不等）。

和热水供热系统一样，蒸汽供热系统也可以分为单管系统，双管系统和多管系统。在单管系统中，只有供汽管而无凝水回收管，蒸汽凝结水在热用户就地利用。双管系统，一根供汽管，一根凝结水回收管，在实践中应用最为普遍。三管系统，有两根供汽管，分别输送高、低压蒸汽，共用一根凝结水总管。

1.3.1 热水、蒸汽供热系统的评价

热水供热系统与蒸汽供热系统相比较，有如下优点：

(1) 热能利用率高。对于区域锅炉房供热，在通常情况下，水侧温度比汽侧温度低，因此热水锅炉比蒸汽锅炉热效率高。对于热电厂供热，由于将电厂冷却水（冷凝器中）废热用来供热，热能利用率可从原来的 30%～40%（发电），提高到 70%～80%以上。此外，蒸汽系统凝结水回收技术比较复杂，疏水器维护工作量大，凝结水回收率低（通常不高于 30%），再加跑、冒、滴、漏较严重，热损失大。热水供热系统，在正常情况下，水损率在循环水量 2%以内，管道保温后的散热损失也比蒸汽管道的少。实践表明：上述几种因素综合效果，热水供热系统约比蒸汽供热系统节约热能 20%～40%左右。

(2) 可进行多种参数的调节、控制。热水供热系统既可以调节水温，也可以调节流量，比较容易满足用户热负荷变化的要求。蒸汽供热系统一般采用饱和蒸汽。在饱和蒸汽范围内，压力、温度调节余量小。阀门节流调节，实质上是蒸汽流量的调节，调节参数单一，不易实现热负荷多种变化的要求。

(3) 蓄热能力高，舒适感好。由于水的密度约比蒸汽密度大 1000 倍（蒸汽密度约 $1kg/m^3$），因此在同一供热系统里，热水的蓄热能力大约是蒸汽蓄热能力的 10 倍。这样，对于热水供热系统，当热源停止供热，水温和循环流量发生变化时，依靠系统热水蓄热的散热，供暖房间室温变化比较缓慢。由于室温比较均匀，人的舒适感比较好。对于蒸汽系统，系统蓄热能力差，随着系统供汽、停汽过程，供暖房间出现骤冷骤热，使人感觉不舒适。人们普遍感觉：热水供暖室温比较柔和，蒸汽供暖忽冷忽热，而且比较干燥。

(4) 输送距离长。热水供热系统采用水泵强制循环，因此，只要水泵扬程选择适当，输送距离可达几千米甚至几十千米长。基于这一特点，热水供热系统的供热规模远比蒸汽系统大，因而有利于集中管理和环境保护。蒸汽系统是依靠蒸汽本身的压力克服管道阻力进行热能输配的，由于蒸汽压力的限制，输送距离不可能很长。

与热水系统相比，蒸汽系统也有一些固有的优点：蒸汽作为热媒，比较容易满足工业用热的要求（如汽锤），对不同类型的热负荷适应性强；系统耗电少；因蒸汽温度和汽-水、汽-空热交换器传热系数高，散热器和换热器传热面积可减少，相应降低了设备投资费；因蒸汽密度小，对于地形起伏很大的地区或高层建筑，不会产生像水那样大的静水压力，因而与用户的连接方式较简单，运行也较方便。

基于上述分析比较，对于以供暖为主的民用建筑，应优选选用热水供热系统。对于以生产为主，供暖为辅的工厂区，可采用蒸汽供热系统，有时也可用蒸汽加热热水供热系统，用后者负责厂区住宅和办公用房的供暖负荷。

目前，业内人员也主张蒸汽采取长距离输送，认为在单位重量（如 1kg）内，蒸汽输送的热量比热水的多，因此具有优越性。但这种比较，存在误判。正确的比较，应该是在同一管径下，衡量蒸汽、热水，哪一种热媒输送的热量更多？由于蒸汽的比容远比热水的大，因此，二者输送的热量几乎差不多，这样，蒸汽供热在这一点上，显示不出优越性。

1.3.2　室内供暖系统

室内热水供暖系统有自然循环、垂直式和水平式三类系统。

1. 自然循环供暖系统

自然循环压头由冷、热水密度差和加热中心至冷却中心的垂直距离所决定（见图1.2）：

$$\Delta p = gh(\rho_h - \rho_g) \tag{1.36}$$

式中　Δp——自然循环系统的作用压力，Pa；

g——重力加速度，m/s^2，取9.81；

h——加热中心到冷却中心的垂直距离，m；

ρ_h——水在冷却中心（如散热器）冷却后的密度，kg/m^3；

ρ_g——水在加热中心（如热源）加热后的密度，kg/m^3。

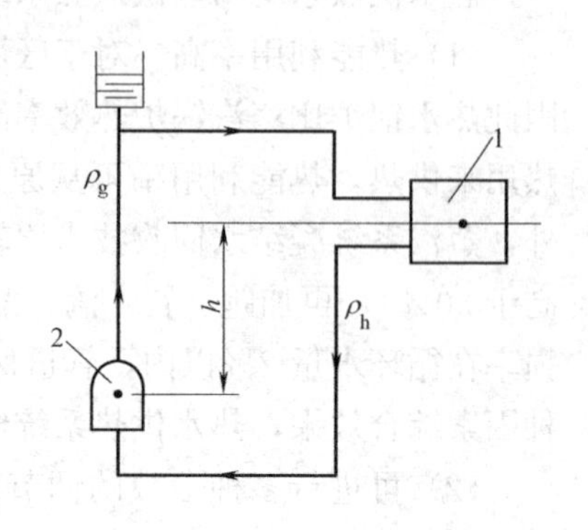

图1.2　自然循环系统

1—散热器；2—锅炉

如果取供水温度 t_g＝95℃，回水温度 t_h＝70℃，则冷、热中心垂直距离每差1m可产生的作用压力为 Δp＝9.81×1×(977.81－961.92)＝156Pa。当冷、热中心垂直距离 h＝64m时，自然循环作用压力 $\Delta p \approx 10$kPa。在供热系统运行期间，由于供、回水温差的不同，自然循环作用压力也随着不同；温差愈大，自然循环作用压力也愈大。

由于自然循环作用压力较小，因此，自然循环供暖系统规模不可能很大。目前，单独的自然循环供暖系统已很少采用，但在机械循环供暖系统中，由于冷、热中心的存在，自然循环作用压力普遍存在，它对散热器中流量分配将发生影响。因此，在进行供热系统的水力工况、热力工况讨论时，常常需要分析自然循环作用压力的影响。

2. 垂直式系统

在垂直式系统中可以是双管系统，也可以是单管系统。

(1) 上供下回系统。这种系统，供水干管敷设在系统的最上面，回水干管敷设在系统的最下部，如图1.3所示。图中立管Ⅰ为双管系统，立管Ⅱ为单管顺流式系统，立管Ⅲ为单管跨越管式系统。双管系统有自然循环作用压力影响，且不同楼层因冷、热中心的垂直距离不同，自然循环作用压力大小不同，高层作用压力大，低层作用压力小。单管系统也有自然循环作用压力，但对各个散热器的影响是一样的，所以不会引起工况的失调。

单管系统比双管系统节省钢管，减少投资；单管顺流式系统最简单，单管跨越式装有阀门，便于调节。

上供下回系统易于排除系统中空气，4为放气阀，装在系统末端最高点，供回水干管坡向热源，坡度 i 取0.003。当在建筑物上便于安装供、回水干管时，多采用此种系统。

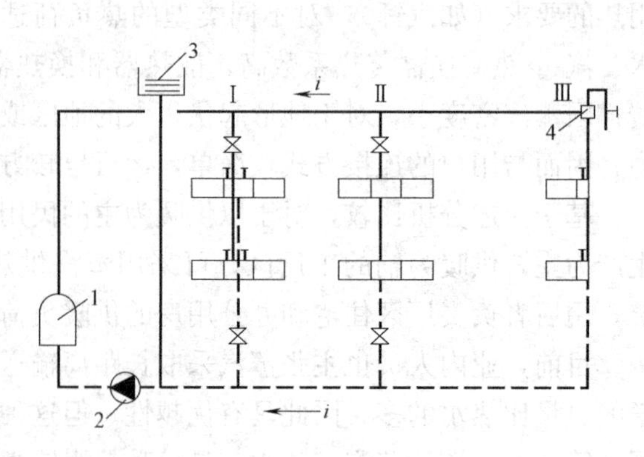

图1.3　上供下回供暖系统

1—锅炉；2—循环水泵；3—膨胀水箱；4—放气阀

（2）下供下回式系统。这种系统，供水干管、回水干管都敷设在建筑物底层散热器之下。当建筑物为平屋顶且顶层的顶棚下又难以布置回水干管时，多采用。对于有地下室的建筑物也常采用这种系统。

下供下回式系统由于结构特点，只有双管系统，无单管系统，如图 1.4 所示。这种系统受自然循环作用压力的影响比上供下回双管系统小。这是因为虽然上层自然循环作用压力比底层的大，但上层环路的管道也长即压力降也大，所以对工况失调的影响小一些。此外，这种系统可从底层开始安装，安装好一层即可投入运行，便于冬季施工。

该系统的缺点是排气比较困难。对于立管Ⅱ，一般通过高层散热器上的跑风门排气。对于立管Ⅰ、Ⅲ，需专门安装空气管（图 1.4 上的点画线）排气。为防止空气管被水充满，一般排气点（Ⅰ立管的 a 点，Ⅲ立管的放气阀）要比空气管标高低 300mm。当立管中水位超过排气点时，空气管充满空气，水位不会再上升。当水位低于排气点（a 点）时，空气聚集到一定压力，会自动将空气排至膨胀水箱或通过放气阀排出。

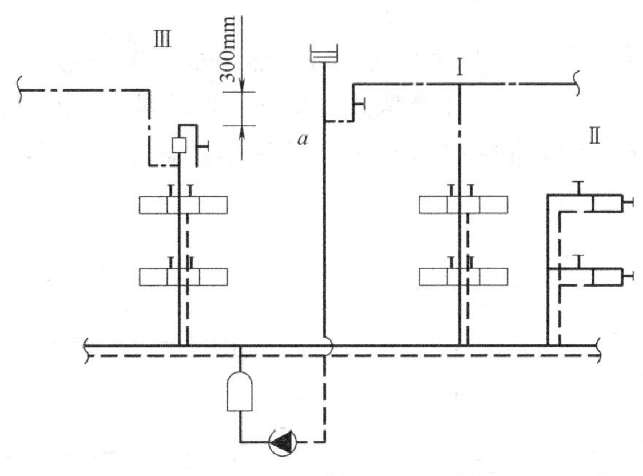

图 1.4 下供下回系统

（3）上供上回系统。这种系统当底层散热器下方无法安装回水干管时采用。一般回水干管敷设在底层建筑的顶棚下。为减少立管根数，多采用单管系统。目前采用这种系统的相当普遍。图 1.5 为该系统的示意图。

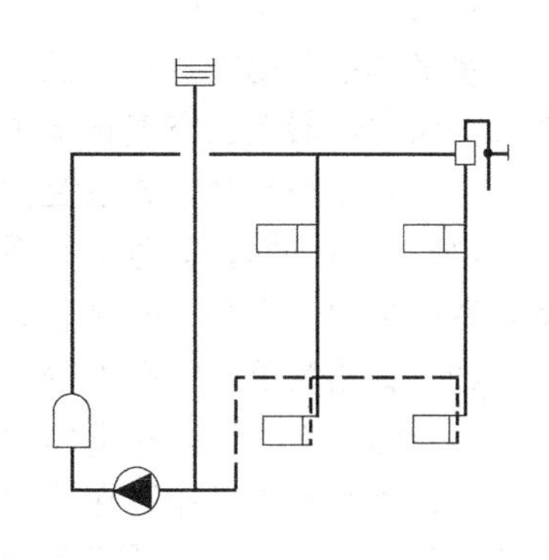

图 1.5 上供上回系统

（4）中供式系统。这种供暖系统其供水干管设在建筑楼层的中部。在供水干管以上为下供下回系统；在供水干管以下为上供上回系统，如图 1.6 所示。这种系统在建筑顶层大梁底标高过低无法安装供水干管时采用。当建筑物层数较多，为防止工况失调（双管系统）和散热器布置过多（单管系统）也常采用。

（5）同程、异程系统。当回水干管中的水流方向同供水干管中的水流方向相同时为同程系统；当供、回水干管水流方向相反时为异程系统。图 1.7 为同程系统，图 1.3～图 1.5 皆为异程系统。在一般情况下，由于同程系统各环路的管道长度相等，便于在设计时实现各环路压力平衡，可减少水力工况的水平失调。当立管根数较多时，常采用同程系统。但必须注意，不是在任何情况下，同程系统一定比异程系统有利于环路压力平衡。当各立管阻力较小时，如层数较少特别是平房建筑时，采用同程系统，往往在系统中部立管出现倒流现象，而且难以靠阀门调节消除这种水平失调，因此，设计时要特别小心，要进行严格的环路压力平衡计算。

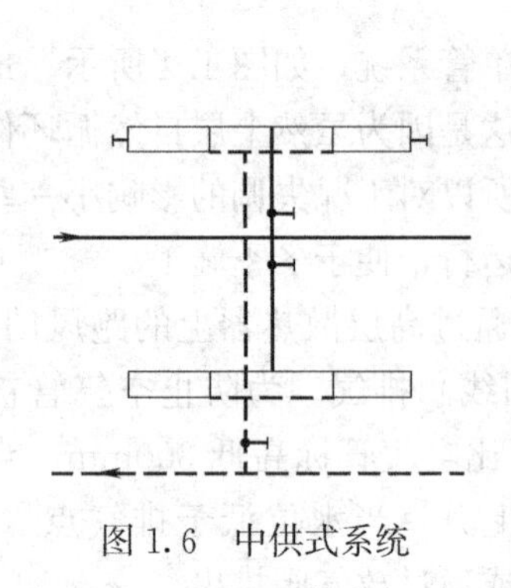
图1.6　中供式系统

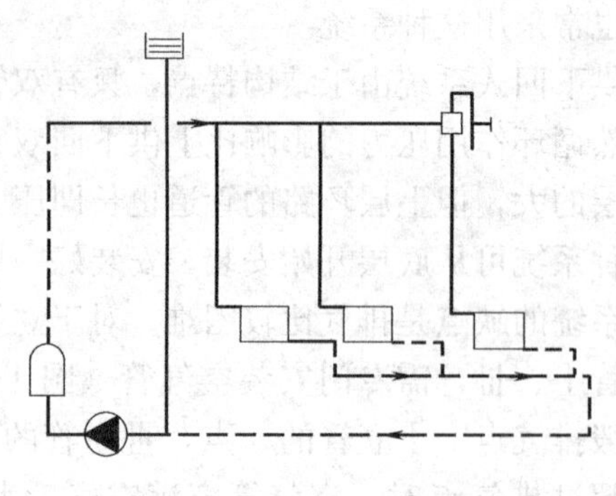
图1.7　同程系统

3. 水平式系统

水平式系统无立管，由供水干管或支管将散热器水平串联起来。供水干管与散热器的连接方式可分为顺流式（图1.8）和跨越式（图1.9）两种。顺流式最省钢材，但每个散热器不能进行局部调节，因此同一供水干管上串联散热器不能太多。通常在室温要求不高的建筑或同一大房间内采用。

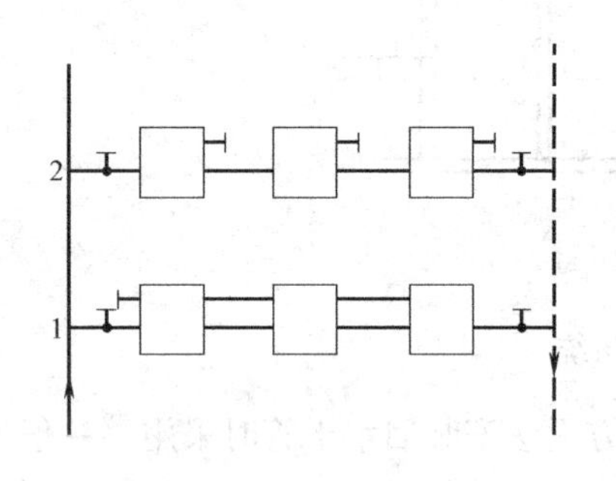

图1.8　水平顺流系统

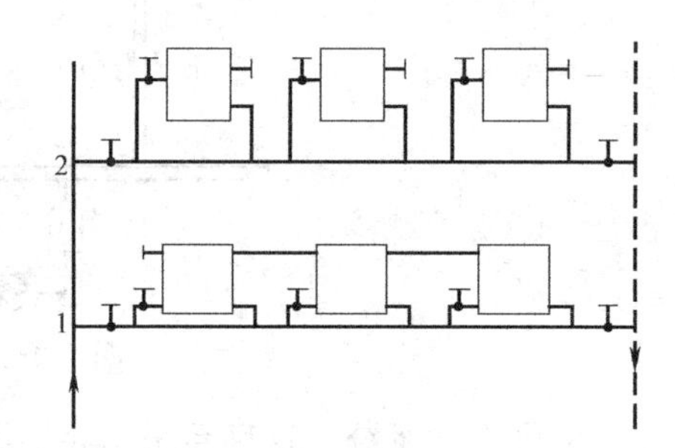

图1.9　水平跨越系统

跨越式系统能对散热器进行局部调节，因此虽然投资比顺流式多一些，但广泛采用。

水平式系统比垂直式上供下回系统较难排气，一般或在最高层散热器上装跑风排气或在最高层散热器上装空气管集中排气。

水平式系统与垂直式系统比较，有如下优点：

(1) 总造价低，但对于大系统，由于末端散热器处于低水温区，散热器面积需适当加多，费用少的优点会不明显，要作具体分析、计算；

(2) 管路简单，穿楼板少，便于施工、安装；

(3) 沿墙无立管，对室内美观影响较小；

(4) 膨胀水箱可布置在建筑物最高层的辅助空间（如楼梯间、厕所等），不仅降低了造价，而且不影响建筑外形美观。

室内蒸汽供暖系统，有上供式、中供式和下供式三种。一般以双管系统为多。蒸汽压力高于0.7×10^5Pa时，称为高压蒸汽供暖；低于0.7×10^5Pa时，为低压蒸汽供暖。

4. 适合分户计量的供暖系统

为了适应计量收费，传统的室内系统形式必须做比较大的变动。首先必须以户为单位设置系统。为叙述方便，把通常说的室内系统分为楼内系统和户内系统两部分。户内系统即一户一个供暖系统的形式。楼内系统指户内系统与室外系统之间的系统连接形式。无论楼内系统还是户内系统，从形式上分，都可以采用双管系统、单管系统（含跨越管）、异程系统和同程系统。这样就可有 16 种不同形式的组合，我们对其中比较常用的 8 种组合进行了热力工况计算，分析结果认为：

楼内系统不宜采用双管同程系统，因为需要三根总立管，不经济，且不易布置；也不宜采用单管（含跨越式）系统，因为这种系统，末端供回水温度过低，导致散热器增加过多，也不经济。这样，比较合理的系统形式应该是：楼内系统宜采用双管异程；户内系统既可采用双管，也可采用单管跨越。至于采用同程还是异程，可由设计人员根据实际工程选择，因为在散热器前安装温控阀后，系统的稳定性、调节性大为改善，为系统形式的选择增加了灵活性。

现在有一种趋势：在先控制、后计量的前提下，只在户内系统装一个锁闭阀，其调节阀，如温控阀、平衡阀都先不装，在这种条件下，还优先采用同程系统。这种设计思想是不可取的。因为不装调节阀，系统的调节功能很差；不装温控阀，系统的阻力降很小，此时采用同程系统，极易出现冷热不均。

目前在户内系统中采用单管跨越形式时，人们特别关注的是分流系数的取值问题。国外比较一致的意见认为分流系数选择 70%比较合适，即流入跨越管的流量占 70%，流入散热器流量占 30%。我国也做了类似的工作，通过对散热器特性的深入研究以及对供热系统水力工况和热力工况的详细的模拟计算，得出如下的结论：

(1) 对于新设计的单管跨越式系统，分流系数应该选择为 70%。这样选取，有两个理由：一是可以提高散热器的调节特性。通过计算我们知道，流经散热器的供回水温差越大（如 40℃），散热器的散热特性越好（愈接近于线性特性）；相反，流经散热器的供回水温差越小（如 5～15℃），散热器的散热特性越差（愈接近于快开特性）。如果分流系数选取 70%，散热器的设计流量（立管总流量的 30%）较小，此时通过散热器的供回水设计温差可接近 25℃。也就是说，这时的单管系统其调节特性可与双管系统媲美，可见这一设计思想是对的。分流系数选取 70%的第二个理由是考虑了经济性，通过对一户有 6 个房间的单管跨越系统的计算，取得表 1.2 的数据。

分流系数与散热器面积的关系 **表 1.2**

分流系数	90%	80%	70%	50%	30%	10%
散热器总片数	120	89	81	76	74	74

由表中看出，虽然分流系数取值 80%甚至 90%，散热器调节特性会更好，但散热器片数增加过多，经济性不好；若分流系统取值过小（如 10%～50%），不但散热器调节特性变差，而且散热器片数再不会有明显减少。因此，综合调节特性与经济性两个因素，分流系统选取 70%是有道理的。

(2) 对于改建设计，选取 70%的分流系数，不能满足用户对室温的要求。所谓改建设计，是指将旧有民用建筑的单管顺流系统改建为能适应计量收费的单管跨越式系统。因此，设计原则是尽量少动户内原有设备、也就是只增设跨越管和温控阀，不改动原有散热器片数。

对于单管顺流系统，可以理解为分流系数为 0 的跨越管系统。此时，每组散热器的进出水温差约为 5℃左右，其散热器热特性明显表现为快开特性。当按 70%的分流系数改建跨越管时，流入散热器的实际流量将只是设计流量的30%，根据单管顺流系统的散热特性曲线，可得出此时原有散热器的实际散热量是设计散热量的93.4%，即散热量减少6.6%，不超过10%这个结果与国内外许多学者的计算数据相吻合。但是，我们这时最关心的是室温如何变化？根据系统热力工况模拟计算，室温只能达到16℃，按照计量收费的原则，这个标准不能满足用户对室温的要求。即使分流系数改为50%左右，也不能达到设计室温。同时还应指出，加温控阀后的单管跨越式系统，由于温控阀的阻力远远超过跨越管的阻力，实际上单靠调节温控阀的开度，立管总流量不会有太大变化。这就意味着，温控阀的调节已无能为力。

基于上述原因，我们认为在改建设计中，对于单管跨越系统，不宜安装二通温控阀，应安装三通温控阀。因为三通温控阀可以使系统的分流系数调节为0，也就是在最冷天，可按单管顺流系统运行，上述流量不足的问题自然解决。当然业内也有的学者认为，三通阀价格较贵，另外还有质量问题。这些因素固然都是实际问题，但与系统的供热功能相比较，都应该降为次要因素。

还需要说明的一点是，我国旧有民用建筑的采暖设计中，散热器片数留有余地过大。改建设计中，建议进行校核计算，如散热器片数超过设计需要的20%，则可按分流系数为0进行计算，此时安装二通温控阀，室温也可达到设计要求。

适合分户计量的楼内系统和户内系统分别如图1.10、图1.11和图1.12所示。图1.10为楼内混水连接系统，图1.11为户内散热器供暖系统，图1.12为辐射供暖系统。

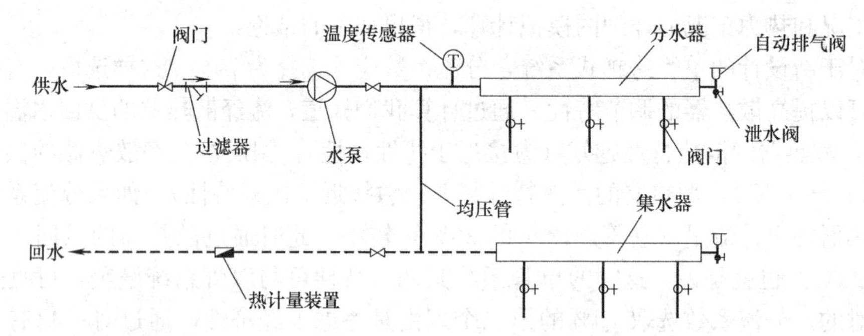

图1.10　楼内混水连接系统

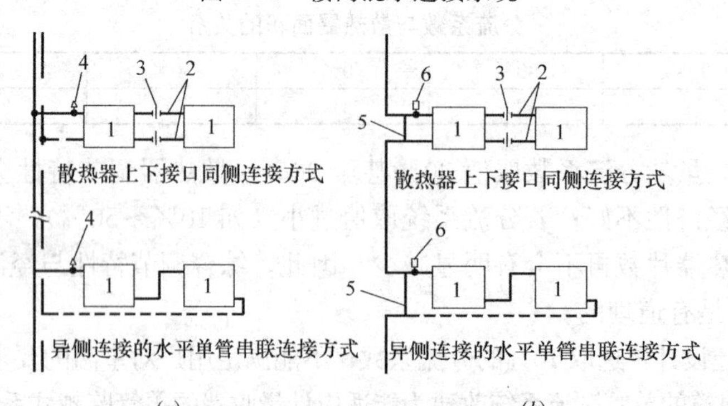

图1.11　户内散热器连接方式示意图

(a) 垂直双管系统；(b) 垂直单管系统

1—散热器；2—连接管；3—活接头；4—高阻力温控阀；5—跨越管；6—低阻力温控阀

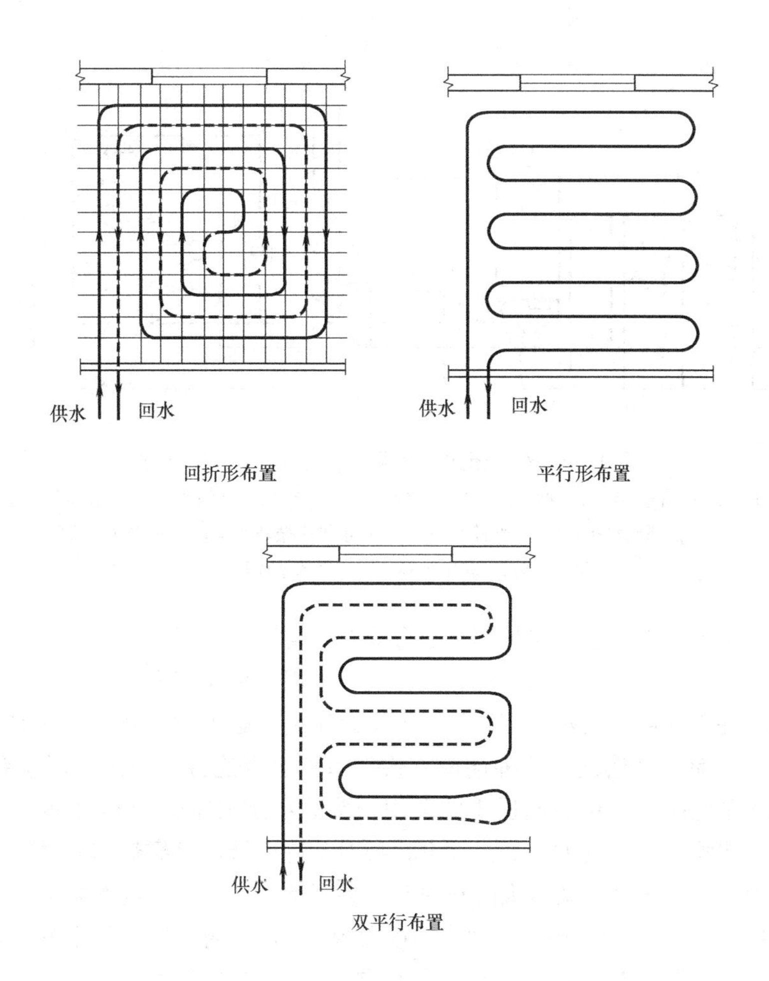

图 1.12 室内辐射供暖系统

1.3.3 集中供热系统

在集中供热系统中，一般有四种类型的热负荷：供暖负荷，通风与空调负荷，生活热水供应负荷以及生产工艺负荷。目前生产工艺负荷多用蒸汽供热系统。供暖、空调、通风和生活热水供应负荷多用热水供热系统，其中供暖负荷约占70%以上，通风、空调、生活热水供应负荷只占较小比例。

在我国开式热水供热系统很少采用。广泛采用的是双管热水闭式系统。当有生活热水供应负荷时，也有采用四管热水闭式系统的，其中两管负责供暖、通风负荷，另两管负责生活热水供应负荷。

因双管闭式热水系统使用最为广泛，下面着重介绍这种系统与热用户的各种连接方式，如图 1.13 所示。

图中（*A*）为简单直接连接，当热网供、回水温度和压力与热用户的要求一致时采用，这种连接方式最为简单、经济。

（*B*）为喷射泵直接连接，喷射泵是一种混水设备，当热网水经过喷射泵中的喷嘴时，由于流通口径缩小，水流速度大大增加，喷嘴出口水的压力显著降低，甚至低于回水压

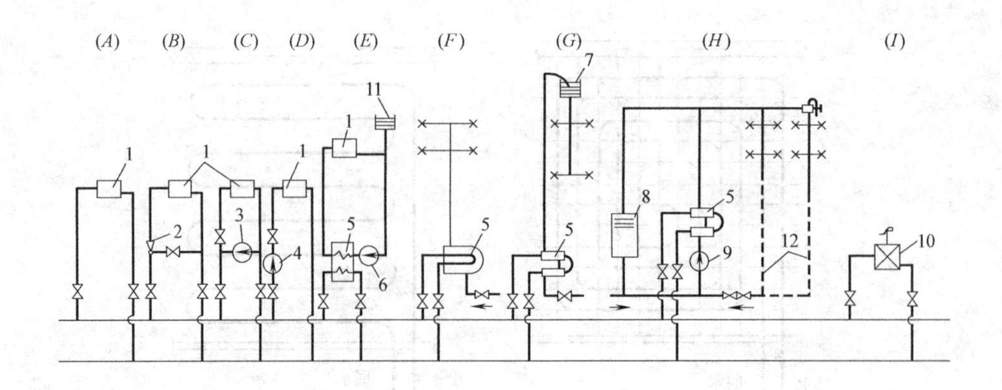

图1.13　双管闭式热水供热系统与热用户连接方式

1—热用户散热器；2—喷射泵；3—混水泵；4—加压泵；5—加热器；6—供暖循环泵；7—上部储水箱；8—下部储水箱；9—热水供应循环水泵；10—空气加热器；11—膨胀水箱；12—热水循环管

力，将部分回水吸入喷射泵，与热网水混合降温后再送入热用户。当热网供水温度高于热用户要求供水温度时，常常采用这种连接方式。采用这种连接方式时，由于喷射泵压力损失较大，热网提供的供、回水资用压头（即富余压头）必须大于80～120kPa。

（C）为混水泵直接连接。这种连接方式类似喷射泵连接，只是由混水泵代替喷射泵的作用。混水泵连接方式对热网提供的资用压头无特别要求，当其值小于80kPa时也可采用。混水泵比喷射泵投资大，又需耗电；喷射泵造价低，只靠热网提供的能量工作，不另外耗电，但当热网压力波动较大时喷射泵不易正常工作，不如混水泵工作稳定。当热网供、回水温度为180/70℃，用户供回水温度要求95/70℃时，常用混水方式降温。采用混水泵连接方式时，混水泵扬程的选择至关重要，扬程选择过大或过小，不但影响混水效果，还会造成能量的不必要浪费。

（D）为加压泵连接方式。当热网压力与用户压力不相适应时采用。热网供水压力低于用户要求的供水压力时，加压泵装在用户热入口供水管道上；热网回水压力高于用户回水压力时，加压泵应装在回水管上。

（E）为间接连接方式。这种连接方式的特点是热网水与用户系统完全隔离，经过加热器，只有热量交换没有水力联系。当热网的水温、水压与用户的水温、水压不相一致，而且必须采用水力隔离时才能解决水压不一致的矛盾时使用这种连接方式（详见第2章）。这种连接方式投资较高，但便于热网的调节、控制，适用于规模较大的供热系统。

（F）、（G）、（H）为与生活热水供应用户的连接方式，（F）中的加热器为容积式加热器，既起加热作用，又起储存热水作用。（G）为快速水-水加热器与高位储水箱联用系统，快速水-水加热器（板式换热器、螺旋板换热器、管壳式加热器等）将自来水加热后（一般为65℃），储存于高位储水箱备用（如洗澡等）。（H）为快速加热器与低位储水箱联用系统。在生活热水供应负荷较小时，加热器加热后的热水送入低位储水箱储存，待高峰负荷时，由加热器和低位储水箱同时供应热水。设置循环管的目的，是将管道中的热水随时加热至65℃，防止自来水的浪费。这种系统一般用于较大型的生活热水供应中。

（*I*）为通风、空调热用户与热网连接方式。一般为直接连接，采用水-空加热器，这种加热器承压能力较强，通常不会发生热网与用户水压、水温不一致的矛盾。

蒸汽集中供热系统多采用双管系统。图1.14给出了该系统热力网与各种热用户的连接方式。

图中（*a*）为热力网与生产工艺热用户连接方式示意图。热力网输入的高压蒸汽通过减压阀2减压后进入用热设备，凝结水通过疏水器3（隔汽疏水设备）进入凝结水箱4，再由凝水泵5将凝结水送回蒸汽锅炉房中的总凝结水箱10中。

（*b*）为热力网与蒸汽供暖热用户的连接方式，其基本方式同（*a*）。如热用户需要采用热水供暖系统，则可在热用户引入口处安装汽-水热交换器或汽-水喷射泵，制备所需热水。

（*c*）为热力网与通风、空调系统的连接方式。一般采用简单的直接连接。通常在热入口处均装有减压阀。

（*d*）、（*e*）、（*f*）均为热力网与生活热水供应系统的连接方式。其中（*d*）为蒸汽直接加热上部储水箱7。这种方式多用于工矿企业小型浴室中。蒸汽通过带孔的花管或蒸汽喷射器将水加热。这种形式虽然简单，但加热时噪声较大，且凝水不能回收。（*e*）采用容积式加热器。（*f*）为无储水箱的间接连接方式，如需要，可设上部、下部储水箱。设置原理同图1.13所示，不再赘述。

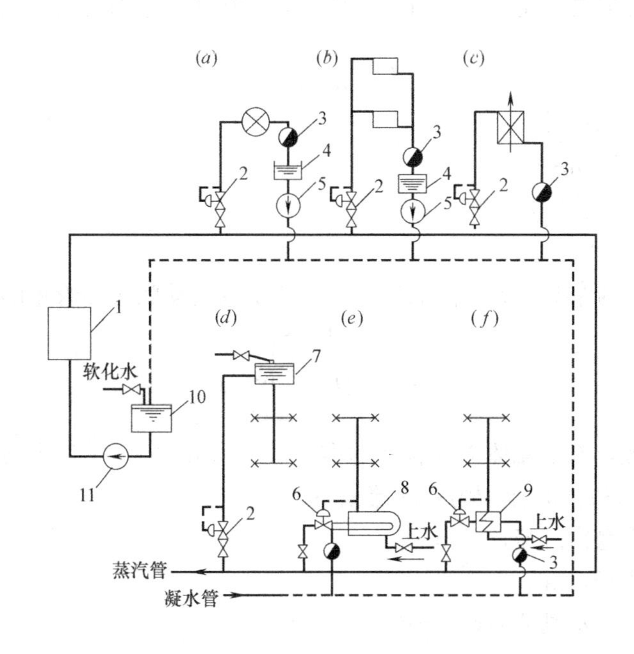

图1.14 蒸汽供热系统示意图

1—蒸汽锅炉；2—减压阀；3—疏水器；4—用户凝结水箱；5—用户凝结水泵；6—水温调节器；7—上部储水器；8—容积式加热器；9—蒸汽-水加热器；10—凝结水箱；11—锅炉给水泵

1.4　水力计算

设计供热系统时，为使系统各管段热媒流量符合设计要求，保证换热器散热量的需要，必须对各管段的直径进行细致选择，这就是供热系统水力计算的目的与内容。

1.4.1　散热器供暖系统水力计算

1. 基本公式

当流体沿管道流动时，由于流体分子间及其与管壁间的摩擦，就要损失能量；而当流体流过管道的一些附件（如阀门、弯头、三通、散热器等）时，由于流动方向或速度的改变产生局部漩涡和撞击，也要损失能量。前者称为沿程损失，后者称为局部损失。热水供暖系统中计算管段的阻力损失可用下式表示：

$$\Delta p=\Delta p_{\mathrm{y}}+\Delta p_{\mathrm{j}}=Rl+\Delta p_{\mathrm{j}} \tag{1.37}$$

式中　Δp——计算管段的阻力损失，Pa；

Δp_{y}——计算管段的沿程损失，Pa；

R——每米管长的沿程损失，即比摩阻，Pa/m；

l——管段长度，m；

Δp_{j}——管段的局部损失，Pa。

在管路的水力计算中，通常把管路热媒流量和管径都没有改变的一段管子称为一个计算管段。任何一个供热系统的管路都是由许多串联或并联的计算管段所组成的。

每米管长的沿程损失（比摩阻）可用流体力学的达西·维斯巴赫公式来计算：

$$R=\frac{\lambda}{d}\frac{\rho v^{2}}{2} \tag{1.38}$$

式中　λ——管段的摩擦系数；

d——管子内径，m；

v——热媒在管道内的流速，m/s；

ρ——热媒的密度，kg/m³。

热媒在管内流动的摩擦系数 λ 值取决于管内热媒的流动状态和管壁的粗糙程度，即：

$$\lambda=f(Re,\varepsilon) \tag{1.39}$$

$$Re=\frac{vd}{\nu},\varepsilon=\frac{K}{d}$$

式中　Re——雷诺数，判别流体流动状态的准则数（当 $Re<2320$ 时流动为层流流动，当 $Re>2320$ 时，流动为紊流流动）；

v——热媒在管内的流速，m/s；

d——管子内径，m；

ν——热媒的运动黏滞系数，m²/s；

K——管壁的当量绝对粗糙度，m；

ε——管壁的相对粗糙度。

管壁的绝对粗糙 K 值与管子的使用状况如腐蚀结垢程度和使用时间等因素有关。根据运行实践积累的资料，目前对室内热水供暖系统采用 $K=0.2$mm，室外热水供热系统

$K=0.5\text{mm}$，对于蒸汽供热系统，不论室内、室外，皆采用 $K=0.2\text{mm}$。

摩擦系数 λ 值是用实验方法确定的。经分析计算，不论蒸汽或热水的室内系统，其流动状态皆属于过渡区（紊流流动的一种状态）。蒸汽、热水的室外系统都处于阻力平方区（亦称紊流流动的粗糙区）。

若热媒流量 G 以 kg/h 表示，热媒流速 v（m/s）与流量的关系为：

$$v=\frac{G}{3600\dfrac{\pi d^2}{4}\rho}=\frac{G}{900\pi d^2\rho} \tag{1.40}$$

式中 G——管段的水流量，kg/h；

ρ——水的密度，kg/m^3；

其余符号同式（1.38）。

将式（1.40）的 v 值代入式（1.38），可得到更便于计算的公式

$$R=6.25\times10^{-8}\frac{\lambda}{\rho}\frac{G^2}{d^5} \tag{1.41}$$

对于室内系统，过渡区的摩擦系数 λ 值可用洛巴耶夫公式计算

$$\lambda=\frac{1.42}{\left(\lg Re\cdot\dfrac{d}{K}\right)^2} \tag{1.42}$$

将式（1.42）代入式（1.41）中，可得室内系统 R、d、G 之间的关系式。目前室内系统的水力计算表格就是根据该关系式编制的。

对于室外供热系统，阻力平方区的摩擦系数 λ 值可由希弗林松推荐的关系式计算

$$\lambda=0.11\left(\frac{K}{d}\right)^{0.25} \tag{1.43}$$

将式（1.43）代入式（1.41）中，并将热媒流量的单位改用 t/h 表示，便可得到室外供热系统水力计算的基本公式

$$R=6.88\times10^{-3}K^{0.25}\frac{G^2}{\rho d^{5.25}} \tag{1.44}$$

有时为了方便，将比摩阻 R 改用 $\text{mH}_2\text{O/m}$ 表示，此时可得

$$R=6.88\times10^{-9}K^{0.25}\frac{(V\rho)^2}{\rho^2 gd^{5.25}}=7.02\times10^{-10}\frac{K^{0.25}V^2}{d^{5.25}} \tag{1.45}$$

式中 V——热媒体积流量，m^3/h。

室外供热系统都是根据基本公式（1.44）编制成的水力计算表格进行计算的。计算表格给定了热媒密度 ρ，在 G、R、d 三个参数中，只要已知其中的任意两个，即可求出第三个。通常 G 是已知的，即设计值。R 由允许比摩阻决定，则管段直径 d 即可求出。

公式（1.44）也可写成另外形式

$$d=0.387\frac{K^{0.0476}G^{0.381}}{(\rho R)^{0.19}}\quad \text{m} \tag{1.46}$$

$$G=12.06\frac{(\rho R)^{0.5}d^{2.625}}{K^{0.125}}\quad \text{t/h} \tag{1.47}$$

以便于分别对 d、G 进行计算。

管径 d 选择后，根据式（1.44）可决定计算管段的实际比摩阻 R，再由式（1.37）决

定

$$\Delta p_y = Rl \quad \text{Pa}$$

计算管段的局部阻力损失 Δp_j 可按下式求出：

$$\Delta p_j = \sum \zeta \frac{\rho v^2}{2} \quad \text{Pa} \tag{1.48}$$

式中　$\sum \zeta$——管段总的局部阻力系数；

其余符号同前。

热媒通过三通、弯头、阀门等附件的局部阻力系数 ζ 值是由实验方法确定的，可查阅有关设计手册求得。

为设计计算方便，常常采用“当量阻力法”或“当量长度法”。前者是把直管段的沿程阻力折合成当量的局部阻力；后者是把局部阻力折合成相当长度的直管段。当量局部阻力系数 ζ_d 由下式计算：

$$\zeta_d = \frac{\lambda}{d} l \tag{1.49}$$

当量长度 l_d 可表示为：

$$l_d = \sum \zeta \frac{d}{\lambda} \tag{1.50}$$

沿程阻力和局部阻力决定后，即可求出计算管段的总阻力损失：

$$\Delta p = \Delta p_y + \Delta p_j = R(l + l_d) = \frac{1}{900^2 \pi^2 d^4 2\rho} (\sum \zeta + \zeta_d) G^2 \tag{1.51}$$

2. 计算步骤

（1）确定计算流量

对于热水供热系统，用户的计算流量由下式确定：

$$G = \frac{Q}{c(t_g - t_h)} \times 3600 = \frac{0.86Q}{(t_g - t_h)} \tag{1.52}$$

式中　G——计算水流量，kg/h；

Q——热用户的设计热负荷，W；

c——水的比热，c=4187J/(kg·℃)；

t_g，t_h——供热系统的设计供、回水温度，℃。

对于蒸汽供热系统，蒸汽的设计流量按下式计算：

$$G = \frac{3.6Q}{r} \tag{1.53}$$

式中　G——蒸汽设计流量，kg/h；

Q——散热设备设计热负荷，W；

r——蒸汽的汽化潜热，kJ/kg。

（2）确定主干线和允许比摩阻

平均比摩阻最小的环路，称为主干线，一般供热系统最长管线为主干线。

平均比摩阻愈大（或流速愈高）需要管径愈小，投资愈小；反之投资愈大。通常应进行经济比较，求出经济的比摩阻。一般对于热水供热系统，采用 R=30～80Pa/m。

对于蒸汽供热系统，平均比摩阻按下式计算：

$$R=\frac{(p_g-p_o)(1-\alpha)}{\sum l} \tag{1.54}$$

式中 p_g——热源出口蒸汽压力，Pa；

p_o——用热设备处蒸汽压力，Pa，对于生产工艺，由工艺要求决定。对于散热器，采用2000Pa。

α——局部阻力损失占总阻力损失的百分数；

$\sum l$——主干线总长度，m。

(3) 环路压降平衡

根据计算出的G、R，确定主干线和各环路计算管段的管径d，并确定相应的总压降Δp，使各环路的压降平衡在150%～25%以内。

(4) 密度的换算

蒸汽供热系统水力计算方法与热水供热系统基本相同，主要区别在于密度的修正。对于热水供热系统，水的密度变化不大，可以不进行修正。但对于蒸汽和凝结水系统，当蒸汽压力不同时，密度也不同；当凝结水中蒸汽含量不同时，汽水混合物的混合密度的差别就更大，此时必须进行密度修正，否则，误差很大。密度ρ的修正用下式计算：

$$R_s=\frac{\rho_b}{\rho_s}\cdot R_b \tag{1.55}$$

式中 R_s——计算管段的实际比摩阻，Pa/m；

R_b——计算表格上的比摩阻，Pa/m；

ρ_s——热媒（蒸汽、汽水混合物）的实际密度，kg/m^3；

ρ_b——编制计算表格时采用的蒸汽密度，通常$\rho=1kg/m^3$。

1.4.2 辐射板供暖系统水力计算

基本计算公式与散热器供暖系统相同，仍采用公式（1.37）。所不同的只是辐射板供暖系统的管道多用铝塑复合管和塑料管，其有些参数与钢管不同。其中摩擦阻力系数，可按下列公式计算：

$$\lambda=\left\{\frac{0.5\left[\frac{b}{2}+\frac{1.312(2-b)\lg 3.7\frac{d_n}{k_d}}{\lg Re_s-1}\right]}{\lg\frac{3.7d_n}{k_d}}\right\} \tag{1.56}$$

$$b=1+\frac{\lg Re_s}{\lg Re_z} \tag{1.57}$$

$$Re_s=\frac{d_n v}{\mu_t} \tag{1.58}$$

$$Re_z=\frac{500d_n}{k_d} \tag{1.59}$$

$$d_n=0.5(2d_w+\Delta d_w-4\delta-2\Delta\delta) \tag{1.60}$$

式中 λ——摩擦阻力系数；

b——水的流动相似系数；

Re_s——实际雷诺数；

v——水的流速，m/s；

μ_t——与温度有关的运动黏度，m^2/s；
Re_z——阻力平方区的临界雷诺数；
k_d——管子的当量粗糙度，m，对铝塑复合管及塑料管，$k_d=1\times10^{-5}$m；
d_n——管子的计算内径，m；
d_w——管外径，m；
Δd_w——管外径允许误差，m；
δ——管壁厚，m；
$\Delta\delta$——管壁厚允许误差，m。

铜管的摩擦系数可按下式计算：

$$\frac{1}{\sqrt{\lambda}}=-2\lg\left(\frac{2.51}{Re\sqrt{\lambda}}+\frac{K/d_n}{3.72}\right) \tag{1.61}$$

$$Re=\frac{d_n v}{\mu_t} \tag{1.62}$$

式中　λ——摩擦阻力系数；
Re——雷诺数；
d_n——管子的计算内径，m；
K——管子的当量粗糙度，m，对铜管，$K=1\times10^{-5}$，m；
v——水的流速，m/s；
μ_t——与温度有关的运动黏度，m^2/s。

塑料管及铝塑复合管单位长度摩擦阻力损失可按《辐射供暖供冷技术规程》附录 D 选用。

1.4.3　环状网络的水力计算

供热系统属于闭式系统，不同于给排水的开式系统；当供热系统采用环状网络时，其拓扑结构更加复杂，这为水力计算带来了一定困难。本节介绍一种简易方法，以确定环状网络的设计流量，进而进行水力计算。

1. 环状管网的设计流量计算

环状管网中的枝状管网的设计流量按通常算法确定。对于环状管网，供水环路与回水环路一般是对称的，为计算方便，通常只计算供水环路或回水环路。常用的设计流量计算方法有均分法和最小流量平方和法。

(1) 均分法

均分法的基本原理是将环形干线上各节点流出节点的总流量（包括管段流量和节点与热用户相连的泄流量）平均分配给流入该节点的各管段，表达为下式：

$$G_r=\frac{\left(\sum_{j=1}^{c}G_{cj}+g\right)}{r} \tag{1.63}$$

式中　G_r——各入流管段的流量；
G_{cj}——第 j 个出流管段的流量；
r——入流管段数；
c——出流管段数；

g——节点泄流量。

例如图 1.15 所示节点，其出流管段流量分别为 G_3 和 G_4，泄流量为 g，根据式（1.63），该节点两个入流管段的流量均为：

$$G_1=G_2=\frac{(G_3+G_4+g)}{2}$$

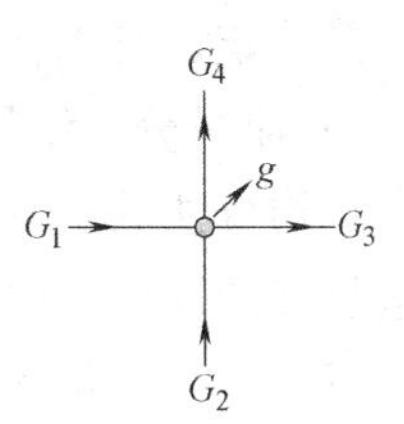

图 1.15 均分法原理示意图

使用均分法对环形干管进行流量分配时，应首先拟定所有管段的流量，然后找到环形干管上仅有入流管段和泄流量的节点（称为“汇流节点”），从该节点开始，应用均分法计算其入流管段流量，并逐次向上游推算，直至环形干管上热源的连接点处。

【例题 1.1】 某环状管网的环形干管简化为图 1.16，其中节点 1 连接热源，其入流量为 7000t/h，2～6 节点的泄流量均为 1400t/h。用均分法对该环形干管进行流量分配。

【解】 首先拟定环形干管中各管段的流向为：1→2，2→3，3→6，1→4，4→5，5→6，2→5。

节点 6 为汇流节点，泄流量已知为 1400t/h，根据式（1.63），将节点 6 的总出流量 1400t/h 平均分配到其两根入流管段 3-6 和 5-6 上，因此，$G_{3\text{-}6}=G_{5\text{-}6}=700$t/h。再逐次对其他节点应用均分法，得到流量分配结果 1，见图 1.17。

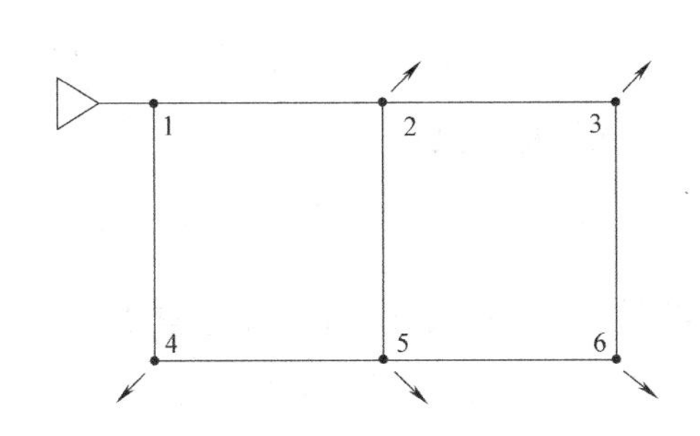

图 1-16 环状管网示意图

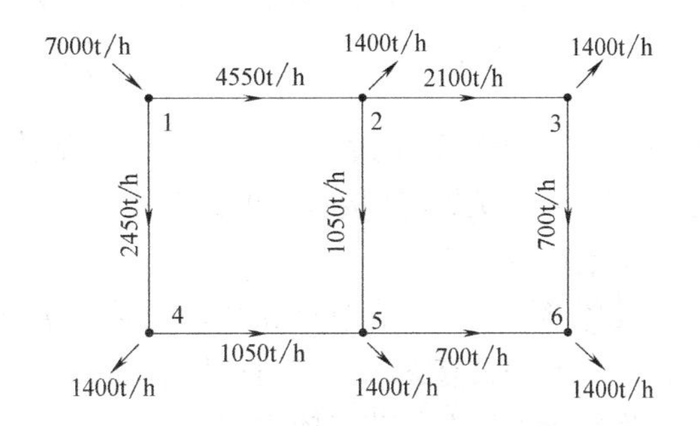

图 1.17 分配结果 1

如果事先拟定管段 2-5 的流向与图 1.16 相反，即为 5→2，用均分法分配流量的结果见图 1.18。

比较两个计算结果可以发现，管段 1-2、1-4、2-4 和 4-5 的流量分配均发生了变化。两种流量分配结果中，对于末端节点 6 的两根入流管段 3-6 和 5-6 的流量都得到了均匀分配，但是两个分配结果中，起点（热源连接点）1 相连的两根干线管段的流量均有较大偏差，其中结果 2 的偏差更大，管段 1-4 的流量是 1-2 流量的 3 倍。

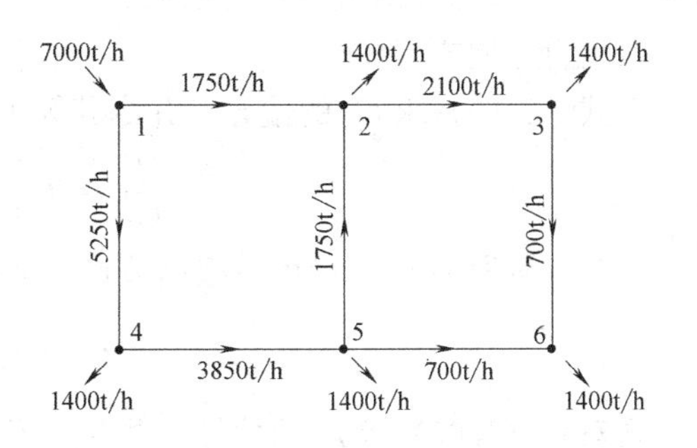

图 1.18 分配结果 2

从［例题 1.1］可以总结出均分法的特点：

1）简单、直观、适合手算；

2）管段末端流量分配比较均匀，靠近热源处的管段流量分配可能不均匀；

3）计算前需要拟定所有管段流向，找到环形干管汇流点，当环的数量较多时，该节点不易确定，且工作量较大；

4）流量分配结果与拟定的流向密切相关，因此均分法的流量分配方案并不是唯一的。

在均分法的基础上，还可将入流管段长度作为权值，按照入流管段长度越短分配到的流量越多的原则，将节点的出流总流量分配至各入流管段上。

（2）最小流量平方和法

最小流量平方和法的思想就是要优化流量的分配，使分配得到的所有管段流量的平方和最小。

将环形干管中所有管段流量的平方和作为目标函数 F，优化的目标是使该目标函数达到最小值。

$$\min F=\min \sum_{ij\in B} G_{ij}^2 \tag{1.64}$$

式中　F——最小流量平方和法建立的目标函数；

ij——表示起点为 i，终点为 j 的管段；

G_{ij}——管段 ij 的流量，且满足 $G_{ij}=-G_{ji}$；

B——所有管段的集合。

同时拟定管网中各管段的水流方向，再以节点质量守恒作为上述优化函数的约束条件，

$$\sum_{ij\in B_i} G_{ij}+g_i=0 \tag{1.65}$$

式中　g_i——节点 i 的泄流量或入流量，泄流量为正，入流量为负；

B_i——节点 i 连接管段的集合；

其他符号同式（1.64）。

设环形干管上共有节点 n 个，则对这 n 个节点都可以写出如式（1.65）的节点质量守恒方程，但是只有 $n-1$ 个方程是独立的。

将环形干管上的节点依次编号。

根据拉格朗日乘数法，构造拉格朗日函数 L：

$$L=\sum_{ij\in B} G_{ij}^2+\sum_{i=1}^{n-1}\lambda_i\left(\sum_{ij\in B_i} G_{ij}+g_i\right) \tag{1.66}$$

式中　λ_i——节点 i 对应的不定乘数。

其他符号同式（1.65）。

对式（1.66）求 G_{ij} 的偏导，并令其等于0。

$$\frac{\partial L}{\partial G_{ij}}=2G_{ij}+\lambda_i-\lambda_j=0 \tag{1.67}$$

于是，管段 ij 的流量可以根据节点 i 和 j 的不定乘数得到：

$$G_{ij}=-\frac{\lambda_i-\lambda_j}{2} \tag{1.68}$$

再对式（1.66）求 λ_i 的偏导，并令其等于0：

$$\frac{\partial L}{\partial \lambda_i}=\sum_{ij\in B_j} G_{ij}+g_i=0 \tag{1.69}$$

将式（1.68）代入式（1.69），

$$\sum_{ij \in B_i} (\lambda_i - \lambda_j) = 2g_i \tag{1.70}$$

假设与节点 i 关联的管段数共有 k_i 个，即集合 B_i 的维数为 k_i，则式（1.70）可改写为：

$$k_i\lambda_i - \sum_{j=1}^{k_i} \lambda_j = 2g_i \tag{1.71}$$

选取环形干管上的一个节点作为参考节点 e，参考节点的不定乘数 $\lambda_e=0$。

联立式（1.71）和式（1.68），即可得到环形干管上各管段的流量。

【例题 1.2】 仍然以［例题 1.1］假设的环形干线为例（图 1.16），使用最小流量平方和法进行流量分配。

【解】（1）拟定各管段流向。

（2）假设节点 6 为参考节点，$\lambda_6=0$。根据式（1.71）写出其他节点 1～5 的方程，建立方程组：

$$\begin{cases} 2\lambda_1 - \lambda_2 - \lambda_4 = -14000 \\ 3\lambda_2 - \lambda_1 - \lambda_3 - \lambda_5 = 2800 \\ 2\lambda_3 - \lambda_2 - \lambda_6 = 2800 \\ 2\lambda_4 - \lambda_1 - \lambda_5 = 2800 \\ 3\lambda_5 - \lambda_2 - \lambda_4 - \lambda_6 = 2800 \end{cases}$$

求解方程组得到各节点的不定乘数：

$$\begin{cases} \lambda_1 = -11760 \\ \lambda_2 = -3920 \\ \lambda_3 = -560 \\ \lambda_4 = -5600 \\ \lambda_5 = -2240 \end{cases}$$

（3）根据式（1.68）建立方程组，求解各干管的流量。

$$\begin{cases} G_{12} = -\dfrac{\lambda_1 - \lambda_2}{2} = -\dfrac{-11760+3920}{2} = -3920\text{t/h} \\ G_{23} = -\dfrac{\lambda_2 - \lambda_3}{2} = -\dfrac{-3920+560}{2} = -1680\text{t/h} \\ G_{14} = -\dfrac{\lambda_1 - \lambda_4}{2} = -\dfrac{-11760+5600}{2} = -3080\text{t/h} \\ G_{25} = -\dfrac{\lambda_2 - \lambda_5}{2} = -\dfrac{-3920+2240}{2} = -840\text{t/h} \\ G_{36} = -\dfrac{\lambda_3 - \lambda_6}{2} = -\dfrac{-560-0}{2} = -280\text{t/h} \\ G_{45} = -\dfrac{\lambda_4 - \lambda_5}{2} = -\dfrac{-5600+2240}{2} = -1680\text{t/h} \\ G_{56} = -\dfrac{\lambda_5 - \lambda_6}{2} = -\dfrac{-2240-0}{2} = -1120\text{t/h} \end{cases}$$

流向根据计算得到的流量值的正负判断，当数值为正时，流向由节点 i 至节点 j；当数值为负时，流向由节点 j 至节点 i。在最小流量平方和法中拟定各管段流向仅用于根据式（1.68）求解各管段流量使用，且可以根据计算结果校正流向。

上述计算结果均为正值，说明干管中水的流向与拟定的方向（管段起点与终点的顺序）一致。

环形干管流量示于图1.19。

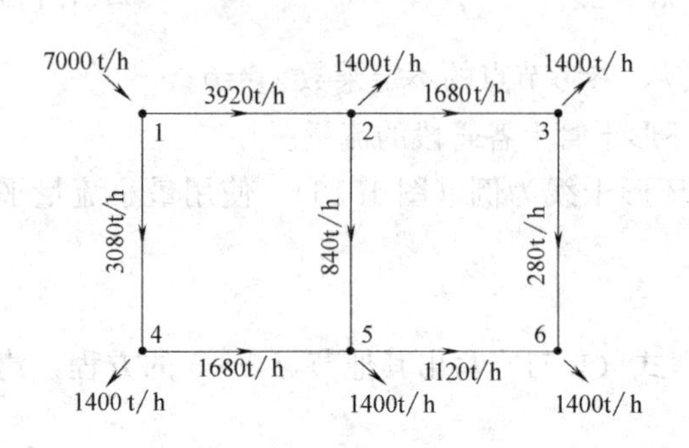

图1.19　最小流量平方和法计算结果

从计算结果可见管网末端节点6的两根干管流量偏差较大，但是起点1的两根干管流量分配均匀。从可靠性的角度看，离热源越近的管段重要性越高，流量分配均匀有利于提高系统可靠性，因而最小流量平方和法优于均分法。

综上，最小流量平方和法的特点是：

1）不需要根据拟定的管段流向寻找环形干管上的汇流节点；

2）拟定的管段流向可以根据计算结果的正负进行校正。

（3）多热源环状管网设计流量计算

以上介绍的环状管网设计流量计算方法，多用于单热源环状管网。对于多热源环状管网，首先分析其特殊性：多热源联网，一般要有主热源与调峰热源的区别。通常，供热能力最大的热源，担任主热源。当供热系统的供热规模很大时，往往主热源还不止一个。主热源的确定，一个基本原则是在运行初期，主热源的供热量能够承担供热系统全部热用户的需热量；同时，主热源在整个供暖期以始终不变的供热量供热。当主热源由热电厂承担时，由于供热量的稳定不变，特别有利于发电负荷的调整。为适应这一切，热电厂在热电冷联供时，其热化系数必须满足0.5～0.6的要求。当室外温度逐渐变冷时，由于热负荷的逐渐增加，将陆续有序启动调峰热源，以满足供热量的需求。在整个供暖期间，多热源的有序投运与停运，是根据事先经过优化设计确定的协调运行方案进行的。

了解了多热源环状管网（简称环网）上述的运行特点，则其设计流量的确定方法也就容易理解了。一个多热源环网供热系统，在不同的外温下，其运行的热源数目不同，每个热源供热的范围不同，环网中的运行流量也不同。但在同一个外温下，每个运行着的热源，会自然形成一个独立的供热范围，组成若干个以热源为中心的“一对一”的单一供热系统。各个单一的“一对一”的供热系统，其分界线是由环网中的水力汇交点相分割开的。有几个运行中的热源，就会在环网上形成几个水力汇交点，将环网分成几个独立的“一对一”的供热系统。通过上述分析，就会发现：在任何运行阶段，一个多热源环网供热系统，都可以分解为若干个以热源为中心的单一的“一对一”的树枝状供热系统，此时按树枝状供热系统确定其设计流量，就是迎刃而解的事情了。

多热源环网设计流量出现在设计外温下，此时主热源、调峰热源启动运行的数量最多。根据优化协调运行方案，可以确定每个热源所带的供热面积，按照树枝状管网的方法确定环网的设计流量。

2. 环状管网的水力计算

对于多热源环状管网，按上述方法确定设计流量后，再依各个单独的“一对一”的树枝状供热系统选择管径即可。对于单热源环状管网，采用均分法或最小流量平方和法确定设计流量后，按通常方法确定管径，此时须对热源至水力汇交点之间的左右路径进行压降平衡计算，通常采用平差法进行，其基本思路是调整各管段的设计流量，直至左右路径压降相等为止。从工程实际考虑，此项压降平衡计算，有时需要反复多次，一般当左右路径压降之差计算，前后两次之差在2%以内即可认为压降平衡计算结束。

平差法计算的调整流量 ΔG 按下式进行：

$$\Delta G=\frac{\sum_{i=1}^{n}S_{1i}G_{1i}^{2}-\sum_{j=1}^{m}S_{2j}G_{2j}^{2}}{2\left(\sum_{i=1}^{n}S_{1i}G_{1i}+\sum_{j=1}^{m}S_{2j}G_{2j}\right)}=\frac{\delta(\Delta H)}{2\sum SG} \tag{1.72}$$

式中 $\delta(\Delta H)$——左右路径阻力损失闭合差，mH_2O；

S——各管段的阻力系数，$m/(t/h)^2$；

下标1、2——表示左、右路径；

n、m——分别为左、右路径的管段数。

【例题1.3】 图1.20为单热源环状管网环形干线的简化示意图，节点1为热源的连接点，入流量7000t/h，节点2～8为支干线的连接点，每个节点的泄流量见图中所示。环形干线上每根管段长度均为2km。设计该环形干线各管段路径，并进行水力计算。

【解】 对于环形干线，首先确定各管段流量。根据最小流量平方和法，得到环形干线各管段流量和流向，见图1.21。

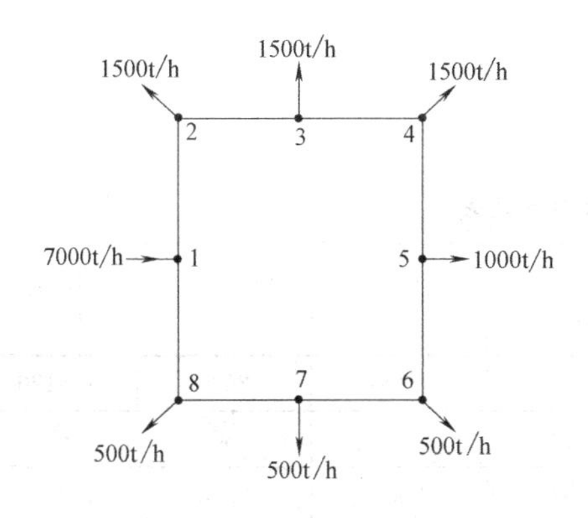

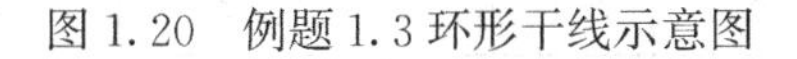
图1.20 例题1.3环形干线示意图

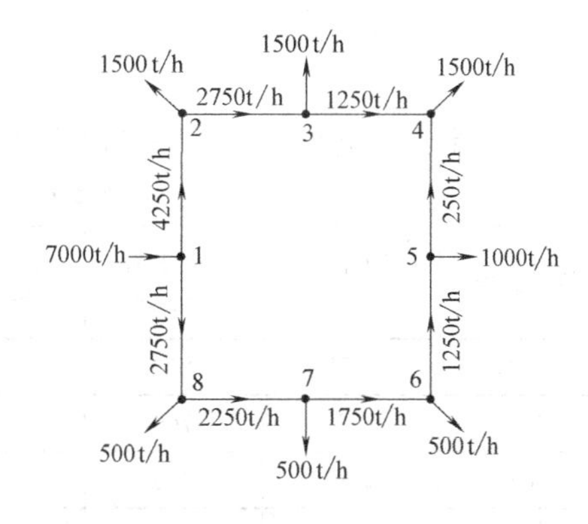

图1.21 例题1.3环形干线流量分配结果

环形干线上的各管段按照推荐比摩阻选取管径，本例局部阻力损失取局部阻力当量长度百分比0.3计算，水力计算结果见表1.3。

例题1.3初始水力计算表 **表1.3**

管段编号	设计流量(t/h)	公称直径(mm)	比摩阻(Pa/m)	流速(m/s)	管长(m)	折算总长(m)	压降(Pa)
1-2	4250	800	61.0	2.43	2000	2600	158471
2-3	2750	700	51.3	2.05	2000	2600	133253

续表

管段编号	设计流量(t/h)	公称直径(mm)	比摩阻(Pa/m)	流速(m/s)	管长(m)	折算总长(m)	压降(Pa)
3-4	1250	500	54.7	1.74	2000	2600	142101
5-4	250	300	30.9	0.95	2000	2600	80289
6-5	1250	500	54.7	1.74	2000	2600	142101
7-6	1750	600	41.8	1.70	2000	2600	108779
8-7	2250	600	69.2	2.19	2000	2600	179818
1-8	2750	700	51.3	2.05	2000	2600	133253

根据图 1.21 中所示的流向，节点 4 为水力汇交点，也是该环形干线的最不利节点。

由上述水力计算表格可以得到，左路径 1-2-3-4 的总阻力损失 $\Delta H_{1\text{-}2\text{-}3\text{-}4}=433825$Pa，右路径 1-8-7-6-5-4 的总阻力损失 $\Delta H_{1\text{-}8\text{-}7\text{-}6\text{-}5\text{-}4}=-644239$Pa，该环路的阻力损失闭合差 $\delta(\Delta H)=-210414$Pa。该环路的阻力损失闭合差不等于零，因此在确定环形干线各管段管径后，还需要进行平差，以计算管段的实际流量。

由于上述计算的结果 $\delta(\Delta H)<0$，说明沿左路径的阻力损失小于沿右路径的阻力损失，即应使沿右路径管段内的流量减少 $|\Delta G|$，沿左路径管段内的流量增加 $|\Delta G|$，使 $\delta(\Delta H)\rightarrow 0$。

根据式 (1.71)，

$$\Delta G=\frac{\delta(\Delta H)}{2\sum SG}=-128\text{t/h}$$

平差后，左路径的管段流量为：

$$G_1=G+\Delta G$$

右路径的管段流量为：

$$G_2=G-\Delta G$$

根据平差后的流量计算的管段压降见表 1.4。

例题 1.3 一次平差后水力计算表　　**表 1.4**

管段编号	平差流量(t/h)	公称直径(mm)	比摩阻(Pa/m)	流速(m/s)	管长(m)	折算总长(m)	压降(Pa)
1-2	4378	800	64.7	2.50	2000	2600	168126
2-3	2878	700	56.1	2.14	2000	2600	145901
3-4	1378	500	66.4	1.92	2000	2600	172583
5-4	122	300	7.4	0.47	2000	2600	19260
6-5	1122	500	44.1	1.56	2000	2600	114580
7-6	1622	600	36.0	1.58	2000	2600	93499
8-7	2122	600	61.5	2.07	2000	2600	160008
1-8	2622	700	46.6	1.95	2000	2600	121178

一次平差后，该环路的阻力损失闭合差 $\delta(\Delta H)=-21914$Pa，仍然较大。可以再次对管段流量进行修正，经过计算，修正流量 $\Delta G=\frac{\delta(\Delta H)}{2\sum SG}=-17$t/h，并进行二次平差（见

表1.5)。二次平差后，环路的阻力损失闭合差$\delta(\Delta H)=-380$Pa。在工程设计中，如果设定该次阻力损失闭合差与前次的比值小于2%则停止平差，本例经过两次平差即可满足该精度要求，得到了在选定管径情况下环形干线各管段的实际流量和阻力损失。

例题1.3二次平差后水力计算表 **表1.5**

管段编号	平差流量(t/h)	公称直径(mm)	比摩阻(Pa/m)	流速(m/s)	管长(m)	折算总长(m)	压降(Pa)
1-2	4394	800	65.2	2.51	2000	2600	169418
2-3	2894	700	56.8	21.6	2000	2600	147607
3-4	1394	500	68.0	1.94	2000	2600	176813
5-4	106	300	5.5	0.40	2000	2600	14343
6-5	1106	500	42.8	1.54	2000	2600	111180
7-6	1606	600	35.2	1.56	2000	2600	91575
8-7	2106	600	60.6	2.05	2000	2600	157488
1-8	2606	700	46.0	1.94	2000	2600	119632

在实际的供热工程中，考虑到事故发生的可能性，为了提高系统的可靠性，尽可能降低供热的损失，常常将环状管网设计成同管径。一旦环网的某一管段发生故障，需要维修时，可通过阀门对故障段解列，从环网的另一方向继续供热。为此，环网在水力计算后，一般按最大管径进行环网管径设计。这样设计，环网的设计流量一般都是可及的。

第 2 章　供热系统水力工况

供热系统中流量、压力的分布状况称为系统的水力工况。供热系统的基本功能，是将供热量从热源输送至热用户，使热用户室温达标，满足居民舒适性要求。供热系统循环流量，本质上是供热量的载体，是运载供热量至每家每户的工具。因此，供热系统中流量的输配功能，直接影响供热效果的好坏。而供热系统衡量流量输配功能的，主要由其流量、压力参数所决定，因此，研究供热系统供热效果的好坏，必须首先研究其水力工况。目前供热系统普遍存在的冷热不均现象，主要原因就是系统水力工况失调所致，这样，研究供热系统水力工况的稳定性，就显得至关重要。

本章着重分析引起系统水力工况失调的原因。为便于上述论述，还将介绍热网水压图——描述热网水压分布的基本工具，系统水力工况计算方法，变动水力工况的基本规律，系统定压的主要方式以及水击过程的水压分布和防治方法。

2.1　水　压　图

2.1.1　管段的水压分布

流体在管道中流动，将引起能量损耗即表现为流体的压力损失。这样，在管段的不同断面，流体的压力值不同。流体力学中的伯努利能量方程式对管段的水压分布规律进行了科学描述。

若流体介质流过某一管段（图 2.1），根据伯努利方程式，可列出管段断面 1 和 2 之间的能量方程为：

$$p_1+Z_1\rho g+\frac{v_1^2\rho}{2}=p_2+Z_2\rho g+\frac{v_2^2\rho}{2}+\Delta p_{1-2}\quad (\text{Pa})\tag{2.1}$$

伯努利方程式也可用水头高度的形式表示，即：

$$\frac{p_1}{\rho g}+Z_1+\frac{v_1^2}{2g}=\frac{p_2}{\rho g}+Z_2+\frac{v_2^2}{2g}+\Delta H_{1-2}\quad (\text{mH}_2\text{O})\tag{2.2}$$

式中　p_1，p_2——断面 1、2 的压力，Pa；

Z_1，Z_2——断面 1、2 的管中心线离某一基准面 $O—O$ 的位置高度，m；

v_1、v_2——断面 1、2 的流体平均流速，m/s；

ρ——流体的密度，kg/m^3；

g——自由落体的重力加速度，$9.81m/s^2$；

Δp_{1-2}——流体流经管段 1—2 的压力损失，Pa；

ΔH_{1-2}——流体流经管段 1—2 的压头损失，mH_2O。

图 2.1 中 AB 线称为总水头线，其上各点表示管段上相应各断面处流体的总水头值（或称总压力值）。如管段断面 1 处的总水头值为 H_A，由式（2.2）知该值：

$$H_A=\frac{p_1}{\rho g}+Z_1+\frac{v_1^2}{2g}\quad (mH_2O)$$

其中 Z_1 称为位置水头，表示流体在该断面所处的位置高度（相对于任意确定的基准面 $O—O$ 而言）；$p_1/\rho g$ 称为压力能水头，表示流体在断面 1 的位置高度 Z_1 时对管壁的静压力（以 mH_2O 为单位）。此值的具体数值等于在断面 1 处垂直向上开孔后，流体的上喷高度；$v_1^2/2g$ 称为动能水头，表示流体在 v_1 流速下由流动引起的动能（以 mH_2O 为单位）。管段断面 2 处的总水头值 H_B 为：

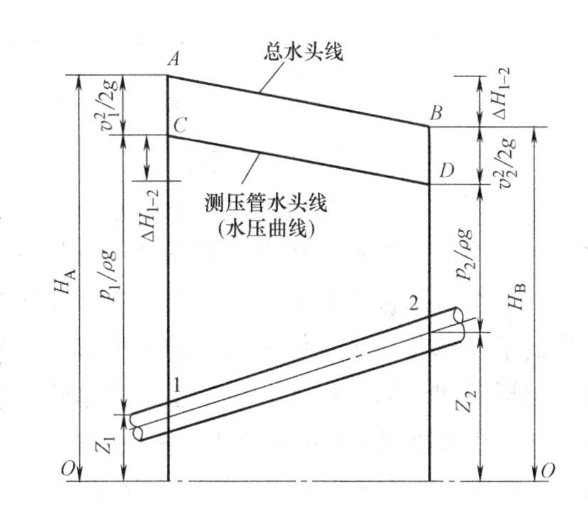

图 2.1 总水头线与测压管水头线

$$H_B=Z_2+\frac{p_2}{\rho g}+\frac{v_2^2}{2g}\quad (mH_2O)$$

其各项物理意义同断面 1。

由式（2.2）可知，管段断面 1-2 之间的压力损失 ΔH_{1-2} 可由下式表示：

$$\Delta H_{1-2}=H_A-H_B\quad (mH_2O)\tag{2.3}$$

即管段任意两个断面之间的压力损失等于这两个断面处流体总水头值之差。这说明流体之所以能从 1 断面流向 2 断面，就是因为 1 断面的流体总水头 H_A 大于 2 断面流体总水头 H_B，进而克服管段阻力 ΔH_{1-2} 所致。人们通常的经验是“水往低处流”，然而在一闭式管段中，并不尽然。断面 1 位居低处，断面 2 位居高处，即 $Z_2>Z_1$，然而水往高处流，这是为什么呢？原来“水往低处流”的科学含义应该是“水往低能量处流”。衡量某断面流体能量大小，应该看总水头值。断面 1 虽地处低势，即位置水头 Z_1 小，但其总水头值 $H_A>H_B$，因此水从断面 1 流向断面 2，而不是相反。人们在实际工作中，常常把管道中的流体流向判断错，主要原因就是只注意了流体的分项水头（位置水头、压力能水头或动能水头），而忽视了流体总水头的比较。

对于室内热水供暖系统，水流速一般小于 1m/s；对于室外热水供热系统，水流速一般在 1m/s 左右，通常不超过 3m/s。若水流速 $v=1m/s$，则水的动能水头 $v^2/2g=0.051mH_2O$；若水流速 $v=3m/s$，水的动能水头 $v^2/2g=0.46mH_2O$。在热水供热系统中，由于水流速不高，在计算热水的总水头值时，常常忽略动能水头，只考虑位置水头和压力能水头，即 $H=Z+p/\rho g$。此时，在图 2.1 中，由 CD 曲线代替 AB 曲线表示总水头线。

CD 曲线表示各断面流体的位置水头 Z 与压力能水头 $p/\rho g$ 之和。若用测压管测量管段各断面的压力，则测压管上显示的液面高度即为 $Z+p/\rho g$。因此习惯上把 CD 曲线又称为测压管水头线。

利用管道的测压管水头线，可以很方便地将管道中流体的压力分布作出明晰的分析：

（1）根据测压管水头线（如 CD 曲线）确定管段上各断面流体的总水头值（忽略动能水头）H；

（2）根据测压管水头线和各断面位置高度（Z），可计算各断面流体的压力能水头值 $p/\rho g(mH_2O)$，即 $p/\rho g=H-Z(mH_2O)$。此值即表示该断面上压力表的读数。但应注意，弹簧压力表标记的读数单位为 MPa，与米水柱（mH_2O）单位要作适当换算，其换算关系为 $0.1MPa=10mH_2O=1.0kg/cm^2$。

（3）根据测压管水头线可计算管段断面之间的压力损失，即

$$\Delta H=H_C-H_D=\left(Z_1+\frac{p_1}{\rho g}\right)-\left(Z_2+\frac{p_2}{\rho g}\right)\quad (mH_2O) \tag{2.4}$$

2.1.2　水压图的绘制与使用

水压图是用来研究热水供热系统水压分布的重要工具。图 2.2 为室内热水供暖系统的水压图，图 2.3 为室外热水供热系统的水压图。

一般水压图包括如下内容：横坐标表示供热系统的管道单程长度（以 m 为单位）。纵坐标的下半部分，表示供热系统的纵向标高（以 m 为单位），包括管网、散热器、循环水泵、地形及建筑物的标高。对于室外热水供热系统，当纵坐标无法将供热系统组成表示清楚时，可在水压图的下部标出供热系统示意图，如图 2.3 所示。纵坐标的上半部分表示供热系统的总水头线或测压管水头线（忽略动能水头）。总水头线（以后论述皆含测压管水头线）又包括动水压线和静水压线两部分。动水压线表示供热系统在运行状态下的总水头线；静水压线表示供热系统在停止运行时的总水头线。其单位皆以 mH_2O 表示。描述供水管的总水头线称为供水压线，描述回水管的总水头线称为回水压线。供热系统停止运行状态即水不流动状态，根据前文所述，此时供热系统管道各断面流体的总水头值必然皆相等，即供水压线和回水压线合并为一条水平直线。这就是静水压线始终为一条水平直线的根本原因。

利用水压图，可以很方便地了解供热系统各点的压力分布。在管网的实际运行中，人们所关心的压力分布实际是指压力能水头 $p/\rho g$，即从压力表上读出的压力数值。因此，下文所述的压力值均指压力能水头（mH_2O）。

（1）管道上任一点压力确定：因管道上任一点压力能水头为 $p_i/\rho g=H_i-Z_i$（mH_2O），当水压图已经绘制好时，即该 i 断面的位置高度 Z_i 和总水头值 H_i 皆为已知，则该断面的压力能水头 $p_i/\rho g$ 便很容易求出。

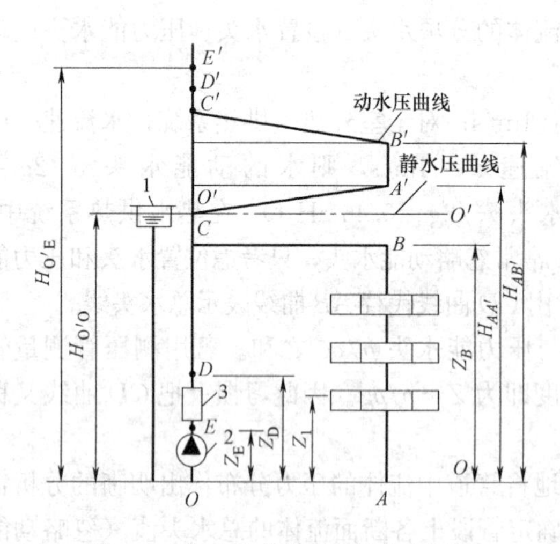

图 2.2　室内热水供暖系统的水压图

1—膨胀水箱；2—循环水泵；3—锅炉

如图 2.2 所示，循环水泵入口处的压力 $p_0/\rho g$，应为 $H_{0'0}-Z_0$，但 $Z_0=0$，则有 $p_0/\rho g=H_{0'0}$（mH_2O）。系统 B 点的压力，即热用户供水入口压力 $p_B/\rho g=H_{AB'}-Z_B$（mH_2O），此处 $H_{AB'}$ 为管道 B 点的总水头值（供水压线），Z_B 为管道 B 点的位置高度。

当系统停止运行时，锅炉出口压力 $p_D/\rho g=H_{0'0}-Z_D$，因 $Z_D>Z_0$，则 $P_D/\rho g<p_0/\rho g$，这说明在系统静止时，虽然系统各点的总水头值相等，但系统各点的压力能水头则不等，即压力表读数不等；位置愈高，压力能水头愈小，位置愈低，承压愈大。

（2）散热设备处压力确定：在系统运行状态下，散热设备处的压力能水头值介于该处

供水压线和回水压线之间。究竟用供水压线还是用回水压线作为计算依据？按理二者皆可，但通常以回水压线作为计算依据。这是因为一般在供水管线的入口处装有节流降压设备，这时供水管入口压力较高，而回水管线压力比较接近散热设备处压力。因此，常用回水压线数值代替散热设备处的总水头线，其误差不超过0.5mH_2O。

仍以图2.2为例，一层散热器的压力能水头值为 $P_1/\rho g=H_{A'A}-Z_1(mH_2O)$。对于图2.3室外供热系统，其热用户1的底层和顶层散热器的压力能分别为 p_1(底)$/\rho g=H_1$(回)$-Z_1=37-1=36mH_2O$ 和 p_1(顶)$/\rho g=H_1$(回)$-Z_1=37-16=21mH_2O$。在计算某一支线热用户散热设备压力时，其回水压线应该以支线回水压线为依据，而不是热网干线回水压线。通过实际计算，可以明确：顶层散热器受压最小，而底层散热器受压最大。

(3) 热用户资用压头的确定：对于室外热水供热系统，热用户资用压头是指热网提供给该用户室内系统可能消耗的最大压力。对于室内供暖系统，是指各立管最大允许压降。其值等于相应用户的供水总水头与回水总水头的差值。在图2.3中，用户1的资用压头 $\Delta H_1=49-37=12mH_2O$。在图2.2中，立管 AB 的资用压头 $\Delta H_{AB}=H_{AB'}-H_{AA'}$。

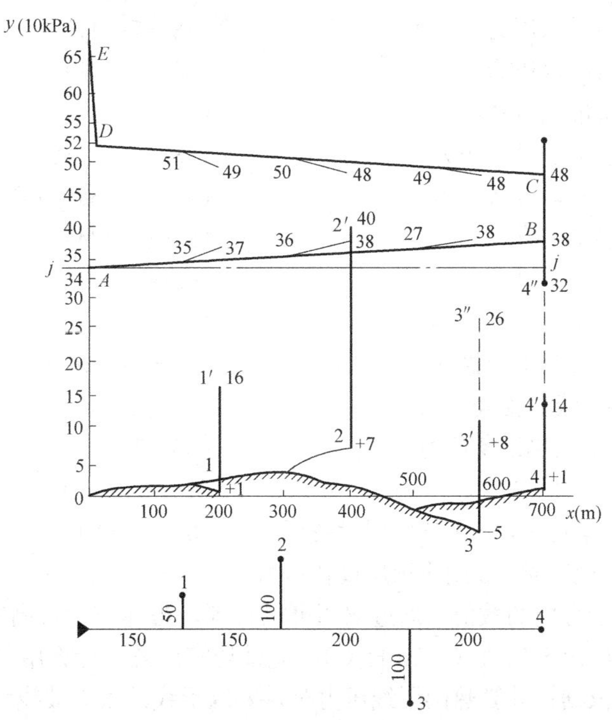

图2.3 热水网络的水压图

(4) 管段比摩阻的确定：管段比摩阻 R 的定义为流体通过1m直管段的压力降(Pa/m)。在水压图上，一般水力坡线（供水压线或回水压线）的斜率即表示管段比摩阻 R。若考虑局部阻力因素，需在管段总阻力中减去局部阻力值，其计算公式为：

$$R=\frac{(1-\alpha)\Delta H}{L}\times 10^4 \quad (Pa/m) \tag{2.5}$$

式中 ΔH——计算管段的总压降，mH_2O；

L——计算管段的长度，m；

α——局部阻力在总阻力中的百分比，一般在小区供热系统的范围内为0.3～0.5之间。

在图 2.2 中，供水管 CB 段的比摩阻为：

$$R_{\mathrm{CB}}=\frac{(1-\alpha)\Delta H_{\mathrm{C'B'}}}{L_{\mathrm{CB}}}\times 10^{4}\quad(\mathrm{Pa/m})$$

在图 2.3 中，2 支线回水管的比摩阻为：

$$R_2=\frac{(1-\alpha)\ \Delta H_2}{L_2}\times 10^{4}$$

$$=\frac{(1-0.5)\ \times\ (38-36)}{100}\times 10^{4}=100\mathrm{Pa/m}$$

(5) 循环水泵扬程确定：在水压图上，循环水泵扬程应为水泵出口总水头与水泵入口总水头之差值。对于图 2.2，循环水泵的扬程应为 $\Delta H_{\mathrm{O'E'}}=H_{\mathrm{E'}}-H_{\mathrm{O'}}$ ($\mathrm{mH_2O}$)。其中 $H_{\mathrm{E'}}$、$H_{\mathrm{O'}}$ 分别为水泵出口、入口的总水头。有些初学者，常常把水泵出口总水头或压力能水头误认为水泵扬程，这是需要注意的。

【例题 2.1】 根据图 2.3 水压图，用单位 $\mathrm{mH_2O}$ 写出下列各项数值（压力均指压力能水头）：

(1) 2 用户入口供水压力　(48－7＝41)

(2) 2 用户入口回水压力　(38－7＝31)

(3) 2 用户底层散热设备压力　(38－7＝31)

(4) 2 用户顶层散热设备压力　(38－40＝－2)

(5) 3 用户底层散热设备压力　(38－(－5)＝43)

(6) 循环水泵入口压力　(34－0＝34)

(7) 循环水泵出口压力　(65－0＝65)

(8) 循环水泵扬程　(65－34＝31)

(9) 1 用户与干线分支处供水压力　(51－2＝49)

(10) 1 用户与干线分支处回水压力　(35－2＝33)

(11) 4 用户底层散热设备压力　(38－1＝37)

(12) 4 用户的资用压头　(48－38＝10)

(13) 系统停止运行时，3 用户底层设备压力　(34－(－5)＝39)

(14) 系统停止运行时，3 用户顶层设备压力　(34－8＝26)

【解】 题解见括号内的数值。通过解题可以看到，当建筑物过高时（如 2 用户），顶层散热设备压力可能出现负值（$-2\mathrm{mH_2O}$）。此外还需注意：计算用户有关压力时，要以支线的水力坡线为依据；计算热网干线压力时，要以干线的水力坡线为依据。

2.2　水压图在设计、运行中的应用

2.2.1　供热系统正常运行对水压的基本要求

热网正常运行对水压的基本要求：保证热用户有足够的资用压头，保证散热设备不被压坏，保证供热系统充满水不倒空，保证系统不汽化，否则供热系统不能正常运行。为此，需要通过系统的水压分析，制定合理的设计水压图。

1. 保证热用户有足够资用压头

如果外网提供的资用压头不足，难以克服用户室内供暖系统的阻力，系统就不能正常

运行。由于外网与用户系统的连接方式不同，即系统阻力不同，要求的资用压头也不同。当外网与用户采用简单直接连接时，要求的资用压头 H(资)＝2～5mH_2O；当为喷射泵连接时，由于喷射泵的动力要求，资用压头取值较高，一般 H(资)＝8～12mH_2O；对于采用热交换器的间接连接系统，资用压头为 H(资)＝3～5mH_2O。

2. 保证设备不压坏

锅炉和管道、阀门的承压能力一般都在 1.6MPa 以上，通常压坏的可能性较小。供热系统的薄弱环节主要是散热器等散热设备。对于普通铸铁散热器（四柱、M-132、翼形等），承压能力为 0.4MPa（即 40mH_2O），含有稀土元素的铸铁散热器，承压能力可达 0.8MPa，钢串片散热器承压能力在 1.0～1.2MPa 之间，板式钢制散热器承压能力在 0.4～0.5MPa 之间。

由上节可知，散热设备在建筑物的最底层处所承受的水压最大。因此，系统中的散热设备是否被压坏，不必考查所有散热设备，只要检查最底层的散热设备就够了。在通常情况下，由于供热范围较大，各建筑物选用散热设备的型号不尽相同，为安全起见，一般规定底层散热设备的承压能力不超过 40mH_2O（即 0.4MPa）即检查条件为：

$$\frac{p_{底}}{\rho g} \leqslant 40 \quad (\mathrm{mH_2O}) \tag{2.6}$$

在【例题 2.1】中，3 用户的底层散热设备的水压为 43mH_2O，超过了允许值。其处理办法是修改水压图，或改用钢串片散热器。

3. 保证不倒空

要求管网各点的压力能水头不能出现负压，即 $p/\rho g \nless 0$（表压），当管道中出现负压（即出现真空）时，管道中流体溶有的各种气体逸出，形成空气隔层，造成水、气分离。对于运行中的管网，会发生流体断流，破坏系统的正常循环；对于停止运行的管网，水不能完全充满管道，顶部存有空气。在上述情况下，供热系统难以排除空气，必然影响供热效果。此外，由于空气从水中逸出，造成电化学反应，还会加快管道的腐蚀。

为防止管道出现倒空现象，在管网设计时，必须检查其水压图的合理性。由于系统的顶部水压最小，所以只要满足系统顶部的水压要求，即可保证整个供热系统不会倒空。检查系统不倒空的水压条件为：

$$\frac{p_{顶}}{\rho g} \geqslant 2 \sim 5 \quad (\mathrm{mH_2O}) \tag{2.7}$$

其中 2～5mH_2O，是考虑管网水压波动而给定的富余量。

【例题 2.1】中，2 用户顶层散热设备处的水压为－2mH_2O，小于规定的水压条件，必然出现倒空现象。此系统不能保证正常运行。

4. 保证不汽化

要求管网不汽化，即要保证管网各处的水压均要大于相应水温的饱和压力。管网出现汽化，形成水、蒸汽混流，容易造成水击现象，应该尽量避免。供热系统中随着供水温度的不同，为保证不汽化所要求的水压条件也不同。表 2.1 给出了不同水温下的汽化压力：

水温在 100～150℃ 时的汽化压力 **表 2.1**

水温(℃)	100	110	120	130	140	150
汽化压力(kPa)	0	46	103	176	269	386

最容易发生汽化的位置，和最容易倒空的位置一样，均在系统的顶部。其检查的水压条件为：

$$\frac{p_{顶}}{\rho g} \geqslant \frac{p_b}{\rho g} + 2 - 5 \quad (mH_2O) \tag{2.8}$$

式中 p_b——相应水温的汽化压力，Pa。

当系统的供、回水温度为95/70℃时，只要满足不倒空的水压条件也就同时满足了不汽化的水压条件。保证系统不汽化，对于高温水系统（供水温度大于100℃）尤为重要。

2.2.2 外网与用户系统的连接方式

为了热网的正常运行，必须同时保证上述四方面的水压要求，当热用户众多，管网复杂时，要同时满足所有要求，并非容易。为此，往往需要从多种渠道加以解决。合理选择外网与用户系统的连接方式，是其中的一个重要渠道。

1. 直接连接

当外网提供给用户的资用压头在2～12mH_2O之间时，可根据具体情况，分别选择简单直接连接、喷射泵连接等方式；当用户资用压头不足2～5mH_2O时，可采用混水泵连接方式（当水温要求合适时）。

2. 间接连接

当热用户为高层建筑时，通常建筑高度都在40m以上，若采用简单直连方式，为保证不倒空、不汽化，水压图的静水压线和回水压线必须高于42mH_2O以上，此时底层散热设备将会压坏；若保证底层散热设备不被压坏，水压图的静水压线和回水压线将不能高于40mH_2O，此时因系统的顶部高于静水压线和回水压线，系统将发生倒空或汽化现象（见图2.3的2用户）。碰到这种情况，一般有几种解决办法：一种是把水压图的静水压线和回水压线提高，保证系统不倒空、不汽化。然后采用承压能力较高的散热器如钢串片散热器，保证在水压较高时不被压坏。这种连接方式只有在共网的多层建筑中也采用高强散热器时才适用，因而有一定的局限性。另一种解决方法是高层建筑采用分层间接连接方式（见图2.4），即建筑高度在40m以下的各层采用简单直接连接，40m以上的各层与外网采用间接连接，即通过热交换器进行连接。因为40m以上的高层区段自成系统，只通过热交换器从外网提取热量，而与外网无水力联系，这样对外网来说，就不存在压坏、倒空和汽化等问题了。

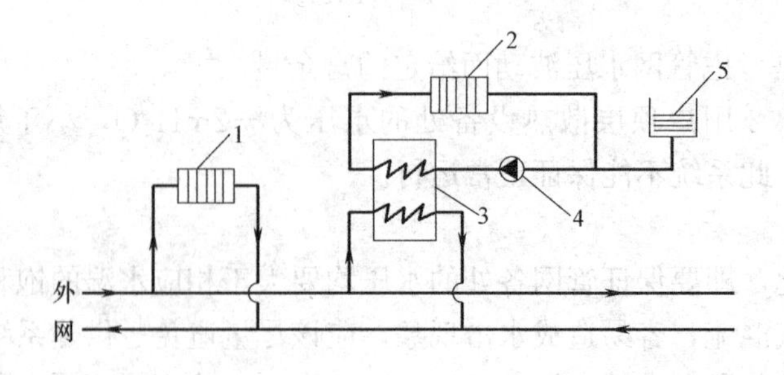

图2.4 分层连接方式

1—低层用户；2—高层用户；3—热交换器；4—循环水泵；5—膨胀水箱

有时人们把分层连接理解为高层（40m以上楼层）、低层（40m以下楼层）分别与外网采用简单直接连接，这是错误的。因为此时高层建筑的供暖系统只是形式上与低层建筑的供暖系统分开了，但从水力联系上考虑并未断开，高、低层仍然形成同一连通管系统，高层倒空、低层压坏的可能并未解决。因此，高层采用间接连接，是避免水力联系的最有效的措施。

还有一种解决办法，是采用双水箱分层连接方式（图 2.5）：将高层建筑供暖系统连接在高、低位两个开式水箱之间，将外网供水通过供水加压泵送入高位水箱（位置高于系统最高点），热水通过水箱之间的位能差在高层建筑供暖系统中循环，再流入低位水箱（一般置底层），必要时由回水加压泵送回外网回水干线。在供热系统运行时，借助供水加压泵提高高层系统的供水动压线，防止顶层倒空；供热系统停止运行时，供、回水加压泵也停止运行，高层系统与外网断开，由高位水箱的水位高度维持其静水压线，保证顶层不倒空，底层不压坏。这种连接方式安全可靠，但系统工况调整不易，又因水箱为开式，容易锈蚀。

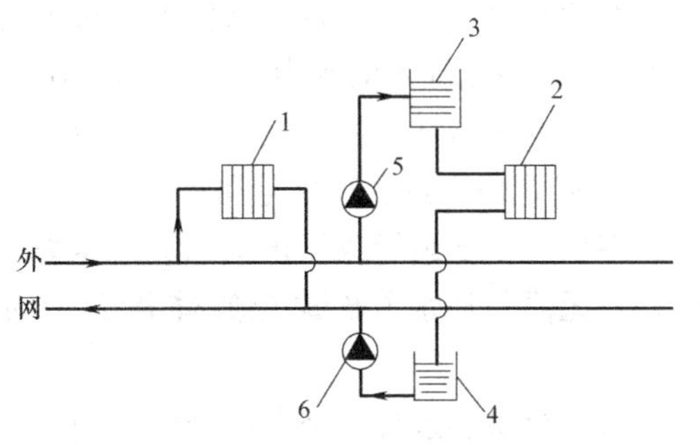

图 2.5　双水箱分层连接方式

1—低层用户；2—高层用户；3—高位水箱；4—低位水箱；5—供水加压泵；6—回水加压泵

3. 加压泵连接

有时供热系统水压图的静水压线适中，只是个别热用户处回水动压线过高，用户底层散热器有可能破裂，如图 2.3 中热用户 3 所示：此时静水压线 34mH_2O，底层散热器在静止时的承压为 39mH_2O，在允许范围之内；但在运行时，底层散热器承受压力提高到 43mH_2O，超过承压能力。这时需要对局部热用户采取特殊技术措施，比较简单有效的方式是在用户热入口装设回水加压泵。其作用是局部降低该用户处回水压线，使其满足散热器的承压能力。但这种回水加压泵的装设是有条件的，它只能解决在运行状态下的超压问题，当静水压线也过高时，则将无能为力。同时其型号、扬程必须严格选择计算。在一个供热系统中，这种加压泵的数量只应是少量，如果盲目滥装，还会恶化整个供热系统的水力工况。

2.2.3　依据水压图进行设计、运行

水压图是分析供热系统水力工况的重要工具，在供热系统特别是供热规模较大的供热系统的设计、运行中，必须依据对水压图的分析，才能较全面地实现预期目标。

利用水压图进行供热系统的设计，一般应按如下步骤进行：

1. 确定静水压线

静水压线表示供热系统在静止状态下，系统内热媒的总水头值，亦即系统充水后保证系统各点都能灌满水的最低水头值。这是系统正常运行的前提条件，设计时必须优先确定。但静水压线的确定也不能太高，否则最底层散热设备可能压坏。因此，供热系统静水压线的确定原则：应使绝大多数用户能同时满足水压的三个保证，即不倒空、不压坏、不汽化。在有些情况下，个别不能保证的热用户，采用特殊连接方式处理。当地形高差大，相当数量热用户不能满足要求时，可采用两个静压区的方式解决。

2. 根据水力坡线允许斜率进行水力计算

静水压线确定后，应着手动水压线的绘制。动水压线的确定主要取决于供回水干线的

比摩阻 R 值大小，即动水压线斜率值。供回水动压线的斜率大小，除受限于管道投资的经济因素外，还取决于水压的四个保证（包括足够的资用压头）。在地形复杂的地区，有时满足水压的技术要求上升为最重要的条件，此时权衡技术、经济因素时，应优先把满足技术条件放在首位。

在满足水压要求的技术条件下，选择适当的水力坡线斜率（考虑到经济性，提高比摩阻 R 值）。根据确定的水力坡线斜率（比摩阻），进行供热系统水力计算。当水力计算结果与预期的水力坡线出入较大时，还应根据水压技术要求进行水力校核计算。

3. 确定恒压点、选择定压方式

在供热系统运行或停止状态下，压力始终恒定不变的点称为恒压点。同一个供热系统中，在无泄漏补水并忽略热媒体积膨胀的前提下，恒压点的压力值唯一且等于静水压线值。

每一个供热系统，都有一个固定的恒压点，其恒压点的位置，与供热系统的结构、热用户的建筑层高等都有关系（恒压点的位置确定方法见后）。当系统恒压点的位置确定后，即可根据恒压点的位置、静水压线值的大小以及水力计算结果绘制系统水压图。当系统恒压点压力值不变时，如果系统水力工况发生变化，则系统水压图将以固定的恒压点压力值为轴心进行变动。

在供热系统中，若无水力工况的其他变化，只是恒压点压力值发生变化，此时系统水压图形状不变，只是上下平移。水压图的这种上下的大起大落，最容易破坏系统的正常运行。因此，保证恒压点压力恒定，如同一点定乾坤，是至关重要的。保证恒压点压力恒定的技术措施，称为供热系统定压。确定定压方式，是供热系统设计的重要内容。系统定压有多种方式，选择方法见后。

4. 选择系统的连接方式

主要指供、回水干线加压泵站的确定，以及外网与热用户连接方式的选择。若供热系统主干线过长或地形高差过大，往往需要在回水干线上或供水干线上设置加压泵，否则会出现回水动压线或供水动压线过低，系统无法正常运行。供、回水加压泵站数量和位置的确定，要进行技术经济比较。离热源愈远，加压泵的流量愈小，投资愈小；相反，离热源愈近，加压泵的流量愈大，投资愈大。因此，从经济上考虑，加压泵应尽量设在离热源较远的位置。

外网与热用户的连接方式，按前述的原则进行。

5. 循环水泵、补水泵、加压泵的选择

水泵的选择，主要由其扬程和流量决定。供热系统循环水泵的扬程，可由水压图上直接读出，即循环水泵的出、入口压力差。可是往往有人误认为循环水泵扬程还需再加系统的注水高度，即静水压线值，这是错误的。其原因是把循环水泵、补水泵的功能混淆了。一个充满水的闭式供热系统，扬程大小只影响水流循环的快慢，不存在能否循环的问题。闭式供热系统的充水功能则应由补水泵承担。循环水泵的扬程应该用来克服锅炉、换热器、外网以及热用户系统的阻力之和。循环水泵的流量应取供热系统的设计流量。由于系统的计算阻力往往大于其实际阻力，循环水泵在运行时，其工作点向右漂移将导致实际运行流量超过设计流量。因此，在考虑循环水泵流量时，可以不考虑系统的漏损系数（其值一般取 1.05）。至于循环水泵的选择台数，应根据系统的运行调节方案统一确定。

补水泵的作用是在供热系统运行前，承担向系统充水的功能；系统运行中补偿系统的漏水量，进而实现静水压线的恒定。补水泵的扬程按下式计算：

$$H_{pb}=H_j+\Delta H_b-Z_b \tag{2.9}$$

式中 H_{pb}——补水泵扬程，m；

H_j——系统静水压线值，mH_2O；

ΔH_b——补水系统管路的压力损失，mH_2O；

Z_b——补水箱水位与补水泵之间高度差，m。

补水泵流量 G_b 一般按系统允许漏损量的 4 倍取值。补水泵宜设两台，可不设备用泵。当供热系统需要多个补水点时，其补水压力的参照值，必须是静水压力设定值。各补水点补水量分配应由实际情况确定。

供热系统供、回水加压泵（中继泵）的流量、扬程的确定，应严格按照水压图及设计要求进行。若取值不当，很可能达不到升压目的，或者破坏供热系统的水力工况。

供热系统在运行中所追求的目标就是实现设计水压图。当实际水压图不符合设计水压图时，应经过初调节等措施，使其达到设计水压图。

2.3 系统水力工况计算

2.3.1 管网的阻力特性

1. 基本公式

本章第 2.1 节曾叙述流体在管道中流动时必须克服管道阻力，流体产生一定的压力损失。流体在管道中的压力损失与管道粗细、管网布置形式和流体的流动速度（或流量）有关。其基本计算公式如下：

$$\Delta p=SG^2 \tag{2.10}$$

或

$$\Delta H=SG^2 \tag{2.11}$$

式中 Δp、ΔH——分别为以 Pa 或 mH_2O 为单位的管段压降；

G——管段的体积流量，m^3/h；

S——管段的阻力特性系数，单位为 $Pa/(m^3/h)^2$ 时，由式（2.12）计算；单位为 $mH_2O/(m^3/h)^2$ 时，由式（2.13）计算：

$$S=6.88\times10^{-9}\frac{K^{0.25}}{d^{5.25}}(l+l_d)\rho \quad (Pa/(m^3/h)^2) \tag{2.12}$$

$$S=7.02\times10^{-10}\frac{K^{0.25}}{d^{5.25}}(l+l_d) \quad (mH_2O/(m^3/h)^2) \tag{2.13}$$

式中 d——管段内径，m；

l——管道长度，m；

l_d——阀门、弯头等部件的局部阻力的当量长度，m；

K——管道的绝对粗糙度，对于热水供热系统，一般 $K=0.0005m=0.5mm$；

S 的物理意义是通过单位流量管道（或管网）阻力的变化。当视水的密度 $\rho(kg/m^3)$ 为常数时，则 S 值只是管道直径、长度、绝对粗糙度的函数，即管道阻力特性系数 S 的大小只取决于管道（或管网）的结构。也就是说，对于一定的管网（管径、长度、布置形式及阀门开度），其阻力特性系数也固定不变。由式（2.12）、式（2.13）可知，管道直径愈小其阻力愈大；相反管道直径愈大，阻力愈小。

2. 管网 S 值计算

（1）串联管段：如图 2.6 所示，串联管段的总阻力特性系数 S 等于各管段阻力特性系数之和。

$$S = S_1 + S_2 + S_3 + \cdots = \sum_{i=1}^{n} S_i \tag{2.14}$$

式中　i——管段编号；

n——串联的管段数。

在串联管段中；串联管段愈多，总阻力特性系数 S 值愈大。各串联管段流量相等，总压降为各管段压降之和。

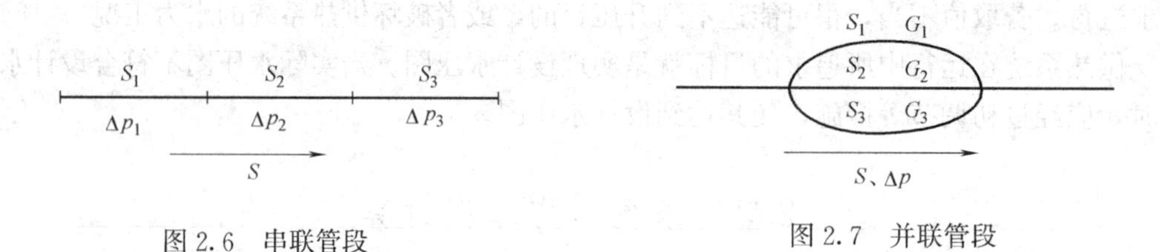

图 2.6　串联管段　　图 2.7　并联管段

（2）并联管段：如图 2.7 所示，在并联管段中，管网总阻力特性系数 S 的平方根倒数为各并联管段阻力特性系数的平方根倒数之和。

$$\frac{1}{\sqrt{S}} = \frac{1}{\sqrt{S_1}} + \frac{1}{\sqrt{S_2}} + \frac{1}{\sqrt{S_3}} + \cdots = \sum_{i=1}^{n} \frac{1}{\sqrt{S_i}} \tag{2.15}$$

由式（2.15）可知，当并联管段的阻力特性系数增大时，总阻力特性系数 S 值也增大；反之亦然。在并联管段中，各并联管段的压降 Δp_i 与总压降相等即 $\Delta p = \Delta p_i$。

（3）有源管段：上述串并联管段皆指未安装水泵的管段。当管段安装有水泵时，称为有源管段。对于较复杂的供热系统，除在锅炉房安装有循环水泵外，常常在系统末端安装有循环泵、加压泵和混水泵，这给管网阻力特性系数的计算带来一定复杂性。为此，必须首先弄清水泵的阻力特性系数 S_p 的计算方法。

由管段阻力特性系数的物理意义可知：对于无源管段（无水泵管段），流体通过该管段时，流体对外做功，流体本身压力降低，此时阻力特性系数为正值。对于水泵，流体通过水泵时，流体压力不但未下降而且增高，说明流体吸收了水泵提供的能量，水泵有助于流体的流动，亦即表明水泵的阻力特性系数 $S_p < 0$，为负值。设水泵扬程为 Δp_p(Pa) 或 ΔH_p(mH_2O)，通过水泵的流体流量为 G(m^3/h)，则水泵阻力特性系数 S_p 为：

$$S_p = -\frac{\Delta p_p}{G^2} \quad (\mathrm{Pa/(m^3/h)^2}) \tag{2.16}$$

或

$$S_p = -\frac{\Delta H_p}{G^2} \quad (\mathrm{mH_2O/(m^3/h)^2}) \tag{2.17}$$

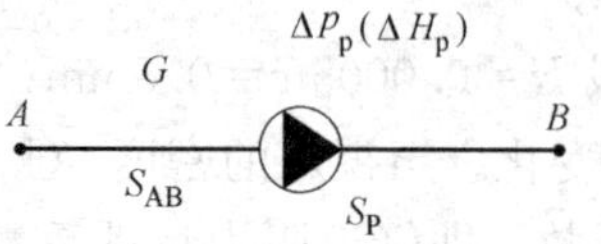

图 2.8　有源管段

若管段 AB（不含水泵）的阻力特性系数为 S_{AB}（见图 2.8）则管段 AB 与水泵串联后的总阻力特性系数

S 为：

$$S=S_{AB}+S_p=S_{AB}-\frac{\Delta p_p}{G^2} \quad (Pa/(m^3/h)^2) \tag{2.18}$$

当管段 AB（不含水泵）的压力降 $\Delta p_{AB}=S_{AB}G^2>\Delta p_p$ 时，总阻力系数 $S>0$；当 $\Delta p_{AB}<\Delta p_p$ 时，$S<0$，此时 $p_B>p_A$，流体通过串有水泵的有源管段 AB 后，流体压力将增高。这说明有源管段的阻力特性系数一定小于同一管段在无源情况下的阻力特性系数，即管段串联水泵后，其阻力特性系数减小，有时甚至成为负值，主要取决于水泵扬程的大小。水泵扬程愈大，有源管段的阻力系数变为负值的可能性愈大。同理，当水泵降速调节时，由于扬程减小，有源管段 S 增大。很显然，水泵停运时，S 变得最大。

(4) 旁通混水泵连接管段：在供热系统中，常采用这种连接方式。图 2.9 为这种连接方式的示意图。当混水泵停开，关闭混水旁通管 APB 上的阀门时，外网与热用户管路 ARB 为简单串联，此时由于 $S_{APB}=\infty$，则 APB 与 ARB 并联环路的阻力特性系数 $S_{AB}=S_{ARB}$，即管段 APB 在阀门关断的情况下，对热用户 ARB 未起并联作用。

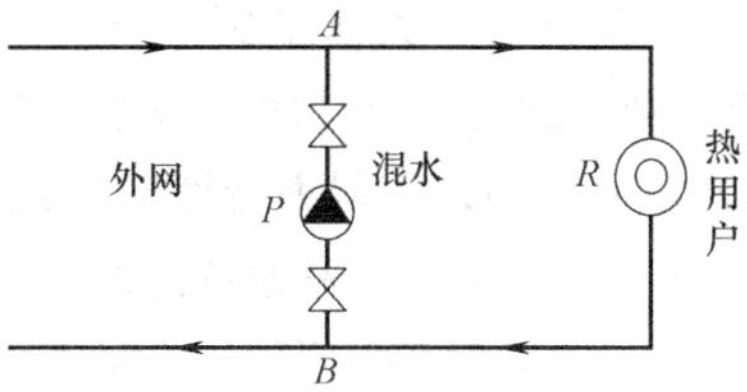

图 2.9 混水泵连接各段

混水泵开启时，其作用是将热用户部分回水抽回，与外网供水混合，将降温后的热水送入热用户。混水泵的水流向与热用户的水流向相反。此时仍把 APB 旁通管段与热用户 ARB 管段视为并联管路，这时总阻力特性系数 S_{AB} 的计算公式推导如下：

由于

$$G_{AB}+G_{APB}=G_{ARB}$$

亦即

$$G_{AB}+\sqrt{\frac{\Delta H_{BA}}{-|S_{APB}|}}=\sqrt{\frac{\Delta H_{AB}}{S_{ARB}}}$$

$$G_{AB}=\sqrt{\frac{\Delta H_{AB}}{S_{ARB}}}-\sqrt{\frac{-|\Delta H_{BA}|}{-|S_{APB}|}}$$

$$G_{AB}=\left(\frac{1}{\sqrt{S_{ARB}}}-\frac{1}{\sqrt{|S_{APB}|}}\right)\sqrt{\Delta H_{AB}}$$

则

$$S_{AB}=\frac{1}{\left(\frac{1}{\sqrt{S_{ARB}}}-\frac{1}{\sqrt{|S_{APB}|}}\right)^2} \tag{2.19}$$

或

$$\frac{1}{\sqrt{S_{AB}}}=\frac{1}{\sqrt{S_{ARB}}}-\frac{1}{\sqrt{|S_{APB}|}} \tag{2.20}$$

式中 S_{APB} 为混水旁通（包括混水泵及 AB 直管段）的总阻力系数。当混水泵起混水作用时，即 APB 混水旁通的流向与用户 ARB 流向相反时，$S_{APB}<0$，此时系统总阻力 S_{AB} 由式（2.19）或式（2.20）计算。由于式（2.20）中的第二项被减，则必有 $S_{AB}>S_{ARB}$。由此可得出如下结论：并联环路中，当出现并联管段（一般为有源管段）与并联环路总流向相反时，在计算并联环路总阻力系数S时，反向流动的并联管段一项取减号；在管网中混水泵的作用永远是增大管网的总阻力系数，亦即减少管网的总流量。

在图2.9中，若ΔH_{AB}和S_{APB}已知，还可求出通过混水泵的混水量$G_{APB}=\sqrt{\Delta H_{AB}}/\sqrt{|S_{APB}|}$。

通过上述分析，可以看出在供热系统中，如有多个水泵连接在不同管路上，则给系统阻力特性系数的计算带来一定的复杂性。首先必须搞清水泵在管路中的作用：若起增压作用，则管路的阻力特性系数减少；若起混水作用，则管路的阻力特性系数增加。然后逐次分析系统管网的串、并联结构。根据串、并联的阻力特性计算公式，即可计算一个特定管网的总阻力特性系数。

3. 管网阻力特性曲线

若以流量G为横坐标（m^3/h），压降Δp（Pa）或ΔH（mH_2O）为纵坐标，可将管段（或管网）的阻力特性用一条抛物曲线描绘出来，该曲线称为管网阻力特性曲线。阻力特性系数S值不同，其阻力特性曲线也不同。根据$\Delta p=SG^2$的关系，若不同管段的阻力系数为$S_1>S_2>S_3$，则S_1阻力特性曲线愈接近纵坐标轴，S_3阻力特性曲线愈远离纵坐标轴（见图2.10），这样就可利用阻力特性曲线很直观地描绘出管段（或管网）的阻力特性大小。

利用阻力特性曲线，采用作图法，也可求出串、并联管段（或管网）的阻力特性。图2.11为串联管段阻力特性曲线的作图法。阻力系数分别为S_1、S_2的两个管段串联，作若干条与纵坐标轴平行的垂线，并将各条垂线与S_1、S_2特性曲线的交点标出。在同一条垂线上，找出纵坐标值等于S_1、S_2纵坐标值之和的点，将这些点相连，所得曲线即为管段S_1、S_2串联后的总阻力特性曲线S。

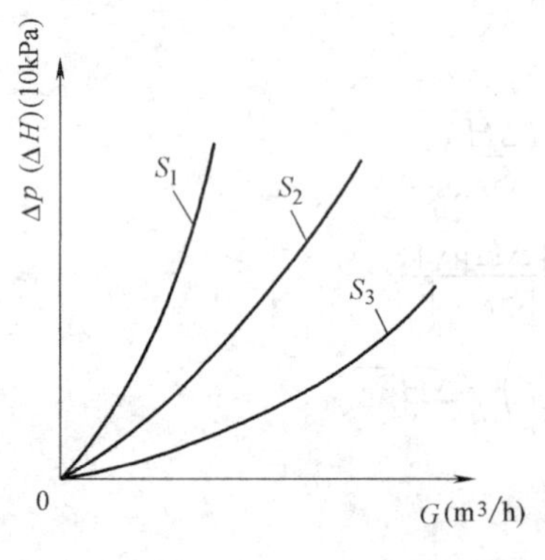

图2.10 管网阻力特性曲线

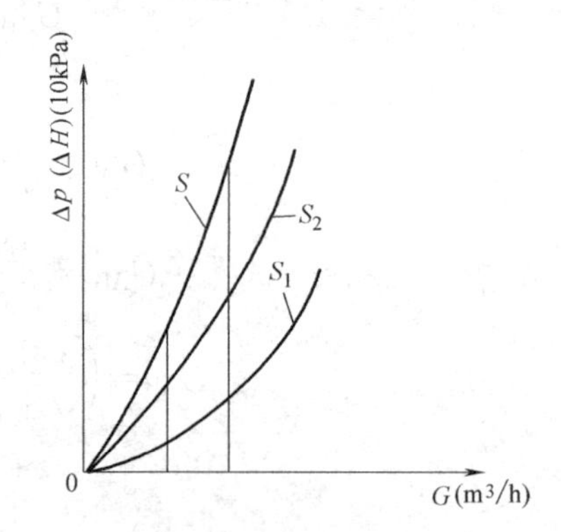

图2.11 串联管阻力特性曲线

图2.12为并联管段阻力特性曲线的作图法。根据同一并联管段，其压降相等的原理，在纵坐标轴上作若干与横坐标平行的水平线。在同一水平线上，找出横坐标值等于各并联管段（S_1，S_2）流量之和的点，将这些点相连，即为并联管段阻力特性曲线S。

图2.13为有源管段的阻力特性曲线作图法。管段在无源时的阻力特性曲线为S_1。S_p为与管段S_1串联的水泵阻力特性曲线。根据水泵阻力特性系数的定义，S_p曲线应是水泵工作特性曲线P对横坐标轴的对称曲线（P曲线用虚线标出）。曲线S_1与曲线S_p按串联管段作图法作图，则S曲线即为阻力系数分别为S_1和S_p的有源管段的总阻力特性曲线，即$S=S_1+S_p$。

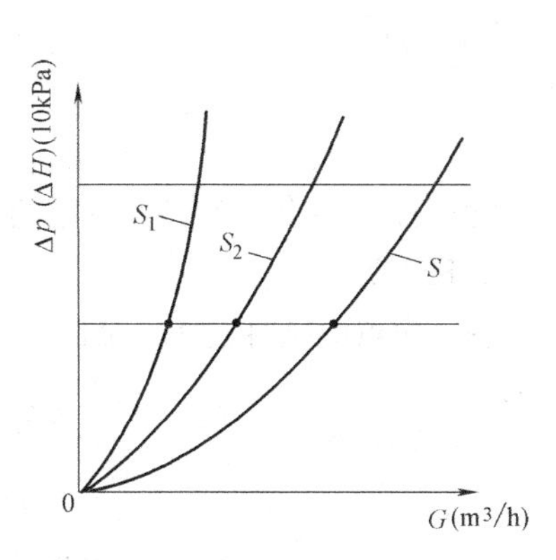

图 2.12　并联管阻力特性曲线

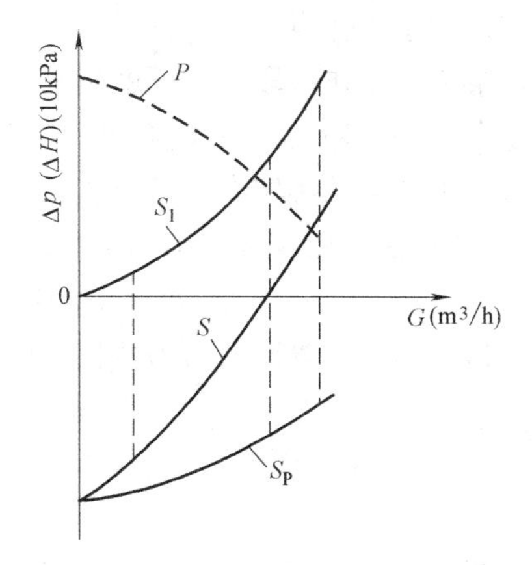

图 2.13　有源管段阻力特性曲线

任何一个复杂的管网，只要将各管段（包括有源管段）阻力特性曲线画出，按照串、并联作图法作图，总可以作出该管网的阻力特性曲线图来。

2.3.2　水力工况的确定

1. 水泵在系统中的工作点

（1）水泵特性

水泵流量 G(m^3/h)、扬程 H(m 或 10kPa)、功率 N（kW）、叶轮转速 n(r/min）和电源频率 f(Hz）之间有如下关系：

$$\frac{G}{G'}=\frac{n}{n'}=\frac{f}{f'};\frac{H}{H'}=\frac{n^2}{n'^2};\frac{N}{N'}=\frac{n^3}{n'^3} \tag{2.21}$$

式中带“$'$”者为水泵不同工况下的运行参数。

水泵功率由下式确定：

$$N=\frac{G\cdot H}{367\eta}\quad(\text{kW}) \tag{2.22}$$

式中　η——水泵效率。

水泵上述几种运行参数之间的关系，常由厂家通过性能实验，以水泵性能曲线形式给出。

图 2.14 为水泵性能曲线，表明了扬程、效率、功率与流量之间的关系。

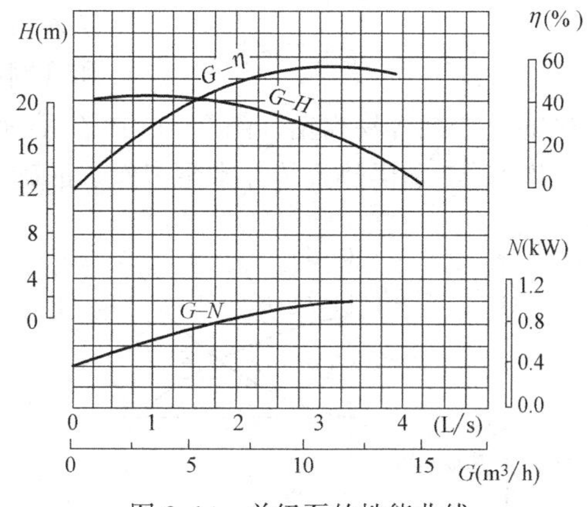

图 2.14　单级泵的性能曲线

对于离心式水泵，工作特性曲线（也称扬程曲线，H-G 曲线）有三种：一种为平坦型曲线，最佳扬程（效率最高）与最高扬程（$G=0$）相差 12%左右；另一种为陡降型曲线，最佳扬程与最高扬程相差 40%左右；第三种为驼峰型曲线，当流量减小时，扬程上升达最大值，流量继续下降，扬程开始下降，当流量为 0 时，扬程达较小值。

通常情况，水泵流量愈大其功率愈大。流量在某一区段内效率最高。一般推荐效率最高的区段作为水泵的工作区段。

(2) 水泵工作点

水泵最佳工作区段，并不就是水泵实际工作点。水泵实际工作点，除与水泵本身的性能曲线有关外，还与水泵连接的管网阻力特性有关。

水泵工作点的确定有两种方法：

1) 计算法：由实验作出的水泵特性曲线 H-G，常常可以用一个多项式加以描绘：

$$H=A+BG+CG^2+DG^3 \quad (mH_2O) \tag{2.23}$$

式 (2.11) 描绘了管网的阻力特性 $\Delta H=SG^2$。满足水泵工作点的条件是 $H=\Delta H$，即

$$H=A+BG+CG^2+DG^3$$
$$\Delta H=SG^2$$
$$\Delta H=H \tag{2.24}$$

求解 (2.24) 联立方程，其解即为水泵工作点 (G^*，H^*)。上述联立方程也可化简为：

$$H=SG^2 \quad (mH_2O) \tag{2.25}$$

当管网比较复杂时，上述联立方程的解析解比较难求，通常由计算机求解其数值解。对于复杂管网采用后者计算水泵工作点的方法更为常用（有兴趣读者可参阅有关书籍）。

2) 作图法：这是实际工作中最常采用的一种方法。其基本方法是在图上绘制水泵工作特性曲线 H-G 和管网阻力特性曲线 ΔH-G，其交点即为水泵的实际工作点。由图 2.15 看出：同一水泵，当管网阻力特性不同时，水泵运行工作点也不同。当管网阻力特性系数较小时，水泵工作点为 A，此时供热系统循环流量增加，水泵扬程减小；当管网阻力特性系数较大时（如关小阀门等），水泵工作点变为 B，系统循环流量减小，水泵扬程增大。

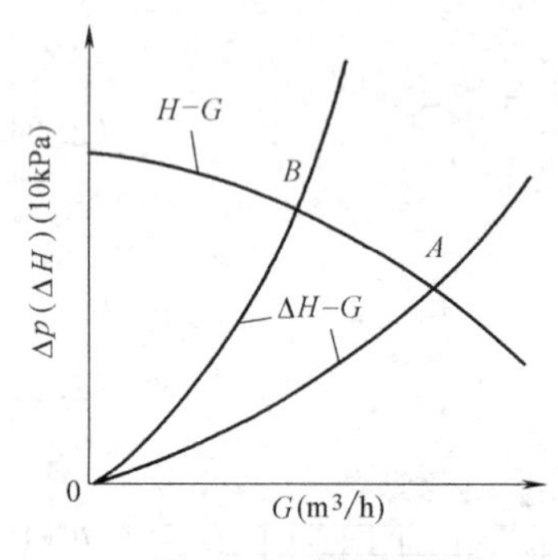

图 2.15　水泵工作点

图 2.15 是在最简单的闭式供热系统中水泵工作点的确定法。

对于膨胀水箱定压的供热系统，必须考虑循环水泵入口的固有压力（恒压点压力），然后再绘制水泵和管网的特性曲线，这样求出的循环水泵工作点才是正确的，否则容易出错。图 2.16 中 Z_p 表示膨胀水箱高度，A 为循环水泵工作点。

图 2.17 是供热系统补水泵工作点的确定法。Z_p 为补水箱的水面高度，p_0 为补水泵

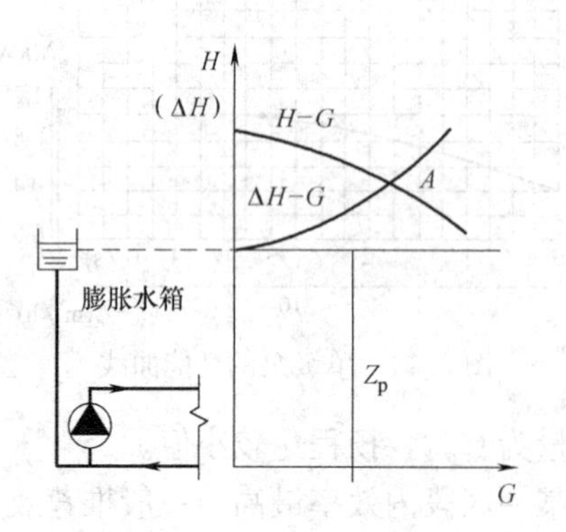

图 2.16　入口与膨胀水箱连接时水泵工作点

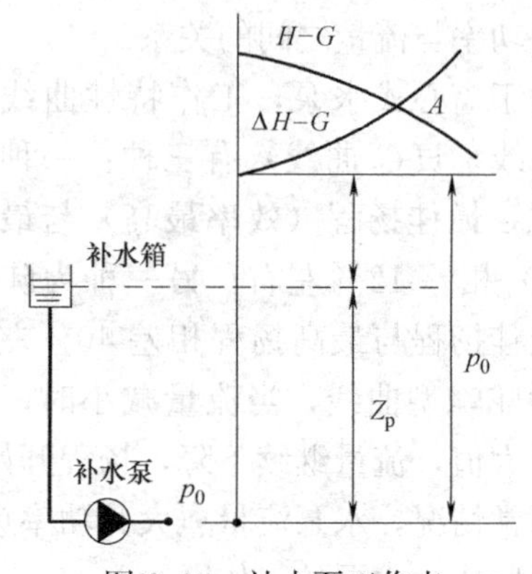

图 2.17　补水泵工作点

与系统的连接点的压力。补水箱水位高度，代替了补水泵的部分扬程。

在供热系统中，循环水泵可以多泵并联运行。也可多泵串联运行。水泵工作点的求法：先作出水泵串、并联的综合特性曲线，再与管网阻力特性曲线相交。无论并联运行还是串联运行，水泵的流量、扬程均将增加。但并联运行主要是增加流量，串联运行主要是提高水泵扬程，对于平坦型特性曲线，水泵并联时，流量增加有限；而陡降型特性曲线，水泵并联时流量增加明显。用于并联运行的水泵，一般选用最佳扬程与最高扬程相差25%左右的陡降型水泵。驼峰型水泵在变流量系统中运行不稳定，但因其效率高，常用在定流量的系统中。

2. 管网阻力特性对水泵运行的影响

热水供热系统，有时需要根据热负荷变化进行变流量运行（即流量调节）。实现变流量，可以采用变速泵、改变水泵运行台数和变阀门开度（即节流）等措施。一般情况下，采用变速最省能，见图 2.18，当流量降为 91%时，功率降为 72.9%（工作点由 A_1 变为 A_1'）；当流量降为设计值 50%时，功率只有设计功率的 12.5%（工作点变为 A_1''），这是因为功率与转速呈三次方关系所致。

采用阀门节流，也可改变水泵流量。当关小阀门时，管网阻力特性曲线由 S_1 变为 S_2，水泵工作点由 A_1 改变为 A_2，流量减小。但需指出：当用系统供水母管阀门节流时，A_2 至 A_2'的压力损失全部消耗在母管阀门上，不但无谓消耗能量，而且容易造成供水压力不足，影响供热效果，应尽量避免。为防止上述缺点，可采用调节热入口阀门（特别是热源近端处），能达到同样目的。此时，水泵送出的压头（A_2 压头），能全部作为系统供水压力输出，避免了能量的输出损失，而且有利于管网运行的稳定。

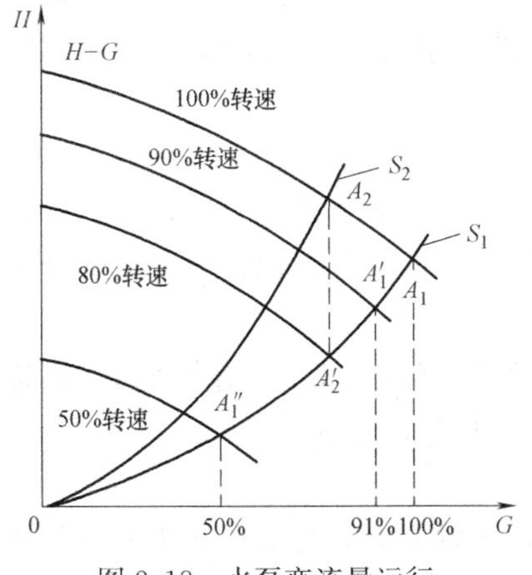

图 2.18 水泵变流量运行

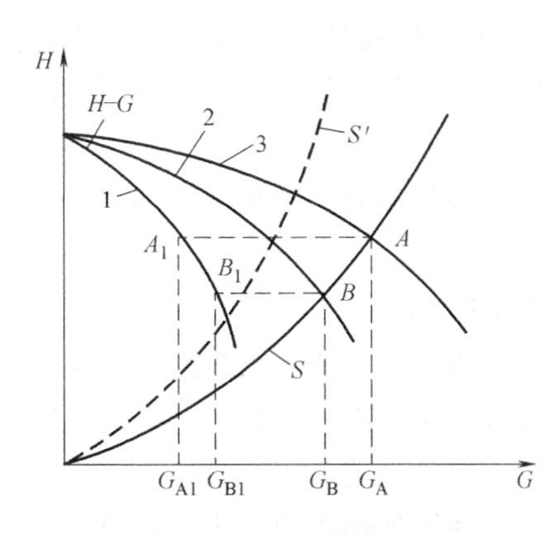

图 2.19 并联水泵变流量运行

改变水泵并联台数也可调节水泵流量。但在减少水泵运行台数时（为减小系统流量），要特别小心，以防水泵电机过载。图 2.19 给出 3 台水泵（同型号）并联运行的情形：此时 3 台水泵总流量为 G_A，每台水泵的流量为 G_{A1}。如为减小总流量，现改为 2 台泵并联运行，即停开一台水泵。此时水泵综合特性曲线由 3 变为 2，工作点由 A 变为 B。总流量由 G_A 下降到 G_B。再考察每台水泵的运行情况，此时工作点由 A_1 变为 B_1（单台泵的特性曲线为 1），流量由 G_{A1}增加到 G_{B1}。从图 2.14 可知，水泵的功率随流量的增加而增加，即在管网阻力特性不变的情况下减少水泵并联台数时，单台水泵的功率将增加。因此必须做到心中有数，提防因超载烧坏电机。避免发生事故的方法是先增加管网的阻力系数为 s' 值（关小水泵出口阀门或关小供热系统供水阀门），然后再停开水泵，这样就减小了单台泵的流量，降低了水泵功率。

2.4　系统变动水力工况分析

2.4.1　水力失调的概念

按照设计情况绘制的供热系统水压图称为设计水压图。在设计水压图下运行的流量、压力分布情况称为设计水力工况。供热系统实际运行的水压图称为实际水压图，实际运行的流量、压力分布情况称为实际水力工况。

由于设计、施工和运行等多种原因，供热系统在实际运行时往往很难完全按照设计水力工况运行，有时甚至差别很大。供热系统这种设计水力工况与实际水力工况的不一致性称为供热系统的水力失调。水力失调是影响系统供热效果的重要原因，必须给予足够重视。

1. 水力失调度

在设计室外温度下，设供热系统的设计流量为 G_g（m^3/h），实际流量为 G_s（m^3/h），其比值 x 称为供热系统的水力失调度：

$$x=\frac{G_s}{G_g} \tag{2.26}$$

在供热系统中，确定的流量对应于确定的压力，因此常常以流量的变化情况分析水力工况的变动情况。这样水力失调度 x 即可表示在设计工况下，供热系统水力失调的程度。当 $x=1$ 时，即设计流量 G_g 等于实际流量 G_s 时，供热系统处于稳定水力工况。当 $x\gg1$ 或 $x\ll1$ 时，供热系统水力工况失调愈严重。

2. 水力失调分类

（1）一致失调：供热系统各热用户的水力失调度分别为 x_1，x_2，x_3，$\cdots x_n$，若全部大于1，或全部小于1，称为一致失调。凡属于一致失调，其各热用户流量或者全部增大或者全部减小。

（2）不一致失调：供热系统各热用户的水力失调度有的大于1，有的小于1，称为不一致失调。对于不一致失调，系统热用户流量有的增大有的减小。

（3）等比失调

供热系统各热用户水力失调度 $x_1=x_2=\cdots=x_n=$ 常数时，称为等比失调。凡属等比失调，各热用户流量将成比例地增加或减小。凡等比失调，一定是一致失调，而一致失调不一定都是等比失调。

2.4.2　变动水力工况分析

1. 水力工况变动的基本规律

若有 n 个热用户的供热系统（如图2.20所示），根据 $H=SG^2$ 的原理，可有

$$S^2G_2^2=S_{2,n}(G-G_1)^2 \tag{2.27}$$

$$S_{1-n}G^2=S_{2',n}(G-G_1)^2 \tag{2.28}$$

式（2.27）与式（2.28）两式相除，可得：

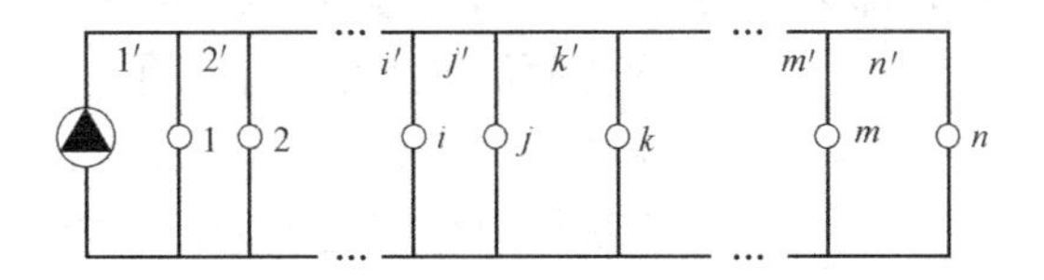

图 2.20　n 个热用户的供热系统

$$\overline{G_2}=\frac{G_2}{G}=\sqrt{\frac{S_{1,n}\cdot S_{2n}}{S_2\cdot S_{2',n}}} \tag{2.29}$$

同理，对于任一用户的流量 G_i 与系统总流量 G 之比值可由式（2.30）表示：

$$\frac{G_i}{G}=\sqrt{\frac{1S_{i,n}S_{i-1,n}\cdots S_{2,n}S_{1,n}}{S_iS_{i',n}S_{i'-1,n}\cdots S_{2',n}1}}=\varphi_i \tag{2.30}$$

同样，任意两个热用户流量 G_m，G_j 之比，可由式（2.31）表示：

$$\frac{G_m}{G_j}=\sqrt{\frac{S_j,S_{m,n}S_{m-1,n}\cdots S_{k,n}}{S_mS_{m',n}S_{m'-1,n}\cdots S_{k',n}}}=\varphi_{j,m} \tag{2.31}$$

式中　S_i——任一用户系统 i 的阻力特性系数值；

$S_{i,n}$——用户 i 至末端用户 n 之间管网的总阻力特性系数值；

$S_{i',n}$——干管 i'（包括供回水干管）至末端用户 n 之间管网的总阻力特性系数值；

φ_i——i 用户流量与系统总流量比值；

$\varphi_{j,m}$——j、m 两用户流量比值。

由式（2-30）、式（2-31）看出，用户流量之比值 φ，或用户失调度 x，只是管网阻力特性系数的函数。由式（2.31）还可发现：任意两个用户流量之比，只与这两个用户之后（以热源为前）的管网阻力特性系数有关。若有 3 个热用户，从热源处开始编号，设 $i<j<k$，现只调节 i 用户，不调节 j、k 用户。若调节前用户流量分别为 G_{ig}、G_{kg}，调节后流量变为 G_{js}、G_{ks}，由式（2.31）可知：

$$\frac{G_{ks}}{G_{js}}=\frac{G_{kg}}{G_{jg}}=\varphi_{j,k} \tag{2.32}$$

则有

$$\frac{G_{js}}{G_{jg}}=\frac{G_{ks}}{G_{kg}}=\text{const} \tag{2.33}$$

基于上述分析，可得出如下重要规律：

（1）供热系统各用户流量之比值，仅仅决定于管网阻力特性系数的大小。管网阻力特性系数一定，各用户流量之比值也一定；

（2）供热系统的任一区段（如图 2.20 用户 i）阻力特性发生变化，则位于该区段之后（以热源为前）的各区段（不含该区段）流量成一致等比失调。

2. 典型变动水力工况分析

变动水力工况分析，一般有三种方法：解方程的计算法、作图法和定性分析法。在供热系统复杂的情况下，计算法、作图法都有一定难度，这里只介绍定性分析法。计算法见有关参考书。

（1）恒压点压力变动：水泵型号、管网阻力系数均未发生任何变化。根据基本规律之一可知系统流量未有变化，即无水力失调现象，因此水压图形状不变，只是随恒压点压力变化而沿纵坐标轴上下平移（图 2.21 虚线表示原水压图，实线表示变动水压图）。此时流量无变化，但系统压力却变化很大，可能造成水压不能满足系统运行的基本要求，应力求防止。

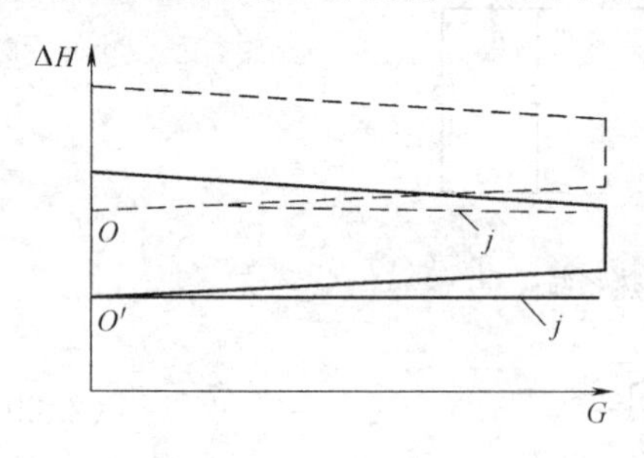

图 2.21 恒压点压力变动

（2）循环水泵出口阀门关小：当水泵出口阀门关小时，系统 S 值必然增大，根据水泵工作点的变动，水泵扬程将略有增加，与此同时，必有系统流量 G 减小趋势。其变动水压图由图 2.22 实线表示：水压线陡降部分，表示因出口阀门节流引起的压力损失。动水压线斜率较原水压图平缓，表示由于水流量减小，管网压力损失也减小。又因除水泵出口阀门关小外，系统用户阀门均未调节，根据基本规律之二可知各用户流量将成比例地减小。

（3）膨胀水箱连接在回水干管上的水力变动：在图 2.23 中膨胀水箱连接在回水干管上的 O 点处。原水压图表示水泵出口阀门有一定节流（虚线）。现将水泵出口阀门全部打开，则变动水压图由实线表示。当阀门全开时，系统总阻力系数 S 减小，由于水泵工作点的变动，水泵扬程略有下降，系统总流量 G 增大，即动水压线斜率变陡。但 O 为恒压点，回水压线将以 O 为中心旋转。以此定性分析，不难画出变动水压图。值得注意的是，循环水泵的入口压力由原来的 H_R 下降为 H'_R。当系统流量变化太大，水泵入口压力不但不能代表膨胀水箱的水位高度，而且会因压力下降太多，使水泵气蚀，不能正常工作。

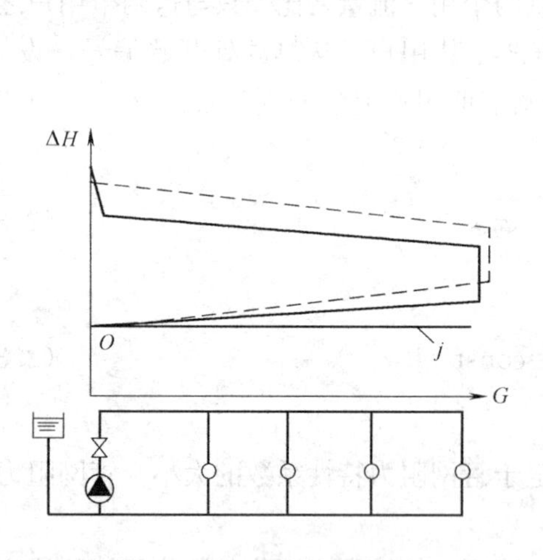

图 2.22 水泵出口阀门关小

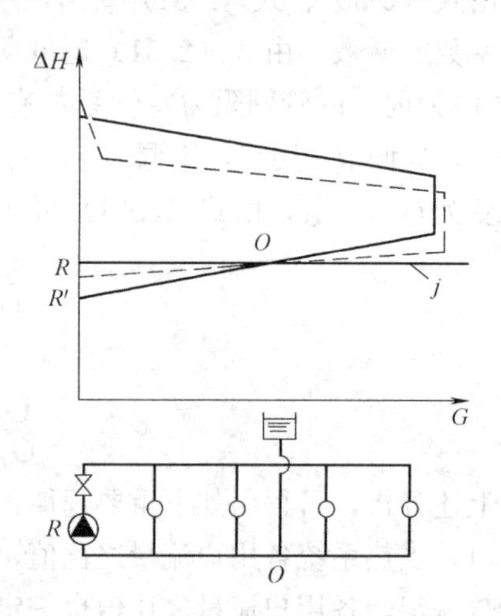

图 2.23 膨胀水箱连接在回水干管上的水力变动

（4）供热系统某一用户阀门开大：图 2.24 虚线、实线分别代表水力工况变动前后的水压图。设 3 用户阀门开大，则系统总 S 减小，根据水泵工作点变动，水泵扬程略有下降（也可近似看作不变），系统总流量 G 增加。因Ⅰ管段动水压线变陡，1 用户资用压头 ΔH_1 减小，在 $\Delta H_1=S_1G_1^2$ 中，因 S_1 未变，必有 G_1 减小。在Ⅱ干管中，流量 $G_{\text{Ⅱ}}=G-G_1$，则 $G_{\text{Ⅱ}}$ 增大，即Ⅱ干管动水压线也变陡，导致 2 用户资用压头减小，又因 $\Delta H_2=$

$S_2G_2^2$，S_2 未变，必有 G_2 减小。在Ⅲ干管中，$G_{Ⅲ}=G-G_1-G_2$，则 $G_{Ⅲ}$ 增大最多，即Ⅲ干管动水压线斜率最陡。在Ⅲ干管以后的管网中，因阻力系数未变，又因 ΔH_3 减小，G_4、G_5 将成比例地减少，Ⅳ、Ⅴ干管动水压线变平缓。对于 3 用户流量，因 $G_3=G-G_1-G_2-G_4-G_5$，必然 G_3 增大。通过上述定性分析可知，3 用户阀门开大，只有 3 用户流量 G_3 增加，系统其他用户流量都将减少，而 3 用户以后的各用户流量成一致等比失调；3 用户以前各用户流量成一致不等比失调，离 3 用户距离越近的用户，水力失调度越大。

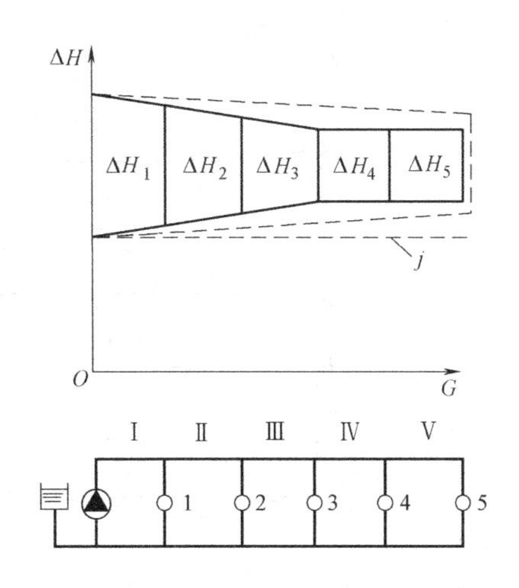

图 2.24 用户阀门变动

3 用户阀门关小，水力工况变动有类似情况，不同的只是 3 用户流量减小，其他用户流量增加，具体变动水压图画法，读者可自行分析。其他用户阀门的开关，其变动水力工况也可通过类似的定性分析作出。

(5) 干管泄漏：这是供热系统经常发生的故障之一。干管发生泄漏时，相当于系统增加了并联环路，即系统总阻力系数减少，扬程略有下降，系统总流量增加，各用户流量均减少。同时，泄漏点的上游段水力坡线变陡，其下游段水力坡线变平缓。图 2.25 给出了供热系统回水干管泄漏的情形。虚线表示泄漏前水压图，实线为泄漏后水压图。当泄漏点为回水干管上的 A 点时，A 点上游干管中流量增加，其下游干管流量减小。不论供水干管，还是回水干管，压力均有明显降低。

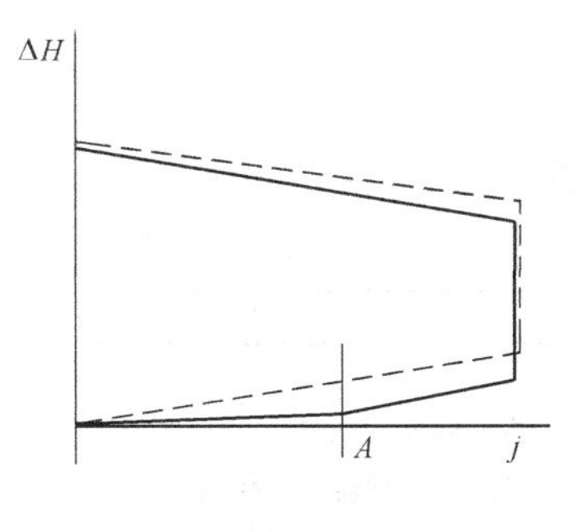

图 2.25 干管泄漏

(6) 干管堵塞：这也是供热系统经常遇到的故障之一。当干管堵塞时，供热系统总阻力特性系数增大，循环水泵扬程提高，总循环流量减小。在干管堵塞点的上游区段，流体继续循环；在其下游区段，水停止流动。图 2.26 给出三种堵塞情况：(*a*) 为回水干管堵塞，堵塞点为 B，恒压点为循环水泵入口处。其中虚线为堵塞前水压图，实线为堵塞后水压图。因堵塞后循环水泵扬程增加，故 $H_{g'h'}<H_{gh}$。从图中看出，堵塞点后的区段水流静止不动，而且压力远远超过静压线值，在这种情况下，可能造成系统末端用户散热器大量破裂的事故，必须严防发生。(*b*) 为当恒压点在回水干管上时，出现供水干管在 A 点堵塞的情形，由于水流停止区段的压力值等于静水压线，所以不会发生散热器破裂事故。(*c*) 为堵塞点与恒压点皆在回水干管上，且恒压点远离热源时的情形。此时水流停止区段压力仍等于静水压线，散热器不存在压坏可能。但循环水泵吸入口的压力过低，当堵塞严重时，可能出现汽蚀，也应严格避免。

2.4.3 大流量运行的水力工况分析

1. 大流量运行方式的形成

由于上面分析的原因，在供热系统中其实际运行流量很难达到设计循环流量，即出现

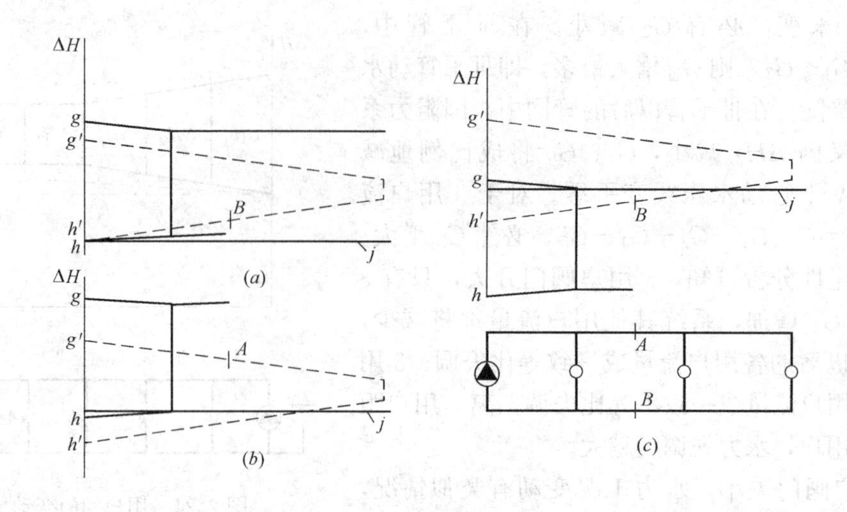

图 2.26　干管堵塞

(*a*) 回水干管堵塞；(*b*) 供水干管堵塞；(*c*) 回水干管堵塞

实际运行水压图与设计水压图不符。在热用户水流量分配不均的前提下，必然发生冷热不均现象。为克服水力工况的水平失调，目前在实际运行中，主要采取以下几种技术措施：

(1) 改用加大的热网循环水泵；

(2) 开大热用户进水与（或）回水阀门；

(3) 加粗末端热用户管道直径；

(4) 采用热网回水供暖（见图 2.27）；

(5) 在热用户供、回水管道上装设增压泵（见图 2.28）。

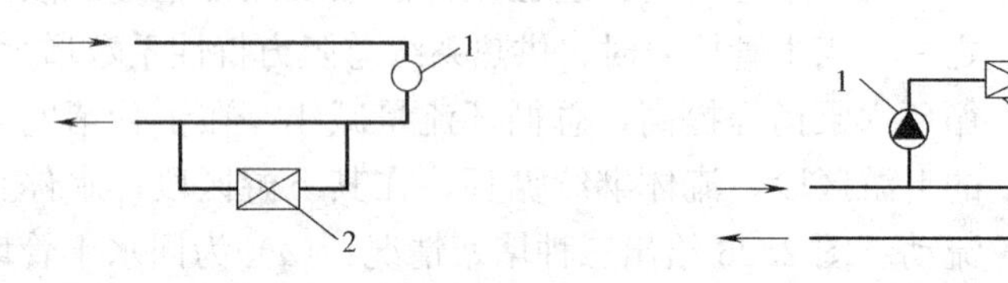

图 2.27　回水供暖

1—通常热用户；2—回水供暖热用户

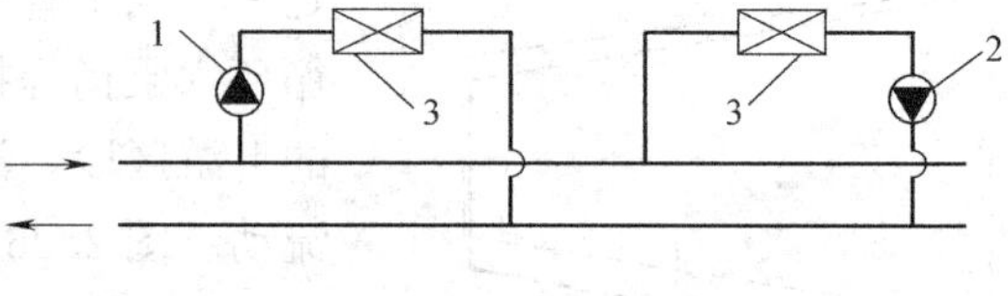

图 2.28　供、回水增压泵

1—供水增压泵；2—回水增压泵；3—热用户

上述五种技术措施，都将增加热网的循环流量。换大水泵，循环水泵的工作特性曲线提高，由于水泵工作点的改变（假定热网阻力特性曲线未变），系统扬程、流量均要增大，此时各热用户流量成一致等比增加。开大用户阀门，加粗末端用户管道直径，其作用相同，都是减小了热网阻力特性系数，即其阻力特性曲线将向右偏移，因而改变了循环水泵运行工作点，同样增大了系统实际运行流量。

采用回水供暖和装设增压泵措施，都属于有源管段情况。回水供暖属于有源管段的并联，增压泵属于有源管段的串联。根据上述，由于管网中串、并联了阻力系数为负值的管段，因此总效果仍然是减小了供热系统的总阻力系数，其结果系统运行流量必然增大。

2. 大流量运行对水力工况的影响

在末端用户不热，又无法开大阀门、增大管径的情况下，往往习惯于装设增压泵。由于这种技术措施对热网水力工况的影响特别值得注意，有必要着重加以讨论。

图 2.29 是在热网末端用户的进水管道上装设增压泵的情况。$abcdef$（虚线）表示热网在该增压泵尚未启动时的水压图。$a'b'b''c'd'e'fs'$（实线）表示该增压泵工作时的水压图。为分析方便起见，通常假定循环水泵的扬程 H 为常数。增压泵运行时，相当于在热用户处（如 $BCDE$ 管段上）串联了一个压降为负值的管段。因此热网的阻力特性系数 S 必然减小。根据关系式，若循环水泵扬程不变，则热网总流量 G 必然增大。此时 AB 和 EF 管段的阻力特性系数并未改变，因而这两段的压降将要增大并使 BE 管段的资用压头由原来的 be 减为 $b'e'$，即 $H_{b'e'}<H_{be}$。又因 BE 管段的阻力特性系数 S_{BE} 未变，则该管段的流量必然减小，即 $G'_{BE}<G_{BE}$ 水压图中 $b'b''$ 线段代表增压泵的扬程 $H_{b'b''}$，热用户流量 $G'_{CD}=C'-C_{BE}$。所以增压泵开动后，热用户的流量 G'_{CD} 将增大，即 $G'_{CD}>G_{CD}$。该用户系统里各管段的流量成一致等比的增大。同时，各管段的压降也将相应增加。

图 2.30 表示增压泵装在热用户回水总管上的情况。$a'b'c'd'e'e''f'$（实线）代表增压泵开启后的水压图。仍按上述方法分析，不难得出，其对热网水力工况的影响类似于在用户进水总管上装设增压泵的情况。所不同的只是使该用户的水力坡线降低，这是图 2.29 与图 2.30 的区别所在。

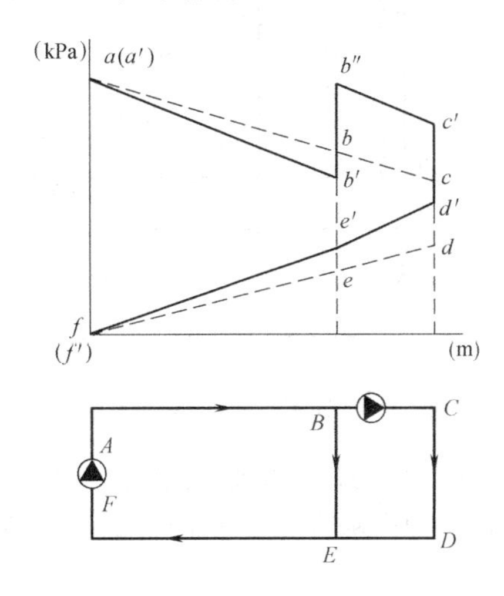

图 2.29　末端用户供水增压泵

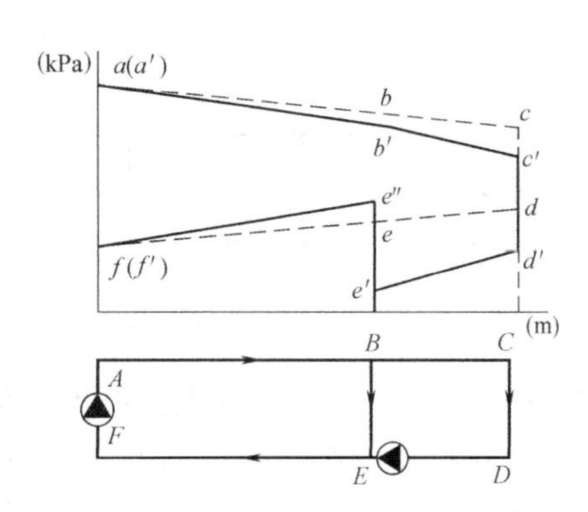

图 2.30　末端用户回水增压泵

综上所述，在热用户供、回水管道上装设增压泵，对整个热网水力工况的主要影响是：(1) 装设增压泵的热用户，循环水量增加，供暖效果得到改善。目前采用装设增压泵改善效果的做法颇为流行，其原因就在本用户受益显著。(2) 在任一用户处装设增压泵，都会增加热网的总循环水量和干线的压力降，随之，其他用户的资用压头和循环水量将因此减小（见图 2.29）。由此可见，在热用户装设增压泵，虽然对该用户有利，但对热网的其他用户并不有利，反而有害。

还应指出，在供热系统中，采用 (4)、(5) 种措施的热用户越多，热网循环总流量就越大，这将导致系统近端（以热源为序）干线压力陡降，系统末端干线的供、回水压差过小的情形，如图 2.31 所示。在极端情况下，将出现图 2.32 的情形。这时系统末端必须再设增压泵。

图 2.33 表示在热用户供水管上装设增压泵的情况。图 2.34 表示在热用户回水管上装设增压泵的情况。从图 2.33、图 2.34 可见，装设增压泵的热用户 CD，其资用压头从接近

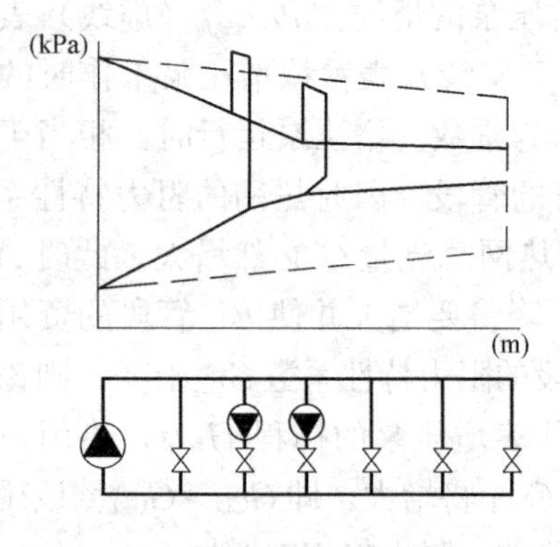

图2.31　中端设增压泵

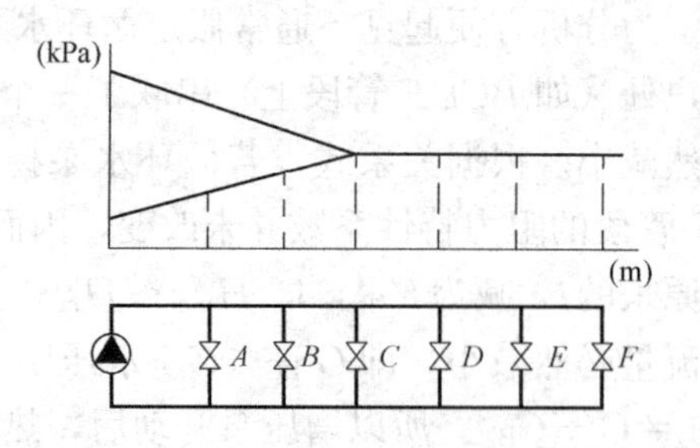

图2.32　末端资用压头为零

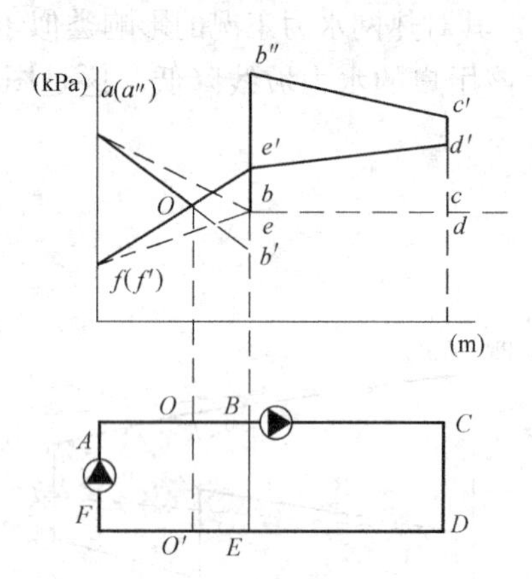

图2.33　处于负压区供水增压泵

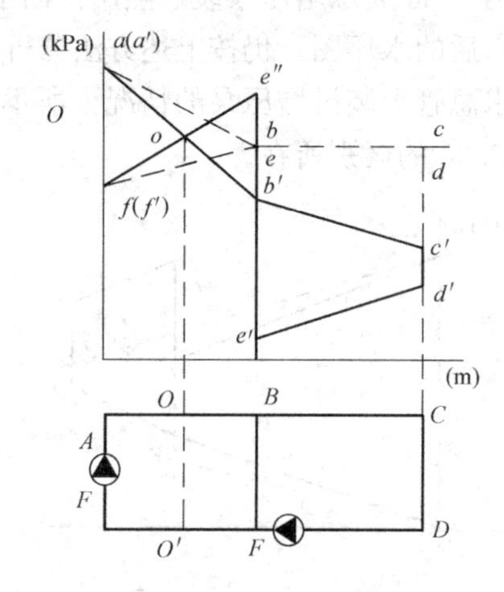

图2.34　处于负压区回水增压泵

于零增加到 $H_{c'd''}$。它的循环水量也相应有所增加。于是该用户的供暖效果得到改善。但热网的水力工况却因此发生了变化：在 OB 和 $O'E$ 段出现回水管压头高于供水管压头的情形。这种负压区的发生，说明水力工况更加恶化了。

从图2.33、图2.34还可看出，当增压泵造成了负压区（OB 和 $O'E$ 区段）后，该区段的热用户内将发生倒流现象，即热网水将由回水干管流向供水干管。装设增压泵的用户越多，或增压泵扬程选择愈大，造成的负压区也越大，而且负压区越来越向热源端波及，即干线上供回水压头相等的断面 OO' 向热源端移动。处于负压区的热用户，实际上变成了回水供暖，供暖质量显然变坏了。为了改善供暖效果，这些用户也不得不竞相加设增压泵。其结果导致负压区进一步向热源方向延伸，工况恶化的范围更加扩大。甚至发展到用户不加装增压泵就无法维持供热。这种情况，在集中供热系统中多有发生。

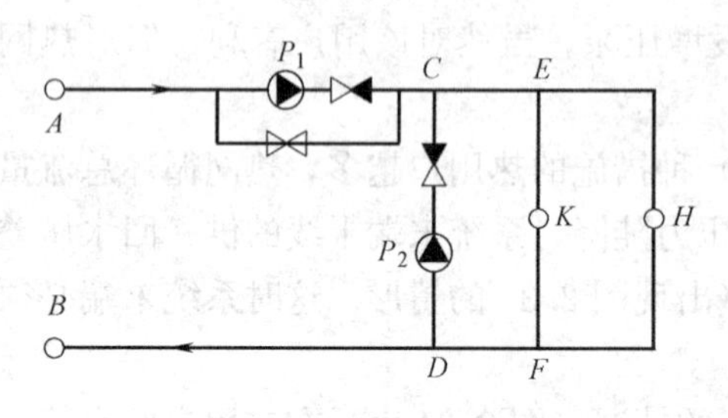

图2.35　增压泵、混水泵共网

【例题2.2】　供热系统如图2.35所示，当增压泵 P_1 和混水泵 P_2 皆运行时，测得如下运行参数：$H_A=20mH_2O$，$H_B=15mH_2O$，$H_C=40mH_2O$，$H_D=25mH_2O$，$G_{AC}=G_{BD}=$

100t/h，G_k=90t/h，G_H=70t/h，G_{CD}=60t/h。若增压泵 P_1 和混水泵 P_2 的扬程视为定值，有 $H_{P_1}=25mH_2O$，$H_{P_2}=15mH_2O$，且 H_A、H_B 数值始终不变，试计算：

（1）混水泵 P_2 停运，求 G_{AC}、G_K，G_H 和 H_C，H_D 值。

（2）增压泵 P_1、混水泵 P_2 全部停运，P_1 开启旁通，计算 G_{AC}，G_K，G_H 和 H_C，H_D 值。

（3）绘制三种工况下的水压图，分析增压泵 P_1、混水泵 P_2 在供热系统中的作用。

【解】 首先在 P_1、P_2 皆运行的工况下，根据已知条件计算有关管段的阻力系数 S 值。

包括增压泵 P_1 在内的 AP_1C 管段的阻力系数 S_{AP_1C} 可计算如下：

$$S_{AP_1C}=\frac{H_A-H_C}{G_{AC}^2}=\frac{20-40}{100^2}$$
$$=-2.0\times10^{-3}mH_2O/(m^3/h)^2$$

又增压泵 P_1 本身的阻力系数 S_{P_1} 为

$$S_{P_1}=-\frac{H_{P_1}}{G_{AC}^2}=-\frac{25}{100^2}$$
$$=-2.5\times10^{-3}mH_2O/(m^3/h)^2$$

因 $S_{AP_1C}=S_{P_1}+S_{AC}$，其中 S_{AC} 为不含增压泵 P_1 的无源管段 AC 的阻力系数，则可得：

$$S_{AC}=S_{AP_1C}-S_{P_1}=[-2.0-(-2.5)]\times10^{-3}$$
$$=0.5\times10^{-3}mH_2O/(m^3/h)^2$$

（1）P_2 停运。先计算该工况下的总流量 G

$$(S_{AC}+S_{CHD}+S_{BD})G^2=H_A-H_B+H_{P_1}$$

其中

$$S_{BD}=(H_D-H_B)/G_{BD}^2=(25-15)/100^2$$
$$=1.0\times10^{-3}mH_2O/(m^3\cdot h^{-1})^2$$
$$S_{CHD}=(H_C-H_D)/(G_K+G_H)^2=(40-15)/160^2$$
$$=0.586\times10^{-3}mH_2O/(m^3/h)^2$$

则有：$(0.0005+0.00058+01.00)G^2=20-15+25$

$$G=G_{AC}=\sqrt{30/0.00209}=119.9t/h$$

用户 K 和 H 为一致等比失调，即

$$G_K=\frac{90}{160}\times119.9=67.4t/h$$

$$G_H=\frac{70}{160}\times119.9=52.5t/h$$

CD、BD 管路之间的压力降 ΔH_{CD}、ΔH_{BD} 分别为

$$\Delta H_{CD}=S_{CHD}G^2=0.000586\times119.9^2=8.43mH_2O$$
$$\Delta H_{BD}=S_{BD}G^2=0.001\times119.9^2=14.38mH_2O$$

则有

$$H_D=H_B+\Delta H_{BD}=15+14.38=29.38mH_2O$$
$$H_C=H_D+\Delta H_{CD}=29.38+8.43=37.81mH_2O$$

（2）P_1、P_2 皆停运。计算该工况下总流量 G 即 G_{AC}，G_{BD} 值

$$(S_{AC}+S_{CHD}+S_{BD})G^2=H_A-H_B$$
$$(0.0005+0.000586+0.001)G^2=20-15$$

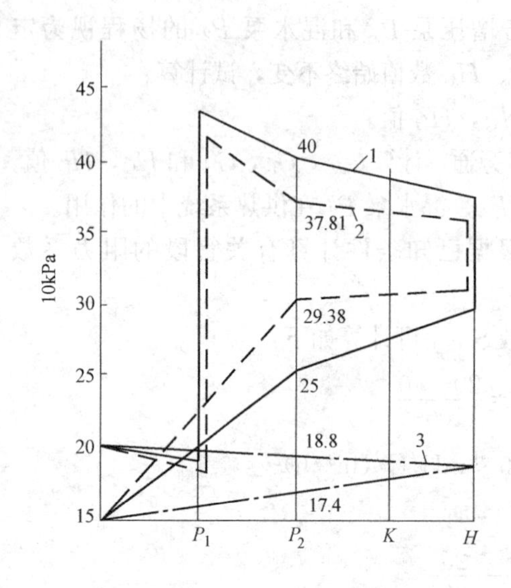

图 2.36 三种工况水压图

1—P_1，P_2 全开；2—P_1 开，P_2 停；3—P_1，P_2 全停

$$G=G_{AC}=G_{BD}=\sqrt{\frac{5}{0.00209}}=49.0\text{t/h}$$

$$G_K=\frac{90}{160}\times 49=27.6\text{t/h}$$

$$G_H=\frac{70}{160}\times 49=21.4\text{t/h}$$

$$\Delta H_{BD}=S_{BD}G^2=0.001\times 49^2=2.4\text{mH}_2\text{O}$$

$$\Delta H_{CD}=S_{CHD}G^2=0.000586\times 49^2=1.4\text{mH}_2\text{O}$$

$$H_D=H_B+\Delta H_{BD}=15+2.4=17.4\text{mH}_2\text{O}$$

$$H_C=H_D+\Delta H_{CD}=17.4+1.4=18.8\text{mH}_2\text{O}$$

(3) 绘制水压图（见图 2.36）

根据计算结果，可得出如下结论：①P_2 停运，系统总流量由 100t/h 增加至 119.9t/h，C、D 两点之间压差减小，说明混水泵增加系统阻力，减少系统流量。②P_1 停运，系统总流量减少，由 119.9t/h 降为 49t/h，说明增压泵的作用是减少系统阻力，增加系统流量。

2.5 供热系统定压

供热系统定压，是在供热系统的恒压点上，以选择的静水压线值为设定的恒压点压力值进行系统定压所采取的技术措施。因此，正确确定系统的恒压点位置，以及静水压线的设定是选择系统定压方式的先决条件。有关静水压线值的设定，在水压图绘制一节中已详尽论述。本节将详细论证系统恒压点位置的确定方法，在此基础上介绍各种系统定压方式。

必须明确指出：现行的几种系统定压方式，多数都是不在系统恒压点的位置上实施定压，因此，系统补水、泄水往往出现误操作，进而导致事故发生。现有的系统定压方式，当系统规模比较小或在单泵系统时，一般不会出现太大问题，但对于多泵供热系统（如多热源联网系统和分布式输配系统），如果仍然沿用传统的定压方式，则必然出现各种运行故障，这一点，必须给予重视。

2.5.1 系统恒压点位置的确定

供热系统与给水排水系统在结构上有本质的不同，前者为闭式系统，后者为开式系统。供热系统在运行前，先要充满水，循环水泵运行后，系统热媒将周而复始循环；给水排水系统中，水的输送是“直肠子”，有去无回。从水力工况上分析，供热系统有唯一恒压点的存在。所谓供热系统恒压点，可定义为：循环水泵转与不转，供热系统在运行或停止状态，在系统上有一点，其压力始终不变，则这一点称为供热系统的恒压点。

供热系统的恒压点位置，一般在距离热源最近的最高建筑的顶部管段上。图 2.37 给出了具有四个热用户的供热系统。其中 2、3 热用户的建筑高度最高，且两者高度相等，而 2 热用户距离热源更近。1 热用户建筑高度最低，4 热用户建筑高度居中。假设 j 为供热系统的静水压线。为叙述方便，假定静水压线值与最高建筑（2、3 热用户）同高，使供热系统顶部充满水，而无富余压力。当热源循环泵停运时，供热系统的水压图即为静水压线，此时，在 O 标高的管道上安装的压力表读数皆为静水压线值。现在启动热源循环泵，考察运行中的动态水压图实际按照实线、点线还是虚线运行，从而确定系统恒压点是 A 点、B 点还是 O 点。假定系统恒压点是 O 点，亦即热源循环泵入口点为恒压点，这是业内技术人员通常认可的。但长期的实践证明：热源循环泵启动运行后，循环泵入口点（即 O 点）压力不能保持静水压线值，常常总比该值低几米水柱甚至达 $10mH_2O$。由于热源循环泵入口点的压力在其转与不转的过程中，不能保持恒定，违反了恒压点的基本定义，因此，热源循环泵入口点通常情况下不是恒压点，图 2.37 中的虚线水压图多数情况下也是不存在的。现在观察点线水压图，亦即假定 B 点为恒压点。由于 B 点为恒压点，即其压力值始终保持静水压线值。相对于 B 点，A 点处于回水管段的下游位置，因此，A 点压力必然小于 B 点压力，导致最高建筑热用户 2 的顶部倒空，这种情况在系统不存在泄漏时，是不可能发生的。这进一步证明，远离热源的最高建筑不会是恒压点。

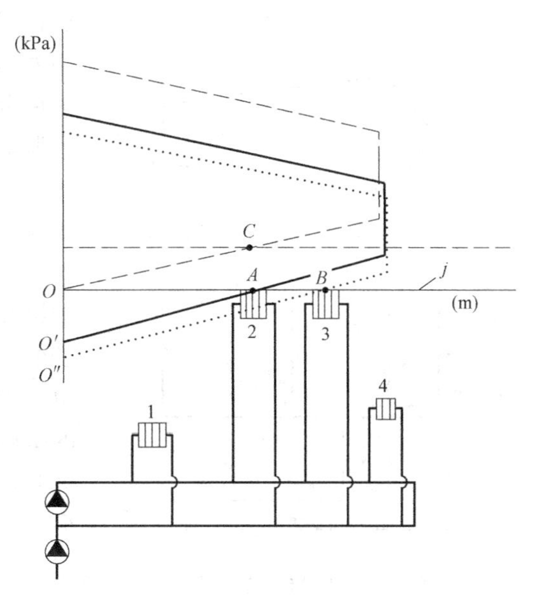

图 2.37　供热系统的恒压点

最后观察 A 点的情况，在实线水压图中，运行水压图是围绕着 A 点变动的。处于上游端的 B 点，压力高于 A 点压力，保证远离热源的最高建筑热用户 2 不倒空。再观察热源循环泵入口 O 点，因处 A 点的下游端，其压力必然低于 A 点压力，这进一步验证了 O 点不是恒压点，系统真正的恒压点必然位于离热源最近的最高建筑的热用户 2 的顶部。如果恒压点的位置在最高建筑热用户 2 的顶部，而恒压点的压力值不是 A 点值而是 C 点值，此时，停运热源循环泵，发现静水压力线是 C 值，不是 j，这说明如果没有外加能量的提供，静水压线绝不可能由 j 提高到 C，这再一次验证势能任何时候皆处于最低位置的原理，也同样验证热源循环泵的入口点压力，在运行状态下维持静水压线值 j 的前提条件必须是其上游端最高建筑 2 的压力为 C，实践证明，这一点，只有系统实施额外补水增压才有可能。

通过上述结论，还可以推断，当热源处于最高地势时，热源循环泵的入口点才是供热系统的恒压点，这应该算是一种特例。由此可以断定：以往以热源循环泵入口点作为恒压点进行的补水泵定压、定压罐定压等方式，从技术上观察都是不严谨的。

2.5.2　补水泵变频调速旁通定压

补水泵变频调速旁通定压，是目前最理想的系统定压方式。这种定压方式的基本技术特点，是在热源循环泵的旁通管上确定系统恒压点的位置，并以恒压点位置的压力为依据，通过变频调速进行补水泵补水，借以实现设定静水压线值。图 2.38 给出了基本原理示意图。热源循环泵 6 的旁通管 4，其基本功能为测压管，不论供热系统规模大小，其管

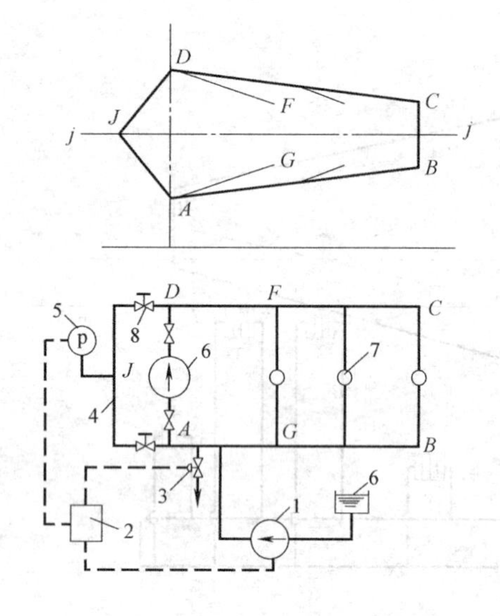

图2.38 补水泵旁通定压
1—补给水泵；2—控制柜；3—泄水电磁阀；4—旁通管；5—远传压力表；6—热源循环泵；7—热用户；8—平衡阀

径在 $DN32 \sim DN50$ 之间即可。两个手动平衡阀8，用来调节旁通管4上的远传压力表的压力值。根据远传压力表的压力值。控制柜2自动控制补水泵1和泄水电磁阀3补水或泄水。

根据前述，任何供热系统，都存在唯一的恒压点，其位置在距离热源最近的最高建筑热用户的顶部。在供热规模比较大，城市建筑日新月异的情况下，供热系统的实际恒压点，不是固定不变的，因此，在实际工程中，要确定系统真正的恒压点是比较困难的。而供热系统各种定压方式的基础，都要建立在已知系统恒压点的位置上，为此，补水泵变频调速旁通定压特别设置了热源循环泵的旁通管，专门用来确定系统的恒压点位置。其具体操作如下：反复启动热源循环泵，调节旁通管4上两个手动平衡阀8，直到旁通管上的远传压力表读数始终为循环泵停运时的读数；此时旁通管与远传压力表的连接点 J 即为该供热系统在热源处的恒压点（与供热系统在外网上的恒压点具有同样性质）。调节手动平阀8，改变远传压力表5的读数，实际上等于在改变旁通管4的水压分布（见水压图纵坐标左侧），进而寻找旁通管上真实恒压点的位置。一旦确认旁通管上的恒压点已经找好，则将两个手动平衡阀的阀位锁定，防止运行期间发生新的变动，导致恒压点位置的变化。

经过上述操作，恒压点位置准确无误，当供热系统无泄漏、无热媒体积膨胀时，则旁通管上的远传压力表（或压力传感器）始终维持预先设定的静水压力值。如果出现远传压力表读数低于设定的静水压线值，则系统必定出现亏水，将由补水泵自动补水。如果远传压力表读数高于设定的静水压线值，则系统一定超压，此时电磁阀3自动开启，实现泄压功能。

供热系统上述定压功能，主要是通过控制柜2来实现的。图2.39给出了变频调速补水泵旁通定压的基本调节框图。控制柜2中主要配置变频器、调节器（控制器），当控制器接受的远传压力表的压力值大于设定值时，控制器指令电磁阀打开泄水，保持压力值恒定。当远传压力表的压力值低于设定值时，控制器给出待调的频率值，由变频器执行补水泵在指令转速下补水，以维持静水压线值恒定。

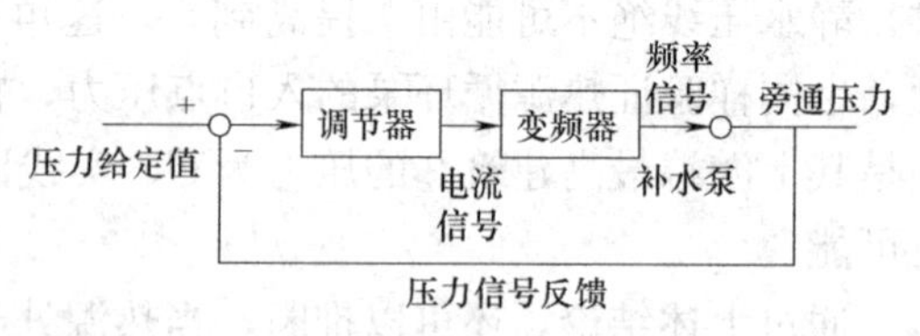

图2.39 变频调速定压调节框图

如果补水泵设置两台，变频器与补水泵可按一对一配置，也可只设一台变频器，由两台补水泵共用一台变频器。运行时，由控制器自动控制，直接完成变频器对控制补水泵的切换。由于补水泵的功率不大，一般只选择低压变频器。当补水泵功率大于15kW以上时，都要配置软启动设备。为了节电，控制器一般设计有下限频率，当补水泵低于某个转速下运行，不再继续补水时，控制器将自动停止补水泵运行。因此，补水泵变频调速旁通定压，何时连续补水，何时间歇补水，完全由控制器掌控，具有很大的灵活性。

补水泵变频调速旁通定压，具有以下优点：

(1) 真正按照系统恒压点进行补水定压，不会发生误判、误操作，定压效果准确可靠。

(2) 采用热源循环泵的旁通管，确定系统恒压点位置，具有简单、方便、可靠的特点，使定压方式建立在科学的基础上。

(3) 补水泵补水定压建立在无人值守，全程变频调速自动控制的先进信息技术平台上，节电、节能效果明显。

(4) 系统简单、设备单一、投资省、运行方便，具有较高的性价比。

(5) 适合于各种形式的供热系统。对于多泵系统，包括分布式输配系统、多热源环网供热系统，当采用多点补水时，更优于其他形式的定压方式。

(6) 对于分布式输配系统，当将均压管与补水泵变频调速旁通定压作为一个整体一起设计时，可将均压管压力设定为恒压点压力，这样可以大大缩小均压管的口径，不但节约了投资，而且简化了系统结构（详见第5章）。

2.5.3 其他定压方式

1. 膨胀水箱定压

利用膨胀水箱来维持恒压点定压的方式称为膨胀水箱定压。由于热水的密度变化较小，一定高度的膨胀水箱表示一定数值的静水压，当忽略系统的漏水因素，不论供热系统在运行状态还是静止状态，由于水柱高度（膨胀水箱高度）不变，则供热系统与膨胀水箱的连接点处的水压维持不变，于是连接点即成为恒压点。膨胀水箱定压，利用的是静水柱的水压原理，因此，膨胀水箱定压也称静水柱定压。

当膨胀水箱设在供热系统循环水泵入口处时，循环水泵入口处即为恒压点。但实际的膨胀水箱定压系统，除具有一定体积容量和高度的膨胀水箱外，还需设置膨胀管、循环管、信号管和溢流管以及补水系统等。由于种种原因，经常膨胀管、循环管没有连接到循环水泵的入口处，而是就近连接到外网管道上，多数情况连接在回水管网上。此时就膨胀水箱定压方式而言，其系统真正的恒压点也不是循环水泵入口点，而是外网的某一点。具体在什么位置，这要根据膨胀管、循环管与外网的连接状况而定。因此，对于膨胀水箱定压，实际上也存在如何确定恒压点位置的问题。

虽然膨胀水箱定压方式比较简单，容易被业内人员接受，但膨胀水箱属于开式系统，很难保证系统的水质要求。在当今的信息技术时代，膨胀水箱定压方式与补水泵变频调速旁通定压方式相比较，其技术层面落后了许多，应属于逐渐被淘汰的行列。

2. 气体定压

气体定压分氮气定压和空气定压两种，其特点都是利用低位定压罐保持供热系统恒压。氮气定压是在定压罐中灌充氮气。空气定压则是灌充空气，为防止空气溶水腐蚀管道，常在空气定压罐中装设皮囊，把空气与水隔离。

图2.40所示为氮气定压（变压式）的热水供热系统示意图。

网路回水经除污器1除去水中杂质后，通过循环水泵2加压进入热水锅炉3，被加热后重又送出。系统的压力状况靠连接在循环水泵进口侧的氮气罐4内的氮气压力来控制。氮气从氮气瓶5流出，经减压后进入氮气罐；并在氮气罐最低水位Ⅰ-Ⅰ时，保持一定的

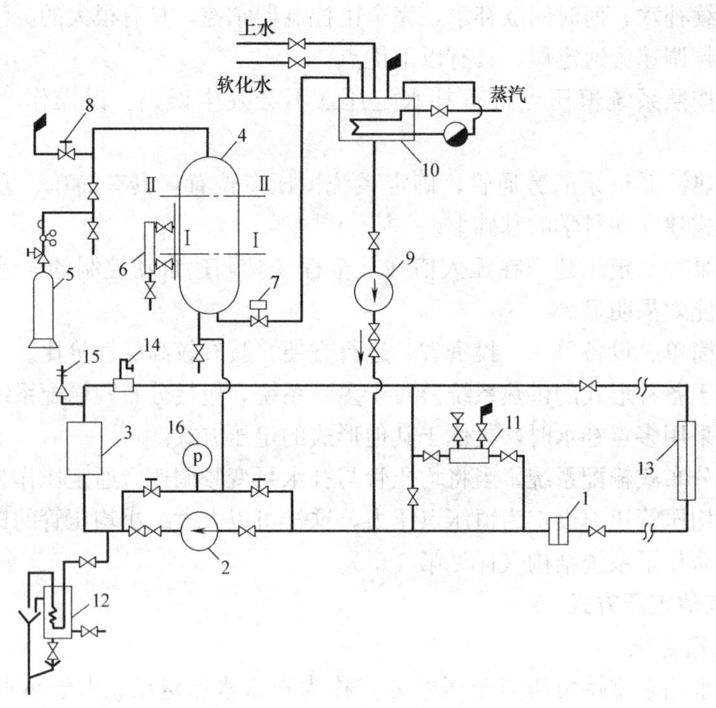

图 2.40　氮气定压的热水供热系统示意图

1—除污器；2—网路循环水泵；3—热水锅炉；4—氮气罐；5—氮气瓶；6—水位信号器；7—排水阀；8—排气阀；9—补给水泵；10—补给水箱；11—网路阻力加药器；12—取样冷却器；13—热用户；14—集气罐；15—安全阀；16—远传压力表；Ⅰ-Ⅰ—罐内最低水位；Ⅱ—Ⅱ—罐内最高水位

压力 p_1。当热水供热系统的水容积因膨胀、收缩而发生变化时，氮气罐内气体空间的容积及压力也相应发生变化。

当系统水受热引起的膨胀水量大于系统的漏泄水量时，氮气罐内水位上升，罐内气体空间减小而压力增高。当到达最高水位Ⅱ-Ⅱ时，罐内的压力到达最大压力 p_2。如水仍继续受热膨胀引起罐内水位上升，则通过水位信号器 6 自动控制使排水阀 7 开启，让水位下降以降低罐内压力。当排水阀开启后仍不足使罐内水位下降，以致罐内压力继续上升时，排气阀 8 自动排气泄压。

当系统中水冷缩或漏水时，氮气罐内水位下降，罐内压力降低。如水位降低到最低水位后仍继续下降，则自动开动补给水泵 9，向系统内补水，以维持系统要求的最低压力工况。

图 2.41 是氮气定压方式的水压图。其中虚线代表热水网路的最低的动水压曲线（在氮气罐最低水位时的工况）。实线代表热水网路的最高的动水压曲线（相应于氮气罐最高水位时的工况）。j-j 线是热水网路的最低的静水压曲线的位置。由此可见，氮气罐内氮气的压力是在 p_1～p_2 之间变动而向系统进行定压的。罐内压力是随着运行工况的变化（水的温升、温降和漏水率等因素）而变化的。

系统的补给水首先进入补给水箱 10，然后通过补给水泵加压，向系统补水。为了使补给水除氧，图 2.40 采用蒸汽间接加热方式。这种方法比采用大气式热力除氧器除氧的方法简单，但除氧效果不如后者。因此，图 2.40 中还设有网路阻力加药器 11，通过它向系统内定期投入化学药剂，以保护系统免遭腐蚀。通过取样冷却器 12，可以定期对进入热水锅炉的水质进行分析验检，以保证水质要求。

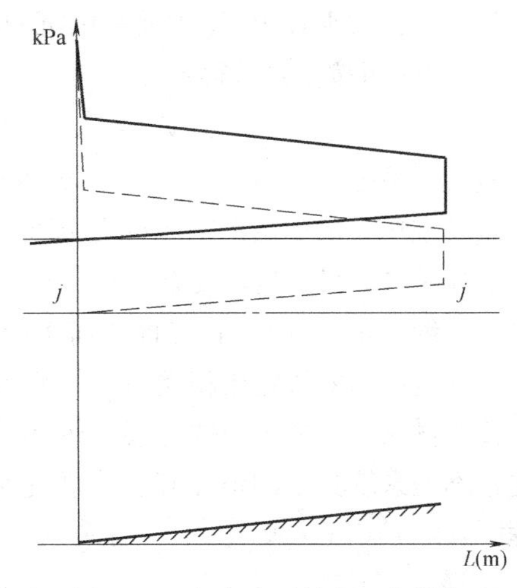

图 2.41 氮气定压的高温水供热系统水压图

合理地设计氮气罐的容积是保证系统安全可靠运行的重要环节。氮气罐罐体的总容积是由系统水的净膨胀量 V_1、罐内最小的气体空间 V_2 以及低水位所需要的最小水容积 V_3 组成的（见图 2.42）。

如前所述，当系统中水受热膨胀或冷缩和漏水时，氮气罐中水位会上升或下降，氮气罐内气体空间的容积及其压力也相应发生变化。如按等温过程考虑（实践表明：氮气罐内气体温度的变化是缓慢的，1～2℃/h），则气体的容积及其相应压力的关系应符合下式：

$$PV=C \tag{2.34}$$

式中 V——氮气罐内气体空间的容积，m^2；

P——相应该容积下的绝对压力；

C——常数。

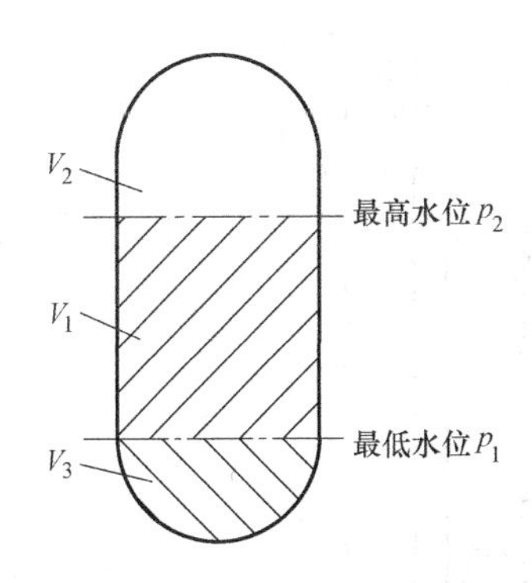

图 2.42 变压式氮气罐总容积示意图

如在最低水位时罐内的氮气压力为 P_1，其相应的气体容积为（V_1+V_2）；则在最高水位时罐内的氮气压力为 P_2，此时的气体容积为 V_2。根据式（2.34），可得：

$$P_1(V_2+V_2)=P_2V_2$$

则

$$V_2=\frac{P_1V_1}{P_2-P_1}=\frac{1}{\left(\frac{P_2}{P_1}\right)-1}V_1\ (m^3) \tag{2.35}$$

氮气罐内的最低压力 P_1 值和最高最低压力差（P_2-P_1）值，可通过对热水供热系统水压图的分析和网路水压曲线所容许的上下波动范围来确定。由式中可见，P_2/P_1 值越大，则其所需的容积越小。

系统水的净膨胀量容积 V_1 是与运行工况密切相关的。它与供热运行方式（间歇或连续供热）、热水的设计温度差、热水的温升速度和系统水的漏水率有关。国外一些资料建议：在连续供热情况下，V_1 采用为系统总水容量的 4%。但实际运行中，由于系统不可避免地会不断地漏水，因而实际的净增水量大为减小。理论分析认为：即使在漏水率较低（漏水率为 0.5%～1%的系统总水容量）时，V_1 采用 2%～3%的系统总水容量就足够了。当系统漏水率较高（漏水率大于 2%的系统总水容量）时，净增水量就微不足道，甚至成为负值，氮气罐不再起着容纳膨胀水量的功能，而起着一个补给水箱的作用，起着补充系统漏水和系统水冷缩量的作用了。

最低水位时水容积 V_3 主要是供沉积泥渣、连接管道及防止氮气进入管道系统而设置的。一般 V_3 可按下式求得：

$$V_3=(0.1-0.3)(V_1+V_2) \quad (m^3) \tag{2.36}$$

最后，根据 $V=V_1+V_2+V_3$，就可确定变压式氮气罐的总容积。

氮气定压热水供热系统运行安全可靠，能较好地防止系统出现汽化及水击现象；但它需要消耗氮气，设备也较复杂，氮气罐的体积也较大。对于变压式定压罐，其罐的总容积粗略估算约为每1万 m^2 供热面积需 $1m^3$ 体积，投资昂贵，多用于高温水系统。

空气定压与氮气定压相类似，一般用在小型供热系统中。

传统做法，气体定压罐直接与热源循环泵入口相连接。根据前述分析，热源循环泵入口通常不是系统真正的恒压点。为防止误控，将定压罐连接到热源循环泵旁通管上更为合理。

3. 蒸汽定压

蒸汽定压的热水供热系统，在国外比采用氮气定压还要早一些。蒸汽定压比较简单，目前在工程实践上，有下面几种形式：

（1）蒸汽锅筒定压方式；

（2）外置膨胀罐的蒸汽定压方式；

（3）采用淋水式加热器的蒸汽定压方式（图示略）。

图2.43所示为采用蒸汽锅筒定压的高温水供热系统原理图。该系统的热水锅炉可利用蒸汽锅炉改装而成。

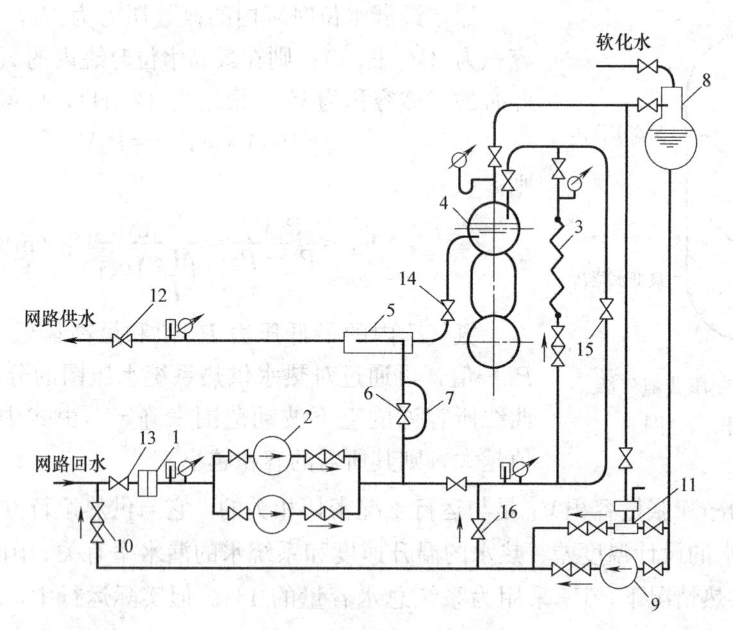

图2.43 蒸汽锅筒定压的高温水供热系统原理图

1—除污器；2—网路循环水泵；3—锅炉省煤器；4—上锅筒；5—混水器；6—混水阀；7—混水旁通管；8—除氧器；9—补给水泵；10—网路补水阀；11—蒸汽补给水泵；12—供水管总阀门；13—回水管总阀门；14—锅炉出水阀；15—省煤器旁通管；16—锅炉补水阀

网路回水经除污器 1 流入网路循环水泵 2 加压后，通过锅炉尾部的省煤器 3 送入蒸汽锅炉的上锅筒 4。在锅炉内水被加热到饱和温度后，从上锅筒引出。为了防止饱和水因压降而汽化，应将它立即向下引入混水器 5 中。在混水器中饱和水与部分网路回水混合，使其水温下降，从而保证在设计的供水温度的条件下，供水不会在网路或用户系统处产生汽化。调节混水阀 6 的开启度，改变混入的网路回水量，就可改变网路的供水温度，为了防止偶然地完全关闭混水阀将引起饱和水汽化事故，在混水阀上还加装了一根不带阀门的混水旁通管 7。混水器的构造可见图 2.44。网路回水通过混水器内管的小孔分散地与锅炉出来的饱和水相混合，使后者降低到网路供水温度送出。

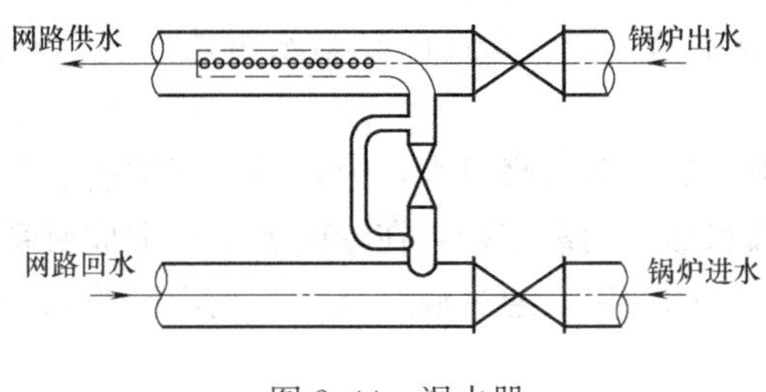

图 2.44 混水器

系统的漏水会使锅炉水位降低，所以可用维持锅炉水位的方法来补充系统的漏水。补给水自除氧器 8 的储水箱中取出，通过补给水泵 9 加压后送入系统。调节锅炉补水阀 16 的开启度，可进行补给水量的调节。网路的启动充水和事故补水可通过网路补水阀 10 进行。

图 2.43 是蒸气锅筒定压的高温水供热系统；它的定压就是靠锅炉上锅筒蒸汽空间的压力 p 来保证的。图 2.45 是该蒸汽锅筒定压的高温水供热系统的水压图。从水压图可见，为了防止最远或最高用户顶部的高温水汽化，热源处锅筒空间的压力 p 必须大于下列三项之和，即（1）从锅筒到最远或最高用户顶部的供水管路压降 h_g；（2）该热用户与热源的标高差 Z；（3）计算供水温度下的饱和压力 h_b。

蒸汽锅筒定压的高温水供热系统具有以下主要优点：

（1）系统定压采用高温水锅炉加热过程伴生蒸汽来定压，简单而较经济，不像氮气定压系统那样，需要氮气和复杂的设备。

（2）由于采用自然循环式高温水热水锅炉作为热源，因此，它的运行方式与蒸汽锅炉完全相同。锅炉内部容许出现汽化也不致出现炉内汽水冲击。

（3）蒸汽锅筒定压的热水锅炉，可以一炉两用，在供热水同时可供少量蒸汽；在必要时还可按照蒸汽锅炉方式运行，完全供应蒸汽。因而使得工业锅炉房的热源对热用户的需要有很大的适应性。

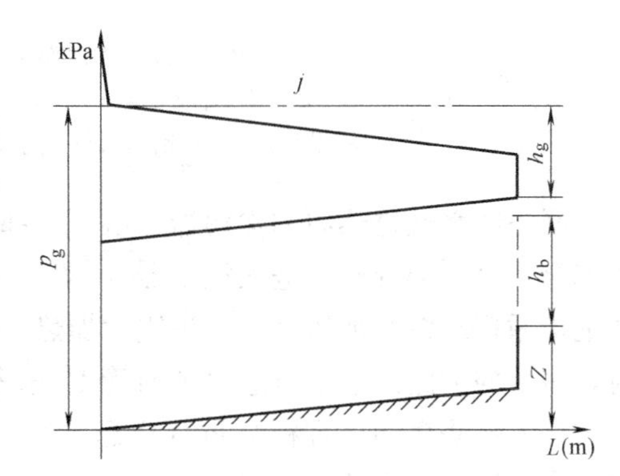

图 2.45 蒸汽锅筒定压的高温水供热系统的水压图

但是，蒸汽锅筒定压的热水供热系统，却有以下主要缺点，因而使它的应用范围受到一定的限制：

（1）用来定压的蒸汽压力高低，取决于锅炉的燃烧状况。如锅炉燃烧状况不稳定或燃烧状况不好，就会影响到系统的压力状况。

（2）如运行管理不善，操作不当，锅炉出现低水位时，蒸汽易窜入网路，引起严重的汽水冲击。另外，网路启动时，锅炉的压力和水位波动较大。

（3）多台锅炉并联运行时，若各锅炉的燃烧不均匀，可能会引起各台锅炉内的水位变动较大。因此，在采用两台自然循环热水锅炉时，应把它们的上锅筒蒸汽空间之间及水空间之间用蒸汽平衡管和热水平衡管相互连通，以避免大的水位波动。

如两台或两台以上的锅炉采用蒸汽定压方式时，可考虑采用外置膨胀罐的蒸汽定压系统。图2.46所示为外置膨胀罐的蒸汽定压的高温水供热系统示意图。系统中的水循环方式采用了双泵系统。

从强制循环热水锅炉1加热后的高温水，分别通过锅炉引出管2送入置于高处的膨胀罐3内。膨胀罐中的高温水形成的蒸汽积聚在罐的上部，形成对系统加压的蒸汽垫层。网路的循环水从膨胀罐的水空间抽出，通过混水器后，利用网路循环水泵5加压后输送到各热用户6。

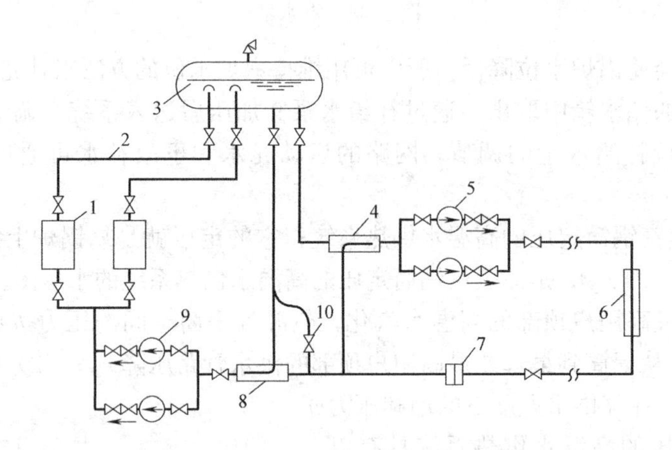

图2.46　外置膨胀罐的蒸汽定压系统示意

1—强制循环热水锅炉；2—锅炉引出管；3—膨胀罐；4—混水器；5—网路循环水泵；6—热用户；7—除污器；8—混水器；9—锅炉循环水泵；10—旁通管

网路回水通过热源的除污器7后，一部分水量进入混水器4，与从膨胀罐引出的高温水混合。另一部分水量进入混水器8，与从膨胀罐引出的高温的锅炉循环水相混合，再通过锅炉循环水泵9加压后，送进锅炉加热。当系统的循环水量大于锅炉所必需的循环水量时，多余的网路回水也可通过旁通管10送入膨胀罐的底部。

外置膨胀罐的总容积V同样应是蒸汽空间所需的容积V_1、水净膨胀量所需的容积V_2和沉渣及储备所需的容积V_3（即最低水位下的容积）之和。

水净膨胀量所需的容积V_2是由最低运行温度到最高运行温度中整个系统水容积的变化所决定的。沉渣及储备所需容积V_3，在工程实践上可取为$0.4V_2$，但最低水位到罐底的距离不宜少于0.7m。

膨胀罐内的蒸汽压力是不随着它的蒸汽空间大小而改变的，它只取决于罐内高温水的水温状况。实践经验认为：蒸汽空间所需的容积为 $0.2(V_2+V_3))\mathrm{m}^3$ 是合适时；但最高水位（亦即最小的蒸汽空间）距罐顶部不应小于 0.3～0.4m。

由于膨胀罐内的蒸汽压力主要取决于罐内高温水层的水温，因此膨胀罐的水容量越大，则罐的蓄热能力越好，对蒸汽压力的稳定越有利。反之，则蒸汽压力容易波动。因此，如图 2.46 所示的系统，目前只宜用于大型而又连续供热的系统上。

2.5.4 两个静压区的建立

对于地形复杂的供热区域，只采用一个静水压线不能满足多数热用户的水压要求，这时常常需要建立两个静水压区。

图 2.47 表示热源位于高处的地形高差悬殊的例子。在供热系统运行期间，回水加压泵 6 使系统维持在实线表示的水压图下（虚线表示回水加压泵未启动的水压图）。在供热系统停止运行时（循环水泵、回水加压泵皆停），若不采取必要技术措施，则水压图将趋于一条静水压线，这时供水动压线压力下降，回水加压泵的上游回水动压线压力将上升。由于在供水干管上装有阀前调节阀 7，当阀前压力下降时，该阀自动关闭；同样在回水加压泵 6 的旁通上装有阀后调节阀 8，当回水压力升高时，该阀也自动关闭，再加回水加压泵出口的逆止阀作用，使供热系统在回水加压泵断面处形成两个水力完全隔离的系统，进而建立 j_1、j_2 两个静水压区。

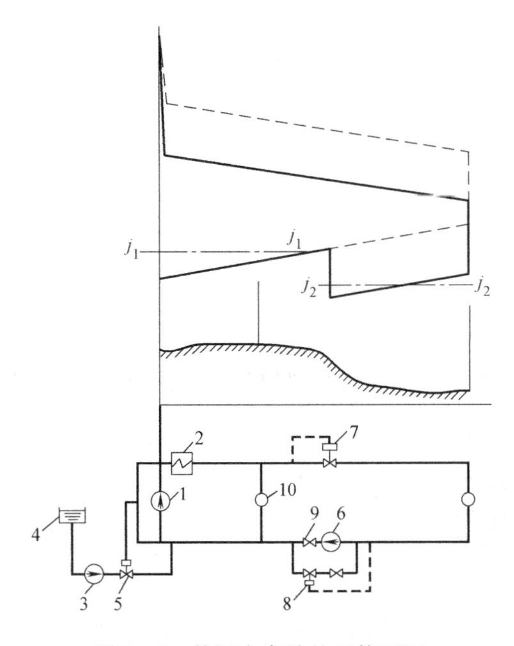

图 2.47 热源在高处的双静压区

1—网路循环水泵；2—热水锅炉或加热器；3—补给水泵；4—补给水箱；5—补水调节阀；6—回水加压泵；7—阀前调节阀；8—阀后调节阀；9—止回阀；10—热用户

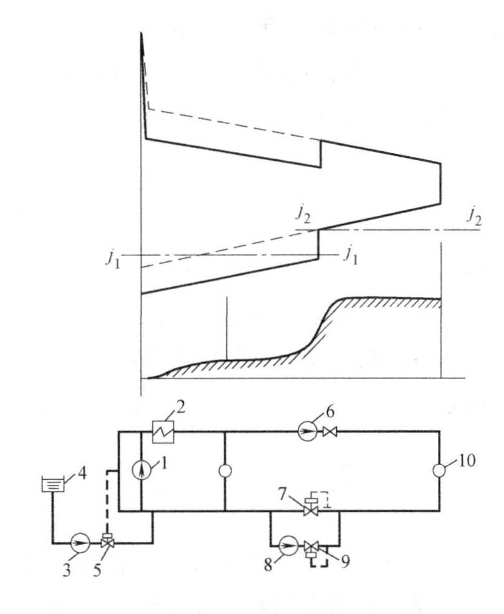

图 2.48 热源在低处的双静压区

1—网路循环水泵；2—热水锅炉或加热器；3—补给水泵；4—补给水箱；5—补水调节阀；6—供水加压泵；7—“阀前”压力调节器；8—泵站补给水泵；9—泵站补水调节阀；10—热用户

图 2.48 表示热源位于低处地形高差悬殊的例子。供水加压泵的作用是提高地势高处的供回水压力。回水加压泵（与回水干线反向流动）的作用是降低地势较低处的回水压

力。实线表示加压泵运行时的水压图。在系统停止运行时，地势高处的回水压力要下降，此时阀前压力调节阀关闭，加压泵 6、8 处的逆止阀也将禁止倒流，同样将供热系统完全断开，形成两个静水压区。加压泵 8 和补水调节阀 9 还有另一个功能，即向高位区系统补水，维持高静水压线 j_2。低静水压线 j_1 由热源补水泵 3 负责补水。

2.6　水击及其防治

在有压管中运动着的流体，由于阀门或水泵的突然关闭，使得液流速度发生急剧变化，从而引起液体压强骤然升降，这种现象称为水击。由于水击产生的压强可能是管道中正常压强的几十倍甚至几百倍，同时变化频率很高，严重时将损坏水泵、管道和其他设备。

随着集中供热系统的发展，热源规模、管道规格、输送半径逐渐扩大，大量阀门和水泵的投入致使水击的发生概率增大。水泵的快速启停、故障，阀门的快速动作和锅炉内水流量的突然改变都可能产生水击。

根据 1898 年茹科夫斯基提出的公式，水击压强为：

$$p=\rho c\Delta v \tag{2.37}$$

式中　p——水击压强，Pa；

ρ——水的密度，kg/m^3；

c——水击波的传播速度，m/s；

Δv——流速的变化，m/s。

水击压头为：

$$H=\frac{c\Delta v}{g} \tag{2.38}$$

式中　H——水击压头，mH_2O；

g——重力加速度，$9.8m/s^2$。

水击波的速度近似等于水中的声速，它由水的压缩性和管壁材料的弹性决定，可由下式计算：

$$c=\frac{\sqrt{E_0/\rho}}{\sqrt{1+\dfrac{E_0}{E}\dfrac{d_n}{\delta}}} \tag{2.39}$$

式中　E_0——水的弹性模数，一般取 2×10^9 Pa；

E——管壁材料的弹性模数，钢材一般为 2×10^{11} Pa；

d_n——管道的内径，mm；

δ——管壁厚度，mm。

以供热系统为例，分析关闭干线上的调节阀门时，热网中的压力变化过程。如图 2.49 所示，假设水泵 A 的扬程不变，并且由于膨胀水箱 D 和 E 的作用，水泵出入口 1 和 6 的压头不变。当供水干线上的阀门 C 全开时，其水压图见图 2.50 中实线所示，阀门 C 前后 2、3 的压头相等；当阀门 C 全关时，水压图如图 2.50 中虚线所示，阀门 C 前后 2、3 的压头分别等于膨胀水箱 E 和 D 的定压高度。

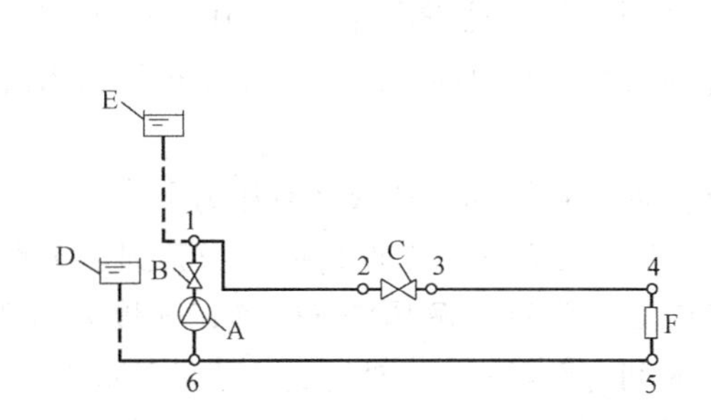

图 2.49 供热系统示意图

A—水泵；B—水泵出口止回阀；C—阀门；
D、E—膨胀水箱；F—热用户

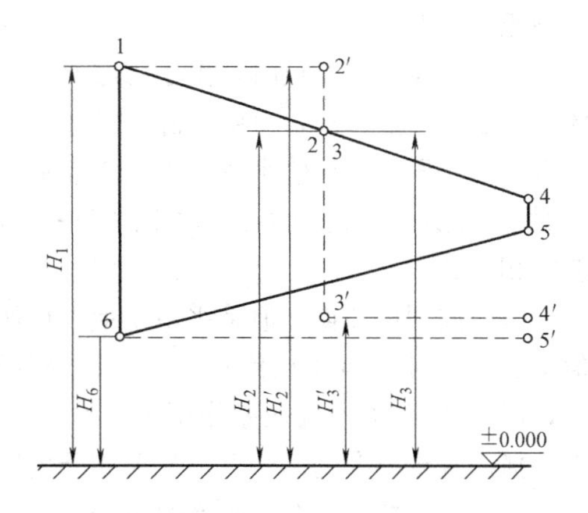

图 2.50 供热系统水压图

假设阀门 C 的关闭过程是缓慢的，图 2.50 中虚线所示即为阀门 C 前后 2 和 3 点压头的变化过程，他们单调的逐渐趋近于膨胀水箱的定压高度。而当阀门 C 的关闭过程很快时，将产生水击。

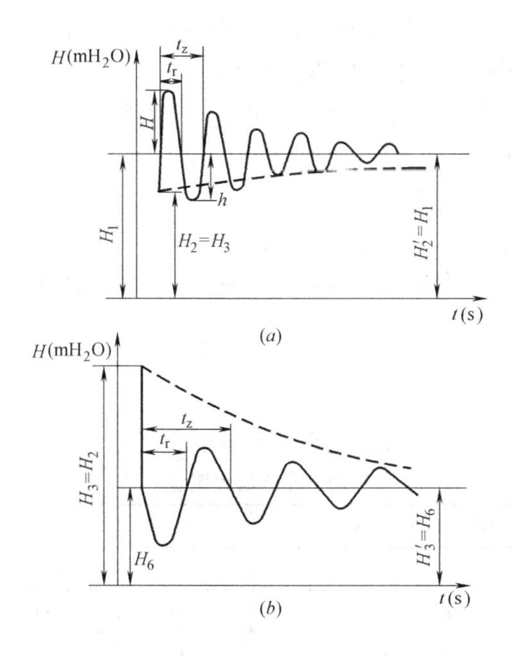

图 2.51 阀门 C 前后的压力变化

(a) 点 2 的压力变化；(b) 点 3 的压力变化

假设水的初始流速为 v。当阀门 C 关闭时，根据式（2.37），阀门 C 前 2 点压头升高 H，称为水击压头。在其作用下，水被压缩，管壁被拉伸。当水流涌入水击压强所增添的容积后，阀门 C 前的水层逐层停止运动，将这种升压的弹性波以速度 c 由阀门 C 前 2 点，经过 L_{1-2}/c 的时间（L_{1-2}为 1 至 2 点的管长），传播到 1 点。此时，1-2 管道内的液体均为被压缩状态。

当升压波到达1点时，由于膨胀水箱E的作用，压头降至H_1，压差$H-H_1$此时开始由1点向2点传播，逐层解除水的压缩状态，也称解压波。而由于1点压头与1-2管道内水击波的压差，致使水由2点向1点流动，与解压波的运动方向相反。当解压波到达2点时，2点压头亦降至H_1。水击波2→1→2的传播所历经的时间$t_r=2L_{1-2}/c$被称为水击波的相长。

解压波到达2点，但是水由于惯性仍然由2点向1点流动，造成2点压力下降至某一值H_1-h，使2点水层停止流动。该降压波以速度c从2点向1点传播。当其到达1点时，压头升至H_1。在压差作用下，水又从1点向2点流动，解压波H_1亦以速度c向2点传播。直至再次到达2点，从关阀开始经历的时间$t_z=4L_{1-2}/c$被称为水击波的周期。

由于水的惯性，在t_z时刻将再次发生下一个周期的水击过程。但是，由于摩擦力做功和管道、流体形变所消耗的能量，水击波的压头逐渐降低，图2.51所示的实线呈减幅振荡过程，直至水击波的能量被消耗殆尽。即是说，在反复的水击过程中，第一个水击波的压力变化幅度最大，也是最危险的。

在阀门C的另一侧3点，同样可以观察到与上述类似的过程。

在供热系统中，管径一般为$DN50$～$DN1400$，d_n/δ的变化范围约为15～80，水击波速度为1000～1300m/s。假设管道中水的流速变化为3m/s，当水击波速度达到1000m/s时，根据式（2.37），水击压强可达到3MPa，相当于300mH_2O。即使供热系统的设计压力高达2.5MPa，仍然无法抵抗水击压强的冲击。

无论是升压波还是降压波，都对供热系统产生严重的危害。尤其在环状管网中，当两个压力波在环形管线上相遇时，可能迭加形成压强更大的冲击。减弱水击影响的重要思路是避免第一次水击波的冲击，具体方法有：

（1）延长启闭阀门的时间，使之大于水击波的相长。

阀门的关闭时间延长，将降低水击波的压强，工程中常用下式进行近似计算：

$$p=\rho c\Delta v\frac{t_z}{t} \tag{2.40}$$

式中　t——关阀时间。

（2）限制管道中的水流速，管道充水时流量不应超过表2.2的限制。

管道充水最大流量　　**表2.2**

DN(mm)	G(m³/h)	DN(mm)	G(m³/h)	DN(mm)	G(m³/h)	DN(mm)	G(m³/h)
100	10	350	50	600	150	1000	350
150	15	400	65	700	200	1100	400
250	25	500	85	800	250	1200	500
300	35	550	100	900	300	1400	600

注：摘自俄罗斯热网设计规范 СП124.13330.2012。DN为管道公称直径，G为充水流量。

（3）循环水泵供回水旁通管安装止回阀以均衡水击发生时供回水管道的压力。

（4）设置安全阀或电磁阀等泄水装置，在水击发生的瞬间，排除系统中的部分水。

（5）设置空气罐等能抑制水击波传播的装置。

（6）在水泵轴上安装飞轮装置，以及备用泵的快速自动接通装置。

第3章　供热系统热力工况

供热系统中温度、供热量、散热量的分布状况称为供热系统的热力工况。研究供热系统的热力工况更能直观地表明其供热效果。但供热系统的热力工况与其水力工况有着密不可分的联系，甚至可以说水力工况研究是热力工况研究的前提，因此，在讨论供热系统热力工况的过程中，必然要涉及水力工况的分析。

本章着重讨论换热设备、建筑物的热特性、水力失调对热力工况的影响，供热系统运行调节的基本方法并扼要介绍供热系统的动态热力工况分析。

3.1　换热器的热特性

研究热力工况，首先要涉及换热器的传热性能。因此，在介绍供热系统热力工况分析计算时，必须先讨论换热器的热特性。

供热系统中，热量的转换通常是由热交换设备完成的，如汽-水加热器，水-水加热器，汽-空加热器和散热器等，一般通称为换热器。

换热器的传热量由下式计算：

$$Q=KF\Delta t=KF\frac{\Delta t_d-\Delta t_x}{\ln\dfrac{\Delta t_d}{\Delta t_x}} \tag{3.1}$$

式中　Q——换热器的换热量，kJ/h；

K——换热器的传热系数，kJ/(m^2·h·℃)；

F——换热器的传热面积，m^2；

Δt——换热器流体之间的平均温差，℃；

Δt_d，Δt_x——换热器进、出口处带热流体之间的最大、最小温差，℃。

在式（3.1）计算中，在非设计工况下，一次带热流体（加热侧）和二次带热流体（被加热侧）的出口温度一般是未知的。因此，Δt_d、Δt_x、Δt 不易计算，这就给热力工况分析计算带来不便。索柯洛夫在《热化与热力网》（修订第五版）[①] 一书中提出采用有效系数 ε，并将 Δt 用线性关系近似描述，则换热器的换热量可由下式确定

$$Q=\varepsilon_x W_x\Delta t_{zd}=\varepsilon_d W_d\Delta t_{zd} \tag{3.2}$$

式中　ε_x，ε_d——分别为换热器小流量侧和大流量侧的有效系数，无量纲；

W_x，W_d——分别为换热器小流量侧和大流量侧的流量热当量，kJ/(h·℃)；

Δt_{zd}——换热器中加热流体与被加热流体之间的最大温差，℃。

若图3.1表示换热器逆向流动温差，则上述参数可分别用下式表示：

---

① 中译本，1988年9月机械工业出版社出版。

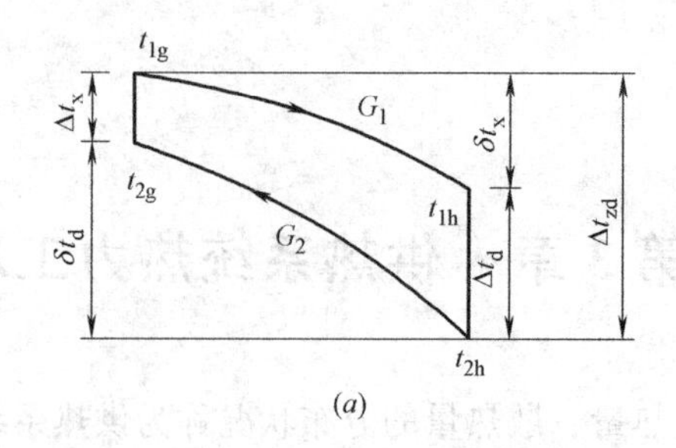

(a)

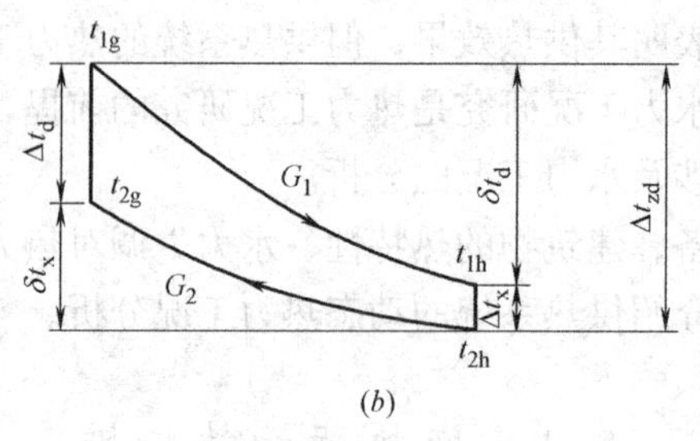

(b)

图 3.1　换热器逆向流动温差

(a) $G_1>G_2$；(b) $G_1<G_2$

$$\Delta t_{zd}=t_{1g}-t_{2h} \tag{3.3}$$

$$W_x=C_xG_x \tag{3.4}$$

$$W_d=C_dG_d \tag{3.5}$$

$$\varepsilon_x=(t_{2g}-t_{2h})/(t_{1g}-t_{2h}) \tag{3.6}$$

$$\varepsilon_d=(t_{1g}-t_{1h})/(t_{1g}-t_{2h}) \tag{3.7}$$

式中　t_{1g}、t_{1h}——换热器加热侧（一次系统）的进、出口温度,℃；

t_{2g}、t_{2h}——换热器被加热侧（二次系统）的进、出口温度,℃；

G_x——换热器中加热侧与被加热侧热媒流量较小者，对于图 3.1（a），$G_x=G_2$；对于（b），$G_x=G_1$(t/h)；

G_d——换热器中加热侧与被加热侧热媒流量较大者，对于图 3.1（a），$G_d=G_1$；对于（b），$G_d=G_2$(t/h)；

C_x，C_d——分别为换热器中小流量侧和大流量侧的热媒比热，kJ/(kg·K)。

根据式（3.2），换热器有效系数 ε 的物理意义可定义为单位流量热当量下，换热流体之间最大温差为 1℃时换热器的换热量；再根据式（3.6）、式（3.7），ε 还表示加热流体的温降或被加热流体温升与最大温差之比值。可以发现：不管加热侧，还是被加热侧，循环流量亦即流量热当量愈大，则该侧的进出口温差愈小，因而有效系数 ε 愈小，说明单位流量热当量的换热能力愈小。不难看出，ε 是个≤1.0 的数。当换热器传热面积 F 无穷大时，即 $F=\infty$时，$\varepsilon=1.0$。

在图 3.1 中，δt_d、δt_x 分别表示加热流体或被加热流体的温降与温升。进而有

$$\delta t_d=\Delta t_{zd}-\Delta t_x \tag{3.8}$$

$$\delta t_x=\Delta t_{zd}-\Delta t_d \tag{3.9}$$

根据热平衡

$$Q=W_d\cdot\delta t_x=W_x\cdot\delta t_d \tag{3.10}$$

则有

$$\delta t_x = Q/W_d \tag{3.11}$$

$$\delta t_d = Q/W_x \tag{3.12}$$

进而

$$\Delta t_d = \Delta t_{zd} - Q/W_d \tag{3.13}$$

$$\Delta t_x = \Delta t_{zd} - Q/W_x \tag{3.14}$$

将式（3.13）、式（3.14）代入式（3.1）得：

$$\ln\left(\frac{\Delta t_{zd} - Q/W_d}{\Delta t_{zd} - Q/W_x}\right)^{-1} = \frac{KF}{W_x}\left(\frac{W_x}{W_d} - 1\right)$$

令

$$\omega = KF/W_x \tag{3.15}$$

称 ω 为工况系数，是无量纲数。上式化简为

$$\exp\left[\omega\left(\frac{W_x}{W_d} - 1\right)\right] = \frac{\Delta t_{zd} - Q/W_x}{\Delta t_{zd} - Q/W_d}$$

移项：

$$\Delta t_{zd} = \Delta t_{zd} \cdot \exp\omega\left(\frac{W_x}{W_d} - 1\right) + \left[\left(\frac{1}{W_x} - \frac{1}{W_d}\right)\exp\omega\left(\frac{W_x}{W_d} - 1\right)\right]Q$$

整理：

$$Q = \frac{1 - \exp\omega\left(\frac{W_x}{W_d} - 1\right)}{1 - \frac{W_x}{W_d}\exp\omega\left(\frac{W_x}{W_d} - 1\right)} W_x \Delta t_{zd}$$

将此式与式（3.2）比较，可得

$$\varepsilon_x = \frac{1 - \exp\omega\left(\frac{W_x}{W_d} - 1\right)}{1 - \frac{W_x}{W_d}\exp\omega\left(\frac{W_x}{W_d} - 1\right)} \tag{3.16}$$

式（3.16）为换热器逆向流动时，有效系数 ε 的精确计算值。当换热器带热流体交错流动时，ε 的精确计算式更为复杂。在《热化与热力网》中将换热器带热流体的对数温差 Δt 用如下线性关系式表示：

$$\Delta t = \Delta t_{zd} - a\delta t_x - b\delta t_d \tag{3.17}$$

a 和 b 为与换热器带热流体流动方式有关的常系数。通常情况下，无论哪种流动方式，系数 b 可视为常数，$b=0.65$；系数 a 取值如下：

逆向流动　　$a=0.35$

交错流动　　$a=0.425 \sim 0.55$

顺向流动　　$a=0.65$

如果把式（3.17）中的 Δt 理解为算术平均温差（像通常供暖散热器传热计算），则 $a=0.5$，$b=0.5$。

将式（3.17）代入式（3.1），可得到 Δt 用线性关系描述时的 ε 计算值（如无特殊说明，以下 ε 均指 ε_x）：

$$\varepsilon=\frac{1}{a\dfrac{W_x}{W_d}+b+\dfrac{1}{\omega}}\leqslant\varepsilon^* \tag{3.18}$$

式中ε^*为用式（3.16）计算的精确值，当换热器的传热面积$F=\infty$时，$\varepsilon^*=1$，此时若$\varepsilon>\varepsilon^*$，说明被加热流体温度大于加热流体温度，这是不可能的，是由于线性近似引起的，此时ε的计算值应舍去，按$\varepsilon=\varepsilon^*=1$计算。

经验算，用式（3.17）计算的线性近似值ε与用对数平均温差为基础计算的精确值ε^*比较，相当吻合。对于只有一种热媒（带热流体）发生相态变化的换热器，最大偏差约为6%。对于热媒不发生相态变化的换热器，尤其是逆向流动的水-水换热器，最大偏差值不超过3%～4%。

当换热器中有一种热媒发生相变（如汽-水加热器、汽-空加热器、水-空加热器等），则该侧热媒在换热过程中温度视为恒定不变，亦即该侧$W_d=\infty$，此时ε值采用下式：

$$\varepsilon=\frac{1}{b+1/\omega} \tag{3.19}$$

对于供暖系统中的散热器，Δt都按平均算术温差计算，此时$b=0.5$。若散热器前连接有混水装置，则散热器的有效系数ε_n按下式计算：

$$\varepsilon_n=\frac{1}{\dfrac{0.5+u}{1+u}+\dfrac{1}{\omega_n}} \tag{3.20}$$

式中　ω_n——散热器工况系数；

u——混水装置的混合系数。若混水装置前外网供水流量为G_{1g}，混合的系统回水流量为G_h，则$u=G_h/G_{1g}$。当热网与室内供暖系统为简单直接连接时，$u=0$，则有

$$\varepsilon_n=\frac{1}{0.5+\dfrac{1}{\omega_n}} \tag{3.21}$$

为了研究变动的热力工况，通常将参数已知的工况作为基本工况（如设计工况），用角码“$'$”表示。则换热器的任意工况（不带角码）的参数可由基本工况或已知工况计算。对于任意工况下的工况系数ω可由下式计算：

$$\omega=\omega'\overline{W}_1^{m_1}\ \overline{W}_2^{m_2}/\overline{W}_x \tag{3.22}$$

式中　ω，ω'——分别为任意工况和基本工况下的工况系数；

$\overline{W}_1$，$\overline{W}_2$，$\overline{W}_x$——分别为任意工况和基本工况下一次热媒、二次热媒和二者较小值的流量热当量比值，即$\overline{W}_1=W_1/W_1'$；$\overline{W}_2=W_2/W_2'$；$\overline{W}_x=W_x/W_x'$。

m_1、m_2为指数，与热媒种类、换热器结构及热媒流动方式有关。在逆流分段式水-水加热器中，$m_1=0.33$～0.5；$m_2=0.33$～0.5。实验结果表明，计算分段式水-水加热器时实际上可以取$m_1=m_2=0.5$，于是式（3.22）可进一步简化为

$$\omega=\phi\sqrt{W_d/W_x} \tag{3.23}$$

式中　ϕ——分段式水-水加热器参数，对于此种加热器这一数值实际为常数

$$\phi=K'F/\sqrt{W_1'W_2'} \tag{3.24}$$

研究结果表明，分段式水-水加热器的参数值与加热器长度成正比：

$$\phi=\phi_y L \tag{3.25}$$

式中　ϕ_y——与加热器单位长度相对应的比参数；

L——加热器长度，m。

比参数 ϕ_y 主要取决于管内和管间截面的面积比，而实际上不取决于加热器单位长度的比加热面积，就是说不取决于加热器的型号或壳体直径。在 W_1 和 W_2 很宽的变化范围内，加热器参数实际上保持固定不变。

如果将式（3.24）代入式（3.18）中，对于热媒逆向流动的水-水加热器，其有效系数 ε 可按下式计算：

$$\varepsilon=\frac{1}{0.35\dfrac{W_x}{W_d}+0.65+\dfrac{1}{\phi}\sqrt{\dfrac{W_x}{W_d}}}\leqslant 1 \tag{3.26}$$

图3.2给出了逆流式水-水加热器有效系数 ε 与两侧热媒流量热当量 W_x，W_d 及加热器参数 ϕ 的关系曲线。

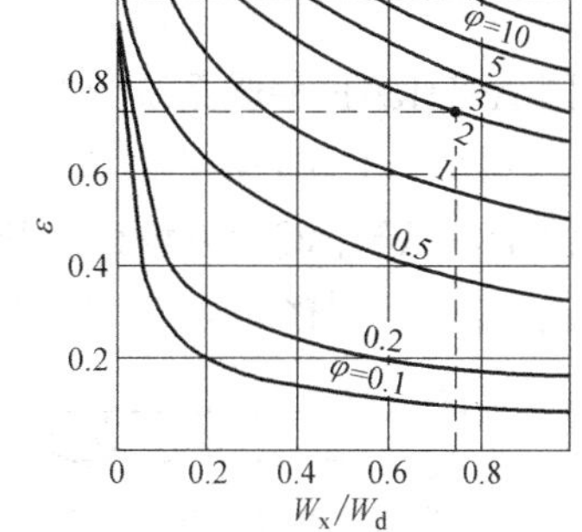

图3.2　逆流式水-水加热器 $\varepsilon=f(W_x, W_d, \phi)$ 关系曲线图

由式（3.26）和图3.2可看出，如果已知流量热当量 W_x，W_d 和加热器参数 ϕ，即可求出有效系数 ε，然后由式（3.2）可确定任意工况下水-水加热器逆向流动时的换热量 Q。在图3.2中，当 $\phi=2.03$，$W_x/W_d=0.75$ 时，可查得 $\varepsilon=0.716$。

对于出现蒸汽凝结的汽-水加热器和汽-空加热器，当被加热流体的流动为紊流时，在式（3.22）中 $m_1=0$，$m_2=0.33\sim0.5$。

对于用热水加热的空气加热器，当热媒的流动为紊流时，可取 $m_1=0.12\sim0.20$；$m_2=0.33\sim0.5$。

对于柱形散热器供暖装置：

$$\omega_n=\omega_n'\overline{Q}_n^{B/(1+B)}/\overline{W}_s \tag{3.27}$$

式中　$\overline{Q}_n=Q_n/Q_n'$——任意工况下供暖耗热量与基本工况下供暖耗热量的比值；

$\overline{W}_s=W_s/W_s'$——系统水侧流量热当量在任意工况下与基本工况下的比值；

B——散热器传热指数，一般 $B=0.17\sim0.37$。

一般取供暖计算外温时的工况为供暖的基本工况，在这种情况下，有

$$\omega_n'=K'F/W_s'=\left(\frac{Q_n'}{\dfrac{t_g'+t_h'}{2}-t_n'}\right)\Bigg/\left(\frac{Q_n'}{t_g'-t_h'}\right)$$

$$=\frac{t_g'-t_h'}{\dfrac{t_g'+t_h'}{2}-t_n'}=\frac{t_g'-t_h'}{t_p'-t_n'} \tag{3.28}$$

式中　t_g'，t_h'——散热器水侧设计供、回水温度，℃；

t_p'——散热器设计供、回水平均温度，℃；

t_n'——供暖房间室内设计温度，℃；

有时为了计算方便，常将供暖参数整理为单位供暖建筑面积的数值，如令 g 表示单位供暖建筑面积中供暖系统通过的水流量（$kg/(m^2\cdot h)$），q 表示单位供暖建筑面积中散

热器的散热量（温差为1℃时），即 $q=KF/A$（A 为供暖建筑面积，m^2），则有：

$$\omega_n'=\frac{K'F}{A}\bigg/\frac{W_s'}{A}=\frac{q'}{cg}\text{或 }\omega_n=\frac{q}{cg} \tag{3.29}$$

即

$$\varepsilon_n=\frac{1}{0.5+\dfrac{cg}{q}} \tag{3.30}$$

求出任意工况下的工况系数 ω_n 和有效系数 ε_n 后，则供暖系统散热器任意工况下的散热量计算有同式（3.2）类似的形式：

$$Q_n=\varepsilon_n W_s(t_g-t_n)$$

若将散热器置于大气中，研究散热器流量与散热量的对应关系，视大气温度恒定，在同一供水温度下，存在 $\Delta t_{zd}=\text{const}$，即有

$$\overline{Q}_n=\frac{\varepsilon_n}{\varepsilon_n'}\overline{W}_s=\overline{\varepsilon}_n\overline{G} \tag{3.31}$$

美国ASHRAE手册系统篇给出了这种关系的曲线形式。图3.3表示 $\overline{G}\leqslant1.0$ 的情形，图3.4表示 $\overline{G}>1.0$ 的情形。图3.3、图3.4的绘制条件为：横坐标 $\overline{G}$ 为以设计流量为准的相对流量，纵坐标 $\overline{Q}$ 为以设计散热量（在设计供、回水温差下）为准的相对散热量。供水温度 $t_g=90$℃，曲线1，2，3，4分别表示设计供、回水温差为10、20、30、40℃。

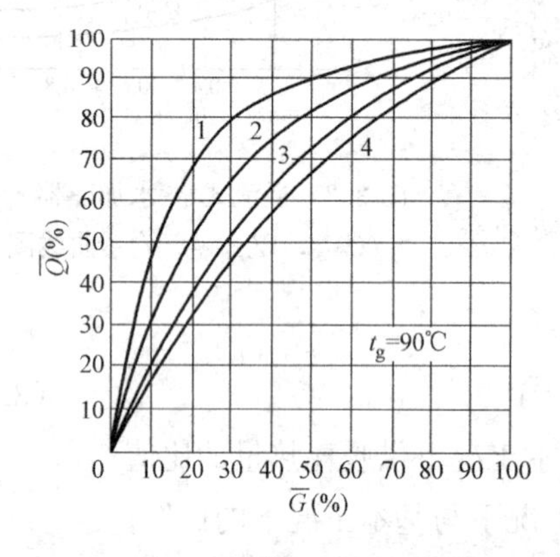

图3.3　$0<\overline{G}<100\%$ 时 $\overline{Q}$、$\overline{G}$ 关系曲线图

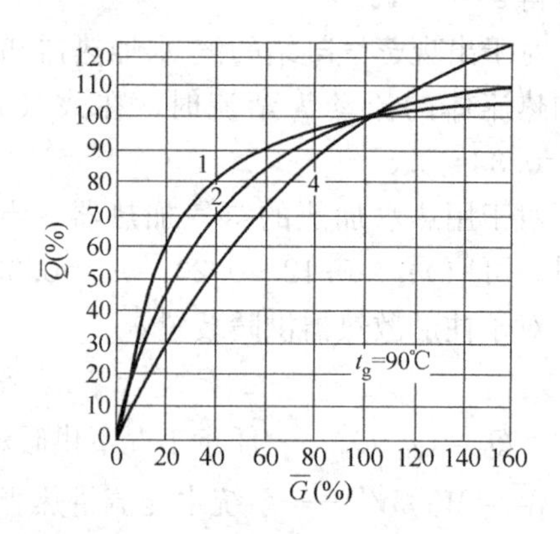

图3.4　$0<\overline{G}<160\%$ 时 $\overline{Q}$、$\overline{G}$ 关系曲线图

分析图3.3，对于曲线1，即供、回水设计温差 $\Delta t'=10$℃，当流量下降为设计流量的70%时，散热量与设计散热量相比只减少了5%；当流量减小50%时，散热量只减少10%；流量减少到20%时，散热量减少30%；流量减小到10%时，散热量减少50%。说明流量有大幅度减少时，散热量才有明显下降。比较曲线1，2，3，4会发现：流量减小相同的数值，供、回水设计温差不同，对散热量的影响也不同。当流量减小50%时，曲线1、2、3、4的散热量分别下降10%、18%、25%、33%；当流量减小到20%时，散热量分别下降为69%、50%、40%和32%，亦即散热量分别减小了31%、50%、60%和68%。说明供、回水设计温差愈小，亦即设计流量愈大时，流量的变化对散热量的影响愈小；反之亦然。

分析图3.4，与设计流量相比，在超流量的情况下，散热器的散热量也相应增加，但

供、回水设计温差不同，相应散热量增加的幅度也不同。其影响规律与流量不足时的现象十分类似：设计流量愈大，其散热量随流量增大而增加的幅度愈小；设计流量愈小，其散热量随流量增大而增加的幅度愈大。如流量增加至设计流量的 160%时，曲线 1（温差为 10℃）的散热量仅增加到设计值的 105%；曲线 2（温差为 20℃）增加到 110%；曲线 4（温差 40℃）则增加为 125%。同一文献还给出曲线 1（温差 10℃）在流量增加到设计值的 300%时，散热量也只增加 110%。

通过上述分析，可以进一步了解散热器的散热特性：当系统供水温度一定时，散热器的散热量将随流量的增加而增加。这是因为散热器回水温度的提高进而提高了散热器平均温度 t_p 的结果。但是散热器平均温度 t_p 的提高是有限度的，不能超过供水温度 t_g，即 $t_p \leqslant t_g$。当流量 G 无穷大时，可视散热器的回水温度 $t_h = t_g$，此时 $t_p = t_g$。因此随着流量的增加，散热量亦趋于由 t_g 决定的某一最大极限值。从式（3.30）也可看出，q 的增加不如 g 增加得快，因此随着流量的增加，有效系数 ε_n 将减少，这就意味着在散热器中单位流量热当量所能传递的热量在减少。亦即在大流量下，散热器的散热能力接近饱和，散热能力变差。综观图 3.3 和图 3.4，在设计供、回水温度差小于 30℃的情况下，当流量变化在设计流量的± 20%（即从 80%～120%）时，散热量的变化在设计值的±10%范围内。

了解散热器的上述热特性，对进一步研究供热系统的热力工况与水力工况之间的关系至关重要，而且也是掌握供热系统初调节与运行调节的基础。

3.2 热力工况的分析计算

我国目前的设计规范规定：一般民用住宅的供暖设计室温 $t_n' = 18$℃，即 18±2℃，属于小康水平；比较理想的室温标准应为 20±2℃，属于舒适性水平，是努力方向。供热的主要目的，是创造一个适合人们正常生活、工作和生产的室内温度环境，因此，室温的高低是衡量供热效果和进行热力工况分析计算的最重要参数。

3.2.1 水力工况对热力工况水平失调的影响

1. 热力工况与热力失调度

研究供热系统室温、外温、供回水温度以及供热量的分布状况，称为热力工况。室温的分布状况，直接反映供热效果的好坏，因此，研究供热系统的热力工况具有非常重要的意义。供热系统的循环流量，本质上是供热量的运载工具。供热量的供应状况，与循环流量的输配状况密不可分，因此，研究供热工况，必须同时研究热力工况与水力工况之间的关系。

热力失调度是衡量热用户室温冷热不均的程度。若用 t_n' 表示设计室温，t_n 表示实际室温，则其比值 x_r 称为热力失调度。

$$x_r = t_n / t_n' \tag{3.32}$$

当 $x_r = 1$，表示供热系统热力工况稳定，否则，$x_r > 1$ 或 $x_r < 1$，实际室温或大于设计室温，或小于设计室温，系统存在冷热不均的热力工况失调。

2. 基本公式

在散热器的散热量与建筑物对室外的耗热量达到热平衡的状态下，可由如下计算公式：

$$Q=q_v(t_n-t_w) \tag{3.33}$$

式中　Q——建筑物的耗热量，W；

t_w——室外温度，℃；

q_v——建筑物在室内外温差为1℃时的耗热量，W/℃。

将式（3.31）与式（3.32）联立可得到计算室内温度的公式：

$$t_n=\frac{(\varepsilon_n W_s t_g/q_v)+t_w}{(\varepsilon_n W_s/q_v)+1} \tag{3.34}$$

式（3.34）反映了在供水温度 t_g、室外温度 t_w 一定的情况下，建筑物室温 t_n 与系统水流量 $G(W_s)$ 的关系。

3. 既有供热系统

表 3.1、图 3.5、图 3.6 反映了上述关系。该图、表虽然是针对北京地区住宅建筑的情况，但其规律具有普遍性。分析计算的基本条件是：室外设计温度 $t_w=-9$℃，选用铸铁 813 型四柱散热器，此时单位供暖建筑面积的概算热指标为 52.3W/m²（45kcal/(m²·h)），亦即单位供暖建筑面积室内外温差为1℃时的耗热量 q_v 为 1.94W/(m²·℃)（1.67kcal(m²·h·℃)）。在供水温度 $t_g=75$℃时，对于单位供暖建筑面积而言，不同水流量其热用户的平均室温不同。

既有供热系统水平失调时热力工况计算　　**表 3.1**

用户名称	设计供水温度 t_g'(℃)	运行流量 g(kg/(m²·h))	设计流量 g'(kg/(m²·h))	失调度 $x=g/g'$	单位供暖面积散热器散热量 q(W/m²)	有效系数 ε_n	回水温度 t_h(℃)	平均室温 t_n(℃)	总耗热量 $\sum q$(W)
1—5	75	2.25	2.25	1.0	52.3	0.350	55	18	262
1	75	0.35	2.25	0.16	23.2	1.0	18.0	5.5	
2	75	0.70	2.25	0.31	38.0	0.82	28.3	12.5	
3	75	1.60	2.25	0.71	48.8	0.46	48.8	16.7	
4	75	3.20	2.25	1.42	55.1	0.26	60.2	19.0	
5	75	5.40	2.25	2.40	58.7	0.164	65.7	20.1	
系统总计	75	11.25	11.25		223.8		57.9		223.8

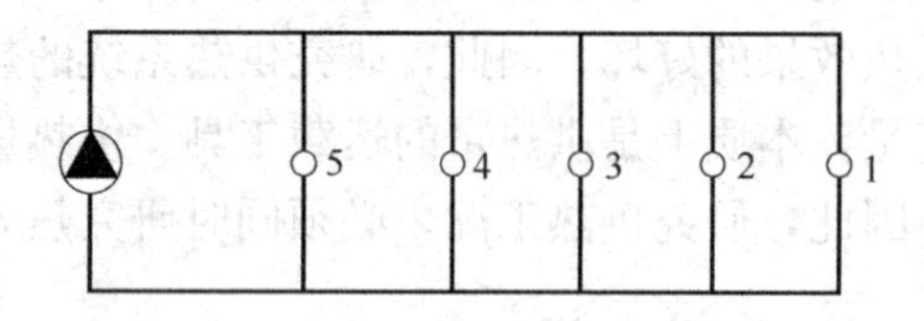

图 3.5　热力工况系统图

对于图 3.5 所示的供热系统，共有 5 个热用户，以热源而言，由远至近，热用户的编号顺序为 1、2、3、4、5。现在考察室外温度为设计外温（即 $t_w=t_w'=-9$℃）时的情况：当各热用户的单位供暖建筑面积水流量等于设计水流量时，即 $g=g'=2.25$kg/(m²·h) 时，根据式（3.34）可计算出各热用户的实际室温，见表 3.1，计算结果：各热用户的平均室温皆为设计室温，即 $t_n=t_n'=18$℃，说明在设计外温下，供热系统的供水温度和进入热用户的循环流量都按设计参数运行，则所有热用户室温也必然能达到设计室温的要求，且其回水温度也是设计回水温度 $t_h'=55℃$，设计温差为 $\Delta t'=20℃$，这也证明方案设计是正确的。

现在考察在设计外温下，出现水平水力失调时，各热用户室温的实际情况。依据图3.5的供热系统和表3.1的各热用户的流量失调情况（此时各热用户的水平水力失调分别为 $x_1=0.16$，$x_2=0.31$，$x_3=0.71$，$x_4=1.42$，$x_5=2.4$），仍然根据式（3.34）计算室温：首先依据式（3.27）由设计工况系数 ω_n' 确定各热用户的实际工况系数 ω_n，再由式（3.21）计算各热用户的散热器有效系数 ε 值。其计算结果见表3.1所示：当热用户出现水平水力失调时，其室温出现明显差异，很难维持18℃的标准：热用户4，5的水流量分别为3.2kg/(m²·h)，5.4kg/(m²·h）时，其平均室温分别为19.0℃和20.1℃。当热用户1，2，3的水流量分别为0.35kg/(m²·h)，0.7kg/(m²·h）和1.6kg/(m²·h）时，其平均室温分别为5.5℃，12.5℃和16.7℃，如图3.6所示。

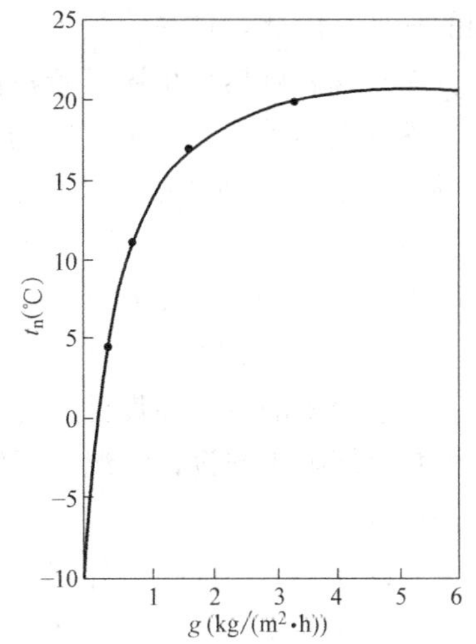

图3.6 流量与室温关系曲线
（$t_w=t_w'=-9℃$）

不难看出，水流量等于设计流量时，平均室温即为设计室温；水流量大于设计水流量时，室温也将高于设计室温，流量愈大室温愈高，但随着流量的增加，室温的增加比较缓慢；水流量小于设计水流量时，平均室温低于设计室温，而且流量愈少，平均室温下降的幅度愈大。也就是说，当水力失调度 $x\gg1$ 时，平均室温的增长缓慢；当水力失调度 $x\ll1$ 时，平均室温的减少幅度明显增加。

4. 新建供热系统

以上分析，是针对既有建筑的情况。目前我国的设计规范是以四步节能的标准制定的，无论设计参数还是围护结构的保温性能都有很大的变动。上述关于水力失调对热力工况的影响，在新的设计条件下是否仍然适用是业内人员比较关注的问题。为此，仍然以图3.5供热系统为例，在水力失调完全相同的情况下，进行对比分析：对于北京地区，设计外温由−9℃降为−7.6℃，供回水设计温度为75℃/50℃，单位面积概算热指标23W/m²（20kcal/(m²·h)），即单位面积室内外温差为1℃耗热量 q_v 为0.9W/(m²·℃)（0.78kcal/(m²·h·℃)），此时，供回水设计平均温度 $t_p'=62.5℃$，$\omega_n'=0.56$，$\varepsilon_n'=0.44$，其计算结果见表3.2。对比表3.1与表3.2，可以发现：虽然两者的设计参数有很大的不同，但只要其水力失调的程度一致，其热用户室温的变化程度差别很小。这再一次说明，当在同一个外温下，在供水温度确定后，热用户室温的高低，完全取决于进入散热器循环流量的大小。当实际循环流量等于需求流量时，室温达标；实际流量大于需求流量时，室温超标，而且流量超标愈多，室温超标愈缓；实际流量小于需求流量时，室温小于达标温度，流量亏欠愈多，室温亏欠愈多。表3.1和表3.2给出的数据，其规律具有普遍性：当流量只有需求流量的20%时，室温将在5℃左右，流量只有需求流量的30%时，室温一般在12℃左右；流量超过需求流量70%以上，室温将在16℃以上；流量超过需求流量的1～2倍以上，室温可达20℃左右。

从表3.1和表3.2还可发现：在供热系统出现水力失调、冷热不均的情况下，由于通过散热器的流量过小时散热器的散热量大幅下降的程度远大于流量超标散热器的散热量增

新建供热系统水平失调时热力工况计算 **表 3.2**

用户名称	设计供水温度 t'_g(℃)	运行流量 g(kg/(m²·h))	设计流量 g'(kg/(m²·h))	失调度 $x=g/g'$	单位供暖面积散热器散热量 q(W/(m²·℃))	有效系数 ε_n	回水温度 t_h(℃)	平均室温 t_n(℃)	总耗热量 $\sum q$(W)
1—5	75	0.8	0.8	1.0	23.0	0.44	50	18	115
1	75	0.13	0.8	0.16	8.6	1.0	18.0	4.2	
2	75	0.25	0.8	0.31	15.7	0.95	20.2	11.7	
3	75	0.57	0.8	0.71	21.5	0.57	42.5	16.7	
4	75	1.14	0.8	1.42	24.9	0.33	56.2	19.3	
5	75	1.92	0.8	2.40	26.7	0.21	63.0	20.6	
系统总计	75	4.0	4.0		97.4		54		97.4

加的程度。因此，在系统失调的情况下，散热器的散热量受到抑制，系统总的供热量减少。无论既有供热系统还是新建供热系统，这种趋势是一样的。表 3.1 和表 3.2 给出的数据：既有供热系统，正常工况的供热量为 262W，失调工况下的供热量为 223.8W，约减少供热量 15%；新建供热系统正常工况供热量 115W，失调工况供热量 97.4W，减少程度也为 15%左右。这一现象，也可从回水温度升高得到验证：对于既有供热系统，回水温度由 55℃提高到 57.9℃；对于新建供热系统，则由 50℃提高到 54℃。

5. 非设计工况

以上分析的只是在设计工况的情形，亦即是在气温最冷的情况。而在实际运行中，绝大多数时间处于非设计工况。了解非设计工况下水力工况对热力工况在水平失调时的影响也是很重要的。

非设计工况，即指室外气温 t_w 大于设计外温的情况。

当室外温度 $t_w > t'_w$时，水力失调对热力工况的影响也有类似情形。根据式（3.30）可知，当 $t_w = t'_n = 18$℃时，$\overline{Q}_n = 0$，即散热器的散热量 $q=0$，亦即 $\varepsilon_n = 0$，由式（3.34）可得 $t_n = 18$℃。这说明在 $t_w = 18$℃时，水流量的大小不影响室温的变化，由此可绘制出图 3.7 表示的在不同室外温度下，流量与室温的关系曲线。图 3.7 说明，供热系统在相同的水力失调工况下（表 3.1 所示），室外温度愈低，热力工况失调愈大，即对室温的影响愈严重，当室外温度 $t_w = t'_w$时，影响达到最大（表 3.2 也有类似情况）；随着室外温度的逐渐提高，热力工况的失调也逐渐减小，即对室温的影响逐渐减弱。当室外温度 $t_w = t'_n$时，热力工况的失调消除，对室温不再有影响。我国规定 $t_w = +5$℃为供热的起、停外温，由图 3.7 看出，此时水力工况的失调对热力工况的影响不可忽视。但比设计工况时的影响明显减小：如失调度 $x=0.16$，在设计工况下，室温只有 4～5℃，而在 $t_w = +5$℃，室温可达 11℃左右；对于 $x=0.31$，设计工况下的室温为 11～12℃，在 $t_w = +5$℃时，室温上升为 14～15℃。

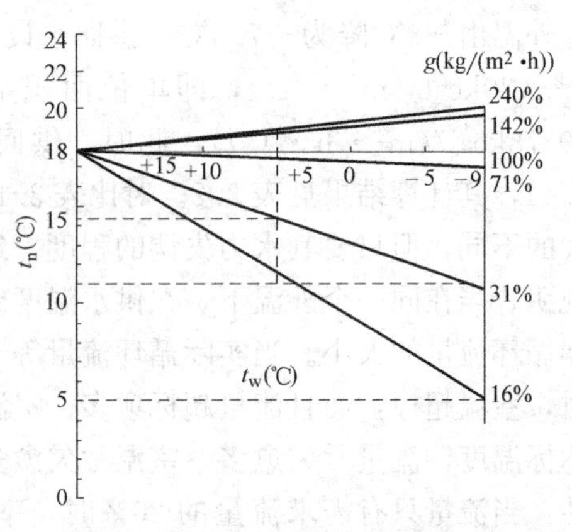

图 3.7 失调时流量与室温关系曲线

在通常的供热系统中，由于种种原因，水力工况的水平失调难以避免。经过多年的现场测试，我国供热系统水力工况水平失调的情况大致为：近端热用户水流量是设计流量的2～3倍，即失调度 $x=2\sim3$；远端热用户水流量是设计流量的0.2～0.5倍，即失调度 $x=0.2\sim0.5$。中端热用户水流量大体接近设计流量。在这种情况下，近端热用户平均室温在20℃左右甚至更高。远端热用户平均室温常常在10℃左右甚至更低。从这里可以明显地了解到：供热系统各热用户室温的不均匀性即热力工况的水平失调主要是由系统的热用户流量分配不均衡即水力工况的水平失调引起的。当近端热用户室温达20℃以上，甚至热得开窗户时，其热用户流量一般要超过设计流量的2～3倍以上；当末端热用户室温连10℃都不到时，其水流量一般不会超过设计流量的0.5倍。

3.2.2 水力工况对热力工况垂直失调的影响

在同一建筑物内，不同楼层房间室温的不均匀性称为系统热力工况的垂直失调。不同楼层各房间室温 t_n 仍由式（3.34）进行计算。对于单管上分式供暖系统（既有建筑曾多采用），同一立管的水流量相等，供水温度则随楼层的不同而不同。一般上一层散热器的回水温度即为下一层散热器的供水温度。今以某地区一供热系统为例，说明系统流量对热力工况垂直失调的影响。该地区室外供暖设计温度 $t'_w=-18$℃，用户单位供热建筑面积的设计流量为4.2kg/(m^2·h)。表3.3给出了5层建筑物在不同水力失调度下室温的变化影响。

从表中看出：在设计外温－18℃，设计供、回水温度为60/45℃，水力工况不存在失调时，热力工况也不存在垂直失调，建筑物各层室温均达设计室温18℃。当室外气温 $t_w=-4.1$℃（当地供暖期平均气温），各用户单位供热面积流量均为3.7kg/(m^2·h)，即水力失调度 $x=0.89$，供、回水温度为47.0/36.6℃时，各楼层室温也均达18℃，无热力工况垂直失调。在同一室外气温（$t_w=-4.1$℃）下，当各用户流量存在水力失调时，各楼层的室温将各不相同，出现明显的热力工况垂直失调。失调的规律是：在系统的近端用户，流量愈大，上层室温愈低，下层室温愈高；系统末端用户，流量愈小，上层室温愈高，下层室温愈低。当近端用户水力失调度 $x=2.3$ 时，五层至一层室温分别为17.6℃、18.1℃、18.8℃、19.4℃和20.1℃，最高层最低层的室温偏差为2.5℃。远端用户水力失调度 $x=0.26$ 时，五层至一层室温分别为15.9℃、14.0℃、12.3℃、10.7℃和9.1℃，最高层与最低层的室温偏差为6.8℃。这说明：流量愈大，上下层室温偏差愈小；流量愈小，上下层室温偏差愈大。

供热系统热力工况垂直失调计算 **表3.3**

室外气温 t_w(℃)	热网单位面积平均流量 g (kg/(m^2·h))	热网失调度 x	供水温度 t_g(℃)	回水温度 t_h(℃)	用户区段	用户失调度 x_y	平均室温 t_n(℃)				
							五层	四层	三层	二层	一层
－18	4.2	1.0	60	45	近端	1.0	18.0	18.0	18.0	18.0	18.0
					中端	1.0	18.0	18.0	18.0	18.0	18.0
					远端	1.0	18.0	18.0	18.0	18.0	18.0
－4.1	3.7	0.89	47.0	36.6	近端	0.89	18.0	18.0	18.0	18.0	18.0
					中端	0.89	18.0	18.0	18.0	18.0	18.0
					远端	0.89	18.0	18.0	18.0	18.0	18.0
－4.0	4.7	1.12	46.5	38.3	近端	2.3	17.6	18.1	18.8	19.4	20.1
					中端	0.8	17.4	17.3	17.2	17.0	16.9
					远端	0.26	15.9	14.0	12.3	10.7	9.1

上述热力工况垂直失调的变化规律，不但对局部热用户是适用的，而且对整个供热系统也是适用的。不但对恒热源（供热量不变）系统适用，对恒供水温度的系统也适用。利用流体网络计算方法，对整体供热系统进行了模拟分析，得出了同样的结论。一个恒热源的供热系统，其供热量为15MW，供热面积为28.3万m^2，设计外温为－9℃，系统分为5层（见表3.4），当设计流量为145t/h时，在设计工况下（水力失调度$x=1$），各层室温皆为18℃；当循环流量为225t/h(x，＝1.55)，各层室温上、下偏差1.1℃，出现上冷下热情形；当循环流量减小到45t/h时，出现上热下冷现象，室温偏差7.1℃。对于一个恒供水温度系统，供水温度为81℃（见表3.5），当循环流量为设计流量135t/h时，各层室温在17.9～18.2℃之间；当循环流量为225t/h时（$x=1.67$），出现上冷下热，室温相差1.1℃；当循环流量减少到45t/h（$x=0.33$）时，呈现上热下冷，室温相差6℃。

对于单管系统，这种在大流量下，上冷下热；小流量下，上热下冷现象，具有普遍的规律性。对于恒热源，在大流量运行下，必然导致供水温度下降、回水温度升高。相对于设计工况而言，上层散热器的平均温度下降，导致散热量不足，室温偏低；而在下层，由于进水温度提高，散热器平均温度增大，室温必然升高。而在小流量运行下，正好相反，供水温度升高，回水温度下降，导致上层散热器平均温度升高，散热量增加，室温偏高，下层散热器平均温度下降，散热量减小，室温偏低。对于恒供水温度系统：当循环流量增大时，立管的总回水温度提高。除最高层外，其他各层的供水温度即为上层的回水温度。相对而言，由于下层的供、回水温度都比相邻上层的供回水温度增加的幅度大，即愈在下层，其散热器的平均温度增加的幅度愈大，因此，发生上冷下热现象，就是很自然的了。

恒热源供热系统热力工况垂直失调计算 **表3.4**

流量(t/h)	热源供热量(MW)	室温(℃)				
		五层	四层	三层	二层	一层
145	15	18.1	18.0	17.9	18.0	18.0
225	15	17.5	17.7	17.9	18.3	18.6
45	15	21.7	19.7	17.8	16.3	14.6

恒供水温度供热系统热力工况垂直失调计算 **表3.5**

流量(t/h)	供水温度(℃)	室温(℃)				
		五层	四层	三层	二层	一层
135	81	18.2	18.0	18.0	17.9	17.9
225	81	18.4	18.6	18.9	19.2	19.5
45	81	17.7	16.0	14.5	13.1	11.7

在表3.3中，给出了室外平均气温$t_W=-4.1$℃的情况。须特别注意，当室外气温$t_W=-4.1$℃时，保证热力工况不发生垂直失调的条件并不是水力失调度$x=1.0$，而是$x=0.89$。当室外温度变化时，保证热力工况不出现垂直失调的水力失调度也随之变化；室外温度愈高，水力失调度愈小。总之，对应于某一室外温度，存在着唯一最佳水力失调度值，以保证系统热力工况在垂直方向上的稳定。关于这一点，会涉及最佳流量的概念，将在本章第3.5节中详述。

3.3 大流量小温差运行方式的利弊分析

在供热系统中，由于水力失调，普遍存在着冷热不均的热力失调现象。

为了提高供热效果，克服热力工况失调现象，目前国内常采用“大流量、小温差”的运行方式；即靠换大水泵、增加水泵并联台数或增设加压泵等方式提高系统循环流量，有时系统实际运行流量甚至比设计流量高达好几倍。这种“大流量”的运行方式，是我国供热系统运行人员从多年的实际经验中总结出来的。它在一定程度上能够缓解热力工况的失调，因此曾得到了广泛应用，但它有很大的局限性，下面将对其利弊作进一步分析。

表3.6、图3.8说明了在大流量的运行方式下，系统热力工况的变化情况。表3.6和图3.8是以表3.1和图3.6为基本工况进行的变动工况。在基本工况下，热用户1～5的总循环流量为11.25kg/h，此时各用户单位供暖面积的平均水流量为2.25kg/(m^2·h)，即系统总循环流量恰好等于设计总流量。若供水温度不变，即t_g=75℃，观察流量增加的倍数不同时热用户室温的变化：当总流量增加到G=15.75kg/h时，即水力失调度x=1.4，用户单位面积平均流量为3.15kg/(m^2·h)时，1、2用户的平均室温由5.5℃和12.5℃分别提高到10.1℃和14.8℃，即分别增加了4.6℃和2.3℃。而4，5用户只由原来的19.0℃，20.1℃提高到19.5℃和20.4℃，仅增加了0.5℃和0.3℃。比较1、5用户，室温的最大偏差由原来的14.6℃下降为10.3℃。若用热力工况失调度x_r衡量，对于1用户，x_{r1}由0.31改进到0.56。当系统流量提高到基本工况的6.25倍（系统总流量70.3kg/h），即单位面积平均流量为14.1kg/(m^2·h)时，末端用户室温继续上升，而近端用户室温则呈下降趋势，此时末端的1用户室温已达15.4℃，而近端5用户室温下降为18.5℃，1、5用户之间的室温偏差已缩小为3.1℃。1用户的热力失调度x_{r1}由0.31改进到0.86，5用户的热力失调度x_{r5}由1.12改进为1.03。不难看出：随着系统循环流量的增加，供水温度的下降，回水温度的提高（当系统流量增加6.25倍时，供水温度下降为66.6℃，回水温度上升为63.4℃，此时热源供热量基本不变），末端用户室温大幅提高，近端用户室温缓慢下降。大流量运行的结果：本质上是将近端多余的热量调剂到末端，使近远端室温达到互相添平补齐的作用。仔细观察就会发现：当循环流量无限增加以致无穷大时，不管原来冷热不均如何严重，最终室温将趋于一致，都达设计的18℃。因此，大流量小温差的运行方式，其最大的优点是以最简便的方式，能自动消除冷热不均现象。长期以来，在大流量、小温差运行方式的利弊争论中，之所以出现谁也说服不了谁的局面，其中一个重要原因，就是没有充分肯定这种运行方式的优势。

大流量小温差运行方式之所以能自动消除冷热不均现象，其基本原因，是由散热器的散热特性所决定。在小流量下，散热器的散热能力不能充分发挥；在大流量下，散热器的散热能力又趋于饱和。因此，利用调整流量的大小，来控制散热量的多少，是这种运行方式的基本依据。

但是，大流量运行方式，并没有从根本上消除系统的水力失调，即各热用户流量分配不均的问题并未解决。在这种情况下，系统运行存在以下一些缺点：

1. 大流量必然需要大水泵

供热系统运行流量愈大，热用户平均室温愈趋于均匀，热力工况的水平失调愈能得到

大流量运行时的热力工况计算

表 3.6

系统工况						用户名称	运行流量 g_i(kg/(m²·h))	水力失调度 x	室温 t_n(℃)	热力失调度 x_r	平均室温 t_{np}(℃)	系统供热量 Q(W)	系统供热量比值 $\overline{Q}$(%)	供暖季热量浪费 Q、$\overline{q}$ (GJ、%)
总流量 G (kg/h)	单位面积流量 g(kg/(m²·h))	设计流量 g'(kg/(m²·h))	水力失调度 x	供水温度 t_g(℃)	回水温度 t_h(℃)									
11.25	2.25	2.25	1.0	75	57.9	1	0.35	0.16	5.5	0.31	14.8	224	−15.5	
						2	0.70	0.31	12.5	0.69				
						3	1.60	0.71	16.7	0.93				
						4	3.20	1.42	19.0	1.06				
						5	5.40	2.40	20.1	1.12				
15.75	3.15	2.25	1.4	75	61.6	1	0.5	0.22	10.1	0.56	16.6	245.2	−7.5	
						2	1.0	0.44	14.8	0.82				
						3	2.25	1.00	18.1	1.01				
						4	4.50	2.00	19.5	1.08				
						5	7.5	3.33	20.4	1.13				
30.0	6.0	2.25	2.67	92	82.3	1	0.94	0.42	18.0	1.00	25.8	338.4	27.6	0.74 42.2
						2	1.87	0.83	23.6	1.31				
						3	4.27	1.90	27.4	1.52				
						4	8.50	3.78	29.3	1.63				
						5	14.40	6.40	30.7	1.71				
70.3	14.1	2.25	6.25	75	71.4	1	2.25	1.00	18.0	1.00	21.5	294.4	11.1	0.33 18.7
						2	4.44	1.97	19.8	1.10				
						3	10.06	4.47	22.5	1.25				
						4	20.00	8.99	23.6	1.31				
						5	33.75	15.00	24.0	1.33				
70.3	14.1	2.25	6.25	66.6	63.4	1	2.25	1.00	15.4	0.86	17.4	261.5	−0.002	
						2	4.44	1.97	17.3	0.96				
						3	10.06	4.47	17.6	0.98				
						4	20.00	8.89	18.1	1.01				
						5	33.75	15.00	18.5	1.03				
11.25	2.25	2.25	1.0	75	55	1	2.25	1.00	18.0	1.0	18.0	265	0.0	0.35 0.0
						2	2.25	1.0	18.0	1.0				
						3	2.25	1.0	18.0	1.0				
						4	2.25	1.0	18.0	1.0				
						5	2.25	1.0	18.0	1.0				

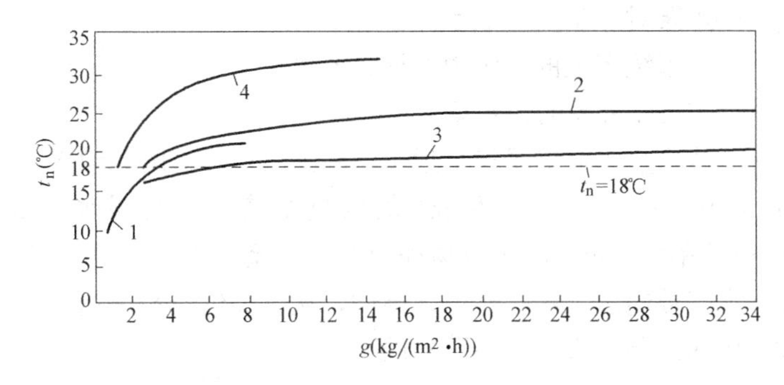

图 3.8 大流量运行下的热力工况

1—用户平均流量 g=3.15kg/(m^2·h)（t_g=75℃）；2—用户平均流量 g=14.1kg/(m^2·h)（t_g=75℃）；3—用户平均流量 g=14.1kg/(m^2·h)(t_g=66.6℃)；4—用户平均流量 g=6.0kg/(m^2·h)（t_g=92℃）

消除。参看表 3.6，在基本工况下，如果系统不存在水力工况失调现象，则各热用户平均室温皆为 18℃，此时系统总供热量为 265W（228kcal/h）。若热源锅炉的装机容量不变，全靠增大系统循环流量来改善热力工况，则循环流量愈大，末端用户平均室温提高愈多；与此同时，系统供水温度下降愈多，回水温度提高愈多。当总循环流量为 70.3kg/h（单位供暖建筑面积平均流量为 14.1kg/(m^2·h)）时，1～5 用户的平均室温分别为 15.4℃，17.3℃，17.6℃，18.1℃和 18.5℃，即系统各用户的总平均室温达 17.4℃。此时系统供水温度t_g=66.6℃，回水温度 t_h=63.4℃，系统总供热量为 Q=261.5W(225kcal/h)。热力工况已相当接近设计工况。若系统循环流量继续增大，达到某一数值，则各用户平均室温都将能达到设计室温 18℃。此时系统总供热量应为设计值 265W。因此，无限制地增加循环流量，从理论上讲完全可以消除系统的热力工况失调。但是，循环流量的增加，必然要相应地配置大功率循环水泵（或增加水泵并联台数）。由于流量与水泵轴功率成三次方关系，流量的增加，将带来电能的更大消耗。若循环流量增加一倍，水泵耗电增加八倍。一般 3.0 万 m^2 左右既有建筑面积的供热系统，其循环水泵的电功率在 15～30kW 之间，若系统循环水流量提高 1.4 倍，水泵电功率提高 2.74 倍，达 41～82kW。此时若再提高循环水量，无论设备初投资还是运行耗电费用都嫌太高，难以承受。如果单靠增加系统循环流量，将末端用户室温提高到设计室温，那么系统循环流量将会增加得更多，循环水泵将要求选择的更大，甚至形成很不合理的状况。

系统循环流量的增加，不但受限于管道直径和水泵的轴功率，而且受限于耗电输冷（热）比的大小，该比值的定义为系统每输送单位冷量(热量)所消耗的电量。《民用建筑供暖通风与空气调节设计规范》GB 50736—2012 给出如下规定：

$$EC(H)R=0.003096\sum(G\cdot H/\eta_b)/\sum Q\leqslant A(B+d\sum L)\Delta T \tag{3.35}$$

式中 $EC(H)R$——循环水泵的耗电输冷（热）比；

G——每台运行水泵的设计流量，m^3/h；

H——每台运行水泵对应的设计扬程，m；

Q——设计冷（热）负荷，kW；

ΔT——规定的设计供回水温差，℃；

A——与水泵流量有关的计算系数；

η_b——水泵对应工作点效率；

B——与系统有关的水阻力的计算系数；

d——与$\sum L$有关的计算系数；

$\sum L$——从冷热源至该系统最远用户的供回水管道的总输送长度，m。

按上述标准考虑，一个约 9.0 万 m^2 的供热系统，其循环水泵轴功率不得超过 32.1kW，配用电机功率为 40kW，相应扬程为 60m，流量为 270t/h。考察国内目前供热系统的实际情况，大多数超过了这一标准。因此，从提高供热系统运行水平出发，依靠增加循环流量，改善供热效果的方法是不可取的。

2. 大流量必然造成大热源

在循环流量增加受限的情况下，往往不足以消除用户冷热不均的现象。这时，提高系统供水温度，也可达到提高末端用户平均室温进而改善供热效果的目的。但应该指出，提高系统供水温度与提高系统循环水量的作用有明显的不同。在锅炉燃烧正常情况下，适当提高系统循环水量，系统总供热量不会有明显变化（考虑到水力失调、流速增加、炉膛温度降低等因素，严格讲，会有一些变化），亦即系统各用户总平均室温一定，主要作用是缩小了各用户的室温偏差，在各用户间起到了均匀、调剂室温的功能。提高系统供水温度，主要作用是普遍提高各用户的室温，亦即提高系统的总平均室温，因而相应提高了系统总供热量。应该指出：由于散热器的散热特性，供水温度的提高，非但不能均匀各用户室温，还会使各用户室温温差进一步拉大，系统供热量进一步增加。图 3.9 说明了这一情况，其中（*a*）表示既提高循环流量又提高供水温度的情况，（*b*）表示只提高循环流量的情况。参照表 3.6，图 3.9 中的（*a*）、（*b*）分别表示单位面积流量 g=14.1kg/(m^2·h) 时系统的两种不同工况。如前所述，工况（*b*），在外温为设计外温，即 t_w=−9℃时，1、5 用户的平均室温分别为 15.4℃和 18.5℃，温差 3.1℃，系统各用户平均室温 t_{np}=17.4℃，已相当接近设计值。其特点是末端用户室温升高，近端用户室温下降，共同趋于设计室温。（*a*）工况是在（*b*）工况的基础上将系统供水温度由 66.6℃提高到 75℃。其结果是各用户室温普遍提高，当末端用户 1 的室温达设计室温 18℃时，近端用户 5 的室温为 24℃，系统各用户平均室温上升为 t_{np}=21.5℃，即超过了设计室温。此时系统总供热量 Q=294.4W(253.1kcal/h)，比设计供热量 Q'=265W 增加了 11.1%。这说明单靠提高

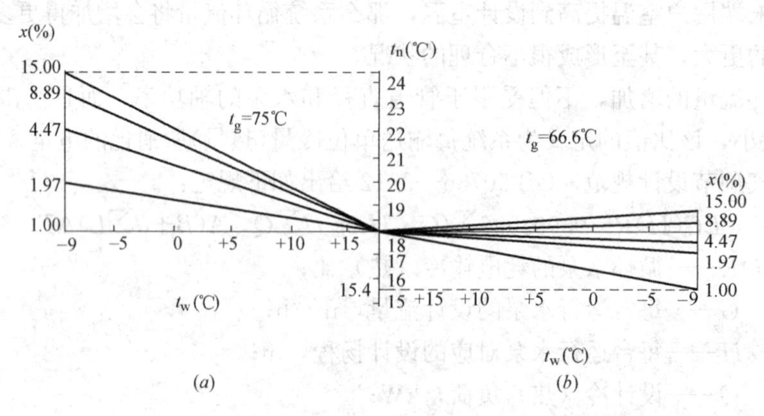

图 3.9 提高循环流量、供水温度的不同作用（g=14.1kg/(m^2·h)）

（*a*）提高循环流量，供水温度的室温曲线；（*b*）提高循环流量的室温曲线

供水温度来改善供热效果，其前提必须增大热源的锅炉容量。

表 3.6 还指出，为了将末端用户室温提高到设计室温，系统循环流量增加的愈多，供水温度提高的幅度愈小，与此相应的是系统供热量增加愈小即锅炉容量增加愈小；相反，如果系统循环流量增加愈小，则供水温度提高的幅度愈大，系统供热量和锅炉容量也增加愈多。当系统循环流量为 30kg/h（单位面积流量 6.0kg/(m^2 · h)，水力失调度 x=2.67）时，要想把末端用户（1 用户）室温提高到18℃，供水温度必须提高到92℃。此时系统供热量为 Q=338.4W(291kcal/h)，比设计值增大了 27.6%，亦即锅炉容量需增大近 1/3。

从我国目前的实际情况来看，采取的技术措施多数是既提高循环流量又提高供水温度，因此大流量的运行方式，必然是装备大热源、大锅炉的供热系统。

3. 大流量必然导致大能耗

大流量运行方式，将引起能耗的增加，可从下列几方面加以说明：

（1）抑制锅炉的热容量。考察表 3.1、表 3.2 和表 3.6，在供热系统运行流量和供水温度皆相同的情况下，水力工况存在失调时其系统回水温度将高于水力工况稳定（各用户水力失调度 x 均为 1）时的系统回水温度。对于北京地区的既有建筑，当外温 $t_w=t'_w=-9$℃，供水温度 $t_g=t'_g=75$℃，在水力工况稳定时，系统回水温度 $t_h=t'_h=55$℃。而在出现水力工况失调时，系统回水温度上升，为 $t_h=57.9$℃，即提高了 2.9℃。系统的总供热量由设计供热量 265W（228kcal/h）下降为 223.8W（192.5kcal/h），即系统总散热量减少了 15.5%。对于新建建筑，也有类似情况。这一现象是由散热器的散热特性和系统水流量分配不均引起的。在末端用户由于流量不足，影响了散热器散热能力的发挥。从热源处观察，产生的信息是系统回水温度升高，锅炉热容量不足，进而误认为锅炉产品质量问题。在相当多数的情况下，实际上锅炉热容量是够的，主要是热源提供的供热量未能（通过用户散热器）散出去，致使回水温度提高。在系统存在冷热不均现象时，首先应进行初调节即流量均匀调节（见下一章），然后再考察锅炉热容量的大小。但在实际运行中，往往动辄加大锅炉容量，降低了供热系统能效。

上述分析是在设计外温下进行的，此时对锅炉热容量的抑制量最大。随着室外温度的提高或系统循环流量的增大（改善了热力工况），散热器对锅炉热容量的抑制逐渐减小。但是在不进行流量均匀调节和系统循环流量不能随意加大的情况下，系统水力失调是不可避免的。在这种情况下，热源实际供热量将比设计供热量减少 5%～ 10%，显然供热系统的能效降低了。

（2）提高了耗电费用。按照设计规范规定，供热系统中循环水泵的电功率一般控制在单位供热建筑面积为 0.35～0.45W/m^2 范围内。而在大流量的运行方式下，我国目前系统循环水泵的实际电功率在 0.5～0.6W/m^2 之间，有的甚至高达 0.6～0.9W/m^2。若以 0.45W/m^2 为标准，在较好的情况下，系统循环水泵的耗电量增加 11%～33%，有的甚至增加 100%。若考虑锅炉热容量的额外增加，由鼓、引风机、除渣机和炉排电机等辅助设备所消耗的电能，则供热系统的实际耗电费用还会进一步增加。

（3）增加了供热量的浪费。在供热系统热力工况失调的情况下，近端用户室温超过设计室温，是一项热量浪费；末端用户室温未达到设计室温，由辅助热源供热（如烧火炉），也是一项热量的浪费。当采用提高系统供水温度的措施时，系统各用户总平均室温高出设计室温的那部分供热量也属浪费之列。

在供暖季，由系统热力工况失调引起的供热量的浪费值可用度日法进行计算：

$$\bar{q}=\frac{\sum_{i=1}^{j}(Q_i-Q_{18})}{jQ_{18}} \tag{3.36}$$

式中　$\bar{q}$——在供暖季中，供热量浪费值占设计供热量的百分比；

Q_i——热用户 i 在供暖季中单位建筑面积的总耗热量，GJ/(m² · a)；

Q_{18}——对应于设计室温18℃下供暖季用户总散热量，GJ/(m² · a)；

j——供热系统的热用户数。

Q_i，Q_{18}的计算可参见第1章的式（1.9）。仍以既有建筑的供热系统为例，表3.6给出了有关工况下供热量的浪费值。在设计循环流量下（系统总流量为11.25kg/h），对于正常工况，实际供热量与设计供热量相等（同为265W），不存在热量浪费。主要考察失调工况：一般在失调工况下，采用大流量运行，主要有两种方式，一是以加大循环流量为主，适当提高供水温度，如循环流量加大到6.25倍，供、回水温度运行在75℃/71.4℃，其目标是保证最末端1用户室温18℃，此时各用户室温皆超标，5用户室温达24℃，全供暖季浪费供热量0.33GJ，浪费率达18.7%。另一种运行方式，主要是提高供水温度，适当增大循环流量，如循环流量增大2.67倍，主要靠提高供水温度到92℃，使1用户达标18℃，此时其他用户过度超标，5用户室温高达30.7℃。全供暖季，热量浪费0.74GJ，浪费率42.2%。从中看出：提高供水温度比增大循环流量浪费的供热量更大。但也不能就此说明增大循环流量比提高供水温度优越。因为增加循环流量，提高了系统的总输入能量（以电能形式输入），系统能效会大大下降（详见第7章）。

（4）阻碍了连续供热运行方式的推广。根据北京市房管局实测结果：连续供热比间歇供热锅炉效率提高10%，煤耗节约23.2%，很显然，连续供热有明显优越性。但至今许多地方难以推广，不少运行人员仍沿用间歇运行方式，习惯于烧尖子火。锅炉房一天的运行方式大体为：多台锅炉同时挑火，使系统供水温度迅速升温达到要求值，然后锅炉压火。平均锅炉燃烧8～16h，循环水泵运转10～18h。

这种落后的运行方式何以有如此强的生命力？先进的连续供热方式又为何难以推广？究其原因，除习惯外，大流量运行方式是其基本因素。由于大流量运行造成锅炉装机容量过大，此时如采用连续运行，势必造成供水温度过高，系统供热量大于用户需热量（特别在外温高于设计外温时），引起不必要的浪费。在这种情况下，锅炉间歇运行、烧尖子火就成了目前不合理状态下“合理”的运行方式了。

综合上述原因，供热系统出现水力失调、冷热不均的现象后，又采取不当的大流量运行方式，致使我国供热系统在普遍存在的水力失调、冷热不均的情况下，系统浪费热量应在20%～30%之间。这是我国供热系统单位蒸吨热量所带供热面积偏低的主要原因。

4. 大流量必然形成大投资

大流量运行造成大水泵、大锅炉；有时还要加粗系统管线，配置增压泵，所有这些技术措施，无疑会增加设备投资，因而很不经济。

5. 大流量必然降低系统的可调性

在大流量的运行下，如果按照大流量的总流量比例进行各热用户流量的初调节，则系统提供的总装机电功率小于需求的电功率，此时关小系统近端阀门，只会出现总流量减少、末端用户流量并不增加的现象。由于系统调节性能变差，给初调节带来困难。详述见第5章。

通过以上分析，可以得出结论：大流量运行是一种落后的运行方式，应该逐渐摒弃。供热系统热力失调的根本原因是水力失调即流量分配不均所致。因此，消除系统热力失调最有效、最经济的方法应进行系统的流量均匀调节即初调节。有关流量均匀调节即初调节详见第5章。

3.4　集中运行调节

供热系统中水力工况对热力工况的稳定有重要影响。因此，实现热力工况稳定的前提必须进行流量的均匀调节即初调节，亦即使供热系统各用户流量实现理想调配。但需要指出：系统各用户流量按热负荷大小实现均匀调配后，其作用是使系统各用户平均室温达到一致，但还不能保证用户室温在整个供暖期都满足设计室温（18℃）的要求。从式（3.34）可知：用户室温的高低不但与流量（W_s）有关，而且与室外温度 t_w、建筑物热负荷 q_v、系统供水温度 t_g 有关；还与日照、风速等因素有关。在相同的流量下，室外温度、供水温度愈高、日照量愈大，用户室温愈高；反之亦然。这就是说，用户室温的高低，取决于在设计室温的条件下，对用户的供热量是否与用户的需热量（用户热负荷）相一致。若供热量大于需热量，用户室温超过设计室温；供热量小于需热量，用户室温达不到设计室温。因此，为使用户室温达到设计室温的要求，还必须在整个供暖期，随室外气温的变化，随时进行供水温度、流量的调节，以期实现按需供热，这后一种调节称为供热系统的运行调节。

3.4.1　运行调节的基本公式

在供热系统稳定工况下，系统供热量、散热器散热量与建筑物耗热量（热负荷）必须相等，即有式（3.37）、式（3.38）与式（3.33）的联立

$$Q_n = W_s(t_g - t_h) \tag{3.37}$$

$$Q_n = \varepsilon_n W_s(t_g - t_n) \tag{3.38}$$

$$Q_n = q_v(t_n - t_w) \tag{3.33}$$

若再与式（3.20）、式（3.27）和式（3.28）联立

$$\varepsilon_n = \frac{1}{\dfrac{0.5+u}{1+u} + \dfrac{1}{\omega_n}} \tag{3.20}$$

$$\omega_n = \omega_n' \overline{Q}_n^{B/(1+B)} / \overline{W}_s \tag{3.27}$$

$$\omega_n' = \frac{t_g' - t_h'}{t_p' - t_n'} \tag{3.28}$$

可导出运行调节的基本公式：

$$\overline{Q}_n = \frac{t_g - t_w}{t_n' - t_w' + \dfrac{0.5(t_g' + t_h' - 2t_n')}{\overline{Q}_n^{B/(1+B)}} + \left(\dfrac{0.5+u}{1+u}\right)\left(\dfrac{t_g' - t_h'}{W_s}\right)} \tag{3.39}$$

将

$$\overline{Q}_{n}=\frac{t_{n}-t_{w}}{t_{n}'-t_{w}'}$$

代入式（3.39），并化简，即得：

$$t_{g}=t_{n}+\frac{1}{2}(t_{g}'+t_{h}'-2t_{n}')\left(\frac{t_{n}-t_{w}}{t_{n}'-t_{w}'}\right)^{1/(1+B)}+\frac{(0.5+u)(t_{g}'-t_{h}')}{(1+u)\overline{G}}\left(\frac{t_{n}-t_{w}}{t_{n}'-t_{w}'}\right) \tag{3.40}$$

将式（3.43）代入下式

$$t_{h}=t_{g}-Q_{n}/W_{s}=t_{g}-\overline{Q}_{n}/\overline{W}_{s}$$

即得：

$$t_{h}=t_{n}+\frac{1}{2}(t_{g}'+t_{h}'-2t_{n}')\left(\frac{t_{n}-t_{w}}{t_{n}'-t_{w}'}\right)^{1/(1+B)}-\frac{(0.5+u)(t_{g}'-t_{h}')}{(1+u)G}\left(\frac{t_{n}-t_{w}}{t_{n}'-t_{w}'}\right) \tag{3.41}$$

式（3.40）、式（3.41）即为供热系统运行调节的基本公式。基本公式表示：在按需供热的条件下，用户室温要达到 t_n 值，供热系统供、回水温度 t_g、t_h，流量 G 及混合比 u 随室外气温 t_w 的变化必须遵循的关系。

运行调节追求的目标应使用户室温达到设计室温，因此，式（3.40）、式（3.41）中的 t_n 常用 t_n'代替。此时计算出的供、回水温度、流量值即为使用户室温达到设计室温的运行参数。

将式（3.40）、式（3.41）相加，可得：

$$t_{p}=\frac{t_{g}+t_{h}}{2}=t_{n}+\frac{1}{2}(t_{g}'+t_{h}'-2t_{n}')\left(\frac{t_{n}-t_{w}}{t_{n}'-t_{w}'}\right)^{1/(1+B)} \tag{3.42}$$

式（3.42）表明，在一定的室外气温 t_w 下，用户室温 t_n 只是系统供、回水平均温度 t_p 的函数，而与系统流量 G 值大小无关。换句话说，系统在不同的运行流量下，皆可达到预期用户室温，但其前提条件必须是室内系统不存在工况变动的因素，而这一假设实际上不可能实现。因为室内系统，无论是双管系统，还是单管系统，由于自然循环压头的作用或散热器平均温度不同的影响，都会造成工况的变动。循环流量的不同，对消除上述工况变动的影响是不同的。详述见本章第5节。

对于有混水装置（如喷射泵、混水泵）的供热系统，运行调节的基本公式只给出了混水装置之后的运行参数。混水装置之前供热系统的供水温度 t_{1g}可通过混合比 u 求出。

图3.10为混水装置示意图，G_{1g}为混水装置之前热网供水流量，G_h 为进入混水装置的回水流量，根据定义有 $u=G_h/G_{1g}$。由热平衡可知，在混水装置中，热网供水流量 G_{1g} 放出的热量，应等于进入混水装置中回水装置 G_h 吸收的热量，即

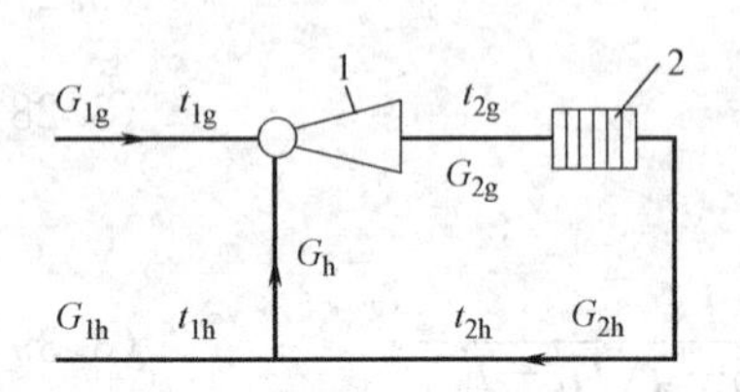

图3.10　混水装置系统

1—混水装置；2—散热器

$$cG_{1g}(t_{1g}-t_{2g})=cG_{h}(t_{2g}-t_{2h})$$

则有：

$$u=G_{h}/G_{1g}=\frac{t_{1g}-t_{2g}}{t_{2g}-t_{2h}}$$

或

$$t_{1g}=t_{2g}+u(t_{2g}-t_{2h}) \tag{3.43}$$

式中　t_{1g}——热网供水温度,℃;

t_{2g}，t_{2h}——混水装置后供、回水温度,℃;

c——热水比热。

式（3.43）中的 t_{2g}，t_{2h} 即为式（3.40）、式（3.41）中的供、回水温度 t_g，t_h。在系统运行过程中，混合比 u 值不变，可由混水装置前后设计供、回水温度求出

$$u=\frac{t'_{1g}-t'_{2g}}{t'_{2g}-t'_{2h}} \tag{3.44}$$

已知 t_{2g}，t_{2h} 及 u，即可由式（3.43）求出混水装置之前热网的供水温度 t_{1g}。

在供热系统无混水装置时，即 $u=0$ 的情况下，运行调节的基本公式简化为：

$$t_g=t_n+\frac{1}{2}(t'_g+t'_h-2t'_n)\left(\frac{t_n-t_w}{t'_n-t'_w}\right)^{1/(1+B)}+\frac{t'_g-t'_h}{2\overline{G}}\left(\frac{t_n-t_w}{t'_n-t'_w}\right) \tag{3.45}$$

$$t_h=t_n+\frac{1}{2}(t'_g+t'_h-2t'_n)\left(\frac{t_n-t_w}{t'_n-t'_w}\right)^{1/(1+B)}+\frac{t'_g-t'_h}{2\overline{G}}\left(\frac{t_n-t_w}{t'_n-t'_w}\right) \tag{3.46}$$

若采用暖风机并利用再循环空气供暖，则由实验得知，当循环风量始终维持设计风量，可近似认为暖风机的传热系统为常数，即 $K=K'$，此时式（3.45）、式（3.46）中的传热指数可视为 $B=0$，进而得到暖风机再循环空气供暖的运行调节基本公式：

$$t_g=t_n+\frac{1}{2}(t'_g+t'_h-2t'_n)\left(\frac{t_n-t_w}{t'_n-t'_w}\right)+\frac{t'_g-t'_h}{2\overline{G}}\left(\frac{t_n-t_w}{t'_n-t'_w}\right) \tag{3.47}$$

$$t_h=t_n+\frac{1}{2}(t'_g+t'_h-2t'_n)\left(\frac{t_n-t_w}{t'_n-t'_w}\right)+\frac{t'_g-t'_h}{2\overline{G}}\left(\frac{t_n-t_w}{t'_n-t'_w}\right) \tag{3.48}$$

3.4.2　集中调节

为实现按需供热，随室外气温的变化，在热源处进行供热系统供、回水温度、循环流量的调节称为集中运行调节。

1. 质调节

在运行期间，供热系统循环流量始终保持设计值不变，即 $G=G'$，或 $\overline{G}=1$，只调节系统供、回水温度 t_g，t_h，称为质调节。调节公式由式（3.49）、式（3.50）确定：

$$t_g=t_h+\frac{1}{2}(t'_g+t'_h-2t'_n)\left(\frac{t_n-t_w}{t'_n-t'_w}\right)^{1/(1+B)}+\frac{t'_g-t'_h}{2}\left(\frac{t_n-t_w}{t'_n-t'_w}\right) \tag{3.49}$$

$$t_h=t_h+\frac{1}{2}(t'_g+t'_h-2t'_n)\left(\frac{t_n-t_w}{t'_n-t'_w}\right)^{1/(1+B)}-\frac{t'_g-t'_h}{2}\left(\frac{t_n-t_w}{t'_n-t'_w}\right) \tag{3.50}$$

【例题 3.1】 哈尔滨市供暖室外计算温度 $t'_w=-24.2$℃，设某建筑物要求室内温度 $t_n=18$℃，采用四柱型散热器，$B=0.35$。试绘制在下列给定条件下的质调节水温曲线。

（1）设计供、回水温度 $t'_g=75$℃，$t'_h=50$℃；

（2）采用混水装置，混水装置前热网设计供水温度 $t'_{1g}=130$℃，设计回水温度 $t'_{1h}=t'_{2h}=50$℃，混水装置后热用户设计供水温度 $t'_{2g}=75$℃。

【解】（1）将已知数值代入式（3.49）、式（3.50），得下式

$$t_g=18+44.5\left(\frac{18-t_w}{42.2}\right)^{0.74}+12.5\left(\frac{18-t_w}{42.2}\right)$$

$$t_h=18+44.5\left(\frac{18-t_w}{42.2}\right)^{0.74}-12.5\left(\frac{18-t_w}{42.2}\right)$$

给定不同的室外温度 t_w，即可计算出对应的供、回水温度 t_g、t_h。

（2）根据已知条件，可知混合比

$$u=(130-75)/(75-50)=2.2$$

由式（3.43）得

$$t_{1g}=t_g+1.4\times(t_g-t_h)$$

式中 t_g、t_h 为（1）中求出的结果。

将各个不同的室外温度（$+5℃\geqslant t_w\geqslant -24.2℃$）代入以上各式，便可求得在不同室外温度下的供热系统供、回水温度，见表 3.7，图 3.11 为相应的供、回水温度调节曲线。

质调节时热水网路的供、回水温度　　**表 3.7**

室温温度 t_w(℃)		−24.2	−20	−15	−10	−5	0	+5
75/50℃ 四柱型散热器	t_g	75	70.5	65	59.2	53.2	47.0	40.5
	t_h	50	47.9	45.3	42.6	39.6	36.4	32.9
130/75/50℃ 四柱型散热器	t_{1g}	130	124.7	108.3	95.7	83.1	70.3	57.2
	t_g	75	70.5	65	59.2	53.2	47.0	40.5
	t_h	50	47.9	45.3	42.6	39.6	36.4	32.9
130/70℃ 暖风机	t_g	130	118.6	105.6	92.3	79.0	65.8	52.5
	t_h	70	64.8	58.7	52.5	46.3	40.2	34.0
130/70℃ 四柱型散热器	t_g	130	121.0	110.0	98.4	86.7	74.5	61.5
	t_h	70	66.9	62.9	58.6	53.9	48.9	43.1

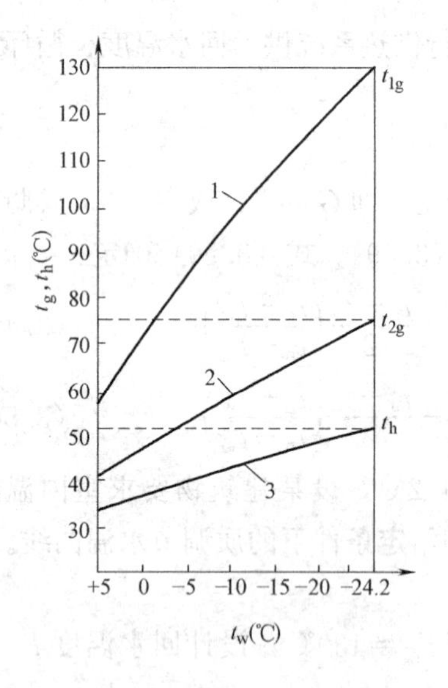

图 3.11　热水供暖系统质调节水温曲线图
1—130/75/50℃的系统，网路供水温度曲线；2—75/50℃的系统，网路供水温度曲线；130/75/50℃的系统，混水后进入用户的供水温度曲线；3—130/75/50℃和 75/50℃的系统，网路回水温度曲线

如将 $\overline{G}=1$ 的条件代入式（3.47）和式（3.48），即可得到暖风机热水供热系统的质调节的供、回水温度计算公式。

$$t_g=t_n+(t_g'-t_n')\left(\frac{t_n-t_w}{t_n'-t_w'}\right) \tag{3.51}$$

$$t_h=t_n+(t_g'-t_n')\left(\frac{t_n-t_w}{t_n'-t_w'}\right) \tag{3.52}$$

【例题 3.2】 哈尔滨市某工厂采用暖风机热水供热系统，其设计供、回水温度为 130/70℃，试绘制质调节水温曲线，并与 130/70℃采用散热器的高温水供热系统的质调节水温曲线作对比。

【解】 对采用暖风机的热水供热系统，根据已知条件，其供、回水温度计算公式为

$$t_g=18+(130-18)\left(\frac{18-t_w}{18+24.2}\right)=18+2.654(18-t_w)$$

$$t_h=18+(70-18)\left(\frac{18-t_w}{18+24.2}\right)=18+1.1232(18-t_w)$$

同理，采用四柱型铸铁散热器，对于 130/70℃的高温水供热系统，其供、回水温度计算公式为

$$t_g=18+82\left(\frac{18-t_w}{42.2}\right)^{0.74}+30\left(\frac{18-t_w}{42.2}\right)$$

$$t_h=18+82\left(\frac{18-t_w}{42.2}\right)^{0.74}-30\left(\frac{18-t_w}{42.2}\right)$$

将不同的室外温度（$+5℃\geqslant t_w\geqslant-24.2℃$）代入上式，即可求出相应的供、回水温度，见表 3.7。水温调节曲线见图 3.12。

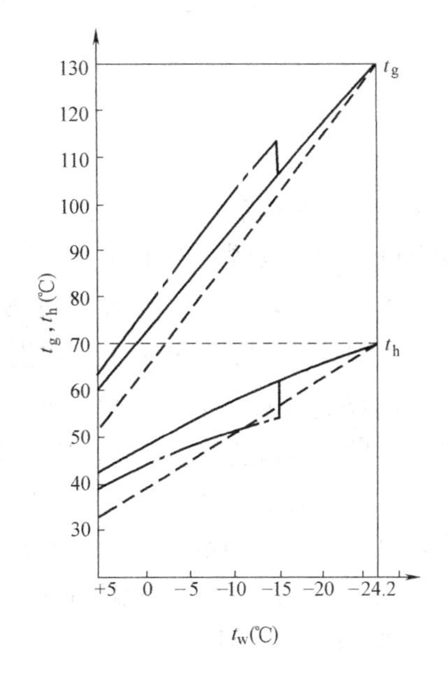

图 3.12　质调节水温曲线

——130/70℃散热器热水供暖系统的质调节水温曲线；— — —130/70℃暖风机热水供暖系统的质调节水温曲线；— - — 130/70℃散热器热水供暖系统分阶段改变流量的质调节水温曲线

根据上述计算分析，供热系统集中质调节有如下规律：

（1）随着室外温度 t_w 的升高，热网和热用户的供、回水温度随之降低，其温差也相应减小；而且对应的供、回水温差之比等于在该室外温度下的相对应的供热量之比，亦即：

$$\overline{Q}=\frac{Q}{Q'}=\frac{t_n-t_w}{t_n'-t_w'}=\frac{t_{1g}-t_h}{t_{1g}'-t_h'}=\frac{t_g-t_h}{t_g'-t_h'} \quad (3.53)$$

（2）由图 3.12 可见，采用散热器的热水供热系统，供、回水温度调节曲线是一条向上凸起的曲线；而暖风机供热系统的供、回水温度调节曲线则是一条直线。因此，在同一室外温度 t_w 下，采用散热器的热水供热系统，其供、回水温度都高于采用暖风机供热系统的相应值，也就是说，前者的供、回水平均温度总是高于后者。这是因为暖风机的传热系数 K 值近似常数，不受水温变化的影响；而散热器则随计算温差或供、回水平均温度的降低而减少。为了补偿因水温下降 K 值减少的影响，需要适当提高散热器的平均温度，亦即提高供热系统的供、回水温度。

由此可见，当供热系统按散热器供热进行集中质调节时，采用暖风机供热的场合，在非设计外温下，将略有过热现象。

集中质调节只需在热源处调节供热系统供水温度，运行管理简便。由于供热系统在运行期间循环水量保持不变，始终维持设计流量，即最大值，当天气变暖时，循环流量处于大流量运行，有利缓解冷热不均。对于热电厂热水供热系统，由于供水温度随室外温度提高而降低，可以充分利用汽轮机的低压抽汽，从而有利于提高热电厂的经济性，节约燃料，因此成为目前最广泛采用的一种调节方式。但这种调节方式也存在明显不足：因循环流量始终保持最大值（设计值），消耗电能较多。当供热系统存在多种类型热负荷时，在室外温度较高时，供水温度难以满足其他种类热负荷的要求。例如供热系统连接有生活热水供应的热用户时，因生活热水水温不能低于 60℃，系统供水温度就不能低于 70℃，此时集中质调节就难以适应了。当供热系统连接有暖风机供热热用户时，系统供水温度也不能太低，否则暖风机的送风温度偏低，使人产生吹冷风的不舒适感。在上述情况下，集中质调节应结合其他调节方式进行。

2. 量调节

供热系统在运行时供水温度始终保持设计值即 $t_g=t_g'$，而只改变循环流量，这种调节方式称为集中量调节。集中量调节中相对循环流量$\overline{G}$和回水温度t_{h}按下式计算：

$$\overline{G}=\frac{0.5(t_{\mathrm{g}}'-t_{\mathrm{h}}')\left(\dfrac{t_{\mathrm{n}}-t_{\mathrm{w}}}{t_{\mathrm{n}}'-t_{\mathrm{w}}'}\right)}{t_{\mathrm{g}}-t_{\mathrm{n}}-0.5(t_{\mathrm{g}}'+t_{\mathrm{h}}'-2t_{\mathrm{n}})\left(\dfrac{t_{\mathrm{n}}-t_{\mathrm{w}}}{t_{\mathrm{n}}'-t_{\mathrm{w}}'}\right)^{1/(1+B)}} \tag{3.54}$$

$$t_{\mathrm{h}}=2t_{\mathrm{n}}-t_{\mathrm{g}}'+(t_{\mathrm{g}}'+t_{\mathrm{h}}'-2t_{\mathrm{n}})\left(\frac{t_{\mathrm{n}}-t_{\mathrm{w}}}{t_{\mathrm{n}}'-t_{\mathrm{w}}'}\right)^{1/(1+B)} \tag{3.55}$$

采用集中量调节，当室外温度升高时，供热系统循环流量将迅速减少，回水温度也将迅速下降。如仍以例题3.1为例，设计供、回水温度为75/50℃，采用四柱型铸铁散热器，进行集中量调节，当室外温度为$t_{\mathrm{w}}=+5$℃时，其系统循环流量只有设计流量的12.6%，即$\overline{G}=0.126$，相应的回水温度为$t_{\mathrm{h}}=1.8$℃。若为北京地区，在完全相同的条件下，其循环流量$\overline{G}=0.21$，相应回水温度$t_{\mathrm{h}}=15.3$℃。若室外温度$t_{\mathrm{w}}=+18$℃，由式(3.55)可知回水温度$t_{\mathrm{h}}<0$℃，这是不合理的。这是由于供水温度$t_{\mathrm{g}}=t_{\mathrm{g}}'=75$℃过高引起的。因$t_{\mathrm{w}}=+18$℃，即$t_{\mathrm{w}}=t_{\mathrm{n}}$，此时供热量为零，亦即系统供、回水平均温度$t_{\mathrm{p}}=18$℃，在供水温度为75℃的情况下，为满足平均水温的这一条件，回水温度必然为负值。为使供热系统正常运行，在室外温度偏高时，可适当降低供水温度，亦即增大循环流量，进而避免回水温度过低的现象。

进行集中量调节，要求供热系统循环流量实现无级调节，通常应采用变速水泵。循环水泵的变速，可通过变频器、可控硅直流电机和液压耦合等方式实现。

集中量调节最大的优点是节省电耗。存在的主要问题是循环流量过小时，系统将发生严重的热力工况垂直失调。鉴于上述特点，对于间接连接的供热系统，一次热力网宜采用集中量调节方式，这样就可以扬长避短，充分发挥集中量调节的优势。

3. 分阶段变流量的质调节

这种调节的基本方法是：在供热系统的整个运行期间，随室外温度的提高，可分几个阶段减少循环流量，在同一调节阶段内，循环流量维持不变，实行集中质调节。这种调节方法是质调节和量调节的结合，分别吸收了两种调节方法的优点，又克服了两者的不足，适用于暂时还未推广变速水泵的中小型供热系统。

在供热规模较大的供热系统，一般可分三阶段改变循环流量：$\overline{G}=100\%$，$\overline{G}=80\%$和$\overline{G}=60\%$，此时相应的循环水泵扬程分别为$\overline{H}_{\mathrm{p}}=100\%$，64%和36%；而相应的循环水泵电耗减小到$\overline{N}=100\%$，51.2%和21.6%。分阶段变流量靠多台水泵的并联组合来实现。

在供热规模较小的供热系统，一般分两个阶段改变循环流量：$\overline{G}=100\%$和$\overline{G}=75\%$；相应的循环水泵扬程$\overline{H}_{\mathrm{p}}$和运行电耗$\overline{N}$为100%和42%。变流量可用两台同型号水泵并联运行实现；也可按循环流量值，选用两台不同规格的水泵单独运行；还可选用改变电机绕组的两级变速水泵。

【例题3.3】 哈尔滨市某工厂采用高温水供热系统，设计供、回水温度为$t_{\mathrm{g}}'=130$℃，$t_{\mathrm{h}}'=70$℃，安装四柱型散热器。现采用分阶段变流量的质调节。循环流量分为100%，75%两个阶段。试绘制其水温调节曲线图，并与质调节的水温调节曲线相比较。

【解】 当采用质调节时，供热系统的供、回水温度值列于表3.7中，水温调节曲线见

图 3.12。在采用分阶段变流量质调节时，将供热期分为两个调节阶段：室外温度从 −15℃到−24.2℃的阶段，循环流量采用设计流量 $\overline{G}=100\%$；室外温度从+5℃到−15℃为另一阶段，循环流量为设计流量的 75%，即 $\overline{G}=75\%$。

在−15℃到−24.2℃的调节阶段，因 $\overline{G}=100\%$，所以这阶段的水温调节曲线全同质调节的水温调节曲线。在+5℃到−15℃的调节阶段，将 $\overline{G}=75\%$的数值代入基本调节公式，即得：

$$t_g=18+82\left(\frac{18-t_w}{42.2}\right)^{0.74}+\frac{0.5\times60}{0.75}\left(\frac{18-t_w}{42.2}\right)\quad(℃)$$

$$t_h=18+82\left(\frac{18-t_w}{42.2}\right)^{0.74}-\frac{0.5\times60}{0.75}\left(\frac{18-t_w}{42.2}\right)\quad(℃)$$

不同调节方法的水温、流量调节参数 **表 3.8**

调节方法	室外温度 t_w(℃)	−24.2	−20	−15	−10	−5	0	+5
质调节 $\overline{G}=1$	网路供水温度 t_g(℃)	130	121.0	110.0	98.4	86.7	74.5	61.5
	网路回水温度 t_h(℃)	70	66.9	62.9	58.6	53.9	48.9	43.1
分阶段改变流量的质调节	网路供水温度 t_g(℃)	130	121.0	117.7	105.0	92.1	78.8	64.6
	网路回水温度 t_h(℃)	70	66.9	55.1	52.0	48.5	44.6	40.0
	相对流量比 $\overline{G}$	1.0		0.75				

将室外温度 t_w 代入上式，其计算结果列于表 3.8，水温调节曲线可见图 3.12。

从图 3.12 可见，在+5℃$\geqslant t_w\geqslant$−15℃的调节阶段内，供水温度高于质调节时的供水温度；回水温度低于质调节时的回水温度。这是因为在同一室外温度下，不同循环流量时的供热量相等，亦即供、回水平均温度相等。因此，循环流量愈小，供、回水温差愈大，且供水温度升高的数值等于回水温度降低的数值。

4. 间歇调节

在供热系统运行期间，只改变每天的供热时数，不改变其他运行参数，称为间歇调节。供热系统每天的供热小时数，随室外温度的升高而减少，可用下式计算：

$$n=24\,\frac{t_n-t_w}{t'_n-t''_w}\tag{3.56}$$

式中 n——每天的供热小时数，h/d；

t''_w——间歇供热时采用的供水温度相对应的室外温度（在质调节水温调节曲线上与采用的供水温度对应的室外温度），℃。

必须指出：间歇调节与目前国内广泛实行的间歇供暖制度有根本的不同。间歇供暖指的是在设计室外温度下，每天也只供热若干小时，因而必须使锅炉热容量及其他设备相应增加，进而提高了供热能耗。间歇调节指的是在设计室外温度下，实行每天 24h 连续供热，仅在室外温度升高时才减少供热小时数。间歇调节不额外增加供热设备。

5. 水温调节曲线的修正

我国低温热水供热系统，设计供、回水温度通常采用 95/70℃，集中运行调节中的水温调节曲线也以此设计条件为依据进行绘制。但多年运行实践证明：若按上述水温调节曲线指导供热系统运行，则用户室温普遍过热；一般在设计室外温度下，供水温度达到70～80℃时，用户室温即能达到设计室温 18℃的要求。这是由于建筑物的设计热耗指标和散热器安装面积均大于实际需要而引起的。经过近几年来实际测试研究，国内普遍一致的看法认为：单位建筑供热面积概算热指标（即热耗失量）以47～70W/m²（40～60kcal/(m²·h)）为宜（主要指民用住宅），相应散热器的安装数量应以0.35～0.4片/m²合适（指四柱形铸铁813）。而目前的实际情况，单位建筑供热面积概算热指标经常取到70～93W/m²（60～80kcal/(m²·h)），散热器安装面积多达0.5～0.7片/m²。由于上述原因，水温调节曲线常常失去了对供热系统运行的指导意义。

考虑概算热指标偏大、散热器多装的实际情况，可对运行调节的基本公式作必要的修正。

用m、L表示概算热指标和散热器多装的比值：

$$m=q_g/q_s \tag{3.57}$$

$$L=f_g/f_s \tag{3.58}$$

式中　m——建筑概算热指标增大的比值；

q_g——单位建筑供热面积的设计概算热指标，W/m²；

q_s——单位建筑供热面积实际需要的概算热指标，W/m²；

L——散热器多装的比值；

f_g——单位建筑供热面积中散热器的安装面积，m²；

f_s——单位建筑供热面积中散热器实际需要的面积，m²。

在设计过程中，遵循的基本原则是设计耗热量Q_{1J}、设计散热量Q_{2J}和设计供热量Q_{3J}必须相等：

$$Q_{1J}=Q_{2J}=Q_{3J}$$

而

$$Q_{1J}=q_v(t'_n-t'_w)$$

$$Q_{2J}=\frac{1}{2}K'F(t'_g+t'_h-2t'_n)$$

$$Q_{3J}=cG'(t'_g-t'_h)$$

但设计值并不表示真实值。若以Q'_1表示建筑物实际的耗热量，则有

$$Q_{1J}=mQ'_1$$

在散热器多装的情况下，以Q'_2表示实际散热量，则有

$$Q_{2J}=Q'_2/L$$

设计供热量直接由设计耗热量决定，并令Q'_3代替Q_{3J}，即有

$$Q'_3=Q_{3J}=Q_{1J}=mQ'_1$$

进而

$$mQ'_1=Q'_2/L=Q'_3$$

或

$$mLQ'_1=Q'_2=LQ'_3 \tag{3.59}$$

这就是说，在概算热指标和散热器面积增大的情况下，建筑物实际需要的耗热量Q'_1、散热器实际的散热量Q'_2和设计供热量Q'_3之间并不相等。在设计供水温度下，由于多装了散热器，供热系统实际供热量LQ'_3和建筑物实际耗热量mLQ'_1都将由散热器实际散热量Q'_2所决定，其值比原来的设计值Q_{1J}更大了。

写成相对量的形式为

$$\overline{Q}=\frac{Q_1}{mLQ_1'}=\frac{Q_2}{Q_2'}=\frac{Q_3}{LQ_3'} \tag{3.60}$$

这是增大概算热指标和散热器安装面积后，供热系统运行调节必须满足的条件。而在正确设计的条件下，即运行调节基本公式所满足的关系应为 $Q_1'=Q_2'=Q_3'$，或 $Q_1/Q_1'=Q_2/Q_2'=Q_3/Q_3'$。

因此，在设计偏大的情况下，应进行修正。将式（3.60）展开、整理、化简，即得运行调节基本方程的修正公式

$$t_g=t_n+\frac{1}{2}(t_g'+t_h'-2t_n')\left(n\frac{t_n-t_w}{t_n'-t_w'}\right)^{1/(1+B)}+\frac{Ln(t_g'-t_h')}{2}\left(\frac{t_n-t_w}{t_n'-t_w'}\right) \tag{3.61}$$

$$t_h=t_n+\frac{1}{2}(t_g'+t_h'-2t_n')\left(n\frac{t_n-t_w}{t_n'-t_w'}\right)^{1/(1+B)}-\frac{Ln(t_g'-t_h')}{2}\left(\frac{t_n-t_w}{t_n'-t_w'}\right) \tag{3.62}$$

式中

$$n=\frac{1}{Lm} \tag{3.63}$$

若以北京地区既有建筑为例，供热系统设计供、回水温度为95/70℃，实际概算热指标和散热器安装片数（四柱813型）分别为 $q_s=55\text{W/m}^2$，$f_s=0.4$ 片/m²，而设计时取值分别为 $q_g=70\text{W/m}^2$，$f_g=0.5$ 片/m²。即 $m=q_g/q_s=70/55=1.3$，$L=f_g/f_s=0.5/0.4=1.2$。现将该条件下的集中质调节的水温调节曲线的理论值和修正值列入表3.9中。由该表可知，当室外温度为 $t_w'=-9$℃时，其系统供、回水温度的修正值不是95/70℃，而是75/55℃，这与实际情况比较吻合。由此而见，在设计、施工中盲目加大概算热指标和散热器面积是没有必要的。我国目前设计规范规定设计供、回水温度为75/50℃，如果在设计时，仍然盲目增大概算热指标和散热器片数，则现有的设计规范可能仍然过大，导致恶性循环。

质调节时水温调节值的对比 **表3.9**

室外温度 t_w(℃)		−9	−7	−5	−3	−1	1	3	5	18
理论值	供水温度 t_g(℃)	95	90.2	85.4	80.5	75.5	70.4	65.3	60.0	18
	回水温度 t_h(℃)	70	67.2	64.1	61.0	57.9	64.7	51.4	47.9	18
修正值	供水温度 t_g(℃)	75	71.0	67.3	63.9	60.5	56.9	53.3	49.6	18
	回水温度 t_h(℃)	55	53.0	51.1	49.1	47.1	44.9	42.7	40.4	18

此外，还必须说明：实际工程中，概算热指标、散热器片数（含地板辐射面积）以及传热指数 B 值很难完全与设计值相符，因此，在实际运行调节过程中，必须结合工程运行实际对理论计算的温度调节公式进行修正，这样才能正确指导运行实践。那种由于要对温度调节公式进行实际修正，就认为计算公式不可靠是一种误解。

6. 间接连接方式的集中调节

以上介绍的调节方式适用于直接连接的供热系统，包括装有喷射泵、混水泵等混水装置的直接连接方式。对于通过热交换器进行换热的间接连接供热系统，上述的调节方法只适合于二级系统，即与房间散热器直接连接的子系统。与换热器连接的一级系统（即与热

源连接的加热侧系统）将按如下方式进行调节。

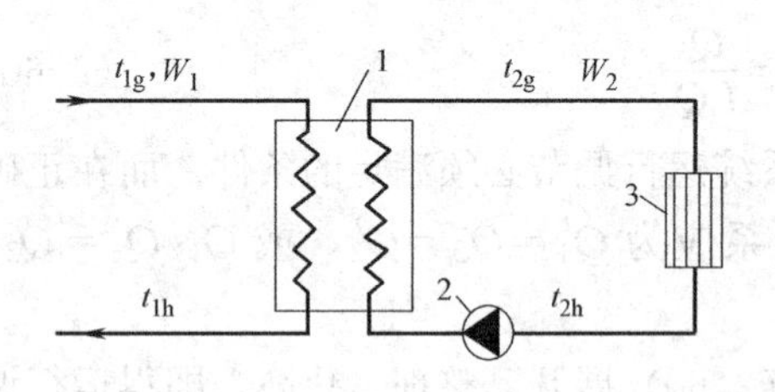

图 3.13　间接连接示意图

1—换热器；2—二级系统循环水泵；3—热用户

(1) 利用有效系数 ε 的计算方法

间接连接供热系统如图 3.13 所示，若一级系统的供、回水温度为 t_{1g}、t_{1h}，相应流量热当量为 W_1，二级系统的供、回水温度为 t_{2g}、t_{2h}，相应流量热当量为 W_2。在进行集中调节时，必然满足如下方程：

$$\overline{Q}=\overline{W}_1\frac{t_{1g}-t_{1h}}{t'_{1g}-t'_{1h}}$$

$$\overline{Q}=\varepsilon\,\overline{W}_1\frac{t_{1g}-t_{2h}}{t'_{1g}-t'_{2h}}$$

$$\overline{Q}=\overline{W}_2\frac{t_{2g}-t_{2h}}{t'_{2g}-t'_{2h}}$$

式中　ε——换热器的有效系数，按式（3.18）计算

$$\varepsilon=\frac{1}{a\dfrac{W_x}{W_d}+b+\dfrac{1}{\omega}}$$

在通常情况下，一级系统的供水温度 t_{1g} 高于二级系统供水温度 t_{2g}，以及一级系统的供、回水温差 $\delta t_1=t_{1g}-t_{1h}$ 大于二级系统的供、回水温差 $\delta t_2=t_{2g}-t_{2h}$。这样必然有 $W_1<W_2$，因此在式（3.18）中，一般 $W_x=W_1$，$W_d=W_2$。

将上述三个方程联立、化简，可求得间接连接系统中一级网供、回水温度的调节公式：

$$t_{1g}=t_{2g}+\frac{t'_{2g}-t'_{2h}}{\overline{W}_2}\left(\frac{W_2}{W_1\varepsilon}-1\right)\left(\frac{t_n-t_w}{t'_n-t'_w}\right) \tag{3.64}$$

$$t_{1h}=t_{2h}+\frac{t'_{1g}-t'_{1h}}{\overline{W}_1}\left(\frac{W_1}{W_1\varepsilon}-1\right)\left(\frac{t_n-t_w}{t'_n-t'_w}\right) \tag{3.65}$$

在式（3.64）和式（3.65）中，二级网的供、回水温度 t_{2g}、t_{2h} 可根据不同的调节方式利用直接连接时的相应调节公式计算。t'_{1g}、t'_{1h}、t'_{2g}、t'_{2h} 为一、二级网相应供、回水温度的设计值。因此当一、二级网的相对流量热当量 $\overline{W}_1$、$\overline{W}_2$（即一、二级网的相对流量 $\overline{G}_1$，$\overline{G}_2$）已知时，即可求出在不同室外温度 t_w 下的一级网的供、回水温度调节值。

当一、二级网均采用集中质调节时，$\overline{W}_1=\overline{W}_2=1$，则式（3.64）和式（3.65）可简化为

$$t_{1g}=t_{2g}+(t'_{2g}-t'_{2h})\left(\frac{W_2}{W_1\varepsilon}-1\right)\left(\frac{t_n-t_w}{t'_n-t'_w}\right) \tag{3.66}$$

$$t_{1h}=t_{2h}+(t'_{1g}-t'_{1h})\left(\frac{W_1}{W_1\varepsilon}-1\right)\left(\frac{t_n-t_w}{t'_n-t'_w}\right) \tag{3.67}$$

对于较大型的供热系统，由于热力站数目较多，各热力站的二级网循环流量即使采用质调节也很难保证在设计值下运行。这样不同热力站由于二级网的循环流量不同，导致二级网的水温调节曲线也不同。这时，按式（3.64）、式（3.65）计算，供热系统的一级网也会得出许多个水温调节曲线。但对于同一个供热系统，其一级网只能按照某一个水温调节曲线运行，这就给调节工作带来困难。

上述矛盾可通过改变调节方法来解决：即一级网供、回水温度不按照二级网的供水温度或回水温度来调节，而是根据二级网的供、回水平均温度来调节。由式（3.42）可知，在同一外温下，不管各热力站二级网运行流量数值如何，只要要求用户室温相同，则各热力站二级网供、回水平均温度必然相等。

将式（3.64）和式（3.65）相加，并将

$$t_{1g}=t_{1h}+Q/W_1,\ t_{1h}=t_{1g}-Q/W_1$$

代入、化简得：

$$t_{1g}=t_{2p}+\left(\frac{t'_{1g}-t'_{1h}}{\overline{W}_1\varepsilon}-\frac{t'_{2g}-t'_{2h}}{2\overline{W}_2}\right)\left(\frac{t_n-t_w}{t'_n-t'_w}\right) \tag{3.68}$$

$$t_{1h}=t_{2p}+\left[\left(\frac{1}{\varepsilon}-1\right)\frac{t'_{1g}-t'_{1h}}{\overline{W}_1}-\frac{t'_{2g}-t'_{2h}}{2\overline{W}_2}\right]\left(\frac{t_n-t_w}{t'_n-t'_w}\right) \tag{3.69}$$

当二级网采用质调节时，式（3.68）、式（3.69）可改写为

$$t_{1g}=t_{2p}+\left(\frac{t'_{1g}-t'_{1h}}{\overline{W}_1\varepsilon}-\frac{t'_{2g}-t'_{2h}}{2}\right)\left(\frac{t_n-t_w}{t'_n-t'_w}\right) \tag{3.70}$$

$$t_{1h}=t_{2p}+\left[\left(\frac{1}{\varepsilon}-1\right)\frac{t'_{1g}-t'_{1h}}{\overline{W}_1}-\frac{t'_{2g}-t'_{2h}}{2}\right]\left(\frac{t_n-t_w}{t'_n-t'_w}\right) \tag{3.71}$$

式中　t_{2p}——二次网供、回水平均温度，即

$$t_{2p}=\frac{t_{2g}+t_{2h}}{2}$$

可由式（3.42）计算。

在式（3.68）～式（3.71）中，关键是计算换热器的有效系数 ε，只要 ε 求出，任何外温 t_w 下的一级网供、回水温度 t_{1g}、t_{1h} 皆可求出。当然在计算时首先应确定一级网采用质调还是量调的方案。

（2）传统计算方法

以图 3.13 为例，加热侧的供热量平衡方程式为：

$$\overline{Q}_1=\frac{Q_1}{Q'_1}=\overline{G}_1\ \frac{t_{1g}-t_{1h}}{t'_{1g}-t'_{1h}} \tag{3.72}$$

对于换热器的放热平衡方程式，可得：

$$\overline{Q}=\overline{K}\ \frac{\Delta t}{\Delta t'} \tag{3.73}$$

式中　$\overline{Q}_1$——加热侧在外温 t_w 下的相对供热量；

$\overline{Q}$——水-水换热器在外温 t_w 下的相对换热量；

$\overline{G}_1$——加热侧的相对循环流量；

$\overline{K}$——换热器的相对传热系数；

Δt、$\Delta t'$——分别为换热器在设计工况和 t_w 下的对数平均温差，见本章 3.1 节；

t_{1g}、t_{1h}——加热侧的供回水温度；

t'_{1g}、t'_{1h}——加热侧的设计供回水温度。

对于水-水换热器，通过实验测定，$\overline{K}$ 值可近似由下式计算：

$$\overline{K}=\overline{G}_1^{0.5}\overline{G}_2^{0.5} \tag{3.74}$$

式中　$\overline{G}_2$——被加热侧的相对循环流量。

运行中，当流量调节按供热量相同比例变化时，则有

$$\overline{Q}_1=\overline{G}_1=\overline{Q}=\frac{t_{1g}-t_{1h}}{t'_{1g}-t'_{1h}}=\overline{K}\,\frac{\Delta t}{\Delta t'}\tag{3.75}$$

将式（3.74）、式（3.75）化解，可得：

$$t_{1g}-t_{1h}=t'_{1g}-t'_{1h}\tag{3.76}$$

$$\overline{Q}^{0.5}=\frac{(t_{1g}-t_{2g})-(t_{1h}-t_{2h})}{\Delta t'_1\ln\dfrac{t_{1g}-t_{2g}}{t_{1h}-t_{2h}}}\tag{3.77}$$

如果一级网、二级网都采用质调节，则有 $\overline{G}_1=\overline{G}_2=1$，并近似认为 $\overline{K}=1$，则有：

$$\overline{Q}=\frac{t_{1g}-t_{1h}}{t'_{1g}-t'_{1h}}=\frac{t_{2g}-t_{2h}}{t'_{2g}-t'_{2h}}\tag{3.78}$$

$$\overline{Q}=\frac{(t_{1g}-t_{2g})-(t_{1h}-t_{2h})}{\Delta t'\ln\dfrac{t_{1g}-t_{2g}}{t_{1h}-t_{2h}}}\tag{3.79}$$

在关系式（3.76）～式（3.79）中，$\overline{Q}$、$\Delta t'$、t'_{1g}、t'_{1h}和t'_{2g}、t'_{2h}皆为已知，t_{2g}、t_{2h}可从直接连接系统的调节公式中求出，则t_{1g}、t_{1h}即可求。

3.5　最佳流量调节

在集中调节中叙述了定流量（质调节）调节、量调节、分阶段变流量调节和质量并调等调节方式，那么，什么样的调节方式最优越？本节提出最佳流量的概念，并给出了最佳流量的调节方法以及水力相对失调度的定义。

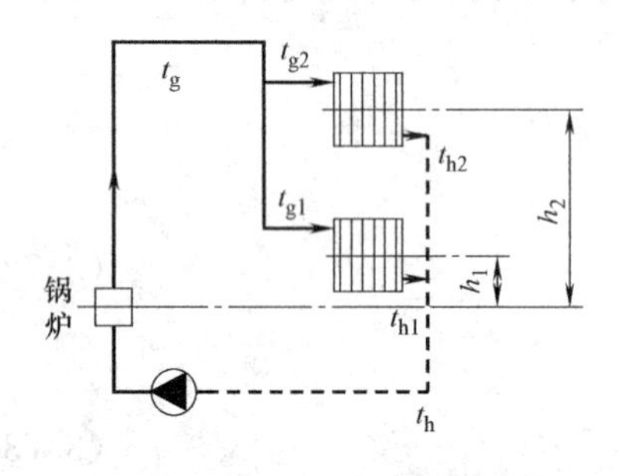

图3.14　双管供暖系统

3.5.1　局部调节

在室内系统进行的调节称为局部调节。

1. 双管热水供暖系统的最佳调节

对于双管热水供暖系统，通过局部运行调节，保证各房间室温在整个供暖期维持设计要求，同样必须满足如下三个热平衡方程

$$\overline{Q}_1=\overline{Q}_2=\overline{Q}_3$$

$$\overline{q}_1=\overline{q}_2=\overline{q}_3$$

$$\overline{Q}_1=\overline{q}_1$$

式中　$\overline{q}_1$，$\overline{q}_2$，$\overline{q}_3$——分别表示房间相对热耗量、散热量和供热量；

$\overline{Q}_1$，$\overline{Q}_2$，$\overline{Q}_3$——分别表示系统相对热耗量、散热量和供热量。

针对双管供暖系统的特点（见图3.14），必有

$$t'_g=t'_{g1}=t'_{g2},t'_h=t'_{h1}=t'_{h2}\tag{3.80}$$

以及

$$t_g=t_{g1}=t_{g2}\tag{3.81}$$

式中　t'_{g1}，t'_{h1}——分别为一层散热器进、出口设计水温，℃；

t'_{g2}，t'_{h2}——分别为二层散热器进、出口设计水温，℃；

t_{g1}，t_{g2}——分别为一、二层散热器进口水温，℃。

又因

$$\bar{q}_2=\left(\frac{t_{g1}+t_{h1}-2t_n}{t'_{g1}+t'_{h1}-2t'_n}\right)^{1+B}=\left(\frac{t_{g2}+t_{h2}-2t_n}{t'_{g2}+t'_{h2}-2t'_n}\right)^{1+B}$$

则有

$$t_h=t_{h1}=t_{h2} \tag{3.82}$$

又知

$$\bar{q}_3=\frac{G_1(t_{g1}-t_{h1})}{G'_1(t'_{g1}-t'_{h1})}=\frac{G_2(t_{g2}-t_{h2})}{G'_2(t'_{g2}-t'_{n2})}=\frac{G(t_g-t_h)}{G'(t'_g-t'_h)}$$

则有

$$\begin{cases}\bar{Q}=\dfrac{t_n-t_w}{t'_n-t'_w}\\ \bar{G}=\bar{G}_1=\bar{G}_2=\bar{Q}\Big/\left(\dfrac{t_g-t_h}{t'_g-t'_h}\right)\end{cases} \tag{3.83}$$

式中 G_1，G_2——分别为一、二层环路的流量，kg/h。

以上联立方程中，未知变量为G、t_g、t_h，若能求解此三个变量，则满足双管系统水力工况、热力工况稳定的条件即确定。为此，需要补充一个方程，即压降平衡方程。若考虑一、二层环路的压降平衡，存在

$$\bar{G}=\frac{G_1}{G'_1}=\frac{G_2}{G'_2}=\sqrt{\frac{\Delta p_1}{\Delta p'_1}}=\sqrt{\frac{\Delta p_2}{\Delta p'_2}}=\sqrt{\frac{\Delta p}{\Delta p'}} \tag{3.84}$$

式中 $\Delta p'_1$，$\Delta p'_2$——分别为一、二层环路设计作用压头，Pa；

Δp_1，Δp_2——分别为一、二层环路实际作用压头，Pa；

Δp，$\Delta p'$——分别为一、二层并联环路的实际作用压头和设计作用压头，Pa。

对于双管系统，环路作用压头由两部分组成：一部分是循环水泵的强制作用压头Δp_q，另一部分是自然循环的作用压头Δp_z，即

$$\Delta p'_1=\Delta p'_{q1}+\Delta p'_{z1}，\ \Delta p_1=\Delta p_{q1}+\Delta p_{z1}$$

$$\Delta p'_2=\Delta p'_{q2}+\Delta p'_{z2}，\ \Delta p_2=\Delta p_{q2}+\Delta p_{z2}$$

其中

$$\Delta p'_{z1}=g(\rho'_h-\rho'_g)h_1,\Delta p_{z1}=g(\rho_h-\rho_g)h_1$$

$$\Delta p'_{z2}=g(\rho'_h-\rho'_g)h_2,\Delta p_{z2}=g(\rho_h-\rho_g)h_2$$

则

$$\frac{\Delta p_{z1}}{\Delta p'_{z1}}=\frac{\Delta p_{z2}}{\Delta p'_{z2}}=\frac{\rho_h-\rho_g}{\rho'_h-\rho'_g} \tag{3.85}$$

式中 h_1，h_2——分别为一、二层散热器至热源的高度，m；

ρ_g，ρ_h——分别为系统供、回水温度下的热水密度，kg/m^3；

ρ'_g，ρ'_h——分别为系统设计供、回水温度下的热水密度，kg/m^3。

在热水供暖系统的温度范围内

$$\frac{\rho_h-\rho_g}{\rho'_h-\rho'_g}=\frac{t_g-t_h}{t'_g-t'_h} \tag{3.86}$$

即

$$\frac{\Delta p_{z1}}{\Delta p'_{z1}}=\frac{\Delta p_{z2}}{\Delta p'_{z2}}=\frac{t_g-t_h}{t'_g-t'_h}$$

对于纯粹自然循环双管供暖系统

$$\Delta p'_{q1}=\Delta p_{q1}=\Delta p'_{q2}=\Delta p_{q2}=0$$

则有

$$\overline{G}=\frac{G_1}{G'_1}=\frac{G_2}{G'_2}=\sqrt{\frac{t_g-t_h}{t'_g-t'_h}} \tag{3.87}$$

将式（3.87）代入式（3.83），得

$$\overline{G}^3=\overline{Q}$$

或

$$\overline{G}=\overline{Q}^{1/3}=\left(\frac{t_n-t_w}{t'_n-t'_w}\right)^{1/3} \tag{3.88}$$

通过上述分析可知，对于单纯自然循环作用的双管供暖系统，当系统相对流量 $\overline{G}$（或 $\overline{G}_1$，$\overline{G}_2$）满足式（3.87）或式（3.88）时，即可保证各层房间室温都为设计室温 t'_n。亦即满足式（3.87）、式（3.88）的流量分配时，各层室温不再存在热力工况的垂直失调。从公式推导过程看出，对于单纯自然循环，上述关系式自然满足，不需要进行任何调节。但是供热系统在循环水泵作用下运行，起主要作用的是水泵的强制作用压头，此时

$$\overline{G}=\sqrt{\frac{\Delta p}{\Delta p'}}=\sqrt{\frac{\Delta p_q+\Delta p_z}{\Delta p'_q+\Delta p'_z}}\neq\sqrt{\frac{\Delta p_z}{\Delta p'_z}}=\sqrt{\frac{t_g-t_h}{t'_g-t'_h}}$$

即难以满足式（3.80）的要求，出现热力工况垂直失调就很难避免。为防止热力工况垂直失调，使相对流量 $\overline{G}$（含 $\overline{G}_1$，$\overline{G}_2$）满足式（3.87）、式（3.88），必须通过调节，强制

$$\sqrt{\frac{\Delta p_q}{\Delta q'_q}}=\frac{\sqrt{\Delta p_z}}{\Delta p'_z}=\sqrt{\frac{\Delta p_q+\Delta p_z}{\Delta p'_q+\Delta p'_z}}=\sqrt{\frac{t_g-t_h}{t'_g-t'_h}}=\overline{G} \tag{3.89}$$

将式（3.89）与运行调节基本公式（3.45）、式（3.46）联立、化简，即得式（3.90）、式（3.91）。这两式与式（3.88）共同组成双管热水供暖系统最佳调节的计算公式

$$\overline{G}=\left(\frac{t_g-t_h}{t'_g-t'_h}\right)^{1/2}=\left(\frac{t_n-t_w}{t'_n-t'_w}\right)^{1/3} \tag{3.88}$$

$$t_g=t_n+\frac{1}{2}(t'_g+t'_h-2t'_n)\left(\frac{t_n-t_w}{t'_n-t'_w}\right)^{1/(1+B)}+\frac{1}{2}(t'_g-t'_h)\left(\frac{t_n-t_w}{t'_n-t'_w}\right)^{2/3} \tag{3.90}$$

$$t_h=t_n+\frac{1}{2}(t'_g+t'_h-2t'_n)\left(\frac{t_n-t_w}{t'_n-t'_w}\right)^{1/(1+B)}-\frac{1}{2}(t'_g-t'_h)\left(\frac{t_n-t_w}{t'_n-t'_w}\right)^{2/3} \tag{3.91}$$

上述计算公式，虽然是在两层双管系统中得出的，但适用于任何层数的双管热水供暖系统。

根据上述分析可得下列结论：

（1）双管热水供暖系统的最佳调节方式为质、量并调。随着室外温度的升高，不但要降低供水温度，而且要逐步减少系统循环流量。按照式（3.88）、式（3.90）和式（3.91）进行的质、量并调，之所以称为最佳调节方式，就是因为在这一供水温度和循环流量下运行，供热系统能够实现最佳工况：热力工况稳定，不存在垂直、水平热力失调；循环流量减少，可以节省电耗。而且需要指出，供热系统在设计条件一定的情况下，防止热力工况垂直失调的循环流量和供水温度值是唯一的。如以【例题 3.3】为例，设计供、回水温度为 130/70℃的直接连接系统，在室外温度为 $t_w=+5$℃时，最佳供、回水温度为 64.8/38.0℃，最佳相对循环流量 $\overline{G}=0.67$（质调节时，供、回水温度为 60.1/42.4℃，$\overline{G}=1$）。

在同一室外温度下，设计室外温度愈低，最佳循环流量愈小。

（2）双管热水供暖系统的垂直（或竖向）热力失调主要是由自然循环（重力循环）作用压头引起的。因此，供、回水温差愈大，系统的自然循环作用压头也愈大。在设计条件下，由于供、回水温差最大，因此高层散热器环路的自然循环作用压头也最大。在质调节方式下，随着室外温度的提高，供、回水温差愈小，高层散热器环路的自然循环作用压头减少的愈多，出现高层室温偏低现象。相反，对于底层散热器，随着供、回水温差的逐渐减小，与高层散热器相比，自然循环作用压头的差别也愈来愈小，形成底层室温偏高现象。在室外温度升高的情况下，为了维持高、低层散热器自然循环作用压头在设计条件下的固定比例，以防产生热力工况垂直失调，必须适当增加供、回水温差，进而适当减少系统循环水量，这就是质、量并调能消除垂直热力失调的基本原理。根据同样原理，当系统存在水力工况水平失调，即系统循环流量小于最佳循环流量时，由于供、回水温差加大，高层散热器自然循环作用压头超过设计比例，导致上热下冷的垂直热力失调。

此外还应指出：由于散热器的传热特性，当循环流量大于最佳值或小于最佳值的百分比相同时，将有小流量引起的垂直热力失调远比大流量时来的严重。基于这一原因，质调节虽然不能消除垂直热力失调，然而能将其抑制在一定的范围内。

2. 单管热水供暖系统的最佳调节

图3.15为单管热水供暖系统示意图。根据运行调节的基本原理，有

$$\overline{Q}=\overline{Q}_2=\overline{q}_2=\left(\frac{t_g+t_1-2t_n}{t'_g+t'_1-2t'_n}\right)^{1+B}=\left(\frac{t_1+t_h-2t_n}{t'_1+t'_h-2t'_n}\right)^{1+B}$$

或

$$\overline{Q}^{1/(1+B)}=\frac{t_g+t_1-2t_n}{t'_g+t'_1-2t'_n}=\frac{t_1+t_h-2t_n}{t'_1+t'_h-2t'_n}$$

$$=\frac{t_g+t_1-2t_n-t_1-t_h+2t_n}{t'_g+t'_1-2t'_n-t'_1-t'_h+2t'_n}$$

即

$$\overline{Q}^{1/(1+B)}=\frac{t_g-t_h}{t'_g-t'_h} \tag{3.92}$$

式中　t_1——一层散热器进口水温，℃。

又因

$$\overline{Q}=\overline{Q}_3=\overline{G}\,\frac{t_g-t_h}{t'_g-t'_h}$$

即

$$\frac{\overline{Q}}{\overline{G}}=\frac{t_g-t_h}{t'_g-t'_h}$$

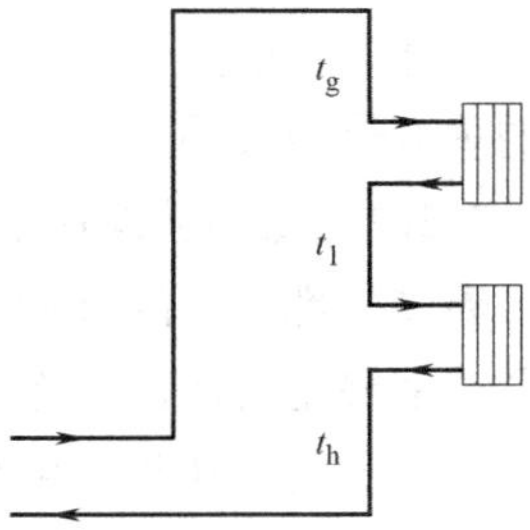

将其代入式（3.92）得

$$\overline{G}=\overline{Q}^{B/(1+B)}$$

图3.15　单管供暖系统

或

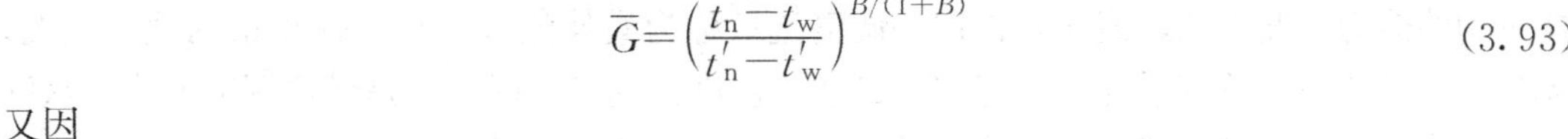

$$\overline{G}=\left(\frac{t_n-t_w}{t'_n-t'_w}\right)^{B/(1+B)} \tag{3.93}$$

又因

$$\frac{1}{2\overline{G}}(t'_{\mathrm{g}}-t'_{\mathrm{h}})\overline{Q}=\frac{t'_{\mathrm{g}}-t'_{\mathrm{h}}}{2\overline{Q}^{B/(1+B)}}\overline{Q}$$

或

$$\frac{1}{2\overline{G}}(t'_{\mathrm{g}}-t'_{\mathrm{h}})\overline{Q}=\frac{1}{2}(t'_{\mathrm{g}}-t'_{\mathrm{h}})\overline{Q}^{1/(1+B)} \tag{3.94}$$

将式（3.89）代入式（3.94）、式（3.46）也得

$$\overline{G}=\left(\frac{t_{\mathrm{n}}-t_{\mathrm{w}}}{t'_{\mathrm{n}}-t'_{\mathrm{w}}}\right)^{B/(1+B)} \tag{3.93}$$

$$t_{\mathrm{g}}=t_{\mathrm{n}}+(t'_{\mathrm{g}}-t'_{\mathrm{n}})\left(\frac{t_{\mathrm{n}}-t_{\mathrm{w}}}{t'_{\mathrm{n}}-t'_{\mathrm{w}}}\right)^{1/(1+B)} \tag{3.95}$$

$$t_{\mathrm{h}}=t_{\mathrm{n}}+(t'_{\mathrm{h}}-t'_{\mathrm{n}})\left(\frac{t_{\mathrm{n}}-t_{\mathrm{w}}}{t'_{\mathrm{n}}-t'_{\mathrm{w}}}\right)^{1/(1+B)} \tag{3.96}$$

上述方程是在两层单管系统中推导的，但其适用于任何层数的单管热水供暖系统。式（3.93）、式（3.95）和式（3.96）即为单管热水供暖系统最佳调节的计算公式。

从上述分析可得如下结论：

（1）单管热水供暖系统的最佳调节方式也为质、量并调。随着室外温度的升高，同样要降低供水温度和减少循环流量。在最佳供水温度和最佳循环流量下，供热系统保持热力工况的稳定。在表3.2的示例中，当室外温度 $t_{\mathrm{w}}=-4.1$℃时，最佳相对循环流量 $\overline{G}=0.89$。如仍以【例题3.3】的130/70℃直接连接的供暖系统为例，当室外温度升高至 $t_{\mathrm{w}}=5$℃，系统最佳供、回水温度为63.4/39.1℃，最佳相对循环流量 $\overline{G}=0.73$。还可看出，在相同的条件下，双管热水供暖系统的最佳相对循环流量略低于单管热水供暖系统。

（2）引起单管热水供暖系统垂直热力失调的原因，不是自然循环作用压头的影响，而是由于散热器表面平均温度不同，进而使散热器传热系数 K 值发生变化而造成的。在设计状态下，高层散热器的平均温度最高，比系统的供、回水平均温度高出的最多，而底层散热器的平均温度则比系统供、回水平均温度低的最多。随着室外温度的升高，系统供水温度的降低，高层散热器的平均温度比系统供、回水平均温度高出的数值愈来愈小，造成高层室温偏冷。相反，底层散热器的平均温度则愈来愈接近系统的供、回水平均温度，因而底层室温逐渐偏热。为了补偿散热器不以同一比例减小的影响，应适当提高系统供水温度，降低系统回水温度，进而减小相对循环流量。

同样由于散热器的传热特性，与最佳相对循环流量相比，小流量比大流量能引起更严重的垂直热力失调。因此，质调节可使热力垂直失调控制在较小的范围内。

3.5.2　最佳流量调节

通过局部调节的分析，对室内系统发生热力失调的影响因素有了比较清晰的了解：双管系统主要是自然循环作用压头在起作用；单管系统是由于散热器平均温度的不同造成传热系数的改变。在整个供暖期运行期间，为了防止因工况变动造成的热力工况失调，采取调整流量的办法来消除这种影响。从公式推导过程可看出：这一调整流量在同一工况下其数值是唯一的，亦即只有在这一数值下运行，才能保证热力工况稳定，否则，必然出现冷热不均的热力工况失调，因此，将这一调整流量称为最佳流量。从最佳流量的观点出发，无论双管系统还是单管系统，只有按照最佳流量进行变流量调节才是最佳调节方式，这种调节方式比起定流量调节（质调节）、纯量调节、分阶段变流量调节都要优越。

在最佳流量的公式（3.88）、式（3.93）中，

$$\overline{G}=\left(\frac{t_n-t_w}{t'_n-t'_w}\right)^{1/3} \tag{3.88}$$

$$\overline{G}=\left(\frac{t_n-t_w}{t'_n-t'_w}\right)^{B/(1+B)} \tag{3.93}$$

对于双管系统，只是室外温度的函数。对于单管系统，除了室外温度外，还与散热设备的传热指数 B 有关。对于钢制和铸铁散热器，B 值在 0.2～0.35 之间。对于辐射板，$B=1.032$（见《辐射供暖供冷技术规程》JGJ 142—2012 中的公式（3.4.6）给出的数据）。即对散热器，$B/(1+B)$ 在 0.17～0.26 之间，对辐射板 $B/(1+B)$ 为 0.51。现将我国漠河、哈尔滨、沈阳、北京和徐州等城市的最佳流量值表示在表 3.10 中。

不同地区供暖系统最佳循环流量值（%）　　表 3.10

地区	供热设计外温(℃)	供热季平均外温(℃)	散热器供暖				地板辐射供暖	
			双管		单管		单管	
			+5℃	平均外温	+5℃	平均外温	+5℃	平均外温
漠河	−37.5	−16.1	0.62	0.85	0.69(0.78)	0.88(0.92)	0.48	0.78
哈尔滨	−24.2	−9.4	0.68	0.87	0.74(0.82)	0.89(0.92)	0.55	0.80
沈阳	−16.9	−5.1	0.72	0.87	0.77(0.85)	0.9(0.93)	0.60	0.81
北京	−7.6	−0.7	0.80	0.90	0.84(0.89)	0.92(0.95)	0.71	0.85
徐州	−3.6	2.0	0.85	0.91	0.88(0.92)	0.92(0.95)	0.77	0.86

注：括号内数据 $B/(1+B)=0.17$，其他单管数据 $B/(1+B)=0.26$。

从表 3.10 看出：室外温度愈低的地区，最佳循环流量的变动幅度愈大，室外温度愈高的地区，其值变化幅度愈小。从供暖方式上看，地板辐射的最佳流量值比散热器的变动幅度大；双管系统的变动幅度又比单管系统的变动幅度大。

通过以上分析，可以对运行调节作出如下结论：对于二级网，为了保证热力工况的稳定，实施最佳流量调节是最优的调节方式。推广热计量技术以后，室内采用双管系统的远比采用单管系统的多。此外考虑到有利于回水温度的降低，以及气温偏高的情况下，流量偏小，对热力工况稳定性的影响愈小等因素，具体的调节措施可按如下方法进行：其一是不论地区如何，一律皆按双管系统的最佳流量（见式（3.88））实施调节；其二是，严寒地区按 50%～100%的设计流量进行变流量调节，寒冷地区按 60%～100%的设计流量进行变流量调节。

对于间接连接的一级网，可按二级网的相同比例进行变流量调节。这样做，可以有更大的节电效益。仍以北京、哈尔滨为例，根据间接连接供热系统的运行调节公式（3.72）～（3.74），可有

$$\overline{Q}_1=\frac{Q_1}{Q'_1}=\overline{G}_1\frac{t_{1g}-t_{1h}}{t'_{1g}-t'_{1h}} \tag{3.72}$$

$$\overline{Q}=\overline{K}\frac{\Delta t}{\Delta t'} \tag{3.73}$$

$$\overline{K}=\overline{G}_1^{0.5}\overline{G}_2^{0.5} \tag{3.74}$$

公式中的符号均同前。今设 $\overline{G}_1=\overline{G}_2$，则式（3.74）将有：

$$\overline{K}=\overline{G}_2 \tag{3.94}$$

将其代入式（3.73），可得

$$\Delta t=\Delta t'\frac{\overline{Q}}{\overline{G}_2} \tag{3.95}$$

由式（3.72）改写为

$$t_{1g}-t_{1h}=(t'_{1g}-t'_{1h})\frac{\overline{Q}}{\overline{G}_2} \tag{3.96}$$

式（3.95）、式（3.96）联立，即为最佳流量调节公式，式中 $\overline{G}_2$ 和 t_{2g}、t_{2h}（包含在 Δt 中）由式（3.88）、式（3.90）、式（3.91）计算得出。若换热器对数平均温差 Δt 近似改由算术平均温差代替，则 t_{1g} 和 t_{1h} 的计算将更为方便。对于供热系统，换热器加热侧与被加热侧的温差比值，即 $(t'_{1g}-t'_{1h})/(t'_{2g}-t'_{2h})$ 一般都小于2.5倍，这种近似误差将不超过7%，在实际工程中是可以的。

表3.11、图3.16按照上述计算公式，给出了北京、哈尔滨地区的最佳流量调节的相关数据。最佳流量按双管系统设计，一级网供回水设计温度为130/70℃，二级网供回水设计温度为75/50℃。通过循环水泵的变频调速实现最佳流量调节。

北京、哈尔滨地区最佳流量调节参数 **表3.11**

地区	设计参数(℃)		室外温度(℃)					
			−24.2	−15	−9.4	−7.6	−0.7	+5
哈尔滨	130/70	t_{1g}(℃)	130	114.4	102.9			68.6
		t_{1h}(℃)	70	63.5	58.1			41.2
		$\overline{G}_1$(%)	100	92	87			68
	75/50	t_{2g}(℃)	75	65.6	60.0			42.4
		t_{2h}(℃)	50	44.4	41.1			31.0
		$\overline{G}_2$(%)	100	92	87			68
北京	130/70	t_{1g}(℃)				130	110	89.8
		t_{1h}(℃)				70	61.3	51.9
		$\overline{G}_1$(%)				100	90	80
	75/50	t_{2g}(℃)				75	63.3	53.1
		t_{2h}(℃)				50	43.1	37.2
		$\overline{G}_2$(%)				100	90	80

3.5.3 水力相对失调度

通过前述分析而知，在设计外温下，只要实际循环流量偏离设计循环流量，供热系统就会发生水平或垂直的热力工况失调。在非设计外温下，保证供热系统热力工况稳定（不存在水平、垂直热力失调）的条件是循环流量按照最佳流量运行，而不再以设计循环流量为标准。同时指出，随着室外温度的升高，最佳循环流量将逐渐变小，也就是说，在设计外温下，最佳循环流量即为设计循环流量，此时，最佳循环流量达到最大值。

通过上述分析可以发现，过去以设计循环流量为标准的水力失调度来衡量热力工况失调的程度是不严格的，真正能严格判断热力工况失调程度的应该是水力相对失调度，可用

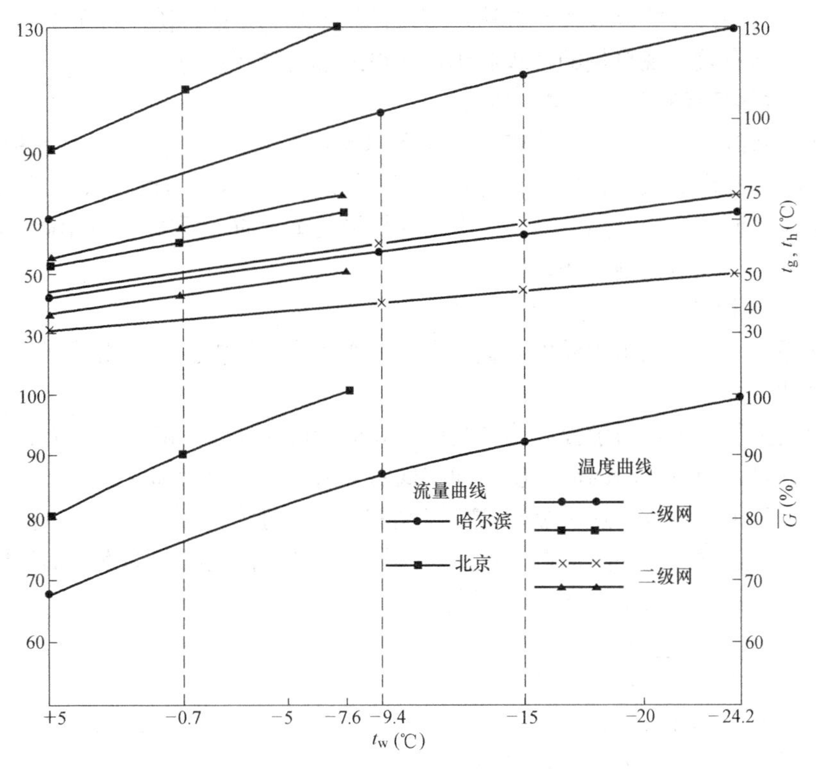

图 3.16 哈尔滨、北京间接连接系统最佳流量调节曲线

下式表示

$$\overline{X}=\frac{G_s}{G_j} \tag{3.97}$$

式中 $\overline{X}$——水力相对失调度；

G_s——供热系统实际循环流量，t/h，kg/(m^2 · h)；

G_j——供热系统最佳循环流量，t/h，kg/(m^2 · h)。

从式（3.97）知，当水力相对失调度为 1 时，即表示系统实际循环流量等于最佳流量，此时，系统热力工况是稳定的；当水力相对失调度 $\overline{X}>1$ 或 $\overline{X}<1$ 时，说明系统实际运行流量与最佳流量有偏差，一定有系统热力失调存在。

3.6 蒸汽系统的调节

蒸汽供热系统对各种热负荷种类有较强的适应能力。通常除用于供暖、通风、空调制冷和热水供应外，主要用于工业中的生产工艺热负荷：蒸发过程——使溶液中水分蒸发；干燥过程——使固体中水分蒸发；升温工艺——通过受热面加热（间接加热）或蒸汽与工艺介质直接接触（直接加热）的方法，使产品温度升高；保温工艺——补偿工艺过程的介质热损失，保证工艺过程实现恒温要求；蒸馏工艺——用来分馏或精馏产品，去除油脂的加工工艺；蒸汽动力——做功或发电以及热电联合生产。

蒸汽供热系统与热水供热系统比较，其中一个突出的特点是易于调节控制，针对蒸汽介质的特点，选择合理的调节控制方法，蒸汽供热系统不但能消除工况失调，达到预期供热效果，而且能有效实现热量的梯级利用，获得最大的经济效益。

3.6.1　供热负荷对蒸汽质量的要求

蒸汽供热系统对蒸汽介质（热媒）不仅有数量上的要求，而且有质量上的要求。所谓蒸汽质量，是指蒸汽的温度、压力、过热度等参数以及含水量、含盐量、含气量为标志的清洁度。对于不同种类的供热负荷，应有不同梯级的蒸汽质量要求。根据确定的蒸汽质量要求，选择合适的调节控制方法。

1. 动力装置用汽

在供热系统中，蒸汽用于动力装置，主要是作为热电厂中汽轮机组的新蒸汽，也可用于拖动汽锤或汽泵。

在蒸汽动力装置中，为了提高热能利用率和运行可靠性，一般需要压力、温度较高的过热蒸汽，并且希望有较高的清洁度，即较低的含水量、含盐量和含气量。

在发电过程中，蒸汽的热力循环遵循朗肯循环，一般热效率很低，不超过20%。为了提高热效率，通常将饱和蒸汽进行过热、再热，以及用汽轮机的抽汽对锅炉给水进行回热。这时动力装置的热效率 η_r 按下式计算

$$\begin{aligned}\eta_r &= 1-\frac{Q_c}{Q_j}\\ &= 1-\frac{h_{nq}-h_{ns}}{(1+\sum_1^j a)(h_{gr}-h_{gs})+(1+\sum_1^i a)(h_{rh}-h_{rq})}\end{aligned} \tag{3.98}$$

式中　Q_j——工作循环内加入锅炉的热量；

Q_c——从汽轮机冷凝器中排出的热量；

h_{gr}——过热蒸汽比焓；

h_{nq}——由汽轮机进入冷凝器的蒸汽比焓；

h_{ns}——在冷凝器中凝结水的比焓；

h_{gs}——锅炉给水比焓；

h_{rq}——再热前过热蒸汽比焓；

h_{rh}——再热后过热蒸汽比焓；

$\sum_1^j a$——因回热、再热循环增加（通过抽汽）的总蒸汽量；

$\sum_1^i a$——因再热循环增加（抽汽）的蒸汽量。

从上式中看出，欲使热力循环中的热效率 η_r 提高，必须减小式中的分子值和增大分母值。为此，首先要求有较大的 h_{gr}，即提高新汽的压力和过热度。当冷凝器内真空度一定（一般冷凝压力为5kPa），新汽温度的提高还能减少排汽湿度，增大进入冷凝器的蒸汽比焓和冷凝水比焓，即减小（$h_{nq}-h_{ns}$）值。即新汽的压力、温度愈高，发电的热效率愈高。

其次，为使此式的分母第一项尽可能大，表面上看似乎给水温度愈低愈好，实际上给水比焓 h_{gs} 与汽轮机抽汽量 $\sum_1^j a$ 密切相关，前者愈高，后者愈大，因此 $(1+\sum_1^j a)$ $(h_{gr}-$

h_{gs}）乘积的最大值为最佳给水温度。

表 3.12 给出了国产发电机组的基本参数，从中可以看出，发电功率愈大，新汽参数愈高。对于凝汽机组，当发电功率较小为 6～12MW 时，采用中参数：新汽压力 3.5MPa（绝对），温度 435℃，过热度 192.5℃；发电功率 50～100MW，参用高参数：新汽压力 9.0MPa，温度 535℃，过热度 231.7℃；发电功率为 200MW，采用超高参数：新汽压力 13.0MPa，温度 535℃；发电功率 300MW，则采用亚临界参数：新汽压力 16.5MPa，温度 550℃，过热度 200.2℃。随发电功率增大，锅炉给水温度也增加。对于背压机组、抽汽机组其新汽基本参数类似。

国产机组的基本参数 **表 3.12**

技术规格 \ 机组型号	N6-35	N12-35	N50-90	N100-90	N200-130	N300-165
参数等级	中参数	中参数	高参数	高参数	超高参数	亚临界参数
新汽压力(MPa)	≈3.5	≈3.5	≈9.0	≈9.0	≈13.0	≈16.5
新汽温度/再热温度(℃)	435	435	535	535	535/535	550/550
功率(MW)	6	12	50	100	200	300
回热级数	3	3	4—5	7	8	8
给水温度(℃)	150	150	215	215	240	254

作为汽轮机新汽，还要求有较高清洁度。首先，不应有含水量，否则会降低过热器后的蒸汽过热度，甚至发生新汽带水，引起蒸汽管道温度的剧烈变化，使管道破裂。其次要严格控制蒸汽含盐量，防止盐分在过热器中析出，进而堵塞过热器、主汽阀和汽轮机叶片，造成事故。

2. 换热过程用汽

除动力装置用汽外，大量的供暖、通风、空调制冷和生活热水供应以及生产工艺负荷，基本上都是换热过程用汽；前者靠蒸汽绝热膨胀做功（热能变为电能或机械能），需要高参数，后者主要利用蒸汽提供的热量，蒸汽参数的确定，应根据不同热负荷及不同工艺过程进行。

以换热为主的供热负荷，一般不需要较高的蒸汽参数。按照工艺过程要求，供热蒸汽可分为三种：供热温度在 150℃以下时称为低温供热，一般要求的蒸汽参数为 0.4～0.6MPa（绝对）；供热温度在 150～250℃以内时称为中温供热，要求蒸汽参数 0.8～1.3MPa（绝对），可由热电厂汽轮机抽汽或工业蒸汽锅炉提供；供热温度在 250℃以上时称为高温供热，一般由大型锅炉房或电站锅炉通过新汽的减压减温提供。

蒸汽压力在 0.4～1.5MPa（绝对）范围内，汽化潜热在 2132.9～1945.2kJ/(kg·K) 之间变化，且压力愈低，汽化潜热愈大。相应水和过热蒸汽的比热（定压）分别为 4.187kJ/(kg·K)，2.1kJ/(kg·K)。因此，采用饱和蒸汽进行换热，其热利用率最大；相反，过热蒸汽进行换热，其热利用率最差。通常在满足供热温度的情况下，蒸汽压力愈低愈好，能用饱和蒸汽就不用过热蒸汽。

蒸汽带水，将严重影响蒸汽的换热效果。即使蒸汽带水（按体积比例）只有 1‰，按质量计算就可达 30%～40%，当只进行冷凝换热无过冷却换热时，即意味着换热量减少

30%～40%，因此，减少蒸汽含水量至关重要。当蒸汽输送管道较长时，由于管道散热损失，沿途凝水增加，降低了蒸汽清洁度，为提高蒸汽干度，常常输送过热蒸汽，由过热度的降低补偿管道散热损失，使到达用热设备处的蒸汽成为饱和蒸汽。根据同样原因，应尽量减少蒸汽中的空气含量，以提高换热效果。

3.6.2 量调节

由蒸汽表得知，压力为0.4MPa（绝对）的饱和蒸汽焓值为（饱和温度143.6℃）2737.6kJ/kg，压力为1.5MPa（饱和温度198.3℃）的饱和蒸汽焓值为2789.9kJ/kg，压力提高了1.1MPa，蒸汽焓值只增加了1.9%。压力为0.4MPa，温度为200℃的过热蒸汽焓值为2860.4kJ/kg，即过热度为56.4℃时焓值只增加4.5%；压力为1.5MPa，温度为300℃的过热蒸汽焓值为3038.9kJ/kg，即过热度为101.7℃时焓值增加8.9%。由此看出，在供热温度的范围内（130～300℃），蒸汽压力、温度的变化，对其焓值的影响不超过10%，亦即单靠质调节（只改变蒸汽压力、温度，不改变蒸汽流量），对换热量的调节幅度很小，难以满足热负荷的变化要求。因此，对于蒸汽供热系统来说，适应热负荷变化的基本运行调节方式为量调节。

1. 集中量调节

（1）区域锅炉房：蒸汽供热系统中，蒸汽流量按下式计算

$$G=\frac{3.6Q}{r} \tag{3.99}$$

式中 G——所需蒸汽流量，kg/h；

Q——供热系统热负荷，W；

r——蒸汽的汽化潜热，kJ/kg。

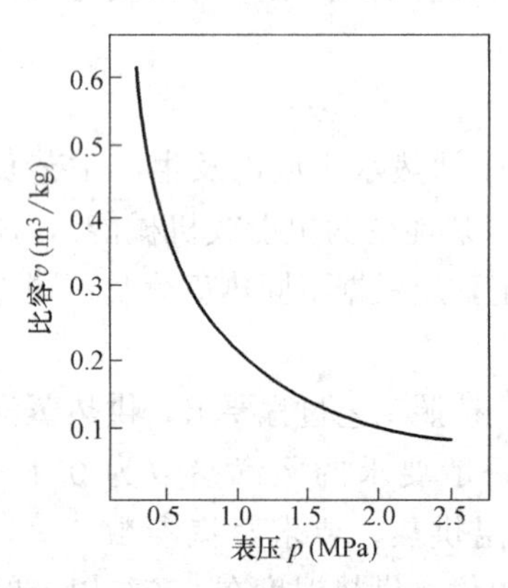

图3.17 蒸汽比容随压力变化的关系

当供热系统热负荷Q发生变化时，一般在用热设备处通过阀门调节改变蒸汽流量，以适应热负荷的变化。由于系统热负荷的变化，区域锅炉房中的锅炉蒸汽压力也将随着发生变化。当热负荷减小时，锅炉蒸汽压力要升高；热负荷增大时，锅炉蒸汽压力降低。此时由于锅炉本体金属蓄热以及锅筒中水侧、汽侧的蓄热将影响着汽压变化的速度。对于不同容量的锅炉，其热负荷变化引起压力的最大变化速度分别为

低压锅炉：$(dp/d\tau)_{zd}=3\sim4$kPa/s；

中压锅炉：$(dp/d\tau)_{zd}=10\sim30$kPa/s；

高压锅炉：$(dp/d\tau)_{zd}=40\sim50$kPa/s。

也可按下式进行近似计算

$$(dp/d\tau)_{zd}=(0.002\sim0.005)p \tag{3.100}$$

式中 $(dp/d\tau)_{zd}$——单位时间汽压的最大变化速度，kPa/s；

p——蒸汽的工作压力，kPa。

锅炉的集中量调节，就是通过锅炉的给水量D_s（kg/h）的调节和锅炉燃料量B(kg/h）的调节，使锅炉蒸汽压力维持工作压力p不变的条件下，改变锅炉的产汽量D_q（一般为饱和蒸汽），以满足热负荷的变化。

图 3.17 给出了蒸汽压力与蒸汽比容的关系曲线。可以看出，当蒸汽压力 $p \leqslant 0.5\mathrm{MPa}$ 时，蒸汽比容的变化倍率极大。如果锅炉蒸汽压力在这个范围内运行，当供热负荷变化时，锅炉锅筒内蒸汽压力将会急剧波动，水位也将大幅度浮动，进而增加蒸汽含水量，降低蒸汽品质。因此，蒸汽锅炉一般都应在额定压力下运行，即使在负荷波动大的情况下，也不希望蒸汽压力降至 0.8MPa 以下运行，如有需要宁可通过减压装置降压。

（2）热电厂：对于热电厂，当供热负荷发生变化时，主要是调节汽轮机的抽汽量或主蒸汽量。调节过程是通过汽轮机抽汽口上的调节装置进行的（见图 3.18）。

汽轮机工作时，应使汽轮机的转速和抽汽压力保持恒定，为此装有调速器 1 和调压器 2。当发电负荷减少或要求主蒸汽量减少时，将导致汽轮机转速增加，由于离心力变化引起调速器重球的上升，进而带动杠杆 abc 的 b 点也上升（当 a 点固定时），这样就使执行机构 6 的滑阀 9 也向上移动。于是油压系统的油将从上部进入两个油缸，并放出下部的油。执行机构的活塞因此下降，结果减少了进入汽轮机和通过汽轮机低压部分的蒸汽量。由于活塞下降，导致滑阀跟着下降，到某一适合位置使油路系统通道隔断，油不再进入也不再流出。这时进入汽轮机的新汽量正好与电负荷相适应，亦即汽轮机的转速也和变化后的电负荷相适应。当电负荷增加时，活塞上移，汽量增加，达到同样的调节目的。

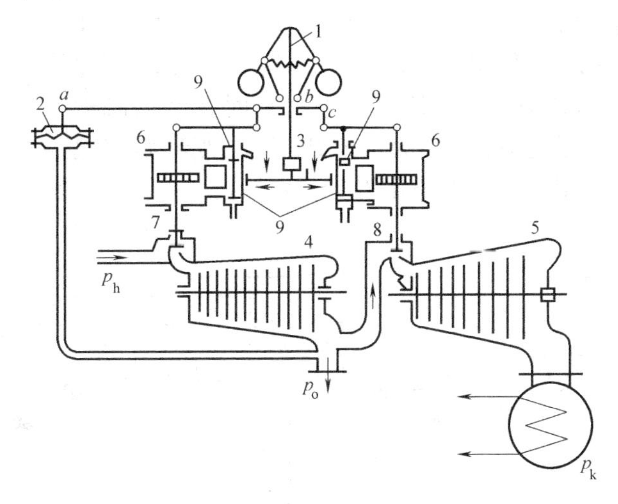

图 3.18 带有一级抽汽的热化汽轮机调节图

1—调速器；2—压力调节器；3—油泵；4—汽轮机的高压部分；5—汽轮机的低压部分；6—伺服马达；7—主进汽门；8—后进汽门；9—伺服马达的滑阀；p_h—汽轮机前的蒸汽压力；p_o—抽汽压力，p_k—凝汽器中蒸汽的压力

如果发电负荷不变，供热负荷即抽汽负荷变化时，也可自动实现同样的调节功能。当抽汽负荷减少时，将引起抽汽压力的增高，由于调压器薄膜的作用，当杠杆 abc 的 b 点不变时（因电负荷固定），a 点将升高，c 点将下降，进而使左侧的执行机构中，油从油缸的上部进入而从下部流出；使右侧的执行机构中，油从油缸的下部进入而从上部流出。这样就使进入汽轮机的新汽量减少，而通过低压部分的蒸汽量增加，进而达到在蒸汽压力、温度不变的条件下减少蒸汽抽汽量的目的。由于活塞移动，带动滑阀移动，进而切断油路通道，因此汽轮机又能很快转入稳定工况运行。当抽汽负荷增加时，将引起抽汽压力的下降，左侧活塞的上移，右侧活塞的下移，导致汽轮机新汽增加，低压蒸汽减少，进而达到

抽汽量增加的调节目的。

2. 局部量调节

从热源生产的蒸汽经热网输送至热用户先要进入引入口装置（见图 3.19）。蒸汽先送至高压分汽缸 1，对于生产工艺、通风空调和热水供应负荷可直接从高压分汽缸引出。对于供暖用汽，则需从高压分汽缸引出后，先通过减压阀 3 减压，再进入低压分汽缸 2，然后送至室内供暖系统中去。各系统凝水集中至入口装置中的凝水箱 8，再用凝水泵 9 将凝水送至凝水干管，流回热源总凝水箱。

各种热负荷的变化，通过减压阀或调节阀 10 进行局部量调节，以使蒸汽流量的变化，适应热负荷的需求。

减压阀或调节阀，是通过改变阀体流通截面积的大小来进行节流降压实现蒸汽流量调节的。

在节流前后，散热损失很小，可忽略不计，因此，节流作用实际上是属于等焓过程。在供热用的蒸汽压力范围内，高压的饱和蒸汽经节流后一般成为低压的过热蒸汽；高压的湿饱和蒸汽节流后成为低压的干饱和蒸汽。

例如，压力为 0.5MPa（绝对）的干饱和蒸汽焓值为 2747.4kJ/kg，若将其节流为 0.2MPa（绝对）的过热蒸汽，则很容易计算出过热度的大小。因 0.2MPa 的饱和蒸汽焓值为 2706.3kJ/kg，两者焓值相差 41.1kJ/kg，这部分热量将全部用来使蒸汽过热。又过热蒸汽的定压比热为 2.1kJ/(kg·K)，因此过热度 $\Delta t = 41.1/2.1 = 19.57℃ \approx 20℃$。即 0.5MPa 的干饱和蒸汽通过节流降压为 0.2MPa 的过热蒸汽，其温度将由原来的 151.84℃ 改变为 140.23℃（0.2MPa 的饱和温度为 120.23℃）。

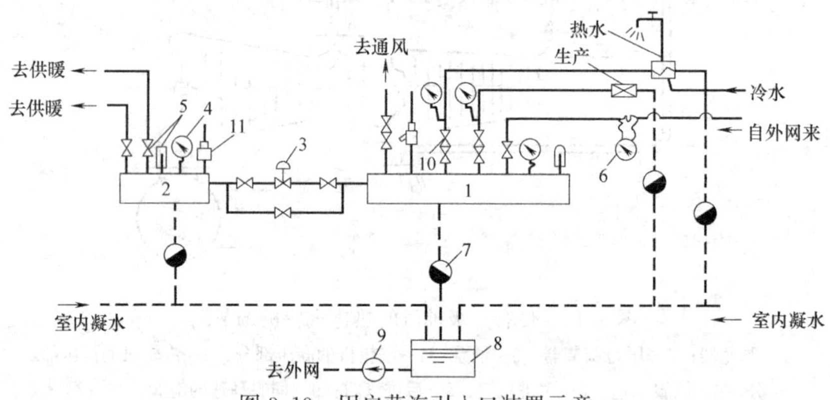

图 3.19　用户蒸汽引入口装置示意

1—高压分汽缸；2—低压分汽缸；3—减压阀；4—压力表；5—温度表；6—流量计；7—疏水器；8—凝水箱；9—凝水泵；10—调节阀；11—安全阀

再如，压力为 1.1MPa（绝对）、干度为 0.98 的饱和蒸汽，经节流压力降为 0.42MPa（绝对）时，正好成为干度为 1.0 的干饱和蒸汽。若节流后压力小于 0.42MPa，则蒸汽变为过热蒸汽；节流后压力大于 0.42MPa，蒸汽仍为湿饱和蒸汽（干度大于 0.98）。

经过上述分析可以看出，通过节流，蒸汽的压力、温度虽然发生了变化，但从换热的角度观察，其焓值未变，即所能提供的热量维持固定。这就是说，蒸汽经过节流，虽然蒸汽参数（温度、压力）有了改变但供热量未变，未体现质调节的功能，而真正引起供热量的变化，是由节流改变蒸汽流量而实现的，因此，节流是一种局部量调节的方法。

根据供热学的基本理论，可以很方便地计算蒸汽管道节流前后蒸汽流量的变化。和热水管道一样，蒸汽管道压力降仍用式（2.11）进行计算

$$\Delta H = SG^2$$

$$S = 6.88 \times 10^{-9} \frac{K^{0.25}(l + l_d)\rho}{d^{5.25}}$$

式中　ΔH——管道蒸汽压降，Pa；

G——蒸汽体积流量，m^3/h；

S——管道阻力特性系数，$Pa/(m^3/h)^2$；

K——管道绝对粗糙度，m，蒸汽管道一般取值 0.0002m；

l——管道长度，m；

l_d——管道局部阻力当量长度，m，由有关设计手册查取；

d——管道直径，m；

ρ——蒸汽密度，kg/m^3，饱和蒸汽压力在 0.18～1.5MPa 范围内，密度在1.0～7.6kg/m^3 之间。

对于某一减压阀或调节阀，若预先测出阀的开度与其阻力系数 S 的关系曲线，则可根据阀的开度即阻力系数 S 和节流前后压差，按式（2.11）算出调节后的蒸汽体积流量，再根据节流后的蒸汽参数（压力、温度），确定其比容 v、密度 ρ，即可确定其质量流量。

3.6.3　质调节

在动力装置中，通常希望用过热蒸汽拖动汽轮机，以提高朗肯循环效率。但在换热负荷中，由于过热蒸汽传热性能差以及温度过高，超过换热设备和附件耐温的限制，又常常避免直接使用过热蒸汽。降低蒸汽温度和过热度，一般采用减温减压装置。在热电厂，供热系统的尖峰加热器常常就是新汽通过减温减压装置后加热的。热用户的引入口装置，当供汽温度超过用热设备要求温度时，也要先经过减温器减温。蒸汽减温措施，主要目的是控制供热蒸汽的质量参数，因此属于蒸汽系统的质调节方法。

减温器的基本原理是在管段中设置一个或多个喷水喷嘴，利用这些喷嘴把水喷入蒸汽中，使水吸收蒸汽中的热量而汽化，进而降低蒸汽的过热度。当蒸汽温度过高时，往往在减温的同时要减压，形成减温减压装置。图 3.20 为减温器的布置图。一般蒸汽在进入减温器 2 时，先要经过减压控制阀 1。减温器出口的蒸汽温度通常利用冷却水的喷水量控制。把减温器出口的蒸汽温度信号 4 反馈到冷却水量调节阀 7 的膜片上，根据给定蒸汽温度（调节定位器 8），自动调节冷却水量调节阀。通过喷水量的变化，保证减温器出口的蒸汽温度维持在给定值。

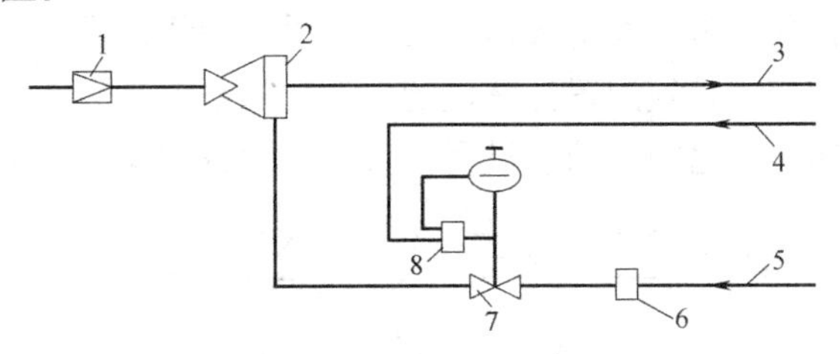

图 3.20　小型减温器布置图

1—减压控制阀；2—小型减温器；3—已减温的蒸汽；4—蒸汽温度信号；5—进水；6—过滤器；7—控制阀；8—定位器

减温计算，主要是在已知蒸汽初始参数和终了参数的情况下，确定冷却水的喷水量。

【例题3.4】 在压力为0.3MPa（绝对）和温度为400℃的过热蒸汽中，把压力为0.3MPa（绝对）的饱和水喷入，使经过减温器后的蒸汽变成相同压力下过热度为10℃的蒸汽，试计算喷入的冷却水量？

【解】 减温前过热蒸汽焓值为$h_q=3275.2$kJ/kg，减温后过热蒸汽的焓值为$h_h=2724.7+2.1\times10=2745.7$kJ/kg，减温冷却水焓值$h_s=561.5$kJ/kg。

设每kg过热蒸汽中喷入的冷却水量为$m_s$kg，且喷水前后没有热损失，则有如下的热量平衡：

$$h_q+h_s m_s=h_h(1+m_s) \tag{3.101}$$

即

$$3275.2+561.5m_s=2745.7(1+m_s)$$

因而

$$m_s=0.242\text{kg/kg}$$

即在每kg的过热蒸汽中喷入0.242kg的冷却水，就可使蒸汽达到要求参数。

3.7　热力工况的动态调节

前面讨论的都是供热系统在稳定状态下的热力工况，即系统供热量与散热器散热量和建筑物耗热量完全相等时的热力工况，这是一种理想工况。在实际运行中，由于建筑物的热惰性、室外气温的周期变化以及日照影响等因素，完全稳定的热力工况是很难实现的。因此，用稳定的热力工况计算公式就难以准确描述供热系统热力工况的实际情况。为了更好地实现按需供热，必须用动态方法分析热力工况，并用预测参数的方法对供热系统进行动态调节。

由于供热系统设备和建筑物有很大的热惰性，室外气温、日照和供水温度、流量等参数的变化对用户室温的影响并不是立刻发生，而是滞后一段时间。因此，为保证用户室温的设计要求，热源当天的供热量，不但与当天的室外气温、供回水温度、流量、日照、风速有关，而且和几天前的上述参数都有关。比如以某天为例，若前几天一直阴天，热源供热情况又不好，与几天前阳光明媚，热源供热良好相比较，为满足同一用户室温要求，则当天热源供热量将是不同的，相应的系统供水温度、循环流量也应不同。

为了对这种动态工况进行动态调节，必须首先对供热系统的热特性加以识别，了解供热系统热惰性的大小、延滞的快慢，进而搞清以往参数影响当天供热的天数。对一个具体的供热系统进行上述特性的识别，是经过大量实际参数的测试和数据的统计得到的。然后根据已知条件，对供热系统的识别模型进行计算，得到要求的预测参数，进而实现系统的自动调节或系统运行指导。由于大量数据的实测，手工操作是难以完成的。因此，供热系统的动态识别和动态调节，必须配置计算机的自动监控系统。

反映供热系统上述参数之间的动态过程，可由下列方程表示：

$$t_{nr}=\sum_{i=0}^{j}\alpha_i\left(\frac{t_g+t_h}{2}\right)_{\tau-i}+\sum_{i=0}^{j}\beta_i(t_{ws})_{\tau-i} \tag{3.102}$$

$$Q_r=\sum_{i=0}^{j}\phi_i\left(\frac{t_g+t_h}{2}\right)_{\tau-i}+\sum_{i=0}^{j}\psi_i(t_{ws})_{\tau-i} \tag{3.103}$$

$$Q_\tau=1.163cG_\tau(t_{g\tau}-t_{h\tau})\times10^3 \tag{3.104}$$

$$G_{\tau}=\left(\frac{t_{n\tau}-t_{ws\tau}}{t_n'-t_w'}\right)^{B/(1+B)} \tag{3.105}$$

式中 t_g，t_h——分别表示供热系统供、回水温度,℃；

Q_{τ}——供热系统每天的供热量，W/d；

G_{τ}——供热系统循环流量，t/h；

t_n——热用户每天平均室温,℃；

t_{ws}——当地每天平均综合外温,℃；

c——供热系统热媒比热，kJ/(kg·℃)；

α，β，ϕ，ψ——分别为与供热系统热特性有关的常数系数；

下标“τ”、“$\tau-1$”……“$\tau-i$”分别表示当天、昨天……前 i 天的有关供热参数。

综合外温 t_{ws}，考虑室外温度与太阳日照的综合影响。太阳辐射将提高用户室温，相当于室外温度的提高。因此，综合外温应为室外温度再加太阳辐射热量折算成的外温增量，即

$$t_{ws}=t_w+Q_s/S_k \tag{3.106}$$

式中 Q_s——太阳辐射强度，kJ/(m²·d)；

S_k——日照折算系数，kJ/(m²·d·℃)。

α，β，ϕ，ψ 常数系数的数值，是通过实测大量的 t_n，t_g，t_h，t_{ws}，Q 后经过最小二乘法对式（3.102）、式（3.103）的拟合得出的。其中 j 的取值愈大，说明以往供热参数对当天供热的影响愈大，亦即供热系统的热惰性愈大。经统计计算，一般 j 取值以 4～5 天为宜。系数拟合的前提，必须以实测数据为依据。实测的天数愈长，求得的系数愈接近供热系统的实际情况。实测时间以 30 天为宜。当取 $j=5$ 天时，先连续测取 5 天的数据，并存贮于计算机内。令第 5 天为 $i=0$，即（$\tau-i$）为 τ，表明这天的 t_n，t_g，t_h，t_{ws}，Q 为当天数据；令第 4 天为 $i=1$，则（$\tau-i$）=（$\tau-1$），表明第 4 天为第 5 天的前一天；依次类推，则第 1 天时，$i=4$，（$\tau-i$）=（$\tau-4$），表示这天是第 5 天的前 4 天。按照上述方法，将 $i=0$，1，…，4，即 τ，（$\tau-1$），（$\tau-2$），…，（$\tau-4$）的 5 天数据分别由式（3.102）和式（3.103）列出第 1 组方程：

$$\begin{aligned}t_{n5}=&\alpha_0\left(\frac{t_g+t_h}{2}\right)_5+\alpha_1\left(\frac{t_g+t_h}{2}\right)_4+\cdots+\alpha_4\left(\frac{t_g+t_h}{2}\right)_1\\&+\beta_0 t_{ws5}+\beta_1 t_{ws4}+\cdots+\beta_4 t_{ws1}\end{aligned}$$

$$\begin{aligned}Q_5=&\phi_0\left(\frac{t_g+t_h}{2}\right)_5+\phi_1\left(\frac{t_g+t_h}{2}\right)_4+\cdots+\phi_4\left(\frac{t_g+t_h}{2}\right)_1\\&+\psi_0 t_{ws5}+\psi_1 t_{ws4}+\cdots+\psi_4 t_{ws1}\end{aligned}$$

当测出第 6 天的数据后，此时 j 仍取 5 天，令第 6 天为 $i=0$，第 5 天 $i=1$，……第 2 天 $i=4$，第 1 天的数据退出，根据式（3.102）和式（3.103）又可列出第 2 组方程

$$\begin{aligned}t_{n6}=&\alpha_0\left(\frac{t_g+t_h}{2}\right)_6+\alpha_1\left(\frac{t_g+t_h}{2}\right)_5+\cdots+\alpha_4\left(\frac{t_g+t_h}{2}\right)_2\\&+\beta_0 t_{ws6}+\beta_1 t_{ws5}+\cdots+\beta_4 t_{ws2}\end{aligned}$$

$$\begin{aligned}Q_6=&\phi_0\left(\frac{t_g+t_h}{2}\right)_6+\phi_1\left(\frac{t_g+t_h}{2}\right)_5+\cdots+\phi_4\left(\frac{t_g+t_h}{2}\right)_2\\&+\psi_0 t_{ws6}+\psi_1 t_{ws5}+\cdots+\psi_4 t_{ws2}\end{aligned}$$

直到测出第30天数据，令第30天为$i=0$，第29天$i=1$，第26天$i=4$，则由式(3.102)和式(3.103)可列出第26组方程

$$t_{n30}=\alpha_0\left(\frac{t_g+t_h}{2}\right)_{30}+\alpha_1\left(\frac{t_g+t_h}{2}\right)_{29}+\cdots+\alpha_4\left(\frac{t_g+t_h}{2}\right)_{26}$$
$$+\beta_0 t_{ws30}+\beta_1 t_{ws29}+\cdots+\beta_4 t_{ws26}$$
$$Q_{30}=\phi_0\left(\frac{t_g+t_h}{2}\right)_{30}+\phi_1\left(\frac{t_g+t_h}{2}\right)_{29}+\cdots+\phi_4\left(\frac{t_g+t_h}{2}\right)_{26}$$
$$+\psi_0 t_{ws30}+\psi_1 t_{ws29}+\cdots+\psi_4 t_{ws26}$$

这26组方程，未知数为$\alpha_0\sim\alpha_4$，$\beta_0\sim\beta_4$，$\phi_0\sim\phi_4$和$\psi_0\sim\psi_4$，利用最小二乘法进行拟合，即可将其求出。对北京地区某一供热系统（供热面积近5万m^2）进行了实测，经过数据统计，α，β，ϕ和ψ系数值列于表3.13中。

室温、供热量拟合系数 **表3.13**

α_0	0.1831	β_0	0.2652	ϕ_0	1.462	ψ_0	−0.736
α_1	0.0842	β_1	0.1552	ϕ_1	−0.221	ψ_1	−0.260
α_2	0.0688	β_2	0.1286	ϕ_2	−0.130	ψ_2	−0.182
α_3	0.0178	β_3	0.0575	ϕ_3	0.017	ψ_3	−0.07
α_4	0.0093	β_4	0.0354	ϕ_4	−0.002	ψ_4	−0.011

注：供热量Q的单位10^{10}J/d，室温t_n单位℃，ϕ，ψ值×10^{10}。

在上述数据的测量中，综合外温由特制的温度测量装置测量，直接给出t_{ws}值，已经考虑了太阳辐射对实际外温的增值。在该测量装置中日照折算系数S_k（与建筑物不同朝向的围护结构面积之比有关）在160～210kJ/(d·m²·℃)之间取值，其波动值对室温影响在0.3℃以内。室温t_n值是根据对供热系统热用户典型房间室温的实际测量，再进行加权平均后得出的。供热系统供热量Q根据系统供回水温差和循环流量乘积的全天累加求出。

上述数据的测试和拟合系数（α，β，ϕ和ψ）的求值过程，实质上就是对一个具体供热系统的动态热特性进行识别的过程。当拟合系数α，β，ϕ和ψ常系数已知后，公式(3.102)～(3.105)方程组就构成了供热系统动态热特性的识别模型。对于不同的供热系统，其拟合常系数α，β，ϕ和ψ的具体数值也不同。但对于同一地区，供热系统形式和规模相当时，其拟合系数也比较接近。

在由公式(3.102)～(3.105)组成的供热系统识别模型中，拟合系数α，β，ϕ，ψ和综合外温t_{ws}以及当天室温$t_{n\tau}$（即设计室温$t'_n=18$℃）为已知条件。4个未知参数为当天的系统供回水温度$t_{g\tau}$、$t_{n\tau}$、循环流量G_τ以及供热量Q_τ。因为识别模型也由4个方程组成，则解此方程组即可得到唯一解。解出的$t_{g\tau}$，$h_{h\tau}$，G_τ和Q_τ即为供热系统当天运行参数的预测值。以此为给定值，即可对热源甚至锅炉的燃烧进行计算机自动控制。当条件不具备时，可由计算机将预测值打印显示出，以指导当天供热系统的运行。

在预测当天的供热参数时，识别模型中的当天综合外温是未知值，可由下式先行预测

$$t_{ws\tau}=\sum_{i=1}^{j}\gamma_i(t_{ws})_{\tau-i}+\sum_{i=1}^{j}\eta_i e_{\tau-i} \tag{3.107}$$

式中 e——修正参数，即拟合外温值与标准年综合外温的误差，℃；

γ_i，η_i——反映综合外温变化趋势的拟合系数。

γ_i，η_i 拟合系数可由前述方法求出。当天的综合外温 $t_{w\tau}$ 可由前 j 天的综合外温的变化趋势预测。

供热系统采用热力工况的动态调节，由于考虑了太阳辐射、散热器类型和安装数量的不同以及建筑物结构不同等多种因素，因而更能比较准确地实现按需供热，对于改善供热效果和节约热能很有实际意义。

第 4 章 供热系统节流式流量调节

本章主要讨论在热水供热系统中依靠流量调节消除系统运行工况失调问题。系统流量调节分为初调节和运行调节两种：初调节一般在供热系统运行前进行，也可在供热系统运行期间进行。初调节一般由各种调节阀通过节流方式进行。初调节的目的，是将各热用户的运行流量调配至理想流量（即满足热用户实际热负荷需求的流量；当供热系统为设计状况时，理想流量即为设计流量），主要解决系统水量分配不均问题，亦即消除各热用户冷热不均问题。因此，初调节亦可称为流量的均匀调节。如从供热系统水压图考虑，则初调节的目的，是将供热系统实际运行水压图调整为理想运行水压图（当供热系统为设计状况时，理想运行水压图即为设计水压图）。供热系统流量的运行调节，是指当热负荷随室外温度的变化而变化时，为实现按需供热，而对系统流量进行的调节。系统流量的运行调节，理想流量即为最佳流量。

本章重点介绍初调节的各种方法。由于初调节比较复杂，国内外多有研究，因此，把各种方法都作了较详细的介绍。一来为了系统地说明初调节的基本原理；二来，有便于读者针对工程的实际，选择应用合适的调节方法。为了顺利进行初调节，还对初调节的最大调节流量以及系统调节的稳定性作了分析。调节阀是进行初调节的至关重要的设备，因此，对其基本原理和选择计算也作适当介绍。

4.1 初 调 节

以往，用手工进行初调节已有多种方法，如阻力系数法、预定计划法等，但或因计算工作量大或实地调节工作量大，除只有几个热用户的供热系统外，一般难以实际采用。由于供热系统冷热不均现象普遍存在，近几年来，国内外有关专家和工程技术人员，为解决工况失调问题，陆续提出了多种初调节方法，如比例法、补偿法、计算机法、模拟分析法、模拟阻力法、回水温度法及简易法等，在实际供热系统中都有操作实施价值，在不同程度上具有简单、方便、准确、可靠等特点。为说明其发展趋势，对上述各种初调节法分别给予介绍。

4.1.1 阻力系数法

阻力系数法的基本原理基于一定阻力系数的供热系统必然对应一定的流量分配。应用这种方法进行初调节，要求将各热用户的启动流量和热用户局部系统的压力损失调整到一定比例，以便使它的阻力系数 S（或通导系数 a，二者互为倒数）达到正常工作时的计算值（或称理想值）。该数值可根据公式（2.11）进行计算：

$$S=\frac{\Delta H}{G^2} \qquad mH_2O/(m^3/h)^2$$

式中 G——热用户的理想流量，m^3/h；

ΔH——热用户局部系统的压力降，mH_2O。

热用户局部系统的流量 G 和压力降 ΔH，可根据供热系统原始资料和水力计算资料求得，因此，热用户局部系统的阻力系数 S 是很容易计算的。粗略看来，很可能认为这种调节方法简单易行。其实不然，实际操作的主要难点是：系统阻力系数 S 值不能直接测量，要由流量 G、压力降 ΔH 的直接测量后间接计算出来。因此，要想把某个热用户局部系统的阻力系数 S 调到理想值，必须反复测量其流量和压力降，反复调节有关阀门才能实现。这种调节方法属于试凑法，现场操作繁琐、费时，实用性不大。

4.1.2 预定计划法

这一方法是在调节前，将供热系统所有热用户入口阀门关死，让供热系统处于停运状态。然后按一定顺序（或从离热源最远端开始，或从离热源最近端开始），逐个开启热用户入口阀门。阀门开启的条件是：使其通过的流量等于预先计算出的流量。显然，该流量值既不应是理想流量，也不应是设计流量，而称之为启动流量。

该调节方法的关键是各热用户启动流量的计算。若启动流量已求出，则在现场一面检测流量，一面调节热用户阀门，使其逐一各自满足其启动流量。各热用户在规定顺序下按启动流量全部启动后，供热系统就能在理想流量（或设计流量）下运行，从而完成初调节任务。

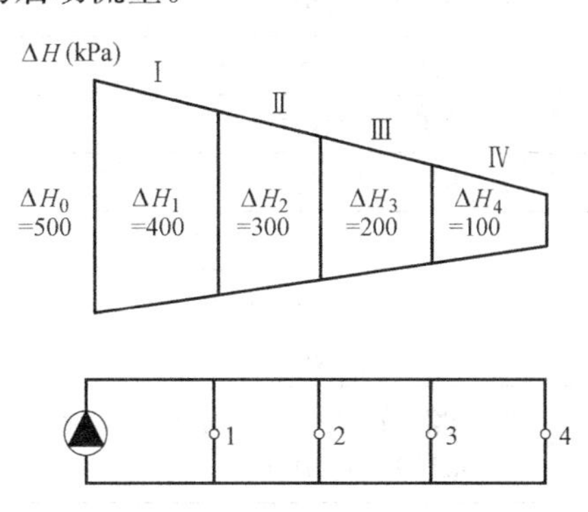

图 4.1 预定计划法简图

下面根据图 4.1 所示的供热系统，说明热用户启动流量的计算方法及预定计划的编制过程。

该供热系统共有 4 个热用户，热源循环水泵扬程为 50m，用户 1、2、3、4 的设计流量皆为 $100m^3/h$，压力降分别为 40、30、20、$10mH_2O$。供热系统阻力系数值详见表 4.1。Ⅰ、Ⅱ、Ⅲ、Ⅳ表示供热系统包括供、回水干管的编号。

阻力系数计算表 **表 4.1**

管段及热用户编号		流量 G' (m^3/h)	压力降 ΔH (mH_2O)	阻力系数 $S=\Delta H/G^2$ $10^{-3}(mH_2O/(m^3/h)^2)$
管段号	Ⅰ	400	10	0.063
	Ⅱ	300	10	0.111
	Ⅲ	200	10	0.25
	Ⅳ	100	10	1.00
热用户号	1	100	40	4.00
	2	100	30	3.00
	3	100	20	2.00
	4	100	10	1.00

表 4.2 说明了该供热系统按照热用户 4、3、2、1 的调节顺序进行调节时，各热用户启动流量的计算值。

热用户启动流量计算表 **表 4.2**

顺序	数值名称	计 算
Ⅰ. 开启热用户 4		
1	热网及用户 4 的总阻力系数 10^{-3} $(mH_2O/(m^3/h)^2)$	$S_0=S_Ⅰ+S_Ⅱ+S_Ⅲ+S_Ⅳ+S_4=0.063+0.111+0.25+1.00+1.00=2.424$

续表

顺序	数值名称	计　算
2	用户 4 的启动流量(m^3/h)	$G_4=\sqrt{\Delta H_0/S_0}=\sqrt{50/2.424\times10^{-3}}=144$
3	用户 4 的启动系数	$\alpha_4=G_4/G'_4=144/100=1.44$
	Ⅱ. 开启热用户 3	
1	用户 3 后的热网总阻力系数 10^{-3} ($mH_2O/(m^3/h)^2$)	$S_{2,4}=\Delta H_3/G'^2_{Ⅲ}=20/200^2=0.5$
2	热网及用户 3、4 的总阻力系数 10^{-3} ($mH_2O/(m^3/h)^2$)	$S_0=S_Ⅰ+S_Ⅱ+S_Ⅲ+S_{3,4}$ $=0.063+0.111+0.25+0.5=0.924$
3	热网的总流量(m^3/h)	$G_0=\sqrt{\Delta H_0/S_0}=\sqrt{50/0.924\times10^{-3}}=232$
4	用户 3 的启动系数	$\alpha_3=G_0/(G'_3+G'_4)=232/(100+100)=1.16$
5	用户 3 的启动流量(m^3/h)	$G_3=G_4=\alpha_3G'_3=1.16\times100=116$
	Ⅲ. 开启热用户 2	
1	用户 2 后的热网总阻力系数 10^{-3} ($mH_2O/(m^3/h)^2$)	$S_{2,4}=\Delta H_2/G'^2_{Ⅱ}=30/300^2=0.333$
2	热网及用户 2,3,4 的总阻力系数 10^{-3} ($mH_2O/(m^3/h)^2$)	$S_0=S_Ⅰ+S_Ⅱ+S_{2,4}$ $=0.063+0.111+0.333=0.507$
3	热网的总流量(m^3/h)	$G_0=\sqrt{\Delta H_0/S_0}=\sqrt{50/0.507\times10^{-3}}=314$
4	用户 2 的启动系数	$\alpha_2=G_0/(G'_2+G'_3+G'_4)=314/(100+100+100)=1.04$
5	用户 2 的启动流量(m^3/h)	$G_2=\alpha_2G'_2=G_3=G_4=1.04\times100=104$
	Ⅳ. 开启热用户 1	
1	用户 1 后的热网总阻力系数 10^{-3} ($mH_2O/(m^3/h)^2$)	$S_{1,4}=\Delta H_1/G'^2_1=40/400^2=0.25$
2	热网及用户 1,2,3,4 的总阻力系数 10^{-3} ($mH_2O/(m^3/h)^2$)	$S_0=S_Ⅰ+S_{1,4}=0.063+0.25=0.313$
3	热网总流量(m^3/h)	$G_0=\sqrt{\Delta H_0/S_0}=\sqrt{50/0.313\times10^{-3}}=400$
4	用户 1 的启动系数	$\alpha_1=G_0/(G'_1+G'_2+G'_3+G'_4)$ $=400/400=1.00$
5	用户 1 的启动流量(m^3/h)	$G_1=\alpha_1G'_1=G_2=G_3=G_4=1\times100=100$

从启动流量的计算过程很容易发现：预定计划法的计算工作量是很大的。当供热系统较大时，即热用户数量较多时，采用手工方法计算启动流量几乎是不可能的，这是该调节方法在实际工程中使用价值不大的主要原因。这种调节方法的另一不足之处，是调节前必须关闭所有热用户阀门，这就限制该调节方法只能在供热系统投入运行前进行，不能在运行过程中进行，这种局限性是由于热用户启动流量难以计算的缘故。

4.1.3　比例法

由于上述方法的缺陷，从 20 世纪 70 年代以来，各国十分重视这方面的研究。为适应初调节的需要，瑞典 TA 公司研制了平衡阀和智能仪表（微信息处理机），二者配套使用，不但可以直接测量平衡阀前后压差，而且可以直接读出平衡阀中通过的流量。与此同时，相应提出了比例法和补偿法等初调节方法。

比例法的基本原理是当各热用户系统阻力系数一定时，系统上游端的调节，将引起各热用户流量成比例地变化。也就是说，当各热用户阀门未调节时，系统上游端的调节，将使各热用户流量的变化遵循一致等比失调的规律。

若待调节的供热系统如图 4.2 所示，共有 4 条支线 A、B、C、D；每条支线有 4 个热用户。在各支线和热用户回水管道上均安装有平衡阀。

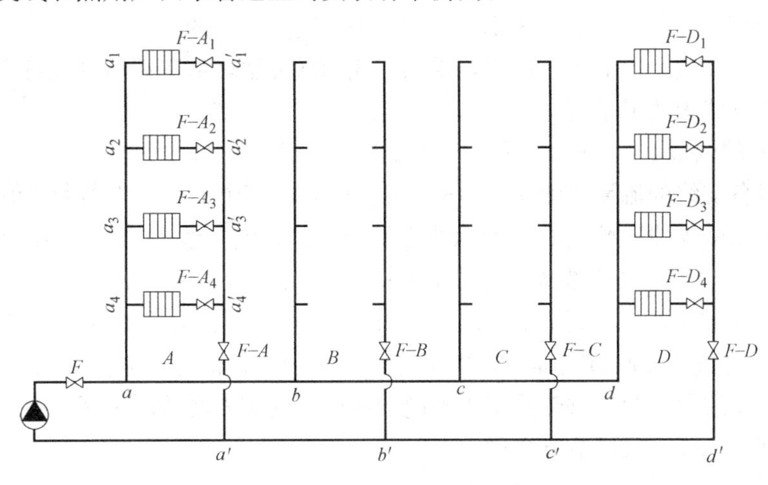

图 4.2　比例调节法系统示意图

该方法的调节步骤如下：

1. 调节支线的选择

(1) 全开系统中所有平衡阀（供水管道上的所有其他阀门也全开），使系统在超流量的工况下运行；

(2) 利用平衡阀和智能仪表（详见本章 4.3 节），测量各支线回水管道上平衡阀前后压差，并由智能仪表直接读出通过各平衡阀的流量，亦即各支线流量（也可根据平衡阀前后压差，利用平衡阀计算图表直接查出流量）。

(3) 计算各支线流量的比值 x_i

$$x_i=\frac{G_i}{G_i'}\quad i=1,2,3,4,\cdots,n$$

式中　i——各支线序号；

n——支线数；

G_i'——支线理想流量，m^3/h；

G_i——测量出的支线实际流量，m^3/h。

(4) 选择流量比值最大值 x_{zd} 的支线为调节支线。按支线流量比值的大小顺序排列，即为支线依次调节的前后顺序。在一般情况下，热源近端支线流量比值偏大，因此，往往先从近端支线开始调节。

2. 支线的调节

(1) 计算调节支线各热用户的流量比值，挑选流量比值最小 x_{zx} 的热用户为参考用户。若支线 A 为调节支线，则 $x_{zd}=G_A/G_A'$。在 A 支线中，若 3 用户的流量比值最小，即

$x_{zx}=G_{A3}/G'_{A3}$，则3用户为参考用户。

（2）从调节支线A的最末端用户1开始调节。利用与平衡阀配套的智能仪表，调节平衡阀F-$A1$，将用户1的流量比值x_{A1}调节到参考用户3的流量比值的95%左右，即$x_{A1}=0.95x_{zx}=0.95\ (G_{A1}/G'_{A3})$。

（3）调节平衡阀F-$A2$，使热用户2的流量比值x_{A2}调节到与用户1的流量比值相等的数值$x_{A2}=x_{A1}$。应该注意，由于用户2的调节，用户1的原有流量比值将会略有增加。

（4）继续以用户1的流量比值为参考值，依步骤3的同样方法，依序调节用户3、4。每调节一个热用户，用户1的流量都将略有增加，这是正常的。

（5）按照支线流量比值大小顺序，采用上述同样方法，依次调节其他各支线。其参考流量比值为各支线内的最小值。

3. 支线间的调节

（1）测量各支线的流量比值x_A、x_B、x_C、x_D，以其中最小值为参考比值。

（2）从最末端支线开始调节，即调节平衡阀F-D，使支线D的流量比值调节为支线参考比值的95%，若参考支线为C支线，则应$x_D=0.95x_C=0.95x_{zx}$。

（3）以同样方法，依次调节F-C、F-B、F-A平衡阀，使各支线流量比值等于最末端支线D的流量比值。在调节过程中，末端支线D的流量比值也将略有增加。

（4）如各支线属于同一供热系统中不同的区段，则应先调节同一区段内的各支线，再进行各区段间的调节，其调节方法同上。

4. 全网调节

调节供热系统总平衡阀F（既可安装在供水管道上，也可安装在回水管道上），使最末端支线D的流量比值等于1.0。根据一致等比失调原理，经过上述调节，供热系统各支线、各热用户的流量则一定将运行在理想流量（或设计流量）的数值上，全网调节结束。

比例调节法原理简明，效果良好。但调节方法还显繁琐：首先必须使用二套智能仪表，配备二组测试人员，通过报话机进行信息联系；其次是平衡阀重复测量次数过多，调节过程费时费力。但总体讲，由于有平衡阀、智能仪表做依托，这种方法使初调节在实际工程中的应用有了可能性。

4.1.4　补偿法

这是瑞典TA公司推荐的另一种初调节方法。由于这种方法是依靠供热系统上游端平衡阀的调节，来补偿下游端因调节引起的系统阻力的变化，因而称为补偿法。

该调节方法的主要步骤如下：

1. 支线调节

（1）任意选择待调支线（见图4.2），在该支线中确定热用户局部系统阻力最大的用户（未含平衡阀阻力，确定方法见后）。为保证智能仪表的量测精度，一般规定安装在局部系统阻力最大的热用户处的平衡阀的最小压降（在阀全开时）不得小于3kPa。如果小于此数，智能仪表测出的流量值可能失真（TA公司制造的智能仪表DTM-C，流量量测的最小值是平衡阀的压降不低于0.5kPa）。

现选择图4.2中的A支线为待调支线，其中用户2的局部系统（含室内系统、支线管道及其附件）阻力最大。

（2）从待调支线的最末端用户开始调节。首先计算该用户（即1用户）的平衡阀F-

A1在理想流量（或设计流量）下的压降值 $\Delta H_{F\text{-}A1}$。若用户2、用户1的局部系统压降（在设计流量下）为已知，分别为 ΔH_{A2}、ΔH_{A1}（未含平衡阀的压降），则 $\Delta H_{F\text{-}A1}$ 值可由下式计算：

$$\Delta H_{F\text{-}A1}=\Delta H_{A2}+0.3-\Delta H_{a_2-a_1}-\Delta H_{a_1'-a_2'}-\Delta H_{A1} \quad mH_2O$$

式中 $\Delta H_{a_2-a_1}$，$\Delta H_{a_1'-a_2'}$——分别为用户2至用户1之间供、回水管线的压降，mH_2O；

0.3mH_2O 为用户2的平衡阀 *F-A*2 在设计流量下的最小压降值。

根据 $\Delta H_{F\text{-}A1}$ 和设计流量 G'，由下式可计算出用户1的平衡阀 *F-A*1 的特性系数 K_v：

$$K_v=\frac{3.2\times G'(m^3/h)}{\sqrt{\Delta H_{F\text{-}A1}(mH_2O)}}=\frac{10\times G'(m^3/h)}{\sqrt{\Delta H_{F\text{-}A1}(kPa)}} \tag{4.1}$$

不难看出，特性系数 K_v 与阻力系数 S 在本质上是相同的，皆代表平衡阀的特性。当平衡阀的开度不同，其 K_v、S 值也随之不同。K_v 与 S 的关系可由下式表示：

$$S=\left(\frac{3.2}{K_v}\right)^2 \quad mH_2O/(m^3/h)^2 \tag{4.2}$$

或

$$S=\left(\frac{10}{K_v}\right)^2 \quad kPa/(m^3/h)^2 \tag{4.3}$$

根据平衡阀特性资料（由厂家提供），由计算出的平衡阀特性系数 K_v（或 S），确定平衡阀的开度 K_s。按照求出的平衡阀开度 $K_{S\text{-}A1}$，在现场调节用户1的平衡阀 *F-A*1，达到给定开度，并将平衡阀的手轮锁定。

（3）将第一台智能仪表接至用户1的平衡阀 *F-A*1 上，调节支线 *A* 的总平衡阀 *F-A*，使 *F-A*1 平衡阀上的压降达到计算值 $\Delta H_{F\text{-}A1}$。此时通过 *F-A*1 平衡阀上的流量必然为设计流量（或理想流量）。

如果发生 *F-A* 总平衡阀已全开，平衡阀 *F-A*1 仍未调至要求数值，此时，可将上游端的1个或多个用户的平衡阀关小，直到用户1平衡阀 *F-A*1 达到理想的要求。

（4）将第二台智能仪表接到用户2的平衡阀上，调节平衡阀 *F-A*2，使其通过的流量达到设计流量。与此同时，监视第一台智能仪表上的流量读数，调节总平衡阀 *F-A*，使用户1通过的流量始终保持在设计值。

（5）利用第二台智能仪表，依次调节用户3和用户4。调节方法全同用户2的调节。

2. 支线间的调节

（1）按照上述方法，逐个调节各支线。当调节支线不能满足足够的压降时，可将已调好的支线总平衡阀关闭。

（2）调节支线 *D*（最末端）的总平衡阀 *F-D*，使支线 *D* 的流量达到设计值。

（3）依次调节支线 *C*、*B*、*A* 的总平衡阀 *F-C*、*F-B*、*F-A*，使各支线达到设计流量。同时监视支线 *D* 的流量，调节供热系统总平衡阀 *F*，使其流量始终保持在设计值。

（4）当供热系统各支线分属不同区段时，以同样方法由远至近逐个调节各区段。

各支线、各区段调节后，供热系统各用户就将按照设计流量运行，至此，初调节完毕。

在支线调节过程中，热用户局部系统最大阻力的确定，是该调节方法的关键之一。具体确定方法，应区别下列三种不同情况而定：

(1) 各热用户局部系统阻力皆相等。此时，最末端热用户为阻力最大的用户，这是因为其供、回水干管最长，进而阻力最大所致。这时，该用户平衡阀最小压降取值0.3mH_2O，以此计算其平衡阀的特性系数 K_v 和开度 K_s。

(2) 各热用户局部系统阻力不等但皆为已知。这时，最大阻力的热用户一目了然。最末端热用户平衡阀的压降值按支线调节中的第（2）步骤有关公式计算，其中供、回水干管的压降可粗略地按平均比摩阻估算。

(3) 各热用户局部系统阻力不等且未知。这时，阻力最大的用户按如下步骤确定：

1) 全开支线总平衡阀和该支线各热用户的平衡阀；

2) 逐个关闭热用户的平衡阀，测量用户总压降（含平衡阀）ΔH_i^{zd}；然后调节平衡阀，使该用户流量达到设计流量，测量此时的用户总压降 ΔH_i^{zx}；

3) 通常用户室内系统及其附件的压降为 $\Delta H_i = \Delta H_i^{zd} - \Delta H_i^{zx}$，则 ΔH_i 的最大值即为阻力最大的热用户。

已知阻力最大的用户后，最末端用户平衡阀压降的计算全同第二种情况。

补偿法具有两个明显的优点：(1) 每个热用户的平衡阀只测量调节一次，因而比较节省人力；(2) 平衡阀是在允许的最小压降下调节的，因而降低了供热系统循环水泵的扬程，从而节省了运行费用。

补偿法也有不尽人意之处，主要是同时需要两台智能仪表，操作人员需分为三组（最末端参考用户、待调用户和总平衡阀），通过报话机进行信息联系。当仪表、人力有限时，使用时有一定困难。但该方法准确、可靠，在欧洲一些国家使用相当普遍。

4.1.5 计算机法

该方法是由中国建筑科学研究院空气调节研究所提出的。这种方法也是在与平衡阀、智能仪表配套使用中实现的。

该方法的基本原理是借助平衡阀和智能仪表测量出供热系统各热用户的局部系统阻力，根据各热用户局部系统的设计阻力（含平衡阀的阻力），求出各热用户平衡阀的要求阻力和开度，在现场进行实际调节。

如图4.3所示，欲先调节2用户。根据有关资料，由已知的设计流量 G_2' 和2用户支线 bb' 间的设计压降 $\Delta H_{bb'}'$，很容易计算出 bb' 支线的总阻力系数 $S_{bb'}'$（含室内系统和平衡阀 F_2）。平衡阀 F_2 的待调阻力系数 S_{F2} 可由下式决定：

$$S_{F2} = S_{bb'}' - S_2 \qquad mH_2O/(m^3/h)^2 \tag{4.4}$$

式中　S_2——表示包括支线 bb' 在内的用户局部系统阻力系数（未含平衡阀 F_2），$mH_2O/(m^3/h)^2$。但 S_2 为未知，S_2 是通过任意改变平衡阀 F_2 的二次开度间接计算的。设平衡阀第一次开度和第二次开度下的阻力系数分别为 S_{F2-1} 和 S_{F2-2}，用智能仪表测得平衡阀二次开度下的流量分别为 G_{2-1}、G_{2-2}，平衡阀前后压降为 ΔH_{F2-1} 和 ΔH_{F2-2}，若支线 bb' 的总压降分别为 $\Delta H_{bb'-1}$ 和 $\Delta H_{bb'-2}$，则有：

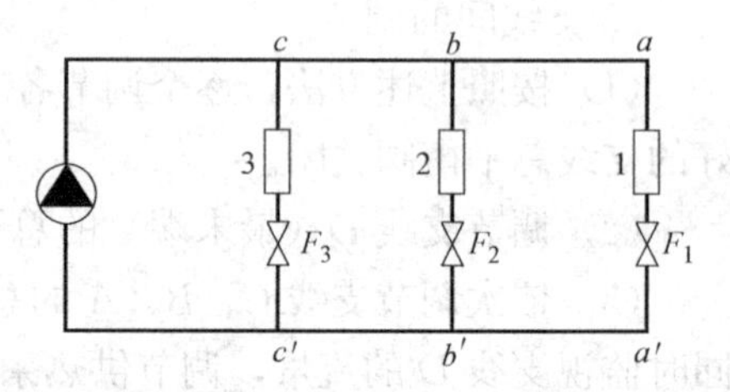

图4.3　计算机法供热系统示意图

$$\Delta H_{bb'-1} = S_{F2-1} G_{2-1}^2 + S_2 G_{2-1}^2 = \Delta H_{F2-1} + S_2 G_{2-1}^2 \tag{4.5}$$

$$\Delta H_{bb'-2}=S_{F2-2}G_{2-2}^2+S_2G_{2-2}^2=\Delta H_{F2-2}+S_2G_{2-2}^2 \quad (4.6)$$

如近似认为 $\Delta H_{bb'-1}\approx\Delta H_{bb'-2}$，即得

$$\Delta H_{F2-1}+S_2G_{2-1}^2=\Delta H_{F2-2}+S_2G_{2-2}^2 \quad (4.7)$$

因 ΔH_{F2-1}、ΔH_{F2-2}、G_{2-1} 和 G_{2-2} 皆为实际测量值，所以由式（4.7）可以计算出 S_2，进而由式（4.4）求出平衡阀 $F2$ 的待调阻力系数 S_{F2}，再由平衡阀特性关系给出平衡阀 $F2$ 的开度 K_s 值。

上述计算过程已编为程序，固化在智能仪表中，因此计算比较方便。

采用同样方法调节其他热用户，即可完成供热系统初调节的任务。

该方法计算工作量较小，现场调节无顺序要求，操作方法也较简便。不足之处是把平衡阀二次不同开度下支线总压降视为相等，这与实际工况不符。当安装平衡阀的用户热入口与系统干、支线分支点相距较远时，这种近似将引起较大误差。

4.1.6 模拟分析法

该方法由清华大学热能系于1985年开发。为叙述方便，将分别介绍其基本原理和操作方法。

1. 供热系统水力工况数学模型

供热系统各用户间有较强的耦合关系，其中某个用户的调节，不但引起该用户流量的变化，而且还要影响其他用户流量的变化。因此为准确分析计算初调节过程中供热系统流量、压力等参数的变化规律，建立其水力工况数学模型是完全必要的。

（1）基尔霍夫定律

基尔霍夫电流定律和电压定律是电学中主要定律之一，这一基本规律也完全适用于供热系统。

图4.4为有三个热用户的供热系统，共由7个管段和5个管段分支节点组成（管段和分支节点的划分可根据具体情况灵活编制），其编号如图所示：1，2，3，…，5为分支节点编号；b_1，b_2，…，b_7，为管段编号。相应的，各管段流量表示为 G_{b1}，G_{b2}，G_{b3}，…，G_{b7}，流向由图中箭头所示；各管段压降分别为 ΔH_{b1}，ΔH_{b2}，ΔH_{b3}，…，ΔH_{b7}，各分支节点压力表示为 H_1，H_2，H_3，…，H_5；系统循环水泵扬程为 DH_p。

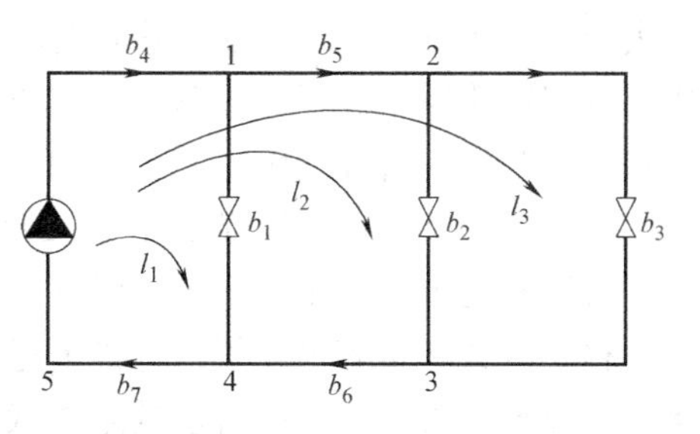

图4.4 供热系统编码示意图

1）基尔霍夫流量定律。对于任何一个集中供热系统，所有流入或流出任一节点的流量，其代数和为零。当把流入节点的流向定义为负，流出节点的流向定义为正时，对于节点1，基尔霍夫流量定律可用公式表示为

$$G_{b1}+G_{b5}-G_{b4}=0 \quad (4.8)$$

对于其他节点，也可写出类似公式。

2）基尔霍夫压降定律。对于任何一个集中供热系统，任意一个回路，其中各管段的压降代数和为零。若将用户管段流量定义为回路流量，则与回路流量同向的为正，反向的为负。对于回路 l_2（由管段 b_2，b_4，b_5，b_6，b_7 组成），基尔霍夫压降定律可由下式描述

$$\Delta H_{b2}+\Delta H_{b6}+\Delta H_{b7}+\Delta H_{b4}+\Delta H_{b5}-DH_p=0 \quad (4.9)$$

对于循环水泵，因起增压作用，相当于在$b4$管段中串联了一段压降为负值的管段。

以同样形式可写出其他回路的描述公式。

(2) 水力工况数学模型建立

根据上述的基尔霍夫流量、压降定律以及流体力学中的伯努利方程，对图4.4的供热系统可写出如下的独立的联立方程

$$\begin{cases} G_{b1}+G_{b5}-G_{b4}=0 \\ G_{b2}+G_{b3}-G_{b5}=0 \\ G_{b6}-G_{b2}-G_{b3}=0 \\ G_{b7}-G_{b1}-G_{b6}=0 \\ \Delta H_{b1}+\Delta H_{b7}+\Delta H_{b4}-DH_{p}=0 \\ \Delta H_{b2}+\Delta H_{b6}+\Delta H_{b7}+\Delta H_{b4}+\Delta H_{b5}-DH_{p}=0 \\ \Delta H_{b3}+\Delta H_{b6}+\Delta H_{b7}+\Delta H_{b4}+\Delta H_{b5}-DH_{p}=0 \\ \Delta H_{b1}=S_{b1}G_{b1}^{2}+(Z_4-Z_1) \\ \Delta H_{b2}=S_{b2}G_{b2}^{2}+(Z_3-Z_2) \\ \Delta H_{b3}=S_{b3}G_{b3}^{2}+(Z_3-Z_2) \\ \Delta H_{b4}=S_{b4}G_{b4}^{2}+(Z_1-Z_5)-DH_{p} \\ \Delta H_{b5}=S_{b5}G_{b5}^{2}+(Z_2-Z_1) \\ \Delta H_{b6}=S_{b6}G_{b6}^{2}+(Z_4-Z_3) \\ \Delta H_{b7}=S_{b7}G_{b7}^{2}+(Z_5-Z_4) \end{cases} \tag{4.10}$$

联立方程组(4.10)共有14个独立方程，其中5个支线节点可组成4个独立的基尔霍夫流量方程(5节点称为参考节点，一般由循环水泵入口即恒压点来表示)，由3个热用户的回路管段组成了3个基尔霍夫压降方程，再加7个管段组成的7个伯努利方程。该方程组中若假定管段的阻力系数皆为已知，则待求的未知变量也为14个，其中管段流量$G_{b1}\cdots G_{b7}$为7个，管段压降$\Delta H_{b1}\cdots\Delta H_{b7}$也为7个。循环水泵扬程可表示为管段流量的函数，所以不是独立的未知变量。联立方程组(4.10)有14个独立未知变量，也有14个独立方程，因此必定有唯一解。通过上述分析可以了解：任何一个供热系统，其流量分配即水力工况唯一决定于系统管段的阻力状况，系统阻力状况一定，其流量分配状况也一定。因此任何流量分配状况的改变，必须首先改变系统的阻力状况，阀门的调节就是为实现这一目的。

概括地说，供热系统水力工况数学模型中，独立的方程数和独立的未知变量数正好等于系统管段数的2倍。因此供热系统越大，管段越多，建立的数学模型方程数也愈多。对于中小规模的供热系统，其数学模型的方程数约为近百个左右，手工计算难以完成，通常都编为固定程序，由计算机求解。

严格地说，在方程组(4.10)中7个管段流量只有3个热用户流量G_{b1}，G_{b2}，G_{b3}是独立变量，其他4个管段流量皆可由用户流量表示，即

$$G_{b4}=G_{b7}=G_{b1}+G_{b2}+G_{b3}$$

$$G_{b5}=G_{b6}=G_{b2}+G_{b3}$$

将此方程代入方程组(4.10)，可进一步简化为

$$\begin{cases} S_{b1}G_{b1}^2+(S_{b4}+S_{b7})(G_{b1}+G_{b2}+G_{b3})^2-DH_p=0 \\ S_{b2}G_{b2}^2+(S_{b4}+S_{b7})(G_{b1}+G_{b2}+G_{b3})^2 \\ \qquad +(S_{b5}+S_{b6})(G_{b2}+G_{b3})^2-DH_p=0 \\ S_{b3}G_{b3}^2+(S_{b4}+S_{b7})(G_{b1}+G_{b2}+G_{b3})^2 \\ \qquad +(S_{b5}+S_{b6})(G_{b2}+G_{b3})^2-DH_p=0 \end{cases} \tag{4.11}$$

简化后的方程组（4.11）由原来的 14 个方程、14 个变量减为只有 3 个方程、3 个变量（用户流量 G_{b1}，G_{b2}，G_{b3}），求解更为方便。一般对于树枝状的供热系统，简化后的数学方程组的个数正好等于热用户的个数。通常都是对简化后的方程组（4.11）进行计算机求解，在流体网络理论中称为基本回路分析法。

2. 调节方法

有了上述水力工况数学模型，就能快速而准确地预测供热系统在调节过程中全网流量、压力的变化情况。模拟分析法就是事先通过预测，计算出调节过程中的过渡流量（或压力），然后在现场实施的一种调节方法。

一般说，模拟分析法分以下四个步骤进行：

（1）确定实际工况

在现场通过实际测定，得到各热用户的实际运行流量 G_{sj} 和各分支管段的压力降 ΔH_{sj}（j 为管段编号），利用公式 $S=\Delta H/G^2$ 计算各管段的实际阻力系数 S_{sj}。记录供热系统在测试期间循环水泵的运行台数及其型号。

压力测量用普通的弹簧压力表，当系统末端压差过小时，宜采用高压比压计测量。流量测量宜采用便携式超声波流量计，如日制 FLB 型便携式超声波流量计，将测头直接绑在钢管外壁（局部拆去保温层），即可在主机上读出管道流量。测量精度±1.0%。

在测量过程中，应将系统内空气排尽（包括室内系统），消除大的泄漏，保证系统在稳压下运行，以提高测量精度。

（2）计算理想工况

理想工况计算的任务是在给定各热用户理想流量（或设计流量）下，根据供热系统的实际工况（即经实测得到的各管段实际阻力系数 S_{sj}）计算待调管段的理想阻力系数 S_{lj}。

热用户的理想流量值可参照表 4.3 选取，其中供暖面积热指标综合《城市热力网设计规范》、《供暖通风设计手册》、《民用建筑采暖通风设计技术措施》的有关数据。考虑到我国目前的设计、运行状况，对于低温供热系统，按设计供回水温差为 20～25℃选取理想流量。

通常情况下，供热系统的供、回水干管可不进行调节，只调节热用户入口处的调节阀门，这样，供、回水干管的阻力系数已知，即为实测值，只要求出热用户局部系统的理想阻力系数 S_{lj}，则理想工况的计算任务即告结束。

参照图 4.4，在联立方程组（4.11）中，管段 b_4，b_5，b_6，b_7 为供、回水干管，阻力系数 S_{b4}，S_{b5}，S_{b6} 和 S_{b7} 是实测值。若考虑热用户的建筑类型和实际供暖面积，由表 4.3 选取其理想流量，则可根据干管流量与用户流量的关系，求出各干管 b_4，b_5，b_6 和 b_7 的理想流量 G_{lb4}，G_{lb5}，G_{lb6} 和 G_{lb7}。这样，就可根据方程组（4.11）计算出热用户的理想阻力系数 S_{lb1}，S_{lb2}，S_{lb3}。

建筑物供暖面积概算热指标和理想流量值　　**表 4.3**

建筑物类型	供暖面积概算热指标 q_n		理想流量值 G_l (kg/(m²·h))
	W/m²	kcal/(m²·h)	
住宅	40～70	40～60	2.0～3.0
办公楼、学校	58～81	50～70	2.5～3.5
医院、幼儿园	64～81	55～70	3.0～3.5
旅馆	58～70	50～60	2.5～3.0
图书馆	47～76	40～65	2.0～3.5
商店	64～87	55～75	3.0～4.0
单层住宅	81～105	70～90	3.5～4.5
食堂、餐厅	116～140	100～120	5.0～6.0
影剧院	93～116	80～100	4.0～5.0
礼堂、体育馆	116～163	100～140	5.0～7.0

注：该表数据，按既有建筑考虑。

$$\begin{cases} S_{lb1}=\dfrac{DH_p-(S_{sb4}+S_{sb7})(G_{lb1}+G_{lb2}+G_{lb3})^2}{G_{lb1}^2} \\ S_{lb2}=\dfrac{DH_p-(S_{sb4}+S_{sb7})(G_{lb1}+G_{lb2}+G_{lb3})^2-(S_{sb5}+S_{sb6})(G_{lb2}+G_{lb3})^2}{G_{lb2}^2} \\ S_{lb3}=\dfrac{DH_p-(S_{sb4}+S_{sb7})(G_{lb1}+G_{lb2}+G_{lb3})^2-(S_{sb5}+S_{sb6})(G_{lb2}+G_{lb3})^2}{G_{lb3}^2} \end{cases} \tag{4.12}$$

根据同样方法，可计算各种规模供热系统的理想工况。由于计算工作量较大，一般编为程序，由计算机计算。

（3）制定调节方案

调节方案的制定，实质上就是在计算机上对供热系统进行模拟调节。调节过程如下：以实测的实际工况为起始工况，按照一定顺序（一般从正失调最严重用户开始，多数情况为近端用户）逐个把每一热用户的阻力系数从实测值调至理想值。在计算机上实施这种调节，实际上就是按上述顺序，逐个以热用户的理想阻力系数 S_{lj} 代替各自的实际阻力系数 S_{sj}。每调节一个用户后（即每进行一次替代后），即对联立方程组（4.11）进行一次求解（即对计算机程序进行一次运算），得到一个调节后的流量分配新工况，我们称为调节过程的过渡流量。可以想象，在调节过程中，已调用户的阻力系数皆达到理想值，但其过渡流量还不是理想流量。只有按照已定顺序，所有热用户阻力系数都调整为理想值时，各热用户的运行流量才达到理想流量。

在现场的实际调节与计算机上的模拟调节不同。后者的调节就是用阻力系数理想值代替实际值。而现场调节的最大困难就是用户的阻力系数难以直接测量，必须通过其他参数进行间接判断。而模拟调节过程计算出的过渡流量，或过渡压力，唯一对应于调节过程的阻力系数。我们把模拟调节过程中，调节用户及其对应的过渡流量按顺序逐一记录下来，把对应的过渡流量视为现场用户调节是否达到理想阻力系数的判断依据。因此，调节用户与对应过渡流量的记录实际上就是所要制定的调节方案。

理论上讲，过渡流量、过渡压力，或任一用户的过渡参数皆可作为调节用户是否达到理想阻力系数的判断依据，但把待调用户自身的过渡流量作为判断依据，将是最简单方便的。

（4）现场实施调节方案

把计算机模拟调节中制定的调节方案拿到现场，按调节方案中给出的调节顺序，逐一调节用户的调节阀，在调节的同时，用便携式超声波流量计监测该用户的流量变化，当流量等于方案中给定的对应的过渡流量时，则认为通过调节阀的调节，待调用户的阻力系数正好达到了理想值。所有用户按上述方法调节完毕后，则整个供热系统必然会在理想流量工况下运行，原有的水力失调消除，实现了初调节的目的。

下面举例来具体说明模拟分析法的使用方法。

【例】 供热系统如图4.5所示，共有4个热用户，一台循环水泵扬程 $DH_p=50mH_2O$。系统编号如图，其中管段数为1，2，…，12；节点数为①，②，…，⑨；独立回路数为4个（与热用户数相同），理想工况下各热用户的流量皆等于 $100m^3/h$，实际运行中 $G_{s1}=140m^3/h$，$G_{s2}=120m^3/h$，$G_{s3}=80m^3/h$，$G_{s4}=60m^3/h$。试用模拟分析法进行初调节。

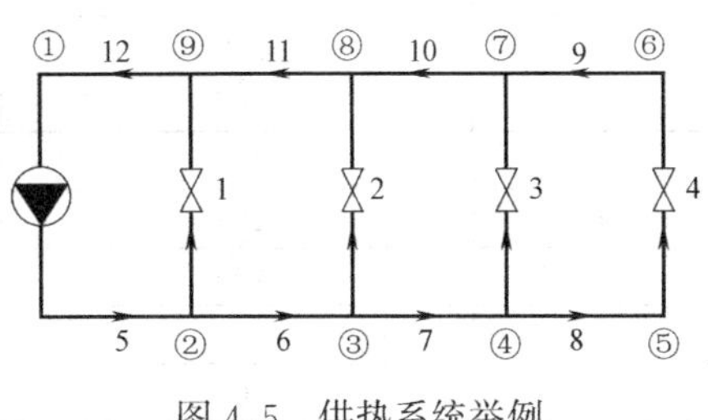

图4.5 供热系统举例

设循环水泵入口点即节点编号①为参考节点，按初调节的4个步骤进行。

（1）确定实际工况，将实测结果列入表4.4。

实际工况 **表4.4**

管段编号	流量 G_s (m^3/h)	压降 ΔH_s (mH_2O)	阻力系数 S_s ($mH_2O/(m^3/h)^2$)
1	140	40.000	0.2041×10^{-2}
2	120	32.489	0.2256×10^{-2}
3	80	27.589	0.4311×10^{-2}
4	60	23.989	0.6664×10^{-2}
5	400	5.000	0.3125×10^{-4}
6	260	3.756	0.5550×10^{-4}
7	140	2.450	0.1250×10^{-3}
8	60	1.800	0.5000×10^{-3}
9	60	1.800	0.5000×10^{-3}
10	140	2.450	0.1250×10^{-3}
11	260	3.756	0.5556×10^{-4}
12	400	5.000	0.3125×10^{-4}

（2）计算理想工况，将用户理想流量输入计算机，运行方程组（4.12）的求解程序，将理想工况的计算结果列入表4.5。

（3）制定调节方案，按用户1，2，3，4（从热源由近而远）的调节顺序，逐一的由 $S_{l1}=0.4000\times10^{-2}$，$S_{l2}=0.3000\times10^{-2}$，$S_{l3}=0.2000\times10^{-2}$ 和 $S_{l4}=0.1000\times10^{-2}$ 代替 $S_{sl}=0.2041\times10^{-2}$，$S_{s2}=0.2256\times10^{-2}$，$S_{s3}=0.4311\times10^{-2}$ 和 $S_{s4}=0.6664\times10^{-2}$，分别运行方程组（4.11）的求解程序，根据模拟调节的计算结果，将制定的调节方案列入表4.6中。

理想工况 **表4.5**

管段编号	流量 G_l (m^3/h)	压降 ΔH_l (mH_2O)	阻力系数 S_l ($mH_2O/(m^3/h)^2$)
1	100	40	0.4000×10^{-2}
2	100	30	0.3000×10^{-2}
3	100	20	0.2000×10^{-2}
4	100	10	0.1000×10^{-2}
5	400	5	0.3125×10^{-4}
6	300	5	0.5556×10^{-4}
7	200	5	0.1250×10^{-3}
8	100	5	0.5000×10^{-3}
9	100	5	0.5000×10^{-3}
10	200	5	0.1250×10^{-3}
11	300	5	0.5556×10^{-4}
12	400	5	0.3125×10^{-4}

（4）现场实施调节方案，按表4.6的调节方案，依用户1，2，3，4的顺序逐个调节。在调节用户1的调节阀门时，由于 $S_1=0.4000\times10^{-2}$ 大于 $S_{s1}=0.2041\times10^{-2}$，调节阀应逐渐关小，同时要监测用户1的流量，当过渡流量 $G_1=101.956m^3/h$ 时，即可判断用户1的阻力系数已由实际值达到了理想值。以此类推，调节用户2（关小调节阀）、用户3（开大调节阀），当过渡流量分别达到 $G_2=107.960m^3/h$、$G_3=104.472m^3/h$ 时，用户2，3即调到了理想阻力系数值。当用户4按要求调好后（开大调节阀），所有热用户运行流量皆为 $100m^3/h$，达到了理想流量。至此，初调节任务全部完成。

由模拟分析法的操作步骤可以看出，它具有如下优点：

（1）准确：由于所建立的数学模型从供热系统的整体出发考虑了调节过程各热用户的相互影响，因此能真实反映实际的运行情况，比其他调节方法更准确。

调节方案 **表4.6**

管段编号		1	2	3	4	5	6
起始工况（实际工况）	$S(mH_2O/(m^3/h)^2)$	0.2041×10^{-2}	0.2256×10^{-2}	0.4311×10^{-2}	0.6664×10^{-2}	0.3125×10^{-4}	0.5556×10^{-4}
	$G(m^3/h)$	140	120	80	60	400	260
	$\Delta H(mH_2O)$	40.000	32.489	27.589	23.989	5.000	3.756
调节用户1	$S(mH_2O/(m^3/h)^2)$	0.4000×10^{-2}	0.2256×10^{-2}	0.4311×10^{-2}	0.6664×10^{-2}	0.3125×10^{-4}	0.5556×10^{-4}
	$G(m^3/h)$	101.956	122.352	81.563	61.172	367.420	265.086
	$\Delta H(mH_2O)$	41.580	33.772	28.679	24.937	4.210	3.904
调节用户2	$S(mH_2O/(m^3/h)^2)$	0.4000×10^{-2}	0.3000×10^{-2}	0.4311×10^{-2}	0.6664×10^{-2}	0.3125×10^{-4}	0.5556×10^{-4}
	$G(m^3/h)$	102.578	107.960	82.992	62.244	355.774	253.195
	$\Delta H(mH_2O)$	42.089	34.966	29.693	25.818	3.955	3.562
调节用户3	$S(mH_2O/(m^3/h)^2)$	0.4000×10^{-2}	0.3000×10^{-2}	0.2000×10^{-2}	0.6664×10^{-2}	0.3125×10^{-4}	0.5556×10^{-4}
	$G(m^3/h)$	101.421	104.472	112.859	57.653	376.406	274.985
	$\Delta H(mH_2O)$	41.145	32.743	25.474	22.151	4.428	4.201

续表

管段编号		7	8	9	10	11	12
调节用户4	$S(mH_2O/(m^3/h)^2)$	0.4000×10^{-2}	0.3000×10^{-2}	0.2000×10^{-2}	0.1000×10^{-2}	0.3125×10^{-4}	0.5556×10^{-4}
	$G(m^3/h)$	100.000	100.000	100.000	100.000	400.000	300.000
	$\Delta H(mH_2O)$	40.000	30.000	20.000	10.000	5.000	5.000
起始工况（实际工况）	$S(mH_2O/(m^3/h)^2)$	0.1250×10^{-3}	0.5000×10^{-3}	0.5000×10^{-3}	0.1250×10^{-3}	0.5556×10^{-4}	0.3125×10^{-4}
	$G(m^3/h)$	140	60	60	140	260	400
	$\Delta H(mH_2O)$	2.450	1.800	1.800	2.450	3.756	5.000
调节用户1	$S(mH_2O/(m^3/h)^2)$	0.1250×10^{-3}	0.5000×10^{-3}	0.5000×10^{-3}	0.1250×10^{-3}	0.5556×10^{-4}	0.3125×10^{-4}
	$G(m^3/h)$	142.735	61.172	61.172	142.735	265.086	367.042
	$\Delta H(mH_2O)$	2.547	1.871	1.871	2.547	3.904	4.210
调节用户2	$S(mH_2O/(m^3/h)^2)$	0.1250×10^{-3}	0.5000×10^{-3}	0.5000×10^{-3}	0.1250×10^{-3}	0.5556×10^{-4}	0.3125×10^{-4}
	$G(m^3/h)$	145.236	62.244	62.244	145.236	253.195	355.74
	$\Delta H(mH_2O)$	2.637	1.937	1.937	2.637	3.562	3.955
调节用户3	$S(mH_2O/(m^3/h)^2)$	0.1250×10^{-3}	0.5000×10^{-3}	0.5000×10^{-3}	0.1250×10^{-3}	0.5556×10^{-4}	0.3125×10^{-4}
	$G(m^3/h)$	170.513	57.653	57.653	170.513	274.985	376.406
	$\Delta H(mH_2O)$	3.634	1.662	1.662	3.634	4.201	4.428
调节用户4	$S(mH_2O/(m^3/h)^2)$	0.1250×10^{-3}	0.5000×10^{-3}	0.5000×10^{-3}	0.1250×10^{-3}	0.5556×10^{-4}	0.3125×10^{-4}
	$G(m^3/h)$	200.000	100.000	100.000	200.000	300.000	400.000
	$\Delta H(mH_2O)$	5.000	5.000	5.000	5.000	5.000	5.000

（2）快速：大量的计算工作由计算机完成，大大节约了时间。实际水力工况的测取和调节方案的实现由于是一次性操作，所以比前述的调节方法快得多。

（3）节省人力：一般说，采用这种方法进行初调节，不论供热系统大小，只需要一组共2～3人操作即可，不需要组与组之间的远距离报话通讯，因此比补偿法、比例法节省人力。

（4）用途广泛：首先对量测仪表有较强的适应性，既可以与平衡阀（或调配阀）、智能仪表配套使用，也可以利用超声波流量计配合普通的调节阀（本身不能测流量）。其次是不论热态、冷态，在任何运行工况下都能实施调节；特别是在多热源共网的供热系统中，更能有效地制定理想运行方案，实现尖峰热源、中间泵站切换。

4.1.7 模拟阻力法（CCR法）

模拟分析法经过几年调节实践，除证明上述优点外，也还存在一些不足：首先每个用户调节阀流量需测量二次（实际工况测试和现场调节测试），有一定的工作量；其次是计算机程序软件非专业人员不易掌握。

在总结初调节经验的基础上，清华大学热能系于1989年又提出了模拟阻力法或称CCR法的初调节方法。

该方法的基本原理是在现场测试管网的实际阻力系数，由计算机直接计算出待调用户的理想阻力系数和相应调配阀的理想开度，然后在现场直接把调配阀调到理想开度。由于该方法是通过计算机直接计算管网阻力，并直接调节阀门阻力（开度）来实现初调节的，因此称为模拟阻力法。由于这种方法的调节步骤是：先采集管网实际运行参数(collection)，再通过计算机计算管网的实际阻力与理想阻力（calculation)，然后实施现场调整（requlation)，故又称“CCR”法。为配合这一方法，已研制出专用调节阀——调配阀和智能仪表以及专用计算机软件。

这种调节方法的特点是：使用调配阀和智能仪表在现场进行管网实际测量；将现场测量的流量、压降数据贮存在智能仪表中，通过与计算机联机，可直接处理、计算现场测量数据，给出调节方案；计算软件可实现人机对话，调节运行人员可按照计算机屏幕提示，绘制待调供热系统图和运行计算，一般专业技术人员即可掌握；根据调配阀上显示的开度，直接调节到理想开度，无调节顺序的要求。基于上述特点，该调节方法具有简单、方便、准确、省力和便于推广等优点。

1. 调节步骤

调节过程基本上分三个步骤：首先测出被调供热系统各热用户的流量和压降，算出系统的阻力系数；再根据各用户要求的理想流量，计算各待调用户处调配阀的理想开度；最后根据计算结果，一次将待调的调配阀调节到理想开度，使供热系统达到理想流量分配。

(1) 实际工况的测量计算

为实施该调节方法，一般在用户入口处的回水管上（有时装在供水管上）装一个调配阀，在该调配阀的阀芯前、后和供水管上（或回水管上）装有三个压力测孔，用橡皮管分别与智能仪表连接，即可测出相应压力（或压差）和流量。图4.6为待测管网示意图，该供热系统共有3个热用户，调配阀装在用户热入口回水管上。某用户热入口测出的供水压力为p_{i1}，调配阀芯前、后测压孔测出的压力p_{i2}、p_{i3}，分别为用户回水压力和调配阀后压力。某个热用户与供热系统供、回水干管分支节点的压力分别表示为p_i和p_i'。

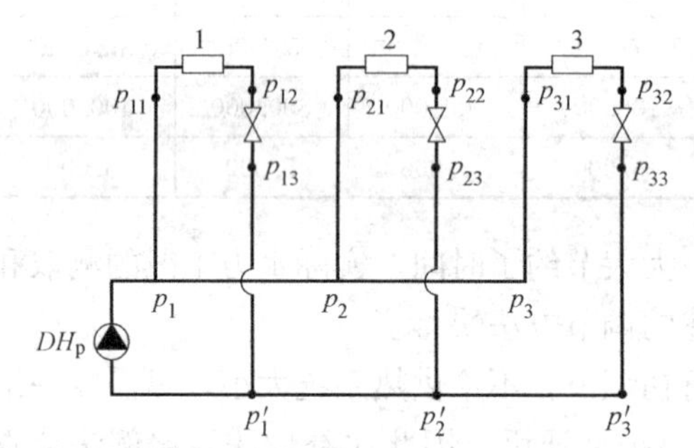

图4.6　供热系统测量示意图

在现场测量时，一般只测量p_{i1}，p_{i2}和p_{i3}三个数据。当用户热入口与干管分支点距离较短时，可近似认为$p_i \approx p_{i1}$，$p_i' \approx p_{i3}$；当距离较长时，这种近似就会造成较大误差。为了准确计算供热系统实际工况的阻力系数，可以通过p_{i1}，p_{i2}和p_{i3}的测量间接计算出p_i和p_i'。具体测量方法是在每个热用户入口处，在调配阀两个不同开度下测出相应的p_{i1}，p_{i2}，p_{i3}值以及流量值，设第一次开度下的测量值记为$p_{i1,1}$，$p_{i2,1}$和$p_{i3,1}$，第二次开度下的测量值记为$p_{i1,2}$，$p_{i2,2}$和$p_{i3,2}$。根据(4.11)联立方程的原理，可以建立5个独立的方程：

$$\begin{cases} S_{01}(G_{1,1}+G_{2,1}+G_{3,1})^2+(S_{10}+\Delta S_{1,1})(G_{1,1})^2-DH_{\mathrm{p},1}=0 \\ (S_{20}+\Delta S_{2,1})(G_{2,1})^2+S_{12}(G_{2,1}+G_{3,1})^2-(S_{10}+\Delta S_{1,1})(G_{1,1})^2=0 \\ (S_{30}+\Delta S_{3,1})(G_{3,1})^2-(S_{20}+\Delta S_{2,1})(G_{2,1})^2=0 \\ S_{01}(G_{1,2}+G_{2,2}+G_{3,2})^2+(S_{10}+\Delta S_{2,2})(G_{1,2})^2-DH_{\mathrm{p},2}=0 \\ (S_{20}+\Delta S_{2,2})(G_{2,2})^2+S_{12}(G_{2,2}+G_{3,2})^2-(S_{10}+\Delta S_{1,2})(G_{1,2})^2=0 \end{cases} \tag{4.13}$$

式中　S_{01}，S_{12}——分别为热源至1用户，1用户至2用户之间供、回水干管阻力系数之和；

ΔS_i——各热用户进、出口间系统（包括调配阀）阻力系数；

S_{i0}——各热用户入口至系统干线的支线阻力系数；

G_i——各热用户流量。

根据$p_{i1,1}$，$p_{i2,1}$，$p_{i3,1}$和$p_{i1,2}$，$p_{i2,2}$，$p_{i3,2}$的测量值，可计算出$\Delta S_{i,1}$，$\Delta S_{i,2}$；$G_{i,1}$，$G_{i,2}$和$DH_{p,1}$，$DH_{p,2}$也可测量。这样 5 个方程即可解出 5 个未知变量S_{01}，S_{10}，S_{20}，S_{30}和S_{12}。若视供回水干线、支线的管径、长度对应相等，则解出上述方程组后，即可求出该供热系统的各管段的阻力系数。

这种供热系统的阻力特性确定方法，可以适用于热用户为任何数量的树枝状供热系统。若设供热系统管段数为M，节点数为N，则可建立的独立方程组的数目$k=2(M-N+1)-1$（可严格进行数学证明）。即只要取得各调配阀在两个开度下的压力、流量测量值，就可计算求得供热系统的实际工况。

这种方法的最大优点是只需测量各节点的表压值（即压力表测量值），不必测量各测量节点的位置高度。这是因为方程组是根据基尔霍夫回路压降定律建立的，在此方程中，各节点静压（由位置高度决定）相互抵消，因此可不必考虑位置高度的影响。这就大大减轻了现场测量工作量，既节省人力，又可提高调节精度，优点是很明显的。

（2）调节方案的确定

在管网各管段实际阻力系数确定后，根据各用户实际热负荷的大小，将各热用户的理想流量（确定方法同模拟分析法）输入计算机。由根据线性规划理论编制的计算软件可直接算出调节方案。该调节方案的内容包括：当管网可调时，给出各用户调配阀的理想调节开度（或圈数）；当管网不可调时，给出需要更换管径（加大管径）的管段编号数、要求管径以及相应调配阀的理想开度（圈数）。此即为初调节的调节方案。

（3）现场调整

根据计算机确定的调节方案，在现场对各调配阀进行调节，将其实际开度（圈数）调至理想开度（圈数）。调节完毕后，管网各用户流量即达理想流量。如调配阀装有锁紧装置，则完成调节后应将锁紧装置锁好，以防开度变动而改变管网的流量分配。当需要检修、开关调配阀时，待检修完毕，按调配阀上的开度显示重新恢复到理想开度，再次锁紧。由于在计算调节方案时，已把调配阀的理想阻力系数换算为开度或圈数（事先已把调配阀特性输入计算机），因此，在调节过程中，无需通过流量（或压力）来间接判断调配阀阻力系数的大小。这样做，既避免了对调节顺序的要求，也大大简化了调节工序。

2. 专用仪表、设备

为配合该调节方法，研制了专用阀门——调配阀（详见本章 4.3 节）和用于数据采集的智能仪表。

智能仪表是由 8031 芯片及其他外围芯片构成的单片计算机。配有一台 0～0.6MPa 量程、精度±0.5%的压力传感器和相应的变送器以及液晶显示、按键、电池等。

该智能仪表在测量现场与待测调配阀的两个测压孔用橡皮管直接连接，通过按键输入调配阀的编号、口径和开度（圈数），仪表即自动测出压力值，并按预先贮存在仪表中的调配阀特性曲线和计算公式，自动算出通过调配阀的流量、阻力系数，测量数据在显示器上显示的同时，贮存在仪表中。

该仪表可以采集、贮存 120 个管段的参数，由于使用高容量 1 号电池，这些数据可以在仪表中保存两周以上时间而不丢失。仪表还装有标准的RS232串行接口，可以与IBM-PC机或其兼容机连接，将数据从智能仪表中传输至PC机进行贮存、分析和计算。

由于压力传感器的输出信号（模拟量）经变送器转换为数字量信号由单片机接收，因此无转换误差。压力测量精度为±0.5%，调配阀开度读数误差为±0.5%，这样随着开度的不同，所测流量及阻力系数误差保持在±3%～10%范围内，可以满足工程要求。

3. 分析、计算软件

开发的分析、计算软件由PROLOG与FORTRAN两种计算语言混合编写，可在DOS操作系统支持下在PC计算机上运行。为了使一般的热网运行维护人员能够使用，这个软件设计了比较方便的用户接口，从而通过人机对话的方式即可完成全部数据的输入、绘图和计算工作。

启动该计算软件后，计算机屏幕出现如下菜单：

1. 管网系统结构输入；
2. 读取智能仪表现场测量数据；
3. 调节方案计算；
4. 退出。

选择1后，即进入管网系统结构输入状态。工作人员根据屏幕上的提示，按照待调供热系统的实际情况将其管网结构图绘出。之后，计算机对管网结构图进行分析，自动对结构图进行节点和管段编号，同时逐项向工作人员提问，索取各管段长度、管径、各用户建筑面积、热负荷以及节点标高等。

输入的管网结构将生成数据文件，贮存在计算机中，可以在任何时候取出，进行删改和扩充。

选择2，读取智能仪表现场数据。此时计算机提示出怎样将智能仪表与PC机连接，如何操作智能仪表。按指示进行相应操作后，全部采集来的数据即被读入计算机，并以数据文件的形式贮存。

上述步骤完成后，选择3即开始方案计算。计算完毕，以表格形式输出调节方案：表明各用户调配阀应有的理想开度。根据给出的调节方案，即可在现场按任意顺序把调配阀调到要求开度（监视调配阀上的开度显示）。

4.1.8　温度调节法

由第3章第3.4节已知供热系统供、回水平均温度可由式（3.42）表示为：

$$t_{\mathrm{p}}=\frac{t_{\mathrm{g}}+t_{\mathrm{h}}}{2}=t_{\mathrm{n}}+\frac{1}{2}(t_{\mathrm{g}}'+t_{\mathrm{h}}'-2t_{\mathrm{n}}')\left(\frac{t_{\mathrm{n}}-t_{\mathrm{w}}}{t_{\mathrm{n}}'-t_{\mathrm{w}}'}\right)^{1/(1+B)}$$

对于同一供热系统，当室内散热器选择完全按设计条件进行时，上式等号右端的第二项在同一室外温度t_{w}下，可视为t_{n}的函数，即

$$t_{\mathrm{p}}=\frac{t_{\mathrm{g}}+t_{\mathrm{h}}}{2}=t_{\mathrm{n}}+f(t_{\mathrm{n}})$$

从该式可以看出：供热房间的室内温度t_{n}与供热系统的供、回水平均温度t_{p}存在简单的对应关系，当室内温度相等时，其供、回水平均温度必相等。当供热系统采用直接连接，并忽略供热管道沿途温降的差别，即各热用户入口供水温度t_{g}相同的情况下，回水温度t_{h}与t_{n}有t_{p}与t_{n}的相同关系。这样衡量初调节的效果如何，即考察各热用户室内温

度是否均匀的问题，完全可以通过对平均温度、回水温度的判断来实现。因为在供热系统中，t_p 或 t_h 的测量远比 t_n 的测量容易得多。温度调节法就是通过对各热用户流量的调节，使各热用户的供、回水平均温度或回水温度达到一致，从而实现各热用户室内温度彼此均匀的目的。

一般情况下，当供热系统为直接连接时，宜采用回水温度调节法，可以减少温度测量的数量。在间接连接的供热系统中，一级管网也可采用回水温度调节法；对于二级管网，由于供水温度难以完全一致，宜采用供、回水平均温度调节法。

在采用温度调节法时，如何选取基准的平均温度或回水温度，是十分重要的。当热源总供热量等于、大于热用户总需热量时，热源应按温度调节曲线（稳态或动态）运行，此时，在温度调节曲线中与室外温度相对应的供、回水平均温度或回水温度，即为调节的基准温度。调节的目的，就是把各热用户的平均温度或回水温度调节到该基准温度。当热源总供热量小于用户总需热量时，各用户的供、回水平均温度或回水温度其平均值不可能达到上述基准温度，这时可粗略地把热源的总供、回水平均温度或总回水温度作为基准温度。应当指出：在供热系统失调时，热源总供、回水平均温度或总回水温度比热网流量调匀时高，因此，在流量调节过程中，热源总供、回水平均温度或总回水温度将有下降趋势。这样，要达到满意的调节效果，就需要进行多次反复调节。

温度调节法的最大优点是调节过程测量参数单一，只有温度一种类型参数，不必进行流量、压力的测量。这是因为室内温度只与供、回水平均温度有关，而与流量大小无关所致。因此只需较少的测试仪表，调节费用相对也比较少。

但温度调节法也有明显的缺陷：由于供热系统有较大的热惯性，温度变化明显滞后。当系统流量调节后，系统温度变化缓慢，有时一小时甚至几小时后，温度才能稳定在一个新的工况下。因此，温度的测量常常是过渡数值，不能真实反映调节的实际效果。供热系统越大，这种缺陷越明显。为克服上述缺点，常常需要系统稳定后再测试，这就拖长了调节时间，使这种调节方法又增添了新的不足。

随着信息技术的发展，回水温度、平均温度的测量、显示都变得异常简单方便，工作人员不必到现场即可容易获取有关数据，因此，原来认为温度调节法存在的缺点，可能反而变成了优点。从目前的实际工程经验来看，采用温度调节法的人愈来愈多，就是明显的证明。

温度调节法的另一局限性，是受到了供热系统不同连接方式的限制。由于散热器供热方式与辐射板供热方式，其供水温度与回水温度均不同，因此在选择调节方式时，一定要进行具体分析。

4.1.9 自力式调节法

这种方法的主要特点是依靠自力式调节阀，自动进行流量的调节控制。有两种自力式流量调节阀分别称为散热器恒温调节阀和限流阀。

（1）散热器恒温调节阀，其阀体上部囊箱中装有受热蒸发的液体。该调节阀一般装在房间散热器的入口一侧，当室温 t_n 超过设计要求时，囊箱中的液体受热蒸发，囊箱压力增高，顶压阀杆带动阀芯关小，流量自动减小，达到室内降温的目的。反之亦然。

这种散热器恒温调节阀小巧、美观，不靠任何外来能耗，即能自动调节流量，而且室内要求温度可以人为设定，比较简便、省力。但存在如下缺点：

1）初投资较贵。

2）原有室内供暖系统要做较大技术改造。我国现有室内供暖系统有相当比例为单管顺流式系统，为适应散热器恒温调节阀的安装、使用，均应改造为双管系统、单管跨越式系统或水平跨越式系统，因此有相当难度。

3）当热源供热量不足时，会出现互相抢水现象，甚至使每个散热器恒温调节阀都开到最大，形成新的冷热不均的失调现象。基于这一原因，国外通常将散热器恒温调节阀与供热系统的其他自动控制装置相结合，配套使用。

（2）限流阀实质上是一种压差调节阀。它的功能是限制通过其上的流量不能超过给定的最大值。当流量超过给定最大值时，其阀前、阀后的压差增大，超过膜盒给定的压差值，促使阀芯关小，达到限流作用。

根据供热系统的热用户的设计流量（或理想流量），在用户热入口处选择安装适当口径的限流阀，即可自动将热用户流量限制在要求的范围内。这种限流阀对于控制热源近端用户流量有明显效果。我国北京地区已引进国外这种限流阀，对于消除供热系统冷热不均现象有立竿见影的作用。采用限流阀调节流量，主要工作量是逐个锁定限流阀的流量限定值，无需对限流阀进行手工调节，因此简单易行。

采用限流阀调节流量，存在的主要问题是：

1）成本较贵。国外进口限流阀每台在万元以上，国内的仿制产品，每台也在几千元以上。就我国目前的财力情况，较难承受。现在，国内有的厂家正在研制结构简单的限流阀，如单台价格能控制在千元以下，其推广使用的前景是可观的。

2）不适宜在变流量供热系统中使用。当供热系统总流量减少时，各用户要求的限定流量也相应减少。但限流阀的给定流量是通过手工操作进行的，因而不能跟着总流量的变动频繁变动。在这种情况下，限流阀为维持原有的限定流量，阀芯将有开大的趋势，结果失去调节作用，重新发生冷热不均现象。对于供热规模较大的系统，为了节省运行能耗，宜积极推广“质、量并调”的运行调节方法。在这种情况下，采用限流阀就不如采用平衡阀或调配阀更为有利。

4.1.10　简易快速法

通过上述各种初调节方法的介绍，我们可以有信心地说，由于近些年来，国内外同行、专家的共同努力，各种行之有效的初调节方法的提出、实践，供热系统冷热不均的现象正在得到改善。但由于我国幅员广大，各供热单位的条件千差万别，目前还难以提出一种最优调节方法，能最理想地覆盖各种供热系统。一些简单、方便的调节方法，往往又初投资较高；一些准确、可靠的调节方法常常又要计算机配合。这会使得财力有限、技术力量薄弱的单位望而却步。

为了适应量大面广的小区供热系统初调节的需要，本书作者在模拟分析法、模拟阻力法长期实践的基础上提出简单易行的简易快速调节法。

从大量的调节实践中注意到：对于供热面积在10万m^2左右的供热系统中，调节过程中的过渡流量（参见表4.6）一般在其理想流量值的±20%的范围内变动。当开大某一用户的调节阀时，其他用户流量减小；当关小某一用户的调节阀时，其他用户流量呈增大趋势。因此，当用户调节阀在调节过程中皆采取开大阀门的操作手段，则为了使各用户最终调为理想流量，那么，先调用户其过渡流量必须大于理想流量；愈先调节的用户，其偏差值愈大。当用户调节阀为关小趋势时，已调用户流量应小于理想值。

在通常情况下，未进行过初调节的供热系统，其用户阀门都处于全开位置，因此初调节应在关小阀门的过程中进行。

简易快速调节法的基本步骤如下：

(1) 测量供热系统总流量，改变循环水泵运行台数或调节系统供、回水总阀门，使系统总过渡流量控制在总理想流量的120%左右。

(2) 以热源为准，由近及远，逐个调节各支线、各用户。最近的支线、用户，将其过渡流量调到理想流量的80%～85%左右；较近的支线、用户，过渡流量应为理想流量的85%～90%左右；较远的支线、用户，过渡流量是理想流量的90%～95%左右；最远支线、用户，过渡流量按理想流量的95%～100%调节。

(3) 当供热系统支线较多时，应在支线母管上安装调节阀。此时，仍按由近及远的原则，先调支线再调各支线的用户。过渡流量的确定方法同上。

(4) 在调节过程中，如遇某支线或某用户在调节阀全开时仍未达到要求的过渡流量，此时跳过该支线或该用户，按既定顺序继续调节。等最后用户调节完毕后再复查该支线或该用户的运行流量。若与理想流量偏差超过20%时，应检查、排除有关故障。

使用该方法时，可安装各种类型的调节阀（包括平衡阀、调配阀）。流量测量应根据实际条件，选用超声波流量计或智能仪表。

采用该调节方法，供热量的最大误差不超过10%；平均室温最低可达16℃以上。采用简易快速法，笔者团队曾对一个十几万建筑面积的公共建筑进行了初调节。该建筑既有供暖系统，也有空调系统，还有冷却水系统，待调的调节阀有上千个。调节效果良好，曾在《暖通空调》杂志作过介绍。

4.2　决定初调节的影响因素

采用上述各种初调节方法，有时还不能达到理想水力平衡的目的。这是因为尚有各种影响因素制约着初调节的实施质量。诸如循环水泵的输送功能亦即最大调节流量的制约；供热系统水力稳定性的影响以及系统故障的存在等，这些制约因素的排除，是实现理想初调节的重要环节。

4.2.1　最大调节流量的确定

供热系统进行初调节，实现某种比例的流量平衡是有条件的，不是任意随性的。这主要取决于循环水泵的最大输送能力，亦即供热系统的最大调节流量。如果初调节，是在大于最大调节流量下进行，那么这种水力平衡是难以实现的。特别是在大流量小温差的运行下进行初调节，往往超过了最大调节流量的限制，而操作人员并不知情，以致倍感辛劳，结果达不到预期的调节目的。因此，正确的初调节方法应该是，首先确定系统的最大调节流量，然后在最大调节流量的范围内实施初调节，才能事半功倍。

电子学特兰根定理指出：任何网络，各支路所耗功率之和等于系统的总能耗。供热系统作为流体网络，自然也适应于特兰根定理。也就是说，供热系统各支路的输配能耗之和一定等于系统的总能耗。以此理论为基础，供热系统的最大调节流量就很容易确定：

$$\frac{1}{367}\sum_{i=1}^{n}G_i\Delta H_i \leqslant \sum_{j=1}^{m}N_j \quad (\mathrm{kW}) \tag{4.14}$$

式中　G_i、ΔH_i——供热系统 i 支路的流量、压降，m^3/h、mH_2O；

N_j——供热系统 j 循环泵装机功率，kW；

n——供热系统由 n 个支路组成；

m——供热系统由 m 个循环水泵组成，当只有热源处有循环泵时，$m=1$。

当公式（4.14）成立，则此时的系统总循环流量即为最大调节流量。若公式（4.14）中左端数值大于右端数值，则说明初调节是在大于最大调节流量下进行。由于这种流量的平衡比例超出了循环水泵所能提供的输送功能，因而无法实现。

仍以图4.5的实例进行分析，原供热系统虽存在水力失调现象（设计工况，四个热用户设计流量皆为$100m^3/h$，实际运行，$G_{s1}=140m^3/h$，$G_{s2}=120m^3/h$，$G_{s3}=80m^3/h$，$G_{s4}=60m^3/h$），但循环水泵仍按原设计运行，未换大水泵。采用模拟分析法进行初调节，很顺利实现了设计工况的要求。利用公式（4.14）检验，等式两边皆为54.5kW，说明初调节是在最大调节流量$400m^3/h$下进行的，此时流量平衡比例是在循环水泵的装机功率下实现的。今若实行小泵换大泵，以消除冷热不均现象，将循环泵换为$600m^3/h$流量，扬程$75mH_2O$，即将循环流量提高1.5倍，与此相应，各热用户的设计流量也提高1.5倍。以此条件为准进行初调节。校验公式（4.14），结果等式左边为184.4kW，等式右边为122.6kW，显然在上述流量比例下进行初调节，实际要求的输配动力远大于循环水泵电机所提供的装机动力，因此是不可能实现的。进一步考察，当调节流量按$525m^3/h$进行调节时，公式（4.14）两端的数值分别为122.6kW和123.1kW，说明该供热系统的最大调节流量是$525m^3/h$，凡初调节流量大于此值，都将不可能成功。表4.7给出了计算结果。

最大调节流量计算　　　　**表4.7**

管段编号	水力失调度 x	流量 G_i (m^3/h)	压降 $\Delta H(mH_2O)$	$\frac{1}{367}\sum_{i=1}^{12}G_i\Delta H_i$ (kW)	$\sum_{j=1}^{1}N_j$ (kW)
1	1.5	150	90	184.4	122.6
2	1.5	150	73.1		
3	1.5	150	62.1		
4	1.5	150	54.0		
5	1.5	600	11.3		
6	1.5	450	8.6		
7	1.5	300	5.5		
8	1.5	150	4.1		
9	1.5	150	4.1		
10	1.5	300	5.5		
11	1.5	450	8.6		
12	1.5	600	11.3		

续表

管段编号	水力失调度 x	流量 G_i (m^3/h)	压降 $\Delta H(mH_2O)$	$\frac{1}{367}\sum_{i=1}^{12}G_i\Delta H_i$ (kW)	$\sum_{j=1}^{1}N_j$ (kW)
1	1.31	131	68.8	123.1	122.6
2	1.31	131	55.9		
3	1.31	131	47.5		
4	1.31	131	41.3		
5	1.31	525	8.6		
6	1.31	393	6.5		
7	1.31	262	4.3		
8	1.31	131	3.1		
9	1.31	131	3.1		
10	1.31	262	4.3		
11	1.31	393	6.5		
12	1.31	525	8.6		

4.2.2 水力稳定性对调节性能的影响

供热系统的调节性能与其水力稳定性好坏有密切关系，有时流量调节达不到预期目的，常常因为系统水力稳定性不好所致。

1. 水力稳定性概念

所谓水力稳定性就是指网路中各个热用户在其他热用户流量调节时保持该用户流量不变的能力。

通常用热用户的规定流量 G_g 和工况变动后该用户可能达到的最大流量 G_{zd} 的比值 y 即水力稳定性系数来衡量供热系统的水力稳定性。即

$$y=\frac{G_g}{G_{zd}}=\frac{1}{x_{zd}} \tag{4.15}$$

由式（4.15）可知，供热系统的水力稳定系数 y 即为系统最大失调度 x_{zd} 的倒数。由定义可知，当 $y=1$，亦即 $G_{zd}=G_g$ 或 $x_{zd}=1$ 时系统水力稳定性最好，因为对于这种系统，不管其他热用户的流量如何调节，未调热用户流量始终不变，保证其规定流量值。

热用户的规定流量按下式计算

$$G_g=\sqrt{\Delta H_y/S_y} \tag{4.16}$$

式中 ΔH_y——热用户在正常工况下的作用压降；

S_y——热用户系统及热入口阻力系数。

一个热用户可能出现的最大流量将发生在其他用户全部关断时。这时，供热系统干管中的流量很小，阻力损失接近于零；因而热源出口的作用压降可认为全部作用在该用户上，由此可得：

$$G_{zd}=\sqrt{\Delta H_r/S_y} \tag{4.17}$$

式中 ΔH_r——热源出口的作用压降。

ΔH_r 可以近似地认为等于供热系统正常工况下干管阻力损失 ΔH_w 和该用户正常工况下阻力损失 ΔH_y 之和，亦即

$$\Delta H_r=\Delta H_w+\Delta H_y$$

因此，该用户可能的最大流量计算式可以改写为：

$$G_{zd}=\sqrt{\frac{\Delta H_w+\Delta H_y}{S_y}} \tag{4.18}$$

于是，热用户的水力稳定性即为

$$y=\frac{G_g}{G_{zd}}=\sqrt{\frac{\Delta H_y}{\Delta H_w+\Delta H_y}}=\sqrt{\frac{1}{1+\dfrac{\Delta H_w}{\Delta H_y}}} \tag{4.19}$$

或

$$x_{zd}=\sqrt{1+\frac{\Delta H_w}{\Delta H_y}} \tag{4.20}$$

由式（4.19）可见，水力稳定性系数 y 的极限值为1和0。在 $\Delta H_w=0$ 时，（理论上，供热系统干管直径为无限大），或 $\Delta H_y=\infty$时，$y=1$，此时系统水力稳定性最好，这就意味着：系统中任何热用户的流量调节，都不会引起其他未调用户流量的变化。

当 $\Delta H_y=0$ 或 $\Delta H_w=\infty$（理论上，用户系统管径无限大或系统干管管径无限小）时，$y=0$。此时 $x_{zd}=\infty$，系统水力稳定性最差。系统任一用户流量的调节都会引起其他未调用户流量的极大变化。

实际上供热系统的管径既不可能无限大，也不可能无限小，因此 y 总在0，1之间变动，但无疑，系统干管管径愈大，用户系统管径愈小或阻力愈大，则系统水力稳定性愈好。

2. 水力稳定性对异程系统的影响

若有供热系统，热用户由近及远分别编号为1、2、3、4、5。表4.8给出系统结构不同的条件下，当 $\Delta H_w/\Delta H_y$ 比值不同时，热用户最大失调度 x_{zd}（其他用户全关死时）以及3用户关闭时，其他用户的失调情况。

异程系统失调计算 **表4.8**

系统名称		1				2			
系统参数		$\Delta H_w/\Delta H_y$	G_g(t/h)	x	x_{zd}	$\Delta H_w/\Delta H_y$	G_g(t/h)	x	x_{zd}
用户名称	1	0.2	100	1.02	1.09	1.0	100	1.08	1.41
	2	0.5	100	1.06	1.21	1.5	100	1.12	
	3	1.0	100	0.00	1.37	2.3	100	0.00	
	4	2.0	100	1.15	1.56	4.0	100	1.20	
	5	5.0	100	1.15	1.56	9.0	100	1.20	
系统名称		3				4			
系统参数		$\Delta H_w/\Delta H_y$	G_g(t/h)	x	x_{zd}	$\Delta H_w/\Delta H_y$	G_g(t/h)	x	x_{zd}
用户名称	1	19.0	100	1.13	4.45	14.0	100	1.18	2.83
	2	24.0	100	1.17		19.0	100	1.26	
	3	32.0	100	0.00		29.0	100	0.00	
	4	49.0	100	1.27		59.0	100	1.50	
	5	99.0	100	1.27					

由表4.8可知：

(1) 无论就不同的供热系统而言（表中给出四种不同结构），还是同一系统中不同热用户而言，$\Delta H_w/\Delta H_y$ 的比值愈大，其水力失调度 x，x_{zd}愈大，即水力稳定性愈差；

(2) 对于 $\Delta H_w/\Delta H_y$ 值相近的供热系统，其热用户数愈少，水力稳定性愈差。如系统 3 与系统 4 比较，前者 $\Delta H_w/\Delta H_y$ 值大于后者，但因前者为 5 个热用户，后者为 4 个热用户，因而前者的失调度反而小于后者，亦即前者的水力稳定性比后者好。这是因为并联热用户愈多，其每个热用户对整个系统的影响愈小。

(3) 由于异程系统的特殊结构，在系统末端的热用户，可能因供、回水入口资用压头过小出现滞流现象，但永远不会产生倒流情况。

(4) 系统的水力稳定性愈差，系统的流量调节（如初调节）愈不易进行；为提高初调节的精度，热用户失调度 x 应不超过±20%，即其 $\Delta H_w/\Delta H_y<4$。

3. 水力稳定性对同程系统的影响

人们常常认为同程系统比异程系统容易实现环路的水力平衡，因此为消除或减轻水力失调现象，建议在较大的建筑物内采用同程系统。然而在大量的工程实践中反映出：同程系统也经常出现冷热不均的水平失调现象；而且多数发生在系统的中部；一旦发生，又很难用调节的手段加以消除。

事实上，同程系统的水力稳定性远不如异程系统。

(1) 同程系统水力失调的特点

为形象说明同程系统水力失调的特点，现举一实例进行具体分析。该系统为一平房室内同程供暖系统：总建筑面积 462m^2，共 8 家住户，每家有南、北、中三个卧室，厨房、厕所各一间，每户建筑面积基本相同。为上分式单管顺流系统，每一房间一根立管，回水立管翻向顶棚，供、回水干管皆敷设在顶棚下。共计 41 根立管（其中一根立管敷设在最边一侧房间的走廊里）。立、支管管径都为 20mm，供、回水干管管径为 40～20mm 之间。散热器为铸铁四柱型。房间热负荷和水力计算按常规设计方法进行（水力计算为等温降法，只作各环路压降平衡计算，未对各立管进、出口压力进行校核）。

表 4.9 给出了各单元房间与立管对应编号，图 4.7 表示该同程供暖系统示意图。根据热负荷和水力计算结果（未完整列出），对该系统水力工况进行了计算机的模拟计算，41 根立管的实际运行流量、压降与设计值对比见表 4.10。

供暖房间与立管编号　　　　**表 4.9**

单元号	立管编号					备注
	北卧室	中卧室	厕所	厨房	南卧室	
1	101	102	103	104	141	133号立管位于第8单元的过道上
2	105	106	107	108	140	
3	109	110	111	112	139	
4	113	114	115	116	138	
5	117	118	119	120	137	
6	121	122	123	124	136	
7	125	126	127	128	135	
8	129	130	131	132	134	

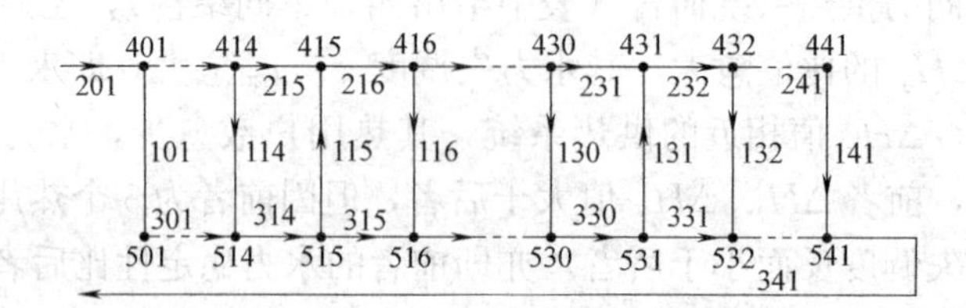

图 4.7　同程系统示意图

设计水力工况与实际水力工况对照　　表 4.10

立管编号	101	102	103	104	105	106	107
设计流量	95.2	64.0	13.6	40.5	65.2	29.2	13.6
实际流量	188	89	45	30	1	7	2
失调度	1.97	1.39	3.3	0.74	0.01	0.24	0.15
设计压降	7.13	6.36	0.38	1.52	3.6	2.29	0.38
实际压降	280	120	40	10	0.1	2.5	0.2
立管编号	108	109	110	111	112	113	114
设计流量	40.5	65.2	29.2	13.6	40.5	65.2	29.2
实际流量	16	−9	18	22	80	54	70
失调度	0.40	−0.14	0.62	1.62	1.98	0.83	2.40
设计压降	1.52	3.60	2.29	0.38	1.52	3.60	2.29
实际压降	5	−3	10	10	60	20	130
立管编号	115	116	117	118	119	120	121
设计流量	13.6	40.5	65.2	29.2	13.6	40.5	65.2
实际流量	−23	3	27	41	23	7	−51
失调度	−1.69	0.07	0.41	1.40	1.69	0.17	−0.78
设计压降	0.38	1.52	3.60	2.29	0.38	1.52	3.60
实际压降	−10	1	10	50	10	3	−20
立管编号	122	123	124	125	126	127	128
设计流量	29.2	13.6	40.5	65.2	29.2	13.6	40.5
实际流量	55	50	83	121	47	36	32
失调度	1.88	3.68	2.05	1.86	1.61	2.65	0.79
设计压降	2.29	0.38	1.54	3.60	2.29	0.38	1.54
实际压降	80	50	60	120	60	30	10
立管编号	129	130	131	132	133	134	135
设计流量	65.2	29.2	14.5	62.6	40.3	124	90.2
实际流量	26	7	−4	53	70	156	66
失调度	0.40	0.24	−0.28	0.85	1.74	1.26	0.73
设计压降	3.60	2.29	0.38	3.60	1.54	14.1	6.91
实际压降	10	2.5	−0.1	30	50	220	40

续表

立管编号	136	137	138	139	140	141	
设计流量	90.2	90.2	90.2	90.2	90.2	127.4	
实际流量	39	48	205	100	116	211	
失调度	0.43	0.53	2.27	1.11	1.29	1.66	
设计压降	6.91	6.91	6.91	6.91	6.91	14.1	
实际压降	10	20	360	90	110	390	

注：流量单元：kg/h；压降单位：Pa；失调度：实际流量/设计流量。

该供暖系统连接在外网的末端，锅炉房设计供、回水温度为95/70℃。该幢平房设计总流量为2.11t/h，在计算机模拟计算时，热入口供、回水资用压头采用10.79kPa，此时系统实际运行总流量为2.16t/h，与设计值非常接近。

从表4.10看出：该供暖系统失调度小于0.5的有14根立管，约占总立管数的35%；失调度大于1.0的有20根立管，约占50%。这就是说有35%的房间，进入散热器水流量过小，室温达不到设计要求。进一步深入分析，还会发现同程系统出现水平失调时，与异程系统有明显的不同。

① 系统中间部位，相当数量的立管出现滞流、倒流现象；有时甚至在相邻立管中，正流、倒流现象交替发生。该系统有7根立管（见表4.10，编号为105，106，107，108，116，120，130）处于滞流（流量接近于零），4根立管出现倒流（见图4.7，编号为109，115，121，131），而且间隔排列。

② 立管的滞流、倒流现象，单靠增加热入口资用压头或提高系统总流量的措施无法消除。表4.11是将资用压头从10.79kPa提高到20kPa时的计算结果，原来立管的滞流、倒流现象依然如故，立管流量按等比失调的规律变化，因此立管倒流现象更严重了。

资用压头对水力失调的影响 **表4.11**

管段编号	流量 G(kg/h)		流量比值 $G_{2.0}/G_{1.079}$
	资用压头10.79kPa	资用压头20kPa	
109	−9.0	−12.0	1.34
115	−23.0	−31.0	1.35
121	−51.0	−70.0	1.37
131	−4.0	−6.0	1.50

（2）水力失调与水力稳定性关系

在图4.7中，201～241，301～341分别表示系统供、回水干管的编号；401～441、501～541分别表示立管进、出口节点编号。表4.12给出倒流立管115、131相邻管段压降值。

设 H 为节点压力，ΔH 为管段压降，带角码"$'$"为设计流量工况，不带角码"$'$"为实际流量工况（计算机算出的真实工况），则有

$$\Delta H'_{115}=H'_{415}-H'_{515}=\Delta H'_{114}+\Delta H'_{314}-\Delta H'_{215}$$
$$=2.29+26.3-39.43=-10.84\text{mmH}_2\text{O}<0$$
$$\Delta H_{115}=\Delta H_{114}+\Delta H_{314}-\Delta H_{215}=13+27-41$$
$$=-1\text{mmH}_2\text{O}<0$$

$$\Delta H'_{131}=H'_{431}-H'_{531}=\Delta H'_{130}+\Delta H'_{330}-\Delta H'_{231}$$
$$=2.29+14.75-9.25=7.79\text{mmH}_2\text{O}>0$$
$$\Delta H_{131}=\Delta H_{130}+\Delta H_{330}-\Delta H_{231}$$
$$=0.14+12-12.15=-0.01\text{mmH}_2\text{O}<0$$

管段压降值　　**表 4.12**

管段编号	管径（mm）	管长（m）	设计流量工况		实际流量工况		失调度 x
			流量（kg/h）	压降（mmH_2O）	流量（kg/h）	压降（mmH_2O）	
114	20	12.0	29.2	2.29	70.0	13	2.40
115	20	4.5	13.6	0.38	−23.0	−1	−1.69
215	40	3.7	1504	39.43	1544	41	1.03
314	25	3.7	604.7	26.3	614.0	27	1.01
130	20	12.0	29.2	2.29	7.0	0.14	0.24
131	20	4.5	14.5	0.38	−4.0	−0.01	−0.28
231	32	1.7	910.0	9.25	1060.0	12.15	1.16
330	32	1.7	1199.0	14.75	1098.0	12	0.92
116	20	4.5	40.5	1.52	3.0	0.01	0.07
216	40	1.5	1490.4	10.6	1567.0	12	1.05
315	25	1.5	618.3	14.0	591.0	13	0.96
132	20	4.5	62.6	3.6	53.0	3	0.85
232	32	1.5	895.5	11.1	1064.0	15	1.19
331	32	1.5	1213.2	22.45	1094.0	18	0.90

对于 115 立管，无论是设计流量工况下，还是实际流量工况下，都处于倒流状态。这说明在进行水力计算时，只计算了各环路的压降平衡。如果同时对各立管的进、出口节点压力进行校核计算，就会发现这种不合理的倒流现象。立管倒流是同程系统自身结构特点引起的一种水力失调现象。参见图 4.7，由于系统起始节点压力 H_{401} 大于终了节点压力 H_{541}，因此最近端立管 101、最远端立管 141，以及所有供、回水干管都不会发生倒流；但随着供、回水干管压力的降低，如果设计考虑不周全，那么系统中部立管的进、出口节点压力就可能接近甚或倒置，常常形成中部立管的滞流或倒流。而对于异程系统，最坏的可能是末端立管滞流，但绝不会出现倒流现象（设置加压泵情况除外）。

对于 131 立管，在设计计算时未出现倒流，而在实际运行中却产生了倒流。分析表 4.12 立管 130、131 及供、回水干管 231、330 的流量变化就会发现：131 立管的上游相邻立管 130 原设计流量为 29.2kg/h，实际流量只有 7.0kg/h，失调度为 0.24，相应的压力降也由 2.29mmH$_2$O 降为 0.14mmH$_2$O；供水干管 231 流量由 910kg/h 增加到 1060kg/h，压降由 9.25mmH$_2$O 增加到 12.15mmH$_2$O；回水干管 330 的流量由 1199kg/h 减为 1098kg/h，压降由 14.75mmH$_2$O 下降为 12mmH$_2$O。因此可以说，上游相邻立管、干管的流量变化乃至压力变化是引起立管滞流、倒流的直接原因。

人们可能想象：倒流立管的下游立管应该永远是倒流的，事实不尽如此。倒流立管 115、131 的下游相邻立管 116、132 就是正向流动。观察表 4.12，就会发现立管之所以产生倒流、正流的交替进行，主要是由下述两个有趣的特点引起的：①上游立管（如 115，

131）的压降远小于相邻供、回水干管（如216，315，232，331）的压降；②相邻供水干管（216，232）的压降（在增加流量时）小于相邻回水干管（315，331）的压降（在减少流量时）。如供水干管216（管径为40mm），在流量由1490kg/h增加为1567kg/h时，压降为12mmH_2O；回水干管315（管径25mm），流量由618.3kg/h减少到591kg/h时压降为13mmH_2O，仍大于供水干管压降，所以导致116立管正向流动。供回水干管压降分布的这种特点，是由于流量、压降呈非线性关系决定的。

由上述分析可以看出：当立管压降过小时，其流量的数值大小、方向的变化主要取决于相邻供回水干管的压降变化。而立管阻力相对于干管阻力愈小，系统的稳定性愈差，这是同程系统水力失调的主要原因。

（3）同程系统的使用范围

为避免同程系统的立管出现滞流、倒流现象，应增加立管阻力（或减小管径）、减小干管阻力（增大管径），提高系统的水力稳定性，以满足以下两个水力稳定条件之一：

稳定条件1：

$$x_{zd} \leqslant \sqrt{1+\frac{\Delta H_w}{\Delta H_l}} \leqslant \sqrt{1+1}=\sqrt{2}=1.4 \tag{4.21}$$

或

$$y=\frac{1}{x_{zd}} \geqslant \frac{1}{1.4}=0.7 \tag{4.22}$$

式中 ΔH_w——系统干管总压降；

ΔH_l——系统立管压降。

稳定条件1表示各立管压降应等于、大于供水干管总压降，此时各立管的出口节点压力等于或小于干管末端节点压力。这样保证各立管不出现滞流、倒流现象是显而易见的。但当建筑物层数较少时，选取立管直径可能小于15mm，此时可采用第2个稳定条件

稳定条件2：

$$x_{zd} \leqslant \sqrt{1+\frac{\sum \Delta H_g}{\Delta H_l}} \leqslant \sqrt{1+\frac{n\Delta H_l}{\Delta H_l}} \leqslant \sqrt{1+n} \tag{4.23}$$

式中 n——供暖系统的立管数；

ΔH_g——立管下游相邻供水干管压降；

ΔH_l——立管压降。

稳定条件2表示立管压降大小等于其下游相邻供水干管压降时（因下游相邻回水干管压降始终大于0），立管保证不会出现滞流、倒流现象。稳定条件2是假设各供水干管压降皆相等的条件下求出的。不同立管数的稳定条件列入表4.13。

不同立管的稳定条件 **表4.13**

n	5	10	15	20	25	30	35	40	45	50
x_{zd}	2.50	3.32	4.0	4.58	5.10	5.57	6.00	6.40	6.78	7.14
y	0.41	0.30	0.25	0.22	0.20	0.18	0.17	0.16	0.15	0.14

根据上述稳定条件，对不同楼层数、不同立管数的单管串联同程供暖系统的使用范围列入表4.13。该表编制的前提是：楼层数$L=1\sim4$时，立、支管管径为$d_g15\times15$mm；$L=5$时，立、支管为$d_g20\times20$mm。当为平房时，立管只装一个阀门；层数为2～5时，立管上、下各装一个阀门。每组散热器热负荷为1200W。各立管环路压降差控制在10%以内。

同程供暖系统的使用范围　　表 4.14

n / L	5			10			15			20			25			30		
	ΔH_l	$n\Delta H_g+\Delta H_l$	x_{zd}	ΔH_l	$n\Delta H_g+\Delta H_l$	x_{zd}	ΔH_l	$n\Delta H_g+\Delta H_l$	x_{zd}	ΔH_l	$n\Delta H_g+\Delta H_l$	x_{zd}	ΔH_l	$n\Delta H_g+\Delta H_l$	x_{zd}	ΔH_l	$n\Delta H_g+\Delta H_l$	x_{zd}
1(闸阀)	6	43	2.68	6	164	5.23	6	434	8.5	6	549	9.57	6	704	10.83	6	1000	12.91
2(闸阀)	40	160	2.00	40	388	3.11	40	515	3.59	40	884	4.70	40	1048	5.11	40	1458	6.04
3(闸阀)	122	244	1.41	122	419	1.85	122	695	2.39	122	1041	2.92	122	1294	3.26	122	1692	3.73
4(闸阀)	267	473	1.33	267	634	1.54	267	930	1.87	267	1313	2.22	267	1509	2.38	267	1801	2.60
5(闸阀)	127	253	1.41	127	503	1.99	127	1023	2.84	127	1077	2.91	127	1454	3.38	127	2027	4.00
1(截止阀)	9	55	2.47	9	198	4.69	9	412	6.77	9	555	7.85	9	704	8.84	9	944	10.24
2(截止阀)	63	202	1.79	63	416	2.57	63	495	2.80	63	903	3.79	63	1063	4.11	63	1407	4.73

根据表 4.14 用稳定条件 1 衡量，只有三层楼以上，5 根立管以下才符合稳定条件。用稳定条件 2 衡量，对于安装闸阀系统，平房不能采用同程系统，二层楼房 20 根立管以上系统不符合稳定条件。对于安装截止阀系统，除平房 10 根立管以上系统外，皆可采用同程式系统。总之，同程供暖系统宜于在三层以上的楼房中采用。

(4) 同程系统水力失调的消除

同程系统一旦出现水力失调甚或立管发生滞流、倒流现象时，单靠加大系统热入口供、回水干管压差（即资用压头增加）或加大系统总循环流量，其消除水力失调的效果并不明显。这是因为同程系统的水力失调，实际上是一种供、回水干管的短路现象，相当数量的散热器通过流量很小，反映出的现象是系统总回水温度偏高，造成系统流量过多的假象。因此水力失调的消除应主要着眼于系统内部的调整。

但是单纯依靠各立管阀门的调节，收效也甚微，特别是建筑物楼层数愈小，调节难度愈大，再加用户的干扰，调节工作很难顺利进行。鉴于这些原因，消除同程系统水力失调宜采用室内供暖系统技术改造的办法。具体方法有：①各立管或散热器进口阀门处加装阻流圈；②将立管垂直串联，改为分楼层水平串联，以增加立管阻力；③将同程系统改为异程系统，同时适当调整供、回水干管直径。实际采用何种方法，要根据现场具体情况，以变更最少为原则。

4.2.3 系统故障的排除

按照初调节方法进行供热系统流量调节时，系统必须处于正常运行状态。事先需要对系统各设备、仪表包括热源、外网、室内系统进行全面检修。流量调节前，应按照有关操作规程，进行系统充水、排气，待系统运行正常后，方能实施初调节。

在初调节前，如发现系统发生故障，应全力进行故障诊断，待故障排除后，系统恢复正常运行，再进行初调节。

供热系统常见的故障主要是系统泄漏、系统堵塞、锅炉及热源其他设备（水泵、鼓引风机，上煤、除渣、除尘等设备）故障、仪表故障。锅炉及热源设备、仪表故障，当能在冷运状态进行初调节时，可在初调节完成后再安排检修，否则必须检修后再初调节。遇有严重的系统泄漏、系统堵塞时，必须排除故障后才能进行初调节。

有关故障的诊别、排除详见第 7 章。

4.3 调节阀及其选择计算

在供热系统的初调节和运行调节中，流量调节是十分重要的一环。实现节流式流量调节的重要设备是各种形式的调节阀。目前常用的调节阀包括平衡阀、自力式流量调节阀、差压调节阀、电动调节阀以及温控阀等。调节阀不同于关断阀（如球阀、蝶阀等），必须有一定的调节功能。为了发挥调节阀的调节功能，特别要重视调节阀的选择计算、安装、维护，否则难以达到预期的调节目的。

4.3.1 调节阀简介

1. 平衡阀

平衡阀属于手动调节阀，其基本结构如图 4.8 所示。阀芯两侧装有两个测压孔，用来测量压力、压差和流量。该阀体积小、结构紧凑、性能良好，有锁紧装置。国内外厂家皆有该产品。这种调节阀的最大特点，是能适应系统的变流量调节；缺点是需要人工操作。

2. 自力式流量调节阀

自力式流量调节阀的结构示意如图 4.9 所示。该调节阀主要由壳体 1、阀芯 2（通过拉杆 3 与压力薄膜 4 连接）、弹簧 5（带有拉紧器 6）、节流圈（或阀芯）7 和压力信号管 8 组成。为了限定阀芯 2 的升程，在压力薄膜的底部装有套管 9，当阀芯 2 开启到最大值时，它被隔板 10 阻挡。

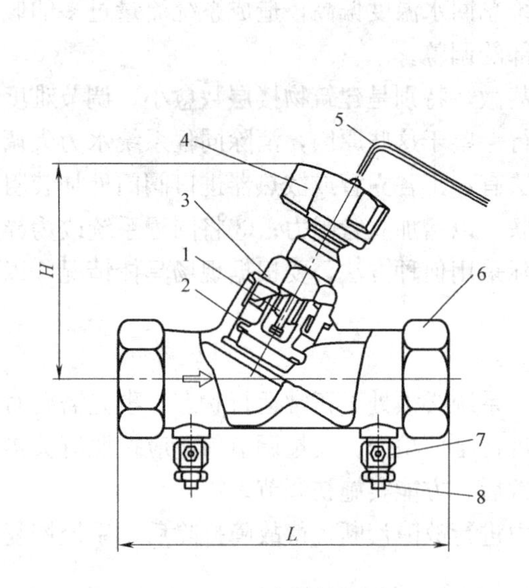

图 4.8　平衡阀结构图

1—阀杆；2—阀芯；3—定位杆；4—手轮；
5—扳手；6—阀体；7—针阀；8—针阀杆

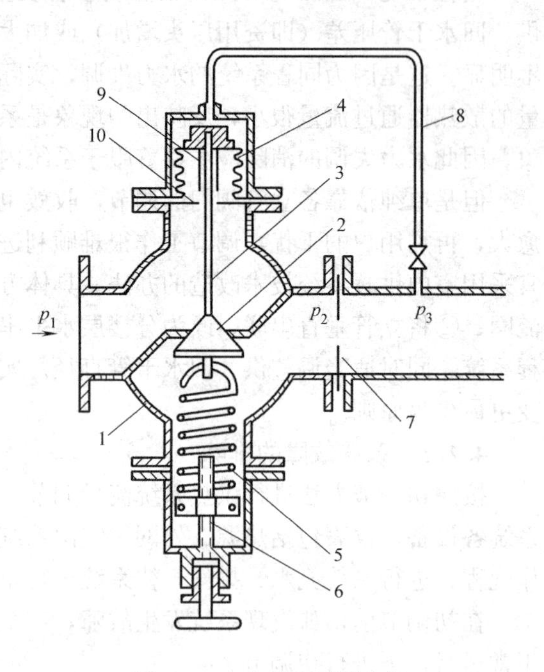

图 4.9　自力式流量调节阀

该调节阀的作用是自动将通过阀芯 7（或节流圈）的流量限定在给定值。基本原理如下：阀芯 2 之前的流体压力为 p_1，之后压力为 p_2，节流圈 7 之后流体压力为 p_3。流体压力 p_2 直接作用在阀芯 2 的下部，使其关闭。但阀芯同时有两个反作用力使其开启：一个是弹簧 5 的拉力，一个是流体压力 p_3 通过压力薄膜 4 作用于阀芯的向下推力。换句话说，阀芯 2 同时存在（p_2-p_3）压差引起的促使其关闭的向上推力，和弹簧 5 引起的使其开启的向下拉力。当这两个作用力平衡时，阀芯 2 的开度将保持不变。

当被调管段流量增加时，压差（p_2-p_3）（节流圈 7 孔径不变）将超过给定值，亦即大于弹簧 5 的拉力，阀芯 2 将关小，导致通过流量减少，直至压差（p_2-p_3）减小到与弹簧拉力重新平衡时，阀芯 2 将不再移动。假定阀芯 2 在上下移动过程中，弹簧拉力恒定，则阀芯达到新的平衡位置时，必将使（p_2-p_3）恢复至原来数值，亦即通过该调节阀的流量始终保持在给定值。

当通过被调管段的流量减小时，因（p_2-p_3）压差减少，在弹簧拉力作用下，阀芯 2 开大，直至（p_2-p_3）增加到与弹簧拉力重新平衡时，阀芯 2 不再开启，此时（p_2-p_3）压差和通过流量将恢复到给定值。

通过上述分析可以看到：该调节阀实质上是依靠阀芯 2 的调节，来维持节流圈 7（或阀芯）前后压差（p_2-p_3）始终不变，进而实现流量的恒定。因此，流量调节阀实际上也可称为压差调节阀。

在上述分析中是假定当阀芯 2 上下移动时弹簧拉力不变。实际上弹簧拉力是随着长度的变化而变化的。这样，流量和压差（p_2-p_3）的调节将产生一定的偏差，即出现一定的不均匀度。减少这种不均匀度的方法是选择适当的薄膜有效直径 d_p 和阀芯工作直径 d_f。研究表明 d_p/d_f 为 0.95～0.98 时，不均匀度趋于最小值。当比值小于上述值时，调节后的流量将大于给定值；否则，调节后流量将小于给定值。选择适当比值 d_p/d_f，目的是使薄膜有效面积小于阀芯工作面积，进而使流体压力 p_1 对阀芯产生一个向下开启的推力，当该推力恰好能和弹簧变形增加的拉力抵消时，即可消除不均匀度。

有时将自力式流量调节阀安装在热用户的入口端或出口端，以热用户本身的阻力代替节流圈，这就形成了压差式调节阀。

自力式流量调节阀和差压调节阀，其优点是不需要外接动力，即可自动进行流量调节，如用于初调节，则可节省大量人力。其局限性是适合于定流量运行（只有一个设定的节流圈），或部分热用户变负荷引起的局部变流量调节，而不适合全网的变流量调节。当全网总流量随外温升高而减小时，该阀为维持原设定的最大流量必然开大阀门，导致流量调节的失控。为克服上述不足，可对压力信号管的结构做适当调整，使其在初调节时按自力式流量调节阀的功能使用；在运行调节时，将压力“信号”管阻断，变为纯粹的手动平衡阀，以适应变流量调节。目前市场上出现的多功能平衡阀就是为了适应这一需要而进行改进的。当然，为适应全网变流量调节，最理想的方案是研发智能调节阀，通过智能芯片，使节流圈孔径能随外温变化而变化，实现设定值多变的调节。

3. 温控阀

典型结构如图 4.10 所示。温控阀一般装在供暖房间散热器的入口处。当室内温度超过给定值（如 $t_n=18$℃）时，装在感温元件内的液体蒸发，使囊箱内的压力增高，促使阀芯关小，减少进入散热器的流量，进而达到降低室内温度的目的。当室内温度低于给定值时，囊箱中的部分气体又冷凝为液体，降低了囊箱压力，阀杆带动阀芯开大，增加进入散热器流量，达到提高室温的目的。

上述室温调节，是在预先确定给定值的前提下自动实现的。温控阀上有锁定卡环，当将其插入感温元件头的不同位置时，囊箱下面的弹簧的伸缩长度被限制，即等于改变了室温的给定值。此时使弹簧上的作用力与囊箱压力达到一种新的平衡，进而使室内温度达到不同的数值。室内温度可调范围一般为 5～26℃之间。

温控阀主要厂家为北欧，现在，国内已有厂家生产。

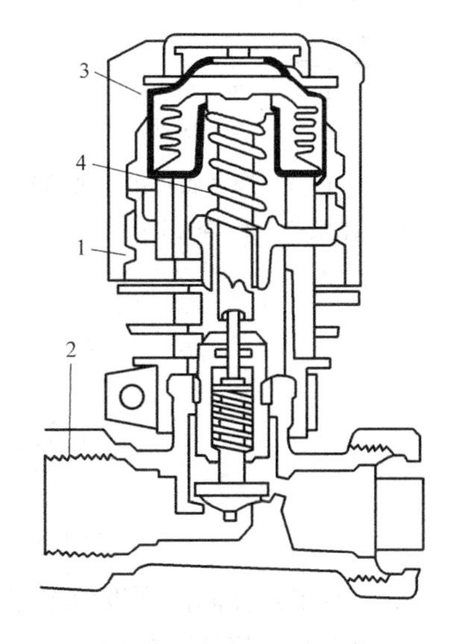

图 4.10 温控阀
1—感温元件；2—阀体；3—囊箱；4—弹簧

4.3.2 调节阀的调节特性

1. 理想调节特性

调节阀的理想调节特性，是指阀门前后压差固定时，调节阀相对流量 $\overline{G}$ 与相对开度 $\overline{L}$ 之间的关系，用公式表示即：

$$\overline{G}=\frac{G}{G_{\max}}=f\left(\frac{L}{L_{\max}}\right) \tag{4.24}$$

式中　$\overline{G}$——相对流量；

G，$G_{\max}$——任意开度下的流量，全开时的最大流量；

L，$L_{\max}$——任意开度，全开时最大开度。

阀门前后的固定压差一般取 1bar（即 10^5Pa 或 10mH_2O），此时公式（4.24）即表示阀门的相对流量 $\overline{G}$ 只是阀门相对开度的单值函数，而不考虑压差的影响，这种调节特性能很好反映各种阀门固有的调节功能，因此，通常用阀门的理想调节特性来划分阀门调节功能的好坏。阀门的理想调节特性也称为阀门的固有调节特性。

根据理想调节特性，阀门主要可以分为三种类型：①线性特性，②等百分比特性，③快开特性，如图 4.11 所示：曲线 1 为线性特性，表明相对流量 $\overline{G}$ 与相对开度 $\overline{L}$ 成线性（直线）关系，可由公式（4.25）表示：

$$\overline{G}=\frac{G}{G_{\max}}=\frac{1}{R}\left[1+(R-1)\frac{L}{L_{\max}}\right] \tag{4.25}$$

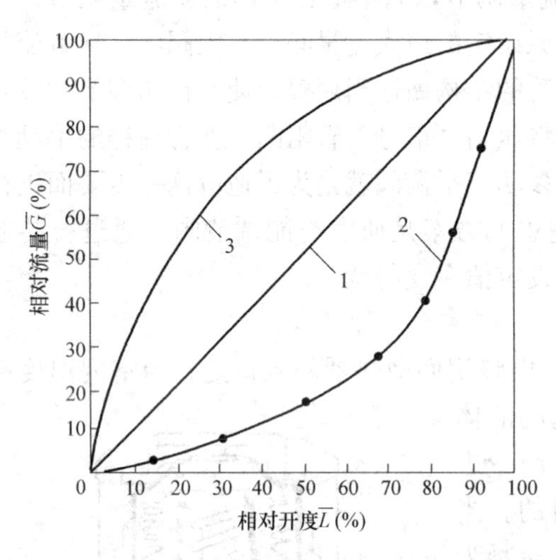

图 4.11　调节阀理想调节特性曲线

1—线性特性；2—等百分比特性；3—快开特性

式中，R 称为可调比，表示最大流量 $G_{\max}$ 与最小调节流量 $G_{\min}$ 之比，即 $R=\frac{G_{\max}}{G_{\min}}$，其中 $G_{\min}$ 值是阀门即将全关时的流量，一般为最大流量（全开时）的 2%～4%，而不是阀门全关时的泄露量，后者通常仅为最大流量的 0.1%～0.01%。

从曲线 1 和公式（4.25）可知，具有线性特性的阀门，其特点是流量增加的百分比和阀门开度增加的百分比相同：当阀门开度从 50%开大到 60%时，流量也从 50%增加到 60%。这种阀门的调节特点，是在小开度下流量的变化量大；在大开度下，流量的变化量小。若以 dG 表示流量的变化量，则不同开度下的调节值不同：

$$\mathrm{d}G_{10-20}=\frac{20-10}{10}\times 100\%=100\%$$

$$\mathrm{d}G_{50-60}=\frac{60-50}{50}\times 100\%=20\%$$

$$\mathrm{d}G_{80-90}=\frac{90-80}{80}\times 100\%=12.5\%$$

从中看出：在阀门开度调节量相同的情况下，阀门开度愈小时，流量变化量愈大；阀门开度愈大时，流量变化量愈小。对于换热设备，常常是在相对流量较小时，换热量变化大；相对流量较大时，换热量反而变化小。从供热效果考虑，理想的调节方案，应该是在较小的相对开度下，相对流量的变化量也小，此时供热量的调节灵敏度才高。因此，线性调节特性的阀门，其调节特性并不是最好的。

曲线 2 称为等百分比调节特性，其相对流量 $\overline{G}$ 与相对开度 $\overline{L}$ 之间的关系，由公式（4.26）表示：

$$\frac{G}{G_{max}} = R^{\left(\frac{L}{L_{max}}-1\right)} \tag{4.26}$$

这种调节性能的调节阀，其特点是流量的变化量和相对开度的变化量成直线关系。调节阀开度从 10%开到 20%时，相对流量从 2.96%增加到 4.37%；开度从 50%增大到 60%时，相对流量从 14.1%加大到 20.9%；开度从 80%变为 90%，相对流量从 45.7%变为 67.6%，不管调节阀在什么开度下，开度每增大 10%时，流量的增加量都是调节前的 47.9%左右。这种调节阀，在小开度下，流量绝对变化量小；在大开度下，流量的绝对变化量大，从而提高了换热设备换热量的调节灵敏度。因此，等百分比的调节特性优于线性调节特性。

$$dG_{10-20} = \frac{4.37-2.96}{2.96} \times 100\% = 47.6\%$$

$$dG_{50-60} = \frac{20.9-14.1}{14.1} \times 100\% = 48.2\%$$

$$dG_{80-90} = \frac{67.6-45.7}{45.7} \times 100\% = 47.9\%$$

曲线 3 为快开调节特性，该曲线为向上凸起的一条曲线。当阀门开度较小时（只开几圈），流量已接近最大值。这种阀门，由于调节特性差，一般只能做关断阀门，不能做调节阀。工程中常采用的闸阀、截止阀、球阀、蝶阀、锁闭阀，都属于快开特性，只能起关断作用。只有线性特性和等百分比特性的阀门，才能称为调节阀。工程中采用的电动调节阀、各种平衡阀，接近线性特性或等百分比特性。

2. 工作调节特性

研究阀门的理想调节特性，是为了判断阀门是否具有流量的调节功能。因此，厂家生产的调节阀，必须在标定的实验台上，进行理想调节特性曲线的标定，并如实在产品样本上，加以展示，以供设计人员和运行人员选择。

但是理想调节特性，反映的是阀门固有的调节功能，是在阀门前后压差固定为 1bar（$10mH_2O$）的情况下测试的结果。在实际工程中，几乎所有的调节阀，都不可能只在压差为 1bar 的情况下运行。因此，除了研究调节阀的理想调节特性外，还必须研究调节阀的前后压差不为 1bar 时的调节性能，此时称为调节阀的工作调节特性。从某种意义上说，研究调节阀的工作调节特性，对指导工程实践，更具有实际意义。

调节阀属于孔口节流装置。根据孔口节流原理，对于热媒为水的调节阀，流量 G 与压差 ΔP 可由公式（4.27）表示：

$$G = \alpha A \sqrt{\Delta P} \tag{4.27}$$

式中 A——调节阀的流通截面；

α——流量相关系数，为常数，主要决定于孔口节流的结构，由实验求出。

写成相对流量 $\overline{G}$ 与相对流通截面 $\overline{A}$ 的形式，则有：

$$\overline{G} = G/G_{max} = \frac{A}{A_{max}}\sqrt{\frac{\Delta P}{\Delta P_0}} = \overline{A}\sqrt{\frac{\Delta P}{\Delta P_0}} \tag{4.28}$$

式中　A_{max}——调节阀全开时的流通截面；

　　　ΔP_0——调节阀全开时阀前后压差。

在理想流量调节特性下，调节阀任意开度下的阀端压差 $\Delta P=\Delta P_0=1\text{bar}$，此时有$\overline{G}=\overline{A}$。根据公式（4.25）、（4.26）和 $\overline{G}=\overline{A}$ 的关系，可直接求出线性调节阀和等百分比调节阀中相对开度 $\overline{L}$（可视为相对圈数或相对阀杆行程）与相对流通面积 $\overline{A}$ 的关系，见表4.15所示。

调节阀相对开度 $\overline{L}$ 与相对流通截面 $\overline{A}$ 关系　　**表4.15**

调节阀种类 \ 相对开度 $\overline{L}$（%）		0.00	10.0	20.0	30.0	40.0	50.0	60.0	70.0	80.0	90.0	100.0
相对流通截面 $\overline{A}$（%）	线性特性	0.00（3.3）	13.0	22.7	32.3	42.0	51.7	61.3	71.0	80.6	90.4	100
	等百分比特性	0.0（2.0）	2.96	4.37	6.5	9.6	14.1	20.9	30.9	45.7	67.6	100

在表4.15中，当相对开度 $\overline{L}=0$ 时，给出了两个相对流通截面 $\overline{A}$ 的数值：数值为0，表示调节阀全关死；数值不为0时，表示调节阀的最小相对流通截面 $\overline{A}_{min}=\dfrac{A_{min}}{A_{max}}$，即最小调节范围下的相对流通截面，此时调节阀处于将关将开的状态，流量处于最小调节流量值 G_{min}。对于线性调节特性阀门 $\overline{A}_{min}=\dfrac{A_{min}}{A_{max}}=\dfrac{1}{30}=3.3\%$；对于等百分比特性阀门，$\overline{A}_{min}=\dfrac{A_{min}}{A_{max}}=\dfrac{1}{50}=2\%$。

在一个简单的水系统中，假设系统阻力全部由调节阀承担，忽略系统中管道和其他设备的阻力；并设调节阀全开时，阀的前后压差为1bar（亦即循环水泵此时的扬程为1bar），逐渐关小调节阀，当调节阀全关时，阀前后压差为2bar（循环水泵此时扬程为2bar）；又近似认为阀门关小与压差增大呈线性反比关系，则可通过表4.15的数据，由公式（4.28）计算出当调节阀前后压差不为1bar时，相对开度 $\overline{L}$ 与相对流量 $\overline{G}$ 之间的关系，如表4.16、图4.11所示。

调节阀的工作调节特性　　**表4.16**

调节阀相对开度 $\overline{L}$（%）			0.0	10.0	20.0	30.0	40.0	50.0	60.0	70.0	80.0	90.0	100.0
调节阀前后压差（bar）			2.0	1.9	1.8	1.7	1.6	1.5	1.4	1.3	1.2	1.1	1.0
相对流量 $\overline{G}$（%）	线性特性	理想特性	0.0（3.3）	13.0	22.7	32.3	42.0	51.7	61.3	71.0	80.6	90.4	100.0
		工作特性	0.0（4.7）	17.9	30.5	42.1	53.0	63.3	72.5	81.0	88.0	94.0	100.0
	等百分比特性	理想特性	0.0（2.0）	2.96	4.37	6.5	9.6	14.1	20.9	30.9	45.7	67.6	100.0
		工作特性	0.0（2.8）	4.1	5.9	8.5	12.1	17.3	24.7	35.2	50.1	71.0	100.0

从表4.16、图4.12可知：在调节阀全开时，阀前后压差为1bar，此时调节阀通过的流量与理想调节特性的数值相同；当调节阀逐渐关小时，由于系统阻力特性曲线的向左移动（阻力增大），循环水泵的工作点也向左漂移，调节阀前后压差逐渐增大（大于1bar），与理想调节特性曲线相比，在相同的相对开度下，流量都有所增大，从调节功能上考察，调节特性变坏了：线性调节特性趋向于快开特性；等百分比特性，趋向于线性特性。这是调节阀的工作调节特性与理想调节特性最大的区别。

3. 阀权度

(1) 基本定义

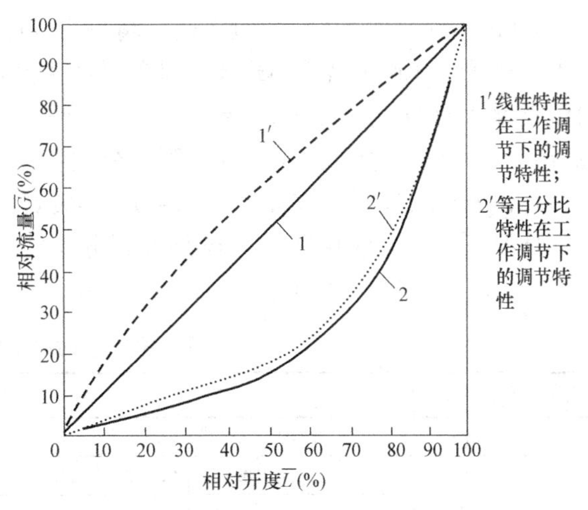

图 4.12 调节阀工作调节特性

为了更深入讨论在工作条件下调节阀调节特性变坏的情形，常引入阀权度的概念。图 4.13 给出了系统支线中各设备的压降分布：ΔP_0 表示调节阀全开时，流量为设计流量下的两端压降，亦为调节过程最小压降；当调节阀全关时，流量变为 0，此时系统支线中其他设备（含用热设备、其他阀门）管道的压降皆为 0，系统支线压降达最大值 $\Delta P_{\max}$，且全部由调节阀承担。定义调节阀在系统调节过程中的最小压降与最大压降的比值为阀权度β，由公式（4.29）表示：

$$\beta=\frac{\Delta P_0}{\Delta P_{\max}} \tag{4.29}$$

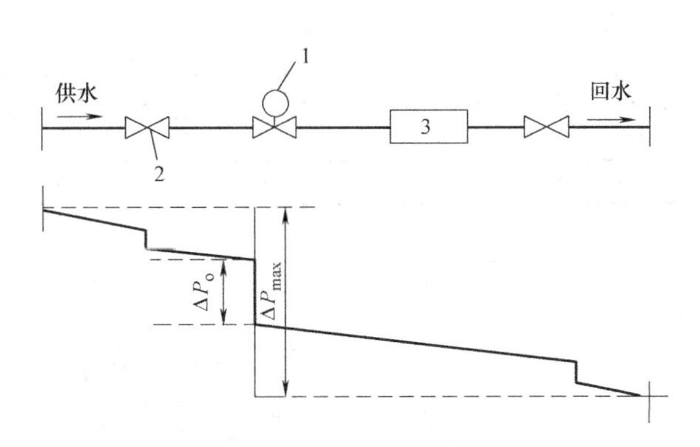

图 4.13 调节阀在系统中的压降分布

1—调节阀；2—其他阀；3—用热设备

引入阀权度β的概念，公式（4.28）变为：

$$\overline{G}=\frac{\overline{A}}{\sqrt{\beta}} \tag{4.30}$$

从式（4.30）可以看出：当阀权度$\beta=1$时，即当调节阀上的压降等于系统支线全部压降时，调节阀的相对流量等于理想调节特性下的数值，即调节阀此时的工作调节特性等于理想调节特性。当调节阀从全开状态逐渐关小时，其两端压降逐渐增大，在相同的相对开度下，此时通过调节阀的相对流量将大于理想调节特性下的相对流量，说明调节阀在工作状态下其调节特性与理想调节特性相比变坏了，或称为调节特性的失真。而且阀权度β值愈小，阀的调节特性失真愈严重。不难看出：阀权度β是衡量调节阀工作调节特性的重要指标，它能直接判断调节阀在工作状态下调节特性的失真程度，因此，在实际工程中，阀权度的确定，是正确选择、设计调节阀的重要依据。

根据公式（4.29）、式（4.30）、表 4.17、图 4.14 给出了阀权度分别为 1，0.5，

0.33，0.25，0.2，0.1 等数值下调节阀的调节特性的失真情况。在相对开度为 50%的条件下，比较工作调节特性与理想调节特性的失真程度：对于线性特性，β=0.5，失真（相对流量增大百分比）22%；β=0.33，失真 42%；β=0.25，失真 58%；β=0.2，失真 73%；β=0.1，失真 134%。对于等百分比特性：β=0.5，失真 22.7%；β=0.33，失真 41.1%；β=0.25，失真 58.2%；β=0.2，失真 75.6%；β=0.1，失真 135%。在开度最小的情况下：无论线性特性，还是等百分比特性，β=0.5，失真 42%；β=0.33，失真 73.3%；β=0.25，失真 100%；β=0.2，失真 124%；β=0.1，失真 215%。

不同阀权度 β 时的工作调节特性　　**表 4.17**

相对开度 $\overline{L}$（%）		100	90	80	70	60	50	40	30	20	10	0.0	阀权度 β
相对流量 $\overline{G}$（%）	线性	1.0	0.904	0.806	0.71	0.613	0.517	0.42	0.323	0.227	0.13	0.033	1.0
	等百分比	1.0	0.676	0.457	0.309	0.209	0.141	0.096	0.065	0.0437	0.0296	0.02	
	线性	1.0	0.94	0.88	0.81	0.725	0.633	0.53	0.421	0.305	0.179	0.047	0.5
	等百分比	1.0	0.71	0.501	0.352	0.247	0.173	0.121	0.085	0.059	0.041	0.028	
	线性	1.0	0.990	0.954	0.90	0.822	0.731	0.623	0.50	0.369	0.218	0.0572	0.33
	等百分比	1.0	0.741	0.541	0.391	0.28	0.199	0.142	0.101	0.071	0.0495	0.0346	
	线性	1.0	1.03	1.02	0.979	0.909	0.818	0.703	0.569	0.419	0.25	0.066	0.25
	等百分比	1.0	0.771	0.578	0.426	0.310	0.223	0.161	0.114	0.081	0.57	0.04	
	线性	1.0	1.07	1.08	1.053	0.988	0.896	0.774	0.63	0.465	0.279	0.074	0.2
	等百分比	1.0	0.80	0.613	0.458	0.337	0.244	0.177	0.127	0.09	0.064	0.045	
	线性	1.0	1.25	1.35	1.37	1.32	1.21	1.06	0.873	0.65	0.392	0.104	0.1
	等百分比	1.0	0.932	0.765	0.594	0.448	0.331	0.243	0.176	0.125	0.089	0.063	

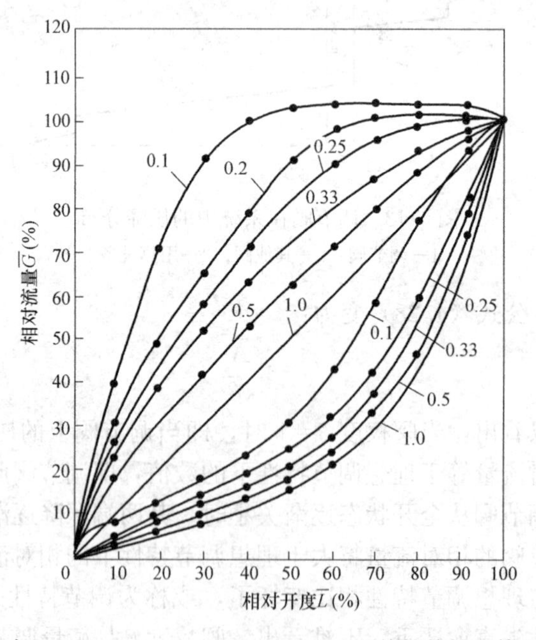

图 4.14　阀权度 β 为 1、0.5、0.33、0.25、0.2、0.1 下线性特性、等百分比特性失真情况

(2) 变工况下的阀权度

上述阀权度，是在设计工况下确定的，但在供热系统整个运行期间，设计工况只出现在气

温最冷的某个短暂时期内，运行的大部分时间，是在变工况下进行的。为了全面了解调节阀系统在整个运行期间的调节特性，还必须分析在变工况条件下，调节阀阀权度的变化情况。

① 热用户供热需求量变小的变流量工况

这种工况常出现在部分热用户停止用热或全部热用户处于分时变室温控制的情况。对于前者，停止用热的热用户，其所属分系统上的调节阀将全部关死；对于后者，在室温标准降低时，将关小有关的调节阀。不论前者后者，操作的结果，都是增加系统阻力，减少系统循环流量，使系统处于变流量运行工况。工况最大的变化，发生在只有待调热用户正常供热，系统的其他用户全部停止供热：此时系统循环流量达最小值，而待调热用户调节阀两端的压降达最大值，接近该系统循环水泵的扬程，见图 4.15 所示。

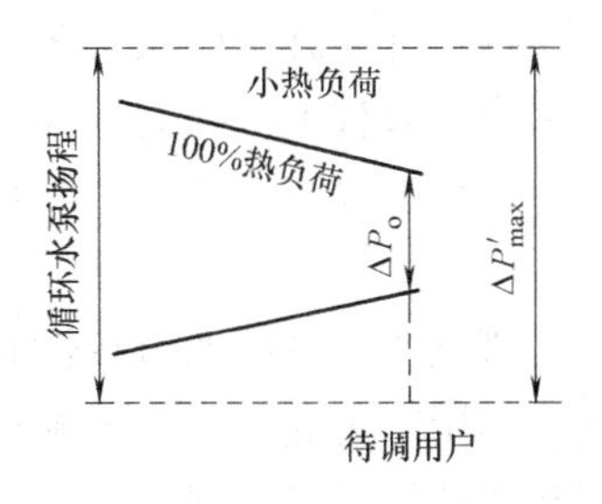

图 4.15 热用户供热需求量变小的变流量工况下的阀权度 β

对于待调用户，在系统 100%满热负荷下运行时，调节阀全开的两端压差为 ΔP_0，当系统其他热用户全部停止供热，待调用户关小阀门，其两端压差达最大，接近循环水泵扬程，其值为 $\Delta P'_{max}$。显然，$\Delta P'_{max}$大于在正常负荷运行下待调用户调节阀全关时两端压差 ΔP_{max}，很明显：在热用户供热需求量变小的变流量工况下，调节阀的阀权度将变小，亦即调节阀的调节功能进一步变坏。

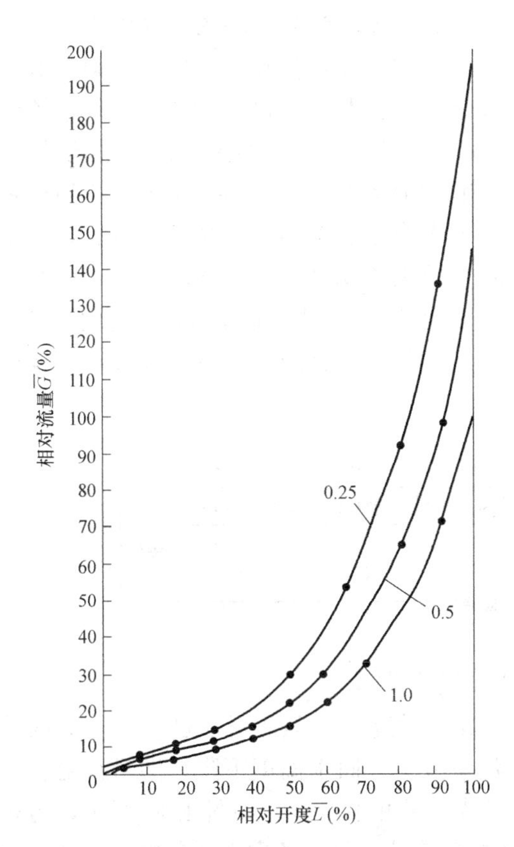

图 4.16 循环水泵扬程增大时阀权度 β 为 1.0、0.5 和 0.25 时的工作调节曲线

② 系统循环水泵扬程变动的变流量工况

根据水力工况变动的基本原理，在所有阀门不作任何调节的情况下，只是循环水泵扬程进行了改变，此时系统所有热用户的流量成一致等比失调变化，即各热用户流量或成同一比例增加（循环水泵扬程增大）或成同一比例减小（循环水泵扬程减小）。而系统上所有调节阀两端的压差随着循环水泵扬程的同一变化比例而变化。根据公式(4.27)可进行变动工况的计算：若循环水泵扬程提高一倍，则系统各调节阀两端的压差也提高一倍；相应的，各热用户流量全部增加 1.41 倍。循环水泵扬程减少，其变动工况也相应减少。

系统循环水泵扬程增加的情况，在我国，常常发生在大流量、小温差的运行状况下。实际操作，不是小泵换大泵，就是多台水泵的超量并联运行。图 4.16 给出了在阀权度 β 为 1.0，0.5 和 0.25 时的调节阀工作调节特性。在循环水泵扬程增大 2 倍时（即 β=0.5），热用户相对流量（在阀门全开时）增大至 1.41 倍；当循环水泵扬程增大到 4

倍（$\beta=0.25$）时，热用户（阀门全开）相对流量增加至2倍。总之，在系统循环水泵扬程增大的情况下，调节阀的调节特性变得更坏。

系统循环水泵扬程的减小，主要是在循环水泵变频调速时发生。水泵属于阻力平方特性，即其转速增加一倍，其电动机功率呈三次方关系增加。因此，变频调速在水泵的应用中，一般都在减速的状态下进行。当系统调节阀的阀权度$\beta=0.25$，如果循环水泵扬程减小一半，阀权度可提高至$\beta=0.5$；扬程减小至1/4，阀权度$\beta=1.0$。可见，减小循环水泵扬程，可以提高调节阀的阀权度，进而改善调节阀的调节特性。

(3) 阀权度的合理确定

研究调节阀的调节特性和阀权度，目的是为了在供热系统调节过程中，更好地发挥其调节作用。为此，调节阀永远工作在阀权度β为1的情况下最理想，因为此时，调节阀的调节特性处于最理想的情况；但实际上是不可能的，因为供热系统，绝大多数工作在变工况的状态下，即使是设计工况，调节阀也很难工作在β为1的条件下。在这种情况下，如何合理确定调节阀的阀权度β值，并在变工况下，判定阀权度的变化范围就显得特别重要。

合理确定调节阀阀权度β值，必须从供热系统调节过程的调节品质入手加以分析。在一个供热系统中，作为热用户的建筑物的围护结构确定后，在一定的系统供水温度下，室内温度的大小，主要通过调节阀的调节，进而改变进入换热设备（如热力站、散热器等）的流量而实现。图4.17给出了热用户室温自动调节方块图。热用户室温实测值与给定值比较后，由调节器给出调节阀（如图4.17为电动调节阀）的待调相对开度$\overline{L}$，通过执行机构使调节阀完成上述操作。由于调节阀相对开度的改变，导致系统流量的改变，进而实现换热器出口水温的改变，最终完成热用户室温的调节。若设热用户室温、温度传感器、调节器、执行机构、调节阀和换热器等调节环节的放大系数分别为$K1$，$K2$，$K3$，$K4$，$K5$，$K6$，则可推导出该室温自动调节特性的微分方程式，给出调节阀相对开度$\overline{L}$与相对供热量$\overline{Q}$在一定的总放大系数K值下的相互关系（$K=K1K2K3K4K5K6$）。根据自动控制理论，当保持K值为常数时，能提高系统的调节稳定性和精度。而$K1$，$K2$，$K3$，$K4$通常为常数，要保持K为常数，关键是调节阀和换热器的$K5$，$K6$乘积为常数。

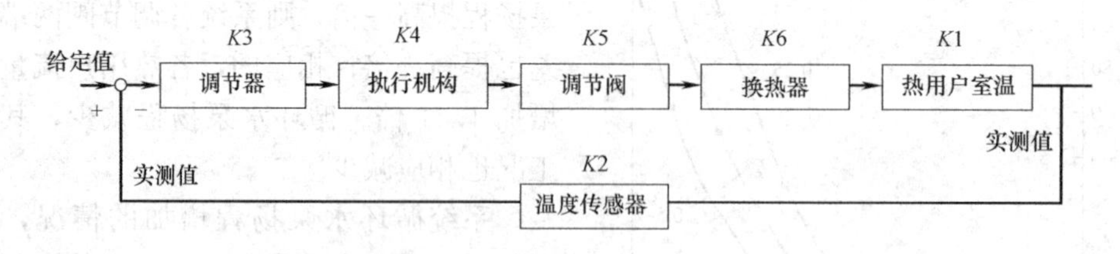

图4.17　热用户室温自动调节方块图

对于换热器，研究其换热的静特性，即研究其相对流量$\overline{G}$与相对换热量$\overline{Q}$之间的关系，其比值即为放大系数。对于热水换热器，流量减少，回水温度下降，供回水温差加大，换热器表面温度下降，引起换热量减少，但减少量并不显著，如图4.18所示，当相对流量$\overline{G}$为10%时，相对换热量仍为50%，换热静特性，是一条向上凸起的曲线（即$\overline{Q}$（$\overline{G}$）曲线），说明热水换热器的放大系数$K6$是一个小于1的变量。为使热水换热器的调节性能得到改善，即使 $K5$，$K6$ 乘积为常数，很显然，调节阀应选择理想调节特性为等百分比的，参看图 4.18 中的曲线 $\overline{G}$（$\overline{L}$），可知相对流量 $\overline{G}$ 与相对开度 $\overline{L}$ 之间的比值即放大系数 $K5$ 是一个大于 1 的变量。如果选择合理，可使调节阀的相对开度从 0～100%的调节过程中，让 $K5$、$K6$ 的乘积始终为 1，此时热水换热器的换热静特性由图 4.18 中的 $\overline{Q}$（$\overline{L}$）曲线表示，这是理想的换热静特性。在实际工程中，设计的目的就是为换热器选择配套的调节阀，使其换热特性尽量接近理想特性。

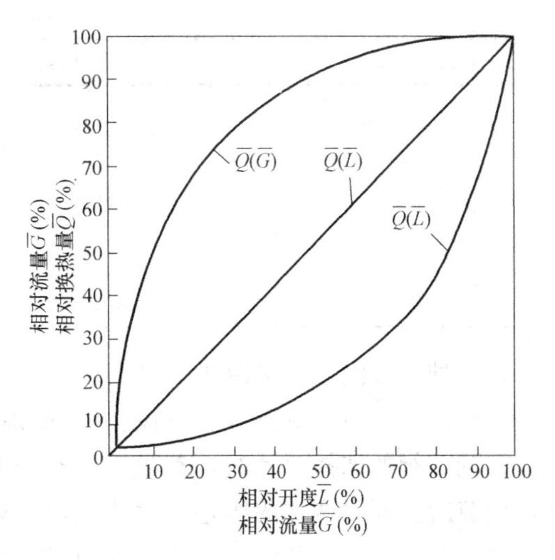

图 4.18 热水换热器换热静特性

对于以蒸汽为热媒的蒸汽换热器，因为蒸汽饱和温度为常量，不随蒸汽流量变化而变化，因此，可把蒸汽换热器换热静特性近似看作线性特性，即 $K6$ 为常数，不言而喻，与之配套的调节阀应该选择 $K5$ 也为常数的线性特性的调节阀。

在自动调节工程中，一般比例调节不用放大系数，而用比例带来表述。通常比例带 δ 与放大系数 K 成反比关系。对于调节阀，其调节的最终目的是使热用户的室温达到设计值，一般情况下，为 18～20℃。如果要求室温始终恒定为 20℃，此时比例带 δ 为 0，调节阀的调节过程是打开的同时又要求立即关闭，出现调节震荡、失控；若将室温控制在 18±5℃，则比例带 δ 加宽，调节比较稳定，但室温偏差过大，特别是下限室温过低，不能满足居民基本要求。比较理想的是室温控制在 20±2℃范围内，室温在 18～22℃之间波动，比较符合室温舒适要求；在此同时，调节阀在 50%～100%的开度间调节，比例带宽比较适宜，调节过程比较稳定。为满足上述比例带要求和调节阀的调节开度，调节阀的阀权度也不宜太小，根据国内外的经验，普遍认为阀权度 β 应在0.25～0.3 为宜。

4.3.3 调节阀的正确选择

在实际的工程设计中，各种调节阀正确选择的依据是保证其阀权度 β 在 0.3 以上，以防因调节阀的调节特性变坏，影响调节效果。具体实施按如下步骤进行。

1. 根据 K_v 值，选择调节阀

K_v 值称为调节阀的流量系数。根据公式（4.31），K_v 值的物理意义可定义如下：调节阀在一定的开度下，当阀端压差为 1bar 时，通过的流量值，单位为 $m^3/(h \cdot bar)$，可用下式表示：

$$K_v = \frac{G}{\sqrt{\Delta P}} \tag{4.31}$$

保持阀两端压差为 1bar 不变，当阀全开时获得最大的通过流量，此时 K_v 值最大，称为 K_{vs}。在调节阀 K_v 值的计算中，常采用不同的单位，为换算方便，现将换算公式列入表 4.18[3]。

K_v 值换算 表 4.18

ΔP (bar), G (m^3/h)	ΔP (kPa), G (L/s)	ΔP (mmWG), G (L/h)	ΔP (kPa), G (L/h)
$G=K_v\sqrt{\Delta P}$	$G=K_v\sqrt{\Delta P}$	$G=10K_v\sqrt{\Delta P}$	$G=100K_v\sqrt{\Delta P}$
$\Delta P=\left(\frac{G}{K_v}\right)^2$	$\Delta P=\left(36\frac{G}{K_v}\right)^2$	$\Delta P=\left(0.1\frac{G}{K_v}\right)^2$	$\Delta P=\left(0.01\frac{G}{K_v}\right)^2$
$K_v=\frac{G}{\sqrt{\Delta P}}$	$K_v=36\frac{G}{\sqrt{\Delta P}}$	$K_v=0.1\frac{G}{\sqrt{\Delta P}}$	$K_v=0.01\frac{G}{\sqrt{\Delta P}}$

在各种调节阀（含恒温阀、平衡阀、自力式平衡阀和电动调节阀等）的规范样本中，一般都给出了调节阀的型号、口径、K_{vs}或最大压差值，以供设计人员和运行人员选择。

在调节阀的选择设计时，首先确定待选调节阀所应通过的设计流量和在该设计流量下，调节阀全开时两端的压差。设计流量，对于已完成工程设计的供热系统而言，本身是已知值。调节阀在全开时两端的压差确定较为复杂，通常给出估算值：对于恒温阀（安装在散热器一侧）取值10kPa；对于其他的调节阀，估算值按20～40kPa选择。根据已知的设计流量G和两端压差ΔP，由公式（4.31）计算出待选调节阀的K_{vs}。在调节阀样本中，一般给出计算出的K_{vs}的对应调节阀口径以及流通流量范围。在满足流通流量的前提下，尽量选择口径小或K_{vs}值小的调节阀（通常调节阀口径应比同管道口径小1～2号为宜）。

如某一个热用户，设计流量为$2.5m^3/h$，地处供热系统的末端，在调节阀全开时通过设计流量的两端压差按20kPa（即$2mH_2O$）考虑，设计选择合适的平衡阀。通过公式（4.31）可计算出K_{vs}为$K_{vs}=\frac{0.01\times 2500}{\sqrt{20}}=5.59$。对于STAD型平衡阀，样本给出了口径与$K_{vs}$的关系，如表4.19所示。

STAD、STAF调节阀的K_{vs}值 表 4.19

型 号	直径（DN）														
	10	15	20	25	32	40	50	65	80	100	125	150	200	250	300
STAD	1.44	2.52	5.7	8.7	14.2	19.2	33.0								
STAF								95.1	120	190	300	420	765	1185	1450

由表4.19选择STAD调节阀（平衡阀）$DN20$，其$K_{vs}=5.7$，大于要求的5.59，代入公式（4.31），可得$G=\frac{K_{vs}}{0.01}\sqrt{\Delta P}=2549L/h=2.55m^3/h$。符合设计要求。

2. 校核阀权度β

在选择调节阀时，阀门全开两端的压差是已知的。校核调节阀阀权度β，关键是确定调节阀全关时两端的最大压差值。在分析变工况下的阀权度时，曾详细叙述了供热系统在不同的运行工况下，可能发生的调节阀两端的最大压差值（阀全关时）。现从供热系统在整个运行期间对可能发生的变工况进行全方位考察，从而明确调节阀在全关闭时两端最大压差的合理取值。

（1）系统其他热用户全部关闭，只有待调热用户运行，此时待调调节阀两端最大压差（调节阀关闭）达最大值，接近循环水泵的扬程。根据我国集中住宅的特点，大多采用集中供热系统，往往一个供热系统的供热规模相当大，热用户同时使用系数过小（只有少数热用户运行）的极端情况很少发生。因此确定调节阀阀权度β值时，不应将所有热用户调节阀的最大压差定为循环水泵的扬程。

（2）供热系统循环水泵扬程选择过大，此时各热用户阀端最大压差值也将加大。这种情况出现在“大流量、小温差”的落后运行方式中，为了提高供热系统能效，应加大淘汰这种运行方式的力度，因此，在确定调节阀阀权度的β值时，以循环水泵的大扬程为依据，就更加不合理了。

（3）变频调速的小流量变工况运行，这是目前非常成熟的节能措施，特别是分布式输配系统的推广应用，更是如此。采用这种新技术，在变工况下，只会提高调节阀的阀权度（即降低阀端最大压差），对供热系统的运行调节是有利的。

通过上述分析，调节阀的最大阀端压差应该按照供热系统的设计工况选取。即各热用户的调节阀阀端最大压差即是该热用户对应的设计水压图的资用压头（供回水压差）。对于传统的循环水泵设计方法，阀端最大压差在供热系统的近端，此处调节阀的阀权度β值可能过小；对于分布式输配系统的设计方法，阀端最大压差值出现在供热系统的末端，调节阀合理选择，重点也在末端。此时最好的方法是尽量少采用调节阀，变流量工况主要通过调速水泵实现。

3. 配套调节阀的选择

对于传统循环水泵设置的供热系统，在近端热用户的调节阀，其阀权度β值往往过小（小于0.25～0.3），常常导致调节阀即使工作在很小的开度下仍然出现超流量的情况，这是造成冷热不均的根本原因。为改善近端热用户调节阀的调节功能，常常采用加装配套调节阀或预设定等措施，使其调节阀尽量工作在相对开度为50%～100%的范围内，以提高调节功能。

（1）串联平衡阀

如果一个热用户的调节阀，在设计流量下的全开阀端压差为40kPa（4mH_2O），该热用户入口供回水设计压差为400kPa（40mH_2O或0.4MPa）（这在我国集中供热系统里是常见的，特别当热用户处于热源近端时更是如此）。按照上述的计算方法，此时该热用户的调节阀的阀权度β应为40/400=0.1，显然过小，由于调节阀的调节特性变坏，此时调节阀工作在开度很小的状态，或即开即关的状态，而通过的流量仍然过大，造成调节失控，热用户室温过热。对于一个完整的供热系统，由于近端调节阀失调，流量超量；系统末端热用户的供回水资用压头必然过小（不再依设计水压图运行），即使调节阀全开，也达不到要求的设计流量，产生冷热不均就成为必然。

为了改善近端热用户调节阀的工作调节特性，一个有效措施是在调节阀的同一管路上串联手动平衡阀，使其克服多余的资用压头，剩下的资用压头由调节阀克服，目的是使调节阀的阀端设计压差与工作压差之比大于0.25～0.3，借以改善调节性能。若以上述为例，设该热用户的设计流量为30m^3/h，根据调节阀全开时的设计压差40kPa，可计算出待选调节阀的K_{vs}为47.4m^3/h，与其最接近的调节阀口径为$DN65$，$K_{vs}=95m^3/h$。若选同一口径（$DN65$）的手动平衡阀与调节阀串联，关小该平衡阀，使其克服250kPa的资用压头，则剩下150kPa资用压头由调节阀克服，此时调节阀的设计压差与工作压差之比即阀权度$\beta=40/150=0.27$，调节性能明显得到了改善。

定义调节阀阀权度时，是把阀全关时的阀端压差定为最大压差。目的是考察调节阀即将全关时的调节性能。在管路上串联平衡阀的措施，既没有改变调节阀全开时的设计压差值，也没有改变其全关时的最大压差值，从严格意义上讲，没有改变调节阀的阀权度，改变的只是调节阀在调节过程的相对开度。如果不串联平衡阀，调节阀要在相对开度0%～100%的范围内调节；串联了平衡阀尽量使调节阀在50%～100%内调节，即可满足待调流量值，防止出现调节阀关死的现象。

根据上述分析，为了更有利于调节阀的选择，作者主张把阀权度的定义改为绝对阀权度和工作阀权度。绝对阀权度是原有的阀权度定义，指出了调节阀在全关时的阀端压差变化，说明了调节阀在即将全关时调节性能变坏的趋势。而工作阀权度，给出了允许最小开度下，阀端的最大允许压差。按照这一新的定义，上述例题的绝对阀权度为0.1，工作阀权度为0.27。有了绝对阀权度与工作阀权度的定义之分，将为调节阀的正确选择带来许多方便：凡绝对阀权度小于0.25～0.3时，必须设置配套调节阀；配套调节阀的选择，必须保证主调节阀的工作阀权度大于等于0.25～0.3。

(2) 恒温阀的预设置

恒温阀是安装在散热器前直接控制用户室温的主调节阀，其他的调节阀，如手动平衡阀、自力式平衡阀（即流量限制阀）、差压调节阀、电动调节阀都是配套调节阀，目的是保证恒温阀的阀端压差不宜过大。由于恒温阀的重要作用，国外通常把恒温阀的装设列为强制措施。我国在新的建筑节能的八部委文件中，也明确将散热器前必须安装恒温阀的规定作为强制措施。

恒温阀在设计流量下，阀端全开时的压差一般为10kPa，而散热器前后的资用压头有可能在20～50kPa左右，为了保证恒温阀的工作阀权度不小于0.25～0.3，常在恒温阀上配套有预设定装置，调节该预设定装置，相当于在恒温阀上串联调节阀的作用，借以克服多余的资用压头，保证恒温阀不在过小的开度下工作。因此，有没有预设定功能，是衡量恒温阀质量的一个重要指标。

(3) 串联差压调节阀

差压调节阀的基本原理，类似自力式平衡阀（流量限制阀），只是调节阀本体没有节流圈装置，而是把热用户作为节流圈（见图4.19所示）。安装差压调节阀时，预先设定好热用户所需资用压头，即差压调节阀的设定压差。在系统运行期间，由于热用户内部用热需求的变化，引起热用户资用压差也发生变化，此时差压调节阀的调节功能发挥作用，保持热用户资用压头维持设定值不变，这时通过差压调节阀的流量发生变化，借以满足热用户变化了的用热需求。

当热用户资用压头过大，单靠一个调节阀难以实现调节要求时（阀权度过小），可采取主调节阀与差压调节阀串联的方式。在图4.19中，主调阀安装在热用户的供水管上，差压调节阀安装在热用户回水管上，如前所述，为使主调节阀的阀权度不小于0.25～0.3，其阀端压差不能超过150kPa。今选择一个差压调节阀，代替手动平衡阀，与主调节阀相串联，设定差压调节阀的控制压差为150kPa，该阀自身克服250kPa。在整个运行

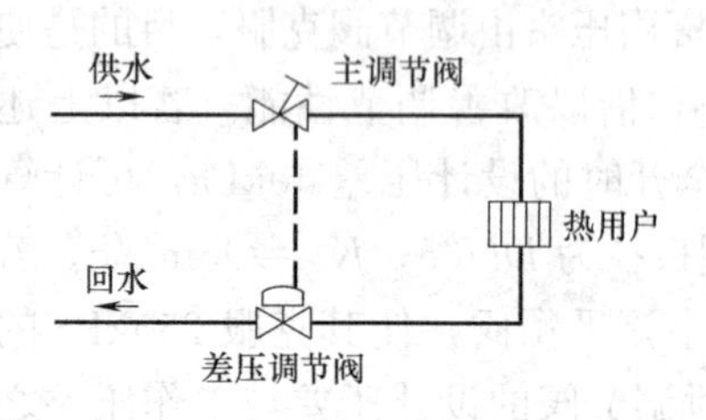

图4.19　串联差压调节阀示意图

期间，不论热用户的用热需求如何变化，压差调节阀的阀芯会自动调节，保证主调节阀的阀端压差始终保持为150kPa，从而使主调节阀在合理的开度下实现热用户的流量调节。

4. 三通调节阀的选择

三通调节阀，是一种恒流量调节阀。上述介绍的都是二通调节阀。三通调节阀本质上是两个二通调节阀的组合联动。其中一个调节阀芯关闭，另一调节阀芯打开，彼此呈比例联动，使其总流量恒定。三通调节阀若出口端为总流量称为合流三通；若入口端为总流量称为分流三通。三通调节阀的调节特性完全决定于两个二通阀的调节特性。阀权度的确定及调节阀的选择与二通阀相似。

调节阀的特性指数和数字化选择，详见第9章9.4节。

第5章 分布式输配系统

传统的循环水泵的设计，是在系统的冷热源处设置一个大水泵，同时完成冷热源、管网和末端装置的循环功能。随着技术的进步，这种设计方法存在的弊端越来越显现，严重影响供热（冷）效果和节能、减排的发展趋势。近年来，研发的分布式输配系统，完全克服了传统循环水泵设计的弊端，这是供热技术在工艺上的一次重大革新。该设计方法已被国家住建部批准，成为国家建筑标准设计《分布式冷热输配系统用户装置设计与安装》，国家建筑标准设计图集（3K511，中国建筑标准设计研究院，中国计划出版社，2013）。这项创新技术，目前正在国内得到广泛的推广，并于2013年7月1日起实施。

本章主要围绕分布式输配系统的设计理念、设计方法、技术特点等方面进行介绍。

5.1 传统循环水泵设计存在的问题

图5.1表示按传统循环水泵设计方法设计的一个供热系统。该系统共10个热用户（或10个热力站），供回水设计温度85/70℃，各热用户设计流量均为30t/h，热用户资用压头为10mH$_2$O，供、回水管道总长度7692.3m，设计比摩阻60Pa/m，局部阻力系数30%。各热用户之间的外网供、回水干管长度各为384.6m。热源内部总压力损失为10mH$_2$O。循环水泵的效率按70%选取。根据上述参数，该供热系统按照传统设计方法，设置在热源处的循环水泵的扬程为80mH$_2$O，流量为300t/h，理论功率为93.4kW。

图5.1还表示了该供热系统的设计水压图。通过图5.1给出的基本参数，可以很清楚地说明传统循环水泵设计存在的问题。

5.1.1 造成水力失调、冷热不均的根本原因

从设计水压图上观察，各热力站的设计资用压头均应为10mH$_2$O，这由水压图上的虚线压力带所表示。但在设计水压图中，只有最末端热力站（10号热力站）的资用压头与设计值（10mH$_2$O）相符，其他各热力站的资用压头皆大于设计值，而且离热源愈近的热力站，资用压头比设计值大得愈多。如：1号热力站（热源最近端），其入口压力值约为75mH$_2$O，出口压力值约为15mH$_2$O，则供回水压差为60mH$_2$O，去除10mH$_2$O资用压头外，多余的资用压头高达50mH$_2$O。相应地，2号热力站资用压头超量40mH$_2$O，3号热力站资用压头超量30mH$_2$O，4号热力站超量20mH$_2$O……当供热系统循环泵在工频状态下运行，可视其总循环流量基本不变。在这种情况下，若供热系统不采取任何调节措施，运行结果必然是热源近端的热力站循环流量超量过大，由于近端热力站抢走了远端热力站的循环流量，导致远端热力站循环流量过小，进而造成供热系统的水力失调、冷热不均现象。反映在水压图上，实际运行的水压图远远偏离设计水压图。因为近端循环流量过大，水力坡线势必过陡；而远端循环流量过小，水力坡线自然平缓，以致末端热力站供、回水压差几乎接近于零，远不能满足设计资用压头的要求。在热水工作热媒几乎不流动的

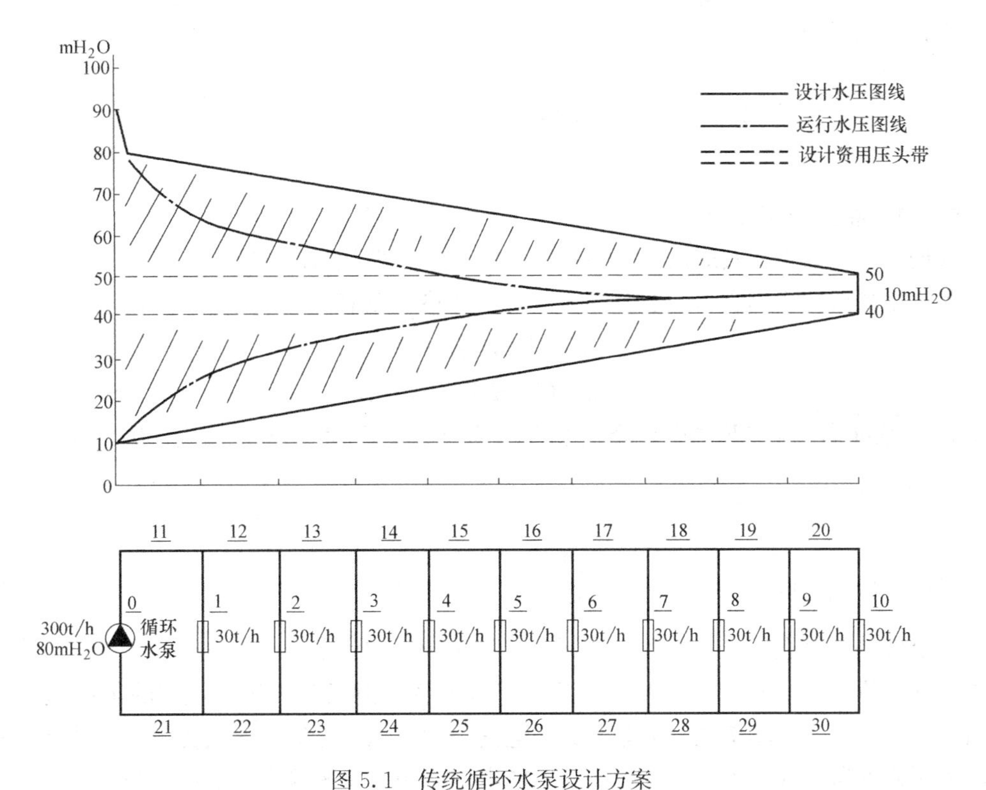

图 5.1 传统循环水泵设计方案

注：0-30 为供热系统各管段编号；0 为热源；1-10 为热用户

情况下，热用户室温不能达标就是很容易理解的事情了。过去长期以来，业内人员对于水力失调、冷热不均现象总是“头疼医头、脚疼医脚”，始终未找到真正的病根。现在可以明确地诊断：主要原因就是传统循环水泵的设计方法不合理。

5.1.2 造成供热系统触效不高的主要原因

20 世纪前半叶，在循环水泵设计不合理的情况下，我国不懂得采用调节阀进行流量调节，而普遍流行以大流量、小温差的运行方式来缓解冷热不均现象。改革开放以来，引进、吸收国外先进技术，采用节流式方法进行流量调节，水力失调、冷热不均现象有了明显改善。现在，若从前瞻的角度思考，过多依靠调节阀进行流量平衡，是有悖于节能减排的原则的。如前所述，采用传统的循环水泵设计方法，在热源近端必然造成过多的资用压头。为了实现设计水压图的运行，满足系统流量平衡，在热源近端必须装设调节阀，消除多余的资用压头。对于图 5.1 的供热系统，1 号热力站的调节阀必须节流 50mH$_2$O 多余的资用压头，其他热力站应相应地节流掉 40mH$_2$O、30mH$_2$O……多余的资用压头。必须指出：调节阀节流过程中，无效损耗的是高品位的电能。从图 5.1 设计水压图上看，在供热系统热媒输配过程中，为了确保设计资用压头带（虚线部分表示），而要损耗大量的无效电能（由两个扇形三角形组成），其输送效率是非常低下的。从能源利用效率方面再次说明，传统循环水泵的设计方法是比较落后的，亟待改进。

传统循环水泵的设计方法，在热媒的输送过程中，不但多耗了电能，还给自身造成了水力失调、冷热不均，这种“作茧自缚”的设计理念，主要弊端是将循环水泵设置在了热源（冷源）处。因此，新的设计方法必须从循环水泵的设置位置上考虑，否则，多余的资用压头就难以避免。

5.2　分布式输配系统设计的基本理念

5.2.1　特兰根定理

根据《网络图论及其应用》[1]的论述，特兰根定理可表述如下：

若集中参数网络具有 $N+1$ 个节点与 B 条支路，设 V_b 与 i_b 为给定向量：

$$V_b=(V_1,V_2,\cdots\cdots V_B)^T;$$

$$i_b=(i_{b1},i_{b2},\cdots\cdots i_{bB})^T;$$

式中，V_b 表示各支路 bk 的电压降，i_B 表示通过各支路 bk 的电流，其中 $k=1$，2，……B，则有：

$$V_b^T i_b=0 \tag{5.1}$$

或可等价地写成：

$$\sum_{k=1}^{B} V_{bk}\cdot i_{bk}=0 \tag{5.2}$$

该定理是可以通过严格的数学证明的（此处略）。因为某支路的电压降 V_{bk} 与其电流 i_{bk} 的乘积，即为其电功率。因此，特兰根定理的物理意义为：任一给定的集中参数的电网络，其各支路的电功率之和为零，亦即电网络中有源元件提供的电功率完全被该电网络中的无源元件所吸收。也可以说，在给定的电网络中，电源提供的电功率等于各支路消耗的电功率之和。

供热系统，作为流体网络，其拓扑结构和电网络的基本规律是完全一样的。因此，电网络中的特兰根定理，也完全适用于流体网络或供热系统。在供热系统中，任何支路的功率，也为管段流量与压力降的乘积。因此，无论供热系统有多少循环水泵，也不管该系统由多少管段组成，其所有循环水泵的电功率之和，必然与该系统各管段消耗的电功率之和相等。对于这一基本规律，不论循环水泵是传统设置，还是分布式输配系统都是适用的。有了特兰根定理作为基本依据，我们能对供热系统的许多实际问题，进行科学而明晰的分析。

5.2.2　分布式输配系统是特兰根定理的具体应用

传统循环水泵的设计，对循环水泵的选择，无论循环流量还是扬程，都是按设计值即系统最大值选取。实际上，只有最末端热力站（最不利环路）的循环环路的压降才与循环泵的扬程相等，其他热力站循环环路的压降都小于循环泵的扬程。同样，只有冷热源母管的循环流量才与系统设计流量相等，其他管路的循环流量都小于系统总流量。显然，按照传统设计理念设计的循环泵，其装机电功率一定远大于系统设计流量匹配所需的输配动力。根据特兰根定理，系统提供的电功率一定等于系统输配所消耗的电能。由于循环水泵选择功率过大，系统流量输配的结果必然远离设计要求，进而发生水力失调、冷热不均现象。通过上述分析，可以很清楚地认识到，最理想的循环水泵的设计，应该是其装机电功率恰好等于系统的设计流量分配所需的电耗，也就是说，循环水泵的设计，应尽量避免多余资用压头的产生。

为简单起见，假定在供热系统的每个管路上设置一个循环泵，该循环泵的装机电功率正好等于该管路完成自身输配功能所需的电耗，此时即可以防止多余资用压头的产生。按照这一思路，对图 5.1 所示供热系统进行重新设计：该供热系统共由 31 个管段组成（同一管段流量相同），即应设置 31 个循环水泵。根据该系统阻力计算结果（见图 5.2 注给出的数据），可分别计算出各循环泵的装机电功率。31 个循环泵的总装机电功率见表 5.1 所示。该设计方案见图 5.2，同时还绘制了相对应的水压图。为比较方便，设该方案为方案 1。

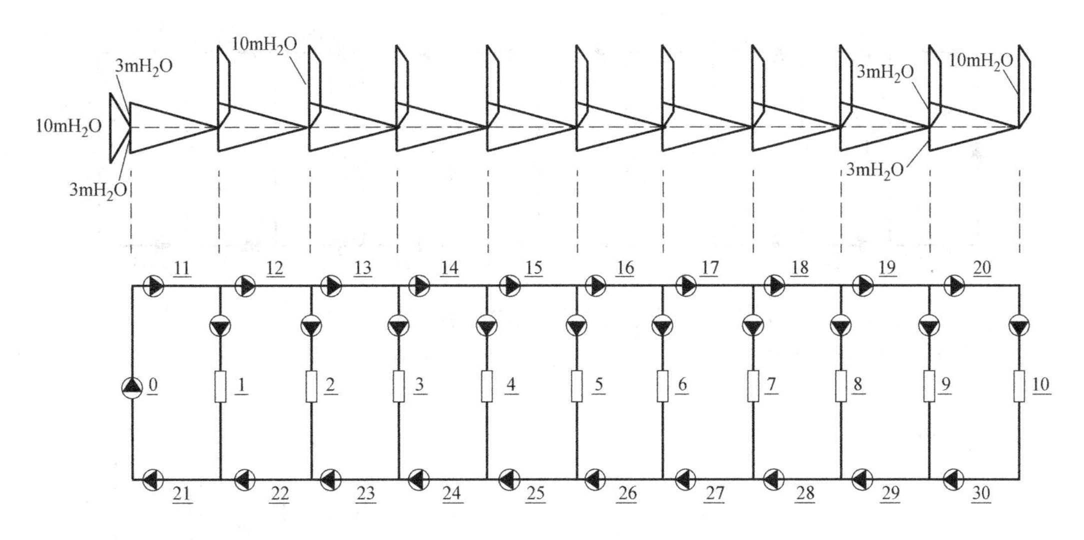

图 5.2 分布式变频循环泵供热系统方案 1

注：热源泵（0）；扬程 $10mH_2O$；流量 300t/h；11-30 供、回水管上的热网加压泵扬程皆为 $3mH_2O$；流量依次为 300、270、240、210、180、150、120、90、60、30、300、270、240、210、180、150、120、90、60、30（t/h）；1-10热用户泵；扬程皆为 $10mH_2O$；流量皆为 30t/h。

方案 2 设置了 21 个循环泵，即每个供、回水干管上设置一个循环泵，在热源处设置热源循环泵，负责克服热源内部水循环阻力以及建立各热力站的自用压头，见图 5.3 所示。

方案 3 是在热源处和各热力站各设置一个循环泵，即共设置 11 个循环泵。各热力站循环泵负责承担管网及热力站内部水循环，供、回水干管上不再设置循环泵，见图 5.4 所示。

各方案循环泵总功率 **表 5.1**

方案名称	0	1	2	3	3^+
循环泵总功率(kW)	93.4	61.9	61.9	61.9	22.6
电耗节约量(kW)	0	31.5	31.5	31.5	70.8
节电百分比(%)	0	33.8	33.8	33.8	75.8

设传统设计方案为 O 方案，并将各方案的总功率汇总在表 5.1 上。现将各方案进行分析比较。

1. 方案 1、方案 2 和方案 3 都比传统方案节电。

从表 5.1 可知，传统方案装机电功率为 93.4kW，而方案 1、2、3 皆为 61.9kW，节

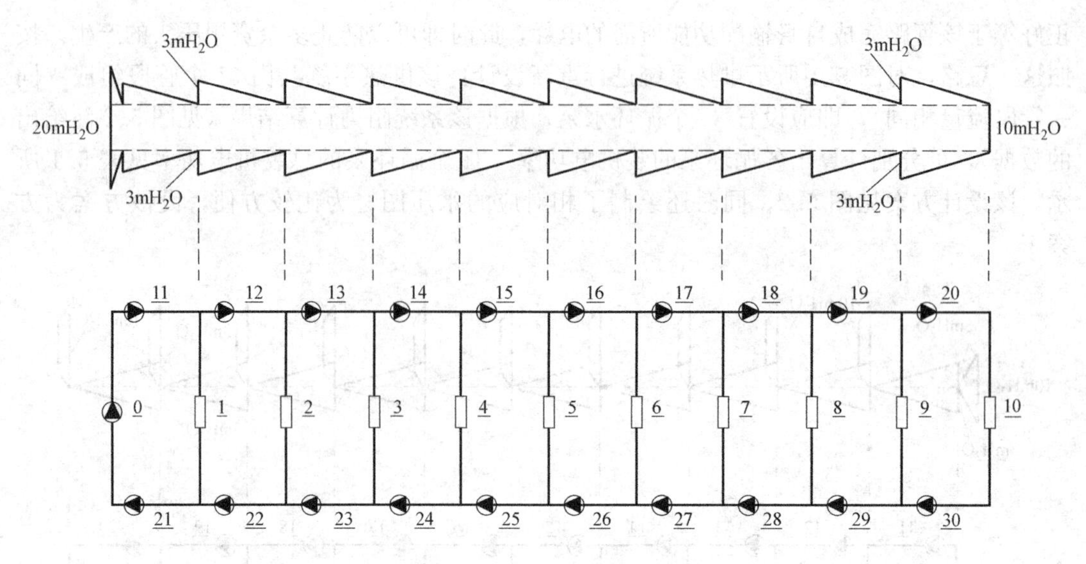

图 5.3　分布式变频循环泵供热系统方案 2

注：热源泵（0）；扬程 20mH$_2$O；流量 300t/h；11-30 供、回水干管上的加压泵扬程皆为 3mH$_2$O；流量依次为 300、270、240、210、180、150、120、90、60、30、300、270、240、210、180、150、120、90、60、30t/h。

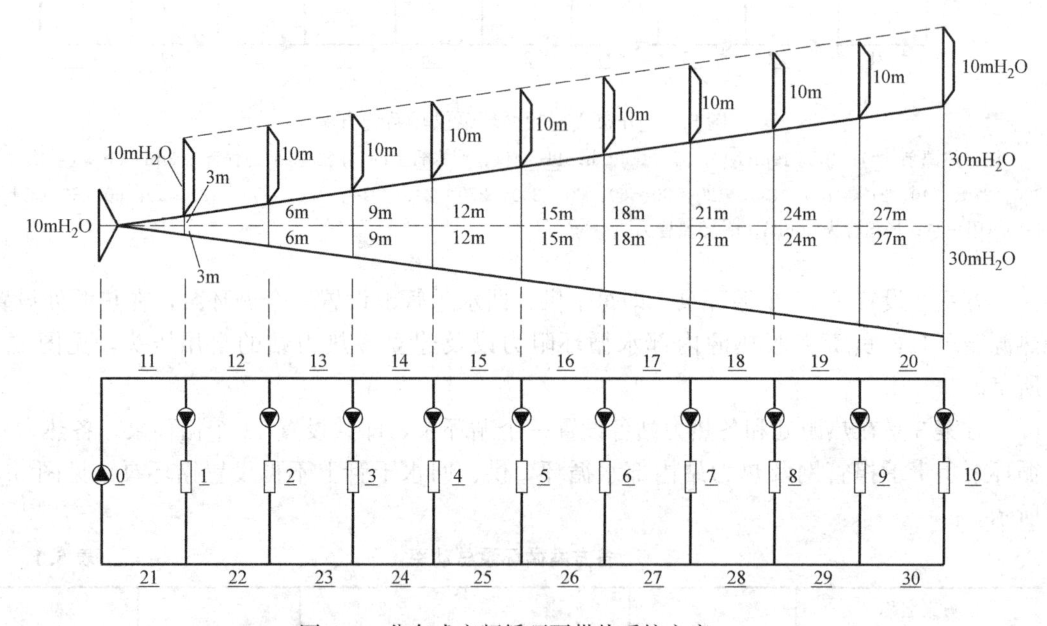

图 5.4　分布式变频循环泵供热系统方案 3

注：热源泵（0）；扬程 10mH$_2$O；流量 300t/h；1-10 热用户（热网）泵；流量皆为 30t/h；扬程依次为 16m、22m、28m、34m、40m、46m、52m、58m、64m、70m。

电量分别为 31.5kW，节电率分别为 33.8%。后 3 种方案装机电功率、节电率都相同，原因是各方案中系统各管段的压降皆相等，并且都没有多余的无效电耗产生，亦即没有多余的资用压头存在。综观方案 1、2、3，之所以没有产生多余资用压头，是因为各个循环泵只完成自身规定的输配功能，没有多余兼职。方案 1，共 31 个循环泵，各司其职，一目了然。方案 2，共 21 个循环泵，除热源循环泵兼顾热源循环与提供各热力站资用压头外，各供、回水干管的循环泵都专一司职，不顾其他。方案 3，有 11 个循环泵，各热力站循环泵只完成自身循环（一级管网与热力站）所规定的输配功能，因此，也没有多余的资用压头。根据这一原理，对于不同的供热系统，可能还会有更多的不同数量循环泵的组合方案。但只要不产生多余资用压头，从节电的意义上讲，都是合理的方案。而传统循环泵，之所以不节电，就是因为其设置在冷热源处，功能兼职太多，无法克服多余资用压头的产生。

2. 方案 3 是理想的可行方案

方案 1 和方案 2 虽然也节电，但循环水泵设置在供、回水干管上，没有可操作性。一般城市供热系统，供、回水干管都敷设在交通干线的地下。循环水泵埋在地下，难以正常运行。而方案 3 中所有的循环泵，不是设置在热源处，就是设置在热力站（或楼栋入口）。无论安装、维修，还是运行管理，都很方便。实际上，方案 3 就是分布式输配系统的典型方案。该方案的基本思路是，循环泵的设置要避免多余资用压头的产生。根据特兰根定理的原理，除在热源（冷源）处设置小的循环泵（只负责冷热源内部水循环）外，其他的循环泵都设置在系统末端（含热力站、楼栋入口和室内系统）。因此，可以认为，分布式输配供热系统本质上就是特兰根定理在工程上的实际应用。

3. 混水连接、间接连接节电效果更明显

图 5.5 给出了 3^{+} 方案，该方案是典型的分布式输配系统。在 11 个循环泵中，热力站循环泵增加了混水功能。二级网供、回水设计温度不变，仍为 85/70℃，一级网设计供、回水温度为 95/70℃。通过二级网回水与一级网供水的混合，将 95℃降为 85℃，其混水比为 $u=2/3$。其他数据见图 5.5 所示。由表 5.1 可知，3^{+} 方案的总装机电功率只有 22.6kW，节电 70.8kW，节电率 75.8%。经深入分析，其节电更加明显的原因是提高了

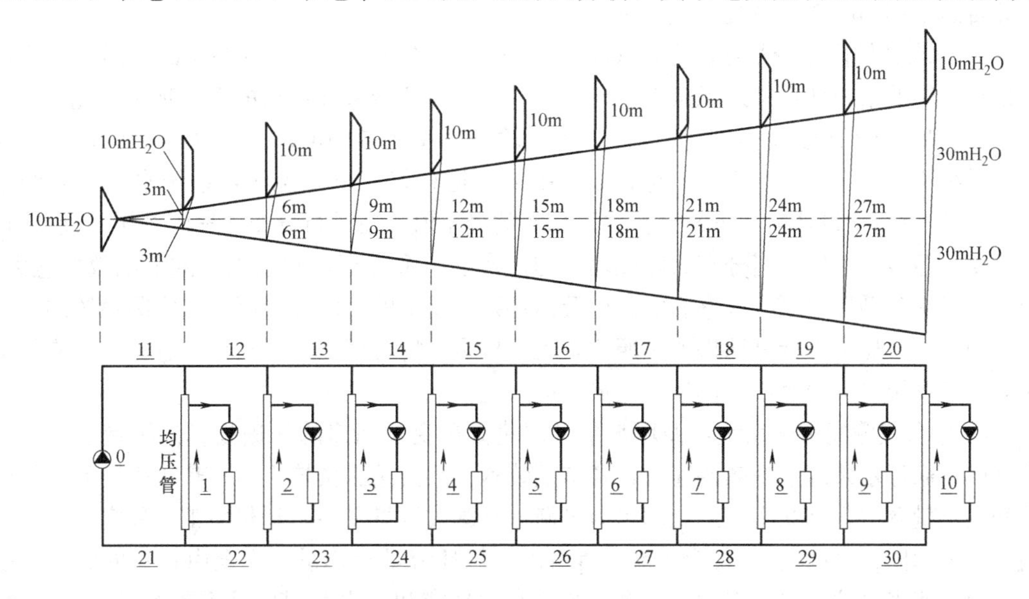

图 5.5 分布式变频加压混水泵供热系统方案 3^{+}

注：一次供回水温度 95/70℃；二次供回水温度 85/70℃；混水比 2/3。热源泵（0）；扬程 $10mH_2O$；流量 180t/h；热用户加压混水泵（1-10）流量皆为 30t/h；扬程依次为 16m、22m、28m、34m、40m、46m、52m、58m、64m、70m。热用户回水混水量皆为 12t/h；热用户一级网供水量皆为 18t/h。

一级网的供、回水温差，降低了一级网的循环流量所致。不难想像，对于间接连接方式，同样可以降低一级网的循环流量，增大一级网的供、回水温差。因此，间接连接方式也采用分布式输配系统，其节电效果一样是明显的。

5.2.3　分布式输配系统的技术特点

1. 对于热媒而言，传统循环水泵是“推着走”，而分布式输配系统则是“抽着走”。因为传统循环水泵设置在冷热源处，地处循环的上游端，所以热媒被循环泵产生的动力推着走是容易理解的。而对分布式输配系统，为了避免多余资用压头的产生，常常将循环泵设置在系统末端（热力站、楼栋入口、热用户）。由于地处循环的下游端，热媒被处于抽着走的状态。有人会担心，系统这样运行可能会出现被抽空的情形。然而在正常运行状态下，系统始终充满水，热媒被推着走还是被抽着走都是一样的，绝对不会出现倒空现象。还有人担心热媒会处于无序流动，这也是不会发生的。对于供水干管，在分布式输配系统中，热媒是在多个循环泵抽着走的状态下流动的。这种流动，其总循环流量是各个循环泵循环流量的总和，它们的流动是在各循环泵共同作用下以平均流速的状态在进行。对于图5.5所示的供热系统，可以设想，在总供水母管中，共有10股（或10根细水管）热媒在有序流动。这样理解，是比较符合流体的基本规律的。

2. 对于分布式输配系统，在水压图上，给水管压力低于回水管压力。这和传统系统供水压力线大于回水压力线正好相反，这是由热媒处于被抽着走的状态决定的。对于一个供热系统，热源循环泵按照传统方式运行，热媒被推着走，供水压力线大于回水压力线；而分布式循环泵则是抽着走，供水压力线低于回水压力线，此时必然在水压图上形成零压力汇交点。图5.4和图5.5供热系统有一个零压力汇交点，位置在热源与外网的连接处；图5.2供热系统有11个零压力汇交点。说明在分布式输配系统中，零压力汇交点的位置和数目是由不同的供热系统形式决定的。

3. 分布式输配系统最小输配功率是由供热系统水力计算结果所决定的。图5.1给出的供热系统的水力计算结果见第5.1节所示，按该计算结果计算出的系统理论输配功率应为37.1kW。当循环泵效率为70%时，系统输配功率为53.0kW；当循环泵效率为60%时，系统输配功率为61.9kW，与表5.1中的数据相符。由此说明：系统水力计算结果（在经济比摩阻的设计前提下）是其输配功率的最小值，在进行分布式输配系统的设计时，一定要参照该计算值；当分布式输配功率与此参照值愈接近，则该设计的节电效益愈大。当然，考虑到循环水泵的效率影响，以及循环泵选型上的不匹配等因素，实际系统的装机输配功率总会比水力计算结果的参照值要大，也是合情合理的。但在设计过程中，应尽量比对，其系统输配功率不能偏离理论最小值太远。

4. 分布式输配供热系统，循环水泵必须建立在变频调速的先进技术的平台上。以此为基础，循环水泵通过变频调速进行各末端装置（热力站、楼栋入口、热用少）的流量调节和供热量调节，借此实现系统的水力平衡（有源式流量平衡）和热力工况稳定。分布式输配系统如同“自助餐”，每个末端装置所需的循环流量和热量，完全由自身的循环泵通过变频调速来自动选取。因此，整个系统的水力平衡和用户室温的达标更容易实现，冷、热源只要适时满足总循环流量和总供热量的需求就足够了。如上所述，足以说明水泵变频调速的重要性。如果只是循环水泵按照分布式输配方式进行设计，而不提供变频调速的自动控制，那样，循环泵始终在工频状态下运行，势必退回到几十年前的末端加压泵的状态，系统工况的恶化是必然的。

5.3 分布式输配系统的设计

通过第5.2节的分析，图5.4和图5.5中的方案3和方案3$^+$可视为分布式输配系统的可行方案。本节将以上述方案为例，对分布式输配系统设计中的技术细节加以说明。

5.3.1 循环泵的选择

循环水泵的选择，主要是确定设计扬程和设计循环流量。对于热源循环泵，其设计扬程即热源内部水循环系统的总压力损失，包括锅炉、配套设备以及管路的压力损失之和。设计流量即为供热系统的总设计流量，取决于供热系统的总热负荷和供回水设计温度的取值。循环水泵扬程、流量一般不需要增加余量系数。

系统末端循环泵，包括一级网循环泵（一般设置在热力站内）、二级网循环泵、热力站循环泵、楼栋循环泵和热用户循环泵等。这些循环泵的设计流量比较容易确定，一般就是所在区段的设计流量；对于一级网循环泵，其设计流量就是一级网该区段的设计流量；对于二级网循环泵，其设计流量即为二级网所在区段的设计流量。末端循环泵的选择，关键是设计扬程的确定。通常的原则是，该循环泵所在循环环路各管段的压降之和为设计扬程。这里最重要的是正确确定循环泵所在的循环环路。如果循环泵的循环环路选择不当，则循环泵的扬程确定必然出现偏差。

表5.2给出了方案3与方案3$^+$的循环泵选择实例。由表5.2所示，热源循环泵的设计流量分别为300t/h、180t/h（后者为方案3$^+$），而各个热力站的循环泵流量为30t/h。同时，给出了各热力站循环泵环路压降值，即其扬程值。对于热力站1，循环泵的循环环路由管段$\underline{1}$、$\underline{11}$、$\underline{21}$组成；对于热力站5，循环泵的循环环路则由11～15、5和21～25组成；对于最远端的热力站10，其循环泵的循环环路由通常理解的最不利环路组成，亦即由$\underline{10}$、$\underline{11}$～$\underline{20}$和$\underline{21}$～$\underline{30}$组成。通过上述数据，不难看出：对于任一供热系统，最末端的分布式循环水泵扬程最大（热力站10的循环泵扬程为70mH_2O）；离冷、热源最近的热力站循环泵扬程最小（热力站1的循环泵扬程为16mH_2O）。

5.3.2 最佳零压差汇交点的确定

在分布式输配系统中，由于热源循环泵与末端分布式循环泵对热媒的推动方式不同，反映在系统水压图上必然会出现零压差汇交点。不同的供热系统，产生的零压差汇交点的数目和位置不同。目前，有不少研究单位把最佳零压差汇交点位置的确定作为课题在研究。有的认为，最佳零压汇交点与供热规模有关；有的把建筑密度的大小作为重要参数。实际上，最佳零压汇交点的确定主要被系统的节电效益所控制。很显然，若以热源为源头，从系统水压图上观察，如图5.6所示，在零压汇交点的上游端，供水压力线大于回水压力线，此区段循环泵一定处于“推着走”的传统状态，因此，不可避免地存在过多资用压头；而在汇交点的下游端，供水压力线低于回水压力线，此压段循环泵处于“抽着走”的状态，亦即是在分布式输配情况下运行，因而没有多余资用压头存在。通过上述分析，不难得出结论：在通常情况下，零压汇交点置于热源出口处是最佳位置选择。

对于大型热电联产供热系统，热电厂的供热首站与城区最近的热用户（或热力站）经常有几十千米的距离，此时，最佳汇交点有两种可能的选择：一是将汇交点仍然置于首站

方案3（方案3^+）循环水泵选择　　**表5.2**

管段编号	流量(t/h)	管段长度(m)	比摩阻(Pa/m)	局阻当量长度(%)	压降(m)	用户1环路压降(m)	用户2环路压降(m)	用户3环路压降(m)	用户4环路压降(m)	用户5环路压降(m)	用户6环路压降(m)	用户7环路压降(m)	用户8环路压降(m)	用户9环路压降(m)	用户10环路压降(m)	热源环路压降(m)
1-10	30				10.0											
11、21	300(180)	384.6	60	0.3	3.0	16.0										
12、22	270(162)	384.6	60	0.3	3.0		22.0									
13、23	240(144)	384.6	06	0.3	3.0			28.0								
14、24	210(126)	384.6	60	0.3	3.0				34.0							
15、25	180(108)	384.6	60	0.3	3.0					40.0						
16、26	150(90)	384.6	60	0.3	3.0						46.0					
17、27	120(72)	384.6	60	0.3	3.0							52.0				
18、28	90(54)	384.6	60	0.3	3.0								58.0			
19、29	60(36)	384.6	60	0.3	3.0									64.0		
20、30	30(18)	384.6	60	0.3	3.0										70.0	
0	300(180)															10

注：方案3^+的流量由括号内数据表示。

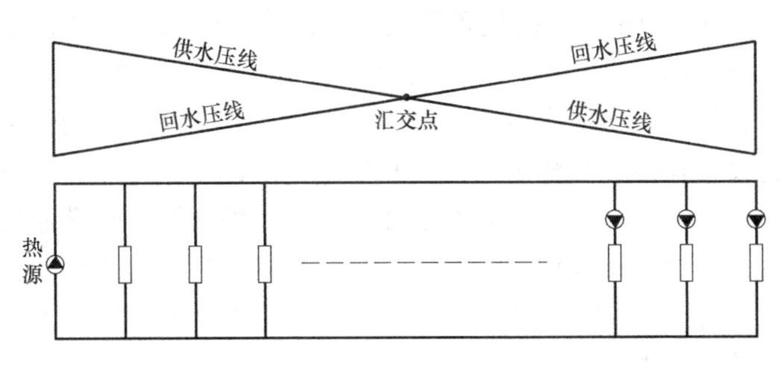

图 5.6 分布式输配供热系统水压图汇交点示意图

出口处；一是将汇交点放在离热源最近的热力站入口处。这两种方案的节电效益是一样的，只是对于后者，首站至最近热力站一级管网的输送功能由热源首站循环泵承担，可以大大降低热力站分布式循环泵的扬程，进而降低其装机电功率。

对于既有供热系统的改造，常常是原有热源传统循环水泵不变，先从系统最末端加装分布式循环泵，借以改善系统末端的供热效果。以此类推，逐渐从末端、中段到近端加袋分布式循环泵，最后，将热源传统循环泵置换为分布式热源循环泵，完成全系统的分布式输配系统的改造。在这一旧系统改建过程中，零压汇交点逐渐由系统的末端、中端向近端推进，直至热源出口处时，供热系统的节电效益才达到最佳值。

5.3.3 沿途加压泵的设置

分布式输配供热系统在运行过程中的一大特点是供水压力线低于回水压力线，因此，易于倒空、汽化的反而是供水干管。考虑到这一因素，在进行系统静水压线（即系统恒压点控制定压）设定时，除了必须满足系统最低供水压力不得低于热媒饱和压力外，还应考虑沿途加压泵设置的可能性。当系统静水压力线不能太高，而管网供水压力过低，可能产生汽化时，有必要在系统供回水干管上加设加压泵。图 5.7 给出了增设沿途加压泵的示意图。供水干管上增设加压泵，可提高供水压力；回水干管上增设加压泵，可降低回水压力。根据实际情况，可分别在供、回水干管上增设加压泵，也可同时在供、回水干管上都加设加压泵。

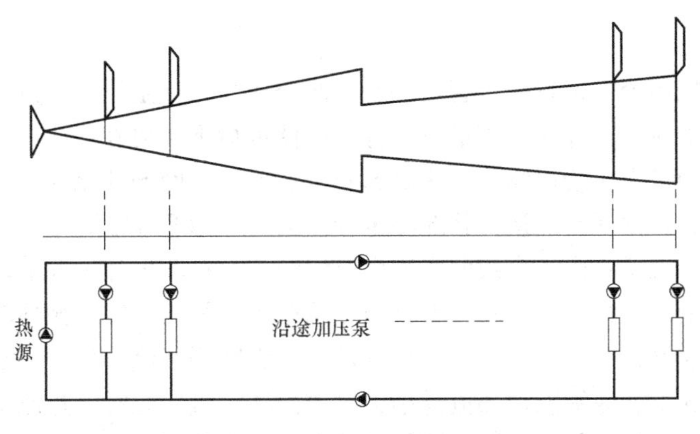

图 5.7 沿途加压泵设置

5.3.4 平衡管的设计

平衡管亦称均压管或解耦管。平衡管是分布式输配系统中不可缺少的重要部件。图

5.8给出了不同供热系统中平衡管的设置情况。平衡管一般就是一节较粗的管段，管内无任何部件，只是在外部高处设放气阀，低处设泄水阀。图5.8中（a）系统适合于大、中型供热系统，平衡管设置在热源出口与外网的连接处。（b）系统适用于小型供热系统或空调系统，平衡管也设置在冷、热源出口与外网连接处。由于系统小，各分系统供、回水母管均直接连接在平衡管上。（c）系统称为二级泵系统，外网循环泵设置在热源处，但与热源循环泵分开设置。这种系统是传统输配系统与分布式输配系统之间的一种过渡形式，平衡管也设置在热源与外网之间的连接处。（d）系统的平衡管设置在热力站或楼栋入口，通常是在混水连接的情况下设置。

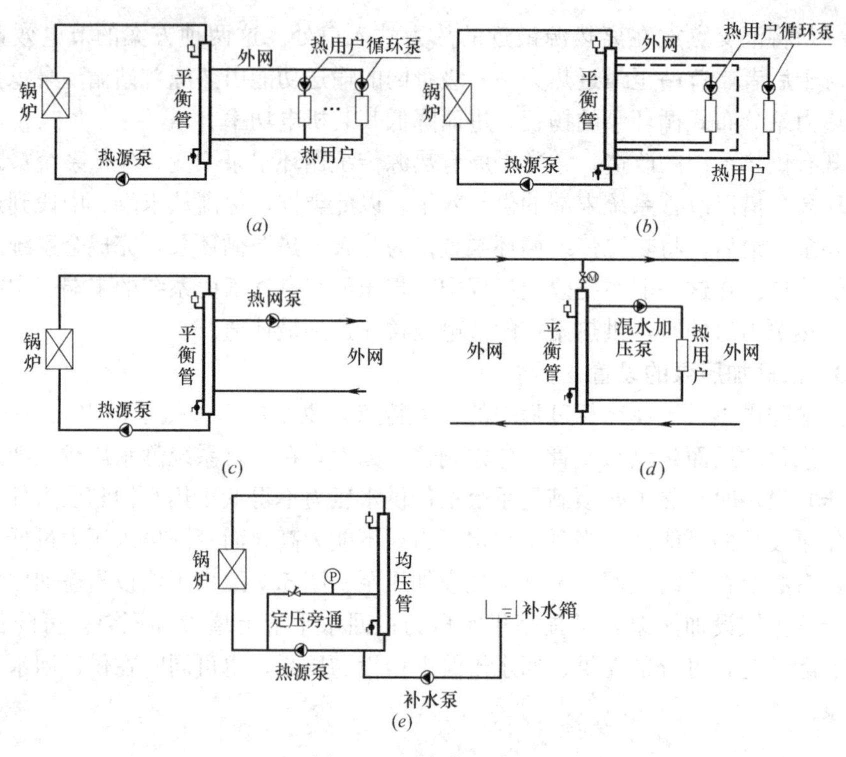

图5.8 平衡管示意图

在分布式输配系统中设置平衡管，一般有两个功能。一是循环流量的均衡作用。通常情况下，冷、热源应在设计循环流量下运行。在低负荷下，可在70%～100%的设计循环流量下变动。波动过大，会影响冷、热源的安全运行。外网循环流量是由末端装置（热力站、楼栋等）分布式循环泵的运行状况决定的。对于一级网的循环流量，在设计工况下，应该等于热源循环流量；由于一级网实行变流量调节，在非设计工况下，其循环流量应该小于热源循环流量。平衡管的设置，就是当热源循环流量与一级网循环流量不一致时，能起到均衡作用：在设计工况下，热源循环流量与一级网循环流量相等，平衡管内热媒不流动；在非设计工况下，一级网循环流量小于热源循环流量，此时，热源多余的循环流量通过平衡管流向回水母管，与一级网总回水流量混合进入热源循环泵。由此可看出平衡管的重要作用，可以说，没有平衡管的流量均衡，分布式输配系统将无法正常运行。

目前在分布式输配供热系统的推广项目中，经常发现一级网循环流量大于热源循环流量。在这种情况下，平衡管中的热媒是从回水管向供水管流动，使热源处的平衡管变成了混水降温管。在热源处的平衡管，采用这种设计、运行方案，本质上是一种变种的大流量、低温差的运行方案，是与分布式输配系统的节能理念背道而驰的。现在在不少空调系统中，由于末端装置的调节阀调节功能的限制，常常在冷源处通过旁通管进行混水升温（由7/12℃升温为8/12℃等），这种方法也是一种大流量、小温差的运行方案，耗能大是显而易见的。如果采用分布式空调输配系统，则流量调节的任务完全由末端分布式循环泵来承担，这样，冷源处就没有必要采取混水升温的耗能措施了。

平衡管的第二个功能是解耦作用。各末端分布式循环水泵在调节过程中如同调节阀调节时一样，相互之间都会有影响，这种影响称为耦合作用。为了减少各末端系统运行参数之间的相互影响，通常将平衡管直径加大，起到解耦作用。这一设计理念最初是法国人提出的，其基本设计原则是将平衡管直径比相邻管段直径加大3倍。由于管径变粗，流经平衡管的流速明显变慢，可近似认为平衡管的压降为0，亦即流进平衡管的压力与流出平衡管的压力相等。由于平衡管是系统各末端循环环路的公用管段，且系统压力工况与流量工况高度关联，因此，当平衡管压力变化不大时，就会有效遏制各环路阀流量调节时的相互影响，进而起到解耦作用。

上述解耦措施对于空调系统和小型供热系统是可行的，但对于大型供热系统，实施起来就有一定困难。目前，对于供热规模比较大的供热系统，其总供、回水干管直径一般都有1.0～1.4m，如果按3倍直径考虑，则平衡管的直径将达到3～4.2m左右，为实际操作增加了难度。如果把平衡管视作旁通空压补水系统中的旁通测压管的一部分，为图5.8中（*e*）系统所示，则平衡管中的压力在运行期间，将永远人为控制在恒压点的压力值上。这样，平衡管既可以达到解耦功能，又可以不必加粗，实现两全齐美的目的。

5.4 分布式输配系统的连接方式

5.4.1 混水连接方式的选优

在分布式输配系统中，混水连接方式除了节能效果明显外，另一优势是能灵活适应热用户对各种不同采暖方式的需求。近年来，除散热器采暖方式外，空调热风采暖、地板辐射采暖等形式大量涌现。散热器采暖需要较高的二级网设计供水温度（一般应在75℃以上，供、回水设计温差为20～25℃）；空调热风采暖二级网供、回水设计温度为60/50℃；地板辐射采暖二级网供、回水温度以45～50/35～40℃为宜。对于分布式混水泵系统，只要改变不同的混合比（二级网混水量与一级网供水量之比），就能很方便地实现上述各种不同采暖形式的参数要求。

1. 混水连接的形式

目前常采用的混水连接方式有以下几种，如图5.9所示。

在分布式混水连接中，为适应自动控制的需要，常在上述喷射泵、混水泵前后的相关位置设置电动调节阀，而且数量不止一个。从近几年对实际工程的观察，上述所有连接方式的设计都比较随意。有的工艺比较合理，有的并不合理，甚至由于工艺不合理，导致本想节能而实则费能的结果。为了优化设计，深入分析上述几种连接方式的特性，进而明确不同工程应具有不同的优选方案，是十分必要的。

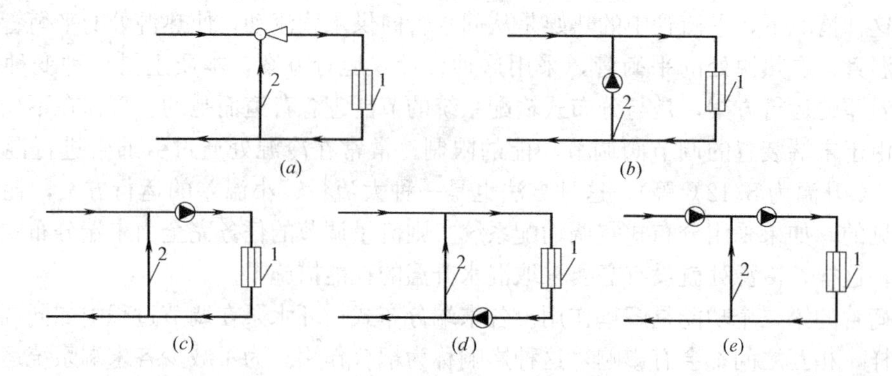

图5.9　几种混水连接方式示意图

1—热用户；2—混水旁通管

(a) 喷射泵；(b) 旁通混水泵；(c) 二次网供水混水泵；(d) 二次网回水混水泵；(e) 一次管网泵，二次供水混水泵

(1) 工况计算的基本公式

混水系统通用示意图如图5.10所示。混水装置（含喷射泵、混水泵）可能分别或同时设置在一、二级网和混水旁通管上。为深入研究混水装置和各种调节阀的优化配置，有必要对混水系统的工况进行基本分析。

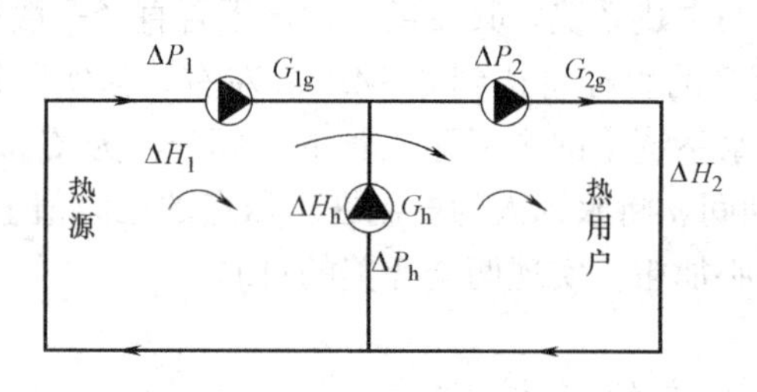

图5.10　混水泵系统通用示意图

根据电学的基尔霍夫定律，可对图5.10中混水泵系统的流量、压力建立如下基本关系：

$$G_{2g}=G_{1g}+G_h \quad (5.3)$$

$$\Delta H_1+\Delta H_2=\Delta P_1+\Delta P_2 \quad (5.4)$$

$$\Delta H_1-\Delta H_h=\Delta P_1 \quad (5.5)$$

$$\Delta H_2+\Delta H_h=\Delta P_2+\Delta P_h \quad (5.6)$$

又根据电学的特兰根定律，可建立各种混水装置的水泵电功率与系统各管段的流量、压降的如下关系：

$$G_{1g}\cdot\Delta H_1+G_{2g}\cdot\Delta H_2+G_h\cdot\Delta H_h=N_1+N_2+N_h \quad (5.7)$$

式中　G_{1g}、G_{2g}、G_h——分别为一、二级网和混水旁通管的流量；

ΔH_1、ΔH_2、ΔH_h——分别为一、二级网和混水旁通管的管段压力降；

ΔP_1、ΔP_2、ΔP_h——分别为一、二级网和混水旁通管的混水装置的扬程；

N_1、N_2、N_h——分别为一、二圾网和混水旁通管的混水装置的电功率。

(2) 混合比

对于各种混水连接方式的供热系统，混合比亦称混合系数，是至关重要的参数。根据定义，混合比u，是进入混水装置（混水泵、喷射泵）的二级网回水流量与一级网供水流量之比，如图5.11所示，则有：

$$u=G_h/G_{1g} \quad (5.8)$$

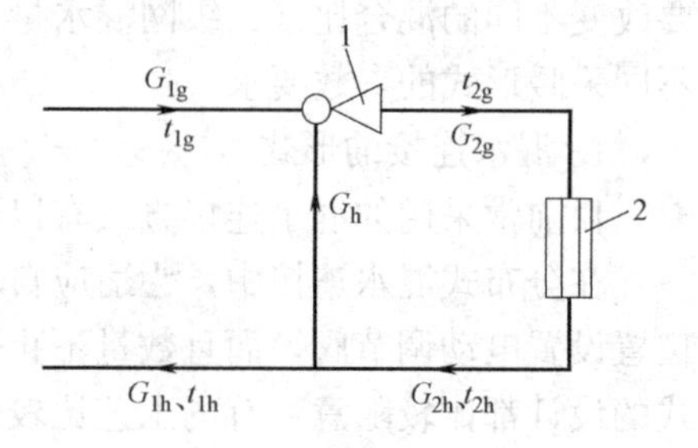

图5.11　混水装置系统

1—混水装置；2—热用户

根据热平衡原理，可得出混合比与一、二级网供、回水温度（t_{1g}、t_{1h}、t_{2g}、t_{2h}）之间的关系：

$$u' = G'_{h}/G'_{1g} = \frac{t'_{1g} - t'_{2g}}{t'_{2g} - t'_{2h}} \tag{5.9}$$

式中带“$'$”者为设计参数。

只要给出一、二级网的设计供、回水温度，就能很方便地算出设计混合比。表5.3给出了供热系统一、二级网常采用的几种设计供、回水温度下的混合比值，以供参考。可以看出：对于热风采暖和地板辐射采暖，混合比是很大的，常在4～8之间。混合比愈大，一级网输送电功率愈小，节电愈明显。

不同参数混合比（u）值 **表5.3**

t'_{1g}(℃)	130						120			
t'_{2g}(℃)	95	85	85	80	60	50	95	85	60	50
t'_{2h}(℃)	70	65	60	60	50	40	70	60	50	40
u	1.4	2.25	1.8	2.5	7.0	8.0	1.0	1.4	6.0	7.0
供热方式	散热器				热风采暖	地板辐射	散热器		热风采暖	地板辐射

t'_{1g}(℃)	110				95		
t'_{2g}(℃)	95	85	60	50	85	60	50
t'_{2h}(℃)	70	60	50	40	60	50	40
u	0.6	1.0	5.0	6.0	0.4	3.5	4.0
供热方式	散热器		热风采暖	地板辐射	散热器	热风采暖	地板辐射

（3）变工况下的混合比

对于图5.10的混水系统，当只有混水旁通管上安装有混水泵时，根据本书第2章式（2-20）可得：

$$\frac{1}{\sqrt{S_{总}}} = \frac{1}{\sqrt{S_2}} - \frac{1}{\sqrt{|S_{hz}|}} \tag{5.10}$$

由于混水旁通管安装有混水泵，则为有源管段，此时混水旁通有源管的总阻力系数S_{hz}应为：

$$S_{hz} = S_h - \frac{\Delta P_h}{G_h^2} \tag{5.11}$$

式中 S_2、S_h、S_{hz}——分别为二级网、混水旁通管和混水旁通有源管段的阻力系数；

$S_{总}$——为二级网与混水旁通管组成回路的总阻力系数。

从公式（5.10）和公式（5.11）可以看出：当旁通混水泵为混水运行时，二级网与混水旁通组成的回路阻力系数$S_{总}$增加，且混水泵转速愈高，混水量G_h愈大，$|S_{hz}|$值愈小，$S_{总}$增加的愈多。

（4）混水特性

根据上述分析，混水连接系统将有如下特性存在：

1）当旁通混水泵运行时，混水系统的混合比为变量，混水泵转速愈高，混合比u值愈大。这是因为，当混水泵起混水作用时，二级网（含混水旁通管）回路$S_{总}$增加，导致一级网循环流量G_{1g}减少。混水泵转速愈高，$S_{总}$增加愈多，G_{1g}减少愈多，G_h增加愈多，亦即混合比u增加愈多。

2）当混水泵单独设置在二级网上（含二级网供水管或回水管）时，混合比u值始终保持恒定（由公式（5.9）决定），与混水泵的转速快慢无关。这是因为：不论混水泵转速如何变化，此时一级网或混水旁通管的阻力系数始终不变（假定管段上的调节阀未加调节），进而导致一级网循环流量 G_{1g} 与混水旁通管流量 G_h 始终成一致等比失调。这一结论，对于喷射泵系统亦完全适用。

3）根据 u 值不变原理，公式（5.9）可扩展为：$u'=u=\frac{t'_{1g}-t'_{2g}}{t'_{2g}-t'_{2h}}=\frac{t_{1g}-t_{2g}}{t_{2g}-t_{2h}}$，式中不带角码，为任意工况数值。

对于任一供热系统，当初调节完成后，各热用户和管网的阻力不再发生改变时，则整个运行过程中，系统混合比保持恒定值。

当二级网的设计供、回水温度确定后，根据不同的调节方式，按照熟知的温度调节公式，很方便计算出随室外温度变化的二级网供、回水温度 t_{2g} 和 t_{2h} 值。同样按照公式（5.9），即可求出不同混合比下一级网随室外温度变化的供、回水温度值。

$$t_{1g}=t_{2g}+u(t_{2g}-t_{2h}) \tag{5.12}$$

$$t_{1h}=t_{2h} \tag{5.13}$$

2. 混水系统的优选

（1）最优目标

根据设计的 G'_{1g}、G'_{2g}、G'_h，通过水力计算，又能确定一级网、二级网和混水旁通管的相应管径 d_1、d_2 和 d_h 以及相应的管段压降 $\Delta H'_1$、$\Delta H'_2$ 和 $\Delta H'_h$。根据公式（5.7）可知，实现上述设计参数的混水供热系统的循环水泵（含混水泵）的最小装机电功率为 N_{min}，即：

$$N_{min}=\Delta H'_1G'_{1g}+\Delta H'_2G'_{2g}+\Delta H'_hG'_h \tag{5.14}$$

很显然，符合公式（5.14）中的 N_{min} 即为混水系统中分布式变频循环水泵（含混水泵）的最优方案。因为此时装机电功率最小，实现了无效电耗为零的工况。凡装机电功率大于 N_{min} 的方案，都将有无效电耗存在（通过节流形式完成），都不是最优方案。分布式输配混水泵系统的设计目的，就是根据不同的实际工程，寻找接近 N_{min} 的设计方案。

（2）几种混水方案的比较

只在一级网上设置循环水泵，在二级网中形不成混水工况，因此，该方案在混水系统中不能成立，应给予排除。能够实现混水工况的，主要有以下四种：方案1，一级网、二级网分别设置循环水泵；方案2，二级网设置循环水泵；方案3，混水旁通管上设置循环水泵；方案4，在一、二级网和混水旁通管的交汇处设置喷射泵。下面分别就这些方案进行比较，寻求节能的最佳方案。

1）方案1，在一、二级网上分别设置循环水泵。该方案的基本理念是，就供热系统的大网而言，完全按照分布式输配循环水泵的设计方法设计：一级网循环水泵担当该热用户（可能是热力站，也可能为楼栋热入口）一级网热媒的输送功能，即循环水泵的流量为该热用户一级网的设计流量，扬程为该热用户与热源组成的环路管网的总压降；二级网循环水泵既完成二级网的水循环，又实现一、二级网的混水功能，其水泵的流量为该热用户二级网的设计流量，扬程为热用户二级网与混水旁通管组成的环路网络总压降。该方案的总装机电功率 $N_{\rm I}$ 由公式（5.15）表示，即：

$$\begin{aligned}N_{\rm I}&=\Delta H'_1G'_{1g}+(\Delta H'_2+\Delta H'_h)G'_{2g}\\&=\Delta H'_1G'_{1g}+\Delta H'_2G'_{2g}+\Delta H'_hG'_{2g}\end{aligned} \tag{5.15}$$

比较公式（5.14）和公式（5.15），因 $G'_{2g}>G'_h$，则有 $\Delta H'_h G'_{2g}>\Delta H'_h G'_h$，即 $N_I>N_{min}$

但在实际工程中，混水旁通管可以设计得很短，而且通过水力计算选取较小的比摩阻，适当选用较大管径，使其压力降很小，即 $\Delta H'_h$趋近于 0。此时，$N_I\approx N_{min}$。

通过上述分析，可以认为：方案 1 是实际工程中比较理想的优选方案。其突出的优点是省掉了混水旁通管上的混水泵，简化了系统结构，使混水旁通管实际上变成了平衡管。在该方案中，一、二级网的水泵既可以安装在供水管上，也可以安装在回水管上，共有四种方案组合。从节电的数量上考虑，都是优选的；从其他因素分析，仍有优劣之分。

2）方案 2，只在二级网上设置循环水泵。该循环水泵既可以设置在二级网的供水管上，也可以设置在二级网的回水管上，其功能一兼三职：既是热用户的循环泵，也是热用户的热网循环泵，还是一、二级网的混水泵。从系统结构上考虑，是最简单的。现对其装机电功率进行考察：该泵的流量为热用户二级网的设计流量；扬程为该热用户与系统热源组成的环路的总压降，即 $\Delta H'_1+\Delta H'_2$，则装机电功率 N_{II}有：

$$\begin{aligned}N_{II}&=(\Delta H'_1+\Delta H'_2)G'_{2g}\\&=\Delta H'_1G'_{2g}+\Delta H'_2G'_{2g}\\&=\Delta H'_1(G'_{1g}+G'_h)+\Delta H'_2G'_{2g}\\&=\Delta H'_1G'_{1g}+\Delta H'_1G'_h+\Delta H'_2G'_{2g}\end{aligned}\tag{5.16}$$

比较公式（5.14）和公式（5.16），由一级网压降 $\Delta H'_1$和混水旁通管压降 $\Delta H'_h$，可知 $\Delta H'_1\gg\Delta H'_h$。因此，$\Delta H'_1G'_h\gg\Delta H'_hG'_h$

这样：

$$N_{II}\gg N_{min}$$

可见，方案 2 虽然系统结构简单，但装机电功率大，不是节能方案。

公式（5.16）还进一步指出，混水方案 2 要实现设定的 G'_{1g}、G'_{2g}和 G'_h，则混水旁通管的压力降必须由 $\Delta H'_h$提高到 $\Delta H'_1$，否则由于混水旁通管阻力过小，通过的实际流量 G_h将远远大于 G'_h，不能满足二级网对其供水温度和循环流量的要求，此时必须通过缩小混水旁通管口径或在该旁通管上加装调节阀，依靠过量节流来提高 ΔH_h。不论采用哪种方案，二级网循环水泵提供的过多电功率将被消耗在混水旁通管上。这种以消耗过多电能换取设定系统工况的工艺设计应尽量避免。

3）方案 3，在混水旁通管上设置混水泵。这种情况通常是在一、二级网供水管的连接点（即混水旁通管的出口点）压力高于一、二级网回水管的连接点（即混水旁通管的入口点）压力时采用。考察供热系统全网的水压图，上述情况出现在供水压力线高于回水压力线的工况。对于传统循环水泵的设计方法（即在热源处设置一个循环水泵），则全网的水压图都处于这种工况；对于分布式输配循环水泵的设计方法，若将系统供、回水压力的交汇点设计在系统中间部位（此方案并不节能），则系统热源至交汇点之间的水压图处于这种工况。

在上述工况下，从理论上讲，混水泵可以设置在混水旁通管上，也可以设置在二次管网上。择优的目标，仍然是混水泵的装机电功率最小。不管混水泵设置在何处，它们的功能是一样的，即能使混水旁通管中的热媒反向流动，进而实现混水。当热用户处一级网的供、回水压差大于等于热用户资用压头时，混水泵应安装在混水旁通管上；当热用户处一级网的供、回水压差小于热用户资用压头时，除混水旁通管上安装混水泵外，还应在热用户的二级网上安装混水泵，其扬程应补足一级网供、回水压差小于热用户资用压头的不足部分。这样设置的混水泵，装机电功率是最小的。

在供热系统的热源近端热用户，常常具有过量的资用压头（超过二级网所需的循环压头），这时，必须采用调节阀加以节流，以防发生冷热不均现象。那么，是在一级网上节流，还是混水后在二级网上节流？选择的原则，仍然是节流耗能最小。由于二级网循环流量、混水量通常都大于一级网循环流量（参见表 5.3），因此，在节流压头相同的情况下，循环流量愈小，节流能耗愈小。由此可知，多余的资用压头在一次网上节流是最合理的，而且可避免旁通混水泵提升多余资用压头，又在二级网上重复节流。至于热用户资用压头不够的问题，应在全盘设计中解决。

4）方案 4，喷射泵设置。该方案是一种传统的混水方式，主要靠一次水通过喷嘴射流，提高热媒的动能，降低其静能，从而吸入二级网回水，达到混水目的。20 世纪 50～60 年代，我国学习苏联，曾广泛应用过喷射泵混水连接方式。但由于喷嘴直径固定不变，混合比不能随供热规模的变化而变化，严重影响供热效果，致使喷射泵混水连接几近淘汰。为克服固定喷嘴的上述缺陷，笔者在 20 世纪 80 年代曾开发、研制过可调式喷射泵（喷嘴直径可调），经工程实践，效果良好。但因种种原因，未能广泛推广应用。

喷射泵混水连接方式具有结构简单、投资运行费用低和操作简便等优点。但在分布式输配水泵技术的广泛应用面前，喷射泵的上述优势已不再明显，反而因效率较低的缺点愈来愈不被人们看好。喷射泵实现混水，必须通过节流完成。因此，混水是以耗能作为代价的。根据电功率可由流量与压力降的乘积来表示，则喷射泵的效率可由下式计算：

$$\eta=(1+u)\frac{p_2-p_h}{p_1-p_h}=(1+u)\frac{\Delta P_2}{\Delta P_1} \tag{5.17}$$

式中　　η——喷射泵效率；

p_1、p_2、p_h——分别为喷射泵前、后和混水入口的压力。

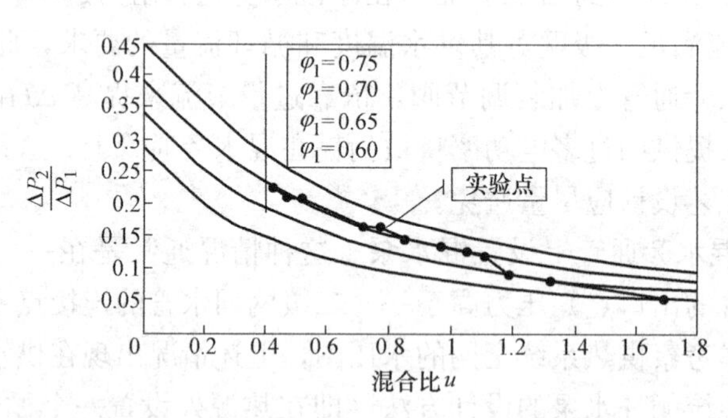

图 5.12　可调式水喷射泵基本性能实验曲线

由图 5.12 可知，混合比 u 愈大，喷射泵前后的压降比愈小，即喷射泵的节流损失愈大，喷射泵的效率愈低。图 5.12 给出：当一级网供、回水温差为 130/70℃，二级网供、回水温差为 95/70℃时，此时的混合比 $u=1.4$，$\Delta P_2/\Delta P_1=0.16$（喷嘴按节流损失最小设计，即喷嘴的速度系数按 $\varphi_1=0.75$ 选取），亦即 P_2 为 $1mH_2O$ 的资用压头时，一级网需提供 $6mH_2O$ 的资用压头，喷射泵节流损失为 $5mH_2O$，这时喷射泵的效率只有 $\eta=40\%$。由图 5.12 可知，当混合比 u 数值要求更大时，效率就更低了。通过上述比较，从节能的意义上考察，在混合比较大的情况下，采用分布式输配水泵混水要比喷射泵混水优越。

3. 几点结论

通过特性分析、方案比较，可对供热混水系统的设计、运行调节和节能效果分析作如下结论：

1）当供热系统采用分布式输配方案设计时，选择双泵系统最节电，即一级网设置循环泵，二级网设置循环混水泵。图5.13给出了四种方案。方案Ⅰ，一级网循环泵设置在回水管上，二级网循环混水泵设置在供水管上，由于循环泵都在低水温下运行，除了节电优势外，还有利于提高水泵的运行寿命，因此，通常情况下，该方案为最理想方案。其他三种方案从节电方面考虑，与方案Ⅰ是一样的，但在特殊情况下，又各有各的优势。从水压图上考察，Ⅱ、Ⅲ型方案的两个循环泵分别设置在一、二级网供、回水管上，二级网水压线与一级网水压线比较一致，适合于地形平坦、建筑层数不多的场合。Ⅱ、Ⅳ型方案的两个循环泵同时设置在一、二级网供水干管上或回水干管上，二级网水压线或高于一级网水压线或低于一级网水压线。因此，当热力站（或楼栋）地形过低或建筑底层适宜采用Ⅱ型方案，即两个循环泵适合于都安装在回水干管上；当热力站（或楼栋）地形过高或建筑高层适宜采用Ⅳ型方案，即两个循环泵都应安装在供水干管上。

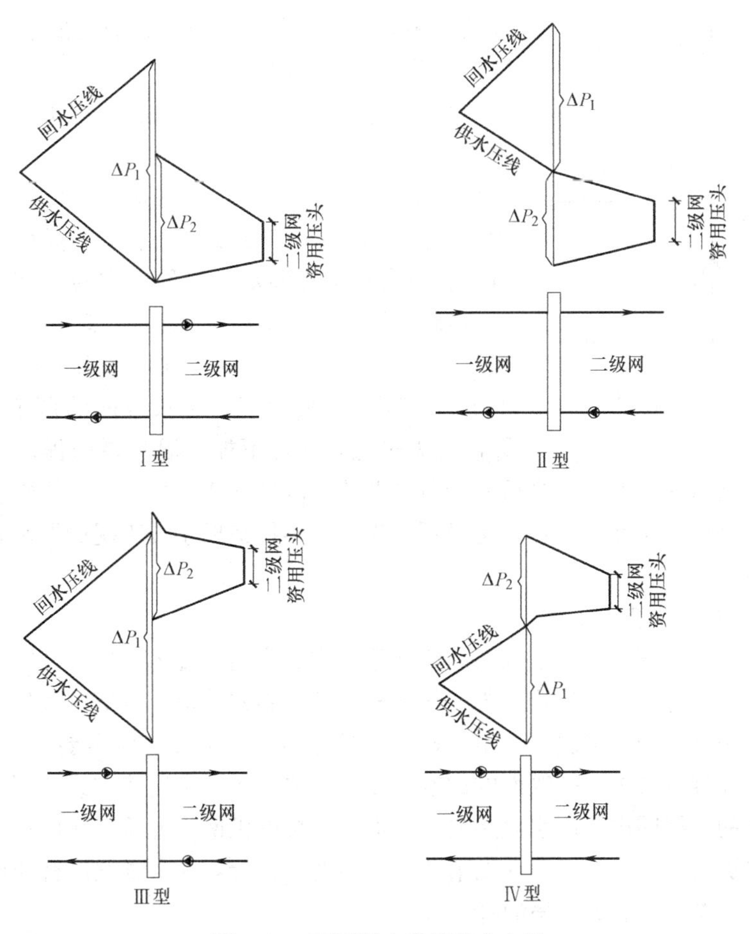

图5.13　双泵混水系统组合方案

2）当供热系统的水压图中供水压力线大于回水压力线时，各热力站（含热入口）的分布式混水泵应置于混水旁通管上，参见图5.13。混水泵的设计流量为符合该热用户的设计混合比下的设计混水量；扬程数值为该混水旁通管的设计压降和该热力站一级网供、回水压差之和。当该压差小于二级网所需循环压头时，还需在二级网上增设循环混水泵（供、回水管上皆可），其扬程宜补足二级网循环压头的不足。这种设计方案，通常在供热改造工程中应用，因为此时的系统循环水泵往往是按照传统方法设计的。对于采用分布式输配循环水泵设计的供热系统，其供、回水压力线的交汇点尽量不要设计在有热用户的区段内，因为这种设计不是节能（电）的最优方案。

3）对于双泵混水系统，运行调节全由双泵的变频调速完成，可以取消电动调节阀的设置。二级网循环混水泵承担二级网变流量调节，一级网循环泵通过变流量调节，实现二级网供水温度的控制。从二级网混水泵的调节特性可知：混水泵进行变频调节，只能改变二级网的循环流量大小，但不能改变系统的混合比数值。这是因为，二级网循环混水泵在调速过程中，一级网和混水旁通管（即平衡管）的循环流量成等比失调变化。在实际工程中，随着供热规模的变化、设计供水温度的调整或热用户采暖方式的更改，为了调节热用户室温，仅有二级网循环混水泵的变流量调速是不够的，还必须能同时改变混水比，进而调节二级网的供水温度，上述调节目标才能实现，为此，需同时进行一级网循环泵的变频调速。在此情况下，以有源式流量调节完全可以代替节流式流量调节。

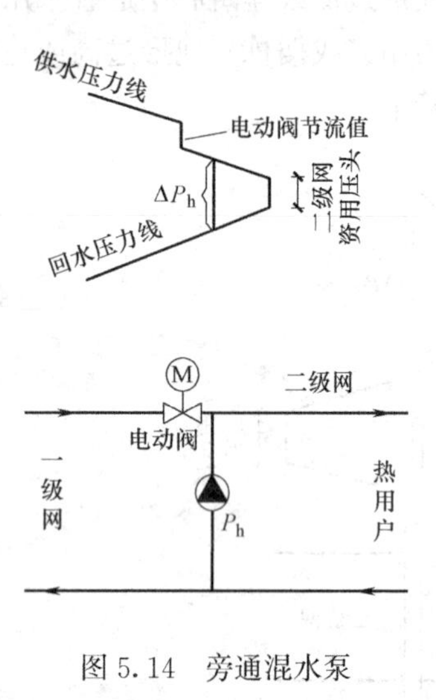

图5.14　旁通混水泵

4）在有多余资用压头存在的情况下，为配合旁通混水泵的正常运行，可适当加装必要的调节阀，参看图5.14。正确的设计，应该把已有的多余资用压头尽量变为有用的正能量，借以减少混水泵的扬程，达到节能的目的。只有在满足混水泵扬程需求的基础上，才能采用调节阀把过剩的资用压头消耗掉。现在，有不少实际工程，在安装混水泵的同时，在混水泵的前后左右安装了不少调节阀。经常发现，混水泵前的调节阀节流过多，即使压力过低，不得不加大混水泵扬程，结果又导致回水压力过高，被迫又在混水泵之后靠调节阀节流，降低回水压力，否则影响整个系统的正常循环。类似这样的设计、运行，是极不合理的，不但造成系统工况的混乱，而且导致能源的极大浪费。

4. 混合系统的构建

以上叙述了混水连接方式在分布式输配系统中的应用。混水连接方式除了节能、灵活适应各种供暖方式外，与间接连接方式相比较，还有结构简单、投资省等优点。另外还须指出，在各种条件相同的情况下，由于换热设备加热侧与被加热侧需要一定的温差存在，因此，在间接连接方式中，一级网的回水温度一般要高于混水连接方式的回水温度，亦即间接连接方式的一级网供、回水温差要小于混水连接的供回水温差，从而在节电的效益上看，混水连接更有优势。从㶲值（见第6章）角度上分析，混水过程没有㶲损失，而热交换过程因存在温差，则有㶲效率的降低。

目前，混水直连方式存在的主要问题是失水率过多和高低层直连的合理解决问题。失水率过多的情况比较复杂，需通过加强维护管理与消除冷热不均等进行综合处理。现在比较突出的问题是热用户人为偷水，造成热源补水的压力。高低层直连问题也是混水直连必须面对的实际问题。目前已有高低层直连机组上市，作者在本章第 6 节也将就这一问题进行操作，力求通过技术进步使问题得到妥善解决。

面对上述实际问题，业内部分人员更愿意采用带有板换装量的间接连接方式。从目前全国的发展趋势观察，两种连接方式都很普遍，但基本上都采用单一的连接方式，即要么采用间接连接，要么采用混水直连，其主要出发点是运行管理比较方便。随着分布式输配系统的广泛推广，人们逐渐认识到依靠水泵的变频调整进行参数调节已经带来很多方便，因此，采用混水直连的频率越来越强烈。为了更大范围地推广分布式输配系统，作者建设大力发展混合式连接方式，即在同一供热系统中，既有间接连接方式，也有混水直连方式。具体在实际工程中，多少供暖面积采用混水直连，多少供暖面积采用间接连接，要根据当地的地形条件、建筑状况、管理运行水平以及使用习惯的因素决定。在分布式混合输配系统中，所有的流量、压力、温度和热量调节都可以通过循环泵的变频调速来完成。这样，分布式输配系统的供热规模可以在更大的范围内实现。

5.4.2 多热源联网的应用

多热源联网供热系统是指多个热源同时向一个供热系统供热。在多热源中一般供热量最大的热源为主热源，通常由热电厂担当；其他热源称为调峰热源。主热源在整个供热期间均按最大供热量运行。在运行初期和末期，只主热源运行即能满足供热系统用热量需求。随着室外温度的下降和供热需求的增加，将依序投入其他调峰热源运行。为了提高供热系统的可靠性，多热源联网系统多设计为环状管网。对于分布式输配系统也完全适用于多热源联网系统。

1. 多热源环状管网

对于大型多热源环状供热系统，除了主干线设置成环状管网，有时重要支线也设计成环状管网。图 5.14 为一典型的多热源环状管网示意图。现将多热源环状管网中分布式输配系统的设计方法表述为下：

(1) 热源循环泵的设置

由图 5.14 所示，多热源环网供热系统由Ⅰ、Ⅱ、Ⅲ热源组成，设Ⅰ为主热源。当供热规模较大时，管网还可以有主环、分环之分。为了提高系统的运行可靠性，环网（特别是主环网）通常采用同管径设置。为方便起见，主环表示出了 1～6 六个热用户（含热力站），分环表示出了 7～8 两个热用户（含热力站）。

在初寒期，只Ⅰ热源启动，系统所有热用户皆由此热源供热。进入中寒期，将有Ⅰ和Ⅱ两个热源运行，此时主环网分成两个供热区，一个供热区由Ⅰ热源供热；另一供热区由Ⅱ热源供热（多热源联网运行叙述详见第 7 章）。当处严寒期时，三个热源全部启动运行，分别将主环网分成三个供热区，每个热源承担一个供热区供热。每个供热区的分界处称为水力汇交点。不难发现，当两个热源运行时，将有两个水力汇交点；当三个热源启动时，必有三个水力汇交点。图 5.15 的水压图是在三个热源同时运行时的情形，并画出了其中两个水力汇交点，分别为 2、5 热用户（另一水力汇交点未画出）。在 2、5 热用户之间的供热区由Ⅰ热源供热，2 热用户（2 热用户由Ⅰ、Ⅱ热源共同供热）以左的供热区由Ⅱ热

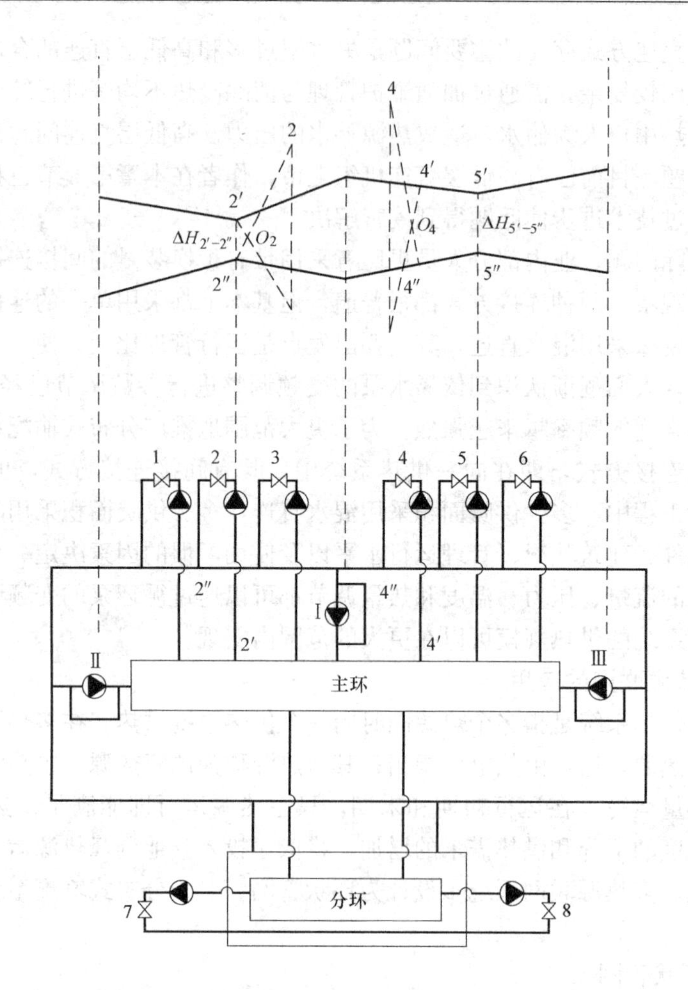

图5.15　多热源环网分布式输配供热系统示意图
Ⅰ～Ⅲ—热源编号；1～8—热用户编号

源供热，5热用户（由Ⅰ、Ⅲ热源共同供热）以右的供热区由Ⅲ热源供热。

从水压图上可以看出，2、5热用户的水力汇交点，其供回水压、力点分别由2′、2″和5′、5″表示。由于在热源至主环网的热媒输送中，循环泵是在“推着走”的状态下工作，因此主环网上的水力坡线呈供水压力大于回水压力的状态。进一步考察还能发现，在同一供热区，水力汇交点处供水压力（2′或5′）最低，回水压力（2″或5″）最高，亦即在同一供热区内，水力汇交点处的供、回水资用压头最小。根据这一特点，可以很容易确定各热源循环泵的选择方法，即各热源循环泵的输送功能，应完成该热源内部循环及一级网至主环网的输送功能，并为自身供热区的水力汇交点建立足够的资用压头（如5～10m H_2O）。由于在整个运行期间，随着室外气温的变化，每个热源所承担的供热区域不同（供热面积不同），因此，其循环流量和扬程都不同，一般应根据其最大供热区（即最大热负荷）来确定设计循环流量和设计扬程。当同一热源在不同外温下所承担的供热面积相差过大时，可设计不同型号的循环泵，以适应不同气温下的运行；当供热面积相差不大时，也可选用同一循环泵，通过变频调速满足不同负荷下的供热需求。

各热源循环泵的共同功能，是将热媒（或热量）输送至主环网，建立主环网的压力工况

（在图 5.14 的水压图中由实线表示）。其水力汇交点 2、5 热用户的资用压头分别为 $\Delta H_{2'-2''}$ 和 $\Delta H_{5'-5''}$，具体数值应保持在 5～10mH$_2$O。从热源循环泵选择的叙述过程可以看出，多热源环网供热系统的主环网相当于一个蓄水池或蓄热池，各热源循环泵的功能只负责把热媒或热量输送到蓄水池或蓄热池，不再承担末端管网与热用户（主环网以外）的输送功能。

（2）末端循环泵的设置

供热系统末端统指热力站、楼栋和热用户，对多热源环网供热系统，主要指主环网以外的部分。首先讨论热力站中一级网分布式循环泵的选型。根据本章第 3 节的论述，应依据一级网循环泵所属热力站的需求进行选型，其循环流量即为该热力站的设计循环流量；扬程为该热力站至主环网之间循环环路各管段压力降之和，当循环环路包含系统的分环环路时（如图 5.15 中分环环路相连接的 7、8 热力站），应选择可能的最大压降为循环环路压降。

在图 5.15 中，还画出了主环网至热力站之间的管网水压图（由虚线表示）。其中零压汇交点 O_2、O_4 都分别设计在热力站 2、4 之前，目的是希望在末端回路上不要形成多余的资用压头，以达到节能的目的。有借于此，主环网的压力工况应以满足主环网自身管路压降与水力汇交点的资用压头为己任。热源循环泵扬程选择过高，反而是画蛇添足，有害无益。

在多热源分布式循环水泵的设计中，热源循环泵与末端循环泵有明确的功能分工。热源循环泵的设计不再考虑系统末端热用户是否有足够资用压头的建立；末端循环泵的设计也不必推敲系统各环路是否压力平衡。总之，在多热源分布式输配系统的循环水泵设计中，能把原来比较复杂的系统工况结构解列为一个比较简单的结构，从而为系统的设计、运行都带来了方便。

2. 多热源枝状管网

图 5.16 绘出了多热源枝状管网供热系统示意图。图中Ⅰ、Ⅱ为两个热源。1、2、3……为若干热用户（含热力站）。对于单热源的枝状供热系统，零压力汇交点设在热源出口处是最节电的，此时不存在无效电能消耗。对于多热源枝状供热系统，如图 5.16 所示，

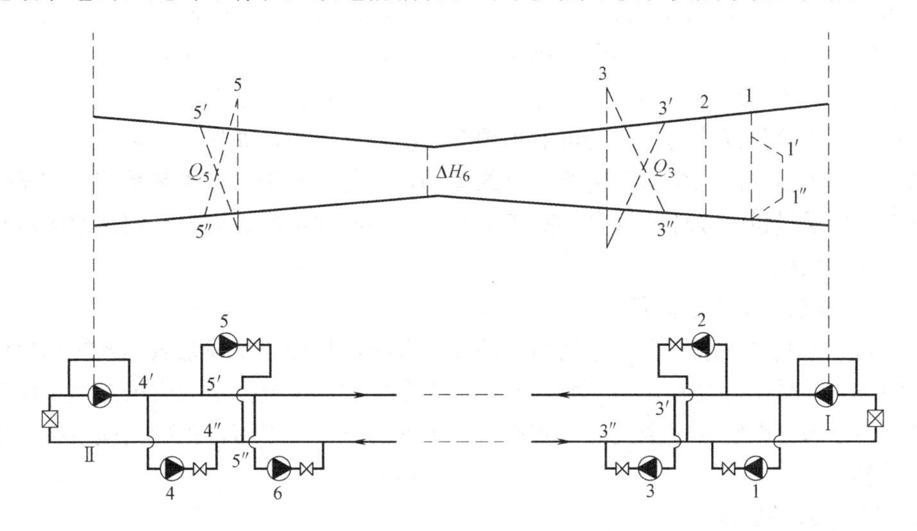

图 5.16　多热源枝状网分布式输配供热系统示意图

Ⅰ，Ⅱ—热源编号；1～6—热用户编号

存在两个热源时，若依然将零压力汇交点设置在热源出口处，则需要对不同运行工况进行实际分析。首先考虑开始供热的初寒期，只启动Ⅰ热源（设为主热源），此时1热力站的一级网分布式循环泵扬程最小，而4热力站（系统最末端）的一级网分布式循环扬程最大，显然系统符合分布式输配的最佳设计理念，因而最节电。但当气温逐渐变冷，热负荷增大，需要启动Ⅱ热源时，运行工况将发生变化。特别当各热源的供热能力不同时，一级网的各分布式循环泵的适应能力将存在困难。如图5.15中，若在某个室外气温下，Ⅰ、Ⅱ两个热源同时运行，主热源Ⅰ承担2/3的热负荷，Ⅱ热源承担剩下的1/3热负荷，在这种情况下，热源Ⅰ分包2/3的供热范围，热源Ⅱ分包其余的1/3供热范围。此时一定会发生离热源Ⅱ近的热用户（如6热用户）必须抽取离热源Ⅰ远的热水热量。然而，这在现实工程实例中是很难做到的。因为离热源Ⅰ越远的热用户，其扬程必须越大，转速必须越快，才能抽取越多的热量。但这样配置的结果是适得其反，是事与愿违地大量抢走了热源Ⅱ的热量。因为该热用户的供热半径离热源Ⅱ更近，由于其抽力大，必然搅乱热源Ⅱ的供热范围，达不到预期的供热目标。由上分析，说明在热源出口处设置零压力汇交点对于树枝状的多热源系统是不适宜的。

对于枝状多热源供热系统，合理的设计方法同环状网一样，热源循环泵的扬程仍然应承担热源内部的循环功能以及系统主干线的输配功能，热力站一级网的分布式循环泵则承担一级网（不含系统主干线）的输配功能。为适应不同外温下各热源分片包干供热的灵活性，系统主干线最好设计成同径的。若为旧系统的改造工程，如主干线全部改造为同管径的，工程量大，但此时必须进行系统流量可及性计算，在此基础上对主干线的管径进行局部调整。

与环状管网有类似的情形，各热源所分色的供热区也由水力汇交点分割，只是在枝状管网中，两个热源由一个水力汇交点分割为两个供热区；三个热源由两个水力汇交点分割为三个供热区……枝状管网主干线的压力工况将由各热源循环泵来建立，其基本原则仍然是保持水力汇交点处的供、回水资用压头在5～10mmH_2O的范围内。图5.15也给出了枝状管网的水压图，实线部分为主干线水压图，虚线部分为一级管网水压图，ΔH_0为水力汇交点处的资用压头。为消除多余资用压头的产生，主干线后的一级管网上的零压汇交点设计在热力站与主干管线之间，如热用户3、5一级网上的零压汇交点O_3、O_5所示。当主干线过长，离热源近端的主干线可能出现多余的资用压头，如热用户1所示。这种不可避免的节流损失是多热源枝状管网所固有的弊端，因此，对于大型供热系统，在条件允许的情况下，应尽量设计成环状管网；对于既有系统的改建工程，应有计划地逐渐将枝状系统改建为环状系统。

5.4.3　复杂工况下的定压

在分布式输配供热系统中，包括多热源联网系统，与传统循环泵供热系统相比较，一个最大的区别是系统设置有众多的循环泵，成为多泵供热系统。由此带来的是系统工况更加复杂。为了保证系统的安全运行，实现压力工况的稳定、平衡，正确实施系统的空压方式尤显重要。

1. 多泵系统的定压

在供热系统中，实现压力平衡最主要的原则是做到四个保证：保证不压坏、保证不倒空、保证不汽化和保证足够的资用压头，这是供热系统维持正常运行、不发生安全事故最重要的技术保障。而实现上述四个保证的核心技术是正确选择系统的定压方式，即使系统的恒压点压力——系统静水压线保持不变。系统定压的根本功能，是保持系统在变工况下，压力的波动始终在预设的安全范围之内。这就像盖房子，系统定压相当于建筑的立柱，只要柱子岿然不动，楼板就不会塌下来。在系统定压的实施过程中，最基础的工作是首先确定供热系统的恒压点位置。对于这一点，我们的传统习惯往往是采用循环水泵的入口点作为定压点。然而，这是错误的。因为在循环水泵转与不转的情况下，入口点的压力是变动的，往往在循环水泵转动的情况下，入口点的压力低于循环水泵不转时的压力。因此，循环水泵的入口点不是系统真正的恒压点，显然这种定压方式是错误的。然而多少年来，业内始终把这种定压方式作为标准设计一直沿用。当供热规模比较小，而且是一对一（一个热源对应一个供热系统）的供热系统时，这种错误的定压方式多数还不至于造成严重的安全事故。但对于多泵供热系统，情况就完全不同了。由于有众多循环泵，自然有众多循环泵的入口点，它们的压力又随着工况变动不断变化。这时系统该选择哪个循环泵的入口点进行定压呢？按照传统的办法实施，肯定是不可能的。在实际工程中，对于供热规格相当大的混水直连系统，由于循环泵数量多，系统定压方式不当会导致系统大范围的串气，严重影响正常供热。这说明在复杂工况下，正确确定室压方式几乎成为第一要务。

对于处于复杂工况的多泵供热系统，最简单、最合理的定压方式是变频调速旁通补水定压。这种定压方式，作者在本书第一版时已经在第 2 章中做过详细介绍，在工程实践中至今也有二十多年的推广经验。这种定压方式最突出的优点是：①在测压旁通管上，能简单方便地确定系统恒压点的位置。由于压力波动小，易于实现定压控制，避免其他定压方式的误控。②适应于各种形式的供热系统。可以是单点补水、单点定压，也可以多点补水，多点定压。③实现无人值守的全自动控制。补水泵的变频调速，节电效益明显。④利用分布式输配系统的平衡管与旁通定压相结合，可以缩小平衡管管径（与相邻母管同径，不再 3 倍于母管管径），降低造价，便于分布式输配供热系统的推广。

2. 高低层直连定压

随着高层建筑的不断涌现，也为定压方式提出了新的课题。过去，铸铁散热器的最高承压能力为 0.4MPa，现在，随着生产工艺的进步，铸铁散热器的最高承压能力可以提高到 0.5～0.8MPa。也就是说，建筑物层高在 16 层以上时，一般才考虑分层定压的问题，否则底层散热器可能压坏。过去，主要靠板换间接连接解决分层定压问题，但由于供水温度较低，难以满足热用户需求，因而有一定的局限性。近年来，国内有些厂家研发了高低层直连供热机组，用来解决高低层直连定压问题，其应用效果基本能满足供热需求。

对于高低层直连供热机组，不同厂家的产品其结构不尽相同，但基本原理大体是一致的，图 5.17 给出了基本结构示意图。高低层直连供热机组主要由加压泵和减压阀（或阻断器）组成。运行期间，加压泵将外网供水抽送至高层热用户，再经减压阀（阻断器）节流，将高层热用户回水压力维持在高层热用户要求的静水压线（保证高层充满水），这样高层即可正常运行供热。当停电或高层停运时，外网按低层热用户的静水压线定压，则高层室内系统的循环热水将发生倒流，此时加压泵出口的止回阀和高层回水管上的减压阀同时关闭，阻止倒流现象发生，这样，系统在停运状态下，形成高层、低层两个静水压区。当加压泵重新启动时，又可实现高、低层同时供热的目的。这种高低层直连供热机组存在的主要问题是不节能。核心技术又在于加压泵的选择和运行上。加压泵的设计流量按高层热用户的热负荷大小确定，一般不存在任何问题。主要是加压泵设计扬程的确定，通常按公式（5.18）计算：

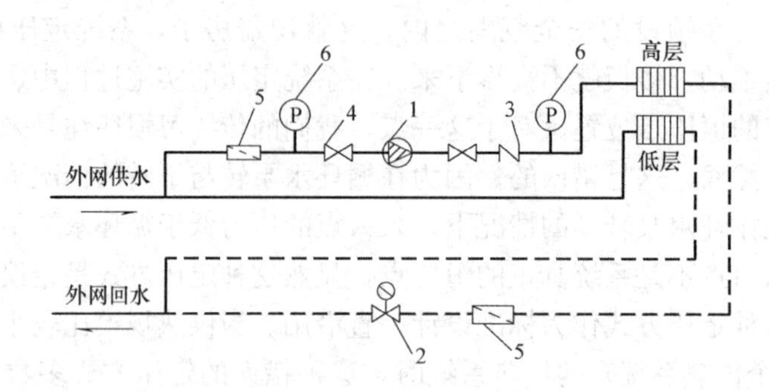

图5.17 高低层直连系统结构示意图

1—加压泵；2—减压阀（阻断器）；3—止回阀；4—阀门；5—除污器；6—压力表

$$H=\Delta H+H_1+H_2 \tag{5.18}$$

式中 H——加压泵的设计扬程，mH_2O；

ΔH——高层热用户与低层热用户的静压差（即地形高差），mH_2O；

H_1——高层系统的阻力损失，即资用压头，mH_2O；

H_2——安全裕量，3～$5mH_2O$。

从加压泵扬程的计算公式可知，高层热用户的室内系统，在运行前并没有被水充满；在运行过程中，高层之所以能循环，完全是由加压泵的高扬程所提升。在能源利用上，这种系统结构本身就不是很合理。为了更有通用性，假定低层建筑高度为50m（若16层，每层3m），高层建筑高度为100m（约32层，每层3m），根据上述高低层直连供热机组的基本原理，可以绘制出运行水压图，如图5.18所示。

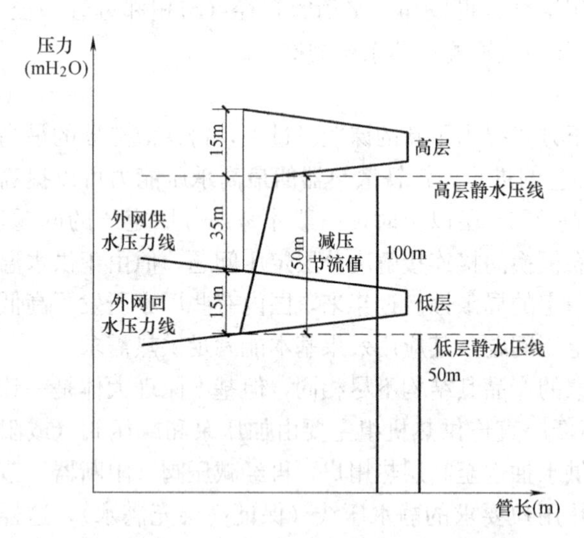

图5.18 高低层直连供热机组水压图

在图5.18中绘出了外网与低层热用户的水压图，其静水压线为50m（为简化起见，未考虑压头裕量），热用户资用压头按$15mH_2O$计。同时，也绘制了高层热用户的水压图，其静水压线为100m，高层热用户资用压头也按$15mH_2O$计。不难看出，此时加压泵的扬程为$50mH_2O$，其中$15mH_2O$是高层热用户系统资用压头所需，剩余的$35mH_2O$只是为了提升建筑高差而增加的，而这种压头的增加又将威胁低层散热器压坏，因而不得不靠减压节流的方式再消耗掉，这种能源（实际是电能）的无效损耗是工艺结构本身造成的。要克服上述缺点，需要从工艺更新上加以改进。

上述高低层直连供热机组能耗损失过大的缺点是由于传统循环水泵的设置造成的。传统循环水泵一般安装在热源处，热水与供热量均由热源向管网、热用户推送，一般供水压力均偏低（特别是中段、末端热用户），与高层建筑所需求的压头相差甚远，这就导致必须选择高扬程的加压泵来实现水头提升的功能，进而引起能耗的增加。要改变高低层直连供热机组不节能的缺点，首先应将传统循环水泵的设计改造为分布式循环水泵的设计。因为分布式循环水泵一般安装在热力站或热用户入口处，其入口端与供水干管相连，出口端与回水干管相连，且分布式循环水泵的出口端有较高的压力，基本能满足高层建筑所要求的扬升水头。这样，高层直连供热机组加压泵的扬程只需满足高层室内系统的水循环就可以了（一般资用压头在 5～15mH_2O 之间），不再负担高层建筑所要求的提升水头的功能。这种分布式循环水泵工艺设计的更新，最大的优点是同时承担了热网的输送功能和高层建筑水头的扬升功能，而且后者是附带完成的，没有增加任何额外的能耗，因此，节能的作用十分明显。这一更新的工艺理念，在图 5.19 中能够表示清楚。

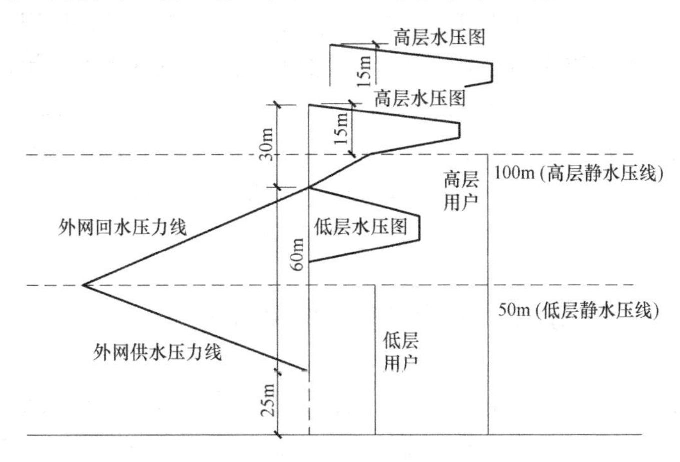

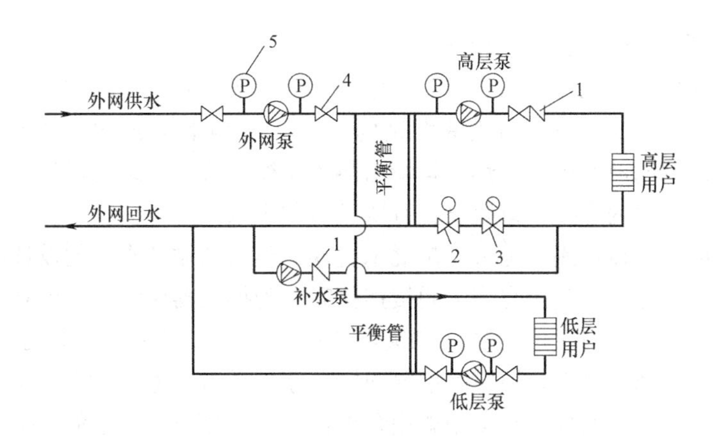

图 5.19 分布式高层直连供热机组示意图与水压图

1—止回阀；2—电磁阀；3—减压阀；4—阀门；5—压力表

图 5.19 给出了分布式高层直连供热混水机组示意图及其水压图。外网泵承担外网的热水循环，低层泵负责低层用户热水循环和混水功能，高层泵负责高层用户热水循环和混水功能。为便于混水，高层、低层均设置有平衡管。根据高层用户与低层用户的建筑高度

的不同，外网泵与高层泵或外网泵与低层泵可以有不同的组合。当高层用户建筑高度为100m，低层用户建筑高度为50m时（实际工程可能有较大出入），外网泵与高层泵都设置在供水管上，而低层泵则安装在低层用户的回水管上。从水压图可以看出，高层用户的水压图将置于外网水压图（外网泵为分布式水泵，回水压力线高于供水压力线）的顶端上部，而低层用户的水压图则在外网水压图顶端的下部。水泵的这种布置方法有如下一些好处：首先是降低了高层泵的扬程。与图5.16和图5.17相比较，在原来的方案中，高层泵的扬程为50m，现在只需30m，减少了20m。其原因是借助外网泵，额外地使水头提升了20m，而这部分扬程是外网泵完成外网热水循环所必须的。这种“巧借力”是分布式水泵的设计理念所特有的，而传统的循环水泵是很难做到的。其次是在低层散热器不倒空的前提下，尽量压低低层用户的水压线。如果条件合适，低层用户部分的外网泵可安装在回水干管上，低层用户泵安装在供水管上，此时低层用户水压图处于最低位置，即低层用户水压图的最低点与外网水压图最低点持平，这时低层散热器处于最安全状态。

在正常运行时，高层用户回水管上的减压阀可以适当调节，使高层用户的回水压力不低于高层静水压线。当高层泵停运时，回水管上的电磁阀与其联动而关闭，与此同时，高层泵前的止回阀也关闭，使高层与低层系统断开，形成两个静压区。高层泵重新启动时，止回阀、电磁阀同时开启，恢复高层用户供热。为进一步节电，可无人值守运行，所有水泵都可设计为变频调速控制。在停运状态，为防止高层亏水，设置了高层补水泵，由外网补水。

5.5　全网分布式输配系统

目前推广应用的分布式输配系统，大多是在热源和热力站设置分布式循环泵，在二级网尚未设置分布式循环泵。为了充分发挥分布式输配系统的节能优势，应大力发展全网分布式输配系统。

5.5.1　全网分布式输配系统的构建

全网分布式输配系统是指从热源至热用户（每家每户）所有的输配功能全部由分布式循环泵承担，见图5.20所示，*a*为系统结构形式，*b*为全网水压图。其中热源循环泵、一级网循环泵的设置同前所述。在热力站新增热力站循环泵，二级网循环泵设置在楼栋热入口，每家热用户在室内系统入口处设置有微型容积水泵。

热力站可以是间接连接，也可以是混水直连。热力站循环水泵的设计循环流量为热力站供热负荷的设计流量，其扬程当为间接连接时，为换热器压降与站内其他管道、设备压降之和；当为治水直连时，应为站内二级网压降之和。二级网循环泵可以设置在供水管上，也可以安装在回水管上，视实际情况而定。家用微型泵也可视现场情况安装在供水管上或回水管上。二级网循环泵与家用微型泵根据室内供热方式确定混水降温参数。

由于热源循环泵和热力站循环泵对热媒而言都处于“推着走”的状态，而一级网、二级网的分布式循环泵对热媒是“抽着走”的方式，所以在全网水压图上将形成O_1、O_2两个零压力汇交点。观察热用户端水压图，当家用微型泵安装在供水管上时，室内水压图高于二级网水压图，这种情况适应于高层建筑；当室内水压图与二级网水压图的压力线相差不大时，家用微型泵宜装在回水管上；当地形过低或底层建筑时，除家用微型泵安装在回

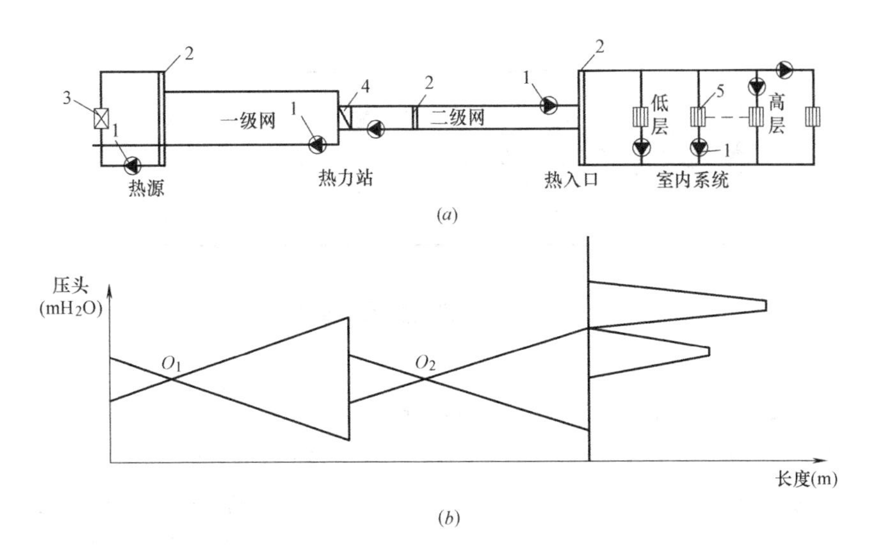

图 5.20 全网分布式输配系统示意图

(a) 系统结构形式；(b) 全网水压图

1—循环水泵；2—平衡管；3—锅炉；4—换热器；5—散热器

水管上，同时二级循环泵宜安装在楼栋的回水管上。

热源、热力站和楼栋热入口因有流量均衡或混水的作用，均需设备平衡管。对于全网分布式输配系统，上述系统结构可以有较大的灵活性。当供热规模不大时，可以取消热力站，直接由热源将热媒输送至楼栋入口；当供热规模大，又不需要中间换热、混水时，热力站可触变为加压站，循环泵变为沿途加压泵。

在全网分布式输配系统中，无论热力站还是楼栋热入口和家用热入口，都需要同时安装循环水泵、换热和混水装置以及各种热计量等仪表，目前以组合机组为多。为配合管道直埋敷设，当今最被业内人员看好的是热力站机组构筑物，它外形美观、紧凑、便于操作，占地小又不占建筑指标，解决了行业一大难题。楼栋热入口也以机组形式安装在地下建筑、楼梯间或室外机组构筑物中。家用微型泵等设备制作成供暖户用调控装置，安装在家用热入口。

全网分布式输配系统强调全网的整体性。当遇到改建工程或条件不成熟时，可按分阶段分步实施的原则进行。以前，多由热源、热力站起步操作，常遇到因电厂、供热企业关心的利益不同而受阻。实际上，一个供热系统最大的薄弱环节是二级网，常常由于年久失修、技术不到位等原因，长期存在的冷热不均现象得不到解决。即使热力站一级网实现了分布式输配系统改造，二级网得到的实惠也很有限。面对这种实际状况，应改变思维，结合供热计量技术的推广，先从二级网起步进行全网分布式输配技术的实施，很有可能带来意想不到的收获。

5.5.2 全网分布式输配系统的优势

推广全网分布式输配系统，将为供热系统的优化运行带来诸多方面的优势。

1. 解决二级网水力平衡的最佳方式

根据本书第 4 章的介绍，对于任一供热系统，人们最关心的水力工况是热用户的流量分布状况。通过基尔霍夫电流定律和基尔霍夫压降定律，可以对图 5.21 的分布式输配系

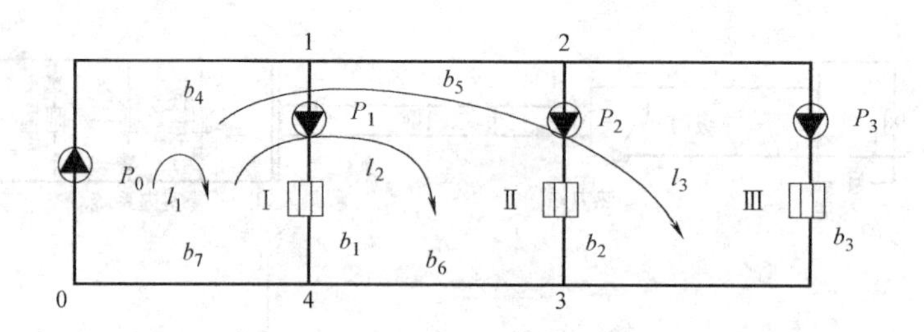

图 5.21　分布式输配系统示意图

统列出方程组（5.19）为下：

$$S_{b_1}G_{b_1}^2+(S_{b_4}+S_{b_7})(G_{b_1}+G_{b_2}+G_{b_3})^2-DH_{p_0}-DH_{p_1}=0$$
$$S_{b_2}G_{b_2}^2+(S_{b_4}+S_{b_7})(G_{b_1}+G_{b_2}+G_{b_3})+(S_{b_5}+S_{b_6})(G_{b_2}+G_{b_3})^2-DH_{p_0}-DH_{p_2}=0$$
$$S_{b_3}G_{b_3}^2+(S_{b_4}+S_{b_7})(G_{b_1}+G_{b_2}+G_{b_3})^2+(S_{b_5}+S_{b_6})(G_{b_2}+G_{b_3})^2-DH_{p_0}-DH_{p_3}=0 \tag{5.19}$$

式中　P_0、P_1、P_2、P_3——分别为热源、热用户Ⅰ、Ⅱ、Ⅲ的循环泵；

$b_1 \sim b_7$——分别为系统网络的管段编号；

0～4——分别为系统网络的节点编号；

$G_{b_1} \sim G_{b_7}$——分别为系统各管段的流量；

$S_{b_1} \sim S_{b_7}$——分别为系统各管段的阻力系统；

$DH_{p_0} \sim DH_{p_3}$——分别为相应循环泵的扬程。

上述方程组（5.19）实际上是系统热用户Ⅰ、Ⅱ、Ⅲ中的分布式循环泵所在循环环路的压降平衡式。同样原理，当一个供热系统有N个热用户时，自然可以列出N个类似的方程组。在全网分布式输配系统中，原则上流量调节全部由分布式循环泵承担，不再安装各种调节阀，因此，系统中各管段（$b_1 \sim b_7$）的阻力系数（$S_1 \sim S_7$）皆为已知值。在分布式循环泵的调速过程中，只有其扬程是变量。根据水泵的工作特性曲线（水泵样本给出），可将热用户循环泵的扬程 DH_{p_i} 拟合成热用户 i 的流量 G_{b_i} 的多项式（5.20）：

$$DH_{p_i}=a_1G_{b_i}+a_2G_{b_i}^2+a_3G_{b_i}^3+\cdots\cdots$$
$$=S_{p_i}G_{b_i}^2 \tag{5.20}$$

式中 a_1、a_2、a_3…系数，通过工作特性曲线拟合求出。

又因循环水泵的流量与其转速成正比关系，因此，知道电机频率、转速，亦知水泵流量。按照公式（5.20）即可求得扬程 DH_{p_i}，或水泵的阻力系数 S_{p_i}。现将（5.20）代入方程组（5.19），可得方程组（5.21）：

$$S_{b_1}G_{b_1}^2+(S_{b_4}+S_{b_7})(G_{b_1}+G_{b_2}+G_{b_3})^2-S_{p_0}(G_{b_1}+G_{b_2}+G_{b_3})^2-S_{p_1}G_{b_1}^2=0$$
$$S_{b_2}G_{b_2}^2+(S_{b_4}+S_{b_7})(G_{b_1}+G_{b_2}+G_{b_3})^2$$
$$+(S_{b_5}+S_{b_6})(G_{b_2}+G_{b_3})^2-S_{p_0}(G_{b_1}+G_{b_2}+G_{b_3})^2-S_{p_2}G_{b_2}^2=0$$
$$S_{b_3}G_{b_3}^2+(S_{b_4}+S_{b_7})(G_{b_1}+G_{b_2}+G_{b_3})^2$$
$$+(S_{b_5}+S_{b_6})(G_{b_2}+G_{b_3})^2-S_{p_0}(G_{b_1}+G_{b_2}+G_{b_3})^2-S_{p_3}G_{b_3}^2=0 \tag{5.21}$$

从方程组（5.21）得知，影响方程组未知变量 G_{b_i} 的唯一参数是水泵的阻力系数 S_{p_i} 值。从式（5.20）不难看出，流量越大，其值愈小，表示阻力愈小；当流量不变，扬程愈小，其值愈小，也表示阻力愈小。在正常情况下，从水泵的工作特性曲线可知，流量愈大，扬程越小（调速状态下也成立），亦即水泵的阻力特性系数愈小，相当于开大阀门。方程组（5.21）有3个方程式，也有3个未知变量G_{b_1}、G_{b_2}和G_{b_3}。只要调整水泵转速，即改变S_{p_i}值，便可通过方程组求解并得到唯一解，即热用户流量G_{b_1}、G_{b_2}和G_{b_3}。对于一个实际供热系统，供热面积愈大，热用户愈多，建立起来的方程组数目愈大。真正的方程组求解应通过计算机的数值法完成。但可以肯定，采用水泵调速的方法调节系统流量，即采用有源式进行流量调节，本质上相当于求解一个数学方程组，而且有唯一解，绝对不会出现振荡现象。

通过调节阀进行流量调节，即采用节流式实现流量调节，本质上和有源式流量调节是一样的，都是在实际工程中求解一组方程组的解。所不同的是，有源式流量调节法节电，不存在节流损失，而且全程自动控制，易于操作；节流式流量调节情况复杂，手动平衡阀工序多、操作难，自力式平衡阀不适应变流量调节，所有调节阀都存在选型不当、影响调节效果的问题。通过上述分析，我国相当数量的二级网至今没有很好地解决水力平衡的难题，有的甚至被迫回到大流量、小温差的运行方式，不但节能减排裹足不前，而且严重制约行业的技术进步。在这种情况下，最佳方式是在二级网先行推广分布式输配系统，采用有源式流量调节法代替节流式调节法，不但水力平衡能得到立竿见影的效果，而且可以反向推动全网分布式输配系统的应用。

2. 推广供热计量技术的最佳途径

有关供热计量技术，将在第6章中详述。这里只就全网分布式输配系统在推广供热计量技术中的优势加以论述。

供热计量技术在推广过程中碰到的最大技术难点是热量的分摊问题。热量作为商品，与电、水、天然气不同，热用户之间会有相当复杂的牵连关系。因此，如何确定由共用的热用户来分摊结算点的总用热量就是必须的。目前已有的几种热量分摊方法，如：热表法、分配器法、流温法、时间面积通断法、室温面积法等，都存在着不完善的地方，从而在推广过程中过到各种各样的阻力。概括起来，存在的所有问题是没有同时解决四种功能，即系统调节、室温控制、热量分摊和计量收费。特别是其中的系统调节和室温控制，这两项如果不能同时得到很好的解决，热量分摊的方法即使考虑得再周全，也不可能是合理的。而现有的几种分摊方法，要同时完成这四种基本功能是很难的。因此，另辟蹊径很有可能带来柳暗花明。

实现全网分布式输配系统，将为同时完成上述四种功能提供可能。前述的家用微型泵如果选用齿轮泵，则具有如下良好的特性：低噪声、可调速和能计量（体积流量）。在全网分布式输配系统中，若家用微型泵选用齿轮泵，则全网的系统调节变得简单易行，二级网的冷热不均亦迎刃而解，这为热量分摊的合理性奠定了基本条件。这是因为齿轮泵能调速，可按热用户的意愿自动实现室温控制，因而不必担心室温过高而出现开窗户等违规行为。齿轮泵还能自动计量体积流量，在此基础上进行热量分摊，更显合情合理。与齿轮泵配套，适当开发必要的软、硬件，即可完成计量收费的所有功能。因此可以说，以全网实现分布式输配系统为技术平台，是推广供热计量技术理想的最佳途径。

3. 实现三零（零节流、零过流量和零过热量）目标的必由之路

供热行业是耗能大户，其中无效耗能的重要原因是供热系统的热效率不高。传统循环

水泵的设计，大流量、小温差落后方式的运行，以及冷热不均的困扰，又是造成系统热效率低下的主要症结表现在系统运行工况上，就是多余资用压头过大，节流损失过多，超常运行流量过多，导致无效的热量浪费惊人。要想提高系统热效率，理想的方案就是实现三零目标。

全网分布式输配系统，包括热用户室内系统，全部采用有源式（即水泵）进行流量调节，不再采用调节阀调节流量，自然就实现了零节流的目的。所有循环泵都实行调速运行，可以保证系统在供热期间始终运行在最佳流量下，这就完成了零过流量的要求。在零节流、零过流量的工况下，依靠全自动控制，实现各热用户室温都达标的目的，显然也就做到了零过热量的要求。因此，可以很正确地肯定，只有推广全网分布式输配系统，才是实现三零目的的必由之路。其他可能的方案，都是无能为力的。

5.6　变频调速是分布式输配系统的核心技术

分布式输配系统是建立在变频调速的先进技术平台上的，因此，系统了解电机水泵变频调速的基本知识甚为重要。

5.6.1　变频调速的基本原理

1. 电机的一般知识

各种电机在结构上都由定子和转子组成。多数电机的定子在外边，固定不动；转子在中间。二者之间隔着一个气隙。几乎所有电机的定子在结构上是完全相同的：在定子槽中安装有U、V、W三相线圈绕组。异步电机的转子有两种基本形式：绕线式和鼠笼式。绕线式的转子绕组是由嵌放在转子铁芯槽内的铜条组成，铜条两端与铜环（或铝环）焊接起来，形成一个闭合回路。鼠笼式转子大部分是在转子槽中用铝和转子铁芯浇铸成一个整体。

电机是根据电磁感应原理转动的。当电机的定子绕组接入三相对称交流电时，在定子与转子的空隙间将产生旋转磁场。由于转子绕组是个闭合回路，在切割旋转磁场磁力线的过程中，自身产生感应电动势和感应电流。根据左手定则，转子将在旋转磁场的作用下产生一个电磁矩，使其转动起来。它的旋转方向与旋转磁场相同，旋转速度略小于旋转磁场的转速。

若定子旋转磁场的转速为n_0，亦称为电机的同步转速，则转子的转速为n。一般n比n_0小约5%，这是引起切割磁力线、导致转子转动进而带动电机轴转动的基本条件。由于转子转速与定子旋转磁场存在转速差，故而称这种工作原理的电机为异步电机。顾名思义，还有一种电机称为同步电机，其特点是转子的转速与定子的旋转磁场为同步转速n_0。与异步电机所不同的是，同步电机的转子磁场不是由定子旋转磁场感应生成的，而是由转子上直流励磁的磁极产生的。

异步电机的同步转速n_0（即定子旋转磁场转速）与转子转速n之差，即（n_0-n）称为转速差。转速差（n_0-n）与同步转速n_0之比，叫做异步电机的转差率，用s表示，即：

$$s=\frac{n_0-n}{n_0}\times 100\% \tag{5.22}$$

转差率是电机的一个重要参数，它可以表明异步电动机运行转速的大小，其变化范围在 $1 \geqslant s > 0$ 之间。在电动机启动瞬间，旋转磁场已经产生，但转子尚未转动，此时转差率最大，即 $s=1$ 电动机转速愈高，转差率 s 愈小，但其值不能等于零。

对于我国，电机在工频下运行时，即交流电源的频率 f 为 50Hz，旋转磁场的转速为每秒 50 个周期。通常，电机的转速以转/分（r/min）为单位，这样同步旋转转速 n_0 和电机转速分别采用下式计算：

$$n_0 = 60f/p \tag{5.23}$$

$$n = 60(1-s)f/p \tag{5.24}$$

式中 p——电机的磁极对数。

电机的功能是用来拖动负载，负载的状况一般反映为电机的转矩 M 大小。电机拖动负载将对外做功，其大小由电机的功率 P 表示，其数值由下式计算：

$$P = M\omega \tag{5.25}$$

式中 ω——电机的转动角速度，其数值为：

$$\omega = 2\pi n \tag{5.26}$$

这样，有：

$$P = 2\pi nM \tag{5.27}$$

表示电机转矩 M 与转速 n 之间的关系称为电动机的机械特性。该参数是通过理论计算或实验测量获取的，图 5.21 给出了电动机的机械特性曲线。机械特性是电动机一个很重要的参数，从图 5.22 可以看出：启动时，$s=1$，$M=M_s$ 称为启动转矩。电机在 $s=s_m$ 时，产生最大转矩 $M=M_{max}$。我们进一步观察到，电机的 s 值处于 0 至 s_m 之间为稳定工作区，亦即 M-s 机械特性曲线中的 0—A 段为稳定工作段。如果电机工作在 0—A 段中的 1 点，此时负载力矩因波动增大，则电动机转速下降，工作点由 1 变为 2，即 s 由 s_1 向右移动到 s_2，电机转矩由 M_1，上升为 M_2，以适应负载力矩的波动。当负载力矩波动恢复正常，电机将自动加速转动，工作点由 2 恢复为 1，电机始终处于稳定工作状态。M-s 曲线上的 AB 段，称为电机的非稳定工作段，一旦电机处于这个工作段；电机会失控，最后停车。还将证明：当电机的输入电压或输入频率变化时，电机的 M-s 曲线也会变化。因此，对电机调速方法的研究必须参照其 M-s 曲线的变化来进行，目的是使电机必须在稳定状态下运行。

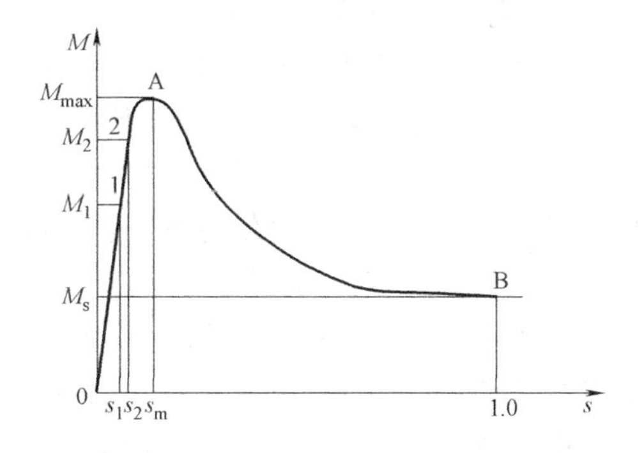

图 5.22 异步电机的机械特性

2. 电动机调速的主要方法

(1) 分类

在电动机拖动的过程中，约 70%以上的电动机需要进行转速调节。这种调速大体上可以分为几种类型：

1）节能调速，主要指水泵、风机、压缩机等通用机械。这一类型量大面广，遍布于各个行业。其特点是功率与转速呈三次方关系，节能效果特别显著。

2）工艺调速，主要指纺织、轧钢、造纸、机床等领域。由于生产工艺的要求，电机必须按照工艺流程进行周期性调速。

3）牵引调速，主要指电气火车、地铁、无轨电车、磁悬浮列车、电动汽车以及电梯、卷扬机、吊车等牵引机械。显然，这些运输工具在运行过程中要求及时、平稳调速，进而达到安全可靠、节能的目的。

4）精密调速，主要指数控机床、机器人以及雷达、巡航导弹等。要求电机实现精密、快速和随动调速，其调速宽域达1∶50000～100000的范围。

由于直流电机易于进行调速，所以传统的调速多用直流电机。但直流电机存在着结构复杂、难于维护、容量不能太大、转速不能太高等缺陷，因此，在应用上受到了限制。交流电机结构简单、维修方便。多年来，人们针对交流电动机调速难的问题进行了深入研究，研制出多种交流电机的调速装置，如：定子调压调速、变极调速、滑差调速、电磁耦合器调速、串级调速、整流子电机调速以及液力耦合器调速等。特别是随着电力电子技术、微电子技术和控制理论的发展，作为交流调速的中心技术——变频调速得到了显著发展，并迅速应用于工业生产的各个领域。变频调速与其他调速方法相比较，具有许多突出的优点，其发展前景十分可观，因此，本节重点讨论变频调速技术。

（2）有转差损耗的调速方法

属于该类调速方法的包括绕线型电机转子串电阻调速、定子调压调速、电磁耦合调速以及液力耦合调速等。

1）绕线型电机转子串电阻调速。绕线型电机转子绕组结构同定子一样，也接为星形三相绕组，再接到转子轴上的三个集电环上。外电路附加电阻是通过电刷与转子绕组串接的。而转差s与串接电阻R_w成正比，当串接电阻R_w改变时，转子电流I_2也随之改变，如R_w增大，转子电流I_2减小，电动机转矩下降，此时负载转矩大于电机电磁转矩，促使电机转速下降，直到负载转矩等于电磁转矩时，电机才在较低的转速下运行。反之，减小附加电阻R_w，则电机转速上升。

这种调速方法，其调速范围小，同时由于采用外接附加电阻，造成了附加能耗损失。需要说明的是，这种调速方法，无论电机转速如何变化，随着附加电阻的变化，转子电流、电动势也相应变化，导致电磁转矩一定等于负载转矩，这一过程负载转矩值不变。因此，这种调速方法仅适用于恒转矩负载的场合，如吊车、电梯等系统。同样，也只能在绕线式电机上使用。

2）定子调压调速。转差n与定子电压U_1的平方成反比变化，因此降低定子电压，可以达到降低电机转速的目的。但是在电机稳定工作的范围内，调速的幅度比较小。虽然这种调速方法比萨简单，但转差损耗却随电压的下降成平方关系上升，因此效率不高。

3）电磁偶合调速。这种调速系统主要由笼型异步电机、涡流式电磁转差耦合器和直流励磁电源三部分组成。直流励磁电源功率较小，由单相半波或全波晶闸管组成，通过改变晶闸管的控制角来改变直流励磁电压的大小。电磁耦合器由电枢和磁极两部分组成，这两部分没有机械联系，都可自由旋转。电枢与笼型异步电机同轴相连，构成主动部分；磁极用联轴器与负载（如水泵）相连，构成从动部分。磁极由铁心和绕组组成。绕组与直流电源连接，使铁心励磁，控制磁场强弱。

电磁耦合器的电枢转速同笼型电机转速，磁极转速决定于磁场强度。通过改变励磁电流的大小（改变直流电源的励磁电压）来改变磁场强度，进而改变转差率，实现水泵调速。励磁电流愈大，磁极与电枢之间的转差率愈小，水泵转速愈快；反之亦然。

电磁耦合调速结构简单、控制装置容量小、成本低，适合于中小容量电机调速。但电磁耦合器有较大转差，最高输出转速仅为同步转速的80%～90%，转差功率以热能形式损耗，效率较低。

4）液力耦合调速。液力耦合器（如GWT型）是安装在电机和工作机械（如水泵、风机）之间的一种可调速的液力传动装置。在电机转速基本不变的情况下，可使工作机械实现宽范围（电机转速的1～1/5之间）的无级变速。

液力耦合器一般用油作为工质，靠机构能与油的动能、压力能的变换来传递功率。其工作原理与结构见图5.23。液力耦合器与电机连接的泵轮以及与负载（水泵）连接的涡轮都有许多径向叶片，电机带动泵轮转动后，泵轮工作通道中的油就由内缘流向外缘，油流通过两轮之间的间隙进入涡轮。当油流从涡轮的叶片外缘流向中心时，就将油流的动能转变为机械能，推动涡轮的旋转，然后油又通过冷却器、油箱、油泵再返回泵轮重复循环。

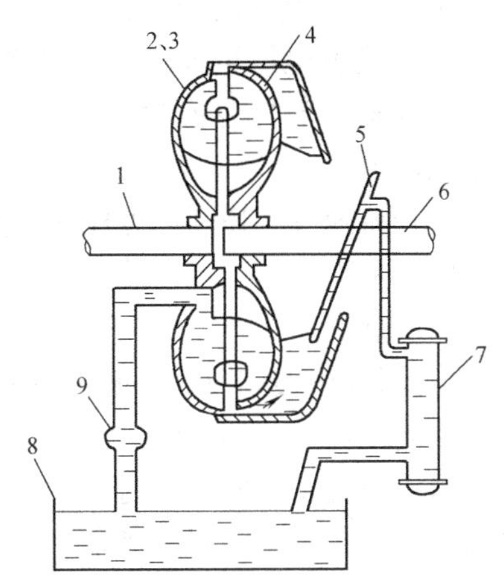

图5.23 GWT型液力耦合调速

1 输入轴；2、3 泵轮和外壳；4 涡轮；5—导管；6—输出轴；7—油冷却器；8—油箱；9—油泵

液力耦合器有一个径向移动的导管，在控制器的作用下，导管可作径向移动。导管口的径向位置决定了导管室里油环的厚度，即决定了工作腔里的油量，而功率传递的多少，就是由油量决定的。当导管向里伸时，旋转着的油环就从导管将油排出，直到导管口与油面齐平为止，这样就减少了油环厚度，使输出的转轴转速下降；反之，当导管外提时，减少排油量，可增加油环厚度，工作腔保持较多油量，输出转轴的转速增加。这样，就可以通过对导管位置的控制达到水泵调速的目的。

液力耦合调速功率适应范围大，可满足几十千瓦至上万千瓦的需要。运行可靠、维修方便、安装费用低。缺点是存在转差功率损耗，高速时效率高，随着转速的下降效率成线性下降。然而即使这样，对水泵、风机等轻负载而言，在低转速下的耗电量仍大大小于阀门节流时的耗电量。当采用热回收措施，将油的冷却热量再利用后，效率将明显提高。

（3）无转差损耗（高效）的调速方法

属于这类调速方法的有变极（磁极对数）调速、变频调速、可控硅（或晶闸管）串级调速和斩波内馈调速等。变极、变频调速和斩波内馈调速的特点是无转差功率损耗，可控硅（或晶闸管）串级调速的特点是能把转差功率回馈回电网，因此这类调速方法效率高。

1）变极调速。异步电机的定子旋转磁场的转速（或称同步转速）n_0 和转子转速 n 由式（5.23）和式（5.24）确定。通常电机转差率 s 很小，当电源频率 f 一定时，转子的转速由绕组的磁极对数 p 所决定。定子中敷设的绕组愈多，形成的磁场磁极对数也愈多，此时转子转速愈慢。这种调速方法为有级调速。一般应用于笼型异步电机，因为笼型异步电机转子的磁极对数自动地跟随定子磁极对数的改变而改变，使定子、转子始终在相同的磁场磁极对数下产生平均电磁转矩。

以前在定子中敷设分离的两套或三套绕组，借以实现两种或三种不同的转速。但定子铁芯大，价格昂贵。目前的做法是仅有一套定子绕组，借助于改变绕组端部的接线方式来变更磁场的磁极对数，称为单绕组多速的电机。

2）可控硅串级调速。可控硅串级调速系统由硅整流器、滤波电抗器、可控硅逆变器、逆变变压器和控制电路组成。

在绕线型电机的转子中不串入附加电阻，而串入一个与转子电势同正弦、同频率的附加电势，也可达到调速的目的。当增加的附加电势，其极性与转子电势极性相同时，转子总电动势增加，转子电流增大，进而电磁转矩增大，电机转速增加；反之亦然。附加电势是由串入转子绕组中的外电源提供的。转子回路附加外电源不但要求正弦，而且要求既要电压可变，又要频率可调，因此需要把转子绕组的感应交流电势通过大功率可控硅整流器变换为直流电势，再经过可控硅开通关断时间，调节附加电势的频率和正弦波形。

这种调速方法还利用可控硅逆变器将直流变为交流，并通过逆变变压器将转差功率回馈电网，从而提高了调速效率。可控硅串级调速的缺点是功率因数较低，产生高次谐波，“污染”电网。

3）斩波内馈调速。斩波内馈调速与可控硅串级调速从本质上讲都是对转子电磁功率进行控制从而达到调速的方法。斩波内馈调速方法与可控硅串级调速不同之处是不用逆变变压器将电磁功率回馈电网，而是在定子上加设一个内馈绕组，将从转子移出的电磁功率又反馈回定子绕组，并在变流主回路中采用斩波数字控制取代移相触发控制，进而提高了可靠性。

斩波内馈调速方法的优点是可实现高压电机低压控制，大容量电机由小容量调速装置控制，因而能控制几百千瓦甚至1000kW以上的电机调速。

4）变频调速。由式（5.23）和式（5.24）可知，在磁极对数一定的条件下，通过改变供电频率 f，也可实现对交流电机的调速。但是电网的频率是不能随意变动的，因此必须通过一个变频装置即变频器来进行供电频率的调节。通常有两种变频方式，一种是把交流电源经整流器整流成直流，再通过逆变器变成频率可调的交流电源，简称“交—直—交”变频；另一种是把交流电源直接变成频率可调的交流电源，简称“交—交”变频。在“交—直—交”变频中，频率的改变是在逆变时通过控制晶闸管轮流导通、关断（换流过程）的快慢实现的。换流速度加快，输出交流电的频率就提高，反之频率下降。这种变频器晶闸管数量少，电路较简单，水泵、风机等轻负载多用这种方法。“交—交”变频器用的晶闸管多，电路复杂，功率因数较低，多用于低速大容量的拖动系统。

变频调速的最大优点是调速过程转差率小，转差损耗小，能使笼型异步电机实现高效调速，其他调速方法都不能获得这样的运行性能。在变频的同时，电源电压也可以根据负载大小作相应调节。此外，还可以在额定电流以下启动电机，因而能降低配用变压器的容量。变频器体积小巧、运行平稳、可靠性高。变频器由于上述优点，在国外已成为电机调速的主要技术，在我国也愈来愈得到广泛应用。随着高新技术的不断发展，变频器的性能必将日趋完美，其成本也会显著下降。

3. 电动机调速的节能效益

（1）转差损耗分析。设在额定转速 n_N 下，转差率为 s_N，电机的输出功率为 P_{20}；在

任意转速 n_2 下，电机的输出功率为 P_2。由于功率 P 与转速 n 的关系为 $P\propto n^3$，因此相对输出功率 $\overline{P}_2$ 可表示为：

$$\overline{P}_2=\frac{P_2}{P_{20}}=\left(\frac{n_2}{n_N}\right)^3=\left(\frac{(1-s)n_0}{(1-s_N)n_0}\right)^3 \tag{5.28}$$

为便于分析，近似认为 $s_N\approx 0$，则式（5.28）可简化为

$$\overline{P}_2=(1-s)^3 \tag{5.29}$$

忽略定子的铁耗（铁心）、铜耗（绕组），以及在额定转速下转子的铜耗，当电机转速为 n_2 时，电机的实际输入功率 P_1（从电网中得到的）应为

$$P_1=P_2/(1-s)=(1-s)^2P_{20} \tag{5.30}$$

由定子输给转子的转差损耗 ΔP_s 为转子的铜耗（绕组的损耗），由下式计算

$$\Delta P_s=sP_1=s(1-s)^2P_{20} \tag{5.31}$$

则调速的相对转差损耗 $\overline{P}_s$ 为

$$\overline{P}_s=\frac{\Delta P_s}{P_{20}}=s(1-s)^2 \tag{5.32}$$

有转差损耗调速的效率 η_s 为

$$\eta_s=P_2/P_1=(1-s)^3/(1-s)^2=1-s \tag{5.33}$$

即转速愈慢，效率愈低。

（2）有转差损耗调速的节能效益。在调速的情况下，电机输入功率为 P_1，电机的转差损耗为 sP_1（即转子铜耗），则有

$$P_2=(1-s)P_1$$

由于在额定转速下，可近似认为输入功率 P_{10} 接近输出功率 P_{20}。这样，在调速情况下，输入的相对功率 $\overline{P}_1$ 可由输出的相对功率 $\overline{P}_2$ 表示

$$\overline{P}_1=\overline{P}_2/(1-s)$$

因此，调速后节约的相对功率为

$$\overline{P}=\overline{P}_{10}-\overline{P}_1=1-\overline{P}_2/(1-s)=1-(1-s)^2=1-\left(\frac{n}{n_0}\right)^2 \tag{5.34}$$

（3）高效调速的节能效益。对于变频调速、变极调速和斩波内馈调速，可近似认为无转差损耗，即 $sP_1\approx 0$ 和 $P_2\approx P_1$，则调速后可节约的相对功率 $\overline{P}$ 为

$$\overline{P}=1-\left(\frac{n}{n_0}\right)^3 \tag{5.35}$$

对于可控硅串级调速，调速后可节约的相对功率 $\overline{P}$ 为

$$\overline{P}=1-\left(\frac{n}{n_0}\right)^3\Big/\eta_c \tag{5.36}$$

式中　η_c——可控硅串级调速时逆变过程的效率，一般 $\eta_c>90\%$。

（4）调速方案的选择原则。选择调速方案时，应综合各种因素加以比较，应优先选择可靠性高、节能率大、功率因数高、投资少、回收期短、产生的高次谐波少和维护方便的方案。

表 5.4 给出了几种主要调速方法的技术经济对比。总体而言，在低转速下，上述 8 种调速方法节能效果都比较明显，因而都是可行的。但高效调速法（无转差损耗调速）效率高于有转差调速法，应优先采用变频调速、变极调速、斩波内馈调速和可控硅串级调速。

液力耦合调速虽然有转差损耗，但其功率适应范围大、价格适中、维护方便，在功率大的大型供热系统中（如功率在上千千瓦）经常使用，并配有冷却回收装置。可控硅串级调速效率比较高，但功率因数低、产生高次谐波、“污染”电网，使用时应采用适当技术措施进行改进。变极调速虽然不能进行平滑无级调速，但简单方便，对于供热规模不大的系统可采用双速、三速水泵作循环水泵，实现分阶段变流量的质调节。从调速性能上比较，最理想的是变频调速，不但节能效益高，而且效率都在80%以上。在50%的相对转速下，其他调速方法的功率因数 $\cos\varphi$ 一般不超过65%，而变频调速功率因数则可达85%左右。变频调速主要不足是初投资较高，约比其他调速方案贵一倍。但变频器的价格会逐渐下跌，目前变频器价格平均1kW功率约900～1000元左右，对于功率不太大的供热系统还是能够承受的。

几种主要调速方案技术经济对比 **表5.4**

调速方案	转子串电阻	定子调压	电磁耦合调速	液力耦合调速	变极对数	可控硅串级调速	变频调速	斩波内馈调速
调速方式	改变转子附加电阻	改变定子输入电压	改变励磁电流	改变供液量	改变级对数 P	改变逆变角	改变电源频率	改变转子电磁功率
调速范围(%)	100～50	100～80	97～10	97～30	100,50	100～40	100～0	100～0
节能效益	节能一般 $\eta\approx1-s$ $\cos\varphi$ 优	节能一般 $\eta\approx1\sim s$ $\cos\varphi$ 良	节能一般 $\eta\approx1\sim s$ $\cos\varphi$ 良	节能一般 $\eta\approx1-s$ $\cos\varphi$ 良	节能优 η 优 $\cos\varphi$ 优	节能良 η 良 $\cos\varphi$ 差	节能优 η 优 $\cos\varphi$ 优	节能优 η 优 $\cos\varphi$ 优
初投资	较低	低	低	较低	最低	高	最高	高
维护	易	易	易	易	最易	较易	较易	较易
市场供应	自行匹配	无系列产品	有	有	有	有	有系列产品	有
对电网干扰	无	大	无	无	无	较大	略有	略有

4. 变频器的设计与选型

(1) 变频器的总体组成

这里主要介绍“交—直—交”变频器。变频器总体一般由主回路、控制回路和保护回路组成。

1) 主回路。主回路是变频器的核心部分，由变流器、滤波器和逆变器组成。

① 变流器。将50Hz交流变直流的部分称为变流器。一般采用大功率二极管或晶闸管组成三相桥整流部。

② 滤波器。经变频器的全桥整流后，产生的直流电压、直流电流其脉动幅度很大，采用滤波器的目的，即可抑制直流电压、直流电流的波动。滤波器由平波电抗器和大容值的电容器组成，前者用于抑制直流电流的脉动，后者能较好地吸收直流电压的波动。

③ 逆变器。逆变器的功能是将经过滤波器后的直流电再逆变为交流电。但这种逆变过程包含着丰富的内容：对逆结果不断进行监测、反馈，根据一定的规律实施调节、控制，将直流电压、直流电流逆变为给定电压、给定频率的交流电。

常用于逆变器中的开关元件有：晶闸管、可关断晶闸管（GTO)、电力晶体管、电力场效应管等。

晶闸管的导通用门极电流触发；关断时，需使正向阳极电流减小到维持电流以下，或在阴极间加反向电压强行关断，即通过换流回路来实现。晶闸管容量可以做得很大，因此，大容量逆变器中应用较多。可关断晶闸管（GTO）也叫门极关断晶闸管，其特点是当向门极注入反向控制电流后，晶闸管能自行关断，不需要换流回路。可关断晶闸管（GTO）与电力晶体管相比较，具有耐压高、容量大、可流通电流大的特点，一般用于容量大的变频器中的开关元件。

晶体管包括晶体二极管和晶体三极管。晶体二极管用于变流器，晶体三极管用于逆变器。随着电力半导体技术的发展，晶体管生产工艺技术不断得到改进，现已实现模块化生产。现代的电力晶体管能生产额定电压1000V、额定电流300A、容量为几百千伏安的高参数产品，它正以高耐压、大电流、高电流放大部数为特征，在变频调速技术中扮演着越来越重要的角色。另外，用晶体管组成的电路，还有如下优点：不需要换流回路，具有体积小、效率高的特点；开关频率可以做得很高，在高频逆变器及脉宽调整型逆变器（PWM）中，晶体管逆变器是主要的电路形式；自保护能力强，一旦有过电流、短路发生，可自动关断基极控制电流以实现逆变器回路的自关断。因此，晶体管逆变器取代晶闸管作开关元件的晶闸管逆变器已成为一种发展趋势。

电力场效应管是根据门极电压的电场效应控制通断的单极晶体管，有自关断能力，但容量较小。

从对电机的供电方式上分，逆变器有两种：电压型逆变器和电流型逆变器。当逆变器的主回路等效于电压源供电，将其电源的直流量通过开关与控制元件转化成交流输出，这种逆变器称为电压型逆变器。如果逆变器的主回路等效于电流源供电，再将电流源的直流量通过控制开关元件变换为交流输出，这样的逆变器叫做电流型逆变器。电压型逆变器有很强的通用性，可驱动各种不同性质负载的电机，特别适合于一套变频设置可同时带动多台负载电机甚至是性质各异的负载电机。电流型逆变器易于对电流实施控制，因此比较适用于对电机进行频繁加速、减速且速率变化大的场合，如钢铁、造纸等行业。

从变频器电压、电流的输出方式上分，有脉冲幅度调节（PAM）和脉宽调节（PWM）两种。PAM控制是改变电压源幅值 E_d 或电流源幅值 I_d 的一种控制输出方式；PWM控制是调节输出波形中半个周期内的脉冲次数，使各脉冲的等值电压为正弦波形，借以减少输出波形中各次谐波的成分。为了尽量抑制与消除输出电流的非正弦波，减少高次谐波引起的损耗，提高低速状态下的调速的可靠性，一般采用脉宽调制即PWM方式。当要求变频器输出较高频率，如300Hz、400Hz时，此时开关元件的开关频率可能高达几千万赫兹，这时采用PWM调制不再适宜，而应采用PAM控制方式的逆变器。

2）控制回路。在电力拖动或电力传动系统中，电机要带动各种机械运转，这些机械就是电机的负载。电机的负载性质因各种机械的不同而异。电机的负载特性和电机本身的机械特性一般都以转速与转矩的关系表示。电机带动机械负载运行时，通过电机的变频调速使电机的输出转矩正好等于负载转矩，此时电机达到平衡点处于稳定运行。电机在调速的过程中，随着定子频率 f_1 的变化，定子电压 V_1 旋转磁场的磁通 Φ_1、电磁转矩 M、电机功率 P、电机效率 η 都将发生变化。针对不同的负载特性，电机在调频 f_1 的过程中，为实现在满足负载特性要求下达到安全、高效、节能的目的，电机的上述参数必须随着频率（f_1）的变化而进行调节。为适应不同的负载特性，电机参数也有不同的控制方法，变频器的控制回路就是为实现这一目的而设置的。

① U/f 控制。由电机与拖动理论可知，电机定子电动势 E_1 为：

$$E_1 = kf_1\Phi \tag{5.37}$$

式中 f_1——电机定子频率；

Φ——电机气隙磁通；

k——电机定子绕组结构常数。

定子电压 U_1 与定子绕组感应电动势 E_1 的关系为

$$U_1 = E_1 + I_1 Z_1$$

式中 Z_1——定子绕组每相阻抗；

I_1——定子绕组每相电流。

若忽略定子压降 I_1Z_1，则近视认为

$$U_1 \approx E_1 = kf_1\Phi \tag{5.38}$$

又知电机转矩 M 公式为

$$M = C_M \Phi I_2 \cos\varphi_2 \tag{5.39}$$

式中，C_M——转矩常数；

I_2——转子电流；

φ_2——转子电压与电流的相位差；

$\cos\varphi_2$——转子电路功率因数。

由式（5.38）和式（5.39）知，当定子电压 U_1 不变，而频率 f_1 增加时，将引起气隙磁通 Φ 的减小，进而引起电机电磁转矩 M 的减小，这就出现了频率调高，承载能力的下降。而当定子电压 U_1 不变，减小定子的电源频率 f_1 时，又将引起 Φ 的增加，进而导致磁路饱和，励磁电流升高，电机发热，效率降低。为了防止上述两种现象的出现，在变频调速过程中，必须采取措施，保证气隙磁通 Φ 不变。由公式（5.38）可知，保持 Φ 不变，前提是 U_1/f_1 的比值不变，这就是 U/f 控制方法的由来。

a. 恒转矩变频调速。在电源频率低于工频（50Hz）频率的范围内，采用这种控制方法。此时始终保持 U_1/f_1＝常数，也就是 M 皆为恒定值，这种控制方法本质上是恒转矩的调速方法，水泵、风机的调速多采用这种方法。此时电机的机械特性见图 5.24，在恒转矩下，电机可有不同的频率和转速，图中 $f_1 > f_2 > f_3$。图 5.25 中曲线 1 表示恒转矩的 U/f 控制模式。

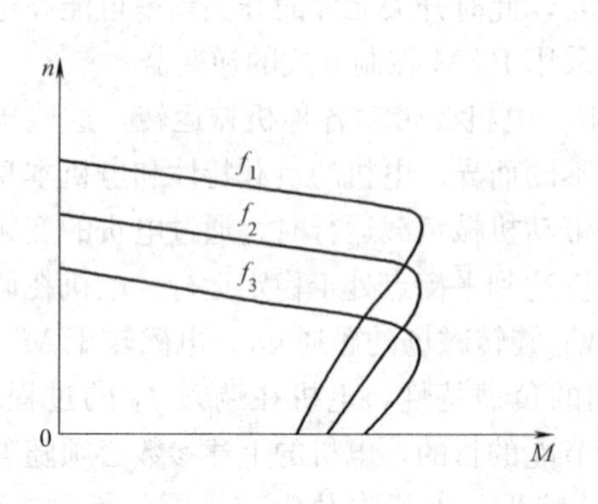

图 5.24 恒转矩变频调速机械特性

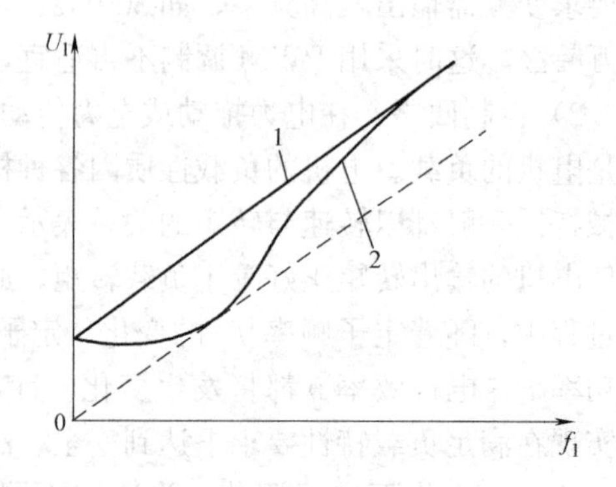

图 5.25 U/f 控制的电压发生模式

b. 平方转矩变频调速。水泵、风机属于平方转矩负载，即其转矩与转速的平方成正

比。因此，U/f 控制按照图 5.24 中的曲线 2 进行，比 U/f＝常数（曲线 1）更符合水泵、风机的负载特性。这种控制，常常采用电压发生模式装置来实现。

c. 恒功率变频调速。当电源频率高于工频（50Hz）范围调节时，在频率 f_1 增加的情况下，U_1 的电压值不能高于额定电压，在 U/f 控制方式中，保持 U_1 不变，此时 U_1/f_1 变小，气隙磁通 Φ 亦变小，电磁转矩 M 也变小。根据公式（5.27）$P=2\pi nM$，则电机功率 P 与电机转矩、转速 n 和频率 f_1 有对应的线性关系。当 f_1 增加即 n 增加时，转矩 M 的减小即可保证在恒功率下运行。

在电源频率 f_1 低于工频（50Hz）范围下调节，实现恒功率运行，U/f 控制应遵循如下关系

$$P=U_1/(f_1)^{1/2}=\text{常数} \tag{5.40}$$

对于机床等负载，属于恒功率负载，变频调速应采用恒功率控制方式。

② 转差频率控制。转差频率控制是一种高性能的控制方法，对于控制性能要求比较高的拖动系统宜采用这种控制。

若设电机的实际角速度为 ω（对应频率为 f，转速为 n），与同步转速 n_0 对应的同步角速度为 ω_0，则有

$$\omega=2\pi f_1, \omega_0=2\pi f$$

进而

$$\Delta\omega=\omega_0-\omega \tag{5.41}$$

称 Δw 为转差频率。根据拖动理论，有电机转矩 M 与转差频率 $\Delta\omega$、气隙磁通 Φ 的平方成正比

$$M\propto\Phi^2\Delta\omega \tag{5.42}$$

转差频率的控制过程为：在控制过程中始终保持 Φ 不变，即 U_1/f_1 或 E_1/f_1 不变，则转矩 M 与 Δw 成单值函数。按负载要求设定转矩 M_g，则对应的亦有设定的 ω_g（电机转速设定值），即有 $\Delta\omega_g$ 设定值。对设定值 $\Delta\omega_g$ 与实测值 $\Delta\omega$ 进行比较，按照控制算法进行控制，直到满足设定值，即达到了控制要求。

③ 矢量控制。直流电机具有调速平稳、调速范围大、调速方法简单的优点，被视为最优良的一种控制传动。但因其结构复杂、价格高等致命弱点，难以在实际中广泛应用。矢量控制方式，其基本思路就是在异步交流电机中借用直流电机的调速方法。直流电机调速的基本依据为

$$M=K\Phi I_a \tag{5.43}$$

式中　K——比例常数；

I_a——电枢（转子）电流；

Φ——气隙磁通，且 $\Phi\propto I_e$，即由励磁电流 I_e 决定。直流电机就是对两个独立的变量电枢电流 I_a 和励磁电流 I_e 进行调节而实现调速控制的。

矢量控制的原理是用直流电机的方法模拟一个旋转磁场，使其等效于交流电机的旋转磁场。所不同的是，在直流电机中，励磁绕组的励磁电流 I_e 和电枢绕组中的电枢电流 I_a 都是交流电流。

利用等效的方法，通过坐标矢量的变换，可将等效旋转磁场中的励磁电流 I_e、电枢电流 I_a 和交流电机的三相电流 I_U、I_V、I_W 之间建立确定的关系。这种变换的本质是将

交流电机的电流、磁通、转矩等高耦合参数进行解耦，将励磁电流 I_e、电枢电流 I_a 从中分离出来，成为独立变量进行控制，达到电机调速的目的。

对交流异步电机实现类似直流电机中励磁与电枢电流的二元控制，也能获得同样优良的调速特性，同时还有无需维修、可高速运转等优点。

④ 控制回路组成。控制回路的功能，就是实现上述各种控制方式，使变频器有效完成电机的调速任务。控制回路包括以下组成部分：运算单元、驱动单元、保护单元、电压和电流检测单元、速度检测单元。由图 5.26 可以得出，控制回路的作用是向变频器主回路提供和发出控制指令信号，使其按设定值进行调频、调压，向电机供电。

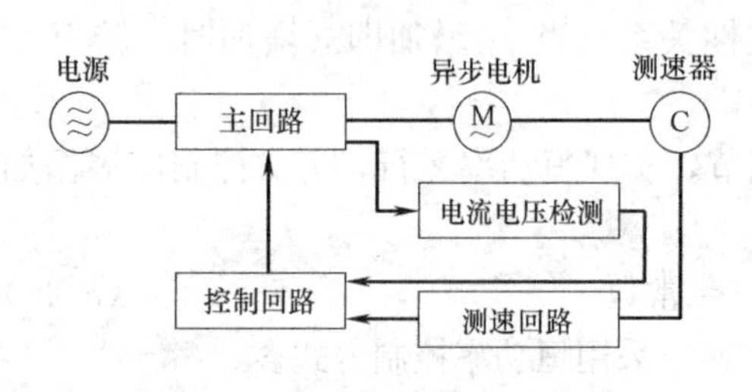

图 5.26　变频器控制回路框图

当控制回路中的速度检测单元不工作时，在回路中没有速度检测的实际值反馈给系统，此时控制回路称为开环控制，U/f 控制属于开环控制。当速度检测单元工作，有速度实测值的反馈，进而精确控制转速，称为闭环控制，转差频率控制和矢量控制属于闭环控制。

控制回路的工作过程：将电机的有关转速、转矩及主回路中的有关电压、电流检测值反馈回控制回路中的运行单元，与设定值比较，按照给定的控制规律，将计算出的频率、电压、电流等参数的控制指令通过驱动单元传送至主回路，在主回路中的开关元件根据上述控制指令进行导通与关断，实现对转速、转矩等的调节。

3）保护回路。保护回路即控制回路中的保护单元。保护回路有两大功能：既对变频器进行保护，也对电机进行保护。对变频器的保护功能为：

① 过载保护：变频器输出电流超过额定值，并连续超过规定时间称为过载。出现过载情况，保护环节动作，防止变频器元件损坏。

② 瞬时过流保护：当电机负载一侧发生异常，如短路或电流异常，该保护环节立刻停止变频器的工作，实行保护。

③ 再生过电压保护：当变频器控制电机迅速减速时，系统会将一部分机械能转换成电能回馈电网，这样将导致直流电路电压升高并超过规定值，此时保护环节动作，使变频器停止工作或瞬间停止继续减速，实现再生过电压保护。

④ 瞬时停电保护：极短时间（如几个毫秒）内的停电，控制回路还能正常工作，但停电时间稍长，控制回路就会发生误操作。为防止调速系统出问题，该环节必须立即执行保护功能。

保护回路对电机有如下保护功能：过载保护、超速保护、失速过电流保护、失速再生过电压保护、电机风冷异常保护。

（2）变频器的选择

目前市场上提供的变频器主要以国外产品为主，如：德国西门子、瑞典 ABB、日本富士、丹麦丹佛斯等，有的是原装进口，有的是在我国建厂生产，一般产品比较过关，质量可靠。近些年来，已有国内产品，其产品性能、质量正在经受市场的检验。对于多数客户来说，无论是变频调速装置系统的生产者还是工程项目的甲方，都是把变频器作为调速控制系统中的一个重要设备来配置的。因此，在工程项目的设计中，最重要的是变频器的正确选择。本节就是介绍如何根据具体的工程项目正确选择变频器或变频调速装置。为此，有必要了解变频器的一些知识。

1）变频器的生产标准。对变频器的生产制造，各个国家都有相应的标准。变频器的出口、销售都必须符合各个进口国的有关标准。美国的标准为 UL，日本的标准为 JEC 和 JEM，加拿大的标准为 CSA。无论哪个国家，制定标准的目的是确保设备、器具和材料的安全性，以防止火灾和其他事故对生产和财产造成伤害和损失。标准的主要内容有：安全规格——制定关于安全的标准；安全试验——根据标准进行检查和试验，试验结果向有关部门、团体公布。对于变频器，必须遵守上述标准的元件有电线、端子盘、印刷基板、印刷板喷涂剂、塑料成形品、主回路滤波电容、主回路电感、控制继电器、连接器、半导体整流装置、晶闸管变换装置、配电盘、绝缘材料与绝缘做法等。

2）变频器的规格与性能。变频器的规格和性能，由厂家提供的产品文件向用户（购买者）加以说明。产品文件主要指产品目录和使用说明书。产品目录的主要内容有：标准规格、通用规则、产品系列、标准接线图、产品技术规格、参数一览表、端子说明、外形尺寸图、外围设备选择、使用注意事项、选用件、应用例、专用电机等。使用说明书的主要内容有：安全使用规程、操作、启动、开闭环控制、配用软件、接口、过程数据等。当然，不同厂家的产品，提供的产品文件内容不尽相同，但总体内容比较接近。以下分别对产品文件的具体内容概括作些说明：

① 标准规格。主要表明型号容量——型号大多由系列号与容量组合而成。容量指可供电机的输出功率，单位用“kVA”表示视在功率，单位用“kW”表示有功功率。目前的变频器容量一般在 0.37～1500kW 之间。产品系列则给出不同输出功率的品种系列。如丹麦丹佛斯公司 VLT2000 系列，输出功率范围为 0.37～4kW；而 VLT3000 系列，输出功率为 1.1～250kW。瑞典 ABB 公司 ACS400 系列的输出功率为 2.2～37kW，ACS600 系列为 2.2～110kW。

额定输出电流与电源设备容量——给出了在额定电压下，变频器能够连续输出的电流值，这是选择变频器的重点之一。电源容量包括电源变压器容量必须的足够余量。

允许电压变化范围——最低限度为额定电压±10%以内，这是确保变频器输入端电源质量的指标之一。

② 通用规格。主要给出最高频率与最低频率即调速范围，以及频率的分辨率；同时给出输出控制方式，如脉宽调制 PWM 或脉冲幅度调制 PAM 等；另外还给出频率设定信号，是采用内部信号还是外部信号；给出周围环境温度也是一个重要指标，特别是装在柜内（盘内）的变频器，如果环境温度超过温升极限，将大大降低变频器的使用寿命。

③ U/f 控制模式。U/f 控制模式种类较多，产品文件将给出可供用户挑选的控制模式，如恒转矩负载，为增大节能效果而用于减转矩负载（如平方转矩负载）等。

④ 输出特性。用变频器传动电机时，在安全温度下，电机的输出特性一般用容许转矩表示。给定容许转矩，是防止电机在额定转矩下连续低速运行造成电机过热，影响使用寿命。

⑤ 标准接线图。标准接线图给出单台变频器传动电机时规定的基本接线图。从基本接线图可了解，输入侧是否与交流电抗器 ACL 连接，输出侧与电机连接时是否使用保护电机的热继电器等。

⑥ 端子连接。要将图中的主回路及信号线连接时，需要通过各种端子。如果端子接错，会损坏变频器。因此，在接线前，要确实搞清各种端子的名称、用途，以防出错。

⑦ 外形尺寸图。变频器一般有书本型、装机型和柜型三种。产品文件给出了各种类型产品的外形尺寸，用户和设计人员可根据工程实际进行选型和图纸设计。

⑧ 外围设备选择。为防止过电流或短路引起变频器的损坏，一般在电源输入侧应装外围设备。变频器外围设备主要指无熔断路器和电磁接触器等，一般在给出变频型号规格的同时也列出了相应上述外围设备的型号、规格、电源与电机侧的电线尺寸，以供选择。

⑨ 选用件。不同厂家不同系列的变频器，其选用件也不同。变频器配置选用件的目的，是为了在安全性和可靠性的前提下，充分发挥变频器的调速性能。多数厂家的选用配件有切换器，它是电机的电网运转和变频器运转两种状态转换的切换装置。

近年来一些公司新开发的软启动器，也属于选用件。它连接于电网电源与电机之间，其作用是使电机在逐渐增压（电压）的过程中启动，从而能代替降压启动设备。对于多台水泵（输出功率在22kW以上）并联调速运行时采用。

⑩ 专用变频器。变频器分为通用型与专用型两种。通用变频器的应用范围很广，适用多种机械与控制场合。专用变频器是为特殊需要研制的，如德国西门子公司生产的电梯专用变频器、玻璃工业专用变频器、纺织工业传动控制专用变频器等。这些专用变频器由于考虑了行业特点，其调速性能更加完善。变频器一般与标准电机配套使用，如特殊需要，也可配置特殊的专用电机。

3）变频器的选择原则。变频器调速装置的生产厂家或变频调速工程项目的甲方购买变频器的目的，是为了实现调速工程的配套而选用变频器。对于变频器的选用，应遵循以下一些原则：

① 电机的机械特性要与负载特性相匹配。电机的机械特性、负载特性都是指转速与转矩之间的变化关系。电机在变频调速过程中的机械特性前节已叙述。负载的特性也可分为恒转矩、平方转矩和恒功率三种类型。表5.5给出了三种负载中转速与转矩、功率之间的变化关系，以及每种负载种类在工业上的基本用途。

负载特性及用途　　　　**表5.5**

负载种类	转矩速度特性	用　　途
恒转矩	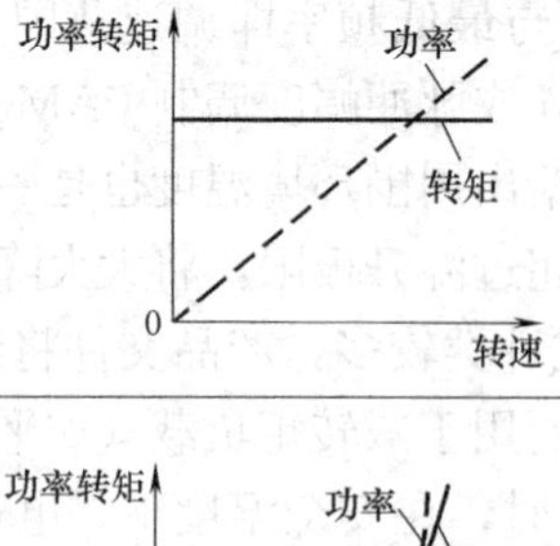 功率转矩 功率 转矩 0 转速	输送带 起重机 台车 机床进给 挤压机 压缩机
平方转矩	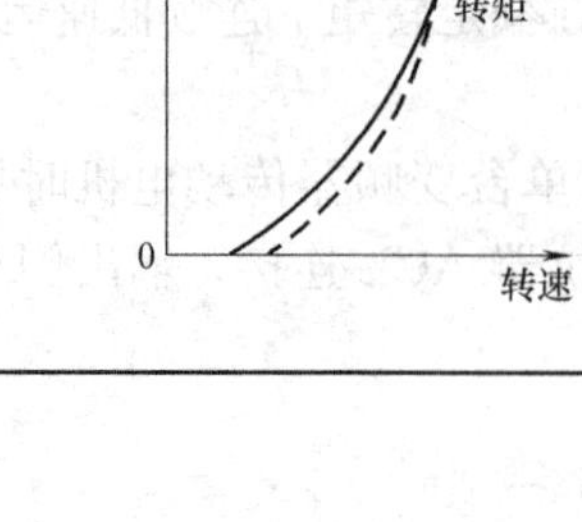 功率转矩 功率 转矩 0 转速	流体负载 （风机、泵）

续表

负载种类	转矩速度特性	用途
恒功率	功率转矩 功率 转矩 0 转速	卷取机 机床主轴 轧机

电机正常工作时，功率等于负载转矩与转速的乘积

$$P=(1/974)Mn \tag{5.44}$$

式中 P——功率，kW；

M——转矩，N·m；

n——转速，r/min。

电机在拖动负载的过程中，当运转正常时，电机的转矩与负载转矩相等，平衡在一个稳定的工作点上。选择变频器的目的，就是期望电机在变频调速的过程也能稳定的运行。因此，进行变频器的选择前，首先应确切了解清楚电机带动的是什么性质的负载，即根据负载特性来选择相匹配的变频器和电机。

对于恒转矩的负载，电机转速变化时，转矩恒定，而功率与转速成线性比例变化。一般输送带、起重机、机床进给、挤压机和压缩机属于这类。对于这一类型的负载，在选择变频器和电机时，应该注意两点；首先，电机不应在工频转速以上运行。因为当电机实际转速超过工频转速时，电机电源电压维持额定电压不变，由于转速增加，即频率 f 增加，则 U/f 减小，即转矩减小，不能满足负载恒转矩的要求。其次，转速不宜过低。当转速过低时，为了保持恒转矩，要进行电压补偿；同时，因为高次谐波引起的损耗增大，导致电机的效率与功率因数降低，电机温升增加。为防止电机温升增加，可适当加大变频器和电机的容量或采用具有强迫冷却风扇的变频器和专用电机。

对于恒功率的负载，当电机转速变化时，即转速增大，负载转矩减少，而功率保持恒定。卷取机、机床主轴、轧机的运行均要求具有这样的特性。对于变频器，在工频以上的频率范围内进行加速运行时，电压保持额定电压，轴功率恒定易于实现。但在工频以下的低速运行时，由于是 U/f 定值控制（通用变频器），电机产生的恒值转矩与负载要求的转矩增大不一致，此时变频器需要选用专门设计的专用变频器。

对于平方转矩负载，主要指水泵、风机等流体输送负载，其特点是低速时负载非常小，转速增加，转矩迅速增加，并与转速的平方成正比。对于平方转矩负载，选用通用变频器和标准电机最为适宜。在 U/f 的控制中，采用适合于平方转矩负载特性的曲线模式，则更能提高电机效率，节能更加明显，因而更为理想。对于平方转矩负载，不应在工频以上运行，因为转速超过额定转速，功率将急剧增加，将超过电机和变频器的容量，导致电机过热而出现故障。变频器选择必须考虑这一点。

② 变频器容量要保证负载的需求。进行负载的变频调速拖动时，电机应与变频器作为一个整体考虑。首先电机的容量必须满足以下条件：电机的容量应大于负载所需的功

率；电机的最大转矩应大于负载的启动转矩，并留有足够的余量；电源电压向下波动10%时，电机仍能输出足够满足负载的转矩；电机应在规定的温升范围内运行。

电机的实际容量应等于驱动负载所需的动力和电机加减速所需的动力之和。其计算方法可查阅有关参考资料。在有关的设计手册中，常常给出了与各种机械配套的电机容量，可作为变频器选择的依据。应该注意，这里给出的电机容量一般为4极普通异步电机，亦即两对磁极的电机。而对于6极以上的电机或变极电机而言，其同容量的额定电流要比4极普通异步电机的额定电流大。在这种情况下，选择电机时不但要考虑电机的容量大小，而且要校核其额定电流是否满足要求。

在进行变频器选择时，主要应考虑电机的容量、电机的额定电流以及电机加速时间等因素。下面就通用变频器的选择作进一步介绍。

a. 驱动单台电机。对于连续运行的变频器，必须满足表5.6所列的三项要求。

驱动单台电机的变频器容量选择　　**表5.6**

要求	算式	要求	算式
满足负载输出	$\frac{KP_M}{\eta\cos\varphi}$≤变频器容量(kVA)	满足电机容量	$K(3^{1/2})V_EI_E\times10^{-3}$≤变频器容量
		满足电机电流	KI_E≤变频器的额定电流

表式中　P_M——负载要求的电机输出功率kW；
η——电机的效率，通常为0.85；
$\cos\varphi$——电机的功率因数，通常为0.75；
V_E——电机的额定电压，V；
I_E——电机的额定电流，A；
K——电流波形的补偿系数，通常为1.05～1.1。

b. 驱动多台电机。当变频器同时驱动多台电机时，一定要保证变频器输出电流大于所有电机额定电流的总和，具体计算方法见表5.7。

变频器容量选择（同时驱动多台电机）　　**表5.7**

要求	算式(过载能力150%，1min)	
	电机加速时间1min以内	电机加速时间1min以上
满足驱动时的容量	$\frac{KP_M}{\eta\cos\varphi}[N_T+N_S(K_s-1)]$ $=P_{C1}[1+(N_S/N_T)(K_s-1)]$ ≤1.5×变频器容量(kVA)	$\frac{KP_M}{\eta\cos\varphi}[N_T+N_S(K_s-1)]$ $=P_{C1}[1+(N_S/N_T)](K_S-1)]$ ≤变频器容量(kVA)
满足电机电流	$N_TI_M[1+(N_S/N_T)(K_s-1)]$ ≤1.5×变频器额定电流(A)	$N_TI_M[1+(N_S/N_T)(K_s-1)]$ ≤变频器额定电流(A)

表式中　N_T——并联电机的台数；
N_S——同时启动电机台数；
P_{cl}——连续容量，kVA；
K_s——电机启动电流与额定电流之比。

上述并联电机台数，系指一台变频器同时进行变频调速的电机台数。但这些并联电机往往又不是同时启动，同时启动的电机台数愈多，所需变频器的容量愈大。这是因为电机的工频启动电流约为额定电流的5～7倍，而在变频器供电的软启动下，其启动电流仅是额定电流的1.5倍。

如果负载拖动是在多台并联的工况下运行，但其中只有一台电机由变频器进行变频调速控制，其他并联电机则在工频运行，此时变频器的选择，仍按驱动单台电机考虑。

③ 变频器要选用必要的配套设备。为了更有效、更安全和节能效果更好，常常在变频器的选择过程中选用必要的配套设备。不同性质的机械拖动中，变频器需要配置不同的配套设备。对于水泵、风机常常选用软启动器和变压器等配套设备。

在多台水泵、风机的并联运行中，为了提高价格性能比，常采用一台变频器控制一台水泵、风机变频调速运行，其他水泵、风机工频运行。对于功率较大（如 22kW）的水泵、风机，过去传统方法是进行降压启动，现在采用软启动器来代替。一般变频器生产厂家都生产这类配套设备。根据容量大小选用，一般在产品说明书上给出了初始启动电压、限制电流以及启动斜坡时间和停止斜坡时间，以供用户选择。

在电机功率大于几百千瓦以上时，电机的供电电压一般在 3～10kV 之间，称为中、高压电机。在供热、给水的大型系统中，水泵、风机的电机常常为中、高电机。这时的变频调速变频器可有两种选择：一是选用中、高压的变频器；一是选用低压变频器，即供电电压为 380V 交流电。前者是高压电源直接输入变频器，从变频器输出的变频高压电源直接输入高压电机，称为“高—高”变频调速。后者是在低压变频器输入侧接入降压变压器，将 3～10kV 的高压降至 380V 给变频器供电，再将变频器输出的低压变频电接至升压变压器，将电压升高至电机所需要的电压，称为“高—低—高”变频调速。高压变频器价格昂贵，对于水泵、风机类，常采用“高—低—高”变频调速方式。升压变压器与降压变压器其容量选择应与变频器相一致。

目前市场上应用最广泛的是低压变频器，即电压为单相 220V 和三相 380V 的变频器。其市场价格为 800～1500 元/kW。

(3) 变频器的使用维护

变频器是高新技术产品，除了正确选型外，还要正确安装、使用维护，以最大限度地发挥其功能。

1) 正确安装。

① 对安装场所的要求。变频器装置安放的房间或电气室应保证不被水泡，粉尘少，无爆炸性、可燃性和腐蚀性气体、液体，有良好的通风换气排热装置，远离有高次谐波产生的电气装置。

② 使用环境条件。变频器运行的周围温度容许在 0～40℃或 10～50℃的范围内。环境相对湿度以 40%～90%为宜。若过高，将导致裸露的金属表面锈蚀或电气绝缘性能的下降。

变频器安装柜或放置变频器调速装置的电气室在变频器运行过程中，由于变频器和配套设备的耗损产热，其环境温度将提高。变频器的耗损约占输入功率的 4%（即变频器的效率约为 96%），且变频器的容量愈大，耗损比例愈小，即效率愈高。若周围环境的温升超过允许值，应采取加大配电柜的外形尺寸或增强周围环境的通风排热措施。若周围环境相对湿度超标，可在配电柜内或电气室内增设对流加热器，以降低相对湿度。

③ 接线。仔细阅读产品目录和说明书，按照接线图和端子排列说明正确接线。接线内容主要指接通变频器主回路和控制回路。主回路包括：交流电源输入回路、接地回路、变频器输出回路等。变频器控制回路有 4～20mA 的电源信号回路和 (1～5V)/(0～5V) 的电压信号回路。两者都可用来进行近、远距离的速度给定信号。控制回路的信号传递有模拟信号和数字信号两种。变频器的开、停指令或远距离的开停控制均采用开关信号通过

电压信号回路实现。

选择主回路电缆时，须考虑电流容量、短路保护和电缆压降等因素。由于高次谐波的影响，变频电机与工频电机相比，在额定工况下（额定电压、额定频率和额定功率），其电流将增大10%。选择电缆时，必须考虑这一因素。变频器与电机之间的连接电缆应尽量短，以减小电压降的增加，防止因电压不足，导致电机转矩不足。一般情况下，变频器与电机之间的电缆压降不得超过额定电压的2%。实际进行变频器与电机之间电缆的截面积选择时，要根据变频器、电机的电压、电流以及铺设距离通过对其电阻值及电压压降的计算来确定。一般产品目录和说明书都给出了电缆选取的参考值，用户可根据实际情况选用。

接地回路应按电气设备技术标准所规定的方式施工，一般变频器使用说明书都要具体说明。当变频器设置在配电柜中时，接地回路应与配电柜的接地端子或接地母线连接。应特别强调的是，不管何种情况，变频器接地回路必须直接与接地电极或接地母线连接，而不得经过其他装置的接地端子或接地母线。接地电缆必须用直径1.6mm以上的软铜线。

控制回路的控制信号属于微弱的电压、电流信号。控制回路易受外界强电场或高频杂散电磁波的干扰，也容易受主回路的高次谐波场的辐射和电源侧波动的影响，因此，控制回路的电缆选择更有其特殊性：控制回路电缆不能与主回路电缆接触连接；控制回路电缆必须与主回路电缆分离铺设，相隔距离按电器设备技术标准执行；控制回路电缆建议使用截面积为1.25mm^{2}或2mm^{2}的电缆。如果铺设距离短，线路压降在容许值以内，使用0.75mm^{2}的电缆较为经济；控制回路应采用屏蔽电缆；长距离的弱电压、弱电流（1～5V，4～20mA）回路，应采用绞合电缆线；控制回路的电缆铺设应尽可能短，与频率表接线端子连接的电缆长度不宜大于200m；弱电压、电流回路有一单独的接地线，该接地线不得作为信号线使用。

2）精心调试。变频器内部结构复杂，生产工艺精细。一些静态敏感元件（ESD）处理不当，易于损坏；某些具有高压危险部件，容易造成人身伤害和设备损坏。因此，变频器的安装、调试、运行、维护都必须由合格的专业人员进行。只要严格按照设备文件中的有关规定操作，变频器就能够长期稳定和可靠地工作。

变频器的调试必须按照如下步骤进行：

① 通电前的准备工作。安装场所、使用环境是否符合要求，如不符合要求，须采取措施，达到规定的标准。检查主回路、控制回路的接线是否正确，端子连接是否有松动，主回路、控制回路的电缆选择是否规范，分离距离、屏蔽措施是否符合规定，接地是否按照要求进行，以上内容经检查，必须合格无误。用500V兆欧表检查全部外部端子与接地端子之间的绝缘阻抗值必须大于10MΩ。测试主回路电源电压必须在容许电源电压的范围之内。

② 变频器自身的启动运行。此时不带负载。首先确定加减速时间的设定，当变频器和负载的转动惯量及转矩已知时，可按公式计算；否则，按经验设定时间长一些。将转速设定器调整为0，接通主回路电源，此时变频器电源确认灯（POWER）点亮。如无异常，调整转速设定器，使其数值慢慢由小到大，直至最高转速即最大频率。这时调整频率电位器，使频率指令信号电压为DC5V时，频率表所指示的数值正好为最高频率。完成上述

操作步骤后，无异常现象发生，方可连接电机运行。

③ 变频器带负载运行。电机及其拖动的运转机械即为负载。首先确认电机、运转机械处于正常状态。将变频器输出频率调至很低，如3Hz（不同厂家的变频器，最低频率不同）。接通主回路电源，按下电机正转开关，检查电机是否处于正转状态。如果反转，关断主回路电源，重新调整电机电源的相序。确认电机正转无误，再进行下一步调试。

将输出频率由低向高调整，电机转速逐渐增大，直至最高转速。在加速过程中，密切观察电机和运转机械是否有共振等现象。如无异常，再做减速试验。频率从最高值逐渐调至最低值，直至电机自由停车。在减速过程中，电机和运转机械应无非正常情况发生。

在进行加减速试运行中，如过载、过流指示灯发亮，说明调试前给定的加减速时间设定值偏小，应重新给定。加减速时间的设定，必须在电机停止运行时进行。

变频器在带负载的工况下运行，检查负载的有关运行参数是否符合设计要求，如确认无误，则调试完成。

对于变频器调速装置，除变频器以外，还有调节器和被拖动机械的起、停开关等设备。其变频器的安装、调试运行基本同上，只是增加了被调参数（压力、温度、流量、液位等）与控制回路中的电压回路信号（1～5V）或电流回路信号（4～50mA）之间的调整，使被调参数的最大值与5V或20nd相对应。具体调试步骤参阅厂家提供的使用说明书。

3）妥善维护。变频器及调速装置是以半导体为中心构成的静止装置，由于温度、湿度、尘埃、振动等使用环境的影响，再加零部件的长期连续运行，会发生一些故障。为保证设备正常工作，进行日常检查和定期维护是非常必须的。

① 日常检查。日常检查是在运行中进行观察，重点查看是否有下列异常现象：安装地点的环境条件；变频器是否过热、变色、有异味；电机是否有振动、噪声、过热和异味；冷却风扇是否失灵；指示灯是否不亮；仪表指示数值是否正确；各种保护装置是否动作；报警系统是否显示等。

② 定期维护。定期维护是指按厂家使用说明书的要求，在规定的间隔时间内并在停运的状态下，对设备进行检查。主要检查内容为：冷却风扇和空气过滤器的清扫；端子连接、螺钉、螺栓的松动检查，并加以紧固；导体与绝缘物是否腐蚀、破损；测量绝缘材料的电阻值是否合格；确认保护回路的正常动作；检查和更换使用寿命到期的零部件，主要指冷却风扇、平滑电容器、接触器、继电器等。

③ 故障排除。一般厂家的产品说明书都给出了故障诊断和故障排除的指示。当用户发现故障时，应对照产品说明书，由电源输入、变频器、电源输出、电机、负载机械顺序进行检查判断。故障排除必须在切断电源的情况下进行，操作人员必须是合格的专业人员，实施作业必须严格按照厂家规定进行。牵涉到变频器、调节器内部软、硬件的故障，须与厂家联系，用户不宜擅自操作。

5.6.2　水泵变频调速的节能效益

在变频调速技术应用之前，水泵的变流量是靠多泵并联或阀门节流等办法来实现的。对于多泵并联方式，只能阶段式变流量，不能实现无级变流量；节流式变流量虽然可以实现无级变流量，但无效电耗浪费过大，从节能效益角度衡量是不可取的。而变频调速变流量调节既是节能的，又是无级的，优势是显而易见的。

1. 变频调速下水泵的工作点

本文论述将通过一个具体实例加以分析。一个水泵功率 $N=4\text{kW}$，相应的流量 $G=25\text{m}^3/\text{h}$，扬程 $H=32\text{m}$，额定电流 $I=7.9\text{A}$。其对应的单泵变频工作特性曲线为图 5.27，对应的水泵效率曲线为图 5.28，功率特性曲线为图 5.29。在频率从 50Hz 至 30Hz 的变频过程中，其水泵的相应参数如表 5.8 所示。

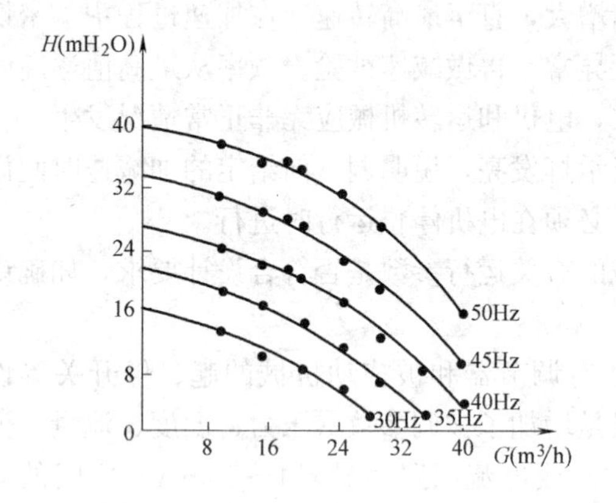

图 5.27　单台水泵变频特性曲线

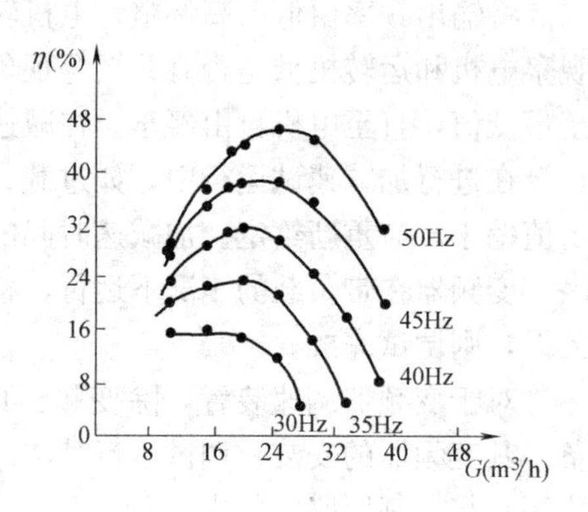

图 5.28　变频水泵的效率曲线

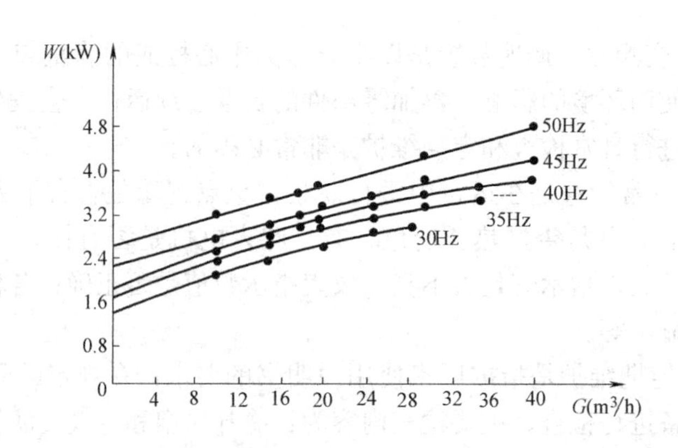

图 5.29　水泵的功率曲线

变频调速水泵各工况参数表　　**表 5.8**

变频数 f(Hz)	流量 G(m³/h)	扬程 H(mH₂O)	电流 I(A)	净功率 N (10^{-3}kW) $N=2.778GH$	实耗功率 W (10^{-3}kW) $W=\sqrt{3}UI\cos\theta$	效率 η(%)
50	10	34	6	0.94	3.16	29.9
	15	32	6.6	1.33	3.48	38.4
	20	31	7.2	1.72	3.79	45.4
	25	28	7.7	1.94	4.05	48.0
	30	24	8.2	2.00	4.32	46.3
	40	14	9.2	1.56	4.84	32.1

续表

变频数 f(Hz)	流量 G(m^3/h)	扬程 H(mH_2O)	电流 I(A)	净功率 N ($10^{-3}kW$) $N=2.778GH$	实耗功率 W ($10^{-3}kW$) $W=\sqrt{3}UI\cos\theta$	效率 η(%)
45	10	28	5.2	0.78	2.74	28.4
	15	26	5.7	1.08	3.00	26.1
	20	24	6.4	1.33	3.37	39.6
	25	20	6.7	1.39	3.53	39.4
	30	17	7.3	1.42	3.84	36.9
	40	8	8	0.89	4.21	21.1
40	10	22	4.8	0.61	2.53	24.2
	15	20	5.3	0.83	2.79	29.9
	20	18	5.9	1.00	3.11	32.2
	25	15	6.4	1.04	3.37	30.9
	30	11	6.8	0.92	3.58	25.6
	35	7	7.1	0.68	3.74	18.2
35	10	17	4.4	0.47	2.32	20.4
	15	15	5	0.63	2.63	23.7
	20	13	5.6	0.72	2.95	24.5
	25	10	6	0.69	3.16	22.0
	30	6	6.4	0.50	3.37	14.8
	35	2	6.7	0.19	3.53	5.5
30	10	12	3.9	0.33	2.05	16.2
	15	9	4.4	0.38	2.32	16.2
	20	7.5	5	0.42	2.63	15.8
	25	5	5.4	0.35	2.84	12.2
	28.5	2	5.7	0.16	3.00	5.3

上述水泵的工作性能曲线以及表5.8中的有关参数都是河北省廊坊市安迪节能技术有限公司在实验台上通过实地测试得出的数据，有关水泵效率η是由式（5.45）～式（5.47）计算而得：

$$N_{out}=2.778\cdot G\cdot H\times10^{-3} \tag{5.45}$$

$$N_{in}=\sqrt{3}\cdot U\cdot I\cdot\cos\theta\times10^{-3} \tag{5.46}$$

$$\eta=N_{out}/N_{in} \tag{5.47}$$

式中　η——水泵效率，%；

N_{in}——电机输入功率，kW；

N_{out}——水泵输出功率，kW；

H——水泵的扬程，m；

G——水泵流量，m^3/h；

　　I——电机电流，A；

　　U——电机电压，V；

$\cos\theta$——功率因数。

在计算中，功率因素取值0.8。从更严谨角度考虑，在调频过程中，功率因数应有一定的变化，而不完全是常数。如在测试中采用功率因数表或功率表直接测量可能更为妥帖。

在上述测试数据的基础上，分析变频调速下水泵运行工作点的变化，在一般情况下，都选择水泵在最高效率下运行。假定水泵效率为48%，在工频状态下运行的工作点为A_1，此时流量为25m³/h，扬程为28m（见图5.30）。若水泵在变频调速过程中，系统管网不做任何调节，则管网阻力特性曲线可由公式$S=H/G^2$计算，绘成S_1曲线（此时公式中的S值可由A_1点的流量、扬程值计算得出，$S=0.0448$），与$f=40$Hz、$f=30$Hz的水泵工作特性曲线分别相交于A_2、A_3点。在A_2点运行，水泵的流量为20m³/h，扬程为17.9m，效率$\eta=32.2\%$；在A_3点运行，水泵流量15m³/h，扬程为10.1m，效率为$\eta=16.2\%$（见图5.29）。

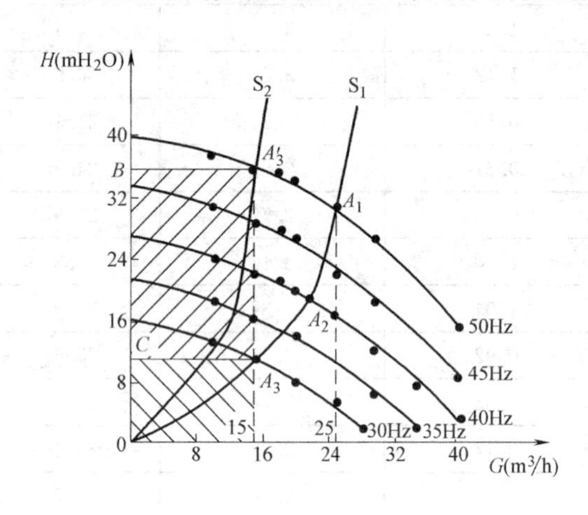

图5.30　变频水泵工作点曲线

在图5.29中，A_1、A_2、A_3点为水泵在不同的变频调速下所对应的工作点。工作点是水泵工作特性曲线与管网阻力特性曲线的交汇点。从数学意义上分析，工作点，实际上就是水泵工作特性数学方程与管网阻力特性曲线数学方程的联立解。但水泵工作特性曲线的相关参数之间的关系过于复杂，很难用简单的数学方程表示。通常都是采用实验数据，描绘成工作曲线来表达。在数值分析计算时，往往再由工作特性曲线拟合成多项式方程来表达。

在工频运行时，水泵的工作特性曲线是无法改变的，为了满足系统需求的运行工况（特定的流量值），亦即确定需求的水泵工作点，往往必须改变管网的阻力特性。如图5.29中，在工频运行下，为满足15m³/h的流量工况需求，工作点必须由A_1点移至A_3'点，采取的技术措施只能将管网阻力特性曲线S_1向左移动（即增大管网阻力）变为阻力特性曲线S_2。在实际工程中，实现这一目标的最常用方法，就是设置调节阀，增加节流阻力。对于变频调速水泵，为了实现15m³/h的流量需求，则是通过改变水泵转速进而改变水泵工作特性曲线，来寻找工作点A_3，而不再变化管网阻力特性曲线。在实现15m³/h的流量需求时，选择A_3点做工作点与选择A_3'点做工作点最大的区别，是前者输出的水泵功率（图5.29中$OCA_3$15包围面积）远远小于后者，其节能的数量可由图5.29中的A_3'与A_3CB所包围面积表示。这是变频调速水泵的最大优点。

2. 节能效益分析

水泵的输出功率与水泵的叶轮形状有关。对于后弯式叶轮或前弯式叶轮，水泵功率与流量呈二次方曲线关系。对于常用的径向式叶轮，其功率与流量呈线性关系，由公式

(5.48) 表示。试验水泵试测的输出功率曲线 (图 5.28) 也给予证明。

$$N_{out}=A'G+B' \tag{5.48}$$

式中　N_{out}——输出功率，kW；

A'——功率特性系数，与水泵出口流体圆周速度有关；

B'——不同频率下的功率截距常数，即水泵空转时的功率，亦即水泵机械损失功率。

以上分析的是不同频率下水泵本身输出的功率趋势。要确定水泵实际输出的功率数值，必须在图 5.28 上找出图 5.29 的工作点 A_3 来，为此需要计算管网的功率曲线 S'_1(管网阻力特性曲线 S_1 的功率曲线)，计算公式如下：

$$N_{out}=2.778GH=2.778SG^3\times10^{-3}(\text{kW}) \tag{5.49}$$

计算结果见表 5.9。将表 5.9 的数据绘制在图 5.31 上，其中管网功率曲线S'_1与 30Hz 的水泵功率曲线的交点即为要求的工作点 A_3。而 S'_2为 S_2 (图 5.30) 的功率曲线。从图 5.31 上可以看出，工作点 A_3 为频率 30Hz 时的运行工况，此时满足流量为 $15m^3/h$ 的需求，其水泵功率为 0.42kW。若不用变频调速控制，而采取惯用的节流调节法，即水泵工作在 A'_3上，其水泵功率为 1.33kW，即比变频调速方法多耗电 0.91kW，而前者节电 68%。

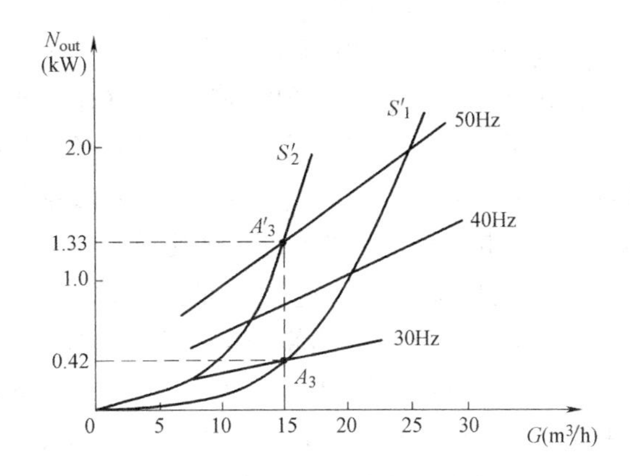

图 5.31　变频调速水泵节能效益图

管网功率计算结果　　**表 5.9**

功率曲线名称	S 值	功率 (Hz)	流量 $G(m^3/h)$	扬程 $H(m)$	N_{out} (kW)
S'_1	0.0448	50	25	28	1.95
		40	20	17.9	0.996
		30	15	10.1	0.42
S'_2	0.142	50	15	32	1.33
			10	14.2	0.395
			5	3.6	0.049

在进行变频调速水泵节电效益的分析时，一定要考虑电机、水泵的效率影响。在公式 (5.47) 的水泵效率 η 的计算中，实际上包含了电机的效率，严格讲，公式 (5.47) 给出的效率应该称为水泵 (含电机) 的系统效率。周志敏等人著的《电动机变频节电 380 问》(中国电力出版，2011) 中指出：对水泵、风机而言，当负载在 50%～100%，即频率变动在 25～50Hz 之间时，电机的效率可维持在 94%～96%之间。因此，在变频调速中，电机的效率变化不大，把电机效率包含在水泵的系统效率中对节能效益分析不会有太大的影响。表 5.8 给出的水泵效率实际上包含了电机的效率。

综合考虑电机、水泵的效率影响和水泵输出功率的变化，水泵在变频调速 (频率减少）时，系统的节能效益可由公式（5.50）计算：

$$\overline{N}=\frac{N_{50}-N_{\mathrm{f}}}{N_{50}}\frac{N_{50}\left[1-\left(\frac{n_{\mathrm{f}}}{n_{50}}\right)^{3}\right]-\left[N_{\mathrm{f}}(1-\eta_{\mathrm{f}})-N_{50}(1-\eta_{50})\right]}{N_{50}} \tag{5.50}$$

式中　$\overline{N}$——变频调速后的节能率，%；

N_{50}——工频时的输入功率，kW；

N_{f}——变频（减速）后的输入功率，kW；

n_{f}，n_{50}——分别为变频、工频时的转速，也视为频率，r/min，Hz；

η_{f}、η_{50}——变频、工频时的效率，%。

在式（5.50）中，分子中的第一项表示水泵变频调速前后功率变化的差值，分子中的第二项表示变频调速前后因效率不同造成的能耗损失之差。按式（5.50）对试验水泵进行计算，结果见表5.10所示。在表5.10中，括号内的节能率未计算公式中分子第二项，亦即未考虑变频调速前后效率变化的影响。从表5.10的数据分析可看出：由于功率与流量呈三次方正比关系，转速（流量）下降20%（频率由50Hz降为40Hz），功率下降51.2%；转速（流量）下降一半（频率由50Hz降为25Hz），功率减少7/8。因为在调速的过程中，功率减少的幅度很大，以致效率降低对能耗损失的影响微乎其微。在计算过程中发现，在低频下运行，效率造成的能耗损失甚至比高频下运行还小，这就是表5.10中括号内的节能率小于括号外的节能率的原因。通过上述分析，为了简化计算，系统节能率（%）可按式（5.51）进行：

$$\overline{N}=1-\left(\frac{n_{\mathrm{f}}}{n_{50}}\right)^{3} \tag{5.51}$$

式（5.51）清楚地说明：水泵在变频调速时，可以不考虑效率的影响，频率愈低（转速愈低），节能的效益愈明显。

变频调速水泵节能效益分析　　**表5.10**

频率 f(Hz)	流量 G(m^3/h)	扬程 H(mH_2O)	输入功率 N(kW)	效率 η(%)	效率差 $(\eta_{50}-\eta_{\mathrm{f}})$(%)	节能率 $\overline{N}=\frac{N_{50}-N_{\mathrm{f}}}{N_{50}}$(%)
50	25	28	4.32	48		
45	22.5	22	3.45	39.5	8.5	27.7(27.1)
40	20	17.9	3.11	32.2	15.8	51.2(48.9)
35	17.5	14	2.48	24.1	23.9	71.3(65.7)
30	15	10.1	2.32	16.2	31.8	82.3(78.4)

3. 变频泵组合运行的合理方案

通过上述讨论，可以得到明确的结论：在我们的行业内，水泵的变频减速调节永远是节能的。所以在系统中，各种水泵的并联、串联组合都应该在充分发挥变频调速先进技术的前提下进行，这样的水泵组合运行方案才是合理的。

(1) 尽量采用单泵独立运行

在变频调速技术没有广泛应用前，供热系统多采用多泵并联方案实现分阶段变流量调节。工频并联运行水泵，由其工作特性决定，两台同型号并联水泵，其输出流量一般只能达到2倍额定流量的70%左右（这是陡降型水泵，如果是平坦型水泵，其输出流量会更小）。为了达到2倍额定流量，必须加大水泵功率，显然是不合算的。现在采用变频调速技术，理论上可以在0～50Hz范围内变速。由于调速幅度大，又是无级变速，因此，无论从变流量的调节功能上讲，还是从节能的意义上讲，使用单台水泵独立变频运行要比工频并联运行优越。

现在大力进行分布式输配系统的推广，常常遇到远、近期如何结合的问题。当远、近期负荷相差不是很大时，可按远期循环设计流量选择水泵。近期通过变频调速满足实际负荷的需求。这样既能满足功能需要，也能达到节约能源、节约投资的目的。当远、近期负荷差别比较大时，可根据工程的实际情况分别选择近期循环水泵和远期循环水泵。如果从投资、占地等因素考虑，近期只安装、运行近期循环水泵，等到负荷发展到远期规模时，再由小泵换大泵，显得十分灵活。

在我国，供热规模小于10万m^2时，其循环水泵功率都在30kW以下，更换起来非常方便。经过多年的实践，这样规模的循环水泵可不设备用泵（备用泵放在仓库）。由于水泵小，再加上信息技术的发达，一旦发生故障，一般在半小时内就可更换完毕，重新启动运行，因此对供热效果不会有明显影响。这一经验的推广，对于分布式输配系统的应用有重要意义。

（2）冷热源“一对一”设置循环泵

在现有的冷、热源循环水泵的设置中，有的采用一组并联水泵共同承担冷、热源的系统循环；有的采用“一对一”设置，即一台循环泵对应一台冷、热源。在分布式输配系统中，冷热源循环泵，特别是在变频调速的情况下，理想的方案应该是“一对一”设置。因为并联组合方案容易造成冷、热源设备间的流量分配不均匀，导致运行工况的不稳定，特别是在冷、热源设备启动停运的过程中，出现突发性的工况变动，容易产生意外事故。

采用“一对一”的设置方案可以通过变频调速有效控制每台冷热源设备的循环流量。为了节能，还可在负荷的变动下，使冷、热源设备的循环流量在设计流量的70%～100%的范围内调节，也不会出现循环流量过大、冷热源设备压降过大的毛病。这种方案，由于是“一对一”，哪台冷、热源设备启动，则对应的哪台循环泵运行，减少了设备之间的干扰，有利于系统的水力平衡。一般功率大于30kW的变频水泵都配置有软启动设备。通常在工频状态下启动水泵，冲击电流可达到额定电流的6～7倍[4]。对于变频调速水泵，可借助软启动设备自行选择启动电流（为额定电流的2倍、3倍……）和启动时间（为2s、4s等），这样就可以大大降低冷、热源设备在启动时发生突发性的干扰，提高设备的安全性。因此“一对一”方案有明显的优越性。

（3）给水系统多采用多泵并联恒压控制

室内给水系统采用恒压控制，随着建筑层数的不同，给水压力不同：一层为$10mH_2O$；二层为$12mH_2O$；三层以上每多一层，增加$4mH_2O$。给水系统的另外一个特点是属于常年性负荷：一年内甚至一月内，平均用水量没有太大差别；但在一日早、中、晚、夜间，或工作日和周末的小时用水量则有很大的差别。为了适用给水系统的这种负荷特点，目前采用的最合理的方案是多泵并联变频调速恒压系统。

其中，常用的一种方案是单台变频多台并联运行。这种系统的运行方案是根据建筑物的需求确定系统的设定给水压力。在夜间，启动一个小泵进行变频调速，满足夜间给水用量。凌晨，用水量逐渐加大，小泵满足不了用水量的需求，此时变频器与小泵解列，小泵停止运行。变频控制柜拖动一台大泵（数台大泵并联）软启动，并靠变频调速适应给水量的变化需求。当该台大泵达到50Hz运行仍满足不了给水量增加的要求，此时在控制器的指令下，变频器与运行大泵解列，启动第二台大泵变频运行，第一台大泵工频运行。根据给水量的不断增加，第二台，第三台……大泵不断启动工频运行，只有一台大泵变频运行。当给水负荷逐渐减少时，工频运行的大泵逐台停运，至夜间恢复小泵变频运行。这种运行方案的多台并联、单台变频的水泵工作点见图5.32所示。其中，H_0 为给水系统的设定压头，n_{01}，n_{01}，n_{03}虚线分别表示工频运行时1台泵，2台泵，3台泵并联工作特性曲线。n_1，n_2 分别为单泵不同转速的工作特性曲线。n_{12}，n_{13}和 n_{22}，n_{23}实线分别为变频泵与1台工频泵或2台工频泵并联的工作特性曲线。S 为管网阻力特性曲线。A_{21}，A_{01}，A_{22}，A_{23}和 A_{02}分别为不同组合泵时的水泵工作点。其中，A_{22}为转速为 n_2 时变频泵与1台工频泵并联的工作点。A_{02}为两台泵在工频运行时并联的工作点，由 A_{02}、A_{22}与纵坐标包围的矩形面积为节能的数量。

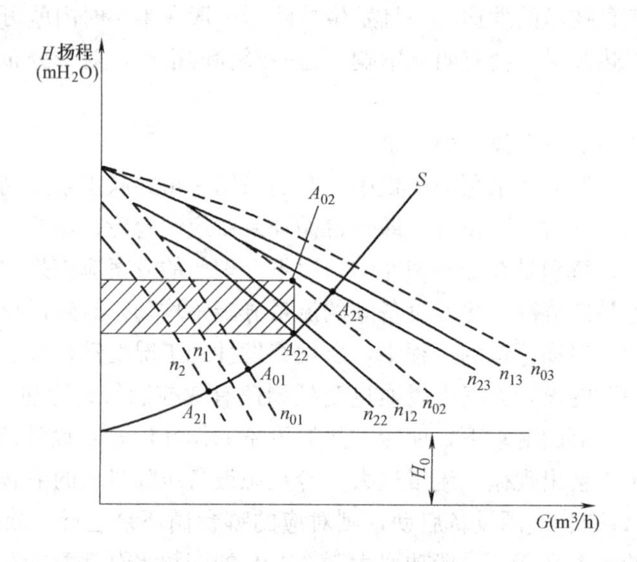

图5.32　单台变频多台并联工作点

给水系统的另一种多泵并联是采用“一对一”的变频调速方案。这种方案中，每台水泵配备一台变频器。当1号水泵启动变频运行，直到50Hz运行仍满足不了给水量要求时，启动2号泵，变频运行增速至50Hz，再启动3号泵……当给水量减少时，依次停运投运水泵。上述两种控制方案各有优缺点：单台变频方案投资省；“一对一”变频方案投资较贵，但比前一种方案节能效果明显。

(4) 根据工作点的变动采取相应的调控方案

在变频多泵组合的运行中，不但水泵的工作特性曲线经常变化，就连管网阻力曲线也是随时变化的。在这种情况下，如何及时了解水泵工作点的移动，进而掌握系统的运行工况，采取必要的调控措施，就显得非常重要。

在实际的水泵系统中，经常出现超电流烧电机的现象。如前所述，为了适应不同负荷的运行工况，有时水泵功率选择大一些，在低负荷时，采用变频减速运行，但在负荷增加的情况下，需要升频增速，加大流量的时候，却出现了超电流的情况。有时在多泵并联的情况下，需要减泵降低流量时，也出现超电流现象。碰到这类情况，在实际工程中，常常不能作出正确判断，往往采取换水泵、切叶轮等措施，结果不但费事，有时还不能解决问题。实际上，出现这类现象，往往都是因为水泵工作点的变动造成的。确切而言，主要是管网阻力特性曲线过于平缓（即管网阻力过小），致使工作点过多的右移引起的。如果判断准确，只要在水泵组合调频的过程中，适当关小阀门（增加管网阻力时适时观察电流的变动情况）就可以了，不必太“兴师动众”。

在分布式输配系统中，有时也出现这样的现象：如果相邻的分布式水泵停运的台数过多，正在运行的分布式水泵会出现流量不足的现象，以致提高转速也得不到太多的改进。分析原因，也是水泵工作点偏移的问题。所不同的是，这种情况是工作点向左偏移所致。我们知道，不论系统拓扑结构（并联、串联等）如何，只要某一支路的阻力增加（关阀门或水泵降低转速），全系统阻力亦增加，反之亦然。显然，系统中相邻分布式水泵停运过多，相当于系统阻力增加过多，导致管网阻力特性曲线变陡，进而使工作点向左偏移，减少系统循环流量。为尽量避免这类现象的发生，首先在水泵的选择上，应多采用陡降型的水泵，这类水泵的特点是在工作点变动时，水泵的工作流量变化较小。其次在系统运行过程中，尽量防止大面积水泵同时停运的发生。

5.6.3 变频调速循环泵的经济性分析

风机、水泵的节能计算基本相同。由于系统循环流量的变流量调速控制节能效果最明显，故以供热系统循环流量的变流量调节为例，进行节能计算和经济效益分析。其他形式的变频调速控制系统的计算方法大同小异，不再一一叙述。

对于分布式输配供热系统，水泵、电机的装机电功率的节能效果更加明显。由于采用有源式流量调节，有效消除了水力失调和冷热不均现象，其节热的效益更加突出。由多年的实践工程经验可知，用于分布式输配系统节能改造的初投资费用，往往由当年的节电、节热费用即可回收。

1. 全年变流量运行的电耗计算

按有关知识绘制供热年延续负荷图。现在将年延续负荷图的坐标改用无因次参数表示，用 Y 表示无因次室外温度，X 为无因次延续时间，$\overline{Q}$ 为无因次热负荷，即

$$Y=(t_w-t_w')/(t_{wq}-t_w') \tag{5.52}$$

$$X=(h-h_0)/(h_s-h_0) \tag{5.53}$$

$$\overline{Q}=Q/Q' \tag{5.54}$$

式中 t_w——任意外温；

t_w'——设计外温；

t_{wq}——供热起始外温；

h——t_w 下的延续小时数；

h_0——t_w'下的延续小时数；

h_s——全年供热延续小时数；

Q、Q'——任意外温和设计外温下的热负荷。

在无因次年延续负荷图（图 5.33）中，存在 $X=f(Y)$ 关系，对我国不同地区气象资料统计，可将上述函数拟合为如下关系：

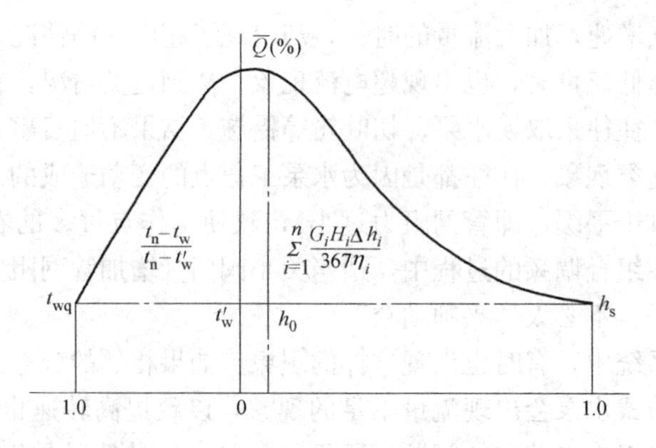

图 5.33 无因次年延续负荷图

$$X=\sum_{i=1}^{6}B(i)Y^{i-1} \tag{5.55}$$

$$Y=\sum_{i=1}^{6}A(i)X^{i-1} \tag{5.56}$$

式中 $A(i)$、$B(i)$ ——拟合系数。对于确定的地区，为常数，可由有关资料中查找。

供热系统在 $t_w \leqslant t'_w$ 时 $\overline{Q}=1.0$，此时循环流量 G 按设计流量 G' 运行，即 $\overline{G}=1.0$；$t_w > t'_w$ 和 $t_w \leqslant t_{wq}$ 期间，循环流量按变流量运行，即 $G<G'$，或 $\overline{G}<1.0$，亦 $\overline{Q}<1.0$。全年循环水泵的电耗量 E 即为这两部分电耗量之和

$$\begin{aligned}E&=E_1+E_2\\&=\sum_{i=1}^{n}\frac{G_iH_i\Delta h_i}{367\eta_i}+\frac{G'H'h_0}{367\eta'}\\&=\frac{G'H'}{367\eta'}\left(\int_{h_0}^{h_s}\overline{G}^3\,\mathrm{d}h+h_0\right)\quad(\text{kWh})\end{aligned} \tag{5.57}$$

式中 E_1——$t_{wq} \geqslant t_w > t'_w$ 期间的电耗量，kWh；

E_2——$t_w \leqslant t'_w$ 时的电耗量，kWh；

G_i——某一外温区间 i 的循环流量，t/h；

H_i——某一外温区间 i 的水泵扬程，m；

Δh_i——某一外温区间 i 的延续小时数，h；

η_i——某一外温区间 i 的水泵效率，%；

H'、η'——循环水泵的设计扬程和额定效率，对于变频调速，可视 $\eta'=\eta_i$。

如供热系统实行集中质调节，则全年循环水泵总电耗 E' 为

$$E'=\frac{G'H'}{367\eta'}h_s \tag{5.58}$$

全年变流量运行下的相对电耗 $\overline{E}$ 为

$$\overline{E}=\left(\int_{h_0}^{h_s}\overline{G}^3\,\mathrm{d}h+h_0\right)\Big/h_s \tag{5.59}$$

式中 $\overline{G}$ 为 t_w 或 $\overline{Q}$ 的函数，若采用适合室内双管供暖系统的质、量并调方案（适合室内单管供暖系统的调节方案亦可，其流量变化差别不大），则有式

$$\overline{G}=\left(\frac{t_n'-t_w}{t_n'-t_w'}\right)^{1/3} \tag{5.60}$$

又因

$$X=(h-h_0)/(h_s-h_0)$$

则

$$dh=(h_s-h_0)dX \tag{5.61}$$

将式（5.60）、式（5.61）代入式（5.59），得

$$\overline{E}=\left(\int_0^1\left(\frac{t'_n-t_w}{t'_n-t'_w}\right)(h_s-h_0)dX+h_0\right)/h_s \tag{5.62}$$

根据式（5.52）、式（5.55），有

$$dX=\sum_{i=2}^{6}(i-1)B(i)Y^{i-2}dY \tag{5.63}$$

$$dY=\frac{dt_w}{t_{wq}-t'_w} \tag{5.64}$$

将式（5.63）、式（5.64）代入式（5.62），可得

$$\overline{E}=\left(\frac{h_s-h_0}{t'_n-t'_w}\right)\int_{t'_w}^{t_{wq}}\left(\frac{t'_n-t_w}{t_{wq}-t'_w}\right)\left(\sum_{i=2}^{6}(i-1)B(i)Y^{i-2}\right)dt_w$$

$$\overline{E}=\left(\frac{h_s-h_0}{t'_n-t'_w}\right)\int_{t'_w}^{t_{wq}}\left(\frac{t'_n-t_w}{t_{wq}-t'_w}\right)\left(\sum_{i=2}^{6}(i-1)B(i)\left(\frac{t_w-t'_w}{t_{wq}-t'_w}\right)^{i-2}\right)dt_w \tag{5.65}$$

式（5.65）中对于确定的地区，$\overline{E}$ 为 t_w 的单值函数，通过积分或分段求和即可将全年供热系统循环水泵的相对电耗量 $\overline{E}$ 求出。若按室外温度 t_w，将全年分为 100 个区段，可求出不同地区的 $\overline{E}$ 值来。表 5.11 列出了我国 20 个城市的 $\overline{E}$ 值。

循环水泵变频调速的经济性分析（kWh） **表 5.11**

城市名称	相对电耗 $\overline{E}$	回收期（年）	城市名称	相对电耗 $\overline{E}$	回收期（年）
佳木斯	0.637	1.0	丹东	0.667	1.2
哈尔滨	0.636	1.0	太原	0.688	1.4
长春	0.637	1.0	大连	0.686	1.5
牡丹江	0.652	1.0	兰州	0.719	1.6
呼和浩特	0.651	1.1	北京	0.727	1.8
通辽	0.659	1.1	天津	0.714	1.8
乌鲁木齐	0.659	1.2	石家庄	0.720	1.9
沈阳	0.646	1.2	济南	0.716	2.1
银川	0.655	1.2	郑州	0.741	2.4
西宁	0.686	1.2	西安	0.754	2.5

2. 投资回收期计算

在已知全年相对电耗量 $\overline{E}$ 之后，即可按下式计算全年节电的运行费用，亦即年净收益 J

$$J=24\times(1-\overline{E})N_p h_s C_d \quad (元) \tag{5.66}$$

式中 N_p——循环水泵的电机功率，kW；

h_s——全年供热延续小时数，h；

C_d——电价，元/kWh。

投资回收期分为静态回收。静态回收期不考虑投资的时间价值。若初投资为C，静态回收期T_J可按下式计算

$$T_J = C/J \quad (年) \tag{5.67}$$

供热系统的循环水泵电功率，若按每平方米供暖面积配用0.5～0.6W功率（目前为中等情况，若符合水输送系数标准，约为0.4～0.5W左右）考虑，变频器比价为700～1200元/kW，电价取0.5元/kWh，则可计算出不同地区循环水泵采用变频调速的静态回收期，也列入表5.11中。从该计算结果看出：气候越寒冷的地区，供热系统循环水泵采用变频调速愈经济。东北地区回收期一般不超过1.5年，北京不超过两年。

若对间接连接的供热系统一次网循环水泵进行变频调速，则经济效益会更好。因此时一次网不受室内系统垂直失调的限制，循环流量可进一步降低。若一次网参数（流量、供回水温度）按更大的供、回水温差计算，对于沈阳地区年相对电耗为$\overline{E}=0.23$，静态回收为不超过1年。

表5.11所列各地区回收年限，是指供热系统所有循环水泵全部进行变频调速的数据。若运行中的循环水泵只一台进行变频调速，其他皆工频运行，则初投资更少，相应的回收年限可缩短至1年左右（不同地区），这样节能效益更加明显。因此，在供热系统中积极推广调速水泵是很有意义的。

第6章　能源管理与节能技术

随着经济的发展、人民生活水平的提高，我国居民供热面积飞速增长，至2013年已达108亿m^2，而且每年以2亿～5亿m^2的增速在发展。全年用于供热的耗煤量高达2.5亿～3.5亿吨标煤，约占全国煤耗的10%左右，占建筑能耗的27%。大量化石燃料的燃烧，带来巨大的碳排放和环境污染，因此，供热行业已发展为国家举足轻重的事业。供热是民生工程，也是能源工程，还是环保工程。为此，搞好供热的能源管理和节能技术，对实现国家的社会和谐型、资源节约型、环境友好型的社会目标，具有重要意义。

本章主要介绍供热目标、能源品位计算、能源的梯级利用、热泵在工业余热中的应用、系统能效分析，节能潜力、节能技术以及供热计量技术等内容。

6.1　供热的地位与目标

从事供热行业，首先要明确供热的基本目标。为此，行业的定位至关重要。

6.1.1　供热是民生工程

常有业内人员探讨：供热的目标是什么？一个最通俗的回答是“不冷不热”，也就是无论夏天还是冬天，室内温度始终处于不冷不热的状态。那么什么是不冷不热？联合国卫生组织指出：室内温度低于12℃有损人的健康；室内温度低于16℃，影响人的健康。严格地说，人的舒适室温，冬天应为20±2℃，夏天为25±1℃。这个标准应为舒适型标准，目前还难以达到。我国目前执行的是18±2℃，即16～20℃标准，属于温饱型标准。新中国成立以来一直执行的是16℃标准，这个标准只能算是贫困型标准。

真正实现20±2℃的冬季室温标准，除了供热期间的达标外，还有一个何时供热、停热的问题。我国现在实行的标准是外温连续五天低于+5℃时开始供热。实际上，当外温接近5℃时，室内温度常常降为10℃左右，远远低于室温标准。人们都有一个共同的感受，每年供热、停热时的十天半月是最难熬的日子。这说明，要真正做到不冷不热，还有一个提前供热与延时供热的问题。按照舒适型标准，我国应在室外温度低于18℃时即开始供热。这样算下来，我国大部分地区，每年的供热时间至少要延长两个月左右。

通过上述分析，可以看到：要真正实现“不冷不热”的供热目标，光有一个良好的愿望是远远不够的，这要涉及国家的经济状况和人民生活水平的大问题。这是一项为民造福的重大民生工程。可以这样理解：实现供热的“不冷不热”目标，应该是实现中国梦的重要组成部分。因此，从事供热行业，肩负着历史赋予我们的重大责任。

6.1.2　供热是能源工程

供热是将化石燃料生产为热能通过管网输送至千家万户，使居民在“不冷不热”的舒适环境下生活。因此，供热既是能源的消费者，又是能源的制备和生产者。供热工程，实质上是能源工程。在我国，供热行业承担着全国1/10的能源生产与消费任务。显然，在节能减排的任务中，具有不可推卸的重任。

由于理念陈旧、技术落后，无论在能源的生产、输送还是消费过程中，都存在着能源的大量浪费。表现在系统能效上，普遍比较低下，国外发达国家可达50%以上，我国平均水平只有30%左右。再加上建筑围护结构保温性能差，通常建筑耗能又比发达国家多耗50%以上。基于这些因素，我国的建筑耗能比国外多一倍也就比较容易理解了。

要降低能耗，必须依靠更新理念，技术进步，使能源在生产、消费的各个工艺环节过程中尽量减少浪费，挖掘潜力，提高系统的热能利用率。换句话说，就是按需供热，根据热用户的需求生产、供给热能，实现“不多不少”的目的。在供热行业，如果能实现“不冷不热”是体现其民生工程的宗旨，那么达到“不多不少”的目标则是贯彻能源工程的最高境界。

6.1.3 供热是环保工程

当前，吸引全国人民眼球的热点之一就是治理雾霾。谁都清楚，对于治理雾霾，供热行业担负着巨大的历史使命。那么，雾霾是如何形成的？中国科学院大气物理研究所认为汽车尾气只担负4%的责任，而环保研究所却持不同意见，坚持汽车尾气的责任起码在20%～30%左右。还有人主张北京的雾霾主要应问责河北地区，然而北京环保研究部门则承认北京自身应承担75%的责任，周边地区只有25%的责任。对同一个问题，竟然有如此相悖的见解，说明人们至今对雾霾形成的原因还缺乏深入的研究。

什么是雾霾？霾是指煤、天然气、汽油燃烧后释放出的二氧化硫，氮氧化物、碳氢化合物以及二氧化碳等烟尘，或在大气中再受紫外线照射的影响，发生光化学反应形成的气溶胶一类的微小颗粒。这种微小颗粒飘浮在大气中不会沉降，这就是PM2.5的成因。至于雾，雾是大气中的水蒸气遇冷凝结而成的微小水滴，当大气中的雾浓度过大时，不仅影响可见度，还会加速霾的聚集。可见，雾霾就像一对孪生兄弟，难以分割。可是，现在在社会上，一提到雾霾，就只讲霾，不讲雾，这会将雾霾的治理引导到不正确的方向上去。实际上，由于雾的存在，加剧了霾的形成。

雾是霾的帮凶！现实状况也说明了这一点：近几年，北京对大气治理的力度绝对超过2008年迎奥运时的力度，但北京当时为什么没有发生雾霾而现在出现雾霾？如果说，北京地区大气治理力度不够而出现雾霾，那么为什么全国14个省市同时出现雾霾？就连平时大气污染并不严重的南方地区也未能幸免？再仔细观察北京的现状，连续十几天被雾霾笼罩的天空，一旦遇上久违的大雨降临，再加上风一吹，立马晴空万里，PM2.5骤然从几百下降为几十。这说明消除了雾，霾也会跟着烟消云散。因此，治霾必须同时治雾，而且可以得到事半功倍的效果。

雾的形成，主要是由工业的废水、废汽无限制的排放和城市的热污染以及热岛效应造成的。因此，在雾霾的治理过程中，不但要控制燃烧烟气的排放，借以减少霾的形成，而且要减少废水、废汽和废热的排放，防止雾的产生。对于供热行业而言，不但烟气的脱硫、脱硝任务大有可为，而且工业余热的利用，变废热为供热热源，将更有广阔的前景。从这个意义上讲，“供热是民生工程，也是能源工程，又是环保工程”的说法是非常恰当的。供热行业为肩负这样的光荣使命，必须始终如一的朝着“不冷不热、不多不少和不雾不霾”的目标努力！

6.2　能源的梯级利用

在能源管理与节能技术中，为了关注能源的合理利用，常从能量的质量和数量两个方面进行分析。能量的数量一般是在同一单位（如焦耳、大卡等）下由数量大小判断。能量的质量则是由比较能量做功能力的大小来说明。这里所说做功能力是指能量转换为机械能的大小。通常机械能包括动能、势能、推动能、膨胀能等。电能多数由机械能转换而成。在供热、空调、制冷行业，主要研究热能与机械能之间的转换关系。并不是所有热能都能百分之百地转换为机械能。热能转换为机械能的能力愈大，其品位愈高；反之，品位愈低。能源的合理利用，就是要按照能源的品位高低进行梯级利用，做到品位对口、热尽其用。

6.2.1　能源品位计算

在工程热力学中，能源品位亦即能量质的大小是由㶲来计算的。㶲是状态系数，与热力过程无关。㶲表示能量对外做功的最大能力。在工程热力学中，热力过程的工质（如热水、蒸汽等）对外可能完成的最大功（W_{max}）亦即㶲（e_x）可由下式计算：

$$e_x = W_{max} = (h - h_o) - T_o(S - S_o) \tag{6.1}$$

式中　e_x——工质的㶲值，kJ/kg；

W_{max}——工质的对外最大做功，kJ/kg；

h——工质的焓值，kJ/kg；

S——工质的熵值，kJ/(kg·K)；

T_o——环境的绝对温度，K；

h_o、S_o——分别为环境温度下工质的焓与熵，kJ/kg，kJ/(kg·K)。

在一般情况下，常将0℃或20℃作为环境温度。若以20℃作为环境温度，则绝对环境温度即为 $T_o = (273.16 + 20)$K。

从式（6.1）得知：$(h - h_o)$ 代表工质所具有的热能。当工质对外做功时，必须要损失一部分能量即 $T_o(S - S_o)$。工质做功的过程，一定是熵增加的过程，也就是工质㶲减少的过程。因此，一个热力过程，其㶲损 ΔE 又可表示为下式：

$$\Delta E = T_o(S - S_o) \tag{6.2}$$

对于供热系统，最常见的换热设备有锅炉、热交换器和散热器等。如果把被加热侧工质的入口㶲值定义为 e_{in}，出口的㶲值定义为 e_{out}，热源或加热侧作为外部传入的热量 q，则根据㶲损 ΔE 的通式（6.2），可表达如下：

$$\begin{aligned}\Delta E &= (e_{in} + e_q) - (W_i + e_{out}) \\ &= T_o \Delta S\end{aligned} \tag{6.3}$$

式中　e_q——加热侧传入被加热侧热量为 q 的㶲值，kJ/kg；

W_i——换热过程可能的对外做功，kJ/kg；

ΔS——换热过程的熵增，kJ/(kg·K)。

根据卡诺循环原理，换热器传入热量 q 可能完成的最大做功值 W_{max} 即 e_q 可按下式计算：

$$e_q = W_{max} = q\eta_c = q\left(1 - \frac{T_o}{T_1}\right) = q\lambda_1 \tag{6.4}$$

式中　η_c——卡诺循环效率，%；

T_1——加热侧的平均绝对温度，K；

λ_1——加热侧热、㶲的能效比。

在通常的换热器中，一般只换热而不对外做功，即公式（6.3）中的 $W_i=0$。图 6.1 给出了换热过程的温熵图，并用阴影部分表示出了㶲损数量 ΔE。在图中，给出了加热侧的入口温度 T_{1h}、出口温度 T_{1g}、平均温度 T_1 和被加热侧的入口温度 T_{2h}、出口温度 T_{2g}、平均温度 T_2，以及加热侧的工质熵增 ΔS_1 和被加热侧的工质熵增 ΔS_2。

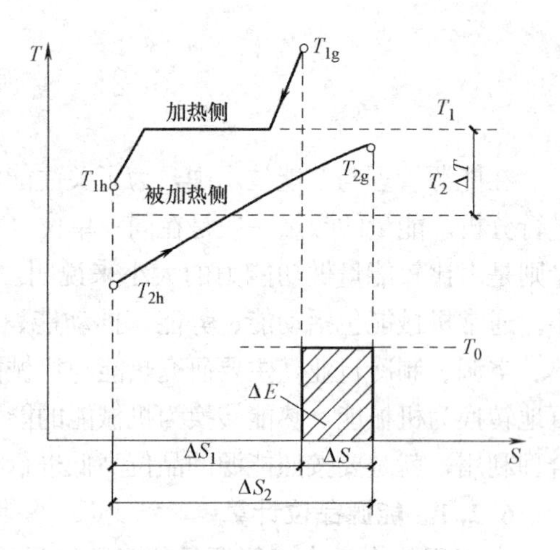

图 6.1　换热过程温熵图

根据熵的定义 $S=\frac{q}{T}$ 和换热设备的传热面积 F、传热系数 K 及传热温差 ΔT，可对公式（6.3）进行如下换算：

$$\begin{aligned}\Delta E&=T_o\Delta S\\&=KF\Delta T\left(\frac{1}{T_2}-\frac{1}{T_1}\right)T_o\\&=q\left(\frac{T_o}{T_2}-\frac{T_o}{T_1}\right)\\&=q\left(1-\frac{T_o}{T_1}\right)-q\left(1-\frac{T_o}{T_2}\right)\\&=e_1-e_2\end{aligned}\tag{6.5}$$

式中　e_1——加热侧热量 q 的㶲值，kJ/kg；

e_2——被加热侧热量 q 的㶲值，kJ/kg。

因：

$$T_1=\frac{T_{1g}+T_{1h}}{2}=\frac{T_{1g}-T_{1h}}{\ln T_{1g}/T_{1h}}\tag{6.6}$$

$$T_2=\frac{T_{2g}+T_{2h}}{2}=\frac{T_{2g}-T_{2h}}{\ln T_{2g}/T_{2h}}\tag{6.7}$$

则换热过程的㶲值，㶲效率可按如下公式计算

$$e_1=q\left(1-\frac{T_o}{T_1}\right)=q\left(1-\frac{T_o}{T_{1g}-T_{1h}}\ln\frac{T_{1g}}{T_{1h}}\right)\tag{6.8}$$

$$e_2=q\left(1-\frac{T_o}{T_2}\right)=q\left(1-\frac{T_o}{T_{2g}-T_{2h}}\ln\frac{T_{2g}}{T_{2h}}\right)\tag{6.9}$$

和

$$\begin{aligned}e_{ex}=\frac{e_2}{e_1}=\frac{\lambda_2}{\lambda_1}&=\frac{\left(1-\frac{T_o}{T_{2g}-T_{2h}}\ln\frac{T_{2g}}{T_{2h}}\right)}{\left(1-\frac{T_o}{T_{1g}-T_{1h}}\ln\frac{T_{1g}}{T_{1h}}\right)}\\&=\frac{\left(1-\frac{T_o}{t_{2g}-t_{2h}}\ln t_{2g}/t_{2h}\right)}{\left(1-\frac{T_o}{t_{1g}-t_{1h}}\ln t_{1g}/t_{1h}\right)}\end{aligned}\tag{6.10}$$

式中　λ_2——被加热侧的热㶲的比因之；

t_{1g} · t_{1h}——分别为加热侧的供、回水温度,℃；

t_{2g} · t_{2h}——分别为被加热侧的供、回水温度,℃。

从公式（6.10）可知，只要求得加热侧，被加热侧的供回水温度，即可求出换热设备的㶲效率或㶲值。因此，利用公式（6.10）计算换热过程的㶲效率以及能量品位的大小，有时更为方便。

6.2.2　火力发电过程能源的品位分析

这里着重进行火力发电过程的能源品位分析。图 6.2 表示火力发电厂最主要的工艺流程，图 6.3 为发电过程最基本的热力循环示意图。在电站锅炉中，燃料（煤或天然气等）燃烧产生主蒸汽；在汽轮机中，主蒸汽绝热膨胀发电；在冷凝器中，绝热膨胀发电后的乏汽冷凝为凝结水，由给水泵加压送回电站锅炉，完成发电过程的全程热力循环。在锅炉、汽轮机、冷凝器中都有能量转换。在锅炉、冷凝器中的换热过程都可利用式（6.3）、式（6.4）和式（6.10）进行㶲值或㶲效率的计算。对于电站锅炉，加热侧为炉膛，被加热侧为主蒸汽。在进行㶲计算时，炉膛温度采用燃料理论燃烧温度。根据工程热力学的定义，理论燃烧温度是指燃料燃烧过程可能达到的最高温度。也就是说，在燃料燃烧过程中没有对外散热；没有过量空气，空气中的氧全部参与燃烧；燃烧过程生成的 CO_2 和 H_2O 没有分解产生吸热反应。经理论计算，燃料（煤、天然气）的理论燃烧温度应为 2000℃左右（在实际工程中，是很难达到理论燃烧温度的）。

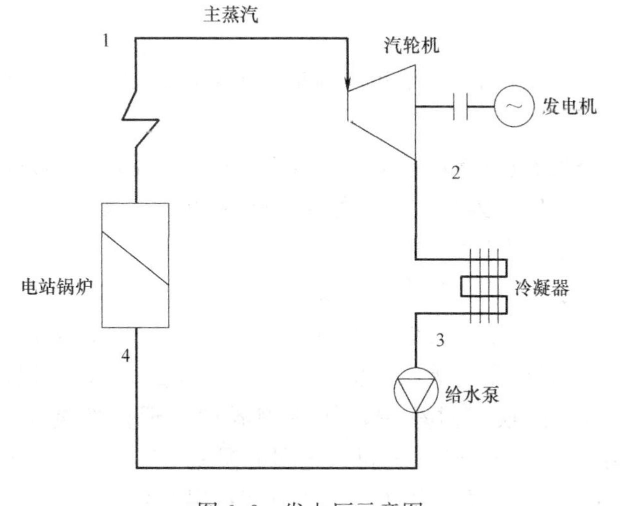

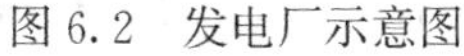
图 6.2　发电厂示意图

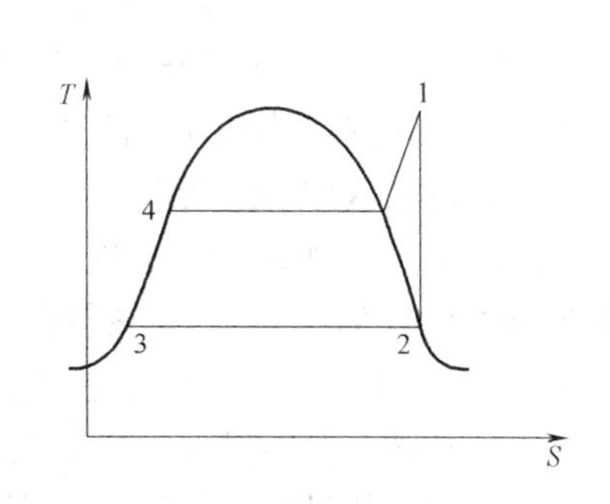

图 6.3　发电厂热力循环示意图

在表 6.1 中，根据㶲的计算公式，对我国火力发电厂的各工艺环节进行了㶲效率计算，并将㶲分析法（质量法）与热量法（数量法）进行了比较，得出如下一些重要的结论：

（1）对于发电效率，两种分析法的结果是一样的。在表 6.1 中，小机组（发电量为 6MW、12MW 和 25MW）的发电效率，两种方法的结果分别为 24%和 26%，大机组（发电量为 300MW、600MW）中，两种方法的结果皆为 34.5%。这是由汽轮机的内效率决定的：

$$\eta_i = \frac{W_i}{Q_o} = \frac{W_a}{Q_o} \cdot \frac{W_i}{W_a} = \eta_t \cdot \eta_{ri} \tag{6.11}$$

式中 η_i——汽轮机的内效率，即发电效率，%；

Q_o——汽轮机中主蒸汽的热耗，kJ/h；

W_i——汽轮机在 Q_o 热耗下按热量计算的实际发电量，kJ/h；

W_a——汽轮机在理想状态下的发电量，kJ/h；

η_t——汽轮机在理想状态下的内效率，即发电效率，%；

η_{ri}——汽轮机的相对内效率，%。

火力发电厂（凝气机组）能源品位分析 **表 6.1**

主蒸汽初参数		发电容量 P_c(MW)	分析方法	发电效率(%)	锅炉损失(%)	冷凝器损失(%)	汽轮机不可逆损失(%)	管道、机电损失(%)
P_o(MPa)	t_o(℃)							
3.5	435	6 12 25	热量法	24	15	54.7	6.4	1.73
			㶲法	26	59.8	5.1	6.9	2.23
16.5	555	300 600	热量法	34.5	9	44.9	10.2	1.39
			㶲法	34.5	56.4	2.5	5.2	1.4

而发电厂的系统发电效率 η_{cp} 为：

$$\eta_{cp} = \frac{3600 \cdot P_c}{Q_{cp}} = \eta_b \eta_p \eta_i \eta_m \eta_g = \eta_b \eta_p \eta_e \tag{6.12}$$

式中 P_c——发电厂的发电量，kW；

Q_{cp}——电站锅炉的总供热量，kJ/h；

$\eta_b \cdot \eta_p \cdot \eta_m \cdot \eta_g$——分别为锅炉、管道、汽轮机、发电机的热量损失和机械损失引起的相关效率，%；

其中，$\eta_e = \eta_i \eta_m \eta_g$ 为汽轮机、发电机的发电绝对效率，决定于由热量表示的实际发电量 W_i(kJ/h) 或由 kW 表示的实际发电量 P_c。因此，电厂发电效率 η_{cp} 既是质量指标，又是数量指标，这样热量分析法和质量分析法对于发电效率来说是一样的。

(2) 电站锅炉的㶲损最大，冷凝器的热量损失最大。在表 6.1 中，小机组的锅炉㶲损为 59.8%，大机组的锅炉㶲损为 56.4%。总之，电站锅炉的㶲损在 55%～60%之间，而热量损失只有 9%～15%；热量损失最大值在冷凝器，一般在 45%～55%之间，而㶲损只占 2.5%～5.1%。这是由于在电站锅炉的换热过程中，加热侧温度（理论燃烧温度 2000℃）与被加热侧温度（主蒸汽温度在 435～555℃之间）之间的温差（约 1500℃）过大所致。因为热量的㶲值取决于温度的高低，温度愈高，㶲值愈大；温度愈低，㶲值愈小。而冷凝器虽然热量损失很大，但因乏汽的冷凝温度只有 36℃左右（冷凝压力为 0.006MPa），因此，㶲值的损失反而很小。其他工艺环节的能量损失，包括汽轮机不可逆损失，管道散热、汽轮机和发电机的机械损失（无论㶲损或热量损失）都不超过 10%。这就明确指出，发电厂能效提高的最大潜力在锅炉和冷凝器。

(3) 提高发电效率，关键是提高主蒸汽参数。主蒸汽温度愈高，㶲值愈大，锅炉的加热侧与被加热侧之间的温差愈小，换热过程的㶲损愈小，发电能力愈高。至今，提高主蒸汽参数是提高发电效率的基本发展方向。为了提高主蒸汽参数，目前火力发电已向亚临界、超临界和超超临界方向发展。表 6.2 给出了大容量高效发电机组的基本参数，其主蒸汽压力在17～37MPa之间，温度为540～700℃之间，配有多级再热循环，发电效率可提高至35%～53%，煤耗可降为351～232g/kWh。主蒸汽温度能提高到600～700℃，主要是冶金技术的进步，使奥氏体和镍基合金材料具有了耐热、耐压的基本性能。从中不难看出，发电效率的进一步提高，主要取决于汽轮机叶片合金材料耐热、耐压性能的继续提高。未来的发展方向，可能是铼基合金的有效研发。

蒸汽参数对火电机组的热效率、供电标煤耗率 **表6.2**

机组类型	蒸汽参数(MPa/℃)	再热次数	给水温度(℃)	供电热效率(%)	供电标煤耗率(g/(kW·h))
亚临界	17/540/540	1	275	35	351
超临界	24/538/566	1	275	40	307
超超临界	25/600/600	1	275	45	273
超超临界	35/700/700	1	275	48.5	253
超超临界	30/600/600/600	2	320	51	247
超超临界*	35/700/700/700	2	320	52.5	234
超超临界*	37/700/700/700	2	335	53	232

(4) 低品位热能最适合于供热空调工程的应用。如前所述，把煤、天然气直接在锅炉中燃烧后用来供热空调是对能源的最大浪费。因为这种用能原则放弃了燃料发电的功能，这种“高品低用”、“杀鸡用牛刀”的作法极大地扼制了高品位能源的潜质。而冷凝器的散热损失，虽然㶲值很小，但数量很大，常年排向大气，不但造成环境的热污染，而且严重制约发电厂系统热能利用率的提高。正确的原则是发展热电冷联供，使冷凝器的低品位热量用来供热空调，电站锅炉产生的高品位主蒸汽用来发电，这种按能源品位高低进行梯级利用，可以做到真正的“热尽其用”，是对能源最合理的利用。

6.2.3 冷热电联供

发电厂冬季同时发电、供热称为热电联供，夏天同时发电又供冷称为冷热电三联供。这样的发电厂称为热电厂。

1. 热电机组的类型

热电机组可分为低温循环机组、背压机组、抽汽机组和凝汽-供热两用机组共四种类型。

(1) 低温循环机组

将冷凝发电机组的乏汽冷凝压力从0.006MPa（冷凝温度为36℃）提高至0.02～0.03MPa，使冷凝温度升高至60～69℃，经冷凝器换热后供热，这样的热电机组称为低温循环供热机组，亦称低真空供热机组。一般小型发电机组可采用这种形式。

(2) 背压机组（B型、CB型）

取消冷凝器，由汽轮机尾部的背压蒸汽换热后直接供热称为背压机组（B型）。背压压力的高低，取决于供热负荷的需求，一般在0.29MPa或3.63MPa之间选择。背压机组一般由小型发电机组承担。

背压机组是纯粹的热电联产性质，发电后的背压蒸汽完全没有冷凝热损失，全部热量用于供热。因此，供热汽流（即发电又供热）的热效率$\eta_{ih}=1$，其热经济性最高。背压机组供热是“以热定电”，供电负荷取决于供热负荷。当供热负荷变动时，发电容量随着变动，此时电容量的不足由电网补偿，则增大了电力系统的备用容量。因此，背压供热机组最适宜的工作条件是具有稳定的供热负荷，此时效率最高、经济性最好。

还有另一种带抽汽的背压供热机组，简称抽汽背压机组（即CB型）。其特点是在背压排汽供热的同时，还有另一级调节抽汽（压力高于背压排汽）同时供热。这种供热机组一般在具有两种不同供热参数的热负荷下采用。

（3）抽汽机组（C型、CC型）

这种机组是在汽轮机的尾部打孔抽汽，用以供热。机组分单抽（C型）、双抽（CC型）两种形式。低压抽汽的压力在0.118～0.245MPa之间，高压抽汽的压力在0.78～1.27MPa之间。抽汽机组的特点是热负荷、电负荷都有一定的调整范围，并有一定的超负荷能力。通常其最大电功率为额定电功率的1.2倍。

抽汽机组的供热汽流的热效率仍为$\eta_{ih}=1$，但其凝汽汽流发电的绝对内效率η_{ic}（未被抽出的蒸汽仍在汽轮机中发电）要低于同容量、同参数的冷凝机组的绝对内效率η_i。这是因为，调节抽汽的回转隔板有节流损失，又因供热负荷的波动，抽汽机组常偏离设计工况。由于存在$\eta_{ic}<\eta_i<\eta_{ih}=1$，抽汽供热机组的热经济性低于背压供热机组。当供热负荷愈小时，抽汽机组的热经济性愈差。

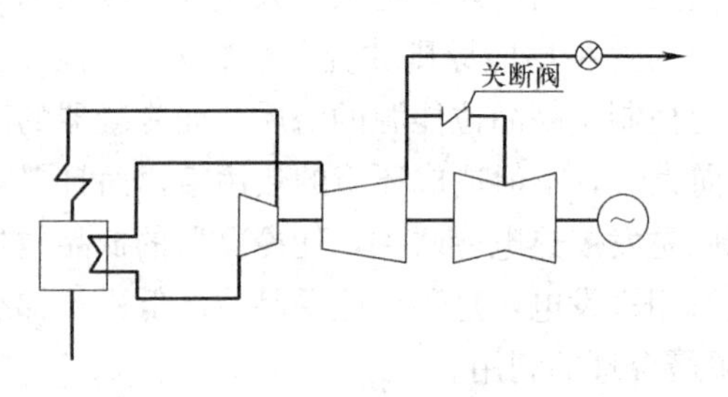

图6.4　国产200MW凝汽—供热两用机系统示意图

（4）凝汽—供热两用机组（N（C）型）

该机组在供热期间，关断阀关闭，机组对外供热；非供热期，关断阀打开，仍按纯凝汽式机组发电。因关断阀存在节流损失，其热经济性约下降0.1%～0.5%，但比抽汽机组的热经济性要好。我国已研制成功了200MW，300MW的凝汽—供热两用机组，如图6.4所示，目前已正式运行。

（5）制冷机组

以供热机组的供热蒸汽作为制冷机的热源构成制冷机组。制冷机一般以溴化锂吸收式制冷为主。

2. 热电联供的节能效益

热电冷联供实现了高品位能源发电，低品位能源供热空调的梯级利用，因此节能是显而易见的。常用热电厂的燃料利用系数η_{tp}和节煤量来表示其节能效益。

（1）燃料利用系数η_{tp}

可用下式表示：

$$\eta_{tp}=\frac{3600W+Q_h}{B_{tp}\cdot q_{dw}} \tag{6.13}$$

式中　W——发电量，kWh/h；

Q_h——热电厂的供热量，kJ/h；

q_{dw}——燃料的低位发热量，kJ/kg；

B_{tp}——热电厂的燃料消耗量，kg。

在该计算公式中，热电厂发电量W是高品位能量，与低品位供热量Q_h的相加不能说明能量品位上的差别。将发电量 W 按热量单位计算为 $3600W$ 后与热量 Q_h 相加，只表明燃料能量在数量上的有效利用程度，故称燃料利用系数，是数量指标。

但燃料利用系数 η_{tp} 在衡量热电厂的节能优势方面，又是很明显的。一般发电厂的发电效率 η_{cp} 在30%，冷凝器的㶲损失只有2.5%～5.1%左右。如果热电厂热电联供，按㶲效率计算，最多只能提高到32%～35%，效果很不显著；若以数量计算，按燃料利用系数 η_{tp} 分析，即使冷凝器热损失的50%中只利用其中的30%供热，则 η_{tp} 值也可达到70%～80%（在热电联供期间），加上夏天制冷，热电厂全年的燃料利用系数也可达45%～50%。热电联供本质上是低品位能量的废热利用。只有采用能量的数量分析法，即燃料利用系数 η_{tp}，才能正确评价它的合理性。同样，对于高能量品位的利用，最合理的方法应该采用质量分析法即㶲分析法。如果对不同品位能量利用采取了不恰当的分析方法，也可能会得出不合理的结论。

（2）节煤量

热电联供的节煤量最能直观地表示热电合产与热电分产相比较的节能效益。对于前述的几种热电机组，背压机组与低温循环水供热机组可属一类，发电后的蒸汽全部冷凝供热，其供热汽流的效率 $\eta_{ih}=1$。抽汽机组实际上可视为背压机组与凝汽机组的组合，其中供热汽流的效率 $\eta_{ih}=1$，热电凝汽部分的内效率 η_{ic} 小于纯凝汽机组的效率 η_i。热电联供的节能效益主要是因为供热汽流的热效率远高于凝汽汽流的内效率下降的部分。

热电合产与热电分产的全年节煤量，可通过如下公式进行计算：

合产供热全年节煤量 ΔB_h^S（t标煤/a）：

$$\Delta B_h^S = 34.1 Q_h^a \left(\frac{\eta_{hs}}{\eta_{b(d)} \eta_{p(d)}} - \frac{1}{\eta_b \eta_p} \right) \times 10^{-3} \tag{6.14}$$

合产发电全年节煤量 ΔB_e^S（t标煤/a）：

$$\Delta B_e^S = \frac{0.123 W_h^a}{\eta_b \eta_p \eta_m \eta_g} \left[\left(\frac{1}{\eta_{ic}} - 1 \right) - \frac{1}{X} \left(\frac{1}{\eta_{ic}} - \frac{1}{\eta_i} \right) \right] \times 10^{-3} \tag{6.15}$$

式中 Q_h^a——全年合产供热量，GJ/a；

W_h^a——全年合产热化发电量，kWh/a；

η_{hS}——合产供热网的输送效率，%；

$\eta_{b(d)}$、$\eta_{p(d)}$——分产时锅炉、管道的效率，%；

η_b、η_p——合产时电站锅炉、管道的效率，%；

η_m、η_g——汽轮机、发电机的机械效率，%；

X——热电厂供热发电量与总发电量之比，Wh/W。

式（6.14）和式（6.15）中，系数34.1为每生产1GJ热量所消耗的标煤（kg），0.123系数为每发1kWh的电量所消耗的标煤（kg）。式（6.14）实际上是分产供热与合产供热全年煤耗之差值。由于电站锅炉的燃烧效率 η_b 远大于分产时锅炉的燃烧效率 $\eta_{b(d)}$，若近似认为 $\eta_{p(d)}$ 与 η_p 相差不大，则合产供热的节煤量是比较显著的。

式（6-15）是由下式推导得出：

$$\Delta B_e^S = \frac{0.123}{\eta_b \eta_p \eta_m \eta_g} \left[\frac{W}{\eta_i} - \left(W_h + \frac{W_c}{\eta_{ic}} \right) \right] \tag{6.16}$$

式中 W_c——全年热电合产凝汽汽流发电量，kWh/a。

式中前一项为热电分产时，凝汽机组的全年耗煤量；后一项为热化发电在 $\eta_{ih}=1$ 时的耗煤量与热化时凝汽汽流在内效率为 η_{ic} 时耗煤量之和。而式（6.15）的物理意义是第一项把热电合产的发电省煤量算多了，原因是将热电分产的发电量全按 η_{ic} 内效率考虑了，而第二项恰好把全发电量因 η_{ic} 与 η_i 的不同造成的多耗煤量减去，因此计算结果正好为热化发电的全年总节煤量。

根据式（6.14）、式（6.15）的计算结果，很容易得到热电合产与热电分产相比较总的节煤（标煤）量 ΔB^S。

$$\Delta B^S=\Delta B_h^S+\Delta B_e^S \tag{6.17}$$

在热电联供的方案选择时，通常要追求 $\Delta B_e^S>0$。而在发电工艺过程中，无论热电分产还是热电合产，其 $\eta_{b(d)}$、$\eta_{p(d)}$、η_b、η_p、η_m 和 η_g 之间的差别不是很大，因此，影响 ΔB_e^S 数值大小的主要决定于 η_i、η_{ic} 和 X 值。现设定 $X=[X_c]$，此时，$\Delta B_e^S=0$，则 $[X_c]$ 作为临界热化发电比，只有当 $X>[X_c]$ 时，热电合产的方案才是可取的。在实际工程中，对于不同的热电机组和不同的主蒸汽初参数，其 $[X_c]$ 值也不同。表6.3给出了有关参数之间的关系。

η_i、η_{ic}、$[X_c]$ 与蒸汽初参数的关系　　表6.3

P_o	t_o	η_i	η_{ic}	$[X_c]$
MPa	℃			
3.43	435	0.29	0.26	0.134
8.83	550	0.36	0.325	0.140
12.75	565	0.39	0.355	0.143
23.54	585	0.45	0.410	0.155

3. 热电联供的热经济性指标

(1) 热化发电率 ω

通常把热电机组的热化发电量 W_h 与热化供热量 Q_{hi} 之比称为热化发电率 ω

$$\omega=\frac{W_h}{Q_h}\quad(\text{kWh/GJ}) \tag{6.18}$$

该指标 ω 是能量、质量不等价的比值，但它是热电联供中的一个重要的热经济性指标。热化发电率 ω 的大小，不仅与热电机组形式有关，而且与主蒸汽的基本参数有重要关联。该指标 ω 直接反映热电设备的技术完善程度。当热功转换过程的工艺技术愈完善，热化发电率 ω 值愈高，因此，ω 是评价热电联产技术完善程度的质量指标。

发电厂的回热循环也是热化供热的一部分，只不过这部分热化供热是发生在发电系统内部。因此，热化发电率 ω 分为内部热化发电率 ω_i，即回热循环部分的供热；外部热化发电率 ω_o，即热电合产的对外供热部分。

热化发电率 ω 可由式（6.19）计算

$$\begin{aligned}\omega&=\frac{10^6}{3600}\frac{(h_o-h_h)}{(h_h-h_h')}\eta_m\eta_g(1+e)\\&=278\frac{(h_o-h_h)}{(h_h-h_h')}\eta_m\eta_g(1+e)\end{aligned} \tag{6.19}$$

式中　h_o——主蒸汽的焓，kJ/kg；

h_h——抽汽的焓，kJ/kg；

h_h'——抽汽供热放热后的焓，kJ/kg；

e——内部热化发电率 ω_i 与外部热化发电率 ω_{oi} 比值，ω_i/ω_o。

在进行热电联供的节煤量计算中，式（6.15）的全年合产热化发电量常按下式计算：

$$W_h^a = \omega Q_h \tau_u^h \tag{6.20}$$

式中 Q_h——热化小时供热量，GJ/h；

τ_u^h——热电机组全年利用小时数，h。

综观式（6.15）、式（6.19）和式（6.20）可知：ω 愈大，热化供热量 Q_h 愈大，主蒸汽压力 P_o 愈高，抽汽压力 P_h 愈低，热化发电愈节煤，热电联供节能效益愈明显。

（2）热化系数 α_{tp}

热化系数是热电联供又一重要的热经济性指标。以小时计的热化系数 α_{tp} 的定义是每小时最大热化供热量 $Q_{ht(M)}$ 与每小时最大热负荷 $Q_{h(M)}$ 之比值，即

$$\alpha_{tp} = \frac{Q_{ht(M)}}{Q_{h(M)}} \tag{6.21}$$

热化系数 α_{tp} 的选取，不仅与热电机组的类型、蒸汽参数、热力系统工艺完善程度等有关，而且与供热负荷的全年特性有重要的关联。α_{tp} 的数值选取，直接影响到热电联供节能效益与经济效益。

如果选取 $\alpha_{tp}=1$，即表示热电机组的热化供热量 $Q_{ht(M)}$ 能满足供热系统的最大供热需求，亦即热化机组是按照供热系统的设计热负荷进行设计的。这时，外温处于设计外温，热电机组按设计工况进行热电联供，其节能效益最为明显。但供热是最典型的季节性热负荷，设计热负荷一般要比供热期间的平均热负荷约大 50%～100%，而且最大热负荷的延续时间通常不超过 10 天左右，因此，热电机组在整个供热期间，绝大多数时间都在较低的热化供热负荷下运行。由于热化发电量的降低和凝汽汽流发电量的增大，因为 $\eta_{ic}>\eta_i$，导致热电机组的节能效益明显下降。如果 α_{tp} 取值过小，热电机组承担的供热负荷过小，以至于不足的供热负荷仍由热电分产担当，则难以体现热电联产的优越性。根据上述分析，我国热电联供系统中，对于工业供热负荷，$\alpha_{tp}=0.6\sim0.75$ 为宜；对于民用供热负荷，$\alpha_{tp}=0.5\sim0.55$ 为宜。目前我国主要倾向是 $\alpha_{tp}\approx1$，因此出现“天冷屋也冷，天热屋也热”的现象。分析原因，主要是热化系数取值过大造成的不经济引起的。

6.3 热泵在工业余热回收中的应用

热电厂的热电冷三联供，实际上是工业余热（低品位）的一种应用方式。对于发电厂，也只是冬季、夏季实行了三联供，其他季节，冷源热损失仍然排向大气，并没有得到很好的利用。而其他工业行业，如钢铁冶金、石油化工、纺织机械、食品卫生、建筑材料和交通运输等领域，存在着大量的低品位余热，至今没有提到重要的节能议事日程上来。必须看到，全国供热行业的发展方兴未艾，仍存在大量的热源缺口。诚然，利用新能源和可再生能源是一个发展方向，但毕竟杯水车薪，难以解决全局问题。从长远考虑，进行工业余热回收应成为我国供热热源的主要途径。利用工业余热，满足供热热源的需求，不仅顺应民意、热尽其用，而且可以极大地推进环保治理工作。

由于工业余热的品位比较低，用于供热空调常常需要进行温度的再提升，这样，热泵技术必将大有可为！现在，业内人员把相当精力用在水源热泵、土壤源热泵的研发上，渴望向地下水要热，向土壤要热，然而不但地下水、土壤的给热有限，而且还将带来地下水污染、土壤地质资源变坏的沉重代价！这不是热泵技术发展的主攻方向。热泵技术发展的主攻方向，应该向地上要热，向量大面广的工业余热要热！

工业余热利用，除了品位低以外，另外的难点是过于分散，远离供热、空调负荷中心，常使有心人望而却步。应该认识：难点，是创新的开始，是创新的引路人。只有不畏艰险，勇于攀登的人，才能达到技术的高峰。本节介绍热泵在工业余热回收中的应用，主要目的是说明热泵的应用范围，热泵目前存在的局限性，以及可能的发展方向，以企共商热泵的广阔前景！

6.3.1　电热泵的应用条件

根据工程热力学的基本原理，热量由低温热源传至高温热源所用的机械称为热泵。热力学第二定律指出：任何由低温热源向高温热源传递的热量，都不能自发进行，而必须由外界对其做功才能完成。热泵由电输入做功，称为电热泵；由热量输入做功，称为热热泵。

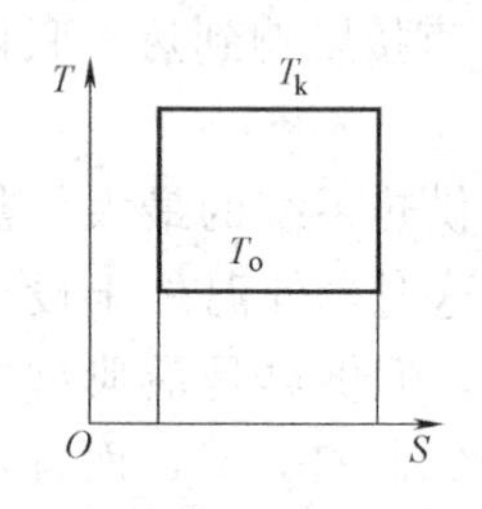

图6.5　卡诺循环温熵图

1. 热泵的理论能效

热泵的理论循环是逆卡诺循环。图6.5给出了卡诺循环或逆卡诺循环的温熵图，是由两个等温过程，一个绝热压缩过程和一个绝热膨胀过程组成。若设蒸发温度为 T_o（低温热源）、冷凝温度为 T_k（高温热源），则 T_o 与横坐标包围的面积为制冷量，T_k 与横坐标包围的面积为制热量，T_k 与 T_o 之间构成的面积表示外界输入的功，则热泵和制冷机的理论能效比即逆卡诺循环的制热系数 ε_c 和制冷系数 COP_c 分别为：

$$\varepsilon_c=\frac{T_k}{T_k-T_o} \tag{6.22}$$

$$COP_c=\frac{T_o}{T_k-T_o} \tag{6.23}$$

式中　T_o、T_k——分别为蒸发、冷凝的绝对温度，K。

在满足供热、供冷的基本条件下，表6.4给出了在不同的蒸发温度和冷凝温度时的理论制热系数和制冷系数（即能效比）。

热泵机组理论能效系数　　**表6.4**

蒸发温度 t_o(℃)	冷凝温度 t_k(℃)	制冷机组(COP_c)	制热机组(ε_c)
0	35	7.8	8.8
	45	6.1	7.1
	55	5.0	6.0
	65	4.2	5.2
5	35	9.3	10.3
	45	7.0	8.0
	55	5.6	6.6
	65	4.6	5.6

续表

蒸发温度 t_0(℃)	冷凝温度 t_k(℃)	制冷机组(COP_c)	制热机组(ε_c)
10	45	8.1	9.1
	55	6.3	7.3
	65	5.2	6.1
15	45	9.6	10.6
	55	7.2	8.2
	65	5.8	6.8

从表 6.4 可以看出：蒸发温度愈高、冷凝温度愈低，制热能效系数和制冷能效系数愈高，反之亦然；在同一蒸发温度、冷凝温度下，制热能效系数高于制冷能效系数。逆卡诺循环热泵机组的理论能效系数是理论上的最大值，任何实际的热泵机组都不能达到上述的理论循环，其外界输入的功都比理论值大，其能效系数都比理论值小。因此，热泵机组的理论能效系数是最高标尺，是热泵机组设计、运行的唯一理想目标。

2. 电热泵的实际能效系数

无论电热泵还是热热泵，它们的实际循环都不是逆卡诺循环，因此热泵的实际能效系数都比理论能效系数低。对于电热泵，制冷剂的蒸发、冷凝过程不是定压定温过程，而是定压不等温过程；制冷剂的压缩过程，也不是绝热过程；由于没有理想的膨胀机，制冷剂不能实现绝热膨胀，只能靠节流膨胀代替。实际的蒸发器和冷凝器，都存在温差传热，能量损失不可避免。特别是压缩机，除了不能实现理想的绝热压缩外，还有各种机械磨损，因此，压缩机的总效率一般在 65%～75%之间。由于上述原因，实际市场上的热泵产品能效系数都比理论值低。为了促进技术进步，我国 2004 年发布了《冷水机组能效限定值及能源效率等级》GB 19577—2004 标准，部分摘录见表 6.5。在该标准里，把热泵能效高低分五个等级。

热泵机组能效等级 **表 6.5**

类型	额定制冷量 cc(kW)	能效等级 COP(W/W)				
		1	2	3	4	5
风冷	$55<cc$	3.40	3.20	3.00	2.80	2.60
水冷式	$cc\leqslant 528$	5.00	4.70	4.40	4.10	3.80
	$528<cc\leqslant 1163$	5.50	5.10	4.70	4.30	4.00
	$1163<cc$	6.10	5.60	5.10	4.60	4.20

等级 1 为努力目标，等级 2 代表节能型产品的门槛，等级 3、4 代表我国目前的市场水平，等级 5 为淘汰产品。以舒适性空调为例，蒸发温度在 0～5℃之间，冷凝温度约 35℃左右，以等级 3、4 的能效系数与理论能效系数相比较，约相差 35%～50%。

3. 火电热泵的应用条件

在我国，大部分电热泵都是用火电驱动的，因此，研究电热泵是否节能，必须考虑火电的特点。我国火电的平均发电效率约为 30%，加上电网 3%的线损，进入热泵机组的用电效率为 27%，亦即 1kWh 电能与 3.7kWh 热能等价。也就是说，把电热泵作为一个热源（或冷源）系统（含热泵机组，冷冻、冷却系统），与烧煤的热源（或冷源）相比较，其热泵系统的能效系数只有大于 3.7 时才是节能的。

一个完整的热泵系统，应包括热泵机组、冷冻水系统、冷却水系统和用户末端装置。这些分系统都有能量损耗，因此观察热泵系统的节能水平，只计算热泵机组本身的能效系数是不够的，必须计算整个热泵系统的能效系数才有意义。根据《空气调节系统经济运行》GB/T 7981—2007 规定，热泵系统能效比 EER_s 可用下式计算：

$$EER_s=\frac{1}{\frac{1}{EER_r}+\frac{1}{WTF_{chw}}+\frac{1}{EER_t}} \tag{6.24}$$

式中　EER_r——热泵机组能效比；

WTF_{chw}——冷冻水、冷却水系统的输送系数；

EER_t——用户末端装置性能系数。

其中，冷冻水、冷却水系统输送系数指单位水泵电耗所能输送的制冷量或制热量。对于水源热泵或土壤源热泵，水的提取、回灌或循环所消耗的电能都应包括在 WTF_{chw} 中。系统实现夏天供冷、冬天供热，冷冻水系统与冷却水系统是通过四通阀互换的。一般情况下，冷冻水系统的输送系数取 35，冷却水系统的输送系数取 30，用户末端装置（空调系统供热、供冷）的性能系数为 8～12（前者为全空气系统，后者为新风加风机盘管系统）。

在进行电热泵与烧煤热源（冷源）比较时，只把电热泵当做热源（或冷源）考虑，因此，在计算热泵机组的能效比 EER_s 时，应只计算热泵机组的能效比 EER_r 和冷冻或冷却水系统的 WTF_{chw} 输送系数值（只取一个 35 即可），而用户末端装置和管网输送系统（夏天为冷冻水系统，冬天为冷却水系统）的性能系数和输送系数不必计算。现取电热泵的能效比 EER_r 为 4.1，冷冻水输送系数为 35，按式（6.24）可计算出电热泵系统的能效比 EER_s 值为 3.7。这说明电热泵机组的能效比只有≥4.1 时才是节能的。国家标准规定 1、2 等级的电热泵产品为节能产品是有道理的，因为此时电热泵的能效比都将大于 4.1 以上。

通过上述讨论，可以更加准确地指出：电热泵供热（供冷）的应用是有条件的，并不是任何地区、任何情况下都是节能的。表 6.6 给出了我国不同地区地表水和地下水的水温分布情况（《建筑给水排水设计规范》GB 50015—2003，2009 年版）。

冷水计算温度　　**表 6.6**

地区	地表水(℃)	地下水(℃)
辽宁	4	6～10 10～15(南部)
北京	4	10～15
上海	5	15～20
广州、香港、澳门	10～15	20

从表 6.6 可以看出，对于辽宁地区，地下水温度为 6～10℃。若采用水源电热泵供热，其蒸发温度为 1～5℃，供热的供水温度以 55℃（地板辐射采暖）、65℃（散热器采暖）为宜，从表 6.4 可知，在上述参数下供热热泵的理论能效比在 5.2～6.6 之间。若考虑热泵实际能效比只是理论能效比的 0.35～0.65 时，电热泵的实际能效比只有 2.6～4.3

左右，多数情况小于4.1，因此，在东北地区采用电热泵供热是不节能的。在沈阳地区，通过实地工程的实测，电热泵供热系统的能效比只有1～3，也证明上述分析是正确的。对于北京地区，采用水源电热泵供热，处于节能与不节能的边缘状态，技术先进可能节能；技术落后，完全有可能不节能。从表6.6可以分析，在黄河以南地区采用电热泵供热、供冷，一般是节能的。

4. 水电热泵供热的优势

用水电驱动的热泵称为水电热泵。水电与火电相比较，最大的优势是发电效率高，一般为80%左右[5]。水力发电主要依靠势能（机械能的一种）转化为电能。在水轮发电机中，最大的能量损失是机械磨损，不存在火力发电中的高温传热损失、低温冷却损失以及工质循环过程中的不可逆损失。由于水电的发电效率高，给水电热泵供热带来的最大优势是节能效益明显。

若以80%计算水力发电效率，则布1kWh水电相当于1.25kWh热能。根据公式（6.24）进行计算，水电热泵机组的能效比EER_r只要大于1.3就是节能的。考察表6.4和表6.5就会得出结论：在我国任何地区，凡采用水电热泵供热都是节能的，因为无论在任何情况下，水电热泵机组的能效比都远大于1.3。

目前，对水力发电最大的争论是对生态的影响。我国经过三峡工程的实践，对兴建大坝已经有了很多正、反面的经验，相信在未来的水力发电工程建设中，一定会有更多的创新。目前，我国在不少的水力发电工程中，采用打隧道的办法代替大坝兴建，只要设计合理，完全可以将对生态的影响减少到最小的程度。除生态影响外，还有冬季枯水季影响发电量的问题。这些只要通过负荷的合理配套，都是不难解决的。总之，我国有丰富的水力资源，特别是西部地区，至今尚未充分开发。相信随着国家经济实力的不断增强，大力发展水电资源的春天一定会到来。

5. 在我国西南地区应用水电热泵供热的优势

我国西南地区地处黄河以南，至今没有成套的供暖设施。按照气象条件考虑，该地区的设计室外供暖温度应该在－12～－6℃之间，供暖时间为120～170天之间。随着我国经济实力的增强，人民生活水平的提高，该地区人民生活的供暖需求迫在眉睫，但这里缺煤、缺油、缺气，有的是丰富的水力资源和太阳能资源。近几年来，业内人员一直在关心该地区供暖方式的研究。根据前述的讨论，作者认为该地区最理想的供暖方式应该采用太阳源水电热泵供热。

（1）气象条件

这里所说的我国西南地区，主要是指西藏的拉萨、云南的香格里拉（德钦地区）和四川的阿坝、甘孜地区，其气象条件见表6.7所示。表6.7的数据是根据文献《严寒和寒冷地区居住建筑节能设计标准》摘录的，该地区属于寒冷地区Ⅱ（A）和严寒地区Ⅰ（C）范围，不但天气寒冷，而且供暖时间长，尽快解决居民的供暖问题，已到了刻不容缓的地步。

（2）能源资源状况

该地区（指拉萨、香格里拉、甘孜、阿坝）自然资源缺煤、缺油、缺气。据了解，国家“十二五”规划将长输天然气管线进入该地区。该地区地处雅鲁藏布江、金沙江、大渡河和雅砻江流域，有丰富的水力资源。据统计，西藏的水力资源占全国第一，仅雅鲁藏布江可开发的水力资源就占全西藏水力资源的83.7%，其发电能力约47375.3MW。到2003

年，全西藏装机水力发电能力约156MW，根据自治区电力规划，远期全区水力发电能力将达2000MW。由于全区工业不发达，水电负荷主要用于民用。至2009年，云南省香格里拉水电装机能力为300MW，主要用于德钦县（香格里拉地区首府，城市人口20万）的民用，目前水电供大于求。四川阿坝和甘孜两个藏族自治州共有19个县，流经该地区的金沙江、大渡河和雅砻江有丰富的水电资源，预计2012年可建成4000～8000MW（400万～800万kW）的水力发电机组，相当于三峡水力发电的1/3～2/3（三峡发电量为12800MW即1280万kW）。

室外气象参数　　**表6.7**

地区名称	气候区属	度日数HDD18(℃·d)	计算采暖期						
			天数(d)	室外平均温度(℃)	太阳总辐射平均强度(W/m^2)				
					水平	南向	北向	东向	西向
拉萨	Ⅱ(A)	3425	126	1.6	148	147	46	80	79
香格里拉(德钦)	Ⅰ(C)	4266	171	0.9	143	126	41	73	72
阿坝(马尔康)	Ⅱ(A)	3390	115	1.3	137	139	43	73	73
甘孜	Ⅰ(C)	4414	173	−0.2	162	163	52	93	93

该地区，特别是西藏拉萨地区，天气透明度好、云量少，日照时间长，具有丰富的太阳能资源。拉萨地区各季日照率高达77%，全年总太阳辐射值达7782MJ/m²，利用太阳能供暖，有很大的发展远景。其他地区，如香格里拉、阿坝、甘孜，各季日照率都在58%～67%之间，太阳能资源的利用，也都有相当客观的发展前景。

（3）优先采用太阳源水电热泵供热

供热行业是一个能源消耗较大的行业。各地供热方式的确定，一个重要的原则是应该与当地能源结构的特点相匹配。我国西南地区（拉萨、香格里拉、甘孜、阿坝等）的能源结构特点是缺煤、缺油、缺气，但有丰富的水力资源和太阳能资源。自从火车进藏以来，煤价有所下降，但拉萨煤价仍比内地每吨贵800元，且烧煤严重污染大气环境，这与该地区是我国旅游胜地直接相悖。因此，大量采用烧煤供热是不适宜的。国家“十二五”规划期间，青海天然气的输气管线将进入该地区，因此在水电资源不能满足需求的情况下，适当发展一些燃气供热是可以的。但从长远考虑，燃气虽比燃煤对大气污染的影响小一些，但比起水电、太阳能这类清洁能源来说，还是不可比拟的。通过上述分析，该地区最好的供热方式应该是水电与太阳能相结合的供热方式。

近几年来，经业内技术人员的研究，我国西南地区靠太阳能集热可满足该地区冬季供暖需求的1/3热负荷。根据这一特点，优先采用太阳源水电热泵供热是最佳方案。参考有关文献，提出的太阳源热泵供热方案详见图6.6所示。

图6.6中P_1～P_6为系统各区段的循环水泵。该供热系统是以太阳能集热和空气源集热为热源的水电热泵供热系统，可分别称为太阳源水电热泵和空气源水电热泵。运行时以太阳源水电热泵为主，其基本目的是尽量提高太阳源水电热泵的蒸发温度，进而提高机组的能效比。

在冬季供热期间，开始供热初期和临近供热末期，依靠太阳能集热系统的集热和太阳源水电热泵加热，即可使室内供热系统达到要求的供水温度（一般在45～50℃），此时空

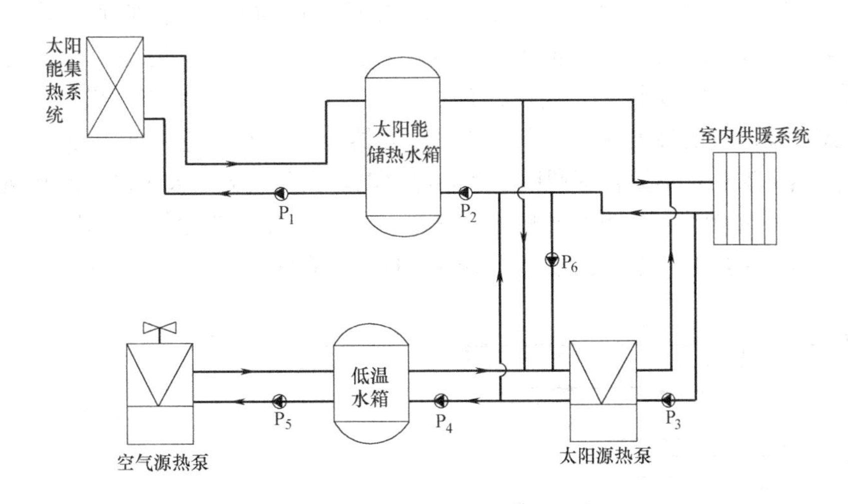

图 6.6 空气太阳源水电热泵供热系统

气源水电热泵停止运行。随着室外温度的降低，供暖热负荷的增大，上述供热方式不能满足室内热负荷增加的需求，则启动空气源水电热泵系统，由太阳能储热水箱与空气源水电热泵的低温水箱共同向太阳源水电热泵的蒸发器供热，然后由太阳源水电热泵冷凝器侧出口的供水温度向室内系统供热。室内若为地板辐射采暖，温度调为 45～55℃；若为散热器采暖，供水温度调至 55～65℃。通过上述分析，在整个供热期间，太阳源水电热泵为主热源自始至终都在运行，而空气源水电热泵则为辅助起源，只在主热源供热量不足时加以辅助供热。在供热初期或接近停运时，供热负荷较小，此时有可能光靠太阳能集热即可达到要求的供水温度，这时可停止太阳源水电热泵运行，单独进行太阳能集热供热或称为主动式纯太阳能供热。

上述太阳源与空气源水电热泵的联合运行可保证进入太阳源蒸发器的水温不低于 20～35℃，进而使蒸发温度保持在 10～15℃之间运行，供水温度可达 45～65℃，这样，水电热泵的实际能效比可达 3～5 之间，节能的效益是非常明显的。

上述供热方案是针对我国西南地区的气象特点与能源资源的实际情况而制定的。只要本着因地制宜的原则，适合我国各不同地区的供热方案也一定会制定出来。

6.3.2 热热泵在热电联供中的应用

热热泵一般指溴化锂吸收式热泵，热媒可以是蒸汽也可用热水，主要由发生器、蒸发器、冷凝器、吸收器和节流装置等组成。在发生器中，溴化锂溶液被热水或蒸汽加热，水蒸发为汽，再经过冷凝、节流、蒸发、吸收等过程，实现制冷、制热。其中溴化锂溶液中的水为制冷剂。

近几年来，清华大学研发的大温差吸收式热泵供热，为热热泵在热电联供中的应用开拓了新途径。通常情况下，热电联产供热，一级网的设计供、回水温度为 130/70℃，温差为 60℃。而大温差吸收式热泵供热系统的设计供、回水温度能达到 130/25℃，温差 105℃，这就意味着同样的供热系统，其供热能力能提高接近一倍。这对于既有供热管网的改造具有重要意义。

目前利用吸收式热泵供热已有不少实际工程，其主要工作原理是：在热电厂首站，利用发电机组冷凝器中的冷却水（约35℃）和汽轮机低压抽汽，通过吸收式热泵、板换组合，产生130/25℃的高温热水，向供热系统供热。各热力站同样通过吸收式热泵和板换组合，将130/25℃的一级网热水交换成65/50℃的二级网供、回水温度供热。

吸收式热泵供热的最大优点是充分利用冷凝器冷却水和汽轮机低压抽汽，产生130/25℃的高温热水供热，不但合理利用了低品位热能，而且大大加大了供、回水温差（温差为105℃），进一步提高了管网供热的输送能力，其节能效益和经济效益明显。

吸收式热泵供热的热电厂首站和各换热站的工艺流程见图6.7和图6.8所示。

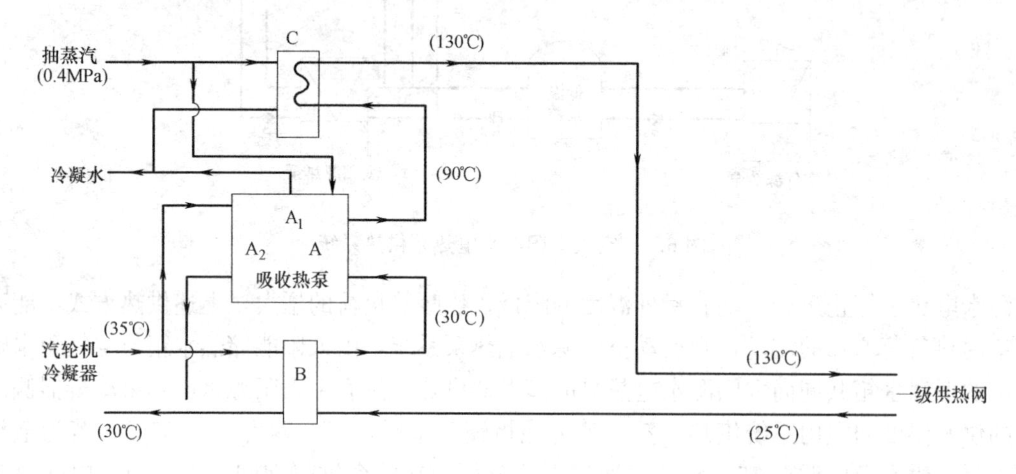

图6.7　热电厂首站吸收式热泵机组流程

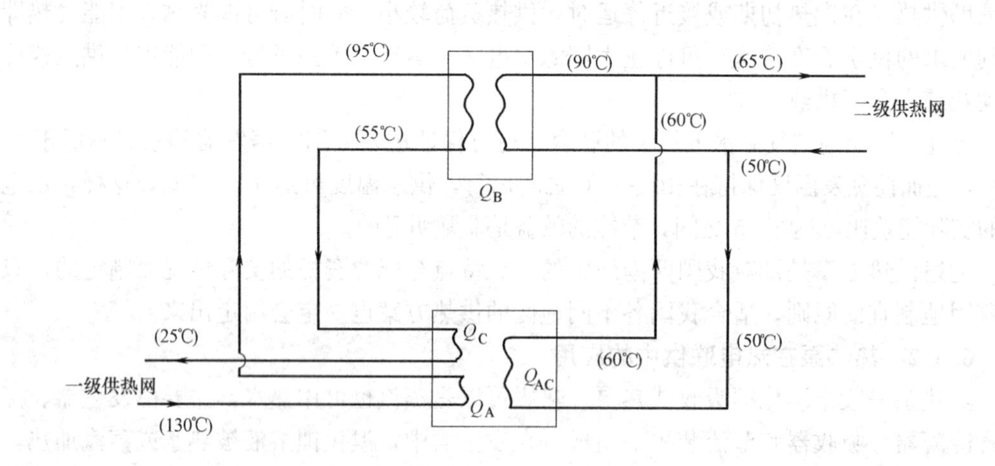

图6.8　吸收式热泵热力站流程

通过㶲效率计算，热电厂首站的㶲效率为1.39，热力站㶲效率为0.83，全供热系统的㶲效率接近于1.15。通过总体评估，其热量利用是合算的。

6.3.3　热泵技术发展的展望

1. 热泵技术现存的缺陷

（1）工质节流带来了能量损失

按照逆卡诺循环，制冷工质（制冷剂）从冷凝过程到蒸发过程应经过绝热膨胀过程。

但是由于没有理想膨胀机的出现，至今在实际的制冷过程中，都是采用节流方式代替绝热膨胀，无论电热泵还是热热泵皆如此。因为节流过程必然带来能量损失，这是实际热泵机组的能效比小于理论能效比的一个重要原因。这种能量损失，对于不同的制冷工质其数值也不同。在舒适性空调范围内，即蒸发温度为5℃，冷凝温度为40℃的情况下，经过计算，氟里昂22（R22）作为制冷工质，其节流过程能效比降低21%，氨（R717）降低10%，水（R718）降低2.9%。

（2）多数制冷工质（制冷剂）不利于环境友好

目前用于舒适性空调的制冷剂多为氟利昂。氟利昂是饱和碳氢化合物的氟、氯、溴、衍生物的总称。其中，氟的原子数愈多，毒性愈小，化学稳定性愈高。氯的原子数愈多，其热工性能愈好，但对臭氧层的破坏愈大，对气温变暖的影响愈大。目前，国际上用*ODP*表示消耗臭氧潜能值，用*GWP*表示温室效应潜能值，一般认为$ODP \leqslant 0.05$和$GWP \leqslant 0.5$为环境友好型制冷剂。由于氟里昂12（R12）对大气层臭氧破坏严重，已被禁止使用，氟里昂22（R22），我国将于2030年前淘汰。目前人们正在研发的替代制冷剂都是去氯的化合物。虽然可防止对臭氧层的破坏，但*GWP*值仍然较高，对温室效应的影响还很大。因此，研发环境友好型制冷剂的任务还很严峻。

（3）溴化锂溶液浓度的限制影响了能效比的提高

溴化锂水溶液进行吸收式制冷时，其溶液浓度必须在58%～62%之间，有极严格的限制，否则溶液将结晶，无法完成制冷循环。对于舒适性空调，一般蒸发温度为5℃，冷凝温度为45℃。与45℃相关的水蒸气参数为：相应的饱和压力0.01MPa，饱和蒸汽焓$h''=2582$kJ/kg。而实际受溶液浓度的限制，在58%～62%浓度之间的沸点为90℃，也就是在发生器中，只有热源温度高于90℃时，溴化锂溶液中的水才会汽化。此时汽化的水蒸气还维持0.01MPa，则其状态是过热蒸汽而不是饱和蒸汽，其焓为3091.4kJ/kg，再加上未蒸发溶液的吸热，而实际在发生器中每得到1kg的水蒸气，外界的供热量不是2582kJ/kg，而是3320.9kJ/kg。如果在蒸发器中1kg制冷剂（水）的制冷量为2321.1kJ/kg不变，则显然由于溶液浓度的限制，热泵（制冷机）的能效比实际值比理论值下降约20%，这是由吸收式制冷自身的局限性造成的。

2. 热泵技术发展趋势

如上所述，我国工业余热有极大的利用空间，亟待开发，而热泵是工业余热回收极其重要的关键设备。从现状来看，由于热泵现有的一些缺陷，很难完全有效地解决工业余热的低品位和分散性问题。因此，热泵的技术创新俨然成为当前行业一项刻不容缓的重大使命。

从目前的发展趋势看，一些很有发展前景的创新技术已崭露头角。其中，膨胀机的研发成功就很令人鼓舞。美国研制的膨胀机结构简单、成本不高，可与压缩机连机运行。目前我国有关部门已买断美国的专利技术，不久即可上市。

采用膨胀机代替膨胀阀，将使制冷工序带来一系列的变革。首先，膨胀机代替膨胀阀，即用绝热膨胀代替节流膨胀，可以提高机组的能效比。其次，膨胀机与压缩机的连机运行，可利用制冷剂在膨胀机中产生的膨胀功直接驱动压缩机，可大大减少压缩机的输入电耗，由此带来的机组能效比的提高将更为可观。再其次，膨胀机与压缩机的连机运行，可直接对制冷工质进行压缩或膨胀，进而实现制冷，制热，很有可能改变固有的蒸发、压缩、冷凝、膨胀的制冷循环，将引起热泵工艺的重大革新。

热泵技术发展中另一最具期待的是新的制冷工质的利用。当前，业内普遍看好的是空气和二氧化碳，前者，$ODP=0$，$GWP=0$；后者，$ODP=0$，$GWP=1$。关于采用二氧化碳作制冷工质，在历史上曾经起过重要作用，但由于工作压力过高，后被氟里昂制冷剂所取代。现在面对气候变暖，大气治理的大课题，重新起用天然制冷工质必将带来制冷工艺新的变革。

6.4 供热系统设计参数的确定原则

供热系统设计参数，这里主要是指散热器的设计供、回水温度和热源的设计供、回水温度。供热系统的设计参数对能源的合理利用、供热系统的能效高低以及工程的经济性都有直接的影响。因此，长期以来，人们对设计参数的确定都很关注。新中国成立以来，我国一直沿用苏联的设计标准，散热器的设计供、回水温度按95/70℃确定。但一直存在不同的争论，多数认为取值偏高，经磋商，按95/70℃和85/60℃两个标准并用。近几年来，又有争论，最后改为75/50℃标准，并于2013年7月在全国开始实施。

设计参数的频繁变动固然说明标准的重要性，但作者认为，设计标准为什么变动以及为何在设计、运行过程中正确执行标准更为重要！否则，很难达到节能、高效和经济的目标，甚至于会陷入恶性循环的境地。为了充分说明设计参数的相关因素，现就如下几个方面作较详细的分析。

1. 建筑围护结构保温性能的改善

这是适当降低设计供、回水温度最重要也是最合理的理由之一。本书第3章式(3.61)、式（3.62）和式（3.63）给出了相关说明：

$$t_g=t_n+\frac{1}{2}(t_g'+t_h'-2t_n')\left(n\frac{t_n-t_w}{t_n'-t_w'}\right)^{1/(1+B)}+\frac{Ln(t_g'-t_h')}{2}\left(\frac{t_n-t_w}{t_n'-t_w'}\right) \tag{3.61}$$

$$t_g=t_n+\frac{1}{2}(t_g'+t_h'-2t_n')\left(n\frac{t_n-t_w}{t_n'-t_w'}\right)^{1/(1+B)}-\frac{Ln(t_g'-t_h')}{2}\left(\frac{t_n-t_w}{t_n'-t_w'}\right) \tag{3.62}$$

$$n=\frac{1}{Lm} \tag{3.63}$$

式中 m——建筑围护结构保温性能改善前后，建筑概算热指标的比值。

我国最新的节能建筑设计规范，其外墙的传热系数一般比过去的相关数值减少一半或2/3，其概算热指标由$q_g=70\text{W/m}^2$下降为$q_s=40\text{W/m}^2$，亦即$m=q_g/q_s=70/40=1.75$。此时不考虑散热器多装的因素，即$L=1$，按公式（3.61）和公式（3.62）计算的结果，如表6.8所示。

建筑保温性能改善对设计参数的影响 表6.8

设计参数(℃)t_g'/t_h'	原概算热指标q_g(W/m²)	现概算热指标q_s(W/m²)	实际参数(℃)t_g/t_h
95/70	70	40	67.7/53.5
85/60	70	40	61.1/46.9

由表6-8说明，当既有建筑的围护结构保温性能得到改善（如加装外墙保温），而原有散热器不变，系统循环流量不变，则原设计供、回水温度作适当的降低，室内温度仍可

达设计标准。对于新建建筑，由于按新的设计规范设计，围护结构的保温性能明显改善，则供、回水设计标准适当降低是完全合理的。

2. 设计供、回水温度与运行供、回水温度不符

按这条理由，改变设计规范是完全错误的。诚然，在实际工程中确实存在设计供、回水温度与运行供、回水温度不符的现象。设计供、回水温度为95/70℃，实际在80℃或70℃的供水温度时，室内温度即可达标；设计供、回水温度为85/60℃，实际供水温度只要60℃左右，室温即可满足要求。为此，人们常归罪于设计不合理，理论脱离实际。然而，这是表面现象。实质上，理论与实际不符的状况是由于设计的偏差与运行的不当造成的。

设计的偏差主要表现在散热器的选取上，留有的富余量过大，通常实际的散热器都比需要值多1.2～1.5倍。为按$L=1.4$考虑，仍按公式（3.61）和公式（3.62）计算，则计算结果列入表6.9中，说明在其他条件不变的情况下，只要散热器富余量过多，则在较低的供水温度下也能达到室温18℃的要求。这说明在设计时，散热器应精确计算，否则，只靠经验估算而过大增加富余量，将对供热系统的正常运行带来麻烦。

散热器面积与设计供、回水温度的关系　　表6.9

设计供回水温度 t'_g/t'_h(℃)	相对散热器面积 $L=f_g/f_s$(%)	实际供回水温度 t_g/t_h(℃)	实际供回水温差(℃)
95/70	140	80.8/55.8	25
85/60	140	69.4/44.4	25

在运行中存在的主要问题是普遍采用大流量、小温差的运行方式。本书第3章公式（3.45）和公式（3.46）给出了系统循环流量变化与供、回水温度之间的关系，表6.10给出了不同循环流量$\overline{G}$下，供、回水温度的下降情况。从表6.10可以看出：在设计供、回水温度一定的情况下，系统循环流量愈大，实际供水温度愈低，回水温度愈高，供、回水温差愈小。

供、回水湿度与流量的关系　　表6.10

设计供回水温度(℃)	相对流量(%)$\overline{G}$ 运行流量/设计流量	实际供回水温度(℃)	供回水温差(℃)
95/70	1.0	95/70	25
95/70	2.0	88.8/76.2	12.5
95/70	3.0	86.7/78.3	8.33
95/70	6.25	84.5/80.5	4.0
75/55	1.0	75/55	20
75/55	2.0	70/60	10
75/55	3.0	68.3/61.7	6.7
75/55	6.25	66.6/63.4	3.2

通过上述分析，可以很清楚地说明，设计参数与运行参数的不符，主要原因是设计不当和运行不当造成的。其纠正的办法自然是改变错误的设计和错误的运行。如果反其道而行之，一味降低设计供水温度，而在设计和运行中依然如故，则必然出现设计参数继续与实际参数不符的现象。从中可以发现，参数不符只是表面现象，而实质是错误的设计与错误的运行。

3. 有利于消化钢的产能过剩

这种说法纯粹属于无稽之谈。谁都知道，在相同的室内温度需求下，降低设计供水温度必然要增加散热器片数，进而会增加金属耗量。在改革开放初期，曾试图降低设计供水温度，结果出现了散热器过多，以致房间里摆不下的笑话。当然，这是在既有建筑的情况下出现的问题，因为那时建筑围护结构的保温性能太差，在新的节能建筑中，一般不会发生这种现象。但是，不管在何种情况下，控制适当的金属耗量应该是每个工程设计所必须追求的经济指标。因为任何钢材的制造都需要耗费大量的能源，控制金属耗量，既是节约投资的需要，也是节能减排的需要。钢的产能过剩，是国家经济建设的重大失误，必须依靠国家经济结构的调整来缓解。如果寄希望于降低供热参数来消化，则是一种无知而幼稚的想法。

4. 可以减少管网的散热损失

这是欧洲采用低温供热的重要原因。欧洲的特点是地广人稀，建筑密度小，单位供暖面积的管网敷设率比较低。为了减少管网热损失，设计供水温度一般为60～70℃，这样的设计理念是比较符合他们的国情的。而我国人多地少，建筑密度高，单位供暖面积的管网敷设率也高，一个重要的追求目标应该是在同一供热系统中输送更多的供热量。为此，设计供水温度和设计供、回水温差不能过小。简单地照搬别国经验，容易偏离本国国情，造成技术上的失误。

5. 提高㶲效率的重要途径

这一点，又陷入了一个误区。对于供热系统㶲效率的提高，不能只考虑末端散热器换热过程的㶲效率，而应考虑全系统各个工艺环节的㶲效率。根据本章第二节换热过程㶲效率的计算公式，对供热系统各工艺环节㶲效率进行了计算，结果见表6.11和表6.12。

换热过程的㶲效率分析　　表6.11

换热频型		㶲效率(%)	换热频型		㶲效率(%)
	加热侧参数(℃)//被加热侧参数(℃)		混水连接	加热侧参数(℃)//被加热侧参数(℃)	
间接连接	130/80//95/70	83.8		85/60//75/60	100
	130/70//85/60	78.7		85/50//60/50	100
	120/80//95/70	86.8	用户散热器	95/70//18	26.7
	120/70//85/60	81.7		85/60//18	29.5
	95/70//85/60	90.5		65/50//18	35.6
	85/60//65/50	83.2		50/40//18	44

供热系统有关工艺环节温度参数的㶲值　　表6.12

温度参数(℃)	㶲值(kJ/kg)	温度参数(℃)	㶲值(kJ/kg)
130/80	0.277	95/70	0.232
130/70	0.267	85/60	0.21
120/80	0.257	65/50	0.174
120/70	0.247	50/40	0.141
110/70		18	0.062

从表中能够看出：当热用户供、回水温度为65/50℃（散热器）和50/40℃（地板辐射采暖）时，与室内温度18℃的换热㶲效率分别为35.6%和44%，优于95/70℃的㶲效率26.7%和85/60℃的㶲效率29.5%。但判断能量利用是否合理，光看热用户末端是远远不够的。如果从热用户、热力站和热源全系统考察就会发现：最大的㶲损失是在热源，当热源的供、回水温度为130/70℃时，㶲效率只有26.7%，也就是说，此时㶲值损失了70%以上。如果为了提高热用户处的㶲效率而一味降低热力站热源处的供、回水温度，则在热源处的㶲效率会更低（当热源处供、回水温度为85/60℃，㶲值损失近80%），显然是不合理的。

再从绝对的㶲值观察，当室内温度为18℃，其㶲值为0.062（kJ/kg），能量品位是很低的。从能量品位的合理利用来分析，采用低品位的能源供热是最合理的，上节讨论热电联产供热就是一例。反之，对于区域锅炉房，燃料燃烧后（如煤、天然气）直接供热是最不合理的。但目前完全排斥区域锅炉房供热也不现实。合理的做法是尽量提高热源供、回水温度，然后在二级网将供水温度降低，再送入热用户。这样做，虽然整个供热系统的㶲效率并未提高，但带来的好处是增大了一级网供、回水温差，减少了系统循环流量，降低了管网造价，从另一方面得到了一定弥补，总比片面降低供水温度要全面的多。

6. 吸收式热泵供热的需要

这是正确的。根据本章第3节的叙述，利用吸收式制冷热泵供热，二级网的设计供、回水温度为65/50℃，如果供水温度再提高，则直接影响热泵供热系统的能效比，反而是不合算的。

综上所述，供热系统设计参数的确定，特别是二级网设计供水温度的确定，比较合理的原则应是按照不同的供热方式制定不同的设计供水温度。对于散热器供热，采用75/50℃；地板辐射供热，宜采用50/40℃；吸收式热泵供热，选用65/50℃；空调供热，为60/50℃。还有一点必须强调，无论对供水温度的确定有多少争论，但对散热器供热的设计供、回水温差都认定为25℃，这一点非常重要。这表明，大流量、小温差的运行方式是被否定的。在运行实践中坚持既定的参数标准尤为重要！

6.5　建筑能耗影响因素与供热系统节能潜力

我国“十一五”规划的节能指标是20%，“十二五”规划的节能指标为17%，其中建筑节能担负着举足轻重的责任。为了更有效地推动建筑节能工作，有必要对供热系统的各个工艺环节的能耗情况以及节能潜力进行比较深入的分析，进而为节能技术的实施提高其针对性。

6.5.1　建筑能耗的主要影响因素

建材能耗一般算作工业能耗。建筑能耗主要包括供热、空调、照明等能耗。建筑能耗占全国能耗的1/3，供热、空调又占建筑能耗的1/3。供热的建筑能耗影响因素主要由四部分构成：建筑物围护结构的保温状况；建筑物的室内温度设计标准；建筑物自由热的有效利用程度；供热系统的能效水平。

1. 建筑物围护结构的保温状况

我国新的《公共建筑节能设计标准》、《严寒和寒冷地区居住建筑节能设计标准》已陆续出台。在制定这些国家设计标准的过程中，对建筑物围护结构的保温性能做过深入研究，基本认为：建筑物围护结构的保温状况对供热、空调的热（冷）负荷的影响要占到20%～50%。若把全国的气候分为五个区，则夏热冬暖地区（广州、香港等）约占20%；夏热冬冷地区（上海、重庆、成都等）约占35%；寒冷地区（北京、西安、兰州等）约占40%；严寒地区A（海拉尔、哈尔滨等）、严寒地区B（长春、沈阳、呼和浩特、乌鲁木齐等）约占50%。越是北方寒冷地区，建筑物围护结构的保温状况对供热热负荷的影响愈大。过去我国的居民建筑基本上没有外墙保温，门窗的密闭、保温性能也差。与世界发达国家相比，我国的建筑能耗过大，这是其中的一个重要原因。我国新的设计标准在这方面已经做了很大改进。

2. 建筑物的室内温度设计标准

建筑物室内温度设计标准与建筑能耗有密切关系。研究表明：在加热工况下，室内设计温度每降低1℃，能耗可减少5%～10%；在冷却工况下，室内设计温度每提高1℃，能耗可减少8%～10%。长期以来，由于缺乏节能意识，我国在室内温度的控制上常常过于粗糙。特别是行政办公等公共建筑，不论春夏秋冬，也不考虑是上班时间还是节假日，冬天室内温度一律18℃，夏天室内温度经常要求在24℃。实际上，冬天在无人居住的房间只要保持8℃室温，避免设备冻坏是完全可能的。过去外国人在夏天上班都要西装革履，室温必须保持在24℃，现在为了节能，室内提高到26℃，允许上班穿衬衫，连生活习惯都改变了。几年前国务院在节能措施中明确提出，冬天室温18℃，夏天室温26℃。严格执行这些举措，建筑能耗就会有明显的降低。

3. 建筑物自由热的有效利用程度

自由热主要指太阳能、家电和人体的散热。对于夏天，这部分热量是冷负荷的重要组成部分，应尽量避免；对于冬天，又是加热室温的有效热量，应尽量利用。这部分热量随着地区、季节的不同而不同，在冬季，大体上约占总热负荷的10%～15%左右。对于太阳能日照，在建筑物热负荷计算中考虑了这部分影响，主要体现在散热器传热面积的选择上。但由于在过去，供热属于社会福利，未进入商品市场，也未推广计量收费，室内供暖系统难以实现室温的自动调节。因此，在我国的大部分地区，房间的自由热还很难在供热系统中充分利用，这也是我国建筑能耗大的一个重要因素。

4. 供热系统能效

供热系统能效是指加热室温的有效热量与热源输送总热量之比值。加热室温的有效热量是指将室温加热到设计室温所提供的热量。室温超标所消耗的热量称为无效热量。热源输送总热量包括燃料燃烧所放出的热量，加上动力设备耗电的折算热量。由于我国供热系统的能效比较低，大部分热量没有变成有效热量，而是通过许多环节白白地浪费掉了，因此，建筑节能最大的潜力，除了改善建筑的围护结构保温性能外，就是要大力提高供热系统的能效。

供热系统能效η比较合理的计算方法，应按下式计算

$$\eta=\frac{Q\cdot\eta_b\cdot\eta_r\cdot\eta_j+q_z}{\sum Q} \tag{6.25}$$

式中 Q——热源燃料总供热量，GJ/h；

$\sum Q$——热源燃料、电力总供热量，其中1kWh(电)=3.314kWh(热)，GJ/h；

η_b、η_r——分别为热源、热网效率，%；

η_j——系统冷热不均系数，粗略按照 1 蒸吨锅炉热量，实际所带供热面积与理论能带供热面积之比，%；

q_z——有效利用的自由热量，GJ/h。

以往供热系统能效只考虑热源效率和管网效率，不考虑冷热不均产生的热损失。通过本书第 3 章的分析，发现冷热不均的热损失平均也要占到系统总能耗的 20%～30%。由于冷热不均的存在，致使每蒸吨的供热量所带供热面积远远低于理论值。因此，采用每蒸吨供热量所带供热面积的实际值与理论值之比表示冷热不均系数，基本能反映冷热不均的实际状况。

6.5.2 节能潜力的数量分析

1. 建筑围护结构的节能潜力

我国新的建筑节能设计标准对围护结构的保温性能有了大幅度的提高。过去外墙的传热系数为 1.28～2.35W/(m^2·K)，现在公共建筑下降为 0.45～1.5W/(m^2·K)，居住建筑下降为 0.25～0.7W/(m^2·K)，窗户由原来的 3.26～6.45W/(m^2·K) 下降为 1.7～2.7W/(m^2·K)（公共建筑），1.5～3.1W/(m^2·K)（居住建筑），其中偏小数据为北方地区，偏大数据为南方地区。从中可以看出：对于北方地区，外墙的传热系数比过去下降了 61%～65%，窗户的传热系数约下降 48%。虽然外墙、窗户的保温性能不能完全代表屋顶、地面的保温性能，但可粗略地估计为同一数量级，这样就可以大体估算，新的节能建筑比既有建筑外围护结构的散热能耗将下降 50%～60%左右，这是很大的改进。

2. 供热系统的能效分析

根据公式（6.25）可对供热系统的实际能效进行计算。表 6.13 给出了北京地区、哈尔滨地区供热系统能效的具体数值，该表是根据以下具体条件进行统计、计算的：

（1）按照国家的建筑节能规划进行。我国建筑节能规划以 1980 年为基础，一步节能是在 1980 年的基础上节能 30%；二步节能是在 1980 年的基础上节能 50%；三步节能是在 1980 年的基础上节能 65%；四步节能是在 1980 年的基础上节能 75%。1980 年的基础数据，如单位供暖面积的煤耗量（标煤）b_r，锅炉燃烧效率 η_g，热网输送效 η_r 以及单位蒸吨的供暖面积 f_r 等，都是通过全国普查得出的。各不同节能阶段的上述指标是根据总的节能指标推算的。四步节能目前只有总的节能指标，分项指标尚在制订中，需待出台。由于四步节能的各项指标尚未出台，为了给出节能上限，作者在表 6.13 中提出了理想节能阶段，并给出各项节能指标。

（2）热工基础数据以国家《严寒和寒冷地区居住建筑节能设计标准》为依据。1980 年和一步节能、二步节能阶段的设计室温按 16℃设计，三步节能按 18℃设计，相应的供暖度日数也按新、旧不同的标准 HDD_{16} 和 HDD_{18} 选取。在新、旧度日数的选取中，除了设计室温的变化外，各地的供暖天数、供暖期间的平均外温都有变化。由于篇幅所限，表 6.13 只选择北京和哈尔滨两个有代表性的地区进行分析，其他地区可以类推。

（3）根据煤耗、锅炉和热网效率计算单位供暖面积的耗热量 q_h 和概算热指标 q_n。计算公式如下：

北京（哈尔滨）供热系统能效统计 **表6.13**

节能阶段	节能指标						耗热指标（W/m²）	概算热指标（W/m²）	热用户冷热不均程度		系统设备耗电（W/m²）		技术条件	系统能效（%）	
	煤耗量（kg/m²）	节能总量（%）	围护结构节能（%）	系统节能（%）	锅炉效率（%）	热网效率（%）			（%）	实际供热面积（m²） 理论供热面积（m²）	热源	热网		不含电耗	含电耗
1980年	25.20 (37.7)	0.0	0.0	0.0	55.0	85.0	31.96 (33.8)	45.0 (55.60)	0.30 (0.38)	4000/13178 (4000/10666)	1.0	0.5		14.0 (18.0)	13.0 (16.7)
第一阶段	17.64 (26.39)	30.0	22.74	7.26	60.0	90.0	25.85 (27.3)	36.40 (45.00)			1.0	0.5		23.0 (28.0)	25.1 (27.3)
第二阶段	12.60 (18.85)	50.0	35.0	15.0	68.0	90.0	20.92 (22.1)	29.5 (36.4)	0.38 (0.46)	8000/21285 (8000/17250)	1.0	0.5			
第三阶段	7.80 (15.30)	65.0	65.0	0.0	70.0	92.0	15.00 (20.00)	22.5 (33.2)	100%	28500/28500 (19300/19300)	0.75	0.3	推广计量收费、变频调速	64.4 (64.4)	56.0 (57.3)
理想阶段	6.90 (13.40)	77.4	0.0	12.4	80.0	92.0	15.00 (20.00)	22.5 (33.2)	100%	28500/28500 (19300/19300)	0.5	0.2	推广计量收费、多泵变频调速、自动控制	73.6 (73.6)	65.5 (67.7)
	6.50 (12.60)	82.0	0.0	4.6	85.0	92.0	15.00 (20.00)	22.5 (33.2)	100%		0.5	0.2		78.2 (78.2)	69.6 (71.9)
	6.00 (11.70)	88.4	0.0	6.4	90.0	94.0	15.00 (20.00)	22.5 (33.2)	100%	28500/28500 (19300/19300)	0.5	0.2		84.5 (84.5)	74.4 (77.7)

注：1. 括号内数据为哈尔滨地区的数据。
2. 第一、二阶段，室内设计温度16℃，第三阶段以后，室内设计温度18℃。
3. 北京新的供暖天数114天，供暖期间平均外温0.1℃，度日数2040.6。
4. 哈尔滨新的供暖天数167天，供暖期间平均外温−8.5℃，度日数4425.5。

$$q_h=\frac{7000b_r \cdot \eta_b \cdot \eta_r}{0.86\times 24\times z} \quad (W/m^2) \tag{6.26}$$

$$q_n=\frac{7000b_r \cdot \eta_b \cdot \eta_r(t_n'-t_w')}{0.86\times 24\times HDD} \quad (W/m^2) \tag{6.27}$$

式中 b_r——供暖期单位供热面积的耗煤量，kg/(m^2 · a)；

z——计算供暖期天数，d；

HDD——不同设计室温的度日数，℃ · d；

t_n'、t_w'——室内、室外设计温度，℃。

（4）理想节能阶段的建筑围护结构的保温性能维持三步节能标准。

通过表 6.13，可对供热系统的能效作出如下分析：

（1）1980 年我国供热系统的能效是很低的。在设计外温下，北京只有 13%，哈尔滨为 16.7%。分析原因，除了锅炉效率、热网效率都低外，另一重要原因是存在严重的冷热不均现象。根据统计，当时全国单位蒸吨所带供暖面积只有 4040m^2，北京的冷热不均系数为 0.3，哈尔滨为 0.38。本书第 3 章中，图 3.7 曾给出在同一水力失调工况下热力工况失调与外温变化的关系：在设计外温下，热力工况失调最严重；随着外温逐渐变暖，热力工况的失调也逐渐得到缓解，即各用户室温之间的偏差也逐渐变小。根据统计，在供暖期平均外温下的冷热不均系数比设计外温下的值提高 10%左右。以此为依据，可粗略估计 1980 年全国供热系统的平均能效约为 20%左右。

（2）几十年来，我国供热系统的能效提高得相当缓慢。在二步节能阶段，原先规划锅炉效率由 55%提高到 68%。从实际统计看，目前只达到 65%。单位蒸吨的供热面积由原来的 4040m^2 提高到了 8000m^2，冷热不均系数提高到了 0.38～0.46，这样全国的供热系统平均能效达到了 30%（在设计外温下，北京为 25.1%，哈尔滨为 27.3%）。我国目前正处在二步节能收尾阶段和三步节能起步阶段。如果从 1980 年算起到现在，我国 30 多年来供热系统能效只提高了 10 个百分点，技术进步实在太慢了。

（3）我国供热系统能效的提高幅度尚有 40 个百分点。根据理想节能阶段的各项指标，供热系统的理想能效应为 70%，与现在 30%的水平比较，可有 40%的节能空间。与现在发达国家比较，他们的相应能效为 50%，如果我国用 10～20 年的时间提高 20 个百分点，则可与发达国家站在同一水平线上。再用 10～20 年的时间达到理想指标，即可进入世界先进行列。

（4）供热系统的节电任务愈来愈重要。在表 6.13 的计算中，考虑了动力设备的电耗。在供热系统能效不高的情况下，电耗仅占热耗的 1%～2%。但随着供热系统能效的逐渐提高，电耗占热耗的比例也将随着提高，最终将占 7%～10%。因此，在提高供热系统能效的任务中，重视热耗降低的同时必须尽力注意电耗的降低。

3. 供热系统的节能指标

为了更直观地了解供热系统的节能潜力，现在图 6.9 中绘制了供热系统热流图，可以更清晰地看出各工艺环节的耗能情况，以及相关的节能潜力与节能的具体指标。

在供热系统热流图中，分别按热源，热网以及热用户的不同工艺环节对热能流向进行了描绘。在热源处，给出了总输入热量，包括燃料燃烧提供的热量与动力设备装机电功率的折算热量；同时表明了燃烧效率引起的热损失。在热网环节，给出了热能输送过程的三部分损失：一是管网散热损失，二是输送过程的电耗，三是系统的失水引起的热量损失，其中包括系统的跑、冒、滴、漏，冷热不均以及用户违规用水。在热用户环节，包括建筑围护结构保温性能不好引起的多余热耗，以及冷热不均造成的散热损失。同时表明了自由热的影响因素，只有自由热是增加热用户有效热量的正能量。最后绘出了有效热量，这是用来使用户室温达标的真正正能量。有效热量的比例愈大，供热系统的能效愈高。

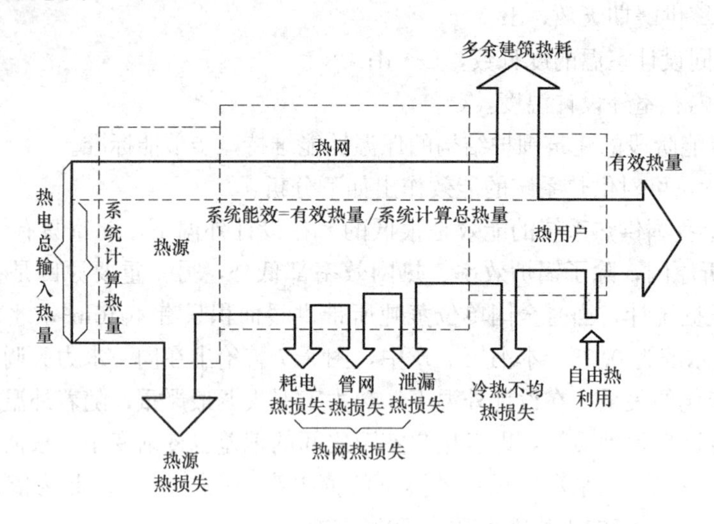

图6.9　供热系统热流图

在热源处：目前的燃烧效率为65%，可能达到的燃烧效率为80%，尚有15%的节能潜力。

在热力管网：现有的管网热损失为10%，计划达到6%～8%，节能潜力2%～4%。

管网电耗，目前平均3～4kWh/m²，目标下降至1kWh/m²，节电潜力2～3kWh/m²。

失水热耗，现在为5%～10%，力争达到1%～2%，节能4%～8%。

热用户：对于围护结构保温性能，现在概算热指标为45.0～55.6W/m²，拟下降至22.5～33.2W/m²，节能潜力40%～50%。

冷热不均系数现为0.38～0.46，即单位蒸吨的供暖面积为8000m²，力争冷热不均系数接近1.0，即单位蒸吨带到28500m²（北京）或19300m²（哈尔滨），其中的节能潜力为18%～25%。

自由热目前几乎未利用，力争提高到8%。

6.6　供热系统的节能技术

上节对供热系统各工艺环节的能耗情况和节能潜力进行了分析，本节将有针对性的提出各工艺环节的节能技术措施。

6.6.1　严格执行建筑围护结构的节能设计标准

在我国新的建筑节能设计规范中，外墙的传热系数指标已接近发达国家相同气候条件的水平，只是外窗的传热系数还比国外先进水平大10%左右，这主要是由生产工艺水平的受限所决定。此外，对影响建筑热耗比较大的一些参数如体形系数、窗墙比等都有强制性的规定。总之，严格执行建筑围护结构的节能设计标准，就能在建筑的围护结构保温性能方面达到国际先进水平，因此，这一目标必须坚决维护。

对于外墙保温技术，我国经过多年研发，已完全成熟。现在市场上能看到各种不同品牌的产品，基本的发展趋势是保温性能更好，利于一体化组装，便于现场施工和使用寿命长。新近，对于防火、防水方面的性能又有新的改进。对于外窗，目前市场上推广的断桥铝塑钢窗，密封性能明显改善，生产工艺大有提高。

在新的建筑节能设计规范的推广过程中，国家住建部陆续出台了相关的配套政策，目的是保证国家的建筑节能设计标准在各个建筑环节确保落实、不掉链子。国家建筑节能设计标准的严格贯彻执行对于建筑节能具有重要意义，它直接关系到供热系统热负荷的大小，是供热系统设计、运行的基础。只有这项任务确实得到落实，供热系统其他的节能技术才有了可靠的基础和前提。

6.6.2 大力推广分时段变室温调节

为了防止大量存在的超标耗能现象，全国各行业应严格执行国务院规定的建筑物室温标准（冬季18℃，夏季26℃）。特别是各类公共建筑，包括火车、轮船等，毫无例外地不应超出国家规定的室温标准；要区分上班、下班、工作日、节假日，白天、夜间，进行分时段的变室温调节。目前国内外都有比较成熟的分时变室温控制器。这种控制器，用户可以根据自己的需求，自由设定上班、下班、白天、晚上，周末、节假日的室温标准和运行时段。设定一旦确认，控制器即可根据设定要求进行自动调节与控制。对于热水供热系统，这种调节、控制主要是靠改变循环流量来实现，对于空调系统，则是通过变风量变水量来完成。

实现分时变室温调节，不但节能效益可观，还可以提高人的舒适度，有利于人的健康。长期实践证明，人在恒温下生活并不舒适，还容易得“空调病”。因此，分时变室温调节是提高人的生活质量的一项重要举措。

分时变室温调节技术能否大力推广，在经营方式上必须体现双赢原则，使节能效益在供热的买卖双方的经济效益上得到落实。实践证明，凡是这样做的，都能得到比较好的效果。

6.6.3 努力提高产热设备的效率

目前我国各种锅炉的平均效率约为65%，距达到第三阶段锅炉效率70%的标准尚有5%的提高量，若按理想节能阶段的80%考虑，还须再提高15个百分点。现在提高锅炉热效率的技术措施有许多种，但最有效的技术手段还是提高锅炉的热容量。为此，我国热水锅炉的热容量已经达到了116MW（160t/h）以上，热效率实现了80%的目标。几年前，我国出台了热电联产的新政策，即大力发展200MW（20万kW）、300MW（30万kW）以上机组的热电联供，逐渐关停小容量的热电机组，其基本目的还是为了提高热源的热效率。通常，小容量的热电机组发电效率只有30%左右，煤耗量高达370g/kWh，而300MW的热电机组锅炉效率高达90%，发电效率可达40%，煤耗量只有310g/kWh，可见其节能意义是很大的。现在我国正处于工业化、城市化的高速发展时期，百万人以上的大城市不断涌现。为适应这一发展趋势，大力发展大容量的热电联产供热是必经之路。

改进燃烧方式，也是提高锅炉效率的重要途径。近几年来，我国在研发煤粉热水锅炉供热方面取得很大进展，燃烧效率可达92%。为适应民用供热启停比电站锅炉频繁的特点，在燃烧方式上也有创新性改进。其他燃烧方式，为循环流化床、往复炉排和链条炉排等，为提高燃烧效率，都有不同程度的改进。近年来，为适应城镇化发展的需要，小城镇的供热方式已提到议事日程上来。经初步的经济技术分析，比较合适的供热方式是小容量的热电联产背压机组。只在冬季供热发电，其他时间停运，仍然在经济上是合算的。

从长期考虑，我国始终是燃煤大国。因此，煤的清洁燃烧和综合利用应该是我国科技攻关的长期的重大课题，只有在这一课题上取得突破性进展，我国在能源利用和节能排放工作中才能立于不败之地。

6.6.4　有计划地实现多热源联网供热

对于百万人口以上的大城市，集中供热的规模常常在几百万甚至几千万 m^2，其热源可能有多个热电厂和多个区域锅炉房。过去我们的习惯做法是一个热源带一个区域的供热面积，形成“一对一”的单热源供热系统。实践证明，在这种供热方式下，热源的效率不可能很高。因为供热系统是季节性的热负荷，其设计热负荷亦即最大热负荷常常要比起动热负荷大一倍左右，而热源锅炉的设置都是按最大热负荷设计的。在整个供热期间，最大热负荷的出现仅有几天或十几天的时间，因此，在大多数时间里，将有相当数量的锅炉处于闲置状态或不满负荷运行状态。对于燃煤锅炉，只有在设计条件下，也就是在满负荷运行的状态下，才有最高的燃烧效率。可见“一对一”的单热源供热系统的一个致命弱点是在供热期间，热源的工作效率（即整个供热期间热源的平均热效率）不高。为克服这一弊端，有计划地实现多热源联网运行，将是理想的供热方案。

多热源联网运行的供热系统，类似于高压电网，多个热源同时向热网（多数为环形网）输送热量。众多热用户根据自身需要，向热网提取热量。一般热容量最大的热电厂担任主热源，在供热期间，自始至终满负荷向热网输热。其余热源成为辅助热源，在供热期间，分别有序地启动满负荷运行，以适应热用户的不同供热需求。从中可以看出，多热源联网运行，其技术特点是通过优化组合，有序协调调度，使投运的锅炉都能在满负荷下运行。其最大的优点，是有效提高热源整体的平均工作效率。

大型多热源联网供热系统，通常设计为环形管网。当个别热源或个别管路出现故障时，可以通过别的热源或别的回路继续向热用户供热，从而使供热影响减小到最低程度。因此，多热源联网供热的另一明显优点是有效提高了系统的可靠性，有很大的经济效益和社会效益。

有关多热源联网供热运行方面的内容，详见本书第7章。

6.6.5　积极发展分布式能源系统

分布式能源系统是指以天然气燃料为主，向区域或楼宇进行冷热电三联供的系统。分布式能源系统一般以燃气内燃机或燃气轮机为发电机组，其中燃气内燃机产生的余热有400～550℃的高温烟气、80～120℃的汽缸冷却水和40～50℃的润滑油冷却水；燃气轮机产生的余热有450～600℃高温烟气。分布式能源系统，由发电机组发出的电通过上网、并网向本区域、楼宇供电，其余热通过系统输送向本区域、楼宇供热（冬季）、供冷（夏天）和生活热水供应。在通常情况下，处于过渡季时，发电机组停运。在分布式冷热电三联供系统中，发电机组承担基本负荷，吸收式热泵，电热泵和区域锅炉房担负调峰负荷。

分布式能源系统具有明显的节能优势：首先，分布式发电机组有较高的发电效率，其中燃气内燃机发电效率为35%～45%，燃气轮机发电效率为30%～38%，均高于小型发电厂的发电效率。其次是年平均能源综合利用率比较高，一般在70%～85%之间，而燃煤的热电联产供热系统全年能源综合利用率只有45%，燃气、蒸汽联合循环的冷热电三联供系统也只有55%，可见分布式能源系统的节能优势是有目共睹的。分布式能源系统的另一优势是采用天然气做燃料。由于天然气属于清洁能源，对于防止雾霾、改善环境有重要意义。另外，建筑区域比较小，系统规模不大，有利于系统调节控制，消除冷热不均，提高系统能效。基于上述原因，在积极发展城市集中供热的同时，作为一种辅助供热（供冷）方式，有计划地适当推广分布式能源系统，以适应我国不同地区、不同建筑的多样供冷供热需求，是非常必要的。

为了充分发挥分布式能源系统的优势，在设计、运行中，必须正确掌握以下几个经济技术指标。

1. 热电比与热化系数的合理选择

热电比分发电机组热电比和热用户热电比，前者表示发电机组的供热量与供电量（发电量）之比；后者表示热用户最大用热负荷与最大用电负荷之比。对于发电机组的热电比，表示发电机组的一个基本性能；对于热用户热电比，表示不同建筑的热电负荷特性。表6.14和表6.15分别表示燃气内燃机的热电比和不同建筑类型的负荷热电比。

燃气内燃机热电比 **表6.14**

机组发电容量(kW)	110	190	350	2400	3385
烟气排热量(MJ/h)	263	382	616	5438	7445
缸套冷却水排热量(MJ/h)	594	612	1350	2218	2968
热电比	2.16	1.45	1.56	0.89	0.85

各类建筑物热电负荷比 **表6.15**

	普通办公楼	商务办公楼	大型商务	宾馆酒店
上海	1.05	0.93	0.95	1.28
北京	1.83	1.45	0.83	1.97
西安	1.76	1.43	0.82	1.96
广州	1.41	1.18	1.24	

从表6.14可知，分布式燃气内燃机发电机组的热电比是随发电容量的增加而减少的，当发电容量为110kW时，热电比为2.16；当发电容量为3385kW时，热电比下降为0.85。从表6.15可以看出，对于不同类型的建筑，在不同的地区热电负荷也不同，基本特点是大型商务建筑亦即人群众多的公建，热电负荷小于1，否则热电负荷大于1。在选择确定分布式热电机组时，一个重要的原则是应根据热电机组的热电比和建筑需求的热电负荷比的大小，合理确定热电机组的热化系数。当发电机组的热电比和建筑的热电负荷比均大于1时，热化系数取值应为0.5～0.6；当发电机组热电比小于1而建筑热电负荷比大于1或两者差距较大时，热化系数取值应为0.3～0.4。确定这样原则的主要目的是尽量提高发电机组全年运行中的发电效率。因为分布式热电机组相当于热电背压机组，热化系数选取愈合适，热电机组愈可以在接近设计状态下运行，此

时可实现最高的发电效率。

2. 年平均能源综合利用率应大于70%

分布式能源冷热电联供的优势在于能源的缩合利用率高，不但发电机组能提供高品位电能，而且发电产生的余热还能用于供热制冷，符合能源梯级利用原则，综合效率高于燃气的分产发电与分产供热供冷。分布式能源追求的最高目标即为年平均能源综合利用率的最大化。年平均能源综合利用率可按下式计算

$$\eta=\frac{3.6W+Q_r+Q_L+Q_s}{B\times q_{dw}}\times 100\% \tag{6.28}$$

式中　η——年平均能源综合利用率，%；

W——年净输出电量，kWh；

Q_r——年有效余热供热总量，MJ；

Q_L——年有效余热供冷总量，MJ；

Q_s——年有效余热生活热水供应总量，MJ；

q_{dw}——燃气低位发热量，MJ/m^3。

按照国家《关于发展天然气分布式能源的指导系统》，年平均能源综合利用率 $\eta>70\%$ 时，其设计方案才是可行的。

3. 节能量是重要的经济技术指标

分布式能源冷热电三联供系统的优越性，最终应体现在节能上，因此，节能量是分布式能源系统最重要的经济技术指标。分布式能源系统的节能量也一般都换算成标煤节煤量，计算方法类似热电联产，比较合产联供与分产分供的煤耗量即可得出，计算公式如下：

(1) 合产供电节煤（标煤）量 ΔB_e

$$\Delta B_e=0.123W\left(\frac{1}{\eta_{ce}}-\frac{1}{\eta_e}\right)\times 10^{-3}\quad (\text{t 煤标/a}) \tag{6.29}$$

式中　W——合产或分产全年供电量，kWh/a，

η_{ce}——燃煤电厂发电效率与电网输配效率之乘积，%；

η_e——分布式能源系统的发电效率，%。

(2) 合产供热节煤（标煤）量 ΔB_r

$$\Delta B_r=34.1[(Q_r+Q_L+Q_s)]\left(\frac{1}{\eta_{fb}\cdot\eta_{fp}}-\frac{1}{\eta_{rb}\cdot\eta_{yb}\cdot\eta_{cp}}\right)\times 10^{-3}\quad \text{t(标煤)/a} \tag{6.30}$$

式中　Q_r——全年总供热量，GJ/a；

Q_L——全年总供冷量，GJ/a；

Q_s——全年总生活热水供热量，GJ/a；

η_{fb}——分产锅炉效率，%；

η_{rb}——燃气轮机、内燃机燃烧效率，%；

η_{yb}——余热锅炉燃烧效率，%；

η_{fp}、η_{cp}——分产和合产管网输送效率，%。

一般市电 η_{ce} 为0.36，η_e 为0.38，燃气轮机、内燃机燃烧效率 η_{rb} 为0.99，余热锅炉 η_{yb} 为0.95，分产燃煤锅炉当集中供热时燃烧效率为0.8～0.85，分散锅炉房燃烧效率为0.65，分产燃气锅炉效率 η_{fb} 为0.85～0.90，分散、联供的管网输送效率 η_{fp}、η_{cp} 皆

为 0.98。

分产时，制冷按电热泵考虑，用电量计算在供电负荷中，合产时，制冷按溴化锂吸收式制冷考虑，其中的用电量计算在电负荷中，而发生器加热量计算在供冷量中。

从上述数据分析中可看出，分布式能源系统节能的主要原因是分布式发电机组的发电效率比燃煤发电的市电效率高，其次是余热锅炉的效率高于分产燃煤锅炉的效率。当分产也为燃气锅炉时，则优势不明显。

6.6.6 进一步完善二级网的直埋技术

改革开放以来，在引进、消化、吸收国外先进技术的工作中，本行业里的直埋技术是比较成功的一例，现在已经应用到蒸汽管道和大管径的直埋工程中。据实地考察，由于采用直埋敷设技术，一次网的管道热损失一般已能控制在 2%～7%之间，显然是相当理想的。目前供热管网热损失超标主要在二级管网，一般都在 10%～15%。分析原因，主要是二级网属于庭院管网，常常由于分支过多，必须加设阀门，构筑检查井，导致直埋敷设变成了变相的半管沟敷设，再加上条件复杂、多年失修，管网热损失过大是不难理解的。目前看来，要想继续降低管网热损失，就必须进一步完善二级网的直埋技术。其中，关键的技术环节是积极采用直埋球阀，取消检查井的过多设置，使二级网成为真正名副其实的直埋敷设。这样，整个供热系统的管网热损失是有望控制在规定标准以内的。

经过近几年的努力，我国已研发成功了直埋阀门。直埋阀门有球阀、蝶阀，最大口径已达 1400mm。直埋阀门预制保温后，可直接与钢管焊接后直埋。前两年的技术难点是阀杆长度的确定，现经改进，采用直插法可根据工程实际挑选长度合适的阀杆与直埋阀门直接连接。需要调节阀门时，可在地面上打开尺寸很小的检查盖即可对阀门手轮进行直接操作。直埋阀门的研发成功，为提高二级网的直埋普及率打下了坚实的物质基础，也为降低二级管网的热损失提供了可能。

6.6.7 防止违规操作，降低系统失水率

系统失水有三个方面的原因，加强系统的维修管理可减少跑、冒、滴、漏引起的失水；提高系统运行调节与控制技术，可消除因冷热不均造成的失水；现在引起人们额外关注的是热用户违规操作形成的失水。据有关资料给出，目前我国平均每平方米供暖面积每年的补水量在 80～90kg，热损失率为 8%～10%，因此，降低系统补水率、减少系统失水热损失，也是当务之急的任务。其中比较棘手的是如何解决因热用户违规操作而造成的失水问题。目前比较好的解决办法是在系统中加投防腐阻垢剂。这种防腐阻垢剂，既能除垢，也能防锈。由于提高了水系统中的 pH 值（pH>10），使钢管表面形成了保护膜，不但起到了水的软化作用，也起到了防止氧腐蚀和二氧化碳腐蚀的作用。这种防腐阻垢剂对人体无害，但带有颜色（黑色），能方便、有效地降低违规失水现象。实践证明，有明显效果。另一种有效措施，是在系统中加投臭味剂。据反映，效果不错，而且物美价廉。但也有另一种反映，臭味剂的加投曾晕倒 3 人。因此，为安全起见，臭味剂的选择必须慎重，应严防有毒的臭味剂进入供热市场。

6.6.8 坚决推广分布式输配系统

关于分布式输配系统的技术内容，在第 5 章中已详细论述。现在的重要任务是在行业内达成共识，凝聚推广的力度。这项工艺技术的革新，不但节电效果明显，有力提高了系统的输送效率，而且从源头上消除了系统的水力失调，为克服系统的冷热不均打下了坚实

的物质基础。可以想象，这项新技术的大力推广，一定会为供热行业的技术进步带来新春。

当然，一项新技术的应用，不是一朝一夕所能完成的，特别是我国108亿m^2供热面积所形成的庞大供热系统的改造，更是难上加难。然而，新的技术路线已经开通，就没有必要恋恋不舍旧有传统。如果下定决心，结合国家未来规划，有步骤地对既有供热系统进行分布式输配方式的改造，那么我国的供热行业就能在节能减排的任务中迈出新的步伐。

6.6.9　引导供热计量技术的推广向健康方向发展

供热计量技术的推广，是我国建筑节能的一项重大举措，具有深远意义。

(1) 市场经济的需要。过去供热属于社会福利事业。同样属于社会福利事业的"气、水、电"早已成为商品，按计量收费。供热之所以成为体改的"最后堡垒"，就是因为供热由社会福利变为商品，难度比气、水、电大得多：不但技术复杂，而且热费比气、水、电的费用总和还要多，它牵涉到能源、生态、建筑、环保、民生、社会福利以及体制管理等一系列环节的深刻变化。但不管路途多艰难，从计划经济走向市场经济，这是国家的既定方针，只要供热商品化这一最后的攻坚战取胜了，我国的改革将会步入新的坦途。

(2) 节能减排的需要。供热计量技术，除了热量计量外，另一核心内容是提高系统的可调性，进而实现水力平衡，消除冷热不均，最终达到节能减排的目标。如果与分布式输配系统并行推广，一定会达到事半功倍的效果。

(3) 技术进步的需要。长期以来，供热行业技术落后，急需快马加鞭，迎头赶上时代的前进步伐。供热计量技术的推广，将牵涉到系统设计、节能改造，热量计量、运行调节、自动控制、管理信息等一系列技术问题的更新。供热计量技术的推广，也将是拉动供热技术进步的牛鼻子。业内全体人员一定要同心协力，发挥正能量，绝不能错过这一千载难逢的好机会。

供热计量技术的推广工作，我国已经进行了十几年，也已取得了一定成效，但比起原有的设想，还有许多不尽人意的地方。归根结底，是把一件技术含量相当高的技术推广工作，当成了普通事务性工作。在做法上，过多的定指标、下任务，不适当的强迫命令，结果在关键的技术难点上没有大的突破，以致在实际推广工作中碰到了不少意想不到的困难。究其原因，是对供热作为商品的特殊性缺乏认识。普通的商品，业主买到手，就属于业主自己，与他人无关。供热作为商品，与左邻右舍密不可分。不但与建筑方位、住房朝向有关，而且因户间传热的影响，各家各户的用热情况都互有牵连，这就为热量的合理分摊带来了复杂性。为解决这些问题，除了依靠政策、妥善协调外，必须动员全行业的技术力量，耐得住寂寞，狠下功夫，在一系列关键的技术环节上进行创新性的突破。只有这样，供热计量技术的推广，才能在健康的方向上发展。

6.7　供热计量技术

供热计量技术，实际上就是住房城乡建设部提出的实现三个同步：同时完成建筑的外墙保温；同时进行室内供暖系统的节能技术改造；同时实现按热量收费。所谓节能技术改造，就是要使室内供暖系统的形式适应计量收费的要求，以便加装计量仪表和流量调节装置。对于新建建筑，如果是按照国家建筑节能设计标准设计建造的，则本身即可一步到位；如果是既有建筑，则需要增设外墙保温，改造室内供暖系统，加装计量仪表和流量调节装置。

这些年来，在供热计量技术的推广过程中，对室内供暖系统为何改造，热量如何分摊，既有建筑如何适应计量收费，一直存在着广泛的争论。目前在推广工作中出现的各种问题，都与这些争论没有得到很好的解决有关。在本节中，作者就有关争论中的一些技术问题进行探论，以期取得共识。

6.7.1 室内供暖系统形式的选择

为了适应计量收费，传统的室内系统形式必须做比较大的变动。首先必须以户为单位设置系统。为叙述方便，把通常说的室内系统分为楼内系统和户内系统两部分。户内系统即一户一个供暖系统的形式。楼内系统指户内系统与室外系统之间的系统连接形式。无论楼内系统还是户内系统，从形式上分，都可以采用双管系统、单管系统（含跨越管）、异程系统和同程系统。这样就可有 16 种不同形式的组合，我们对其中比较常用的 8 种组合进行了热力工况计算，分析结果认为：楼内系统不宜采用双管同程系统，因为需要三根总立管，不经济，且不易布置；也不宜采用单管（含跨越式）系统，因为这种系统末端供、回水温度过低，导致散热器增加过多，也不经济。这样，比较合理的系统形式应该是：楼内系统宜采用双管异程；户内系统既可采用双管，也可采用单管跨越。至于采用同程还是异程，可由设计人员根据实际工程选择，因为在散热器前安装温控阀后，系统的稳定性、调节性大为改善，为系统形式的选择增加了灵活性。

现在有一种趋势：在先控制、后计量的前提下，只在户内系统装一个锁闭阀，其他调节阀，如温控阀、平衡阀都先不装，在这种条件下，还优先采用同程系统。这种设计思想是不可取的。因为不装调节阀，系统的调节功能很差；不装温控阀，系统的阻力降很小。此时采用同程系统，极易出现冷热不均现象。

目前在户内系统中采用单管跨越形式时，人们特别关注的是分流系数的取值问题。国外比较一致的意见认为分流系数选择 70%比较合适，即流入跨越管的流量占 70%，流入散热器的流量占 30%。过去对这一数值的选取曾提出过疑议，最近通过对散热器特性的深入研究以及对供热系统水力工况和热力工况详细的模拟计算，得出如下的结论：

（1）对于新设计的单管跨越式系统，分流系数应该选择为 70%。这样选取，有两个理由：一是可以提高散热器的调节特性。通过计算我们知道，流经散热器的供、回水温差越大（如 40℃），散热器的散热特性越好（愈接近于线性特性）；相反，流经散热器的供、回水温差越小（如 5～15℃），散热器的散热特性越差（愈接近于快开特性）。如果分流系数选取 70%，散热器的设计流量（立管总流量的 30%）较小，此时通过散热器的供、回水设计温差可按近 25℃。也就是说，这时的单管系统其调节特性可与双管系统媲美，可见这一设计思想是对的。分流系数选取 70%的第二个理由是考虑了经济性。通过对一户有 6 个房间的单管跨越系统的计算，得出表 6.16 的数据。

分流系数与散热器面积的关系　　表 6.16

分流系数	90%	80%	70%	50%	30%	10%
散热器总片数	120	89	81	76	74	74

由表中数据可看出，虽然分流系数取值 80%甚至 90%，散热器的调节特性会更好，但散热器片数增加过多，经济性不好；若分流系数取值过小（如 10%～50%），不但散热

器调节特性变差，而且散热器片数不再有明显减少。因此，综合考虑调节特性与经济性两个因素，分流系数选取70%是有道理的。

(2) 对于改建设计，选取70%的分流系数，不能满足用户对室温的要求。所谓改建设计，是指将既有民用建筑的单管顺流系统改建为能适应计量收费的单管跨越式系统。因此，设计原则是尽量少动户内原有设备，也就是只增设跨越管和温控阀，不改动原有散热器片数。对于单管顺流系统，可以理解为分流系数为0的跨越管系统。此时，每组散热器的进、出水温差约为5℃，其散热器热特性明显表现为快开特性。当按70%的分流系数改建跨越管时，流入散热器的实际流量将只是设计流量的30%。根据单管顺流系统的散热特性曲线，可得出此时原有散热器的实际散热量是设计散热量的93.4%，即散热量减少6.6%，不超过10%。这个结果与国内外许多学者的计算数据相吻合。但是，我们这时最关心的是室温如何变化。根据系统热力工况模拟计算，室温只能达到16℃，按照计量收费的原则，这个标准不能满足用户对室温的要求。即使分流系数改为50%左右，也不能达到设计室温。同时还应指出，加温控阀后的单管跨越式系统，由于温控阀的阻力远远超过跨越管的阻力，实际上单靠调节温控阀的开度，立管总流量不会有太大变化。这就意味着，温控阀的调节已无能为力。

基于上述原因，我们认为在改建设计中，对于单管跨越系统，不宜安装二通温控阀，应安装三通温控阀。因为三通温控阀可以使系统的分流系数调节为0，也就是在最冷天，可按单管顺流系统运行，上述流量不足的问题自然解决。当然业内也有的学者认为，三通阀价格较贵。另外还有质量问题。这些因素固然都是实际问题，但与系统的供热功能相比较，都应该降为次要因素。

还需要说明的一点是，我国旧有民用建筑的采暖设计中，散热器片数留有过大余地。在改建设计中，建议进行校核计算，如散热器片数超过设计需要的20%，则可按分流系数为0进行计算，此时安装二通温控阀，室温也可达到设计要求。

6.7.2　既有建筑供暖系统节能改造的最佳方式

为了推广供热计量技术，有些人急于进行既有建筑的改造，无一例外地实行单管顺流系统改为每户双管系统，并且在每户入口只装锁闭阀，不装温控阀。这种作法从本质上讲，是违背供热计量技术推广的本意的。

供热计量技术的推广，首先应贯彻因地制宜的原则，在顺序上，宜先在新建筑中实施，后在既有建筑中进行；在具体做法上，要考虑既有建筑的特殊性，不能和新建筑一样，按同一标准一刀切。为此，作者提出一种既有建筑的节能改造方案：原有单管顺流系统基本不变，对于上分式系统，只在每个立管的最底层散热器上装一个温控阀。同一个立管为一个结算单元，安装一块热表，同一立管的各用户进行热量分摊。这一改造方案，省人、省力、省财，扰民最少，又体现了计量收费的原则。这一方案的提出，是基于对单管顺流系统的水力工况，热力工况特性进行了深入研究的基础上提出的。

表6.17和表6.18给出了立管流量与室温的变化关系。其中，表6.17是在热源供热量恒定时的情况；表6.18是在系统供水温度恒定时的情况。不论在哪种情况下，立管的相对流量过大（实际流量与要求的最佳流量之比称为相对流量），则上层的室温低，下层的室温高；相反，立管的循环流量过小，则上层的室温高，下层的室温低。还能看出：循环流量过大，上、下层室温偏差较小；而循环流量过小，则上、下层室温普遍不热，而且

室温偏差拉大。这一现象的发生，是由散热器的热特性决定的，本书第3章曾做过详细的分析。这一工况特性，在整个供暖期间都是普遍存在的。基于这样的热特性原理，提出了前述的单管顺流系统节能改造方案。对于这类系统，凡出现垂直失调、室温不能达标的情形，一定是该立管流量过小所致，而且是最底层房间室温最低，此时安装在最低层房间的温控阀自动调节，开大阀门开度，增加立管循环流量，整个立管的室温都得到改善，实现了节能改造的预期目的。需要指出的是，这一节能改造方案中，各热用户室温是一致的，统一的设计室温都是18℃，热用户不能自选定温标准。这种局限性对于既有建筑而言，也是因地制宜的一种具体体现，相对于方案的简单、便民，相关居民是能够接受的。

上分式单管顺流系统供热量恒定时流量与室温变化　　表6.17

相对流量(%)	室温(℃)				
	5层	4层	3层	2层	1层
1.80	17.5	17.7	17.9	18.3	18.6
1.00	18.3	18.1	17.9	17.9	17.8
0.52	20.0	18.9	17.8	17.1	16.1
0.28	23.2	20.3	17.6	15.5	13.3

上分式单管顺流系统供水温度恒定时流量与室温变化　　表6.18

相对流量(%)	室温(℃)				
	5层	4层	3层	2层	1层
1.80	18.4	18.6	18.9	19.2	19.5
1.00	18.3	18.1	18.0	17.9	17.8
0.48	17.9	16.8	15.8	14.8	13.9
0.24	17.0	14.3	12.0	9.9	8.0

注：供水温度81℃。

而相比之下，急于对既有建筑进行所谓的节能改造方案，其效果是适得其反的。由于只装锁闭阀，不装温控阀，系统的可调性得不到改善；大量多层的单管系统改为双管系统，其垂直失调现象更加严重。这种打着推广计量收费的旗号，暗中谋取局部私利，实则扰民害民的做法是应该深刻认识的。

6.7.3 供热计量技术推广的节能指标

推广计量技术应该有两个明确的目标；一是消除冷热不均、改善供热效果，亦即提高供热这个商品的产品质量。这一目标，主要通过提高供热系统的可调性来实现的。第二个目标，是实现住建部提出的建筑节能的奋斗目标，这一目标的实现，要靠热计量和提高系统可调性的综合措施来完成。目前国家已经制定了分三步走的建筑节能目标，现在正在制定四步建筑节能目标。按理，推广计量技术不但应严格与建筑节能目标相挂钩，而且必须以建筑节能目标作为验收标准。可是我们的实际情况与此相距甚远，现在通常流行的是控制退费率。实际上，退费率不能反映前述两个目标中的任何一个目标。退费率越高，居民用户得利越多，而供热企业亏损越多。这种“一头热”的控制指标，只会损伤供热企业对推广计量技术的积极性，这种不能实现双赢的控制指标，其积极意义是很有限的。

作者认为，正确的做法，应该把国家制定的建筑节能目标作为推广计量技术的控制指标。只要实现了建筑节能指标，计量技术推广工作的两个目标也就自然达到了。本章第 5 节曾对此做过详细论述，认为推广计量技术，关键要控制三个节能指标：在供暖季节中，单位供暖面积的耗煤量、耗热量、每蒸吨热量所带供暖面积（见表 6.19）。其中每蒸吨热量（即 600000kcal 或 2.52GJ）所带供暖面积和单位供暖面积耗热量指标，主要衡量冷热不均消除的程度。单位面积耗煤量指标还包含了热源效率的高低。应该说，供热计量技术推广成功的单位，这三个指标一定比较理想，节能效果和供热效果一定会有很大提高。

北京（哈尔滨）供热系统节能控制指标　　表 6.19

节能阶段	节能指标			
	耗煤量(标) (kg/m^2)	耗热量		单位蒸吨供热面积 (m^2/t)
		W/m^2	GJ/m^2	
三步节能	7.8 (15.3)	17.00 (22.70)	0.176 (0.328)	25,000 (16,900)
理想节能	6.9 (13.40)	15.00 (20.00)	0.156 (0.289)	28,500 (19,300)
1980 年	25.20 (37.7)	31.96 (33.80)	0.33 (0.49)	4000

注：括号内数据为哈尔滨地区。

国家公共建筑、民用建筑的节能建筑设计标准的相继出台，意味着我国建筑节能已进入二步节能收尾、三步节能起步阶段。表 6.19 给出了北京和哈尔滨两个地区 1980 年和三步节能的上述三个节能指标数据，其他地区可以相应做出估算。表 6.19 还给出了理想节能阶段的指标（目前国家四步节能的指标正在制定，尚未出台），这是封顶的理想指标。根据近年来的统计，包括已推广了计量技术的单位，目前单位供暖面积的耗热量约为 0.35GJ/m²，相当于 1980 年开始建筑节能时北京的起步水平。几年前，每蒸吨的供暖面积统计数字是平均 8000m²，至今没有看到突破 25000m² 的先进事例。还在 20 世纪 80 年代时期，作者已经与学生一起在实际工作中达到了 15000m² 的指标，当时北京昌平、长春也都有达到 15000m² 的案例。30 多年过去了，现在不少地区进行了外墙保温，推广了计量技术，按理应该有成批的工程突破 20000m² 的指标才是合理的。可事实并非如此，说明我们的建筑节能效果并不明显，我们的投入与产出明显不对称。

为了提高推广计量技术的成果，严格制定验收指标是非常必要的。这样做，不但能保证推广工作的质量，提高节能效益和社会效益，而且能大大提高业内人员投入计量技术推广工作的积极性和自觉性。根据表 6.19，如果现在单位供暖面积的耗热量以 0.35GJ/m² 计算，若按面积收费，平均热费为 24 元/m²，则 1.0GJ 的热量可供 2.9m² 的供暖面积，能从用户居民收回 68.6 元的热费。目前市场上 1GJ 的热价平均为 35 元，也就是说按现在的面积收费，供热企业可多回收一倍的费用（当然需扣掉供热成本，才能核算实际利润）。既简单又挣钱，这是目前供热企业不愿意推广计量技术的主要原因。如果我们按照新的节能指标推广计量技术，单位供暖面积的耗热量由 0.35GJ/m² 下降为 0.15GJ/m²（按北京地区考虑），则同样的 1.0GJ，可供约 7.0m² 的供暖面积。假定平均热价按 15 元/m² 收取，供热企业则收费 100 元左右，其经济效益比按面积收费还好。最终结果是，供热效果好了，用能少了，居民交费少了，供热企业挣钱多了，这是多方皆大欢喜的事情。只有造成这种多赢的局面，供热计量技术的推广才能赢得全行业的支持，也才能得到全社会的认可。

6.7.4 热量分摊方法

在计量技术推广的过程中，还有一个很重要的技术环节需要研究，这就是进一步完善热量分摊方法。在《供热计量技术规程》[2]中，规定了四种热量分摊方法：热表法、分配器法、流温法和通断时间面积法。这四种方法各有优缺点，在业内人员中争论也比较多。这种争论是好事，有利于方法的更加完善。热量的分摊，牵涉到千家万户的切身利益，做到尽善尽美，是我们的终极目的。因此，充分利用市场经济的竞争优势，鼓励出新，不断完善，尽量减少行政干预，才能达到预期的目的。

对于已有的四种分摊方法，作者也想谈一点个人的不成熟的看法。对于热量表法，我不赞成在全行业内百分之百地进行强行推广。虽然经过这几年的研发、使用，产品质量不同程度地都有提高，但必须看到，发达国家至今普及率只有30%，说明在使用过程中一定还有不少难以解决的问题。单就我国目前的情况看，每年检验的工作量就很大，再加上人工费用等问题，都是难题。所以正确的做法是，应该在一定比例范围内使用，逐渐完善，逐渐普及。分配器法，要针对不同类型的散热器进行比例系数的效准。在我国，对于千家万户中的各色各样的散热器，完成这项任务是难以想象的。因此，分配器法在我国推广的难度很大。流温法，实际上就是一种散装的热表法，只是部件更多，工作量很大，有条件的地方可以适当使用。通断时间面积法，基本的使用条件是必须全网事先进行水力平衡调节，否则会有较大的误差。

在已有的四种热量分摊法进行完善的同时，应该允许新的分摊方法的研发，在市场竞争中，通过优胜劣汰形成最理想的分摊方法。几年前，作者提出了平均温度热量分摊法，这种热量分摊法的基理是借助于室温只是散热器（含地板辐射采暖）的平均温度的函数，系统在运行期间，供水温度是已知的，此时回水温度又是循环流量的单值函数。根据这些基本原理，这一分摊方法的具体操作是在结算点测出总供热量和供水温度，各热用户测出每户的回水温度，通过计算得出平均温度，根据各户平均温度与结算点总平均温度的差值来进行热量的分摊。这一分摊法，在计算过程中考虑了循环流量的因素，在实际操作上又绕过了流量的测量，因此，原理清晰、操作简单，应该在应用中检验其合理性。

也有人提出了面积温度分摊法，主要根据各户室温高低与建筑面积大小相结合进行热量分摊。这种分摊法对因室温过高而开窗户等违规操作的行为难以鉴别，在推广中也有不同的争论。还有人主张改用面积分摊法，这种建议有可取之处。在现有方法尚未完善之前，可将面积分摊法作为一种过度。但这一方法，却遭到了一些人的强烈反对，理由是走了回头路，搞来搞去，又回到了面积收费的老路上去了。这种想法反映了某些人对计量技术的基本原理缺乏深入了解。面积分摊热量，是在结算点计量总热量的前提下进行的，这与面积收费根本不进行热量计量完全是两回事。

热量分摊是供热计量技术的关键技术环节。至今，在分摊的具体方法上争论纷纷，不能尽善尽美，其根本原因是技术难度比较大，而投入的研发力度不够所致。既有的热量分摊方法之所以不尽完美，核心问题是没有同时实现系统调节、室温控制、热量分摊和计量收费四个功能。在业内人员中，至今还有人认为供热计量技术本身没有多少技术含量，只要照搬国外现成的技术就一切万事大吉。可是，我国的供热系统要比国外的供热系统规模大的多，结构复杂的多，上述四个功能在国外并不突出，在国内就表现的非常突出。一个比较十全十美的热量分摊方法，必须在性能上同时解决上述四个功能。在这一点上，技术难度是比较大的。

6.7.5 供暖分户计量调控装置

作者与合作者共同研发了“供暖分户计量调控装置”，目的就是试图将系统调节、室温控制、热量分摊与计量收费四个功能同时实现。现将基本原理介绍如下。

1.“装置”的基本构建

图6.10给出了“供暖分户计量调控装置”的基本结构示意图。该装置主要由微型容积泵、电机、智能控制器、室温控制器和过滤器等组成。微型容积泵、电机与智能控制器组装成一个整体，构成装置的主要部分。根据工程实际，可安装在每户室内供暖系统的入口处或出口处。室温控制器安装在每户的典型房间。在每户供暖系统的入口处，在“装置”前安装过滤器。

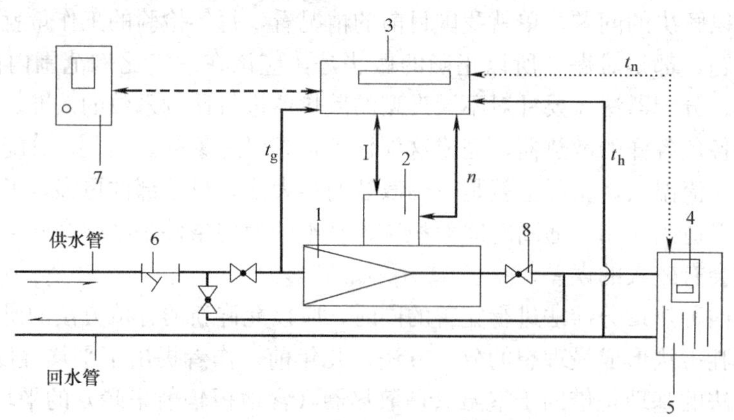

图6.10 供暖分户计量调控装置示意图

1—微型容积泵；2—电机；3—智能控制器；4—室温控制器；5—热用户室内系统；6—过滤器；7—结算点控制器；8—球阀

……矩距离无线通信；----长距离无线通信

微型容积泵是装置的主要设备，目前选用齿轮泵。该泵是户用分布式循环混水泵，能调速，并计量循环流量。其电机的动力电源由每户的自用220V单项交流电提供。户用供暖系统运行前的充水由“装置”的旁通管进行，此时“装置”前后的球阀关闭。系统正式运行时，打开“装置”前后的球阀，关闭旁通管球阀。先经过滤器，再进微型泵，保证60目以上的水中杂质在进微型泵之前被过滤掉。室温控制器一般悬挂在用户典型房间的墙上，用户主人可自行设置要求的室温。室温控制器与智能控制器的信息传送通过短距离无线通信实现。智能控制器根据室温控制器给出的室温设定值t_n，控制微型容积泵的转速n，通过流量的变化完成室温的调节。智能控制器通过微型泵（含电机）的转速n、电流I以及系统供水温度t_g，回水温度t_h的采集，可以计算通过微型泵的瞬时流量和累计流量，以及供、回水温差，进而给出该热用户所消耗的热量。通过智能控制器与结算点控制器或中央计费中心的远距离无线通信，即可完成热量分摊和按热量收费的所有功能。

2. 四个功能的同时实施

“供暖分户计量调控装置”最主要的优点，是能同时完成系统调节、室温控制、热量分摊与计量收费四个功能。

(1) 系统调节与室温控制

“供暖分户计量调控装置”是全网分布式输配系统的一个末端装置，与楼栋循环泵（见第5章第5节）相配合，完成每户室内系统的水力循环和混水功能。智能控制器根据热用户室温控制器给出的室温设定值，指令微型泵进行变转速调节。与此同时，楼栋控制器将根据室外气温的变化，对楼栋循环泵进行变频调速控制，从而改变二级网循环流量与楼内回水循环量的混水比，以调节室内供暖系统的供水温度。这样，实际上是通过供热量的调节，实现了热用户室温的控制。

通过楼栋循环泵和微型容积泵的调速运行，同时完成了系统调节和室温控制两个功能，这充分体现了全网分布式输配系统的优越性。之所以能有这样好的效果，原因就在于分布式输配系统具有“自助餐式”的调节功能。不管末端装置离热源多远，完全靠热力站、楼栋分布式循环泵和户用微型泵通过接力棒的方式抽取用户所需要的水量和热量，而不再被动地依靠近端的“恩施”，这就彻底消除了因系统调节不到位导致室温控制不理想的现象。

在现实工程中，常常碰到传统的尚待改过的供热系统，最多也只是热源或个别热力站加装了分布式循环泵。对于这样的工程，照样可以实施供热计量技术的推广工作。当然，一步到位、全盘进行全网分布式输配供热系统的技术改造是最理想的，但往往是很难实现的。通常的做法是通盘规划，逐步实施。先在有限的热力站、楼栋安装分布式循环泵，并在所属的楼内安装“供暖分户计量调控装置”，一样可以取得理想的效果。原因是改装后的热力站、楼栋和各热用户都能“自力更生”完成自身的系统调节和室温控制，即使供热系统的近端仍然存在水力失调、冷热不均的现象，也不会受到耦合性的影响。

一般的离心分布式循环泵，包括热源、热力站和楼栋循环泵，都是通过变频器进行变频调速的。微型齿轮泵不采用变频调速，因为费用较高，而是将交流电整流成直流电，在直流状态下调速。微型齿轮泵通常由永磁无刷直流电机或步进直流电机带动。无刷直流电机是通过数字电路代替以往的机械换向器，具有节能、高效、轻型的特点。步进电机是将电脉冲信号转变为角位移，进而一步一步地实现转子的旋转。无刷直流电机是靠改变方波的脉宽占空比进行电机和微型齿轮泵的调速。步进电机通过改变电脉冲频率实现电机、微型容积泵的调速。

(2) 热量分摊

热量分摊有好几种方法。“供暖分户计量调控装置”采用的方法类似于热量表法，通过流量的计量和供、回水温差的计量，然后相乘，得出每户一冬季的用热量。同一结算点的各户测试热量之和与结算点热表给出的总热量之比，作为各户热量分摊系数。具体计算公式如下

$$Q_i = \frac{Q}{\sum_{i=1}^{m} Q_{ji}} \cdot Q_{ji} \qquad i = 1,2,3,\cdots,m \tag{6.31}$$

式中 Q_i——每户一冬分摊的热量，GJ/a；

Q_{ji}——每户“装置”计算的一冬用热量，GJ/a；

Q——结算点给出的总热量，GJ/a；

m——该结算点的总用户数。

将每户分摊的热量 Q_i 按当地规定的5∶5、4∶6或3∶7比例，分别计算固定热费和变动热费，给出每户应交的总热费。

在每户计算的一冬用热量 Q_{ji} 中，关键是流量的计量。微型齿轮泵的基本性能曲线见图6.11和图6.12。在图6.11中，说明了微型齿轮泵与离心泵在流量（Q）、扬程（P）工作特性曲线之间的区别。其中，实线为离心泵工作特性曲线，虚线为齿轮泵工作特性曲线。图6.12绘制了齿轮泵的流量（Q）、效率（η）、功率（N）与扬程（P）之间的关系曲线。齿轮泵的效率，功率曲线与离心泵的相关特性比较相似。两种水泵的流量与扬程工作特性曲线有比较大的区别。对于齿轮泵，只有在不同型号下，流量的区别才比较大（如图6.11中在2、4、6……12的不同规格型号下）；同一型号的流量几乎恒定；流量随着扬程的增大只有微量减少，其关系可用公式（6.32）表达：

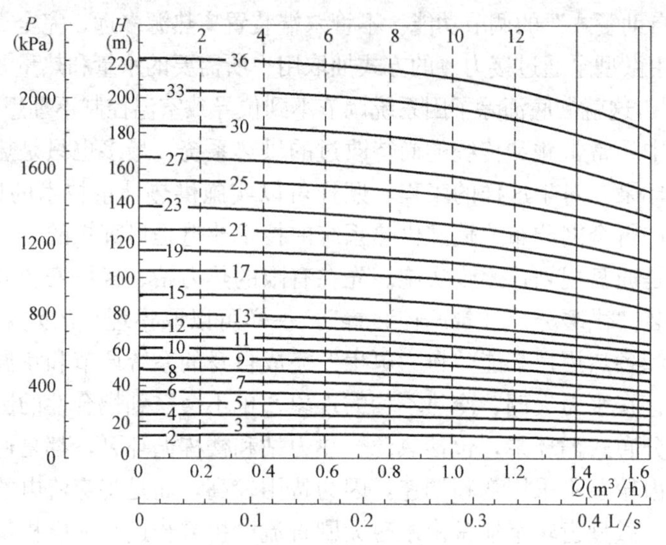

图6.11　齿轮泵与离心泵性能曲线比较

—离心泵；---齿轮泵；

2，4……12　齿轮泵规格型号

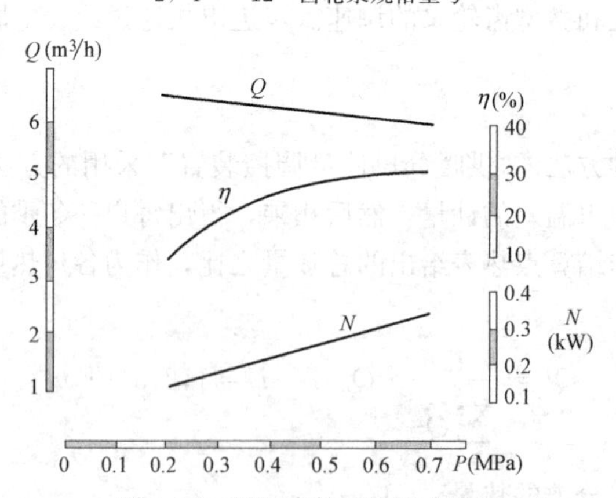

图6.12　微型齿轮泵性能曲线图

Q—流量；P—扬程；η—效率；N—功率

$$Q = Q_0 - 0.02P \tag{6.32}$$

式中 Q——齿轮泵的实际流量，m^3/h；

P——齿轮泵的实际扬程，MPa；

Q_0——当 $P=0$ 时齿轮泵的流量，m^3/h。

从公式（6.32）可以看出，当扬程增大时，流量会有一定的减少，这是因为泵的前后压差增大时，泄漏量会增加的缘故。但在“供暖分户计量调控装量”中，微型齿轮泵的扬程 P 在 0.05～0.1MPa 范围内，亦即流量的精度将在 1%～2%之内。

齿轮泵可以作流量的计量仪表，因为齿轮泵每旋转一周输送出去的体积流量是固定不变的。因此，可以近似认为齿轮泵的流量只是转速 n 的函数。只要智能控制器能精确记录齿轮泵一冬的总转速，则即可计算该热用户一冬的总循环流量，进而知道其一冬的总用热量 Q_{ji}。在同一个结算点内，各热用户的供水温度是相同的，因此，在热量计算时，可不必对供回水温度进行温度修正。因为各热用户的用热量 Q_{ji} 的计量是用来进行热量分摊的，不是用来作为热计量仪表的，只要结算点的热量计的精度达标，即能满足计费的要求。

（3）计量收费

每户计量收费和结算清单，是通过智能控制器、室温控制器以及结算点控制器和中央计费中心共同完成的。现将智能控制器和室温控制器的基本原理与结构介绍如下，如图 6.13 所示。

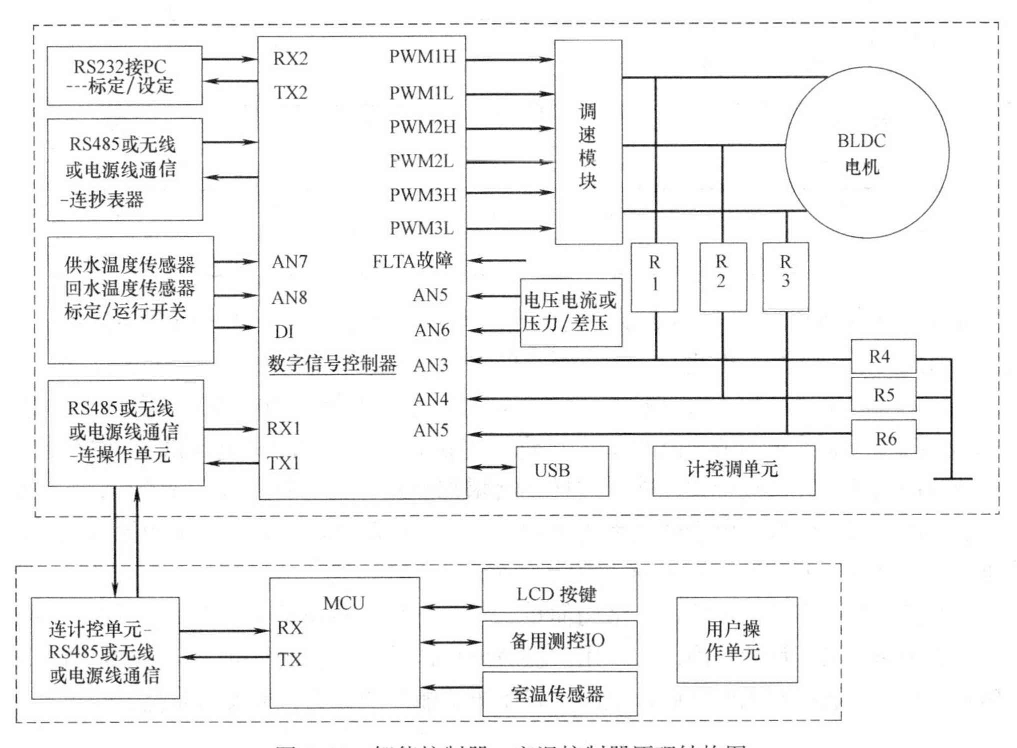

图 6.13 智能控制器、室温控制器原理结构图

室温控制器安装在每户室内，用户可以操作设定室温。控制器可以采集、显示、上传室温，也可显示热量、故障等。智能控制器承担着控制、计量、数据上传等主要功能：

① 电机的驱动、调速、测速、安全保护；

② 流量、温度、功率与热量的测量及计量；

③ 室温的调节、控制（与室温控制器联动）；

④ 热量分摊、计量收费（上传结算点控制器与中央计费中心）。

智能控制器与室温控制器的信息传递，通过短距离的无线通信等方式实现。智能控制器和结算点控制器与中央计费中心的信息传递靠远距离无线通信等方式进行。

3. “装置”的规格选用

不同的热用户应选择不同规格的“装置”。不同规格的“装置”，只是微型齿轮泵的规格尺寸有所不同，其他的控制器都是一样的。而微型齿转泵的规格将由其外接管径的大小决定。因此，不同热用户应根据其供暖建筑面积的大小，选择相应规格的“装置”。表6.20给出了热用户供暖建筑面积与外接管径大小以及微型齿轮泵的流量、扬程等相关数据，即可方便地进行选择。

“装置”的规格选择 **表6.20**

公称直径(mm)		15	20	25	32
额定流量(kg/h)		100～150	150～300	300～600	600～1200
供暖面积(m^2)		50～100	100～200	200～400	400～800
单位面积循环流量[kg/(m^2·h)]		2.0～1.5	1.5～1.5	1.5～1.5	1.5～1.5
比摩阻(Pa/m)		32～70	15～56	17～60	14～55
额定扬程(m)		5	5	5	5
额定压力(MPa)		1.6	1.6	1.6	1.6
泵效率40%	轴功率(W)	3.4～5.1	5.1～10.2	10.2～20.4	20.4～40.8
	年电量(kWh)	12～18	18～36	36～72	72～144
泵功率20%	轴功率(W)	6.8～10.2	10.2～20.4	20.4～40.8	40.8～81.7
	年电量(kWh)	25～36	36～72	72～144	144～294

表6.20的数据符合散热器供暖方式，如地板辐射供暖可按单位面积循环流量进行校核，然后选择合适的微型齿轮泵。对于通常的居民，供暖面积在100～200m^2之间，此时微型循环泵的功率很小，一般只有10～20W，年耗电量不超过100kWh（度），电费只有100元左右。“供暖分户计量调控装置”的电源可由各用户的220V电源供给，“装置”记录自身的用电量，并从热费中扣除，这样不会增加热用户的负担。在表6.20中，对微型齿轮泵给出了两种效率。由于微型齿轮泵功率很小，效率比较低，如果采用无刷电机，因转速过高，有时需要外加齿轮传动，因此，效率在20%～40%之间。

微型齿轮泵噪声低、尺寸小、结构简单、维修方便、价格低廉，寿命可在五年左右。由于既能调速，又能计量，因此，采用“供暖分户计量调控装置”进行计量收费时，不再装热表，不再装温控阀或通断阀，室内供暖系统节能改造的工作量大为简化。

第7章 供热系统协调运行

近30多年来，我国集中供热事业得到了迅速发展。1989年，东北、西北和华北地区的165个设市城市中，有81个城市发展了集中供热。“三北”地区30.7亿m^2城镇建筑面积中，有供暖设备的10.7亿m^2，其中采用集中供热的近2.0亿m^2，其余绝大多数为分散锅炉房供热。随着改革开放，供热事业的发展迅猛异常，至2014年，全国的集中供热建筑面积已达110亿m^2，几乎增加55倍，而且每年新增2亿～3亿m^2。而且供热方式也愈来愈复杂。从热源的能源种类上分，有燃煤热源、燃气热源、电热源、太阳能热源以及风能热源等；从系统形式上分有热电厂供热、区域锅炉房供热、环形多热源联网供热、多泵系统供热等；从负荷种类上分，有单供热负荷供热，有供热、空调、生活热水多负荷供热等。在“互联网＋”信息技术的发展背景下，智能供热又提出了更高层次的发展愿景，这必将促使供热工艺会有更大的创新。

在大力发展集中供热的同时，如何把众多的供热系统管好、用好，这个问题一直是摆在广大行业科技人员和管理运行人员面前的重要课题。所谓管好、用好，就是在满足用户供热需求的同时，提高能效，改善环境，延长使用寿命。要做到这一切，除了有先进的设计、良好的设备性能外，还必须对供热系统进行精细的协调运行。

协调运行，就是从系统工程出发，使供热系统的热源、热力网和热用户都在规定的运行指标下，制订理想的运行方案，在合理的运行原则和有效的管理准则中，实现最佳的社会效益、节能效益、经济效益和环境效益。

协调运行，是在多热源、多种负荷和多泵的多种供热系统形式下，将复杂的运行工况加以综合协调，使供热系统达到最佳运行工况。因此，从这个意义上说，本章所叙述的内容实际上是前述几章内容的综合。

为此，本章将讨论供热系统的运行指标、技术管理准则、多种类型负荷的调节、系统运行的基本原则以及系统故障分析等内容。

7.1 供热系统运行指标探讨

一个供热系统运行管理的好坏，应该有一个客观的标准——供热系统运行标准。它既是运行管理的依据，也是评价的标准。该标准应能全面反映供热系统在社会效益、经济效益、节能效益和环境效益等方面的要求。目前国外技术发达的国家都制定了类似的标准。我国也正在向这方面努力。目前在供热方面，可以遵循的有《城市热力网设计规范》CJJ 34—2002、《公共建筑节能设计标准》GB 50189—2005、《严寒和寒冷地区居住建筑节能设计标准》JGJ 26—2010、《城镇供热系统节能技术规范》CJJ/T 185—2012、《供热系统节能改造技术规范》GB/T 50893—2013、《辐射供暖供冷技术规程》JGJ 142—2012等，本节介绍的内容就是根据上述资料结合作者的研究进行综合分析的。

7.1.1 常用的运行指标

1. 用户室温合格率

供热系统运行期间，用户室温合格率为97%。这是衡量供热系统供热效果、社会效益的重要指标。目前国家二级企业以此指标为考核标准。

室内设计温度是热用户设计的重要参数标准。美国ASHRAE的标准为22℃，英国CIBS标准为20℃，日本“空调卫生工学学会和空调设备标准委员会省能委员会”的标准也为20℃。我国民用住宅的设计室温标准为18℃，实际按18±2℃执行，即室温在16～20℃之间皆为合格。将来随着国家的经济发展，应逐渐过渡到20±2℃的室温设计标准。

供热系统运行期间，选择有代表性的用户进行检测。根据供热规模的不同，检测的用户供热面积应不低于总供热面积的1%～3%。在每个供热期，每月应至少检测一次，累计计算。用户室温合格率按下式计算：

$$\text{用户室温合格率}=\frac{\text{检测合格户数}}{\text{检测总户数}}\times 100\% \tag{7.1}$$

2. 供热燃料消耗指标

指单位供热量的燃料消耗量，表明热源或供热系统的热效率，是衡量节能效果的重要指标。由于热源形式不同，燃料种类不同，其指标也不同。

(1) 热电厂煤耗指标。一般将发电量与供热量的煤耗分开计算。

1) 发电部分煤耗，其计算公式如下

$$b_{\mathrm{d}}=\frac{q_{\mathrm{d}}}{\eta_{\mathrm{b}}\eta_{\mathrm{p}}q_{\mathrm{dw}}}=\frac{1}{\eta_{\mathrm{b}}\eta_{\mathrm{jd}}\eta_{\mathrm{p}}q_{\mathrm{dw}}} \tag{7.2}$$

式中 b_{d}——每发1kJ电量的耗煤量，g/kJ；

η_{b}——热电厂锅炉效率，一般$\eta_{\mathrm{b}}=0.9\sim0.94$；

η_{jd}——汽轮机、发电机的机电效率，$\eta_{\mathrm{jd}}=0.98\sim0.985$；

η_{p}——热电厂内部管道热损失，$\eta_{\mathrm{p}}=0.95\sim0.99$；

q_{dw}——标准煤的低位发热量，$q_{\mathrm{dw}}=29.31$kJ/g（7000kcal/kg）；

q_{d}——每发1kJ电量的热耗量，其值按下式计算

$$q_{\mathrm{d}}=d(i_{\mathrm{c}}-i_{\mathrm{z}})=\frac{i_{\mathrm{c}}-i_{\mathrm{z}}}{(i_{\mathrm{c}}-i_{\mathrm{z}})\eta_{\mathrm{jd}}}=\frac{1}{\eta_{\mathrm{jd}}} \tag{7.3}$$

式中 d——汽轮机每发1kJ电量所消耗的主蒸汽量，kg/kJ；

i_{c}——汽轮机进汽口主蒸汽焓，kJ/kg；

i_{z}——汽轮机实际的排汽焓，kJ/kg。

若取$\eta_{\mathrm{b}}=0.90$，$\eta_{\mathrm{jd}}=0.98$，$\eta_{\mathrm{p}}=0.99$，标准煤的消耗量为：

$$b_{\mathrm{d}}=\frac{0.0342}{0.90\times0.98\times0.99}=0.0392\mathrm{g/kJ}(141\mathrm{g/kWh})$$

2) 供热部分煤耗，按下式计算

$$b_{\mathrm{r}}=\frac{1}{\eta_{\mathrm{b}}\cdot\eta_{\mathrm{r}}q_{\mathrm{dw}}} \tag{7.4}$$

式中 b_{r}——对外供1kJ热量的煤耗量，g/kJ；

η_{r}——热力网热效率。

若取$\eta_{\mathrm{b}}=0.9$，$\eta_{\mathrm{r}}=0.92$，则供热部分的标准煤耗量$b_{\mathrm{r}}=\frac{0.0342}{0.9\times0.92}=0.0413$g/kJ

(41.3kg/GJ)。

(2) 区域锅炉房煤耗指标。计算公式同式 (7.4)。由于区域锅炉房锅炉热效率低于电站锅炉热效率，热力网热损失也高于热电厂供热，因此区域锅炉房煤耗要高于热电厂煤耗。

若计锅炉效率 $\eta_b=0.71$，热网热损失 η_r 为 10%，即

$$b_r=\frac{0.0342}{0.71\times0.9}=0.0537\text{g/kJ}(53.7\text{kg/GJ})$$

煤耗指标 0.0537g/kJ 即为 135kg/t (汽)，这一指标通常是可以达到的。

(3) 单位供热面积的煤耗量。

当单位供热面积耗热量 $q_{h(W)}$ 已知 (如实测)，可由下式计算单位供热面积的煤耗量 b_r：

$$b_r=\frac{0.86\times24\times z\cdot q_{h(W)}}{700\cdot\eta_b\cdot\eta_r}\quad(\text{kg}/(\text{m}^2\cdot\text{a}))\tag{7.5}$$

式中 z——供热期天数，d；

$q_{h(W)}$——单位供热面积以 W 为单位的耗热量，$\text{W}/(\text{m}^2\cdot\text{a})$。

(4) 供热的天然气耗量。

上述供热的耗煤量计算公式，若将煤的低位发热量 q_{dw} 改为天然气的低位发热量，则可计算出天然气的耗气量。天然气的主要成分由甲烷组成，一般情况下，天然气的低位发热量 $q_{dw}=40000\text{kJ/Nm}^3$ 或由实际工程确定。

(5) 供热系统燃料消耗量控制指标。

我国住房城乡建设部于 2013 年 8 月 8 日发布了《供热系统节能改造技术规范》GB/T 50893—2013，其中给出了供暖建筑单位面积燃料消耗量的控制指标，如表 7.1 所示。

供暖建筑单位面积燃料消耗量 **表 7.1**

地区	供暖建筑单位面积燃料消耗量			
	热电厂 (GJ/m^2)	燃煤锅炉 (kg/m^2)	燃气锅炉 (Nm^3/m^2)	燃油锅炉 (kg/m^2)
寒冷地区(居住建筑)	0.25～0.38	12～18	8～12	7～10
严寒地区(居住建筑)	0.40～0.55	19～26	12～17	10～15

3. 单位供热面积的耗热量

在本书第 6 章第 6.5 节分析建筑能耗和节能潜力时，在公式 (6.26) 中曾介绍过单位供热面积耗热量指标 $q_{h(W)}$

$$q_{h(W)}=\frac{7000b_r\eta_b\eta_r}{0.86\times24\times Z}\quad(\text{W}/(\text{m}^2\cdot\text{a}))$$

式中 Z——供热期天数，d。

业内人员常习惯利用该指标描述供热系统的运行状况。上述指标是以 W 为单位计量的，有时还常用 GJ 为单位计量。为方便起见，现将单位换算公式表述如下：

$$q_{h(W)}=\frac{q_{h(GJ)}}{3.6\times24\times Z}\times10^6\quad(\text{W}/(\text{m}^2\cdot\text{a}))\tag{7.6}$$

当地区的基本设计参数已知时，也可直接计算单位供热面积的耗热量 $q_{h(GJ)}$：

$$q_{\mathrm{h(GJ)}}=\frac{3.6\times24\cdot q_{\mathrm{n}}\cdot \mathrm{D18}}{t'_{\mathrm{n}}-t'_{\mathrm{w}}}\times10^{-6}\quad(\mathrm{GJ/(m^2\cdot a)})\tag{7.7}$$

式中　q_{n}——地区供热概算热指标，$\mathrm{W/m^2}$；

D18——地区供热度日数，℃・d；

t'_{n}——地区室内设计温度，℃；

t'_{w}——地区外温设计温度，℃。

显而易见，公式（7.7）中（24・D18/($t'_{\mathrm{n}}-t'_{\mathrm{w}}$)）即为当地供热系统的最大小时数，此值与概算热指标相乘，即为单位供热面积一个供热期的总耗热量。当 $q_{\mathrm{h(GJ)}}$ 为实测值时，还可验证概算热指标的取值是否合理。在计算公式中，度日数与当地的气象条件密切相关，当设计室温、设计外温、供热期平均外温以及供热天数变化时，单位供热面积的耗热量也随着变化。

4. 单位供热面积的耗电量

单位供热面积的耗电量，本质上反映的是每输送单位供热量所消耗的电功率。在具体的表述上，有单位供热面积耗电量、水输送系数 $(WTF)_{\mathrm{th}}$ 和耗电输热比 EHR 等。关于水输送系数 $(WTF)_{\mathrm{th}}$，本书第3章第3.3节已作过详细介绍。耗电输热比 EHR 在《公共建筑节能设计标准》GB 50189—2005 第5.2.8条作过详细说明。在《供热系统节能改造技术规范》GB/T 50893—2013 中，将单位供热面积耗电量指标 E 作了限定性规定，现抄录表7.2。

供暖建筑单位面积耗电量　　　　**表7.2**

地区	供暖建筑单位面积耗电量(kWh/(m²・a))		
	燃煤锅炉房	燃气、燃油锅炉房	热力站
寒冷地区(居住建筑)	2.0～3.0	1.5～2.0	0.8～1.2
严寒地区(居住建筑)	2.5～3.7	1.8～2.5	1.0～1.5

若与水输送系数 $(WTF)_{\mathrm{th}}$ 的计算公式相比较，后者为 0.35～0.45$\mathrm{W/m^2}$，或 1.0～2.0$\mathrm{kWh/(m^2\cdot a)}$，显然对于热力站（二级网）而言，两者比较接近。

5. 单位供热面积耗水量

单位供热面积的补水量，是衡量供热系统失水率大小的重要标志。失水率愈大，不但愈浪费水资源，而且浪费了热量，是提高供热系统热效率必须减少的重要指标。《供热系统节能改造技术规范》给出了限定指标，如表7.3所示。

单位供热面积补水量　　　　**表7.3**

地区	供热期单位供热面积补水量(kg/(m²・a))	
	一级供热网	二级供热网
寒冷地区(居住建筑)	<15	≤30
严寒地区(居住建筑)	<18	≤35

6. 供热系统冷热不均系数

该指标反映的是供热系统因水力失调造成冷热不均的程度。该指标间接地也能从单位供热面积的燃料耗量、耗热量反映出来。但过去长期以来，人们对冷热不均引起的热量浪费重视不够，往往把它归结到外网的热损失里。实际上，这部分热量是从热源经外网输送到了热用户，由于热用户分配不均而浪费掉了。本书第3章和第6章在分析大流量运行方式的利弊以及供热系统节能潜力时曾经指出：我国目前的供热系统能效只有30%左右，如果考虑全国锅炉的热效率平均为65%，外网输送热效率为92%（即外网热损失为8%），那么供热系统的能效也应有60%左右，与实际值相差了30%左右。这部分相差值，既不是消耗在热源，也不是消耗在外网，而是消耗在了热用户。在热用户的这种热量浪费，只有一个可能，就是冷热不均所造成的。之所以把供热系统冷热不均系数作为一个重要指标单独列出，一个重要原因是其数量比较大，占系统总热量的30%左右；二是为了引起人们的足够重视，以便采取针对性的技术举措加以消除。

供热系统冷热不均系数 η_j 应按下式表示：

$$\eta_j=\frac{A_s}{A_o}=\frac{A_s}{Q_o/q_n} \quad (\%) \tag{7.8}$$

式中 A_o——1蒸吨蒸汽热量理论上所带供热面积，m^2；

A_s——实际工程1蒸吨蒸汽热量所带的实际供热面积，m^2；

Q_o——1蒸吨蒸汽的供热量600000kcal＝0.7MW＝2.52GJ/h；

q_n——地区供热概算热指标，W/m^2。

地区供热概算热指标，未考虑热源、外网的热损失，能比较真实地代表理论上所带供热面积，实际工程所带供热面积由实地测量确定。当比值为100%时，说明输送至热用户的供热量全部用来加热室内温度，没有冷热不均存在。其比值愈小，说明冷热不均现象愈严重。

7. 供热系统可靠性指标

该指标是衡量供热系统运行可靠性的重要参数，一般以可靠度表示，其定义如下：

$$R_{xt}=\frac{\sum Q_g}{\sum Q}\times 100\% \tag{7.9}$$

式中 R_{xt}——供热系统可靠度或称供热系统可靠性指标；

$\sum Q$——运行期间，供热系统在完好状态下的总供热量；

$\sum Q_g$——在故障情况下，供热系统实际的总供热量。

在进行 $\sum Q_g$ 的计算时，首先要涉及故障的概念。供热系统元部件（如管道、阀门、各种设备仪表等）发生故障，但在系统不停运的情况下即能修复或对供热的影响在允许范围内时，称为一般故障；当元部件发生故障，迫使系统停运中断供热时称为突然故障。在进行供热系统可靠性计算时，只考虑突然性故障。供热系统中发生的故障，其特点属于随机的小概率事件。因此，$\sum Q_g$ 的计算需通过概率统计方法进行。由于计算比较复杂，一般只对大型供热系统才进行可靠性分析。

允许可靠度或允许可靠性指标的确定，涉及系统可靠性和经济性的综合。允许可靠度愈高，则系统愈复杂（如设计为环形），安装阀门愈多，因而投资愈大，需要综合优选。目前我国尚处于研究阶段，具体数值还在讨论之中。当前延用苏联的有关数据（见约宁编写的《供热学》）：对于区域锅炉房供热系统，允许可靠度 $R_{xt}^y=85\%$；热电厂供热系统，$R_{xt}^y=90\%$。

对于一般供热系统，为便于计量，常采用运行事故率 R_y 作为安全可靠性的控制指标。运行事故率 R_y 的控制指标为：

$$R_y = \frac{Z_r \cdot A_r}{Z \cdot A} \times 1000‰ \leqslant 2‰ \tag{7.10}$$

式中　A——供热系统的总供热面积，m^2；

Z——总供热小时数，h；

A_r——因事故造成系统停运的供热总面积，m^2；

Z_r——事故发生的延续小时数，h。

在式（5.8）中，运行事故的定义为：在供热系统运行中，当故障发生造成系统停运，8小时以内不能恢复的称为运行事故。由于事故造成的危害远大于故障危害，因此，运行事故率 R_y 的控制指标应比允许可靠度 R_{xt}^y 小得多（允许运行故障率 $1-R_{xt}^y=10\%\sim15\%$）。

有关环境保护方面的控制指标，按国家有关标准进行。

7.1.2　供热系统综合能效指标探讨

上节对供热系统常用的七种能效指标分别进行了介绍。每一种能效指标只从某一个侧面对供热系统的运行状况进行了讨论，但都不能对供热系统的总能效给出清晰的数量分析；同时，对这几种常用的能效指标之间的相互联系又缺乏深入的探讨。为弥补这一不足，作者在这一节里提出供热系统综合能效指标的概念，供业内人员进一步研讨。

1. 供热系统综合能效指标

供热系统总的运行状况由综合能效指标 ζ 来评价。它包括两个子指标：热网运行指标 ζ_1 和热用户能效指标 ζ_2 组成：

$$\zeta = \zeta_1 \times \zeta_2 = \frac{\text{建筑物年供热耗热量} \sum Q_f}{\text{热源年燃料发热量与电力折合热量} \sum Q_z} \times \eta_j \% \tag{7.11}$$

其中：

$$\zeta_1 = \frac{\text{热源年实际向建筑物的供热量} \sum Q_s}{\text{热源年燃料发热量与电力折合热量} \sum Q_z} \% \tag{7.12}$$

$$\zeta_2 = \frac{\text{热筑物年供热耗热量} \sum Q_f}{\text{热源年实际向建筑物的供热量} \sum Q_s} \times \eta_j \% \tag{7.13}$$

实际上

$$\sum Q_s = \sum Q_b \cdot \eta_b \cdot \eta_r \quad (\text{GJ/a}) \tag{7.14}$$

式中　$\sum Q_b$——热源燃料发热量，GJ/a；

η_b、η_r——同前述，分别为锅炉效率和热网效率，%；

η_j——同前述，为系统冷热不均系数，%。

从计算公式可看出：热网运行指标 ζ_1 表示供热系统在产热及输送过程中的热效率，包括了热源的燃烧效率，以及热量在管网输送过程的热效率。在供热系统的总热量输入方面，既考虑了燃料的发热量，也包含了系统输配动力所消耗电能的折算热量。因此，在热网运行指标 ζ_1 中，实际上已经囊括了燃料消耗、电耗、水耗以及热耗等四个常用运行指标。

在热用户能效指标 ζ_2 中，直接包含了系统冷热不均系数 η_j，而且乘积 $\eta_j \sum Q_f$ 代表了建筑物（热用户）从热源获得的有效供热量（把室温加热到设计室温所需热量），可以很直观反映出冷热不均对室温合格率的影响。从中可以看出，只有考虑了冷热不均的影响因素，供热系统总热效率的计算才是全面的、准确的。

2. 热网运行指标 ζ_1

（1）$\sum Q_s$ 计算

热源年实际向建筑物（热用户）的供热量$\sum Q_s$应以实测为主获取。在当今信息技术发达的情况下，实测数据不但方便，而且准确。具体措施为：在各个楼栋入口（一般为热计量的结算点）安装热表，计量每个热表在供热期的累计供热量即为所求的$\sum Q_s$。计算公式如下：

$$\sum Q_s = 4.186 \times 10^3 \int_{\tau_1}^{\tau_2} CG(\tau)(t_g(\tau) - t_h(\tau))\mathrm{d}\tau \quad \mathrm{kJ/a(GJ/a)} \tag{7.15}$$

式中 G、t_g、t_h——分别为τ时刻供热系统的循环流量（t/h）、供回水温度（℃）；

τ_1、τ_2——分别为供热期间的起始和终止时间，h。

（2）热源提供的总热量$\sum Q_z$

热源提供的总热量$\sum Q_z$由下列三部分组成：

$$\sum Q_z = \sum Q_b + \sum Q_{be} + \sum Q_{pe} \qquad \mathrm{kJ/a(GJ/a)} \tag{7.16}$$

式中 $\sum Q_b$、$\sum Q_{be}$、$\sum Q_{pe}$——分别为年燃料发热量、热源动力辅机耗电折合热量以及热源循环泵耗电折合热量。

1）$\sum Q_b$计算

$$\sum Q_b = B \cdot q_{dw} = \frac{\sum Q_s}{\eta_b \eta_r} \quad \mathrm{kJ/a(GJ/a)} \tag{7.17}$$

式中 B——年燃料消耗量，t/a或$\mathrm{Nm^3/a}$；

q_{dw}——同前，燃料低温发电量，kJ/kg。

2）$\sum Q_{be}$、$\sum Q_{pe}$计算

按照（83）统工物256号文件：

1kWh(电)＝0.407kg标煤＝11929.17kJ(热)＝3.314kWh(热)

则：

$$\sum Q_{be} = 11929.17 \sum_{i=1}^{m} N_{bi} \quad \mathrm{kJ(GJ)} \tag{7.18}$$

$$\sum Q_{pe} 11929.17 \sum_{i=1}^{p} N_{pi} \quad \mathrm{kJ(GJ)} \tag{7.19}$$

式中 N_{bi}——热源辅机设备第i台的年耗电量，kWh；

N_{pi}——热源循环泵第i台的年耗电量，kWh；

m——热源辅机设备的台数，个；

p——热源循环泵的台数，个。

3. 热用户能效指标ζ_2

（1）建筑物年供热耗热量$\sum Q_f$计算

建筑物年供热耗热量即热用户年供热耗热量$\sum Q_f$，一般采用地区供热概算热指标q_n计算。当地区的度日数$\mathrm{HDD_{18}}$、结算点的供热面积A已知时，即可算出供热系统的$\sum Q_f$：

$$\sum Q_f = \frac{3.6 \times 24 q_n \mathrm{HDD_{18}}}{t_n' - t_w'} \times A \times 10^6 \quad \mathrm{(GJ/a)} \tag{7.20}$$

其中，设计给出的概算热指标与实际值有时并不完全符合，需要通过实测加以校正。

（2）供热系统冷热不均系数η_j

在上述的计算公式（7.8）中，给出了粗略的计算方法；当热用户室内温度有比较详细的实测数据时，可通过模糊数学理论建立满意函数$F(t_i)$的方法进行计算：

满意函数$F(t_i)$定义如下：

$$F(t_i)=\begin{cases}1 & 18<t_i\leqslant 25\\ \left(\dfrac{t_i-t_a}{18-t_a}\right)^k & \\ 0 & 5\geqslant t_i>25\end{cases}\tag{7.21}$$

式中　t_i——热用户的室温，℃；

k——热用户的态度指数，一般 $k>1$，当室温要求严格时（医院、幼儿园），k 值取大；要求不严格时（如厨房、厕所）k 值可取小些。

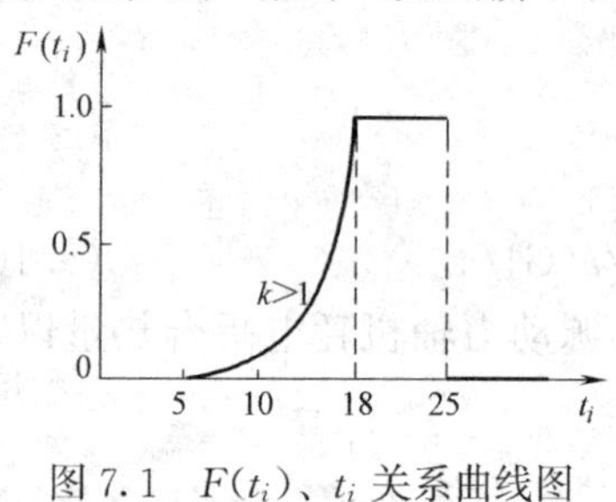

图7.1　$F(t_i)$、t_i 关系曲线图

室外温度为5℃时开始供暖，因此，满意函数 $F(t_i)$ 为0的下限定为5℃；设计室温为18～22℃，此时满意函数 $F(t_i)$ 为1；室温为22～25℃时，为满足一些特殊热用户的需要，满意函数 $F(t_i)$ 也定义为1，此时，热用户应多交热费；当室温大于25℃时，被认为是热量的浪费，判定 $F(t_i)=0$。$F(t_i)$ 与 t_i 的关系曲线如图7.1所示。

4. 对供热系统综合能效指标 ζ 的评估

供热系统综合能效指标 ζ 可表达为：

$$\begin{aligned}\zeta&=\zeta_1\zeta_2=\frac{\sum Q_f}{\sum Q_z}\eta_j=\frac{\sum Q_s}{\sum Q_z}\cdot\frac{\sum Q_f}{\sum Q_s}\cdot\eta_j\\&=\frac{\sum Q_b\eta_b\eta_r}{\sum Q_b+\sum Q_{be}+\sum Q_{pe}}\cdot\frac{3.6\times 24q_n\cdot \mathrm{HDD}\times A}{\sum Q_b\eta_b\eta_r(t_n'-t_w')}\times 10^6\quad\%\end{aligned}\tag{7.22}$$

考察关系式（7.22），可以一目了然地看出：

（1）综合能效指标 ζ，已经同时包括了常用的6个能效指标，即燃料耗量、电耗量、热耗量、水耗量（本质上含在热耗量中）、室温合格率以及系统冷热不均系数。因此，能比较全面地准确地表示供热系统的总热效率，而且能清晰地分析出各项能效指标的具体数量，进而提出供热系统的节能改造方案，为智能管理信息系统的编制打下了可靠基础。

（2）综合能效指标 ζ 中，为了反映冷热不均对系统能效的影响，专门提出了热用户能效指标 ζ_2。同时给出了冷热不均系数 η_j 的计算公式，可以很方便地计算出冷热不均造成的供热量损失。由于综合能效指标中，考虑了冷热不均的影响因素，因此弥补了以往系统能效计算中的不足，使其计算方法更加完善了。

（3）综合能效指标 ζ，还能分析热用户对自由热（太阳日照、家用电器、人体散热、照明等）的利用程度。在热用户能效指标 ζ_2 中，通常情况下，热源对热用户的供热量 $\sum Q_s$ 应大于热用户的耗热量 $\sum Q_f$，特别在冷热不均系数 η_j 远小于1的状况下更是如此。但当水力平衡工作完成得好，亦即 $\eta_j\approx 1.0$ 时，很可能 $\sum Q_s\approx\sum Q_f$；如果出现 $\sum Q_s<\sum Q_f$ 的情形，则说明 $\sum Q_f$ 多余的供热量不是来自热源，而是充分利用自由热而获取的。这就说明，综合能效指标 ζ 还能对自由热的利用程度进行分析。同时还证明，自由热的利用实际上是增加了热用户的有效供热量，不但可以减少热源供热量，还能提高系统的总能效。

5. 计算实例

（1）北京某房管局混合烧煤的能效分析。

已知测试数据如表 7.4 所示。

测试数据 **表 7.4**

燃烧方式	煤(t/a)(标)	电(kWh/a)	热源年耗热量(百万)(kWh)	用户室内温度(℃)	供暖时间(h)
干烧	923	153850	5.01	>18	2715
湿烧	1030	149325	5.34	>18	2715
混烧	799	149325	4.98	>18	2715

北京的建筑物热耗指标 $q_{h(W)}=25.3W/m^2$，该房管局供暖面积为 $A=60585m^2$，根据前边分析所列公式可将计算结果列于表 7.5。

计算结果 **表 7.5**

结果	干烧	湿烧	混烧
耗热量 ΣQ_f(百万 kWh)	4.64	4.64	4.64
热源供热量 ΣQ_s	5.01	5.34	4.96
折合热量 ΣQ_z	8.02	8.88	7.00
室温合格系数 R	1	1	1
热源运行指标 ζ_1	0.624	0.601	0.709
热网运行指标 ζ_2	0.926	0.869	0.935
综合能效指标 ζ	0.577	0.522	0.663
评价	中	差	好

从上表可知：混烧煤的综合能效指标最高，干烧煤次之，湿烧煤最差。三种燃烧方式的热网效益指标 ζ_2 均较大，说明该供热系统的热网匹配比较合理。

(2) 北京某供热系统大流量方式能效分析。

已知：$Z=126$ 天，$q_{h(W)}=25.3W/m^2$，测试数据如表 7.6 所示。

测试数据 **表 7.6**

参数 方式	煤 (kg/(m²·a))	电 (kWh/(m²·a))	用户室内温度 (℃)	Q (kcal/kg)	运行流量/设计流量
$120m^3/h$	19.6	2.08	>16	5364	1
$180m^3/h$	22	2.73	>16	5364	1.5

计算结果如表 7.7 所示。

计算结果 **表 7.7**

方式 结果	120(m^3/h)	180(m^3/h)
ΣQ_f(kWh/(m²·a))	76.5	76.5
ΣQ_z	129.16	146.29
R	1	1
$\zeta=R\times\Sigma Q_f/\Sigma Q_z$	0.592	0.523
评价	好	差

从表7.7结果可知："大流量小温差"的运行方式会造成供热综合能效指标ζ下降，热能利用率降低，而且增加了电耗。

(3) 秦皇岛某供热小区，安装平衡阀可以消除水平失调，提高综合能效指标ζ。

秦皇岛某小区测试数据 **表7.8**

方式 \ 参数	供暖面积（万m^2）	耗煤量（kg标煤/(m^2·a)）	耗电量（kWh/(m^2·a)）	ΣQ_f(kWh/m^2)
未装平衡阀	5.75	28.0	3.6	161.36
装平衡阀	8.72	21.9	2.35	161.36

测试数据见表7.8。其中，未装平衡阀时，室内最高温度28℃，最低温度9℃，室温9~18℃占用户的85%，18~25℃占10%，25~28℃占5%。安装平衡阀后，最高室温18.8℃，最低室温15.9℃，室温达设计室温18℃的用户占97.6%。不同室温按均匀分配，满意函数中的态度指数$k=4$。设未装平衡阀的冷热不均系数为$j_{前}$，装后为$j_{后}$：

$$j_{前}=\frac{\sum A_iF(t_i)}{\sum A_i}=\frac{1}{5.75}\left[\int_{18}^{25}5.75\times0.05\mathrm{d}t+\int_{9}^{18}5.75\times0.85\frac{1}{(18-9)}\left(\frac{t-5}{18-5}\right)^4\mathrm{d}t\right]$$

$$=0.1+0.315=0.415$$

$$j_{后}=\frac{8.72\times0.976+8.72\times0.024\int_{15.9}^{18}\left(\frac{t-5}{18-5}\right)^4\cdot\frac{1}{(18-15.9)}\mathrm{d}t}{8.72}=0.975+0.0084$$

$$=0.984$$

已知：$q_{h(w)}=25.5\mathrm{W/m^2}$，计算结果见表7.9。

秦皇岛某小区计算结果 **表7.9**

结果 \ 方式	未装平衡阀	装平衡阀
ΣQ_f(kWh/(m^2·a))	82.62	82.62
ΣQ_s(kWh/(m^2·a))	161.36	161.36
ΣQ_z(kWh/(m^2·a))	239.88	186.08
η_j (%)	0.415	0.984
$\zeta_1=\Sigma Q_s/\Sigma Q_z$(%)	0.673	0.867
$\zeta_2=\Sigma Q_f\times R/\Sigma Q_s$(%)	0.212	0.505
$\zeta=\Sigma Q_f\times R/\Sigma Q_z$(%)	0.143	0.437

从表7.9可知：平衡阀消除了水平失调，提高了热网的冷热不均系数，进而增加了热用户的室温合格率，这是热用户能效指标ζ_2提高的根本原因。从该实例也可看出：采用平衡阀进行流量调节，如果调节细致，可以基本上消除水力失调和冷热不均现象，从而使冷热不均系数达到0.984。从系统综合能效指标ζ比较，安装平衡阀与不安装平衡阀，其能效值相差近20%，说明因冷热不均产生的热量浪费是不可忽视的。

7.2 运行中的技术管理

集中供热系统是城市公用事业和工业区动力设施的重要环节。在我国为了安全、经济地组织好供热系统的运行，一般设立有专门的运行管理机构，对于热电厂供热，多为热力公司；对于锅炉房供热，则多归口于房地产管理部门。为了保证热源、热力网和热用户间的协调运行，建立有调度部门。对于中小型供热系统，只设置中心调度室；对于大型供热系统，常设立两级调度组织，即中心调度室和分区调度室。

供热系统运行管理部门的基本任务是安全、经济地向热用户提供符合参数要求的热量。其基本的工作内容，实质上就是通过技术管理，实现供热系统有关规程规定的运行标准。技术管理的内容包括范围很广，但根据我国供热系统的运行实践，目前起关键作用的是要在以下几个方面切实加强新技术的推广应用，借以提高供热系统的运行水平。

7.2.1 变分散供热为集中供热

20世纪80年代，全国房地产科技情报网供暖专业网曾对我国3.7亿m^2的供暖建筑面积的供暖状况进行了实地调查。其中10个城市（哈尔滨、长春、吉林、沈阳、大连、包头、北京、天津、太原、乌鲁木齐）的概况分析列于表7.10，该调查结果具有普遍性。从中可看出，容量4t/h以下锅炉占总锅炉台数的90%，平均单台锅炉容量为2.8t/h、供暖面积在1万m^2以下的锅炉房占总锅炉房数的64%。这说明，就全国而言，我国目前仍然是以分散锅炉房供暖为主的国家，而且有的地区还在大量使用落后的手烧锅炉。由于锅炉房规模过小，锅炉房单位供热面积装机容量过大（1蒸吨热量只能供4008m^2），锅炉长期在低负荷下运行，这样就使本来就很低的热效率变得更低了。当时，分散锅炉房的锅炉热效率普遍只有55%左右，煤耗大不言而喻。根据全国29个大中城市的调查，煤耗真正达标的是极少数。

10个城市锅炉房供热概况分析（1989年）　　表7.10

锅炉供暖建筑面积（10^4m^2）	锅炉房数（个）	锅炉台数（台）	锅炉总容量（t/h）	平均单台容量（t/h）	1t/h容量供暖面积（m^2）	≤4t/h锅炉百分比（%）	供暖面积小于10000m^2的锅炉房百分比（%）	供暖方式	
								连续（%）	间歇（%）
7421	4180	6537	18512	2.8	4008	90	64	28	72

这种落后的分散供热状况，经过几十年来的努力，结合小区改造、连片供热，原有状况有了很大改观。就全国而言，基本上实现了由分散供热向集中供热的过渡。热容量在4t/h以下的燃煤锅炉已基本淘汰，目前运行的燃煤锅炉热容量已达90MW（130t/h）、150MW（200t/h）。对于燃气锅炉，在热容量较小的情况下，也能有较高的燃烧效率，因此，燃气锅炉不宜强调发展大的热容量。但目前，为了治理雾霾，在推行“煤改气”的过程中，为了适应原有的大容量锅炉房，也不得不研发大容量的燃气锅炉。总之，从我国的现状来看，无论燃煤锅炉，还是燃气锅炉，基本上单台容量在20t/h以下的供热锅炉已经很少了。因此，我国绝大多数供热系统都应属于集中供热系统。概括而言，集中供热有如下的优越性：

（1）对于燃煤锅炉，热容量越大，燃烧效率越高。近些年来，我国烧煤锅炉的热容量已突破了100t/h、200t/h，主要原因就是在大的热容量下，燃烧效率一般都能达到80%以上，这对提高能效具有重要意义。

(2) 大容量的锅炉易于集中进行脱硫、脱硝和余热回收，这对于治理雾霾有特殊重要意义。

(3) 大型锅炉房有利于实行热电联供，能源的梯级利用，提高装机利用率，减少建筑占地面积，节约投资。

(4) 大型热源技术水平要求高，管理严格，有利于工作人员的技术提高和企业管理现代化。

7.2.2　变低效输送为高效输送

供热系统将供热量从热源输送至热用户，在沿途热力网中将有热量损失。该热量损失称为管网热损失 Q_r，其数值大小与系统供回水温度、室外温度、管网敷设方式、管道保温状况、管径以及管道周围环境状况等因素有关。从供热的输送效率考虑，当然希望 Q_r 越小越好。

一般热力网的热输送效率 η_{wr} 用下式表示

$$\eta_r=\frac{Q_j}{Q_g}\times 100\%=\frac{Q_g-Q_r}{Q_g}\times 100\% \tag{7.23}$$

式中　Q_g——热源输至热力网的总供热量，GJ/h；

Q_j——输至热用户的净供热量，GJ/h；

Q_r——热力网的沿途热损失，GJ/h。

在通常情况下，如果管道不保温，热力网的热输送效率一般只有50%～70%，即沿途热损失率可达30%～50%。其中，架空敷设热力网沿途热损失又大于地沟敷设和直埋敷设。

为了经济运行，热力网必须进行管道保温，保温厚度的确定，应进行技术经济比较。一般保温后的热力管道，其热输送效率 η_r 应为92%～94%，即热损失率不超过6%～8%。

至20世纪90年代，我国供热系统热力网的热输送效率通常只能达到85%～90%，即热损失率为10%～15%。一些运行管理落后的部门，往往保温脱落、地沟泡水，热输送效率就更低了。还应指出，由于水的导热系数为60W/(m·℃)（水温约20℃），比钢管的导热系数还大（45W/(m·℃)），因此，保温管道在泡水的情况下，其散热损失甚至会超过裸露钢管。再加上热水、蒸汽的跑冒滴漏，这种散热损失就更加严重。

为了减少管道散热损失，提高热力网的热输送效率，必须重视管道保温及其敷设方式。应该大力推广聚氨酯、尿树酯、硅酸铝、岩棉等新型保温材料，它们都有良好的保温性能，导热系数一般小于等于0.026W/(m·℃)，大多数吸水率较低（2.5%～3.0%）。目前以聚氨酯为主的预制保温管即管中管（外壳为高密度聚乙烯或玻璃钢等）的直埋敷设技术正在我国积极推广，这是非常可喜的。根据近几年来的工程实践，直埋敷设一般比地沟敷设在投资上节约近1/3。再加上不怕泡水、有一定强度、耐腐蚀性好等优点，可以明显提高热力网的热输送效率。直埋敷设方式，对于地下水位高的地区，其优越性就更加突出。据实际测试，凡采用聚氨酯直埋敷设的供热管网，一级网的输送效率可达93%～98%，即管网热损失只有2%～7%，已经相当理想了。

7.2.3 变变压运行为定压运行

第2章第5.5节对供热系统的定压方式曾进行了比较详细的叙述，指出了供热系统维持恒压点定压运行的重要性，并对在实际运行中容易处理不妥的一些问题作了分析。

但是必须看到，我国供热系统的运行人员，大多数文化素质不高，有的是季节性的临时工，他们对供热系统变动水力工况缺乏全面了解，很难根据变动工况判断恒压点的实际压力数值，特别在系统循环水泵入口处不是恒压点时，更是如此。通常在运行中存在两种误操作：在工况变动时，不能按变动后的压力给定值操作，而沿用变工况前的压力给定值运行；自行其是，补水无定时，压力（恒压点）无定值。由于系统恒压点压力不能在给定的静压线值下运行，系统水压图必将围绕静压线上下波动，使系统实际上形成了变压运行。在这种情况下，常常造成以下事故或故障。

（1）当水压图上移时，容易造成系统超压，使底层散热器破裂；

（2）当水压图下移时，系统亏水，用户顶层散热器出现倒空，影响供热效果；

（3）无论超压还是亏水，都将引起系统的大量泄漏。超压破裂引起的泄漏，不言自明；亏水时的泄漏，则是由大量放气造成的。因故障补水，不但增加了水处理费用，而且降低了热源的热能利用率。由于补水温度低（即自来水温度），加热同样数量的热媒，补水所消耗的热量将是系统循环水的2～3倍。

为了使供热系统实现真正的定压运行，必须对运行人员进行技术培训，严格执行有关的运行规程。其次要尽可能实现自动控制，尽量减少大量频繁重复性的手工操作。

实现供热系统定压运行，还有一个重要的前提条件，即防止系统的事故泄漏。事故泄漏超过水处理设备提供的补水能力时，系统恒压点压力则无法保持。

系统事故泄漏，除上述操作不当或堵塞引起的超压所致外，还有另外的重要原因，即管道内外腐蚀，降低了管道强度。避免后一种泄漏的有效方法，是定期进行系统水压试验，及时更换腐蚀管道。试验压力用下式计算

$$p_s = p_g + 2s_f \cdot \sigma_q \cdot d_n \tag{7.24}$$

式中 p_s——试验压力，Pa；

p_g——供热系统工作压力，Pa；

d_n——管道内径，m；

σ_q——管道极限强度，Pa/m^2；

s_f——管道壁厚腐蚀余量，m。

水压试验每年进行一次，$s_f=0.001m$；2～3年进行一次，$s_f=0.002 \sim 0.003m$。凡在试验压力下破裂的管段，必须更换。当采用管壁厚度测试仪测试壁厚时，凡 $s_f<0.001m$ 的管段，当年必须更换。

7.2.4 变大流量运行为最佳流量运行

根据本书第3章的讨论，已明确大流量是一种落后的运行方式，不彻底改变这种运行方式，供热系统的热能利用率就难以提高，其他各项运行标准也将无法实现。因此，变大流量运行为理想流量运行应该是供热系统运行中技术管理的重要内容。

实现理想流量运行，应根据本书第4章介绍的流量调节的方法进行供热系统初调节即流量均匀调节，使循环流量控制在规定指标以内。由于建设事业的发展，几乎每个供热系

统的热用户、热负荷甚至系统结构年年都在发生变化，因此运行调度的首要任务是在系统运行前，编制当年的水力工况、热力工况以及相应的运行计划。流量均匀调节，应在运行计划的总体安排下进行。流量调节方法，要根据供热系统的实际情况选择合适的方法进行，如简易快速法或温度调节法以及多功能自力式调节法等。以上调节方法，多指初调节。在运行期间，为了热力工况的稳定和节电的需求，最理想的应采用最佳流量的变流量调节。如果供热系统采用分布式输配系统，则可通过“以泵代阀”实行有源式的自动调速的方法实现。

7.2.5　变经验供热为按需供热

供热系统在流量均匀调节的基础上，再根据水温、水量调节曲线进行运行调节，则可使供热系统实现按需供热，保证各热用户均匀满足设计室温，同时供热量既不亏欠也不多余，这是理想状态。在实际运行中，由于热用户安装散热器过多，导致水温调节曲线不符合实际情况，结果形成了目前广泛采用的凭经验调节水温的方法。再加水温、水量调节计算公式未考虑日照、风速及以往供热状况等动态因素，因此属于静态的近似计算方法，很难实现真正的按需供热。

为了尽可能地实现按需供热，提高热能的有效利用率，在供热系统的实际运行中，首先应根据当地热用户散热器安装情况以及热负荷概算指标的选用数值，编制修正的水温、水量运行调节曲线，并按其进行实际运行。当条件具备时，可实现计算机的自动监控，按照动态方法指导运行调节。必要时，还可对锅炉进行燃烧控制，使按需供热更符合实际。在当今信息技术发达的时代，也可通过分布式输送系统或热表计量直接进行“自助餐”式调节和供热量总量控制，以实现按需供热。

7.2.6　变间歇供热为连续供热

根据本书第3章第3.3节的介绍，连续供热比间歇供热能使锅炉效率提高10%，节约煤耗23.2%，显然连续运行方式优越。但直到20世纪末，我国10城市的供热方式中间歇运行占72%，连续运行只占28%，说明区域锅炉房供热系统的运行水平还相当落后。

间歇供热的落后方式是多种因素造成的，因此，要改变这种运行方式也必须综合治理。首先要降低单位供热面积的锅炉装机容量，提高供热能效指标，这就牵涉到合并锅炉房，连片供热；其次要克服大流量的运行方式，加强流量均匀调节，消除冷热不均现象；第三要合理制定运行调节方案，严格区分间歇供热与间歇运行调节的不同。前者要在设计外温下也间歇运行，势必增大锅炉装机容量；后者在设计外温下连续运行，外温升高时间歇运行。总之，运行调节方案的制定，要尽量让单台锅炉在接近满负荷下运行，以提高锅炉效率。实际上，供热系统运行中的技术管理内容是相互联系、互相渗透的，某一方面做好了，就为另一方面的工作创造了条件。

7.2.7　变手工操作为计算机自动监控

目前由于我国供热系统运行管理水平比较落后，技术改进和节能的潜力都比较大。在这种情况下，借助技术改进，手工操作也能取得明显的供热与节能效果。因此，这方面工作还应继续抓好。

但必须看到，供热系统是一个相当复杂的系统工程。特别是大型供热系统，水力工况、热力工况变化复杂，采用手工的调节、控制很难达到预期目的。计算机监控系统则有明显的优势：自动检测系统参数，自动识别系统特性，根据需要可以实现各种调节、控制。在自动报警、检漏、消除水击等方面，也有独特功能。在手工调节的基础上，实现计算机监控，在节能方面，还可挖潜10%左右。因此，在供热系统中推广计算机监控技术有着广阔的前景。但是推广工作应有规划地进行，防止一哄而起、一哄而落。同时要针对不同供热系统，选择不同级别、档次的计算机监控系统，避免贪大求洋（详见本书第8章）。同时，要大力发展地理信息、能源管理信息、计量收费信息，以及人力资源等信息管理系统，向现代化技术管理水平迈进！

7.3 多种类型热负荷的调节

在前几章中，主要讨论单一类型热负荷特别是只有供暖热负荷的供热系统。因为到目前为止，我国绝大多数供热系统仍属于这一类型。但是随着经济的发展，人民生活水平的提高，对于通风、空调和生活热水供应热负荷的需求，已经提到了日程。我国最早的多种类型热负荷的供热系统（供暖热负荷为90%，生活热水供应热负荷占10%）出现在北京，热水供应负荷主要满足国家重要单位以及大使馆区等处。当前大量的旅游饭店、经济开发区等建设的供热系统已经考虑了热水供应、通风空调等负荷。根据北欧的经验（目前生活热水供应负荷占总热负荷的60%），非供暖负荷在供热系统中所占的比例，在我国有逐年提高的趋势。

为适应这种发展，多种类型热负荷的调节也必须加以研究。根据苏联的经验，随着系统形式的不同，主要有两种不同的调节方法即供暖负荷调节法和综合负荷调节法。

7.3.1 供暖负荷调节法

供暖负荷调节法，是以供暖负荷为依据进行集中调节，其他负荷采用局部调节的方法。通常在各种负荷用热设备为并联连接时采用（见图1.13的连接方式）。

（1）供暖的水温、水量调节曲线。当有混水装置时按公式（3.40）和（3.41）计算；当无混水装置时按公式（3.45）和（3.46）计算；当为间接连接时，采用公式（3.64）和（3.65）计算。图7.2给出了供暖热负荷和水温、水量调节曲线图。

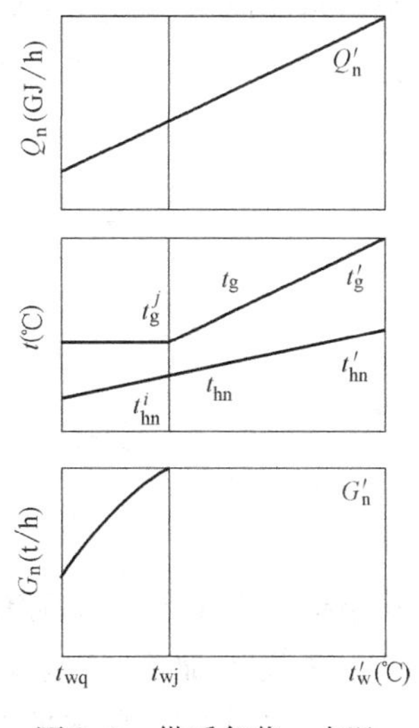

图7.2 供暖负荷、水温、水量调节曲线图

由于供暖负荷为季节性负荷，其热负荷 Q_n 与外温 t_w 存在线性关系，热负荷图表示为一条直线。室外温度为 $t_{wj}>t_w>t'_w$ 时，采用集中质调节，流量保持设计值 G'_n（或流量热当量 W'_n），供回水温度由上述计算公式确定。

t_{wj} 是供水温度为70℃时的对应外温。我国《城市热力网设计规范》规定，对有生活热水热负荷的闭式热水供热系统，其供水温度任何时候不得低于70℃（保证生活热水温度不低于60℃）。为满足这一要求，室外温度在 $t_{wq}\geqslant t_w\geqslant t_{wj}$ 时，热力网供水温度始终保持 $t^j_g=70$℃（t_{wq} 为起始供热外温，一般为+5℃）。在这期间，由于供暖热负荷随室外温度升高而减少，回水温度 t_{hn} 和流量 G_n 都将减少。表明此阶段供暖负荷应进行局部量调节（根据式（3.54）和（3.55）计算）。

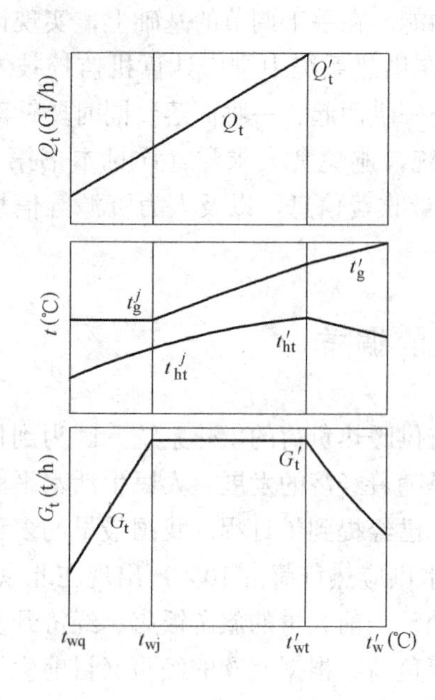

图7.3　通风负荷、水温、水量调节曲线图

(2) 通风的温度、水量调节曲线。图7.3给出了示意图。t'_{wt}为通风负荷的设计外温。通风负荷也为季节性热负荷。在$t_{wq}>t_w>t'_{wt}$期间，热负荷Q_t随室外温度的下降而线性上升。在$t'_{wt}\geqslant t_w\geqslant t'_w$期间，热负荷达最大恒定值即设计值$Q'_t$。表示这时可适当减少新风量，增加回风量。

在供热系统运行期间，通风（包括空调）热负荷的调节可分为三个区间进行

1) $t_{wq}>t_w>t_{wj}$区间。在该区间内，热力网供水温度保持不变，$t_g=70$℃。由于通风热负荷随室外温度的提高而下降，气-水加热器中水侧的回水温度t_{ht}和水量G_t随之下降。通风热负荷需进行局部量调节。

2) $t_{wj}>t_w>t'_{wt}$区间。该区间，随着室外温度的下降，通风热负荷增加，热力网供水温度也随之提高。根据通风负荷调节公式（3.47）和（3.48），可进行典型的质调节，即保持通风设计流量不变，回水温度t_{ht}随热力网供水温度t_g的升高而升高。

3) $t'_{wt}>t_w>t'_w$区间。该区间通风热负荷保持不变。由于热力网供水温度t_g随室外温度的下降继续增高，根据公式（3.47）、（3.48），此时气-水加热器水侧的供回水平均温度$t_{pt}=(t_g+t_{ht})/2$为常数，即回水温度t_{ht}必然下降，相应水侧流量也随之减少。

在三个调节区间内，由于热力网供水温度t_g是按照供暖负荷的要求实施调节的，对于通风负荷而言，则属于变工况，此时气-水加热器水侧、气侧的有关参数不能简单用式（3.47）和（3.48）计算。此时联立式（3.2）、（3.18）、（3.22）

$$Q_t=\varepsilon_t W_s \Delta t_{zd}$$

$$\varepsilon_t=\frac{1}{0.5\dfrac{W_x}{W_d}+0.5+\dfrac{1}{\omega_t}}$$

$$\omega_t=\omega'_t \overline{W}_s^{m_1}\overline{W}_k^{m_2}/\overline{W}_s$$

可得

$$\frac{W_s}{W_k}=\frac{0.5}{\dfrac{t_{sg}-t_{kh}}{t_{kg}-t_{kh}}-\dfrac{1}{\omega'_t}\left(\dfrac{W'_k}{W'_x}\right)^{0.5}\left(\dfrac{W_k}{W'_x}\right)^{0.5}-0.5} \tag{7.25}$$

式中下标“t”指通风负荷有关参数，下标“s”、“k”分别为气-水加热器水侧、空气侧的参数。在气-水加热器中忽略水流速对传热系数的影响，可取$m_1=0$，$m_2=0.5$。一般在气-水加热器中常用算术平均温差计算传热量，此时式（3.18）中$a=b=0.5$。

式中W'_s、W'_k和ω'_t为设计条件（$t_w=t'_{wt}$）下的相应参数。其中ω'_t由下式计算

$$\omega'_t=\frac{Q'_t}{\Delta t'_t W'_x}$$

式中　$\Delta t'_t$——在t'_{wt}下气-水加热器加热侧与被加热侧算术平均温差，℃；

W'_x——设计条件下，水侧气侧中流量热当量的较小值，GJ/(h・℃)。

在式（7.25）中，t_{kh}为加热器空气侧的进口温度，一般取室外新风温度，即$t_{kh}=t_w$。当室外温度t_w已知时，t_{kh}也为已知。此时W_s（水侧流量热当量）、W_k（气侧流量热当量）和t_{kg}（空气出口温度）三个参数中，已知其中任意两个，即可求出另一个参数。

（3）生活热水负荷的水温、水量调节曲线。图7.4所示是供暖装置和生活热水供应装置为并联连接方式时情形。该系统中假定设有储水箱，调节生活热水负荷在一周内和一天内的不均匀性，即生活热水以周平均热负荷为讨论依据，亦即在供热期间，生活热水负荷始终保持固定不变。

在生活热水负荷的水-水加热器中，可建立如下热平衡方程

$$\varepsilon_r W_{rx}(t_g-t_l)=W_{2r}(t_r-t_l) \tag{7.26}$$

式中 t_g——热力网供水温度，℃；

t_l——加热器被加热侧进口水温，即自来水温度，℃；

t_r——加热器被加热侧出口水温，即生活热水的供水温度，℃；一般闭式供热系统，要求为60℃；

W_{2r}——加热器被加热侧水流量热当量，即生活热水的流量热当量，kJ/(h・℃)(J/(s・℃))；

W_{rx}——加热器加热侧和被加热侧流量热当量的较小值，kJ(h・℃)(J/(s・℃))；

ε_r——生活热水加热器的有效系数。根据式（3.18），可将式（7.26）写成如下形式：当$W_{2r}=W_{rx}$时

$$\frac{t_g-t_l}{a\dfrac{W_{2r}}{W_{1r}}+b+\dfrac{1}{\phi}\sqrt{\dfrac{W_{2r}}{W_{1r}}}}=(t_r-t_l) \tag{7.27}$$

式中 W_{1r}——加热器加热侧即热力网流量热当量，kJ/(h・℃)(J/(s・℃))；

ϕ——水-水加热器参数，见式（3.24），当W_{2r}为加热器两侧流量热当量较大值，即$W_{2r}=W_{rd}$时

$$\frac{t_g-t_l}{a+b\dfrac{W_{2r}}{W_{1r}}+\dfrac{1}{\phi}\sqrt{\dfrac{W_{2r}}{W_{1r}}}}=(t_r-t_l) \tag{7.28}$$

加热器加热侧出口水温即热力网生活热水回水温度t_{hr}由下式计算

$$t_{hr}=t_g-\frac{W_{2r}}{W_{1r}}(t_r-t_l) \tag{7.29}$$

按照调节特征，生活热水负荷可分为两个调节区间：

1）$t_{wq}>t_w>t_{wj}$区间。热力网供水温度$t_g=70$℃，恒定不变。由于生活热水负荷为常数，根据式（7.27）～（7.29），因a、b、ϕ皆为常数，在同一外温下，自来水温度t_l也视常数，则必有W_{1r}和t_{hr}也为固定值。在图7.4中，生活热水的热力网流量和回水温度皆为水平线。

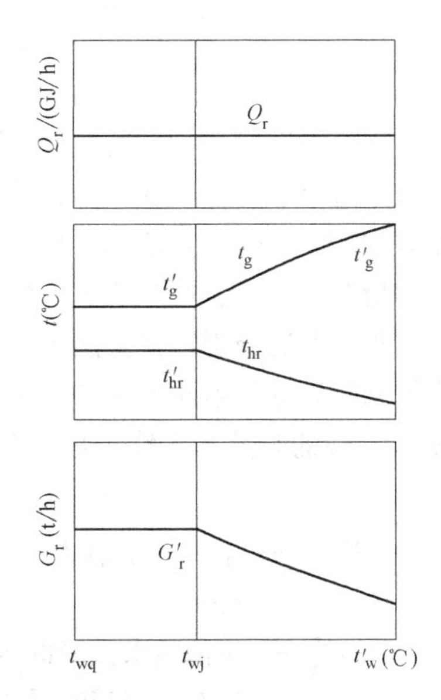

图7.4 闭式并联系统生活热水负荷、水温、水量调节曲线图

2）$t_{wj}>t_w>t'_w$ 区间。该区间，生活热水负荷仍固定，但热力网供水温度 t_g 却随室外温度 t_w 的下降而提高。由公式（7.27）和（7.28）看出，其等式右端为常数，若 t_g 增加，等式左端分子亦增大，在 W_{2r} 不变的情况下，必然 W_{1r} 减小。又从公式（7.29）分析，随着 t_g 的增加，生活热水中的热力网回水温度 t_{hr} 也呈下降趋势。

在生活热水供应系统中，若无储水箱设备，则生活热水负荷 Q_r 在一周内和一天内都有很大变化，通常小时最大热负荷 Q_{rd} 出现在周末的晚上。在供热系统运行期间，当 Q_r 变化时，其调节规律为：W_{2r}/W_{1r} 比值只是 t_g 的函数（仍见式（7.27）～（7.29））而与 Q_r 大小无关。当热力网供水温度 t_g 一定（同一室外温度）时，生活热水加热器两侧的流量之比值 W_{2r}/W_{1r} 也一定；当 t_g 升高（t_w 下降）时，W_{2r}/W_{1r} 的比值也增大，即随着室外温度 t_w 的下降，生活热水中热力网流量 W_{1r} 相对于自来水流量要逐渐减少。在 t_g 一定时，因 W_{2r}/W_{1r} 一定，必有 t_{hr} 也一定。这就表明：在同一室外温度下，当生活热水负荷 Q_r 增大时，热力网进入生活热水加热器的流量 W_{1r} 将随自来水流量 W_{2r} 的增加而增加（同一比值）。在调节过程中，W_{2r} 是随着用户用热量 Q_r 的增加自动增加的。W_{1r} 的增加，是通过调节系统的执行机构操作实现的。由于此时生活热水热力网回水温度 t_{hr} 为常数，可以 t_{hr} 作为调节参数，判断 W_{1r} 是否达到要求数值。当 t_{hr} 低于给定值，表示 W_{1r} 过小；t_{hr} 高于给定值，W_{1r} 调节过量。

在 t_g 提高的情况下，随着 Q_r 的增加，t_{hr} 的数值也将随着增加，而不再保持恒定值。由式（7.28）和式（7.29）联立，可写出如下关系式

$$t_{hr}=(t_r-t_l)\left[\frac{1}{a\dfrac{W_{2r}}{W_{1r}}+b+\dfrac{1}{\phi}\sqrt{\dfrac{W_{2r}}{W_{1r}}}}-\frac{1}{2}\left(\frac{W_{2r}}{W_{1r}}\right)\right] \tag{7.30}$$

或

$$t_{hr}=(t_r-t_l)\left[\frac{1}{a+b\dfrac{W_{2r}}{W_{1r}}+\dfrac{1}{\phi}\sqrt{\dfrac{W_{2r}}{W_{1r}}}}-\frac{1}{2}\left(\frac{W_{2r}}{W_{1r}}\right)\right] \tag{7.31}$$

在式（7.30）中 $W_{2r}=W_{rx}$，在式（7.31）中 $W_{2r}=W_{rd}$。由式中看出，随室外温度 t_w 的下降，t_g 的上升，因 W_{2r}/W_{1r} 的增加，t_{hr} 在任何情况下都减少。图7.5所示为 Q_r 变动情况下，生活热水流量、水温的调节规律。

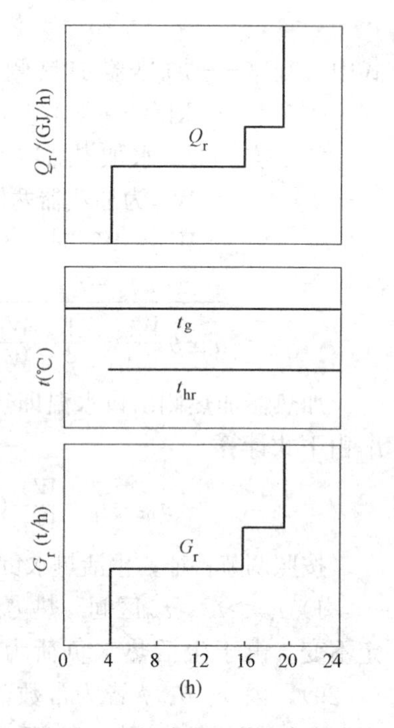

图7.5　一天中生活热水负荷、水温、水量调节曲线图

根据上述分析，在供热系统运行期间，生活热水热力网侧的流量是不断变化的。最大值 W'_{1r} 出现在室外温度 $t_w=t_{wj}$ 的时候（见图7.4）。W'_{1r} 的计算值由下式确定：

$$W'_{1r}=Q'_r/(t^j_g-t^j_{hr}) \tag{7.32}$$

式中　W'_{1r}——生活热水热力网侧设计流量热当量，kJ/(h·℃)；

Q'_r——生活热水供应的设计热负荷，kJ/h(kW)；当有储水箱时采用周平均小时热负荷，当无储水箱时，采用最大小时热负荷；

t^j_g——热力网在室外温度 $t_w=t_{wj}$ 时供水温度,℃，

一般 $t_g^j=70$℃；

t_{hr}^j——供水温度在 t_g^j 下，生活热水加热器热力网的回水温度，℃；在选择计算生活热水加热器时，取同一 t_g^j 下，供暖装置后（可能直连也可能间接连接）的热力网回水温度 t_{hn}^j，即 $t_{hr}^j=t_{hn}^j$。

根据式（7.32）中确定的 Q'_r，t_g^j，t_{hr}^j 和 W'_{1r} 值，即可选择计算生活热水加热器的传热面积。

有时要确定变工况下生活热水加热器的有关参数，特别是确定生活热水热力网的流量和回水温度。这时，已知条件多半是热负荷 Q_r，供水温度 t_g，加热器参数 ϕ 以及自来水侧的有关参数。求解的难点在于事先无法确定 W_{1r} 和 W_{2r} 哪一侧的值大？因此不能直接利用公式（7.27）～（7.29）进行计算。这类变工况的计算，可用如下方法：

先假设 $W_{1r}=W_{2r}$，在此条件下计算加热器的换热量 Q_r^o，若实际热负荷 $Q_r=Q_r^o$，则 $W_{1r}=W_{2r}$；若 $Q<Q_r^o$，则 $W_{1r}<W_{2r}$；若 $Q_r>Q_r^o$，则 $W_{1r}>W_{2r}$。Q_r^o 的计算由下式确定

$$Q_r^o=W_{2r}\frac{\phi}{1+\phi}(t_g-t_l) \tag{7.33}$$

在 $W_{1r}>W_{2r}$ 时，由下式计算 W_{1r}

$$\frac{W_{1r}}{W_{2r}}=\frac{4a^2\phi^2}{\left[-1+\sqrt{1+4a\phi^2\left(\frac{t_g-t_l}{Q_r}W_{2r}-b\right)}\right]^2} \tag{7.34}$$

当 $W_{1r}<W_{2r}$ 时，由下式计算 W_{1r}

$$\frac{W_{1r}}{W_{2r}}=\frac{4b^2\phi^2}{\left[-1+\sqrt{1+4b\phi^2\left(\frac{t_g-t_l}{Q_r}W_{2r}-a\right)}\right]^2} \tag{7.35}$$

求出 W_{1r}，生活热水加热器热力网回水温度 t_{hr} 即可根据该侧的热量平衡关系得出。

（4）热力网的总流量。

在闭式供热系统中，当供暖、通风和热水供应负荷以并联方式连接于同一系统时，供热系统的总流量就是各类热负荷所有流量的总和。用流量热当量表示，则为

$$W=W_n+W_t+W_r \tag{7.36}$$

式中 W，W_n，W_t 和 W_r 分别为供热系统总流量热当量和供暖、通风、生活热水供应的流量热当量。

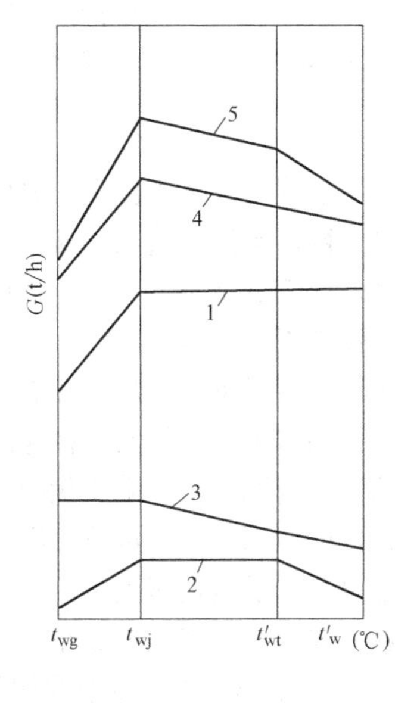

图 7.6 闭式供热系统热网总流量曲线图

1—供暖；2—通风；3—生活热水；4—供暖、生活热水；5—各类负荷

图 7.6 所示为供热系统总流量调节曲线图。曲线 5 为总流量调节曲线，曲线 4 为供暖、生活热水供应负荷总流量调节曲线。最大流量出现在 $t_w=t_{wj}$ 的时刻。

对于供暖负荷，一般采用质调节，即外温 t_w 在 t_{wj} 与 t'_w 之间流量均为最大值即设计值，因此供暖装置或换热器（间接连接）传热面积的计算应以设计外温 t'_w 下的对应参数进行。同理，通风负荷则在通风设计外温 t'_{wt} 值下进行设计。而生活热水供应负荷，其加热器换热面积的计算，则应在外温为 t_{wj} 下进行，因这一时刻通过加热器的热负荷和流量均达最大值。

7.3.2 综合负荷调节法

综合负荷调节法的基本思路是在多种类型热负荷共网的情况下，尽量使供热系统的总

运行流量接近或稍大于供暖负荷的运行流量；其他种类热负荷（如生活热水）是靠加大系统总供回水温差来实现。

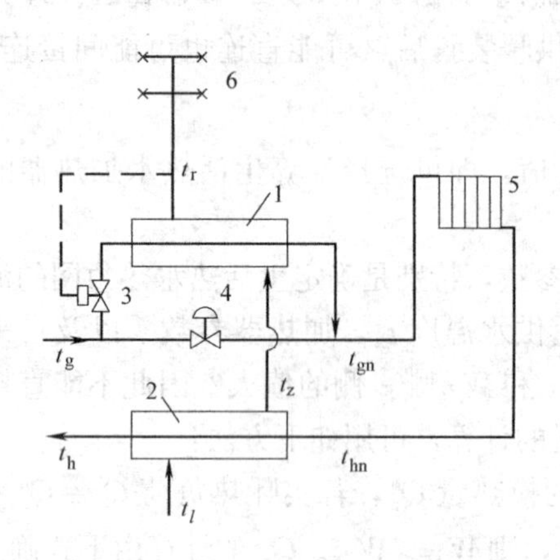

图7.7 生活热水两级串联连接图

1—上级加热器；2—下级加热器；3—温度调节器；4—流量调节器；5—供暖用户；6—生活热水

如果是生活热水供应负荷与供暖负荷共网，为适应综合负荷调节法，供热系统常采用两级串联方式，如图7.7所示。其中供暖热用户可以直接连接，也可间接连接。生活热水装置采用上下两级水-水加热器，下级加热器串联在供暖装置的回水网上。上级加热器并联在供暖装置上游的供水网上。自来水先经过下级加热器，经回水加热后，再在上级加热器由系统供水加热至要求水温（60℃）。

在整个供热系统运行期间，室外温度愈低，系统回水温度愈高，下级加热器承担的换热量愈多；反之，室外温度愈高，系统供回水温度愈低，上级加热器承担的换热量愈多。当生活热水负荷增加时，由于自来水流量增加，上级加热器自来水侧出口温度下降，此时由于温度调节器3的作用，使进入上级加热器的热力网供水流量增加，从而自来水出口温度重新回到要求温度。在上级加热器流量增加时，由于流量调节器4的作用，减少了进入流量调节器的流量，使通过供暖装置的循环流量保持不变。当生活热水负荷处于峰荷时，由于上级加热器换热量大，进入供暖装置的供水温度明显下降，从而影响了供暖用户的采暖。但当生活热水负荷处于低峰时，供暖用户得到的多余供热量又可在建筑物内加以储存，补偿以往的不足。配合这种连接方式采用的综合负荷调节法，主要优点是：首先可不用安装专门的储水箱，而依靠建筑物的蓄热能力，就能调整综合负荷昼夜用热的不均衡性。其次是供热系统的计算流量最小，其值接近或稍大于供暖负荷流量。第三是系统回水温度较低，无论热电厂供热还是区域锅炉房供热，都可提高其运行的经济性。

1. 水温、水量调节曲线的绘制

综合负荷调节的基本计算任务是确定各种室外温度下供热系统供回水温度的变化。

计算所用的原始数据为：热水供应典型昼夜负荷图，周平均负荷以及根据质调节给出的供暖负荷温度调节曲线图（直连、并联皆可）。

由于生活热水供应负荷昼夜波动很大，下级加热器基本担负周平均负荷 Q_r^p，而在出现峰荷负荷时，热负荷 Q_r 与 Q_r^p 的差值，基本上要靠上级加热器补偿。这样会导致供暖供热量有较大波动。为了增加下级加热器的供热能力，减少供暖室温的波动，常常在设计计算时将 Q_r^p 适当加大，称为均匀热负荷 Q_r^g，其值为

$$Q_r^g = x_r Q_r^p \tag{7.37}$$

式中 x_r——均匀修正系数，无储水箱时，一般 $x_r=1.1\sim1.2$；有储水箱时，$x_r=1.0$。

水温调节曲线的计算，主要是确定在 Q_r^g 下，随着室外温度 t_w 的变化，上级加热器热网水温降 δ_g 和下级加热器热网水温降 δ_h。由于质调下的供暖负荷温度调节曲线 t_{gn}，t_{hn} 已知，则热力网供回水温度 t_g，t_h 即可求出：

$$t_g = t_{gn} + \delta_g \quad t_h = t_{hn} - \delta_h \tag{7.38}$$

先计算在 $t_w = t_{wj}$ 时下级加热器热网回水温降 δ_h^j。若这时供暖装置后热网回水温度为 t_{hn}^j，则下级加热器自来水出口温度 t_x^j 为

$$t_z^j = t_{hn}^j - \Delta t_z^j \tag{7.39}$$

式中 Δt_z^j 为加热侧入口温度与被加热侧出口温度之差，应通过技术经济计算确定，在一般换热器中 $\Delta t_z^j = 5 \sim 10℃$。

在给定的 Q_r^g 下，室外温度为 t_{wj} 时，下级加热器中热网回水温降 δ_h^j 按下式计算

$$\delta_h^j = \rho_r^g \frac{t_z^j - t_l}{t_r - t_l}(t'_{gn} - t'_{hn}) \tag{7.40}$$

式中 ρ_r^g——生活热水供应相对均匀热负荷，定义为

$$\rho_r^g = Q_r^g / Q'_n \tag{7.41}$$

式中 Q'_n——供暖设计热负荷。

根据式（3.2），δ_h^j 与 δ_n 有如下关系：

$$\frac{\delta_h W_{2r}}{\delta_h^j W_{2r}} = \frac{\varepsilon_r W_{2r}(t_{hn} - t_l)}{\varepsilon_r^j W_{2r}(t_{hn}^j - t_l)}$$

式中 ε_r、ε_r^j 对于下级加热器有

$$\varepsilon_r = \varepsilon_r^j = \frac{1}{a\dfrac{W_{2r}}{W_{1r}} + b + \dfrac{1}{\phi}\sqrt{\dfrac{W_{2r}}{W_{1r}}}}$$

因此得：

$$\delta_h = \delta_h^j \frac{(t_{hn} - t_l)}{(t^j{}_{hn} - t_l)} \tag{7.42}$$

热水供应负荷为 Q_r^g 时，在任何室外温度 t_w 下，上下级加热器热网回水总温降 δ 均固定不变，存在 $\delta = \delta_g + \delta_h$，且等于

$$\delta = \rho_r^g (t'_{gn} - t'_{hn}) \tag{7.43}$$

这样，任意外温下，上级加热器热网回水温降即可求出

$$\delta_g = \delta - \delta_h \tag{7.44}$$

同样由式（7.38）不难求出供热系统供回水温度 t_g，t_h 随室外温度 t_w 变化的调节曲线。由图 7.8 看出，在供暖设计外温 t'_w 下，下级加热器热网回水温降 δ_h 最大，几乎承担了生活热水供应负荷的全部换热量；而上级加热器热网回水温降 δ_g 最小，换热量也最小。表明 t_w 愈低，生活热水供应负荷的波动对供暖用户的影响相对愈小。室外温度愈高，上级加热器热网回水温降 δ_g 愈大，亦即系统供水温度 t_g 愈高。这就可能使系统供水温度 t_g =

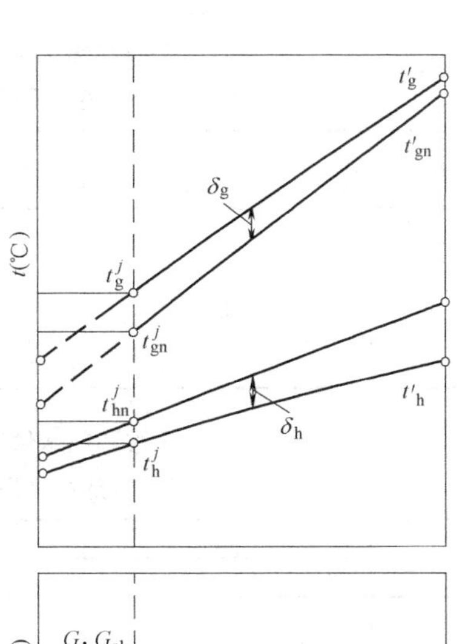

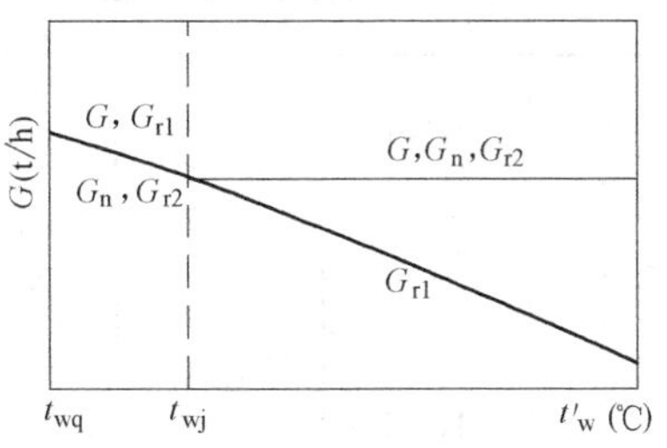

图 7.8 综合负荷调节曲线图

70℃的“折点”向外温更高的时刻延伸，从而可降低系统的供水温度。但应注意，此时下级加热器热网回水温降却更小，为满足要求的换热量，必须增加更多的加热器传热面积（见图7.8中的虚线）。

在供热系统运行期间，热力网总流量G、供暖装置和下级加热器热网流量G_n、G_{r2}皆相等，都接近于供暖负荷的设计流量G'_n。上级加热器热网流量G_{r1}随着室外温度的降低而减少，最大值在室外温度为t_{wj}时。

【例题7.1】 已知$x_r=1.2$，$\rho_r^g=0.3$，$t_{gn}^j=70$℃，$t_{hn}^j=41$℃，$t_l=5$℃，$t_r=60$℃，$t'_{gn}=150$℃，$t'_{hn}=70$℃。

试计算外温为t_{wj}和t'_w时的热力网供回水温度t_g，t_h。

【解】 假定$\Delta t_z^j=6$℃，利用式（7.39）求得$t_z^j=41-6=35$℃。然后按式（7.40）确定δ_h^j和利用式（7.42）计算δ_h

$$\delta_h^j=0.3\times\frac{35-5}{60-5}\times(150-70)=13.09℃$$

$$\delta_h=13.09\times\frac{70-5}{41-5}=23.6℃$$

于是$t_h^j=41-13=28$℃，$t'_h=70-23.6=46.4$℃，由式（7.43）求出$\delta=24$℃。然后求得

$$\delta_g^j=24-13=11℃，\delta_g=24-23.6=0.4℃$$

最后求出$t_g^j=70+11=81$℃，$t'_g=150+0.6=150.6$℃

表7.11和表7.12中分别给出了供暖装置为直接连接和间接连接时t_g、$t_h=f(\overline{Q}_n, \rho_r^g)$的关系曲线数值。在计算表中有关数据选取如下$t'_{gn}=150$℃，$t'_{gh}=70$℃，$\Delta t_z^j=8$℃，$x_r=1.2$，$t_r=60$℃，$t_l=5$℃。

采暖和热水供应综合负荷集中质调节及采暖装置与热网采用直接连接方式下的网路水温度 **表7.11**

$\overline{Q}$	$\rho_r^g=0$		$\rho_r^g=0.15$		$\rho_r^g=0.3$		$\rho_r^g=0.45$	
	$t_g=t_{gn}$	$t_h=t_{hn}$	t_g	t_h	t_g	t_h	t_g	t_h
1.0	150	70	151.2	56.8	151.8	43.0	153.2	30
0.8	126	62	128.8	50.4	131.2	38.4	134.2	27.0
0.6	101.5	53.5	106	43.6	110.3	33.5	114.9	23.7
0.4	76	44	82.4	36.0	88.6	27.8	95.3	20.1
0.354	70	41.7	76.9	34.2	83.6	25.5	90.7	19.2

采暖和热水供应综合负荷集中质调节及采暖装置与热网采用间接连接方式下的网路水温度 **表7.12**

$\overline{Q}$	$\rho_r^g=0$		$\rho_r^g=0.15$		$\rho_r^g=0.3$		$\rho_r^g=0.45$	
	$t_g=t_{gl}$	$t_h=t_{hl}$	t_g	t_h	t_g	t_h	t_g	t_h
1.0	150	75	150.0	61.5	150	48	150	34
0.8	126.7	66.7	128.3	54.7	129.5	42.5	180.9	30.4
0.6	102.1	57.1	105.4	46.9	108.7	36.7	112	26.5
0.4	76.4	46.4	81.8	38.3	87.2	30.2	92.6	22.1
0.35	70	43.8	75.9	36.2	81.8	28.6	87.3	21.0
1.0	180	75	180.3	56.4	180.6	37.8	180.9	19.2
0.8	148.3	64.3	151.5	48.6	154.7	32.9	157.9	17.2
0.6	118.3	55.3	124.9	42.0	129.5	28.7	135.1	15.4
0.4	87.2	45.2	95.5	34.6	103.8	24	112.1	13.4
0.295	70	39	79.9	30	89.8	21	99.7	12

2. 变工况下供热量计算

当热水供应采用两级串联、供暖采用直接连接方式、热水供应负荷为任意值时，供暖负荷的相对供热量可用下式计算

$$\overline{Q}_n=\frac{t_g-t_w-\dfrac{Q_r}{W_n}-\varepsilon_r\dfrac{W_{rx}}{W_n}(t_e-t_w)}{\left[t_n-t'_w+\left(\dfrac{0.5+u}{1+u}\right)\left(\dfrac{\delta t'_n}{\overline{W}_n}\right)+\dfrac{\Delta t'_n}{\overline{Q}_n B_o}\right]\left(1-\varepsilon_r\dfrac{W_{rx}}{W_n}\right)+\left(\dfrac{\varepsilon_r W_{rx}}{W_n}\dfrac{\delta t'_n}{\overline{W}_n}\right)} \tag{7.45}$$

式中　$\overline{Q}_n$——供暖相对供热量，$\overline{Q}_n=Q_n/Q'_n$；

$\overline{W}_n$——供暖装置热网侧相对流量热当量，$\overline{W}_n=W_n/W'_n$；

Q_r——生活热水供应热负荷；

ε_r——生活热水供应下级加热器有效系数；

t_g——热力网供水温度；

t_w——室外温度；

t_l——自来水温度；

W_{rx}——生活热水供应下级加热器两侧流量热当量的较小值；

t_n——室内温度；

t'_w——设计室外温度；

u——混水装置时的混合比；

$\delta t'_n$——供暖装置设计供回水温差，$\delta t'_n=t'_{gn}-t'_{hn}$；

$\Delta t'_n$——供暖装置设计平均温差，$\Delta t'_n=\frac{1}{2}(t'_{gn}+t'_{hn}-2t'_n)$；

B_o——散热器指数常数，$B_o=B/(1+B)$。

当热水供应采用两级串联、供暖为间接连接、生活热水供应负荷为任意值时，供暖相对供热量用下式确定

$$\overline{Q}_n=\frac{t_g-t_w-\dfrac{Q_r}{W_{1n}}-\varepsilon_r\dfrac{W_{rx}}{W_{1n}}(t_l-t_w)}{\left(t_n-t'_w+\dfrac{\Delta t'_n}{\overline{Q}_n^{B_o}}-\dfrac{0.5}{1+u}\delta t'_n\right)\left(1-\varepsilon_r\dfrac{W_{rx}}{W_{1n}}\right)+\dfrac{W_{2n}\delta t'_n}{\varepsilon_n W_{nx}}\left[1-\varepsilon_r\dfrac{W_{rx}}{W_{1n}}\left(1-\varepsilon_n\dfrac{W_{nx}}{W_{1n}}\right)\right]} \tag{7.46}$$

式中　W_{1n}——供暖负荷换热器一次网（热力网）流量热当量；

W_{2n}——供暖负荷换热器二次网（供暖装置侧）流量热当量；

W_{nx}——供暖负荷换热器两侧流量热当量的较小值；

ε_n——供暖负荷换热器有效系数；

$\Delta t'_n$，$\delta t'_n$ 皆指供暖装置一侧（二次网）数据，其他符号同式（7.45）。

在式（7.46）的推导过程中，假定二次网采用质调节，即二次网流量热当量 W_{2n} 恒定不变。当热水供应负荷 $Q_r=0$ 时，因 $W_{rx}=0$ 则式（7.45）和（7.46）变为简单形式，其中式（7.45）变为式（3.42）。

根据式（7.45）和（7.46）计算出 $\overline{Q}_n$ 后，由有关热平衡方程即可求出供热系统中任意参数。

利用上述公式计算 $\overline{Q}_n$ 值，还可对水温调节曲线进行校核，验算在热水供应负荷波动

时，供暖的昼夜总供热量是否平衡，否则应对水温调节曲线做适当修正。任意外温和热水供应负荷下，供暖昼夜供热量 Q_n^σ 换下式计算

$$Q_n^\sigma = \sum_{i=1}^{24} h_i Q_{ni} \tag{7.47}$$

式中　i——一昼夜时刻；

Q_{ni}——在 i 时刻实际供暖负荷的供热量；

h_i——在 i 时刻热水供应负荷相同的延续小时数。

【例题 7.2】　在 $t'_w=-20℃$ 下，典型建筑供暖设计热负荷 $Q'_n=1MJ/s$。热水供应周平均负荷 $Q_r^p=0.25MJ/s$，$x_r=1.2$。热力网和供暖装置的设计参数 $t'_{1g}=150℃$，$t'_{1h}=70℃$，$t'_{2g}=95℃$，$t'_n=18℃$，$\Delta t'_n=64.5℃$，$u=2.2$，$\delta t'_n=80℃$，$W_{2n}=10^6/(150-70)=12500J/(s\cdot K)$。

供暖装置与热力网采用直接连接，热水供应与热网采用两级串联方式。

热水供应下级加热器主要数据：$t_r=60℃$，$t_l=5℃$，$t_g^j=42℃$，$t_z^j=36℃$，$W_{2r}=250000\times1.2/(60-5)=5454J/(s\cdot K)$，$Q_r^j=5454\times(36-5)=169kJ/s$。

当 $Q_r=0.5MJ/s$，$t_g=85℃$，$t_w=-5℃$ 时，试确定下列参数：①供暖装置热负荷；②热水供应下上级加热器热负荷；③系统中各特征点水温。

【解】　由下式确定下级加热器的 KF 和 ϕ

$$KF=\frac{\ln\dfrac{\Delta t_{zd}-(Q/W_d)}{\Delta t_{zd}-(Q/W_x)}}{(1-W_x)-(1/W_d)}=\frac{\ln\dfrac{37-(169000/12500)}{37-(169000/5454)}}{(1/5454)-(1/12500)}$$

$$=13179.6J/(s\cdot K)$$

$$\phi=\frac{13179.6}{\sqrt{12500\times5454}}=1.60$$

计算 $Q_r=0.5MJ/s$ 下的下级加热器 ε_r

$$W_{2r}=W_{rx}=\frac{500000}{60-5}=9090J/(s\cdot K)$$

$$W_{1r}=W_{rd}=12500J/(s\cdot K)$$

$$W_{rx}/W_{rd}=9090/12500=0.73$$

$$\varepsilon_r=\frac{1}{0.35\times0.73+0.65+\dfrac{1}{1.60}\sqrt{0.73}}=0.69$$

利用式（7.45）计算 $\overline{Q}_n$（先假定 $\overline{Q}_n=0.34$，$\overline{Q}_n^{B_0}=0.78$）

$$\overline{Q}_n=\frac{85+5-\dfrac{500000}{12500}-0.69\,\dfrac{9090}{12500}\times(5+5)}{\left(18+20+\dfrac{2.7}{3.2}\times80+\dfrac{64.5}{0.78}\right)\left(1-0.69\times\dfrac{9090}{12500}\right)+0.090\times\dfrac{9090}{12500}\times80}=0.336$$

与假设条件基本相符，则 $Q_n=340kJ/s$。

相应可计算出如下参数：供暖装置（二次网）的供水温度 $t_{2g}=59℃$，上级加热器热负荷 $Q_{r1}=325kJ/s$，供暖装置后（二次网）回水温度 $t_{2h}=31.8℃$，下级加热器热负荷 $Q_{r2}=175kJ/s$，下级加热器热网出口温度 $t_h=17.8℃$，下级加热器自来水出口温度 $t_z=24℃$。

3. 设计流量的确定

确定供暖负荷和生活热水供应负荷的设计流量，主要目的为了选定加热器传热面积和混水装置。

热水供应装置按两级串联方式连接时，供热系统的总设计流量热当量 W' 按下式计算

$$W'=cG'=\frac{Q_n^j+Q_r^g\dfrac{t_r-t_z^j}{t_r-t_l}}{t_g^j-t_h^j} \tag{7.48}$$

式（7.48）中有关参数取室外温度 $t_w=t_{wj}$ 时数值，此时供暖装置前（直接连接）的供水温度为 $t_{gn}^j=70℃$。当供暖负荷为质调节时，$Q_n^j/(t_g^j-t_h^j)=Q'_n/(t'_{gn}-t'_{hn})=G'_n$。$G'>G'_n$，只增加了生活热水供应负荷中上级加热器的热网循环流量，即式（7.48）右端的第二项。下级加热器不增加供热系统的总流量。

供暖负荷换热器的选择计算按供暖设计流量 G'_n 进行。

下级加热器热网侧计算流量按 W' 选取。其计算热负荷按下式确定

$$Q_r^x=Q_r^g\frac{t_z^j-t_x}{t_r-t_x} \tag{7.49}$$

下级加热器热网回水温度 t_h^j 为

$$t_h^j=t_{hn}^j-(Q_r^x/W') \tag{7.50}$$

生活热水加热器自来水侧流量热当量 W_{2r} 为

$$W_{2r}=Q_r^g/(t_r-t_x) \tag{7.51}$$

根据 t_r，t_x，t_{hn}^j 和 t_h^j 可计算出下级加热器的对数温差 Δt_r^x，进而选择计算下级加热器的传热面积。

由于生活热水供应负荷的波动几乎全由上级加热器承担，因此上级加热器热负荷的确定，应考虑最大热负荷的影响。若最大热负荷为 Q_r^d，则上级加热器热负荷 Q_r^s 由下式确定

$$Q_r^s=Q_r^d-Q_r^x \tag{7.52}$$

在式（7.52）中，考虑热水供应负荷达峰荷值时（最大时 $x_r=2.0$），下级加热器换热量 Q_r^x 变化不大，这是因为在热水供应负荷最大时，通过上级加热器的热网流量达 $G'>G'_n$（此时流量调节器全关闭，热网流量全部通过上级加热器），这时进入下级加热器热网水温也相应下降。

在最大流量 G' 下，上级加热器热网水出口温度 t_{gn}^j 为

$$t_{gn}^j=t_g^j-(Q_r^s/W') \tag{7.53}$$

同样，根据 t_r，t_z^j，t_g^j 和 t_{gn}^j 4 个水温可计算上级加热器对数温差 Δt_r，进而进行相应的传热面积选择计算。

7.4 供热系统运行中的三个平衡原则

供热系统，无论规模大小，在运行中必须遵守三个平衡的原则，即热量平衡、流量平衡和压力平衡。三个平衡原则既是供热系统运行的出发点，也是运行的控制目标。三个平衡原则掌握得好坏，完全决定了供热系统供热效果的好坏，供热系统能效的高低以及在环境保护方面的贡献大小。因此，三个平衡原则是提高供热系统运行水平的重要技术措施。

7.4.1　热量平衡

热量平衡是制定供热系统运行方案的基本依据，也是提高系统热效率和可靠性的重要技术措施，对于大型的多泵、多负荷供热系统，包括多热源联网系统以及分布式输配系统尤为重要。

1. 热量平衡原则

1）热源的总供热量，应等于热用户的总需热量；

2）系统的各分支供热量，应等于该分支热用户的需热量；

3）当管网具有储热功能时，在周期时段内，热源总累计供热量应等于热用户总累计需热量。在周期时段内（如一天 24 小时），热源按平均供热量供热，在低谷热负荷时，管网供水温度升高蓄热；在高峰热负荷时，管网供水温度下降放热。

2. 理想协调运行方案的制定

供热系统的显著特点是季节性热负荷，热用户的供热需求量是随室外气温变化而变化的。需求量的这一特点也决定了供热量的相应特点，这是根据热量平衡拟定协调运行方案时必须遵循的基本规律。

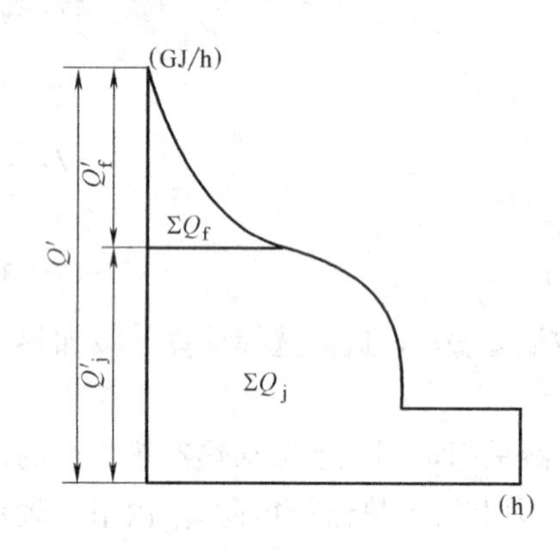

图 7.9　供热系统全年负荷延续图

图 7.9 给出了供热系统全年供热负荷延续图。其中全年基本热负荷为 $\sum Q_j$，全年尖峰热负荷为 $\sum Q_f$。虽然在尖峰负荷下小时最大热负荷（设计热负荷）数值 Q' 远大于全年基本负荷下的小时最大热负荷 Q'_j，但尖峰负荷的延续时间较短，因此全年总尖峰热负荷却较小，通常 $\sum Q_f$ 只有 $\sum Q_j$ 的 15%～18%。不论区域锅炉房，还是热电厂，若按最大热负荷 Q' 选择相关产热设备，则有相当数量的设备在整个供暖季不是闲置，就是在不满负荷下运行，显然是不经济的。如果抽汽式汽轮机组容量按小时最大热负荷 Q' 选择计算，则汽轮机在最大抽汽热功率下运行的时间甚短，这就是说，汽轮机大部分时间是在非满抽汽负荷下运行。由于抽汽式汽轮机按凝汽方式发电时，其发电效率反而低于同参数、同容量的纯凝汽式汽轮机（主要因抽汽调节机构降低了内效率），其结果是热电厂发电耗煤量可能超过纯凝汽式火电厂耗煤量，反而丧失了运行费用经济的优势。此外，从初投资方面考虑，热电厂的单位造价比大功率凝汽式火电厂要高，提高热电厂容量势必要增加初投资。从上述分析看出，在一定的供热规模下，热电厂的容量取值存在最优值，过大或过小都不经济。经济的方案应该是热电厂抽汽供热担负基本热负荷 $\sum Q_j$，由锅炉房作为峰荷热源承担尖峰热负荷 $\sum Q_f$。通常用热化系数 α 描述热电厂供热的份额。其定义为：

$$\alpha = Q'_j / Q'$$

由式可知，热化系数 α 是指热电厂设备在基本负荷下小时最大供热量占设计热负荷的比值，而不是总热负荷之比。热化系数 α 与供热规模和供热系统的供、回水温度等参数密切相关，通常在 0.5～0.8 之间，供、回水温度在 110/70℃时取上限，供、回水温度在 150/70℃时取下限。

通常情况下，热电厂担负基本热负荷，调峰锅炉担负尖峰热负荷，这样是最经济的。

为了进一步提高热源的工作效率，最理想的热源组合，应该是发展多热源联网的环形供热系统。对于多热源环形联网供热系统，往往由多个热源组成，应根据热量平衡的原则制定理想的协调运行方案。在多个热源组合中，往往热源热容量最大的担当主热源（有时不只一个）。在整个供暖季，主热源负责基本热负荷的供应，其他热源承担调峰负荷的任务。在制定运行方案时，要根据各调峰热源设备配置状况来确定运行次序，使其所有热源以及产热设备达到运行效率最大化。因此可以说，多热源联网运行最大的优势，就是在热量平衡的原则指导下制定理想的协调运行方案，进而提高热源的平均热效率。

图 7.10 详细给出了供热系统热量平衡示意图。在图的左方绘制了随外温变化的热负荷图（由曲线 Q 表示）和水温调节曲线图（t_g、t_h 分别表示供、回水温度曲线，t_c 表示由热电厂汽轮机低压抽汽加热的供水温度曲线）。图的右方绘制了年延续热负荷图。横坐标 h_d 表示冬季供热系统运行小时数，h_r 为包括夏季负荷在内的全年供热系统运行小时数。面积 $abcdefghija$ 表示全年总热负荷量。

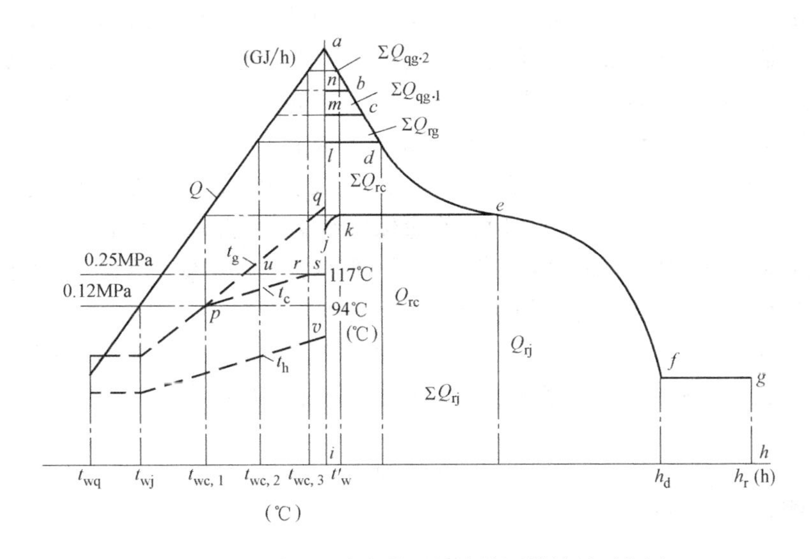

图 7.10 热电厂为主热源的多热源供热量平衡图

以热电厂为主热源的多热源供热系统，由于热化系数 $\alpha<1$，热电厂汽轮机组供热量不能满足供热系统设计热负荷的需求。随着室外温度的下降，供热系统实际热负荷 Q 不断增加，汽轮机低压抽汽口（抽汽压力 0.12～0.25MPa）在 0.12MPa 的汽压下逐渐增加蒸汽量；当热负荷继续增加，低压抽汽口的抽汽量达最大值，开始提高该抽汽口的抽汽压力的同时，高压抽汽口（抽汽压力 0.8～1.3MPa）开始抽汽；当热负荷再继续增加，达到汽轮机组最大小时供热量 Q_{rc} 时（高、低压抽汽同时供热），启动热电厂峰荷锅炉；当室外温度继续下降，热负荷进一步增加，则递序投入区域峰荷锅炉房。图 7.10 $\sum Q_{rj}$ 表示由 $efghijke$ 面积代表的供热量，这是热电厂汽轮机在低压抽汽下所担负的供热量，其最大小时供热量为 Q_{rj}，所对应的室外温度为 $t_{wc,1}$。汽轮机高压抽汽担负的供热量为 $\sum Q_{rc}$，由面积 $dekjld$ 表示。高压抽汽在室外温度为 $t_{wc,1}$ 时启动运行，当室外温度为 $t_{wc,2}$ 时，其小时供热量 Q_{rc} 达最大值。热电厂峰荷锅炉担负的供热量为 $\sum Q_{rg}$，由面积 $cdlmc$ 表示，当室外温度低于 $t_{wc,2}$ 时投运。室外温度继续下降，将陆续投运峰荷锅炉房 1 和 2。区域峰荷

锅炉房1担负的供热量为$\sum Q_{qg,1}$，由面积$bcmnb$表示。区域峰荷锅炉房2承担的供热量为$\sum Q_{qg,2}$，由面积$abna$表示。区域峰荷锅炉房投运时刻，由年、小时负荷图的对应关系找出相应的室外温度（图上未画出）确定。图上只画出了两个区域峰荷锅炉房，实际数量应由供热系统的具体情况决定。

对于热电厂低压抽汽供热，当室外温度低于$t_{wc,3}$时，其小时供热量将小于Q_{rj}。当室外温度由$t_{wc,3}$下降至设计外温t'_w时，其小时供热量将由k点沿曲线下降至j点，这是由热电厂汽-水加热器热特性决定的。在低压抽汽下，当蒸汽压力为0.12MPa时，饱和温度为104℃，考虑到换热器的换热能力，可加热的最高水温为94℃；蒸汽压力为0.25MPa时，饱和温度为127℃，根据同样原因，加热最高水温可达117℃。在室外温度$t_{wq}>t_w>t_{wc,1}$时，全部由0.12MPa的蒸汽加热供热系统循环水。当室外温度低于$t_{wc,1}$时，由图7.10左方的水温调节曲线看出，热力网供水温度将高于94℃，此时必须提高抽汽压力，进而提高蒸汽饱和温度（过热部分的蒸汽焓可忽略），才能适应热力网供水温度上升的要求。在室外温度为$t_{wc,1}>t_w>t_{wc,3}$时，抽汽压力由0.12MPa提高到0.25MPa，这期间，低压抽汽加热器向热力网提供几乎恒定不变的供热量。与此同时，低压抽汽加热器热力网侧的出水温度t_c将与热力网回水温度t_h平行上升，亦即热力网供、回水温差保持不变（等于$t_{wc,1}$下的供回水温差）。这是由于如下原因造成的：在0.12～0.25MPa范围内，蒸汽的汽化潜热变化范围为2252～2182kJ/kg，压力引起的汽化潜热的波动不超过3%。通常热力网采用质调节，汽侧蒸汽升压时，汽量保持不变。因此，在汽化潜热、汽量和水量都变化不大的条件下，汽-水加热器的换热量可近似认为固定不变。在图7.10上，ek线段表示等值供热量，pr线段表示低压抽汽加热器出口水温曲线。

在室外温度为$t_{wc,3}>t_w>t'_w$时，低压抽汽压力达最大值0.25MPa，不再增加。对于低压抽汽加热器，汽侧流量热当量可视为无穷大，加热器有效系数ε可由下式计算

$$\varepsilon=\frac{1}{b+(1/\omega)}$$

对于汽侧$m_1=0$，则简化为

$$\omega=\omega'\overline{W}_s^{m_2}/\overline{W}_s \tag{7.54}$$

式中　$\overline{W}_s$——加热器水侧相对流量热当量。

因m_2为常数，在低压抽汽加热器中，当W_s为常数（采用质调节）时，工况系数ω和有效系数ε则皆为常数，这时加热器的换热量Q_{rd}为

$$Q_{rd}=\varepsilon W_s(t_q-t_h) \tag{7.55}$$

式中　t_q——低压抽汽加热器蒸汽饱和温度，$t_q=127$℃。

随室外温度t_q的下降，t_h的上升，即加热器最大温差不断下降，因而低压抽汽加热器换热量Q_{rd}随之下降。在图7.10上低压抽汽加热器换热量Q_{rd}的下降由jk线段表示。由于低压抽汽压力最高限制为0.25MPa，在加热器水侧、汽侧流量不变的条件下，加热器水侧出口温度也将限制在117℃，不再提高，由图7.10中线段rs表示。

汽轮机高压抽汽口的抽汽压力为0.8～1.3MPa，相应饱和温度为170.4～191.5℃。只从温度考虑，高压抽汽加热器可把热力网供水温度从低压抽汽加热器中的117℃加热到150℃。但在实际运行中能否实现，还要取决于高压抽汽量和加热器的换热能力。在图7.10中，当室外温度低于$t_{wc,1}$时，高压抽汽口开始抽汽，高压抽汽加热器投入运行，至

室外温度 $t_w = t_{wc,2}$ 时，该加热器换热量达到最大值。在此期间，高压抽汽加热器将热力网供水温度由 p 点加热至 u 点。热电厂峰荷锅炉再将热力网供水温度由 u 点提高到 q 点，即设计供水温度 t'_g 值。

无论区域峰荷锅炉房采用何种运行方式（见后叙述），总是将供热系统回水温度 t_h 直接加热至要求的供水温度 t_g。区域峰荷锅炉房位于供热系统某个区段，在提高系统水温的功能上，与主热源（包括主热源内部的峰荷热源）是同步的，所不同的只是担负的供热量大小不同，启动运行的时间和方式不同。

通过供热量平衡，明确共网的各热源各自承担的供热量和启动运行时间，从而实现按需供热的目的。按需供热包括两方面的涵义：各热源小时平均供热量之和应等于全网同一时刻的小时供热量；各热源总供热量之和应等于全网总供热量，即

$$Q = \sum_{i=1}^{N} Q_i \tag{7.56}$$

$$Q_z = \sum_{i=1}^{N} Q_{zi} \tag{7.57}$$

式中　Q——供热系统小时总供热量；

Q_i——第 i 个热源的小时供热量；

Q_z——全年供热系统总供热量；

Q_{zi}——第 i 个热源全年总供热量。

一般情况下，调峰热源以燃气锅炉为宜，不但因其燃烧效率高，而且热容量大小、起停时间都比较灵活。

3. 系统可靠性的提高

根据本章第 1 节的介绍，对于大型供热系统，都要求进行系统的可靠性分析。供热系统故障率最高的关键设备部件主要是热源和热力网。供热系统可靠性的提高，除了及时进行故障诊断外（本章第 5 节介绍），系统的合理设计、设备的正确选型以及施工安装和运行水平的提高也都至关重要。从供热系统的形式上讲，采用多热源环形联网是提高系统可靠性的有效举措。

如果发生管网或系统设备故障，则将故障段从系统中解列，供热量从环网的另一侧供应，从而降低故障引起的损失。若故障发生在热源，则可通过热量平衡的原则，按预先制定的故障预案进行处理。首先根据实测外温确定当时在故障状态下实际供热量与实际需热量的差距，进而启动条件最优的调峰锅炉。若故障严重，备用调峰热源起动后尚不能满足实际供热量的需求，则根据实际可能的供热量，按比例适当减少各热用户的供热量，以维持最低的供热水平。当多热源环网联供系统采用分布式输配系统时，只要在控制中心向控制终端下达一个减少供热量百分比的调动系数，则系统末端的分布式循环泵即可通过适当调速，自动实现故障状态下的运行参数。待故障排除后，再恢复正常运行。

从中再次证明：对于供热系统，特别是多泵供热系统，只要正确利用热量平衡的原则指导系统的运行、管理，不但能提高系统的热效率，而且能提高系统的可靠性。

4. 合理的量化管理

过去由于信息技术欠发达，再加上没有精度高的热量表，对供热系统很难直接计量供热量和需热量，这为直接进行热量平衡带来一定困难。以前，人们习惯于质调节（定流

量）和质、量并调等调节方式。现在，由于信息技术的迅速发展，各种高精度热表的不断涌现，直接用供热量和需热量进行供热系统的量化管理已成为可能。有些行业专家主张通过热量的直接计量实施对供热系统的运行调节，称为热量调节法，这当然是可行的。

但现在有一些说法，认为只有热量调节法是科学的、创新的，其他的调节方法，如温度调节法（即质调节在定流量下调温度），质、量并调或平均温度调节法（既调供水温度又调流量）都是欠科学的。其原因是在这些调节方法中，有关供、回水温度的计算公式都没有考虑系统的供热量和需热量，因此调节是不精准的。

上述论述显然是不严谨的。因为，供热系统供、回水温度的调节计算公式是从供热系统的供热量、散热器的散热量和房间向室外的耗热量三种热量处于平衡的条件下得出的，因此，待调的供、回水温度本身就是在供热量与需热量相平衡的基础上建立的，因而是严谨的、正确的。现在实际存在的问题是，理论计算的供、回水温度往往与实际工程的数值不一致，因此，有人认为理论计算不可靠。这是一种误解。只要认真分析，不难发现，在供、回水温度调节曲线的计算中，都有一些待定的系数存在，如散热器的传热指数、房间的传热指数、管道的摩擦系数，以及管道保温后的传热系数、系统和延迟系数等等。在公式计算中，这些系数或者取值与实际不符，或者忽略未予考虑。因此，理论计算与实际值存在偏差是很正常的。通常正确的做法，应将理论计算值与实际实测值加以比较，进而对理论计算公式进行系数修正，以期达到理论值与实际值的尽量接近。目前，水平比较高的控制器，其控制软件都应该具有这些功能。现今，在市场上看到的气温补偿器，只给出几条温度控制曲线，往往并不经过理论计算。试想，我国这样地区辽阔，只靠几条曲线能涵盖的了吗？再回过头来说，温度计算有不准确性，那么热量计算就能更精准吗？因为供热是季节性的热负荷，供热量、需热量都是外温的函数，在实际工作中，多是通过概算热指标计算的，这中间不确定的系数就更多了，因此，理论计算值同样不可能完全与实际值相符，也要经过反复校核、修正。通过上述分析，那种认为用供热量代替温度作为调节参数更为科学的说法是没有理论根据的。

现在再从热量调节法的过程加以分析：热量计量是通过温度、流量的直接测量而后计算出来的，因此，热量的调节也是通过温度、流量的直接调节而间接实现的。从这个意义上讲，人们熟悉的质调节，质、量并调，平均温度调节以及变温、变压差、变流量调节，本质上都是热量调节法，因为不管形式上调节了什么参数，最终都是改变了供热量与需热量。目前供热系统的几种调节方法，虽然各有千秋，但实践证明都是可行的。应该根据工程的实际，选择合适的调节方法，最终的目标应是有效、经济、节能、方便、量化。为此，往往采用几种方法的结合可能更好，而不是“非他即我”。

7.4.2　流量平衡

热水是供热系统供热量的载体，因此，热量平衡必须通过流量平衡才能实现。在讨论热量平衡时，必须同时研究流量平衡。

1. 流量平衡原则

1）根据第3章第3.5节的理论分析，在热用户或二级网必须按照最佳流量进行流量调节，此时热力工况才是稳定的，热量平衡才能最终实现；

2）一级网或二级网应在设计工况下尽量拉大供、回水设计温差，提高供水设计温度，降低回水设计温度，以利降低供热系统的循环流量，增加供热系统的供热量；

3）在供热系统的输配设计中，应尽量提高水的输送效率（即水的输送系数），减少输送电耗，增加流量调节功能。

2. 实施最佳流量调节

二级网特别是热用户，必须实行最佳流量的变流量调节。只有这样，才能保证热力工况稳定，系统的热量平衡。为此，应逐渐改变传统的定流量的质调节方法，代之以微泵调速的室温闭环的全自动控制。在进行系统水力失调的判别时，应以按最佳流量为依据的相对水力失调度为标准，而不是以设计流量为依据的失调度。

3. 合理降低回水温度

现行室内供暖系统，大多采用散热器、地板辐射、毛细管网和热风供暖等方式。其中散热器供暖，要求供水温度较高（设计温度为75℃），供、回水温差较大（设计供回水温差25℃）；其他供暖方式，供水温度较低（设计供水温度45～55℃），供、回水温差较小（约10℃）。为适应各种供暖方式的不同要求，可在楼栋入口设置混水泵，提供不同的供水温度和循环流量。为降低系统的回水温度，还可将散热器供暖系统与地板辐射供暖系统串联运行，利用散热器供暖系统的回水进行地板辐射系统的供暖，这样做，增加了参数调节的灵活性，能更好地满足各种供暖方式最佳循环流量的调节。

4. 有效改善节流式流量调节方法

各种调节阀都是通过节流的方式进行流量调节的，可以通称为节流式流量调节法。这种调节法，目前在国内外还普遍采用。对于手动平衡阀，有多种调节方法，比较简单方便的是快速简易法和回水温度调节法。对于后者，过去常常因为测量手段落后，采用起来不甚方便。现在，由于信息技术的发达，测量方法极为简便，因此，可以积极推广。对于自力式调节阀，为了适应变流量调节，已向多功能方向和智能方向发展，市场前景看好。目前需要进一步改进的，是在调节阀的选型方法上。国外普遍采用 K_v 值选型，考虑了阀门前后压差、开度与流量的关系，比较科学、合理，我国的产品选型，应向国外看齐。

5. 大力推广有源式流量调节法

流量调节本质上是一种压力平衡，用调节阀平衡压力与用水泵平衡压力，可以同样达到调节流量的目的。水泵提速与开大阀门的功能是一样的；同理，水泵减速与关小阀门一样，同样可以减小流量。一般把采用水泵调速称为有源式流量调节法。

以泵代阀进行流量调节，有许多优越性：首先，没有节流的能耗损失；其次，流量调节不但简便，而且准确、省力。特别是在信息技术发展的今天，水泵的无人值守、自动调节既精准又可靠，应该是流量调节的一次重大革新。

现在，正在我国大力推广的全网分布式输配系统就是全面实现以泵代阀进行流量调节的重要实践。从目前推广的经验来看，普遍反映以泵代阀调节流量带来了意想不到的方便。但也有一些经验教训值得总结，主要是各热力站分布式循环泵存在相互抢水现象。这些问题的存在，原因是把分布式循环泵当作了末端加压泵，“先下手为强”的理念在起作用。应该认识到，循环流量是供热量的驮运者，对于一定量的供热量，大流量可以驮运，小流量也可以驮运。由于分布式输配系统是按照“自助餐”式的调节方法分配流量，因此，调配的结果必然能分配均匀，而且必然是把近端多余的水量、热量调配到末端，而绝不会只在末端互相争抢。正确的调节方法，是根据供热面积下达流量调配份额，然后，各热力站同时手动操作，将变频器的频率调整到配额要求的流量。由于从数学观点考虑，这种流量分配将有唯一解，因此，调节很容易实现。当手动调节成功后，立即投入自动控制，就将在无人值守的情况下实现安全运行。

7.4.3 压力平衡

热量平衡、流量平衡做得不好，造成的损失多为供热效果不好，或者费热费电。而压力平衡做得不好，可能会发生重大的安全事故。从这个意义上讲，压力平衡是更为严肃的紧要任务，来不得半点松懈怠慢。

1. 压力平衡原则

1）供热系统的任何部位保证不倒空、不汽化、不压坏，并有足够资用压头的存在；

2）供热系统在任何情况下，都必须有一个正确的定压方式，这是供热系统不倒空、不汽化、不压坏和具有足够资用压头的根本保证；

3）根据供热系统的压力工况参数，制定合理的运行方案。

2. 正确制定系统的定压方式

本书第2章曾对供热系统的定压方式做过详细介绍。目前，供热系统的发展规模愈来愈大，结构组成愈来愈复杂，特别是多泵系统（含多热源联网系统和分布式输配系统）的出现，为正确设定定压方式提出了更严格的要求。

膨胀水箱空压方式，由于技术落后，已逐渐被淘汰。目前经常采用的还有循环水泵入口处定压方式以及定压罐定压方式。这两种定压方式都是以循环水泵入口点为系统恒压点而设置的，但这种设置本身是不严谨的，因为循环水泵入口点不是系统的真正恒压点，容易产生误操作，造成事故。特别是在多泵系统的情况下，由于循环泵多，各个不同的循环泵的入口点压力各不相同，这为定压方式的选择造成了困难。在这种情况下，正确的定压方式应该选择变频调速旁通定压方式。可以设置多点补水、多点定压，但不管系统多复杂，也不管有多少补水点，对于同一个供热系统，其恒压点的设定值必须是同一个值（当然应考虑地形高低的差别）。

对于分布式输配系统，由于循环泵遍布各处，再加地形高差的存在和输送距离远近的不同，特别要校核高端和远端是否有倒空现象发生。如果有倒空现象发生，必须增加系统恒压点的压力设定值（即增加静水压力线）或适当部位增设加压泵站，以期消除隐患。

3. 正确判断循环泵与补水泵的功能

现在经常发现供热系统出现的故障往往与循环泵、补水泵的设计、运行不合理有关。不少技术人员认为，为使高层建筑系统充满水，建筑高度有多高，循环水泵的扬程必须有多高，结果把循环水泵的扬程设计得很高，而补水泵的扬程却选择得很低。这种设计、运行必然导致锅炉亏水、倒空，出现严重的安全事故。应该认识到：供热系统是一闭式循环系统，与给排水的开式系统绝然不同。对于开式系统，给水泵的扬程必须大于建筑高度，否则高层不可能有水。但供热系统由于在系统循环前已经由补水泵充满了水，循环水泵的功能只是克服系统阻力而不再承担提升势能的功能。这时循环泵扬程的确定，只取决于系统循环流量的大小，因此，扬程的数值可以大幅度下降。由于系统的充水功能由补水泵承担，因此，其扬程大小必须高过建筑高度，否则系统不可能充满水。补水泵、循环泵在功能上的严格划分必须遵守，这是供热系统正常运行的最基本条件。由于补水泵的补水量与系统循环水量相比较，只是后者的1%～2%，再加多数情况下是间歇运行，因此其电功率很小，担心费电是多余的。

4. 有效建立合理的运行工况

利用压力平衡的原则，可以有效建立合理的运行工况。在第5章的分布式输配系统的设计中，曾介绍将均压管（即平衡管）设计成旁通变频调速补水定压的定压管，这样均压管可以不再扩径，既简单又有效。再如零压差汇交点，在既有系统改造成为分布式输配系统时，其位置是逐渐向热源处移动的。正确控制该点的移动位置，是这种改造的技术关键。实际施行的技术措施，是通过控制相关分布式循环泵的转速而完成的。

对于多热源环网联供系统，在实施理想协调运行方案时，有一项重要任务必须进行，即在多热源共网运行时，一定要重新划分各热源的供热范围。为此，必须根据预先制定的设计方案，确定相应的水力汇交点。依水力汇交点为边界，将多热源共网系统分为多个一对一的分供热系统，使其在最理想的热量平衡的原则下达到最高效的运行。这种依照水力汇交点进行供热范围的划分，就是在压力平衡的基础上进行的。仔细观察就可以发现：在环网水压图中，凡是水力汇交点处，其供水压力最低，回水压力最高。根据这一特点，调整热源循环泵的转速，直到实际环网水压图按照理想环网水压图运行，则各热源的供热范围也按理想方案运行。

7.5 供热系统故障识别

供热系统在运行中，常会发生系统堵塞、系统泄漏、系统汽化、系统串气以及电机过载等故障。如发现不及时、处置不适当，可能会造成严重的设备毁坏、人身伤亡以及停水停电、殃及居民正常生活的后果。因此，及时发现故障，恰当处置故障，是供热系统运行中十分重要的一环。由于大多数故障的发生与压力平衡出现异常有密切关系。这样，适时分析系统的水力工况，特别是压力工况的变动情况，是及时发现故障、正确处置故障的重要措施。

7.5.1 系统堵塞

1. 主要症状

1）故障端的上游端压力增大，下游端压力下降；

2）循环水泵扬程增大；

3）若故障端发生在热用户处，常常会由于系统循环流量过小导致室温不热；

4）若散热器下游端堵塞，则造成散热器压力过大而爆裂；

5）堵塞端下游由于循环流量过小，水温明显偏低。

2. 故障发生的可能部位

1）除污器未及时除污；阀门掉芯；系统安装不规范，管道存留杂物未及时冲洗，导致杂物在三通、弯头等处的堵塞。

2）测试可能发生堵塞部件前后的压差值，若其差值远大于正常范围，可视为故障端。

3）关闭邻近系统，若待查系统供热效果仍未有明显改善，则可断定该系统堵塞。

3. 处治方法

1）首先从系统的全局到局部，根据供热效果、压差大小、水温高低判断堵塞的部位，逐步渐进确定堵塞端。切勿盲目一叶障目，乱下决断，那样必然欲速而不达，反而延误了故障的处理。

2）堵塞端确定后，将其与系统分离，尽快实施相应措施，消除堵塞故障。

4. 典型案例

1）某地某一高级住宅，长期暖气不热，曾采取多种措施均未见改善。后将相邻高级住宅的系统关闭，该高级住宅的供暖效果仍没有好转。当即决断：该高级住宅的供暖系统肯定堵塞。后经仔细盘查，是在系统安装时，总进入管的三通在焊接时，插入管过深所致。一经排除，全面改善。

2）北京某大学的教师住宅楼暖气不热，施工单位的工人开始到各家各户开关阀门，均不见效果。后在有关专家的指导下，根据图纸详细分析了不热的各种现象，断定母管堵塞的可能性最大（此处水温、压差变化最大）。结果就在疑点最大的地方取出了木屑、棉纱等物，暖气不热的问题迎刃而解。

7.5.2 系统汽化

系统汽化是指系统的工作压力低于该点实际水温相对应的饱和压力所出现的故障。这种故障通常出现在锅炉、系统最高点和系统末端（离热源较远部位）等处。

1. 主要症状

1）锅炉锅筒汽化，水冷壁管汽化，管道局部部件汽化；

2）凡汽化部件，都伴随水击现象，水压急剧升高；

3）安全阀启动泄压，水冷壁管爆管，软接头等承压能力较低的部件撕裂。

2. 处治方法

1）立即炉膛“撤火”降温，缓解汽化程度；

2）开启安全阀，或启动别的泄压措施，尽量降低故障的危害程度；

3）检查故障原因，首先检查汽化发生端附近是否有堵塞现象（检查方法同本书第7.5.1节所示）以及上游端阀门是否有开启过小现象，如有，立即对症施治；

4）若无堵塞或阀门开启过小现象，则进一步检查系统定压点压力设定值是否过小，以及定压方式是否合理，若存在问题，应提高定压点压力设定值和改进系统定压方式；

5）同时检查系统循环水泵和补水泵的扬程设计是否合理，若设计错误，必须纠正。

3. 典型案例

(1) 北京某住宅小区热水供热系统，单台热水锅炉容量6～10t/h，供热面积约20多万m^2。原定压方式为膨胀水箱，后改为变频补水旁通定压。一天突然出现锅炉水汽化现象，锅炉安全阀自动打开后，锅炉压力仍继续超压，汽化现象并未缓解，运行人员无奈将锅炉附近管道母管上的阀门阀芯卸掉，增加排汽通路，锅炉压力才开始回降，未造成重大事故发生。后在专家指导下，首先判断故障原因，发现循环水泵入口压力过低，而系统总回水压力异常增高，可以断定，系统总回水母管一定存在堵塞现象。但除污器刚刚检修，除污器堵塞的可能可排除在外，剩下的疑点集中在回水总母管的关断阀门上，经检查，确认该关断阀门（闸板阀）掉芯。经过紧急抢修，一切恢复正常，汽化现象消失，系统压力参数稳定。从事故发生至恢复正常供热约经过4h，由于断定准确、处理及时，未造成重大损失。通过这次事故发生的处理过程，应吸取如下经验教训：

1）一旦锅炉发生汽化，不论事故原因是否查清，首先必须撤火降温，而在这次事故处理过程中，始终未做上述操作，这是一种严重失误，好在泄压及时，否则不堪设想。

2）判断事故，必须在正确的理论指导下进行。发生上述事故，运行人员一直以为是改变定压方式所致。实践证明，变频旁通补水定压是行之有效的理想定压方式，应该推广应用，绝不会引起压力不稳，甚至汽化超压现象。

（2）内蒙古某市推广了分布式输配系统，在燃煤的区域锅炉房内，设置了与锅炉一对一的热源循环泵，在热力站（板换间接连接）一级网的回水管上设置了分布式循环泵。一级网设计供、回水温度为130/70℃，采用热源循环泵入口定压方式，定压值设定为0.54MPa。该供热系统地形高度比热源高出42m（最高点）的热力站距离热源3000米远；供热系统地形比热源低40米的热力站离热源最远，距离为15000米。该供热系统运行几年来，地形最高的热力站和离热源最远的热力站经常出现汽化现象，连带伴随水击现象，造成水压过高，引起循环泵（一级网）软接头撕裂，供暖效果不良。无奈之下，在循环泵出口处加装了安全阀，缓解了事故频发。

该系统汽化现象的发生，根本原因是系统定压方式不妥，定压值设定过低所致。无论是最高点的热力站还是系统最远端的热力站，由于地形过高或输送距离过长因而压降过大，导致两处的水压都低于水温相对应的饱和压力，发生汽化是很自然的现象。因此，排除故障的正确做法，应摒弃循环水泵入口点定压方式，更用变频调速旁通补水定压方式，定压设定压力应由0.54MPa，提高到1.0MPa。另外，在最远端的热力站前，选择适当位置增设加压泵。采用分布式输配系统方案，由于供水压力低于回水压力，在设计阶段必须认真校核全系统的压力分布，并制定正确的定压方式和设定压力，这是防止系统汽化的技术关键。

（3）河北某市一台110MW(160t/h)的燃煤供热锅炉发生炉膛爆炸事故，造成一百多万供暖面积停供，严重影响居民的正常生活。这次事故的发生，主要原因是设计错误所致。该锅炉炉高70m，设计补水泵扬程为35m，循环泵扬程90m。显然，设计人员混淆了补水泵和循环水泵的基本功能。在试运行前，靠补水泵给系统充水，炉膛中的水冷壁管只有35m高处能充满水，35～70m处的水冷壁管是空的。在正式点火运行时的某一时段，由于循环水泵的作用，在高于35m的水冷壁管中形成喷淋式的不满管流动，此时水冷壁管壁局部迅速升温，必然产生汽化、爆管。而在处治上述事故过程中，在锅炉的频繁起、停时，又未严格监测CO的浓度，这是酿成锅炉爆炸的根本原因。

7.5.3 系统泄漏

系统泄漏通常是因为管道、阀门、三通、补偿器、换热器以及其他部件的破损所致。情况严重时，可能出现大量泄水，如果不能及时补水，将造成系统倒空、锅炉汽化、设备毁坏，不但引起能源、水资源的大量浪费，而且会酿成严重的安全事故。因此，在供热系统运行中适时检漏，是非常必要的。目前，系统检漏方式主要有管道直埋时同时敷设检漏系统，还有地面检漏仪检漏等。系统泄漏，往往由于管道年久失修、内外腐蚀、应力破坏、外力损伤以及系统内部的汽化、压坏所造成。故障的发生，有些是突发性的，有些是渐进性的，因此，防微杜渐十分必要。为此，在系统运行中，适时观察工况变化，及时作出判断尤为重要。

1. 主要症状

1）循环水泵扬程减小，流量加大，电机电流和功率增加，甚至超载；

2）供热系统压力参数普遍下降，泄漏部位的上游端管网压降增加，其下游端管网压力降减少；

3）系统补水量显著增加；

4）系统泄漏严重，补水量弥补不了泄漏量，系统可能发生倒空、汽化。

2. 发生故障的可能部位

供热系统的管道、设备等，任何部位都有可能发生泄漏故障。特别是承压能力较低的散热器、阀门、补偿器、锅炉水冷壁管和各种焊缝处以及腐蚀严重、长年失修的部位，往往是在系统超压或外部撞击的情况下发生。

首先由补水量是否突然增加判断系统是否存在泄漏现象。然后根据压力分布或流量分布确定泄漏部位。一般发生系统泄漏时，系统总流量增加，泄漏点的上游端管网压降增大，下游端管网压降减少；也可根据系统各分支的供、回水循环流量是否平衡判断泄漏点。以上方法是在泄漏点无法直接观察的情况下实施。当泄漏点处于显汽位置时，可直接通报即可。

3. 处治方法

当泄漏点确定无疑后，应立即将泄漏点从系统中解裂，并针对泄漏发生的原因制定检修措施，实施抢修。与此同时，应将供热系统调整到正常工况，尽量减少供热损失。待泄漏点修复后，再并入系统，恢复正常运行。

4. 典型案例

西安某学院30万m^2供热面积，热水锅炉供热，系统分两大支。20世纪末，正在冬季运行期间，运行人员发现系统补水量突然增加，利用正常软化水来不及补水，只好采用自来水补水。同时，加强维修人员对室外管线的普查，但几次都未找到确切的泄漏部位。后采用超声波流量计对两大分支进行供、回水流量的测试，发现其中一支的供、回水流量的差值在流量计允许精度的范围内，另一支的回水循环流量远小于其供水循环流量，因此，可以断定系统的泄漏点一定在该分支系统上。这样有目的地再次进行该分支管线的巡查，终于找到了确切的泄漏部位。原来真正的泄漏部位是在离锅炉房约100m处的直埋管线上。泄漏的原因是该管线近期维修过，但回填土未认真夯实，被载重汽车经过时轧断了管线。原因找到后，经过紧急抢修，很快恢复了正常供热。

7.5.4 系统串气

1. 主要症状

1）大面积的用户不热，供热效果不好；

2）系统或散热器上的部分放气阀打开后，放不出水，而是向系统内吸入空气。

2. 故障成因

1）在供、回水温度较低的情况下，除污器堵塞，造成下游端压力过低；

2）系统定压控制方法有误：或因恒压点压力设定过低，或因定压方式不合理；

3）供热系统在多泵运行方式中，对压力最低的不利点，压力控制不当。

3. 故障案例

1）北京某科学院研究所，供热面积约15万m^2，原设计两个供热系统，后合并为一个供热系统，通过热力站由区域集中锅炉房换热供热，该研究所最高建筑物为7层，最低建筑物为2层。1990年两个系统合并后，系统出现大面积串气，而且二层办公楼系统串气最严重，许多办公室暖气不热，系统循环水泵停运后，串气现象明显好转，但循环水泵再次启动，串气现象依然如故。

该供热系统原设计为膨胀水箱定压，两系统合并为一个系统后并未将多余的膨胀水箱拆除，形成一个供热系统两个膨胀水箱并存现象。其结果，系统的真正恒压点在两个膨胀水箱之间，处于上游端的膨胀水箱溢水，处于下游端的膨胀水箱往往会倒空，造成系统串气。

故障解除方法：将原有膨胀水箱拆除一个（或与系统解裂），只保留一个膨胀水箱起定压作用；将膨胀水箱定压改为变频旁通补水定压。该研究所采用后者方案，结果很理想，系统串气问题再未发生。

2）北京某医院供热面积约 5 万 m^2，最高建筑 5 层，室内系统采用上供下回方式，与其他单位合为一个二级网供热区，一级网为北京热力集团供热，通过板换热力站运行。该医院出现的问题是：一～三层供暖效果好，而四～五层供暖效果很差。该楼是住院病房，患者反映强烈。

经查，该 5 层建筑的室内总立管先上至五层阁楼，再下翻至各立管。为保证系统不倒空，恒压点压力至少应保持在 $20mH_2O$ 以上，而热力站的二级网恒压点定压实际为 $18mH_2O$，这样，位于五层的系统始终处于倒空状态循环水泵运行时，四～五层系统处于喷淋状态，不满管流动，暖气不热是必然结果。经协商，将热力站二级网恒压点压力由 $18mH_2O$ 改为 $25mH_2O$，上述倒空现象立即排除，四～五层达到了供热要求的设计室温，解决了患者的一大忧虑。

3）东北某一大型企业由一热电厂供热系统供热，供热面积 600 万 m^2，采用直供连接。约有近 40 个热力站，按照混水加压方式运行。由于热电厂软化水补水量不足，被迫由 40 个热力站中的 10 个热力站共同担负系统补水功能。2003 年冬，供热系统出现大面积串气现象，供热效果不好，用户反映强烈，该热力公司请有关专家“会诊”，分析判断故障原因。

该故障发生的原因，主要是多点补水的定压方式有误造成的。首先该供热系统无论热电厂还是热力站的补水点，都是把循环水泵的入口处作为系统恒压点进行控制，这种传统定压方式本身就是欠妥的。但在单泵系统，即只在热源处设置一个大循环泵的情况下，往往不会造成大问题。但在多点补水的情况下，主循环水泵和各热力站的混水加压泵的入口点都不是真正的恒压点，而且在运行中，各点的压力变动又都各异，再加上各点的定压值设定又都不同，可以断定，不妥的定压方式，导致系统压力工况的混乱是造成系统串气的主要原因。

故障排除的方法：最理想的方案是各个补水点全部采用变频调速旁通补水定压，其恒压点设定压力统一为 $25mH_2O$（建筑物最高建筑层数为 7 层）。该方案能以系统真正的恒压点进行定压控制，可彻底消除压力控制的误操作。该单位实际采用的方案是在热源处改用变频调速旁通补水定压，又在热源扩建了水处理设备，取消了在热力站的补水方案。这样，系统串气的问题得到彻底解决。

7.5.5　水泵电机过载

1. 主要症状

水泵电机超过额定电流，严重时电机发烫，烧毁电机。

2. 故障原因

系统管网阻力过小，导致水泵工作点右移，功率增大，超过额定值。

3. 处治方法

增加管网阻力，使水泵工作点向左偏移，进而降低电机功率，使其恢复为额定功率运行。

4. 故障案例

内蒙古某市一个热电厂供热系统，供热面积 300 万 m^2。设计方案为 4 台水泵并联运行。在实际运行中，发现 4 台循环泵并联运行，系统循环水量过大，理想的方案应该改为 3 台循环泵并联运行。但实施结果却是电机电流过载，险些烧毁电机。热电厂认为循环水泵质量存在问题，决定咨询有关专家。

故障的真正原因，是系统管网阻力过小，特别在多泵并联运行下，并联台数愈少，单泵的工作点愈向右偏移，所以超载的危险性愈大。这种故障发生，主要是对水泵的工作原理缺乏了解所致，而与水泵质量无关。正确的实施方案为：先关小并联循环水泵的出入口阀门，然后再将 4 台水泵并联改为 3 台水泵并联，同时检测单台循环泵电机的电流读数，逐渐开大各台循环水泵的出入口阀门，直至单台循环泵电机的电流达到理想数值（略小于额定电流）为止，此时 4 台循环泵并联改为 3 台循环泵并联的运行方案即已实现。这一操作过程，目的就是先在管网阻力较大的条件下切换 4 台变 3 台的方案，以防止电机过载。然后逐渐减小管网阻力，增大系统循环流量，使循环泵的工作点向右偏移，直到理想工况。

第 8 章　供热智能控制

智慧城市提出以来，智能供热已成为本行业的热门话题。那么，什么是智能供热？有人认为利用了计算机，利用了信息技术对本行业进行管理，就是智能供热。这是一种很肤浅的看法。因为，至今为止，哪个单位没有使用计算机？哪个部门没有应用信息技术？如果依这样的逻辑分析问题，那么我们早就可以做结论：本行业已经实现了智能供热。智能供热的提出，本来是为行业的技术进步创新性地提出了新的奋斗目标。如果一个新的目标一经提出即已实现，那么这个目标的提出，本身将是毫无意义的。

从严格意义上讲，利用机器代替人进行具有智能行为的供热才能称为智能供热。所谓智能行为，就是人在外界感知的基础上，通过大脑进行分析、推理、判断、构思并加以决策而行动的行为才叫智能行为。一台机器人，遇到障碍，一头撞上去，不懂躲闪，只能叫普通机器人；只有经过自身判断，做出绕开障碍继续前进的，才能称为智能机器人。

根据上述定义，一个供热系统，利用计算机、信息技术进行数据采集、运传以及地理信息管理、能源资源单耗计算等，都只是数据的简单处理，还不能称为智能供热，因为这里没有复杂的智能行为存在。

当前，我国供热行业的计算机自动监控有了长足进步，但发展很不平衡，还有很大的发展空间。信息管理智能化还处于起步阶段。为实现完整意义的智慧供热，还必须研发参数实时在线预测、协调运行方案优化、能源资源管理决策、故障诊断识别以及自动设计等智能信息管理子系统。为了促进行业智慧供热的发展，作者在本章中介绍了计算机监控的基本知识，计算机监控在供热行业中的应用以及智能信息管理的一些初步设想，以期共同探讨进而促进其迅速发展。

2017 年 7 月 8 日国务院正式印发了《新一代人工智能发展规划》(国发［2017］35 号)(以下简称“智能规划”)，为人工智能、智能控制指明了发展方向：

“推动人工智能与各行业融合创新”，“形成‘人工智能＋X’复合专业培养新模式”，“大规模推动企业智能化升级”，“推广应用智能工厂”，“重点推广生产线重构与动态智能调度、生产装备智能物联与云化数据采集、多维人机物协同与互操作等技术，鼓励和引导企业建设工厂大数据系统、网络化分布式生产设施等，实现生产设备网络化、生产数据可视化、生产过程透明化、生产现场无人化，提升工厂运营管理智能化水平。”“大力研发智能计算芯片与系统”……

显然，一个地区的供热系统就是一个大企业，分布式供热输配系统本质上就是“网络化分布式生产设施”……我们应该借国家政策的东风，推动人工智能与供热行业“融合创新”，培养“人工智能＋供热”的“复合专业”人才，在供热行业逐步“实现生产设备网络化、生产数据可视化、生产过程透明化、生产现场无人化，提升工厂运营管理智能化水平。”

许多控制专家说：控制工程师不了解控制对象是万万不能的！知乎网关于自控的讨论

很有意义："我们要对某生产线实施自动控制，我们要理解被控对象的工作原理，要吃透它的机械原理及结构特征，还要明确它的输入输出关系，这样，才能实现相对准确的自动控制。""过程控制面对的是很多对象，至于编程，有各种控制语言，这些都是小问题，实践几次马上就明白了。但要明白工艺过程和过程控制，却需要下功夫去研究和学习。"

因此，搞供热自动控制，首先就要下功夫吃透供热系统的原理及特征。对设计有问题的供热系统，即使采用了高级的计算机和智能控制也不能实现全程优化供热的目标，即安全、可靠、适用和经济的节能减排。所以，全程优化的供热工艺方案和全程优化的供热工艺参数是供热智能控制成败的前提或"基因"。当然，要实现全程优化供热的目标，也离不开全程优化的控制方案和全程优化的控制参数，就离不开计算机。简言之：实现全程优化供热是目标，全程优化的供热工艺方案和工艺参数是前提，全程优化的供热自动控制方案和控制参数是手段，计算机、互联网、大数据、人工智能等都是工具。不能说采用了计算机、互联网、大数据就是"供热智能控制"。不能忽悠别人，也不要受人忽悠！

在学习时，请特别注意"全程优化"四个字。"全程优化"表示全过程、全年、全工况、全范围的静态优化与动态优化，这是与传统设计（通常只考虑设计工况）的不同之处。用计算机进行设计和控制就应该努力作到全程优化，也只有采用计算机才可能作到全程优化，同时，只有实现全程优化才能算供热智能控制。

同时，请特别注意供热工艺和供热控制系统的特点，如多变量、大滞后＋大惰性、非线性、不确定性大（设计偏差大、个体差别大）、工作环境差、聘用季节性操作工等。在确定工艺、控制方案和选择设备时，要特别注意将多变量非线性的供热控制系统进行分解、降阶、线性化处理，从而使供热控制变得简便可行，并降低造价。这样，我们就能利用飞速发展的互联网、大数据、人工智能加上供热，实现全程优化供热的目标。

在研究和实施供热智能控制时，供热与控制专业人员必须互相尊重、互相学习、互创条件、紧密结合、"融合创新"，争取有人能够成为"人工智能＋供热"的复合专业人才，从而使供热控制逐步向供热智能控制过渡。

8.1 供热系统的特点与供热控制的内容和目标

本章讨论供热自动控制，而不是泛泛的自动控制，所以首先必须介绍一下供热系统的特点和供热控制的内容与目标，以便在学习自动控制、供热控制、供热智能控制时，特别注意研究供热系统的特点，并使自动控制适应供热系统的特点，从而真正实现供热控制的目标。至于完整的自动控制理论，请参考有关自动控制、智能控制、人工智能等的专著。

只有充分发挥供热专业的优势，抓住供热系统的特点，确定全程优化的供热工艺方案和全程优化的供热工艺参数（详见前面各章），并与控制专业一起，确定全程优化的供热控制方案。注意将复杂的控制系统进行分解、降阶，才能使供热智能控制变得简单、适用、经济、可行。否则，就只能把"供热智能控制"作为广告宣传的噱头。

8.1.1 供热和供热控制系统的特点

1. 供热系统的调节特性

为了分析、理解供热控制系统的调节的特性，这里先简介一下调节特性：

(1) 调节特性的分类和定义

调节特性分为静态调节特性和动态调节特性。

1) 静态调节特性，表示达到稳定状态时系统或者控制环节的输出 (y) 和输入 (x) 的关系：$y=f(x)$ 或者静态增益：

$$K=\mathrm{d}y/\mathrm{d}x \tag{8.1}$$

如果达到稳定状态时 $y=f(x)$ 为直线，即静态增益 K 全程为常数，则表示静态调节特性为线性。常规控制理论只用于线性系统，即静态增益 K 全程为常数的系统。

下一章将重点介绍静态特性指数和设备的优选与系统的静态优化设计。

2) 动态调节特性，表示输入 x 改变时，输出 y 随时间 t 和 x 变化的规律：$y=f(x, t)$。对于线性系统，由于静态增益 K 全程为常数，则 $y=f(t)$。

求动态特性的方法有解析法（根据物质和能量守恒微分方程求解）和试验法。对于复杂对象，通常用试验法求解。关于求动态调节特性的理论计算法和试验法的详细介绍，请见自动控制基础。这里将三种常用的试验法简单比较列于表 8.1。

求对象动态特性的试验法比较　　表 8.1

	名称	求动态特性参数的方法	优点和用途	缺点
1	时域法	输入单位扰量 $x=1$，用图解法分析输出反应曲线	试验简单易操作，物理意义清楚。多用于1～2阶线性对象。常用于教学分析	作图法求解，误差比较大
2	频域法	输入正弦波 $x=\sin(t)$，分析输出正弦反应曲线	较准确，物理意义清楚。可用于高阶对象，还可利用外温近似正弦波分析外围护结构的特性	产生正弦波较复杂
3	统计法	直接统计分析输出 y 和输入 x 关系的大数据	根据定量/定性/模糊/语义…模型，分析输入-输出的大数据。可用于各种对象和智能控制	必须有大数据积累才能分析

我们在这里采用时域法进行分析，简单介绍主要动态特性参数的意义。通常取单位扰量输入 $x=1$ 进行研究，于是输出 $y=K\cdot f(t)$。反应曲线示例于图 8.1 和图 8.2。

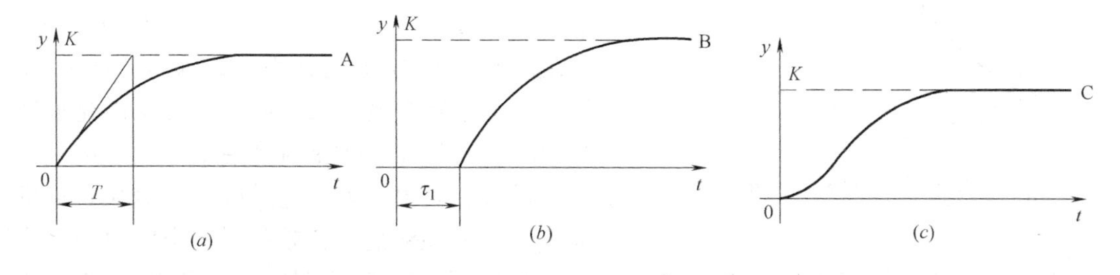

图 8.1　单位扰量作用下的过渡过程举例

图 8.1 中有三条不同的反应曲线：

曲线 A—表示无滞后单容（也称一阶惯性）对象的过渡响应曲线，可用一阶微分方程来描述，解微分方程，得到过渡过程为指数曲线：

无滞后单容对象的输出

$$y=K(1-\mathrm{e}^{-t/T}) \tag{8.2}$$

式中　K——对象的放大系数；

T——时间常数；

t——时间。

对象放大系数 K 又称传递系数，其数值等于输出量的新、旧稳定值之差与扰量（或者输入量增量）之比。对一阶惯性的对象，放大系数即为单位扰量作用下的相对静态增益 K。因此，对象的放大系数实质上是对象的一个静态指标——单位输入时的稳态输出，即静态相对增益 K。

对象的放大系数 K 表示输入信号（干扰或控制作用）对输出信号（被控量）的稳定值影响的大小。对于热工对象，通常 $K\leqslant 1$。

求一阶对象的时间常数 T 的图解法：图 8.1 中对于曲线 A，通过 $t=0$ 点作切线，与新稳定值的交点所对应的时间即为时间常数 T。因此，时间常数 T 表示输出变量以初始最大上升速度变化到新稳定值所需要的时间。时间常数 T 的大小反映了对象受到阶跃干扰后被控变量达到新稳定值的快慢，也就是达到新平衡状态的过程时间的长短。所以，可以说对象时间常数是表示对象惯性大小的物理量。因此，单容对象也称一阶惯性对象。通常，惯性也称为惰性，对于热工对象则称为热惰性。时间常数越大表示对象惯性或者惰性越大。

曲线 B 表示有纯滞后单容对象的过渡响应曲线，亦为一阶微分方程的解：

$$t<\tau_1, y=0; t\geqslant\tau_1, y=K(1-e^{-t/T}) \tag{8.3}$$

式中　τ_1——纯滞后时间，也称为传递滞后时间。

从曲线 A 和曲线 B 的比较可见，曲线 B 相当于曲线 A 向右平移了 τ_1。

曲线 C—表示无滞后双容对象（二阶惯性对象）的过渡响应。其表达式 $y=K\cdot f(t)$ 比较复杂，而且阶数越高，$f(t)$ 的表达式越复杂，经典控制理论分析也越复杂，智能控制的自动寻优也越复杂，所以分解、降阶非常重要。

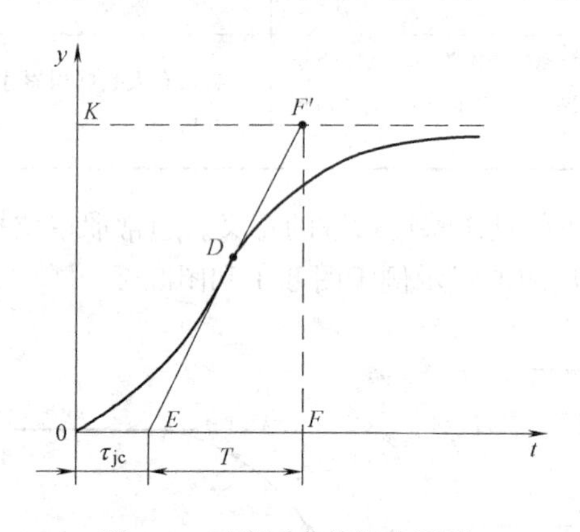

图 8.2　双容对象特性分析图

双容对象的阶跃响应曲线的分解如图 8.2 所示。从图中 S 形曲线的拐点 D 做切线，与 t 坐标轴相交于 E，与 $y=K$ 水平线相交于 F'，从图中得到 τ_{jc} 和 T。因为当 $t<\tau_{jc}$ 时，输出比较小，所以在常规控制中，通常认为 $t<\tau_{jc}$ 时，$y\approx 0$。于是可将无滞后双容（二阶惯性）对象简化成图 8.1 中的曲线 B，即具有纯滞后 $\tau_1=\tau_{jc}$ 和时间常数 T 的单容对象。为与纯滞后 τ_1 相区别，通常将 τ_{jc} 称为容积滞后。这就是说，当对象为多容对象时，还存在着容积滞后。容积滞后是由于物质或能量从流入到流出过渡时，在容积之间存在阻力而产生的。同时，为了与容积滞后 τ_{jc} 相区别，有时也把纯滞后 τ_1 称为传递滞后。

这样，就把一个无滞后双容对象降阶成有纯滞后 $\tau_1=\tau_{jc}$ 的单容对象。

同样，可以把一个有纯滞后 τ_1 的双容对象降阶成有“等效纯滞后”的单容对象。这时，“等效纯滞后”为：

$$\tau=\tau_1+\tau_{jc} \tag{8.4}$$

这种降阶，对简化常规/智能控制系统的分析非常有益。

例如，对由混合三通阀（改变供水温度）+换热器+房间+温度传感器组成的广义调节对象，当室内温度偏低时，控制器会指挥调节阀提高供水温度，首先，热水在管道内的流动和管道蓄热会产生纯滞后 τ_1；接着，热水使散热器表面金属片的温度慢慢升高，使金属片与周围空气之间的温度差增大，对室内空气的加热量慢慢增加，使室内温度慢慢升高；最后，温度传感器才能慢慢感知温度的升高。这里的几个"慢慢"，就是热惰性，包括容积滞后和时间常数。本来，换热器和房间本身实质上都是多容对象，再加上温度传感器，就是高阶多容特性了。而且加热器体积越大、房间越大、流速越低、传感器越粗，容积滞后 τ_{jc} 就越大，时间常数 T 越大。在这个多容广义对象中，既有纯滞后又有容积滞后。

描述一阶有滞后惯性对象特性的参数有三个：放大系数 K、时间常数 T 和滞后时间 τ。为了简化分析，通常把多阶惯性对象简化成一阶有滞后惯性对象。

为了方便地求解微分方程，经典控制理论通常采用传递函数（或频率特性）表示控制环节和系统的特性。用传递函数（或频率特性）可大大简化控制系统动态微分方程求解，所以传递函数是研究线性系统动态特性和稳定性的重要工具。传递函数的详细介绍请见控制理论。

（2）对象特性对控制的影响

1）热惰性的影响

对供热系统，通常 K 小、T 大、τ_{jc} 大，统称为热惰性大。而且对象的容量数目越多、流动速度越低、调节通道作用距离越长，则其热惰性（惯性）越大。

对干扰而言，热惰性越大越好，如果 $K=0$ 且 T 和 τ 无限大，干扰就不起作用了。例如，围护结构保温越好，则热惰性越大，外温变化的干扰的影响就越小；对控制而言，热惰性越大越不好，对象的滞后对控制过程会产生不利的影响。它将降低控制系统的稳定性，增大被控变量的最大偏差，拖长过渡过程的时间。如果 $K=0$ 且 T 和 τ 为无限大，则调节就完全不起作用了。

所以，在我们研究供热控制时，不但要克服供热系统热惰性大对控制的不利影响，而且要利用热惰性大对干扰衰减的有利条件。

2）如果对象/系统的放大系数 K、时间常数 T、滞后时间 τ 全程都为常数，则该对象/系统称为线性对象/系统。然而，供热对象/系统的特性通常为非线性。

3）常规控制理论只能用于线性系统。对于智能控制，如果某参数为常数，则可以降阶，从而简化寻优的过程。所以，在供热系统设计时，应该尽力减少调节机构至对象/传感器的距离，从而使纯滞后时间 τ_1 最小，最好接近 0，并且使系统的放大系数 K 为常数（详见第 9 章）。这就是说，使对象特性线性化，使系统分解降阶，可以大大简化常规控制和智能控制。

2. 从供电、供水、供热系统的比较看供热系统的特点

人们往往会把供电、供水的控制，计量收费，调度管理的成功方法直接用于供热。通常结果是：没有或者没有全部达到预期的目的，有的甚至完全失败了。因此，我们很有必要将供电、供水、供热系统进行一下比较（详见表 8.2 所示），从而进一步具体了解供热系统和供热控制系统的特点，为供热控制做好思想准备。现把供电、供水、供热系统的几个重要差别分析如下。

供电、供水、供热系统的比较　　　　**表 8.2**

比较项目		城市供电	供水(不计管道膨胀)	供暖供热(热媒为水)
理想条件下比较		电源电压 V 不变	水源压力 H 不变	热源压力 H 不变和温度 t 不变
启动充工质	输送速度 u	u=30 万 km/s	u=流速(m/s)	u=流速(m/s)
	传递滞后 τ_{1q} [动态特性 1]	电 $\tau_{1qd}\approx 0$	水 $\tau_{1qs}=\sum$(管长/水速)	水 τ_{1qs} 同左 因蓄热、散热，热 $\tau_{1qt}\geqslant\tau_{1qs}$
	时间常数 T_q [动态特性 2]	纯电阻电路 $T_q=0$ 其他 T_q 电路可计算	与水泵特性和管路阻力、容积等有关，比较复杂	水同左。还与蓄热、散热等有关，计算更复杂
连续运行	输送速度	b=30 万 km/s	水中音速 $b\approx$1500m/s	水同左；温 u=流速(m/s)
	输送泄漏	漏电可防止	漏水可防止	水同左。热损不可避免
	输送压降 输送温降	$\Delta V=R\cdot I$，线性，通常可略。R-线电阻，I-电流	$\Delta H=S\cdot L^2$，非线性不可略。S-阻力系数，L-流量	水同左。温降 Δt 非线性不可略，计算复杂，通常估算
	设备工作点	$V_g=V$	$H_g=H-\Delta H=H-S\cdot L^2$	H_g 同左。$T_g=t-\Delta t$
	传递滞后 τ_1 [动态特性 1]	对于一般工程 $\tau_1\approx 0$	水 τ_{1s}=总管长/b	水 τ_{1s}=总管长/b 热 $\tau_{1t}\geqslant\sum$(管长/水速)$\gg\tau_{1s}$
	时间常数 T [动态特性 2]	纯电阻电路的时间常数 $T=0$；其他可根据电路准确计算	闭式系统(无气/汽)T 很小，不计膨胀，则 $T=0$。开式系统 T 可计算	水同左。混水器传热特性为线性且 T 小；其他非线性，T 大。计算误差很大，通常试验确定
	计算误差	线路压降通常可不计。电路可准确计算，误差通常很小	管路阻力与流量平方成正比。管路阻力与供水量计算误差比较大	水系统同左。混水器传热计算简单；其他传热计算比较复杂，热量计算误差比水量更大
	静态调节特性(详见第 9 章)	电量静态调节特性能根据用电设备的性能独立确定，计算简单成熟，能够准确计算	流量调节特性涉及调速泵、调节阀等的特性以及管路特性，计算较复杂，误差较大，通常为非线性	热量调节特性不但涉及流量调节特性，还涉及控制对象(如换热器等)特性，计算更复杂，误差更大，通常为非线性
电源 V/水源 H/热源 t 的实际情况		在额定负载下，因为电网大，电压调节很快，所以电源电压 V 通常可取为常数	有供水源压力控制，正常运行可认为 H 不变；无供水源压力控制，H 与水泵和管路特性有关	水系统同左 有热源温度 t 控制，正常运行可认为 t 不变；无控制，t 与热源特性有关
工作环境		连续运行 环境很好	城市供水/电站供水连续运行，环境好。其他同右	供暖季节性运行，环境较差，供暖燃煤锅炉，环境更差
运行操作工		长期工	长期工	供暖季节工
在供热和供热控制中的应用		系统电源；信号传输；电暖，热惰性较小	定压补水，热网循环水，蒸汽锅炉给水…	热水供暖 工业供热

续表

比较项目		城市供电	供水(不计管道膨胀)	供暖供热(热媒为水)
计量收费	户间隔离	户间完全隔离	户间完全隔离	户间传热不可避免
	计量原理	电流、电压、功率因数同步测量,计量成熟	水量计量单纯成熟	流量、温差必须同步才能热计量,但温差变化热惰性比流量大得多
	仪表工作条件	干燥清洁,连续运行	纯净常温水,连续运行	有污垢循环热水,季节性运行
	居民费用大小	比较大	比较小	北方供暖费大于水、电费之和
	收费计算	计量+分时分段计费政策等明确,收费已推广	计量+分量计费政策等简单明确,收费已推广	分户计量+朝向+分摊+政策等复杂,计量收费复杂,未推广
注	1. H0为开式系统中不可回收的势能损失,如蒸汽锅炉给水/热水供暖定压补水时的势能差。 2. 热力站、单位或建筑热入口总热量不涉及户间传热、朝向,是测量总体平均值,计量相对简单成熟。 3. 只考虑一般城市正常供电,不考虑有特大感性、特大容性负荷的供电系统的启动过程			

1) 供电、供水、供热的输送速度、传递纯滞后时间 (τ_1) 有很大的差别。

例如,电的传播速度是每秒30万km,因此对于一般工业与民用工程,电的传递纯滞后完全可以忽略;而流体(如供热工质-水)的输送速度慢得多,通常为米级/秒,因此在初次启动充水时,管道设备必须有相当长的充水过程,即初次启动充水时,水的传递纯滞后很大。在管道充满水后,压力变化的传输速度为水中声音的传播速速(大约1500 m/min),因此,对于大热网来说,其管道很长,压力变化的传递纯滞后也比电的传递纯滞后时间长得多;而温度(热)只能以流休的输送速度(m/s)前进,且由于管道的蓄热和传热损失会增加容积滞后,因此,对于大热网,热源到用户的距离为数千米至十多千米,热源(首站)出口温度(热)变化与用户之间的传递纯滞后非常大,可达数小时至十多小时;区域热力站到用户的距离为数百米至数千米,热力站供水温度(热)变化与用户之间的传递纯滞后也非常大,可达数分钟至数小时。

2) 供暖室温控制对象的热惰性—时间常数很大。

3) 供热控制系统为多变量系统,即影响供暖温度因素很多。

影响供暖室内温度动态变化的因素分析见表8.3所示。其中,有些因素是综合因素,如果细分,则因素更多。例如,供水温度通道的时间常数 T_t 与调节机构、换热器、房间、传感器等的特性有关,则这个因素还可以分为4个因素。

影响供暖室内温度动态变化的因素分析 **表8.3**

影响因素		因素分析
01	室外温度的变化	自然变化,干扰
02	围护结构的动态特性	室内外周期性传热特性,影响传热大小和滞后时间
03	室内人员、电器、阳光等变化	干扰
04	供水量的变化	由干扰和调节产生
05	供水量通道的放大系数 K_s	与调节机构、换热器、房间、传感器等的特性有关,通常为非线性
06	供水量通道的传递滞后时间 τ_s	以音速传递水不可压缩,正常运行时 τ_s 比较小

续表

影响因素		因素分析
07	供水量通道的时间常数 T_s	与调节机构、换热器、房间、传感器等的特性有关，通常为非线性
08	供水温度的变化	由干扰和调节产生
09	供水温度通道的放大系数 K_t	与调节机构、换热器、房间、传感器等的特性有关，通常为非线性
10	供水温通道的纯滞后时间 τ_t	管道越长，流速越小，τ_t 越大，通常为非线性
11	供水温度通道的时间常数 T_t	与调节机构、换热器、房间、传感器等的特性有关，通常为非线性

如果能够实现供暖分户调控，由于可以对每户的室内温度都采用反馈控制，则只要调节好每个控制器的参数，不论有多少影响因素，也能够消除各种因素对用户供暖温度的综合影响。因此，供暖分户计量调控是实现全程优化供热的最好方案，详见第 8.6 节。

然而，因为供暖面积大，全面实现供暖分户计量调控需要有一个过程，如果各用户间的水力、热力平衡已经调节好，则可利用锅炉房（首站）或者区域热力站集中控制供暖室内温度，这就可以用很小的代价取得相当好的节能效果。但是，大热网的锅炉房（首站）温度（热）变化与用户之间的传递纯滞后非常大，可达数小时至十多小时；热力站供水温度（热）变化与用户之间的传递［纯］滞后非常大，可达数分钟至数小时。这样大的传递［纯］滞后，通常无法采用反馈控制，而且，因为影响供暖全程优化控制的因素相当多，就会使供暖集中全程优化控制变得比较复杂。在本书第 8.5 节中，我们将讨论如何将热力站全程优化集中控制系统进行分解、降阶、简化。

4）管路阻力影响大，非线性大，不确定性大（设计偏差大，个体差别大）。

例如，导线的电压降与电流成正比，而且因为导线电阻特别小，导线压降通常可以忽略，因此，通常可以认为用电设备的电压为已知，即供电电压；对于电路和用电设备，即使是非常复杂的 *R-C-L*（电阻-电容-电感）网络，也能够独立建立准确的数学模型，求得准确解，或者说，电路具有独立性和确定性。

而流体管道的阻力（即压力降）通常与流量的平方成正比，且不能忽略，因此，即使供水源压力不变，到达设备（如调节阀、分布式调速泵、换热器等）的压力会随流量的平方减少，所以，到达设备的压力必须由供水源压力和管路阻力共同确定。同时，水泵的工作点和调节特性，必须由水泵的流量特性和管道阻力特性共同确定；调节阀的实际流量调节特性，必须由调节阀的固有特性和管道阻力特性共同确定；换热器的换热量必须由流量调节特性和换热器的特性共同确定，所以，这几个“共同确定”就使供热系统调节性能计算变得相当复杂，设计偏差大，而且，大多数变量通常为非线性。

有时，即使对于同一个供热对象（例如换热器），调节流量（通常称为量调节）与调节温度（质调节）的特性也有很大的差别。因压力、流量等按音速 b（≈1500m/s）传递，而温度（热量）按流速 u（≈x m/s）传输，且有蓄热、散热，因此质调节的传递滞后时间大约是量调节传递滞后时间的 1000 倍，即 $\tau_{1t} \approx 1000\tau_{1s}$。

可见，管道对热工控制系统的影响比较复杂：一方面，管道阻力影响水泵和调节阀的静态调节特性；另一方面，管道输送会产生蓄热和很大的传递滞后，影响调节对象的动态特性。但因为它不属于控制设备或环节，往往被忽略，对控制效果产生了很不好的影响。因此在下一章将重点研究管道阻力对水泵和调节阀的静态调节特性的影响。

另外，供热系统除了热惰性大外，还具有许多不确定性：一是影响因素多，难以建立比较准确的数学模型；二是模型的结构和参数可能在很大范围内变化，为非线性；三是具有很大的不确定性（个体差异和设计误差大）。例如，锅炉燃烧过程就是一个多变量、非线性、不确定性大的控制对象。因此，热工对象的动态特性（时间常数和滞后时间）很大，而且不同对象之间的差别大；热工环节的静态调节特性—放大系数（K）也有很大的差别。可见，即使对于同一个对象，采用的调节方法不同，对象特性也有很大的差异。所以，必须分别对待。

5）供热控制系统工作条件差。

首先是工作环境差，特别是锅炉房。其次，供暖供热系统具有季节性，虽然上层有比较完善的管理机构和技术团队，但下层大量使用季节工，技术力量往往相当薄弱。同时，供暖锅炉季节性运行使工作环境变得更差。总之，供热系统的条件比自来水厂、电站、电站锅炉及其他连续生产过程差得多。

6）供热计量收费与水、电、气计量收费有很大差别。

大家知道，水、电、气计量收费对节能做出了很大的贡献。然而，供热计量收费与水、电、气计量收费有很大差别，使得供热计量收费至今没有真正全面实现。供暖计量收费与水、电、气计量收费的差别：首先，北方供暖费用很大，是一个有政策性补贴的工程；第二，供暖有邻里相互传热的问题，例如，如果一个用户长期停止供暖，虽然热力公司直接给他的供热量为0，但是邻里会给他“供热”；第三，水、气是直接计量流量，电功率等于电流、电压、功率因数相乘，这三个参数能够同步测量，电量测量和功率计量已经非常成熟，现有的热计量通常采用稳态热量计量法即采用流量乘以稳态温差。然而在现有的供暖分户计量调控过程中，流量与温度的传递滞后不同、热惰性不同步，因此采用稳态法标定的热量计通常无法计量这种动态热量。当然，用采用稳态法标定的热量计来计量工业企业、热力站、建筑物、热入口等在一段相当长时间内的总热量，是完全可以的。

可见，供暖分户计量收费与水、电、气计量不同：首先，必须与计量调控一起进行，才能节能。在推广供暖分户计量收费的过程中，目前，通常是分别安装三套装置：热计量装置、室内温度调控装置和供热系统调控装置（例如普通系统的平衡阀等）。这样，不但系统复杂、成本高、不便维护管理，关键是三套装置工作不协调，流量变化和温度变化不同步。流量计和热量计通常采用稳态法标定，而室内温度调控通常采用开关阀控制，因此温差变化是动态的。显而易见，如何利用稳态流流量计和热量计进行动态热量计算？其次，供热通常采用循环水，水质比自来水差得多。这些因素的存在，已成为影响供热计量技术推广和供暖节能的技术瓶颈。

总之，供热计量和水、电、气计量有很大差别，水、电、气的计量收费方法不能直接用于供暖分户计量收费！

7）因为供电系统联网，容量大，调度、调节反应快，所以从用户的角度看，可以看作单电源系统。供热系统往往采用多热源、多水泵、多分区，而且因为供热系统热惰性大，调度、调节反应特别慢，使优化调度、控制相对复杂。

另外，采用分布式输配系统，对控制提出了许多新问题。

8）供暖供热系统具有参数的渐变性和允许室温有一定的波动性，室外温度变化对室内温度的影响慢而小，这对供热控制很有利。

9）北方供暖费很大，节能潜力很大

供暖供热关系到千家万户，影响面很大，是非常重要的民生工程，政策性很强。虽然供暖控制的精度不高，但对可靠性要求很高。

同时，供暖节能减排的潜力很大。据统计：我国建筑能耗约占总能耗的1/3，供热、空调能耗约占建筑能耗的1/3，在北方以供暖为主，供暖面积有100多亿平方米，居民一个供暖季的供暖费往往比全年水、电、气总费还高得多。然而，我国目前供热系统的综合能效只有30%，供热系统的理想能效约为70%，尚有40%的节能空间，潜力很大。一般在手动调节的基础上，供热系统还能再节能10%～30%，甚至更多。如果以变频泵代替调节阀进行调节，则可以实现0节流，可节电40%以上。

总之，供热系统和供热控制系统具有大滞后、大惰性（不能像下棋一样“落子见效”）、非线性、多变量、不确定性大（设计偏差大、个体差别大）、尚无供热控制大师的“谱”可学、工作环境差并聘用季节性操作工、热计量收费比水、电、气复杂等特点，因此尚有许多新问题有待研究。所以，不能把供水控制，特别是不能把供电控制的方法简单用于供热控制，甚至也不能把“量调节”的控制方案和参数用于“质调节”。

所以，研究和改进供热工艺及供热控制大有可为，值得大家共同努力！

8.1.2 供热自动控制的工作内容

在生产和科学技术的发展过程中，自动控制起着重要作用。自动控制的含义是十分广泛的，表达的语意也不少，例如：没有人的直接干预而能使设备、过程自动运行并达到预期效果的一切技术手段，都可称为自动控制。

国务院《智能规划》指出了生产过程智能控制的内容：“实现生产设备网络化、生产数据可视化、生产过程透明化、生产现场无人化，提升工厂运营管理智能化水平”。对于供热自动控制，就必须自动完成以下具体工作内容：

（1）自动检测：自动检查和测量反映热工过程运行工况的各种参数，如温度、流量、压力等，以监视热工过程的进行情况和趋势。及时检测参数，了解系统工况。以前的供热系统，由于不装或仅装少量遥测仪表，调度很难随时掌握系统的水压图和温度分布状况，结果对运行工况“情况不明，心中无数”，致使调节处于盲目状态。实现计算机自动检测，可通过遥测系统全面、及时测量供热系统的温度、压力、流量等参数。由于供热系统安装了“千里眼”，从而“实现生产设备网络化、生产数据可视化、生产过程透明化”，运行管理人员即可“居调度室而知全局”，全面了解供热运行工况，同时，自动检测是一切调节控制的基础。

（2）顺序控制：根据预先拟定的程序和条件，自动地对设备进行一系列操作。例如，顺序渐变启动过程的控制，等等。

（3）自动保护：在发生故障时，能自动报警，并自动采取保护措施，以防事故进一步扩大或保护设备使之不受严重破坏。

及时诊断故障，确保安全运行。以前我国在供热系统上尚无完备的故障诊断系统，系统故障常常发展到相当严重的程度才被发现，既影响了正常供热，也增加了检修难度。计算机监控系统可以配置故障诊断专家系统，通过对供热系统运行参数的分析，即可对热源、热力网和热用户中发生的泄漏、堵塞等故障进行及时诊断，及时指出/预测故障位置，以便及时检修，保证系统安全运行。当然，对于计算机监控系统本身也可进行故障诊断，发现问题，及时处理。另详见 8.8.1 和 8.8.3。

（4）自动调节：有计划地调整热工参数，使热工过程在给定（常规控制）/最佳（智能控制）的工况下运行。

为满足生产的需要，为保证生产的安全、经济，任何热工过程都要求在预期的工况下进行。但由于各种因素的干扰和影响，必须通过自动调节，克服因干扰而产生的偏离。

合理调节流量，消除冷热不均。对于一个比较复杂的供热系统，特别是多热源、多泵站的供热系统，投运的热源、泵站数量或投运的方式不同，对系统水力工况的影响也不同。因此，消除水力工况失调的工作，不是单靠系统投运前的一次性初调节就能一蹴而就的。这样，系统在运行过程中，手动调节阀将无能为力。许多情况下，自力式调节阀也无能为力。因此，计算机监控系统则可随时通过调节阀或者变频泵自动调节供水流量和/或供水温度，达到流量/热量的优化分配，进而消除冷热不均现象。

通常，自动控制的定义范围比自动调节广。自动调节是最常用的一种自动控制职能，自动控制稳定性理论实际上通常指自动调节稳定性理论。本章主要介绍自动调节，所以，往往把自动调节也称为自动控制。许多文献也把自动调节称为自动控制。

（5）优化调度，合理匹配工况，保证按需供热。供热系统出现热力工况失调，除因水力工况失调外，还有一个重要因素，即系统的总供热量与当时系统的总热负荷不一致，从而造成全网的平均室温偏高或者偏低。当“供大于需”时，供热量浪费；当“需大于供”时，影响供热效果。在手工操作中，保证按需供热是相当困难的。计算机监控系统可以通过软件开发，配置供热系统热特性识别和工况优化分析程序。可以根据前几天供热系统的实测供回水温度、循环流量和室外温度，预测当天的最佳工况（供回水温度、流量）匹配，进而对热源和热力网实行智能控制或运行指导，从而实现《智能规划》提出的“提升工厂运营管理智能化水平。”

（6）健全运行档案，实现量化管理，并为供热智能控制提供机器学习的资料—大数据。

由于计算机监控系统可以建立各种信息数据库，能够对运行过程的各种信息数据进行分析，根据需要显示/打印运行日志、水压图、煤耗、水耗、电耗、供热量等运行控制指标。还可存贮、调用供回水温度、室外温度、室内平均温度、压力、流量、故障记录等历史大数据，以便查询、研究和控制系统进行智能学习。由于计量能力大大提高，因而健全了运行档案，为量化管理的实现提供了物质基础。

由于具备上述功能，供热系统的计算机自动监控不但可以改善供热效果，而且能大大提高系统的热能利用率。

由于我国供热系统的智能控制和智能管理往往跟不上供热规模的大发展，大多数系统仍处于半手工操作阶段或局部自动控制阶段，从而影响了集中供热优越性的充分发挥。主要反映在：缺少全面的参数测量手段和供热大数据积累，难以对运行工况进行系统的分析判断；系统工况失调难以消除，造成用户冷热不均，这仍然是造成浪费的主要原因；供热系统未能在最佳工况下运行；不能预警和及时诊断报警，影响可靠运行；数据不全，难以优化/量化管理……

8.1.3　供热自动调节的目标

任何过程设计的目标都可以用“适用、经济、美观”六个字来表示。如果使用自动控制，就必须保证全程“适用、经济、美观”。由于美观为外观设计，所以我们只研究“适用、经济”。对于供热，“适用”还应该包括“安全可靠”，“经济”还应该包括“节能减排”等国家政策。所以，供热控制系统的目标即自动实现全程优化供热，全程“安全、可靠、适用”+全程“经济、节能减排”。应特别强调“全程优化”四个字。其中“全程”表示全过程/全年，即工艺和控制要求的全部范围，这是与传统设计中只考虑“设计工况”或“平均值”不同之处。实际上，如果不实现“全程优化”，也就没有必要自动控制，更不需要智能控制了。

另外，控制目标分为供热系统的总体目标和每个具体过程/对象必须达到的目标。这两个目标是一致的，只有每个具体过程/对象达到目标，系统才能达到总体目标，而且衡量它们的指标都可归结为全程“安全、可靠、适用”+全程“经济、节能减排”，只不过考虑的角度和范围不同，因此具体表达也不同。供热系统的总体目标是从全局考虑，包括：用户室温合格率、供热能效指标、水输送系数、循环流量控制指标、供热煤耗指标等等（详见第4.1节）。每个具体过程/对象必须达到的目标是从局部考虑，下面首先分项介绍每个具体过程/对象必须达到的目标。

1. 适用性和精度

任何系统，首先必须满足“适用”要求，控制系统的适用性即静/动态精度（简称控制精度或者准确性）满足服务对象的要求。对以供暖为目标的供热系统，“适用”即静/动态精度满足供暖舒适性要求。

为此，这里将首先介绍控制准确性（精度）和控制品质参数，传感器精度、控制精度和采样分辨率之间的差别和关系，供热/供暖对控制精度的要求。

（1）控制准确性（精度）和控制品质参数

简单来说，通常人们把被控参数与设定值之间的偏差作为控制精度。准确地说，控制准确性（精度）应该包括在最大干扰作用下，控制过渡过程的稳定性、准确性（动态与静态偏差）和快速性（过渡过程的长短）。所以，控制精度是指，在最大干扰作用下，自动控制系统的过渡过程的品质。

在自动化领域内，把被控量不随时间变化的平衡状态称为系统的静态，而把被控量随时间变化的不平衡状态称为系统的动态。

当自动控制系统的输入量（给定和干扰）都恒定不变时，整个系统就处于相对平衡状态，系统的各个组成环节如传感器、控制器、执行器、调节机构等控制环节的输出信号都处于相对静止状态，这种状态就是所说的静态。这里所说的静态不是说静止不动，而是指各参数（或信号）的变化率为0，即保持为常数不变，生产过程仍在进行，物料、能量仍然有进有出。例如，锅炉水位控制系统，当给水流量与蒸汽流量平衡时，液位不变，此时系统就达到了平衡，即处于静态。

假若系统原来处于相对平衡状态即静态，由于干扰的改变而破坏了这种平衡状态，被控量就会变化，从而控制器等自动装置就会改变控制量以克服干扰的影响，力图使系统恢复新的平衡状态。从干扰发生，经过控制，直到系统重新建立平衡，在这一段时间中，整个系统的各个环节和参数都处于变动状态之中，称之为动态。了解动态比了解静态更为重要，因为在干扰引起系统变动以后，需要知道系统的动态情况，并且搞清系统究竟能否建立新的平衡和怎样去建立平衡。

在上述动态过程中，被控量从一个平衡状态过渡到另一个平衡状态的过程称为自动控制系统的过渡过程。

过渡过程是衡量过程控制系统质量好坏的依据。当系统的输入最大阶跃变化，可以理解为受到最大干扰时，系统的过渡过程有图 8.3 所示的几种基本类型。

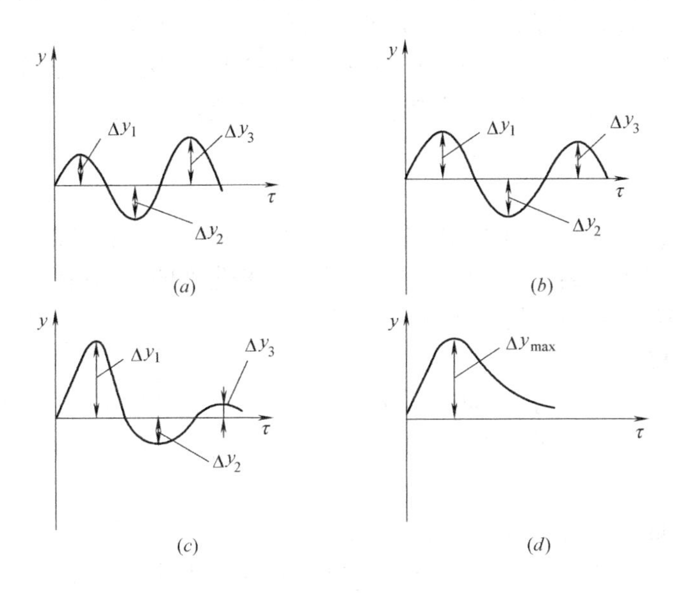

图 8.3 过渡过程的几种基本类型

最理想的情况是被控量一直保持在给定值不变，但这是不可能的。图 8.3（*a*）为发散振荡过程，即被控量逐渐增大，最后超出极限值直到引起事故为止；图 8.3（*b*）为等幅振荡；图 8.3（*c*）为衰减振荡过程，即经过一段时间的振荡后，最终能趋向于一个新的平衡状态；图 8.3（*d*）为非振荡过程。其中，图 8.3（*a*）、图 8.3（*b*）视为不稳定过程，对生产过程是危险和不允许的，因为不但被控参数波动大，而且会使设备（如执行器、调节阀等）受到损坏，如调节阀杆疲劳拉断的事例就时有发生，而调节阀密封圈的加快磨损就很常见了。图 8.3（*c*）是经常应用的过程，希望能较快地衰减并稳定下来。图 8.3（*d*）可在生产不允许波动的情况下使用，但过渡过程经历的时间较长，并且还可能有超调量过大等问题。图 8.3（*c*）和图 8.3（*d*）都属于稳定过程，对于供热室温控制，通常都是允许的。

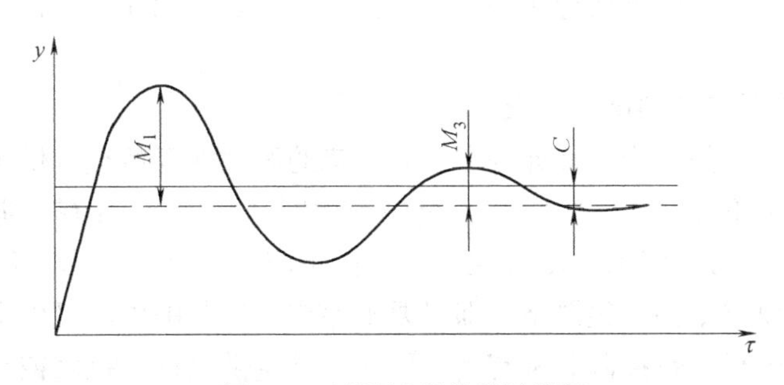

图 8.4 过渡过程的质量指标

为衡量系统的质量，对上述衰减振荡过程要作进一步的研究。习惯上，对图 8.4 所示的给定值阶跃变化（相当于最大干扰）情况下的过渡过程按以下几个指标来衡量。

1）衰减率 ψ

衰减率是相邻两个峰值的函数，习惯上用百分数来表示。定义为：

$$\psi=(M_1-M_3)/M_1\times100\% \tag{8.5}$$

对工业锅炉的自动控制系统，一般要求 ψ 大于 75%；对压力自动控制系统，要求 ψ 值大于 90%。这样能保证被控量在受到干扰的影响和调节作用的校正后，能较快地达到第一个峰值，然后就马上降低到一个较低的峰值，避免多次波动，以满足生产过程的要求。

2）静差 C

静差就是过渡过程终了时的残余偏差，图 8.4 中以 C 表示，它是被控量的稳态值（水平虚线）与给定值（水平实线）的偏差。在生产中，是生产的技术指标，通常认为被控量越接近给定值越好，即静值差越小越好。

3）最大偏差 M_1

最大偏差是第一个峰值与给定值的偏差，即图 8.4 中的 M_1 所示。它表示系统偏离给定值的程度，偏差越大，表明系统离开规定的生产状态越远，所以该值不应过大。

4）过渡时间

从干扰发生起到建立新的平衡时止，这段时间称为过渡时间。从理论上说，被控量达到新的稳态需要的时间是无限长的。但实际上，由于仪表的灵敏度所限，当被控量接近稳态值时指示值就不再变了。所以，一般规定当被控量在不超过稳态值的±5%范围内变化时，就认为过渡过程结束。过渡时间短，说明过渡过程进行得比较快，即使干扰频繁出现，系统也能适应，因此说该系统的质量就高。

5）振荡周期

过渡过程两个波峰之间的时间称为振荡周期。在衰减率相同的情况下，振荡周期越短越好，这说明过渡时间越短；而且，振荡周期越短，即频率越高，对工艺目标（例如人的舒适感、加工件等）的影响越小。

上述各项指标，对不同的系统各有其不同的要求和重要性。因此，要根据具体的生产情况区别轻重，对主要的指标应特别予以保证。有时，可能难以同时满足各项过高的指标，就应折衷考虑，以满足衰减率、静差、过渡时间、最大动态偏差等综合指标的要求。在现代控制技术中，还应考虑控制能量最小等优化性能指标。实现最优控制是衡量供热控制的主要标志之一，目前国外已应用颇多，国内也已开始应用先进的控制技术来解决供热的自动控制问题。

（2）供暖/供热对控制精度的要求

供热系统具有参数的渐变性和允许室温有一定的波动性等特点。供暖为居民服务，室内温度只要达标，上下波动 1℃左右反而对健康有利。同时，允许有一定的静差存在，允许在短时间内有较大的最大偏差 M_1 存在。所以供暖应以安全、可靠、稳定为最重要的指标，而对控制偏差要求则并不很严格，即只要确保在一定范围内就可以了，而不必考虑其他品质指标。这对进行供热控制非常有利，例如，供暖供热计算机监控系统的设计不必像对火箭、电厂和工业生产过程那样，要求快速、高精度的检测和控制。基于这些特点，供热监控系统可以在较低的速度下检测，在较低的精度下控制，可本着稳定、可靠、直接、简单、低速的原则，进行软硬件设计，尽量减少中间环节，追求的质量标准是安全、可靠、适用；经济、节能减排；便于操作等。

（3）控制精度、传感器精度、采样分辨率的差别和关系

传感器精度是指在测量范围内参数测量值与实际值之间的最大误差，有时采用相对精度，即这个最大误差与测量范围之比来表示；控制精度如前面介绍，是指在应用范围内被控参数与设定值之间的最大偏差；分辨率是指控制器能够分辨的被测参数的最小变化值，在数字控制器中通常由模拟-数字转换器（简称 A/D 转换器）的位数和传感器的量程决定。

例如，如果传感器的量程为 0～100℃，其精度为±1℃，则表示在量程范围内测量的最大误差为±1℃，相对误差为 1/100＝1%；如果设定温度为 20℃，控制精度为±1℃，则表示控制结果为 20±1℃＝19～21℃；如果传感器的量程为 0～100℃，采用 10 位 A/D 转换器（10 位二进制能够表示 0～1023），则分辨率为 100/1023＝0.1℃，不涉及温度传感器与温度控制的精度/误差。

显然，A/D 分辨率必须高于传感器精度，传感器精度必须高于控制精度。但是过高的分辨率和传感器精度也无用，会提高造价；过高的精度会大大提高造价和控制难度，因此必须合理确定控制精度。

例如，A/D 分辨率 0.1℃很容易实现，传感器精度实现 0.1℃则不太容易，实现控制精度 0.1℃则更不容易。有些厂家故意把 A/D 分辨率模糊取代控制精度，应该注意，别被忽悠。

传感器相当于人的眼睛，传感器精度是一个综合指标，在第 8.2.5 节中还将介绍。

控制精度通常由传感器精度、对象特性、控制策略（控制算法）和控制参数动态优化整定决定。例如，PID 控制器动态优化参数有三个：比例增益常数 K_p，积分时间常数 T_i，微分时间常数 T_d（供热控制通常不用微分）。理论分析需要知道系统的特性参数，几乎所有关于经典或者现代控制原理的文献都进行了完整深入，或者通俗易懂，或者经验实用的介绍，所以没有必要在这里再重复转抄这些内容。只说明一点，当系统不稳定时，不但无法保证准确性和可靠性，甚至会发生安全事故。

2. 经济性和节能减排

经济性也是所有工程设计的共同目标，必须将系统造价、全程运行费与系统节能减排进行综合考虑。经济性和节能减排是一个大专题，已经有大量文献介绍，本书只就运行节能说明几点：

1）调节阀调节流量是用节流的方法进行调节，所以有很大的节流能量损失。

通常将阀全开阻力 ΔP_v 与系统差压 ΔP 的比称为阀权度。

$$P_v = \Delta P_v / \Delta P \tag{8.6}$$

单从耗能来看，阀权度越小，节流损失越小，应该取小阀权度。但是过小的阀权度通常使调节阀的特性向快开特性变化，调节阀的泄露也会增加，所以必须正确选择调节阀。这个问题将在下一章讨论。

2）如果采用调速水泵/风机取代调节阀，则无节流损失了。显然，如果采用分布式供热输配系统，以调速泵取代调节阀，则完全消除了节流损失，节电非常显著。

3）工艺参数全程优化的节能效果。

一般都介绍定值调节系统，但变设定值调节系统的节能效果很明显。例如，冬天的集中供暖系统可以随室外温度的升高而按一定规律集中调节，如降低供水量和温度，从而可以节省水泵耗电50%～80%，节省热能30%～50%。可见，设定值优化非常重要。

4）确定合理的精度。过高的精度会增加成本。

5）控制器本身的节能

有人对控制器本身的节能非常重视，这当然没有错，特别是对于采用电池的流量计/热量计等设备，实现超低功耗非常重要。但是对其他大多数直接采用市电的控制器，控制器本身的能耗与系统总能耗相比实际上是很小的，而且现在控制元件大多数是低功耗，所以通常不必花太多功夫降低一般供热控制器本身的功耗。

3. 确保系统的安全可靠性

这是所有工程设计共同的原则，安全可靠第一，所有设计必须优先满足。

首先，调节系统各环节的构造、材料、布线等必须满足工艺安全和环境要求（如压力、温度、腐蚀性、毒性、防爆要求、能源供应等）。通常可根据规范和产品样本、说明书进行选择。

由于安全可靠性是一个综合结果，系统的可控性、稳定性等都会直接影响安全可靠性。所以，如何确保安全可靠的其他措施将在下一节介绍。

8.1.4 自动控制如何适应供热系统的特点

前面已经就这个问题进行了许多介绍，这里再进一步讨论供热控制系统如何适应供热系统的特点。

1. 串联环节的可靠性、精度及串联环节的简化原则

下面介绍串联系统的可靠性和精度的计算公式：

$$J=J_1\cdot J_2\cdot J_3\cdot\cdots\cdot J_n \tag{8.7}$$

$$K=K_1\cdot K_2\cdot K_3\cdot\cdots\cdot K_n \tag{8.8}$$

式中 K，J——串联系统的总可靠性，总精度，<100%；

K_i，J_i（$i=1, 2, 3, \cdots, n$）——各串联环节的可靠性，精度，<100%。

由于多个小于1的数相乘，其乘积会越来越小，由此可见，串联环节越多，串联系统的总可靠性和总精度越低，而且操作、维修和调试的难度也越大。因此，在满足使用目标和精度要求的前提下，系统越简单、中间环节越少、连接越直接，可靠性和精度就越高。例如：如果不要求数据库管理，则采用高集成、高可靠、多功能单片机/单片微控制器（MCU）的智能控制器比微机更简单、经济、可靠；如果温度传感器不经过放大而直接输入，则比采用温度变送器更经济、可靠；不经过DA转换和外部伺服放大器（或者阀位定位器）而由计算机直接给调节阀定位等等，都将提高系统的可靠性和测量/控制精度。因此，可以看到，简单、低价和提高可靠性、保证一定的精度是能够统一的。

在选择外围设备时，同样应该根据系统的特点，尽量减少中间环节，以“直接、简单、低速”的原则，提高系统的可靠性并降低造价。

另外，系统的控制精度不但取决于测量精度，更加取决于控制策略和系统调试。

为了进一步提高系统的可靠性，还应该采用一些使系统可靠运行的辅助功能。例如：我们经过多年的实践认识到，由于计算机核心硬件已经越来越简单、可靠、价低，因此在选择计算机或者控制器时，重要的是考虑其扩展和外围设备（包括计算机的存

储器，AD、DA、I/O扩展、软件，以及传感器、调节机构、软件等）的可靠性和价格，以及全套软件的价格和安装调试成本；另外，供热系统有一个重要特点，即除计量外，通常检测和控制精度要求不高，采样和控制速度一般比较低，采样和控制周期可以比较长。所以，在满足目标的前提下，必须尽量减少中间环节，以“直接、简单、低速”提高系统的可靠性并降低造价，而不去盲目追求高速、高价、洋气、漂亮等所谓的“高级”指标。

现在有一些值得注意的倾向：不管有没有必要，也不管操作人员的水平，要就要所谓“最高级”的；而且以为进口的就一定比国产的“高级”；高价、高速、复杂的就一定比低价、低速、简单的“高级”；微机就一定比单片机高级……却不知，有的进口产品是过期的产品，虽然外观和工艺也好看，但是元件和控制原理可能是20多年前甚至30多年前的；虽然微机的计算、显示、管理等功能比单片机控制器强，但是要知道，这都是以增加系统的复杂性、降低系统可靠性、提高系统造价、增加电耗等为代价的；虽然工控微机的主机已经不贵，但是DA/AD/DI/DO等扩展板和控制软件的价格却很高。所以选择时一定看有没有必要，必须以适用简单、安全可靠、节能减排为首要的选择目标！

还有一个值得注意的倾向，就是重硬件轻软件。有些商家常常以很低的价格卖主机和非常漂亮的表演软件，有时基本配件价格也不高。但是买了无法达到使用要求，最后成了一堆废铜烂铁；有的厂家是靠维修和卖备件收费。现在批量生产的硬件价格已经非常低，所以必须特别重视软件和非标准硬件的选择和购买合同的签订条文。

2. 并联环节/回路的保险作用

随着计算机控制本身可靠性的提高，有人又忘记了“可靠性”，认为现在已经没有必要保留手动操作了；也有人为了简单，取消了必要的并联的保险环节。所以有必要简单讨论一下并联环节的保险作用。例如：

1）涉及安全可靠的重要参数：除数字显示外，还应有就地直接指示仪表，例如弹簧压力表和玻璃温度计等，对可能产生破坏的参数还必须安装安全阀、温度保护器、漏电开关、热继电器、保险丝等；

2）必须有各种安全报警和处理功能：故障预警、报警、故障记录、故障自动处理功能和人工操作提示；

3）必须有必要的手动操作功能和手动/自动双向无扰转换功能；

4）涉及安全的控制必须设置并联旁通手动操作支路；

5）控制器必须有能够使系统受干扰后自动复位的“看门狗”。

3. 适应“慢”特性的快速更换设备法

供热的最终目标——供暖温度的反应非常慢，即滞后时间和时间常数非常大；主要干扰（室外温度）的影响很慢，所以，不能将水量调节的方法简单地直接用于温度/热量调节，更不能将电量调节的方法简单地直接用于温度/热量调节。电量调节要突出“快”，而温度/热量调节要注意“慢”。这个“慢”即滞后时间和时间常数非常大，虽然对控制系统和软件设计不利，但通常对系统硬件设计、维修等很有好处。

例如，温度和热量的采样控制周期可以比较长，A/D转换器的速度可以比较慢，计算机的运行速度可以比较低；同时，室温的热惰性大，干扰作用也比较慢。如，现在的房间保温蓄热效果很好，室外温度变化对室温的影响非常慢而且小，所以即使停止供暖0.5

小时，室温变化也不会很大，不会引起很大的不舒适感。这对设备维修很有好处，只要能够实现故障报警/预警，并实现快速更换设备（如水泵、传感器、控制器、调节阀等），而不必增加并联备用水泵等设备。这对简化管道系统、降低造价、减少阻力等很有好处。当然，事关安全的设备，例如蒸汽锅炉的水位控制设备/环节（如水位传感器、给水泵等），则必须利用并联设备/环节的保险作用（如安装蒸汽给水泵），这样，即使停电也能确保锅炉供水。

4. 智能化

考虑到我国目前设计、管理、运行人员技术水平的现状，为了便于选用、操作，尽量把控制器设计成类似“傻瓜照相机”一样，做到设计人员只要根据工程需要选用专用控制器；安装人员只要按图接线；调试人员不必组态编程，只要根据菜单输入系统的初始参数，真正的全程优化由供热智能控制系统自动实现；运行人员只要根据提示，一看就能操作。

还有一个值得注意的倾向，就是往往只重视看得见的硬件，而不重视看不见的控制软件。要知道，没有真正适合供热系统特点和现场调试、维护、操作人员水平的控制软件，再高级的硬件也没用，甚至连废铁都不如。实际上，现在硬件的价格已经非常低，因此供热控制、供热智能控制的核心就是控制软件。

5. 注意提高操作工的地位和积极性

使用智能控制，使用计算机，可大大降低劳动强度；让操作工按授权操作计算机，可提高操作工的地位和积极性，对供热智能控制非常有利。

8.2　自动控制和供热智能控制概述

8.2.1　自动控制和自动调节

1. 自动控制和自动调节的定义

自动控制的含义十分广泛。前面已经指出，对任何设备和过程，没有人的直接干预而能自动地运行并达到人们所预期效果的一切技术手段都称为自动控制。

简言之，自动控制包括所有由机器自动完成的操作。例如按一定的目标自动改变设备状态（如启动、停止、待机、故障等），以及自动调节某（些）参数保持在一定的范围内或者按一定的规律变化等。后者有时也称为自动调节。可见，自动控制的范围比自动调节更广，即自动控制包括了自动调节。由于自动控制理论通常针对自动调节，所以通常把自动调节也称为自动控制。

自动控制的发展经过了很长的时间。近年来发展非常快，主要是微电脑，特别是单片机（单片微处理器）的应用，大大推动了自动控制的发展，尤其是能够方便地实现优化控制和智能控制，并且简化系统和降低造价，使自动控制能够普及到各行各业—上天/下地/入海、工业/农业/服务业、家电/穿戴/玩具…无处不在。而且在许多机电一体化产品中，自动控制已经“不独立”存在了，例如几乎所有家电产品都嵌入了自动控制系统，这时控制系统称为“嵌入式自动控制系统”。

2. 常规控制和智能控制

自动控制分为常规控制和智能控制。常规控制是自动控制的初级阶段，智能控制是自动控制的高级阶段。常规控制理论又分为经典控制理论和现代控制理论。现代控制理论是对常规控制理论的改进，也可以称为智能控制的初阶。

在智能控制出现以前，自动控制（automatic control）是指在没有人直接参与的情况下，利用外加的设备或装置，使机器、设备或生产过程的某个工作状态或参数自动地按照预定的规律运行。智能控制出现后，这里定义的自动控制通常被称为“常规控制”或者“传统控制”。

智能控制（intelligent controls）是在无人干预的情况下能自主地驱动智能机器实现控制目标的自动控制技术。

常规控制和智能控制都是自动控制。但是仔细看来，常规控制只能“自动地按照预定的规律运行”，而智能控制“能自主地实现控制目标”。通俗地打一个比方，常规控制只能“自动地按预定的道路行走”，而智能控制“能自主地寻找最好最快的道路行走”。这里最大的差别是智能控制系统能代替人的智能行为，实现对控制对象的控制。人的智能行为是指人在对外界感知的基础上，通过大脑进行分析、推理、判断、构思和决策的行为。只有具备智能行为的机器，才能称为智能机器，只有依靠智能机器组成的供热控制系统才能称为供热智能控制系统。

在常规控制和智能控制之间，有许多对常规控制的改进方案，称为现代控制理论或算法，现代控制理论具体的做法很多，例如：

（1）按模型（如效率最高模型）进行最优控制；

（2）对 PID 控制的改进：如自整定、设置不灵敏区、防止积分饱和等；

（3）模糊控制；

（4）灰色预测控制；

（5）示教（由人示范操作，计算机学习）控制；

（6）解耦控制；

（7）对象特性、干扰补偿控制，等等。

智能控制的提出，一方面是实现大规模复杂系统控制的需要；另一方面是现代计算机技术、人工智能和微电子学等学科的高度发展，给智能控制提供了实现的基础。1985 年，在美国首次召开了智能控制学术讨论会。1987 年又在美国召开了智能控制的首届国际学术会议，标志着智能控制作为一个新的学科分支得到承认。

智能控制与常规控制的差别：

常规控制/传统控制（Conventional control）包括经典反馈控制和现代控制理论。它们的主要特征是基于精确的系统数学模型的控制，或者说，常规控制只能根据线性数学模型按事先确定的策略实现自动控制。常规控制适于解决线性、时不变等相对简单的控制问题。

然而，实际系统（对象）具有复杂性（如多变量、大系统）、非线性、时变性、不确定性（甚至变结构）和不完全性等特点，一般无法获得精确的数学模型，甚至连近似的数学模型也难获得。

智能控制（Intelligent control）不需要建立数学模型，能自动识别对象，从而具有自寻优、自适应、自组织、自学习、自诊断（甚至自修复）和自协调等能力，即智能控制能够自动识别对象，自己选择最好的策略实现自动控制，具有人的“智能”。

8.2.2　供热智能控制

1. 智能供热和供热智能控制

随着计算机和网络技术的普及，传统供热正在逐步向智能供热发展，供热自动控制正在逐步向供热智能控制发展。

智能供热=供热系统+供热企业智能管理系统+供热智能控制系统。本章重点介绍供热智能控制系统。

供热智能控制系统=运行数据采集管理与动态分析+运行参数优化与控制+优化决策与调度+计量收费

因计量收费与运行数据采集管理有关，而且这些数据必须供其他模块（或子系统）共享，所以将计费子系统放在智能控制系统，而不放在企业管理系统中。

供热智能控制就是将热能工程技术和自动控制（包括常规控制和智能控制）、计算机技术、互联网+、信息技术等相结合，对供热系统参数进行实时检测、参数优化和控制、优化决策和调度，使整个供热系统的参数达到优化状态，从而达到确保系统安全、增加产量、提高质量、降低消耗、节能减排、减员增效等目的。

所以供热系统是主体，供热参数优化是关键，智能控制是为供热系统服务的。

可见智能控制、计算机技术、互联网+、信息技术等是供热智能控制必不可少的工具。于是有些广告就把应用了这些工具，还有大数据、云计算等作为宣传“智能××”的噱头。然而，如果没有供热系统的智能优化，即使在供热系统中应用了上述全部工具，也不是“智能供热”。

所以，智能供热的关键技术是供热系统的优化，即优化决策与调度，确定系统优化运行的参数并自动控制系统达到优化状态。

系统运行的优化参数包括两部分，一个是供热过程参数的优化，例如确定优化供水流量和供水温度等，这基本上是供热问题；一个是控制系统本身参数的优化，包括静态参数优化（主要是热能专业的工作，详见调节特性）和动态参数优化（主要根据控制理论或经验调试确定）。供热常规控制和供热智能控制的比较详见表 8.4。

供热智能控制系统可以看作供热控制系统的高级阶段。

供热常规控制和供热智能控制的设计要点比较　　表 8.4

	确定供热工艺与控制系统的全程优化方案	确定全程优化控制参数	
		供热常规控制	供热智能控制
供热工艺全程优化	确定全程优化的供热工艺方案:确保全程安全可靠舒适、经济节能减排。例如,以泵代阀进行调节,就能克服节流损失,就有明显的节能效果	根据定量的全程优化控制目标与定量的全程优化工艺模型,自动确定全程优化运行参数(如最佳供水量、最佳供水温等)。但由于影响因素多,计算误差大,通常无法建立准确的定量的全程优化模型,只能建立近似模型,因此一般只能求得近似的全程优化运行参数	根据定量/定性/模糊/语意表达…的全程优化控制目标与定量/定性/模糊/语意表达…的全程优化工艺模型,通过对运行大数据的学习,自动确定全程优化运行参数。但初始运行无大数据学习,因而可用常规控制的全程优化运行参数作为智能控制的初始运行参数,确保开机能正常供暖,然后利用对运行大数据的学习,智能寻更优

续表

	确定供热工艺与控制系统的全程优化方案	确定全程优化控制参数	
		供热常规控制	供热智能控制
供热控制全程优化	供热与控制专业相结合，确定适合供热特点的全程优化控制方案。例如：尽量减少传递滞后，尽量将多变量系统分解成多个少变量/单变量回路；按工艺和控制双重要求的特性进行设备优选或补偿。从而使控制系统降阶、简化、经济、可行	根据定量的全程优化控制目标与线性控制系统模型（静/动态特性），应用常规线性控制理论计算或经验调试，整定控制器的最优运行参数。因供热对象特性通常为非线性，滞后大，因而必须对非线性进行自动补偿，才能实现全程优化运行。如变量多，则应该尽量将多变量控制分解成多个少变量/单变量回路，从而降阶、简化	根据定量/定性/模糊/语意表达…的全程优化控制目标和控制方案，可自动识别非线性对象，通过自学习，自动寻优，确定控制器的最优运行参数。但因初始运行无大数据，供热滞后大，数据积累慢，可用常规控制算法/经验确定近似的初始运行参数，确保开机正常供暖，然后利用大数据自寻优。如变量多，则应该尽量将多变量控制分解成多个少变量/单变量回路，或进行线性补偿，从而降阶、简化

2. 从人机围棋大战中的“阿尔法狗”（AlphaGo）看供热智能控制

为了让大家对人工智能/智能控制有一个宏观的认识，先简单了解一下人机围棋大战中的谷歌“阿尔法狗”（AlphaGo），这是一款围棋人工智能程序，其主要工作原理是“深度学习”，即学习了数十万个人类棋谱。它使用了约 170 个图形处理器（GPU，12 颗 GPU 可提供相当于 2000 颗 CPU 的深度学习性能）和 1200 个中央处理器（CPU），这些设备需要占用一个机房，还要配备大功率的空调，以及多名专家进行系统维护。可见 AlphaGo 代价之宏大，要求条件之苛刻，是一般工业智能控制无法接受的！

所以，如果按 AlphaGo 的思路搞供热智能控制毫无实际意义！当然，等到深度学习处理器芯片（TPU）实现大量生产，可将‘阿尔法狗’关进一个盒子，如果价格与现有工业 PC 相近，就可用于工业智能控制了。从计算机的发展速度看，这一天一定会到来。但是不能等，我们应该用现有的条件实现供热智能控制，首先就是利用供热专业的优势，具体研究供热设备/系统的特性，将多变量控制系统分解成多个基本的单（少）变量系统，使供热智能控制系统降阶，变得简便、可行从而逐步提升供热智能控制的水平。例如：

（1）采用合理的方案，将多变量控制系统分解成几个影响因素少的控制回路，最好分解成多个单变量基本控制回路，可使系统大大降阶、简化，就可方便地应用现有的单变量控制算法/策略。

（2）正确选择设备或自动优化补偿，使控制系统静态增益 A 为常数，使系统静态调节特性为线性（详见第 9 章），就减少了一个影响因素/变量，即降了一阶。

（3）尽量减少传递滞后时间，并计算出传递滞后时间，使传递滞后时间变成 0 或进行补偿，又可减少一个影响因素/变量，即又降了一阶（详见第 9 章）。

（4）把启动的智能控制和正常运行的智能调节（控制）分开，例如可采用最优顺序启动，而正常运行采用全程优化调节（控制）。

（5）因为供热系统开始运行时，各种数据都没有，再好的智能控制系统开始也无法通过学习求得最佳工艺运行参数；也不能随便取一个工艺参数运行。因此可根据常规控制算法或者经验给出智能控制的初始运行参数，以确保开机就能够正常供暖，并可减少寻优的范围，可加快寻优。

(6) 将大型智能控制系统进行分级（详见第 8.2.4 节），从而进行降阶/简化，因为底层的局部级/执行级无法学习系统的大数据，或获得系统大数据的成本过高，所以采用分级递阶智能控制，即现场局部级/执行级只具有局部的初级智能控制功能，而把全局性的高级智能功能交给上级—全局级。

由于控制理论（包括常规控制和智能控制）已经有许多专门的著作，常规控制器动态参数的优化也有许多理论的或者经验的调试方法，因此深入研究供热设备和系统的特性及优化供热的模型（定量的/定性的，精确的/模糊的…）和控制方案，仍然是供热常规/智能控制成功的前提。所以本章主要介绍实现供热过程参数优化和控制方案，在下一章介绍控制系统的静态特性和实现静态优化的特性指数法。

8.2.3　自动调节的基本策略/方法

无论常规控制还是智能控制，如果能够将多变量控制系统分解为几个基本控制策略/回路，就可使控制系统降阶、简化，从而变得经济、可行。所以必须介绍一下最基本的控制策略/方法。这些基本控制策略/方法应用非常广泛，理论和实际经验都比较成熟。它们通常既可用于常规控制，也可用于智能控制；既可构成独立的控制系统，也可构成复杂控制系统中的一个控制回路。因此，在这里按分类简单介绍最基本的控制策略/方法和原理。控制系统的稳定性理论和调试整定方法等，请见自动控制基础。

1. 按控制环路是否闭合分

(1) 反馈控制（也称为闭环控制）（图 8.5）

反馈控制系统是应用最多的系统，也是经典控制理论重点研究的控制系统。

最常用的采用计算机/单片机的单回路反馈控制系统的组成见图 8.5。基本反馈控制系统由控制器（点划线框内）、执行器、调节机构、调节对象、传感器等环节组成。其中执行器、调节机构、调节对象等环节有时也总称为广义调节对象，简称广义对象。

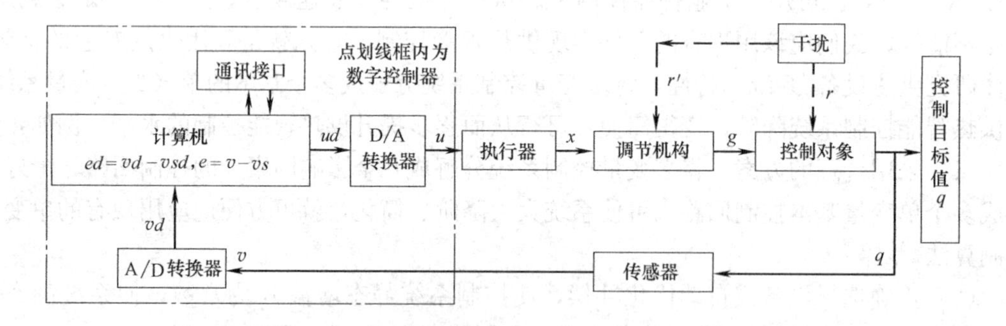

图 8.5　采用计算机的单回路反馈控制系统

相对于人工控制，形象地说：控制器相当于“大脑”，执行器相当于“手”，调节机构（如调节阀、调速泵等）相当于“调节工具”，传感器相当于“眼睛”（或其他感觉器官），控制/调节对象（设备和过程）的输出（q）是控制目标–称为被控参数。

由于采用计算机的控制器只能识别并且运算数字信号，所以在传感器和控制计算机之间接入了 A/D 转换器，把传感器输出的模拟信号（A）转换成数字信号（D），显然，如果采用数字输出的传感器，则不需要 A/D 转换器；同样，在控制器和执行器之间接入了 D/A 转换器，把控制器输出的数字信号（D）转换成模拟信号（A），显然，如果采用数字输入的执行器，则不需要 D/A 转换器，另外，A/D 和 D/A 转换器通常包括在控制器内，甚至包括在单片机（单片微处理器）内，所以在后面介绍控制系统时，通常不再专门表示 A/D 和 D/A 转换器。

显然，可以将执行器和调节机构组成一体化调节机构，例如一体化调节阀。有的文献将执行器、调节机构和调节对象合并称为广义对象，于是调节系统就由控制器、广义调节对象和传感器三个环节组成。为了全面分析调节系统，我们采用了图 8.5 表示的调节系统组成方案。

图中小写字母表示环节的相对输入量/输出量，变化范围为 0～100%，无量纲。例如：如果调节机构为调节阀或者调速泵，则相对流量 $g=L/L_{100}$，这里 L 为流量，L_{100} 为全开流量。

由于反馈控制系统把被控参数（控制目标值）反馈到控制器，即控制装置与被控对象之间有反向联系，所以称为反馈控制。因为控制系统构成了闭环，所以也称为闭环控制系统。通常，反馈控制可以很好地消除系统的偏差—使被控参数产生偏差的因素可能很多，如果采用反馈控制，则不管有多少影响因素，只根据这个偏差进行控制就行了，因而就使控制系统变得简单。因此，反馈控制理论也非常完善，应用最广泛。

然而，对于许多供热对象，由于传递滞后很大，系统热惰性大，例如，我们可以用反馈控制直接控制锅炉出口的供水温度（对蒸汽锅炉为汽压），却无法在锅炉房直接用反馈控制控制供暖室内温度。这是因为锅炉和供暖房之间可能相距数千米甚至十多千米，由于传递滞后和整个系统的蓄热，调节锅炉负荷变化，要等数小时（甚至十多小时）才能对室温发生影响。同样，也不能在热力站采用反馈控制直接控制供暖室温。所以，反馈控制（闭环控制）不是万能的。

（2）简单开环控制（图 8.6）

控制装置与被控对象之间只有顺向作用，而没有反向联系（反馈）的控制过程。这时，控制器实际上成了操作器。为了操作准确，开环系统必须有比较好的线性调节特性。通常锅炉和供热系统的启动可用简单开环控制和后面介绍的程序控制系统。

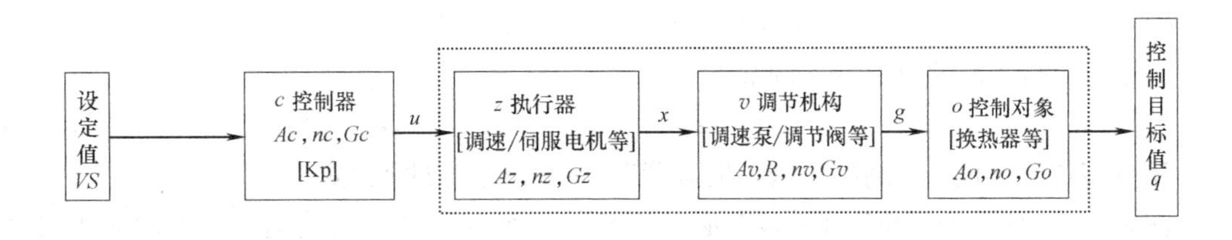

图 8.6　简单开环控制（点线框内为广义调节对象）

（3）对主要干扰进行前馈补偿的开环控制（简称前馈控制）（图 8.7）

例如，室外温度是供暖的主要干扰，就可以应用室外温度前馈补偿的开环控制器（回路），简称室外温度补偿器，对供水流量和温度进行前馈补偿。

利用单变量前馈回路＋单变量反馈回路组合，可以构成复杂完善的控制系统，使多变量系统降阶、简化、可行。例如，三冲量蒸汽锅炉水位控制＝水位反馈控制（主回路）＋蒸汽流量变化前馈补偿（用给水量增量补偿供汽量增量）＋汽压变化前馈补偿（补偿汽压

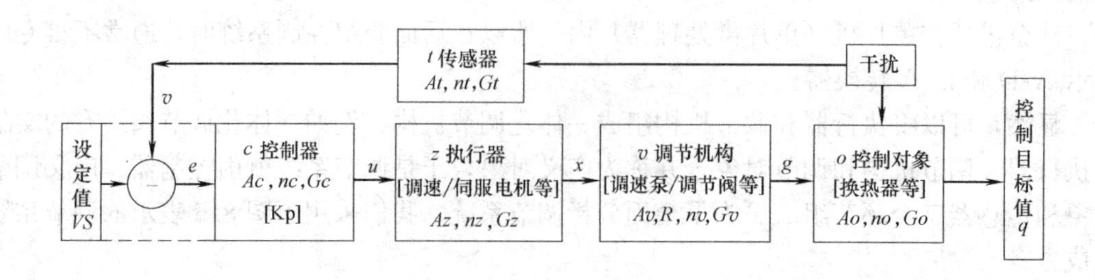

图 8.7　对主要干扰进行前馈补偿的开环控制

突变产生的假水位上升)。这样做，把影响蒸汽锅炉水位的三个变量（因素）系统变成了三个单变量（单因素）控制回路，无论对常规控制，或者智能控制，这都是非常有利的（详见图 8.24）。

2. 按调节器的控制算法（原理）分

按调节器的控制算法（原理）可分为：ON-OFF-开关控制、三位开关控制、P-比例控制、I-积分控制、D-微分控制、PI-比例积分控制、PD--比例微分控制、PID--比例积分微分控制等。

各种控制规律不但可以用于独立的单回路控制器，也可以嵌入各种控制器；不但可以用于常规控制，也可以用于智能控制。各种控制规律都有它的优缺点，一定要根据需要选择，如果能够达到目标，最简单的方案往往最经济可靠。实际上，各种控制规律都可改进，例如，可在各种控制规律中加入不灵敏区、自整定等现代控制的做法；如果在各种控制规律中加入自动确定优化控制参数的智能算法，这些控制也可以提升为智能控制，例如智能 PID；又如三速风机盘管空调控制器可采用模糊控制，就能够将多位开关控制提升为智能控制。

根据图 8.5 所示，通常将 A/D 和 D/A 合并在控制器内，设偏差 e=实际值−设定值，控制器输出量为 u（调节方向包括在系数符号中）。下面简介它们的基本算法：

(1) ON-OFF 开关调节

双位开关控制：
$$e\leqslant 0, u=100\%; e>0, u=0 \tag{8.9}$$

有不灵敏区 $\pm e_0$ 的双位开关调节：
$$e<-e_0, u=100\%; e>e_0, u=0; -e_0\leqslant e\leqslant e_0, \text{保持} \tag{8.9a}$$

还有多位开关调节，例如三速风机盘管有高/中/低/0 四个位置。

注意：这里的 ON-OFF 开关调节必须将被控参数控制在一定范围内，因此属于自动调节，与设备启动 ON 和停止 OFF 控制的含义不同。

随着无触点开关（固态继电器）的普及，ON-OFF 开关控制可以通过改变通断时间比（PWM-称为脉冲调宽，即接通时间比例）变成连续调节。例如，对于电加热器，可以采用过 0 触发的固态继电器，即电压为 0 时接通/断开电源，就能够使开关调节对电网的干扰减少到 0；而且由于电加热器有热惰性，交流电的频率为 50Hz，因此改变接通交流电的波数完全可以得到连续调节的效果；同时调节输出的分辨率也很高，如果以 1 秒为 PWM 调节计数周期，则调节输出的分辨率为 1%（因为 50Hz 交流电压每秒有 100 个过 0 点），如果以 2 秒为计数周期，则分辨率为 0.5%，这个调节输出分辨率已经能够满足控制要求了。

(2) 恒速调节（三位定积分控制）

$e<-e_0$，取 $e=-e_0$；$e>e_0$，取 $e=e_0$；$-e_0\leqslant e\leqslant e_0$，取 $e=0$；

$$u=K_i \cdot e \cdot \tau \tag{8.10}$$

式中 K_i——比例系数；

e_0——不灵敏区；

τ——时间。

与后面的式（8.12）比较，由于这里 $e=\pm e_0$，故而恒速调节可称为定积分调节。

恒速调节（定积分调节）非常简单，但不易稳定。可用于传递滞后很小、惰性很小的对象，例如水箱水位控制、调节阀后的压力控制等。

(3) P 比例调节

$$u=K_p \cdot e \tag{8.11}$$

式中 K_p——比例系数，也称为控制器比例增益。K_p 越大，调节越快。

调节量 u 与偏差成正比。比例调节是有差调节，但稳定性好。自力式调节器、平衡阀通常采用比例调节。

(4) I 积分调节

其调节量 u 与偏差对时间的积分成正比。

$$u = K_i\int_0^t e(\tau)\mathrm{d}\tau \tag{8.12}$$

式中 $T_i=1/K_i$——积分时间；

K_i——积分增益，K_i 越大，调节越快；

τ——时间。

积分控制是无差调节，但不易稳定。

(5) D 微分调节

其调节量 u 与偏差的变化率成正比。

$$u=K_d \cdot \mathrm{d}e/\mathrm{d}\tau \tag{8.13}$$

式中 $T_d=1/K_d$，称为微分时间；

K_d——微分增益。

微分控制具有“预见性”。但是因为检测值的波动，会变成微分控制的“干扰”，所以必须进行很好的滤波处理。供热控制中通常可不用微分调节。

(6) PI 比例积分调节=P 比例调节+I 积分调节

$$U = K_p e(\tau) + \frac{K_p}{T_i}\int_0^t e(\tau)\mathrm{d}\tau = K_p\left[e(\tau) + \frac{1}{T_i}\int_0^t e(\tau)\mathrm{d}\tau\right] \tag{8.14}$$

供热控制中通常采用 PI 比例积分控制，不但有常规 PI 控制，也有智能 PI 控制。通常没有必要采用 PID 比例积分微分调节。

(7) PID 比例积分微分调节=P 比例调节+I 积分调节+D 微分调节

由于 PID 控制比较完善，克服干扰的能力比较强，所以各种文献通常都对 PID 进行了比较全面的介绍。不但有常规 PID 控制，也有智能 PID 控制。在下面将以 PID 调节为例，介绍用于计算机采样控制的离散控制算法。

3. 按控制器的处理信号分

1）模拟控制，也称常规仪表控制，如单元式组合仪表控制系统。模拟式控制器为连续采样控制，通常无法实现智能控制。

2）数字控制，即计算机采样控制。

由于计算机技术的高度发展，数字式控制得到了广泛应用。通常可将模/数转换器（A/D）、数/模转换器（D/A）和数字计算机组成数字控制器，详见图 8.5。如果采用单片机、单片微控制器、单片信号处理器芯片，则芯片内通常已经包含了 A/D 和 D/A，使用就更简便了。

数字式控制通常采用计算机周期性采样控制，因此也称采样控制，它不是连续控制，因此控制算法必须进行离散化处理。例如，PID 离散化算法有：增量式算法、位置算法等。PID 增量式算法离散化计算公式为：

一个采样周期的调节增量：$\Delta u(k)=u(k)-u(k-1)$

$$\Delta u(k)=K_{\mathrm{p}}[e(k)-e(k-1)]+K_{\mathrm{i}}e(k)+K_{\mathrm{d}}[e(k)-2e(k-1)+e(k-2)] \tag{8.15}$$

式中　k，$(k-1)$，$(k-2)$——分别为第 k，$(k-1)$，$(k-2)$ 个采样周期时刻。

其他参数定义前面已经说明。

数字控制系统（DDC）实质上是一种采样控制系统。只要将采样周期取得足够短，就非常接近于连续模拟控制，因此就可以直接应用基于连续模拟控制理论，所以在介绍供热控制方案和原理时通常不区分数字控制和模拟控制。

4. 按给定值的变化情况分为

（1）定值控制系统

定值控制系统是给定值保持不变或很少调整（例如只在冬、夏改变设定值）的控制系统。这类控制系统的给定值一经确定后就保持不变直至外界再次调整它。热工、化工、医药、冶金、轻工等生产过程中有大量的温度、压力、液位和流量需要恒定，是采用定值控制最多的领域。

（2）随动控制系统

如果控制系统的给定值不断随机地发生变化，或者跟随该系统之外的某个变量而变化，则称该系统为随动控制系统。由于系统中一般都存在负反馈作用，系统的被控变量就随着给定值变化而变化。热力站全程优化集中控制系统优化供水温度和供水量设定随室外温度改变，就是随动控制系统。

（3）程序控制系统

如果给定值按事先设定好的程序变化，就是程序控制系统。由于采用计算机实现程序控制特别方便，因此，随着计算机应用的日益普及，程序控制的应用也日益增多。例如，锅炉和供热系统的启动可用简单开环即程序控制；在热力站全程优化集中供暖控制系统中可事先设定好程序，实现值班/正班控制。

5. 其他分类

例如，按被控系统中控制仪表及装置所用的动力和传递信号的介质可划分为：自力式（不需要外部动力，如自力式减压阀、平衡阀等）、气动、液动、机械式等控制系统。除自力式减压阀、平衡阀外，供热系统通常采用电动控制系统，而且，由于数字控制必须应用电子计算机，所以本文只介绍电动控制系统。

又例如，控制系统还可以分为集中控制系统和分布式控制系统；单级和分级控制系统；等等。

计算机自动监控有明显的优越性，不但能够实现常规控制，而且能够实现不同等级的智能控制，因而得到迅速发展。

8.2.4 供热智能控制系统的分级

供热智能控制是一个非常大的多变量系统，前面已经反复强调，必须进行分解、降阶，才能具有可行性。这里介绍如何进行分级，从而实现分解、降阶。

1. 用于大型系统的三级递阶智能控制系统

三级分级递阶智能控制系统是在自适应控制和自组织控制的基础上，由美国普渡大学 Saridis 提出的智能控制理论。分级递阶智能控制（Hierarchical Intelligent Control）主要由三个控制级组成，按智能的高低分为组织级、协调级和执行级，并且这三级遵循“伴随智能递降精度递增”的原则，即下一级的智能降低而控制精度提高。

1）组织级（organization level）：组织级通过人机接口和用户（操作员）进行交互，可以分析整个系统的大数据，执行最高决策的控制功能，监视并指导协调级和执行级的所有行为，其智能程度最高。智能控制的核心在高层控制，即组织级，智能最高，相当于系统的组织领导。

2）协调级（Coordination level）：协调级可进一步划分为两个分层，即控制管理分层和控制监督分层，协调级相当于“中层”。

3）执行级（executive level）：执行级的控制过程通常是执行一个确定的动作，所以执行级甚至可以采用能够接受并按照全局级智能命令工作的“常规控制器”，这就为将常规控制系统提升为智能控制系统找到了一条路。执行级为底层，智能最低，为执行者/手脚。

由于智能控制系统中的组织级总揽全局，所以也可以将组织级称为全局级。由于执行级只管局部，所以也可以称为局部级。

如果系统比较小，就可以将协调级的功能合并在组织级和/或执行级中，三级系统就变成了二级系统，即上层为组织级/全局级，下层为执行级/局部级。

通过分级，可以方便地实现执行级的自动控制。执行级甚至可以采用常规自动控制或者低级、低价的“简易智能控制”，而将真正的全系统的优化交给全局级/组织级，执行级就可以根据上级的命令实现真正的“智能控制”。这样不但成本低，而且便于管理，还可以将现在的独立的智能或非智能控制系统（例如锅炉控制系统、热力站控制系统）加入到智能供热控制系统中。

执行级/局部级最重要的工作是：在无全局级命令时，能够独立确定初步优化供热参数并自动实现优化控制；还能按组织级/全局级的命令，实现更加高级的优化运行。所以，即使暂时无法实现全局的高级智能控制，也可以先实现局部自动控制（常规控制或者低级智能控制），只要留有软/硬件接口，待全局级智能控制建成时，局部级就可自动升级。

2. 供热智能控制系统的分级

由于供热系统大而分散，而且下层的结构相差很大，所以，根据智能控制系统的分级方法，智能供热控制系统可采用三/二级混合系统，如图 8.8 所示。

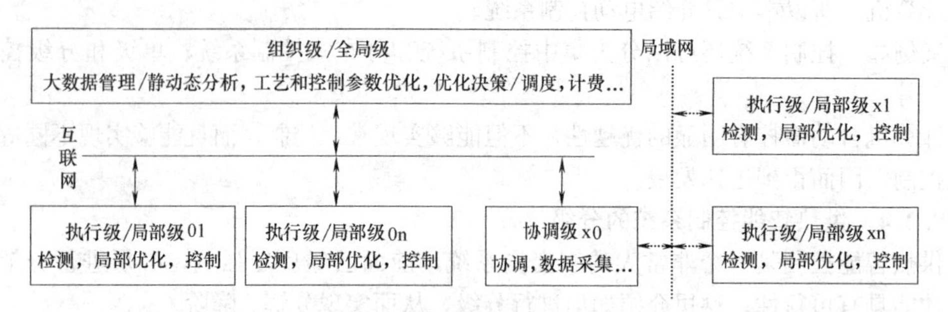

图8.8 供热智能控制系统的混合分级示意图（未表示显示/操作等功能）

组织级/全局级具有数据管理、系统大数据分析（例如水力平衡、热平衡等）和供热参数全程优化、优化决策/调度、计费等功能模块（子系统）。如果系统小，可以用一台计算机，如果系统大，则必须采用服务器＋云数据存储＋多个操作终端。注意，为了简单起见，这里介绍的智能供热控制系统的组织级/全局级的管理不包括企业管理。

在图8.8中，n=01，02，…，0n；x=1，2，…，为无符号整数。

无协调级的直接执行级01～0n，可以是一个热力站控制系统、一个锅炉控制系统，甚至可以是一个有网络通信功能调节阀或调速泵、传感器…

对于供热分户计量调控，执行级x1～xn，是一个供暖分户计量调控装置；而协调级x0是一个供暖分户计量收费结算点的控制，负责结算点的总热量检测，并且协调和采集各执行级x1～xn热计量数据，还可以承担热入口的控制。

如果系统大，也可以分成三级。例如，如果锅炉房有多台锅炉，或锅炉采用多个常规控制器，则也可在多个回路的检测和控制之上增加"协调级"。这样的优点是可以利用"协调级"，将多个常规单回路控制器改造并进入供热智能控制系统。这时，执行级x1～xn可以是一个热源（例如锅炉）控制系统；而协调级x0是负责一个大锅炉房的协调控制。

执行级/局部级可以接受组织级/全局级的命令，实现高级的智能控制。在上层的组织级/全局级未建成或发生故障时，执行级/局部级可以独立实现自动控制，可以按近似的模型进行简单优化、参数自整定、人工示教（控制器学习）、自诊断、自补偿等比较高级的现代控制功能，对其中的单回路控制还可以采用智能控制，如模糊控制、智能PID（自动确定PID优化参数），甚至也可以采用常规控制等。

3. 智能控制系统分级的重要意义

1）这样就可以充分发挥现有的局部控制系统的作用，并可将现有的局部的常规供热控制系统提升为供热智能控制的执行级。

2）提供了分步实现供热系统智能化的方法。

第一步，实现执行级/局部级的自动化。执行级可以采用具有通信接口的简单、可靠、价低的常规控制器，既可以独立工作，首先实现常规自动控制，也可以加入自整定、简单自优化、自诊断、智能PID、专家控制器、神经元网络控制器等等比较高级的控制功能，并且可以按上级的指令实现真正的智能控制。例如，热力站和热入口（第8.5节）、分户计量调控装置（第8.6节）、锅炉（第8.7节），以及其他局部控制系统，都可以作为供热智能控制系统的执行级/局部级。

第二步，建立供热智能控制系统的组织级/全局级。

供热智能控制的组织级/全局级实质上包括信息一般管理和大数据深度处理与优化决策两个方面，有时也把这两部分统称为智能信息管理系统。供热智能控制系统的组织级/全局级功能举例见第8.8节。

信息一般管理包括数据采集、大数据存储、系统维护、计量收费、数据设定和收发权限管理等。由于大数据管理、互联网+、大数据、云存储等技术已经相对成熟，只要根据供热系统的需要建立数据结构和参数范围等，就可以购买到成熟的服务，从而在供热行业逐步“实现生产设备网络化、生产数据可视化、生产过程透明化、生产现场无人化，提升工厂运营管理智能化水平。”

大数据深度处理与优化决策是开发供热智能控制系统的难点和真正价值所在。首先必须建立全系统的全程优化运行模型（准确的、灰色的、模糊的、统计的…），并且根据大数据分析求解。作为供热智能控制组织级/全局级功能举例，本章将介绍供热智能信息管理系统，并且重点介绍信息（大数据）深度处理与优化决策，包括：供热系统在线参数预测（详见第8.8.1节），多热源协调运行方案优化（详见第8.8.2节），热网故障诊断专家系统（详见第8.8.3节）等。

8.2.5 自动调节系统设计的内容和原则

自动调节系统/回路的设计详细内容和原则汇总于表8.5，它实际上是表8.4的细化，根据它可以一步一步地进行设计。

供热自动调节系统设计的详细内容和原则汇总表 **表8.5**

控制系统设计内容和原则		有关章节	常规控制[③]	智能控制	类
0	确定目标：自动实现全程优化供热[①②]	第1～8章	定量模型	定性/模糊/语义…优化目标	静态
1	确定全程优化可行的供热工艺方案[①②]	第1～7章	成败基因	成败基因	
2	确定全程优化可行的调节[控制]方案[①②]	第1～8章	必须[④]	必须[④]	
3	确定全程优化运行的供热工艺参数[①②]	第1～7章	定量模型	定初值，再按目标自寻优	
4	确保全程可观性-传感器：范围/线性/精度/灵敏度[①]	第8～9章	必须满足	必须满足（需增加传感器）	
5	确保全程可控性-设计工况，调节范围，驱动力[①]	第9章	必须满足	必须满足	
6	全程静态调节特性[增益，调节特性指数]	第9章	要求线性[⑤]	可非线性，线性可降阶[⑤]	
7	尽可能减少传递[纯]滞后时间	第9章	纯滞后不利	纯滞后不利于控制	动态
8	确定系统动态特性函数	测/计算	要求线性[⑤]	可非线性，线性可降阶[⑤]	
9	确保全程稳定和精度-控制参数动态优化[①]	控制理论	计算/调试	先定初值，再按目标自寻优	

续表

控制系统设计内容和原则		有关章节	常规控制	智能控制	类
10	确保全程经济节能减排-目标/综合结果①	8.1.3 等	定量模型	根据目标和大数据寻优	
11	确保全程安全可靠性-目标/综合结果①	8.1.4 等	报警/处理	报警/智能预警/智能处理	综合
12	控制器/计算机硬件选择设计和软件设计	8.3 节。按需要选择,并留有升级余地和软硬件接口			

注:①"全程"是指工艺和控制要求的全部范围,不是指设计工况/平均值。与习惯的"设计"概念不同。
②"全程优化":安全可靠适应/经济节能减排,是供热控制的目标,尤其是供热智能控制的目标。
③"常规控制"分为经典和现代控制,后者是改进版。表中常规控制是指理论完整的经典线性控制理论。
④全程优化可行的调节方案,将多变量系统分解成多个单(少)变量控制回路,从而降阶/简化/可行。
⑤线性特性包括:线性特性或者自动补偿后得到线性特性。

表 8.5 中，0～3 项和 10～12 项已经在前面进行了介绍，因此在这里只简介 4～9 项。

第 4 项，确保控制系统全程可观测性，即所设计的系统必须是全程可观测的，从而实现“生产数据可视化、生产过程透明化”。传感器的测量范围和精度（包括抗干扰能力和时间稳定性等）必须满足要求，0 点和增益可调，增益最好为常数（线性）或者增益函数已知，反应灵敏高。形象地说，传感器就相当于要有明亮、灵敏、准确的眼睛。如果传感器灵敏度、测量范围和精度不满足要求，其他条件再好也无济于事。

现在，各种传感器都有许多系列化定型产品供各种用途选择。许多文献对传感器做了全面介绍，所以不在这里重复介绍。在这里只简单说明三点：

1）传感器精度必须高于采样分辨率，采样分辨率必须高于检测精度，检测精度必须高于控制精度；传感器的时间常数通常必须大大小于对象时间常数，然而对于脉动参数，如压力的检测，则适当增大时间常数（如加稳压罐），可以起到滤波的作用。

传感器的精度是一个综合指标，包括：灵敏度和分辨率、迟滞与重复性、稳定性和漂移等（详见有关传感器文献）。传感器的迟滞和重复性等，一方面会增大传感器的误差，降低传感器的精度，同时会增加传感器的纯滞后。还有，如果传感器的安装位置不当，例如离调节机构很远，也会产生纯滞后。纯滞后对控制非常不利。

2）调节系统中的传感器分成三个层级：第一，为测量直接控制目标参数的传感器和确保安全的传感器，例如，为了实现供水温度调节，则供水温度传感器是必须的，同时，确保压力容器安全的压力传感器等也是必须的；第二，为实现基本优化控制而测量的参数的传感器，例如，为了实现热力站供水流量/温度随室外温度改变，不但需要流量/温度传感器，而且还需要室外温度传感器等；第三，为供热全局优化而测量的参数的传感器—除前面所说的传感器外，还必须测量室温、水压、流量、功率等的分布，从而还需要大量的传感器，才能积累大数据，进行全局优化分析，实现全局优化控制和优化调度。可见，真正的供热智能控制，实现全局全程优化是有代价的——软件和硬件都有代价。

3）传感器和变送器的差别。简单说：传感器也称敏感元件，现在常用的传感器是利用其电特性（电阻/电势/电流/电容/电感等）随其他物理量（如温度/压力/差压等）变化的规律进行测量的。然而，这种随其他物理量变化的电量往往很微弱/非线性，不便于输送和测量，所以需要对信号进行调理，即放大和线性化处理等，完成这些处理功能的独立部件通常称为变送器。由于电子元件/部件的集成度不断提高，现在通常也把变送器（或信号调理器）和敏感元件统称为传感器，并且按其输出信号分为模拟传感器和数字传感器。模拟传感器的输出有 4～20mA/0～10mA 电流型和 1～5V/0～5V 电压型，通常把 0～10mA/0～5V 输出称为Ⅰ型传感器，4～20mA/1～5V 输出称为Ⅱ型传感器。数字传感器可分为：有线/无线串口数字通讯型、脉冲型等。

第 5 项，确保调节系统全程可控性。

根据目标和干扰确定调节量和控制方案，其调节范围必须满足要求。因为在调节范围以外，调节系统无法调节，或者说系统失调了。这个原则包括：

对象最大输出 $$Q_{100}=K\cdot[Q] \tag{8.16}$$

调节范围 $$R_q=Q_{100}/Q_0=K\cdot[R_q] \tag{8.17}$$

式中 Q_{100}，Q_0——开度为 100%（最大），开度为 0（最小）时的输出；

K——安全系数，通常可以取 $K=1.1$～1.2；

$[Q]$——对象的设计输出；

$[R_q]$——对象的设计调节范围。

对于无泄漏系统，因为调节范围 $R_q=\infty$，自然满足调节范围要求，所以只要考虑最大输出满足要求就行了。

调节对象，例如换热器，通常是固有无泄漏控制环节，但是如果采用有泄漏控制环节（例如调节阀）作为调节机构，则换热器和整个系统都变成有泄漏了。

使用最广的调节机构——调节阀是固有泄漏的控制环节，其泄漏量$=1/R$，总是大于 0，调节阀控制的加热器的泄漏量$=1/R_q$，也总是大于 0。由于调节阀的调节范围不但与调节阀的种类、型号、规格有关，而且与管道系统和工质源压力变化有关，所以系统的调节范围与调节阀、管道、对象特性有关。

另外，执行器的开启（或者关闭）力必须满足要求。对于调节阀，则可以换算成最大差压 ΔP 小于允许差压［ΔP］：

$$\Delta P<[\Delta P] \tag{8.18}$$

请注意：如果调节范围和执行“力”不够，则在调节范围和允许差压［ΔP］以外，系统是不可控的。

第 6 项，确保系统调节特性为线性。

对于常规控制，调节特性为线性是必须的；对于智能控制系统，调节特性可以为非线性，但是如果调节特性为线性则可减少变量，使控制系统降阶/简化。

调节特性为线性包括：

1）系统在可调节区的静态调节特性曲线为直线，即确保全程调节的均匀性。更专业的表示为：系统开环增益为常数，即：

系统开环相对增益 $$K_s=\mathrm{d}s/\mathrm{d}e=K_c\cdot K_z\cdot K_v\cdot K_o\cdot K_t\approx \text{常数} \tag{8.19}$$

但是因各控制环节的相对增益可能是随输入变化的函数，所以直接按式（8.19）通常无法求解，只能看各环节的性能曲线图，凭经验进行定性选择设计。当然，如果各环节增益系数都为常数，自然就可以求解了。于是，有些文献就不论用途或目标，均假设调节阀/调速泵以外的环节的增益都为常数，选择线性流量特性的调节阀/调速泵。

请注意，这个原则是指系统，而不是某个环节，所以是一个系统静态优化设计原则。

为了实现系统的优化设计，必须首先知道各控制环节的调节特性。

笔者曾经看到多个实例，例如有的锅炉水位调节系统，由于水泵/调节阀选择不当，流量调节曲线变为大泄漏与快开型（如图 8.9 所示），无论如何整定控制器的参数，系统都无法全程稳定工作。在高负荷时，由于调节速度很慢，系统出现低频振荡，锅炉水位波动很大；特别是在负荷比较低时，由于调节速度很快，系统出现快速振荡，锅炉水位波动也很大；在负荷很低时，系统完全失调。在上述情况下都只好恢复了手动控制。其中一例的命运是因振荡“疲劳”，调节阀杆被拉断了，管锅炉的和搞控制的相互指责，把控制线路拉断了，注意，不是拆除；另一例的命运是仪表公司的安装调试人员雄赳赳而来，却灰溜溜地把控制仪表拆卸回家了。其实，这两个实例都不是控制器本身的问题，也不是动态参数整定的问题，而是系统静态设计的错误，更直接地说，是调节阀选择错误。所以，对仪表公司，对安装调试人员，对控制器，这两个例子是“冤案”！像这样的大泄漏与快开特性，即使采样智能控制也无法实现全程控制。可见，满足 4）和 5）两个设计原则，对系统的可控性和稳定性非常重要。

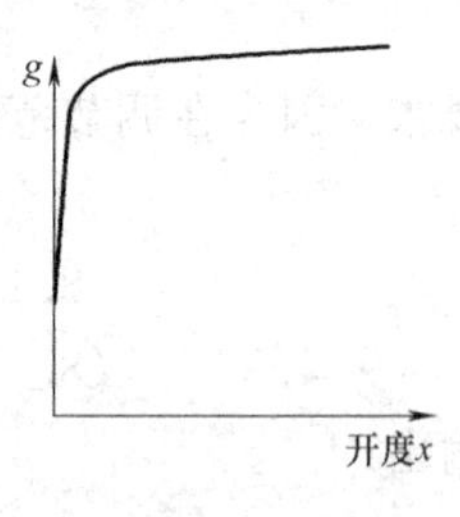

图 8.9　大泄漏与快开特性

上面的例子只是一个惰性很小的水位控制，对惰性很大的控制对象，问题就会更大。控制系统的静态优化就是要解决可观性、可控性和全程调节均匀性等问题，为动态优化创造必要的条件。当然，一个调试整定好的反馈控制系统的适应能力很强，抗干扰的能力也很强，只要调节范围满足要求，系统开环增益在一定范围内变化也能够得到很好的控制效果。这就给静态优化提供了很大的方便——不一定进行精确的静态优化，或者说可以采用一种简便可行的近似的静态优化方法。

2）对于开环调节系统和开环补偿系统，则更加需要有比较准确的线性特性。例如对于图 8.9 所示的大泄漏与快开特性，0～5%的开度几乎增加了 85%的流量，而 10%～100%的开度，流量变化很小，就无法实现开环补偿控制。

线性静态特性会使开环补偿变得非常方便、准确。

3）智能控制系统能够自适应非线性特性，然而供热控制系统大多是多变量系统（参见表 8.3），如果能够减少一个变量，就能大大简化（不是按比例简化）智能控制系统。所以，如果我们能够使某一个变量线性化，或者用已知的函数实现线性补偿，就等于减少了一个变量/影响因素，从而大大简化智能控制，大大降低成本。减少了一个变量，就是给控制系统降了一阶，有时甚至使难以实际应用的智能控制变得可以实现。所以，即使对智能控制系统，控制系统静态特性线性化原则也是非常有用的。

可见，实现静态优化具有重要意义。在下一章，提出了调节特性指数法，使控制环节静态调节特性的表示、调节系统的静态优化和控制环节的优选实现了数字化、简化和实用化。

第 7 项，尽量减少传递滞后时间。

滞后时间属于动态特性，但传递滞后时间完全由管道设计和传感器的选择及安装位置决定，所以单独列为一条。其具体做法是：传感器与调节机构的距离尽可能短，传感器的灵敏度越高越好，安装的地方风速越高越好。

第 8 项，确定动态特性函数。

系统的动态特性，包括传递滞后时间、容积滞后时间和时间常数等。常规线性控制理论要求系统的动态特性为线性函数，即以上参数为常数。智能控制系统能够自适应非线性特性，但是传递滞后时间太久对控制很不利，如果能够尽量减少传递滞后时间和容积滞后时间，对控制非常有利。如果滞后时间等于 0 或者常数，或者进行自动补偿（早在 20 世纪 50 年代，施密斯就提出了一种纯滞后补偿模型），常规控制和智能控制就减少了一个变量；时间常数为常数，则也可减少一个变量。这样就可以使控制参数全程优化降阶/简化。

第 9 项，确保全程稳定和控制精度，控制参数动态优化。

控制参数动态优化就是确定控制器的全程优化运行参数，其目的是确保全程控制的稳定性和准确性（精度）。

以 PID 控制器为例，控制参数动态优化就是整定（确定）PID 控制器的比例系数 K_{p}、积分时间 T_i 和微分时间 T_{d} 的大小。

常规 PID 控制器参数整定的方法很多，概括起来有两大类：

1）理论计算整定法。它是主要是依据系统的数学模型经过理论计算确定控制器参数，由于模型的简化和对象特性的误差，这种方法所得到的计算数据未必可以直接应用，还必须通过工程实践由人工进行调整和修改。

2）工程整定方法。它是主要依赖工程试验和经验，直接在控制系统进行试验整定的方法，它简单、易于掌握，在工程实际中被广泛采用。例如，PID 控制器参数的工程整定方法主要有临界比例法、反应曲线法和衰减法。三种方法各有其特点，其共同点都是通过试验，然后按照工程经验或判断对控制器参数进行整定。

无论采用哪一种方法所得到的控制器参数都需要在实际运行中进行最后调整与完善。

所以，无论常规控制还是智能控制，在控制器运行前，通常可以按下面的经验数据设定控制器参数的初始值，以保证控制器通电后就可以基本正常运行。对常规控制，则必须在运行中由人工进一步优化，如果系统特性为非线性，则在不同的范围内的优化参数可能不同，必须重新整定；对智能控制，则在运行中全程由控制器进一步优化。控制器参数的经验值范围如下：

温度调节：$K_{\mathrm{p}}=20\%\sim60\%$，$T_i=180\sim600\mathrm{s}$，$T_{\mathrm{d}}=30\sim180\mathrm{s}$（$\tau$ 较小，T 较大，可不用微分）

压力调节：$K_{\mathrm{p}}=30\%\sim70\%$，$T_i=24\sim180\mathrm{s}$（蒸汽锅炉压力调节按 τ 大 T 大的温度调节）

液位调节：$K_{\mathrm{p}}=20\%\sim80\%$，$T_i=60\sim300\mathrm{s}$（如允许有静差，可不用积分）

流量调节：$K_{\mathrm{p}}=40\%\sim100\%$，$T_i=6\sim60\mathrm{s}$

设计时请特别注意：

1）必须在明确了工艺方案、特点和控制方案、目标之后，才能进行控制器（或计算机）硬件选择设计和软件设计（见第 8.3 节）。有的人设计自动调节系统，开始就选择控制器/计算机的硬件，这往往带有很大的盲目性，会造成很大的损失。

2）从表 8.5 可以看到，我们把控制系统的优化分成了两部分，即静态优化和动态优化，可以分别进行。同时，静态优化是动态优化的前提，只有满足了可观性、可控性和全程调节均匀性，才可能进行动态优化，确保稳定性和控制精度。只有满足了可观性、可控性和静/动态调节特性为线性（全程调节均匀性），才能满足常规控制的必要条件，并且可以使智能控制降阶/简化，才可能方便地进行动态优化，确保稳定性和静态/动态精度。

3）必须实现“全程优化”。“全程优化”表示“全过程/全年/全工况/全范围的静态与动态优化”，这是与传统工艺设计（通常只考虑设计工况/只进行静态设计）的不同之处。用计算机进行设计和控制就应该努力做到全程优化，也只有采用计算机才可能做到全程优化，只有努力实现全程优化才能算供热智能控制。

8.3 计算机及计算机控制系统基本知识

如果说自动控制无处不在，则更应该说计算机无处不在。各种控制器、手机、家电等都离不开计算机（单片机），智能控制、互联网＋和大数据等更离不开计算机。总之，计算机已经成为人们离不开的工具。由于介绍计算机的文献非常多，所以本节只简介与控制有关的基本知识。

8.3.1 计算机自动控制的优越性

计算机自动监控有明显的优越性，因而得到迅速发展。主要优点是：

（1）计算机系统可用软件程序代替一个或多个模拟调节器，不但系统简单而且能实现各种复杂的调节规律；

（2）参数的调节范围较宽，各参数可分别单独给定；给定、显示和报警集中在控制台上，操作方便；

（3）性能价格比优；

（4）可联网，形成分布式系统和分级智能控制系统；

（5）特别是单片机（单片计算机/单片微处理器）的集成度高、可靠性高、体积小、价格低，使计算机控制得到了空前的普及；

（6）可保存和管理数据，实现系统管理；

（7）可实现智能控制，有时，改变软件就可将原有的常规控制提升为智能控制，而且，智能控制必须使用计算机。

20世纪70年代国产PC机内存≤640K，而且电路板装满了一个机箱；现在，一片指甲盖大小的单片机片内的内存和计算速度都可以大大超过这个规模。计算机发展之快，给供热控制智能化提供了很好的条件，也给大家，特别是年轻人的发展提供了很好的工具。

8.3.2 数制和数据（变量）类型

1. 计算机实质上只认识“0”和“1”

因为电子计算机中使用高电平和低电平来表示两个不同的数码，所以在计算机内部采用二进制数“0”和“1”。一切命令、数据（包括数字、文字、事件等）都表示成“0”和“1”组成的串。但是请放心，只要严格按“规则”表达您的意图，操作系统软件和应用软件就会把您的意图翻译成计算机认识的“0”和“1”串。通俗地说，这种“规则”就是程序设计软件的语法和数据（变量）类型。各种程序设计软件大同小异。显然，如果您的程序不和他人发生联系，您自己也可以定义一些特殊的“规则”。当然，还是用统一的“规则”好。所以首先必须学习一下数在计算机中的表示方法。

为了理解二进制，我们可以将铁路铁轨的每一个道岔用一位二进制数表示，并且规定“向左为1，向右为0”（或者反过来）。从北京站出发，道岔的二进制系列“0̲1111000…011…”引导火车到A城，而“1̲1111000…011…”引导火车到B城。可谓“差之一位

(如下画线所示)，失之千里”。显然，如果没有规定二进制数的有效位数和“向左为 1，向右为 0”的规定，则一串 0 和 1 组成的串就没有任何意义。程序设计软件的语法和数据类型、通信协议就是大家必须遵循的共同“规则”，不按这些“规则”，不但计算机不知道怎么办，而且谁也不明白数据串的意义。

虽然计算机能极快地进行运算，但其内部并不像人类在实际生活中使用的十进制，而是使用只包含 0 和 1 两个数值的二进制。人们输入计算机的十进制被转换成二进制进行运算，结果又由二进制转换成十进制。这都由操作系统和应用程序自动完成，并不需要人们手工去做。

“量”才是本质，数只是“量”在某个特定的符号系统中的指称，一个量可以在许多种符号系统中表示出来，符号只是“指称”。就像人是本质，名字只是在不同的场景下的指称，可能父母喜欢叫你小名，同学喜欢叫你外号，老师通常叫你大名，不管外号、大名、小名都指的是你。

2. 数制（numerical system）

数制也称计数制，是用一组固定的符号和统一的“规则”来表示数值的方法。任何一个数制都包含两个基本要素：基数（进位记数法/位值记数法）和位权（所处位置的价值）。

数码：即各种数制中表示基本数值大小的不同数字符号。例如，二进制有 2 个数码：0、1；十进制有 10 个数码：0、1、2、3、4、5、6、7、8、9。

基数：数制所使用数码的个数。例如，二进制的基数为 2；十进制的基数为 10。

位权：数制中某一位上的 1 所表示数值的大小（所处位置的价值）。例如，十进制的 123，“1”的位权是 100，“2”的位权是 10，“3”的位权是 1；二进制的 1111，从左至右，第 1 个“1”的位权是 8，第 2 个“1”的位权是 4，第 3 个“1”的位权是 2，第 4 个“1”的位权是 1。

数制：计数的规则。在不同的计数制中，表示数的符号在不同的位置上所代表的数的值是不同的。最常用的数制有以下几种：

(1) 十进制数 D（decimal），计数规则是逢十进一。

在日常生活中，人们最熟悉的是十进制数。它有十个不同的数字：0，1，2，3，4，5，6，7，8，9。在表示数时，这些处于不同位置（或位数）的数字代表的意义也不相同。例如 1001，表示一千零一，我们称它是一个四位（十进制）数。

一般地讲，任何十进制数，例如 $D_3 D_2 D_1 D_0$，都可以写成基数十的各次幂的和式，即 $D_3 D_2 D_1 D_0 = D_3 \times 10^3 + D_2 \times 10^2 + D_1 \times 10^1 + D_0 \times 10^0$。

可见同样一个数字，放在最高位与最低位的含义是不同的，D_3 可表示 10^3 的权，D_2 可表示 10^2 的权，上式我们又称为按权展开式。

(2) 二进制数 B（binary），计数规则是逢二进一。

因为电子计算机中使用高电平和低电平来表示两个不同的数码，所以在计算机内部并不采用十进制数，而是采用二进制数。同上原理，一个二进制数（以 B 表示）的按权展开式为：

$B_3 B_2 B_1 B_0 = B_3 \times 2^3 + B_2 \times 2^2 + B_1 \times 2^1 + B_0 \times 2^0$。

在二进制数制中，1001 不是表示一千零一，而是表示九，即

$B_3B_2B_1B_0=1\times 2^3+0\times 2^2+0\times 2^1+1\times 2^0=9$

(3) 十六进制数H (hexadecimal)，计数规则是逢十六进一。

这种数制中有十六个不同的数字：0，1，2，3，4，5，6，7，8，9，A（相应于十进制数中的10），B (11)，C (12)，D (13)，E (14)，F (15)。它的按权展开式为：

$H_3H_2H_1H_0=H_3\times 16^3+H_2\times 16^2+H_1\times 16^1+H_0\times 16^0$。

因为十六进制数表示比较紧凑而且和二进制的关系好理解，所以在编程时常采用十六进制。例如：H fe=B "1111 1110"。

(4) 八进制数0 (octal)，计数规则是逢八进一，不太常用。

注意：不同版本的编译器的制数的书写格式可能不同。

不同的数制之间可以方便地进行转换。只要按规定书写，各种程序言语会自动进行转换，通常不必理会。

这里介绍一个简单实用的转换方法：打开 Windows7 以上版本的"计算器"，点击"查看"，选择"程序员"，然后选择数制和字数（或字节数），就可以方便地进行转换，并且进行各种运算。对以前版本，点击"查看"，选择"科学型"，同样可以方便地进行转换，并且进行各种运算。所以就不在这里介绍二进制的运算和不同数制之间的转换和计算了。

3. 数据类型

C语言的数据类型通常如下：

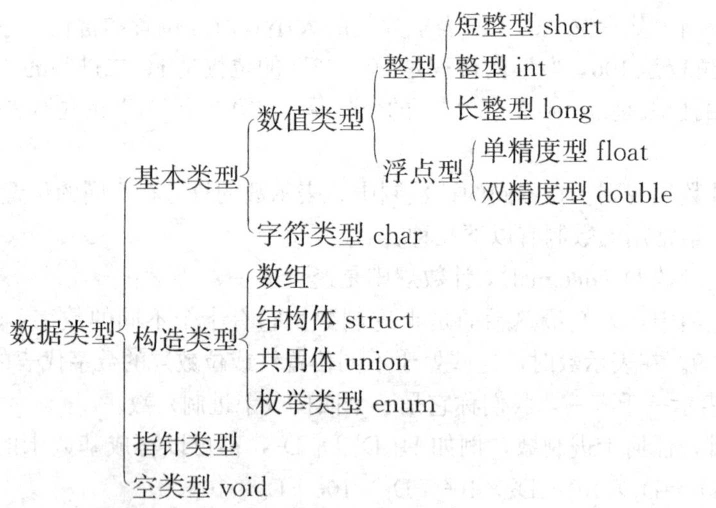

各种程序言语和数据协议都有数据说明，请注意：

(1) 不同版本的数据/函数的类型可能略有差别。例如，有的版本还将整型数分为有符号和无符号，有的版本无双精度浮点数和枚举类型，等等。请看清楚数据/函数分类表，并了解各种类型的数据范围，特别是在进行累计和乘法、指数等运算时，要防止数据溢出。

(2) 所有数据/变量必须先说明类型才能使用。否则计算机无法分配存储空间；同时一串二进制数也无法分段读取识别。至于计算机将存储空间分配在何处、数据如何排列、如何进行运算等，你完全可以不管，编译软件（如C语言编译器）将自动进行。但是，如果你使用汇编语言，则存储空间必须先进行分配定位，当然同样可以给每个数据/变量取一个“名字”，即标志符，这样，在使用时也就可以直接用“名字”即标志符进行存储和运算了。同样，函数也必须先说明类型和变量类型才能定义，定义后才能引用。

（3）单片机开发语言通常可以定义“位”数据/“位”变量。一个 8 位的字节变量可定义 8 个“位”变量，每个“位”也可以取一个“名字”即标志符，可以直接用“名字”—标志符单独进行存储和运算。这对“位”操作，例如设备的启动和停止，非常方便。

（4）字符类型有多种编码，例如 ASCII（1 个数字/英文/拼音/操作字符为 1 字节），中文简体/繁体（1 个汉字为 2 字节），Unicode（1 个字/符（世界各种文字）都为 2 字节），等等。如果使用未汉化的西文程序，则可能不识别汉字。有的手机文字信息通讯使用 Unicode 编码，所以可以世界文字通用。通常的中文简体文本文件中，采用中文简体＋ASCII（1 个汉字 2 字节/1 个数字/英文/拼音/操作字符 1 字节）。这里介绍一个 ANSI 与 Unicode 码相互转换的简便方法：

打开 Windows-程序-记事本-读入或编辑中英文 TXT 文件（ANSI＝中文简体＋ASCII）-文件-另存为-输入文件名并选择编码-Unicode-保存，即得到 Unicode 文本文件。反过来：Windows-程序-记事本-读入 Unicode 文本文件-文件-另存为-输入文件名并选择编码-ANSI-保存，即得到通常的中英文 TXT 文本文件。

（5）1 字节（B）＝8 位二进制（8b）；1KB＝2^{10}＝1024B（称为 1KB，简写为 1K）；1M＝1000K；1G＝1000M；1T＝1000G。

8.3.3 计算机（电脑）的组成

一个完整的计算机系统，是由硬件系统和软件系统两大部分组成。

1. 电脑的硬件

就是用手能摸得着的实物。通用计算机的硬件一般包括：

（1）主机：主机从外观看是一个整体，但打开机箱后，会发现它的内部由多种独立的部件组合而成：

1）电源：电源是电脑中不可缺少的供电设备，它的作用是将 220V 交流转换为电脑中使用的 5V、12V、3.3V 直流电，其性能的好坏直接影响到其他设备工作的稳定性，进而会影响整机的稳定性。

2）主板：主板是电脑中各个部件工作的一个平台，它把电脑的各个部件连接在一起，各个部件通过主板进行数据传输。主板上通常有：

① 计算机核心部件，决定了计算机的性能。

在通用计算机中核心部件通常称为 CPU（Central Precessing Unit--中央处理器），其功能是执行计算、逻辑运算、数据处理、输入/输出的控制，使电脑协调地完成各种操作。对于通用计算机，通常可用 CPU 为标准来判断电脑的档次和用途，甚至可用 CPU 型号说明通用计算机的型号，大家还记得的 286、386、486、P3（奔腾 3）、P4 等 PC 机，就是用 CPU 型号作为计算机型号。

CPU 的主要技术参数如下：

a. CPU 可以同时处理的二进制数据的位数，即字长，例如 8/16/32/64 位；

b. 时钟频率；

c. 高速缓冲存储器的容量和速率；

d. 地址总线和数据总线的宽度；

e. 制造工艺等。

目前，通用计算机的核心部件通常采用CPU；控制器、数字传感器等的核心部件通常采用MCU微控制器（单片机）。

计算机核心部件发展很快，而且为了不同的目标，开发出了集成度更高、速度更快、功能更强或功能特殊的不同系列的计算机核心部件，其名称也有所不同，可构成不同用途的计算机。计算机核心部件举例如表8.6所示。

计算机核心部件举例 **表8.6**

中英文名称	功能	特点和用途	代表产品
CPU中央处理器 central Precessing Unit	计算，逻辑运算，数据处理，输入/输出控制，使电脑协调工作	无IO口，广泛用于通用/工业PC，PC已普及	英特尔：X86/P3/P4/…等
MCU微控制器（单片机）micro controller unit	CPU＋RAM＋FLASH＋DI/DO/AI/AO＋Timer＋看门狗＋通信接口＋…	有的通电可运行，低价，型号多，用于控制器	PIC/ARM等微控制器/信号处理器[DSP]等
GPU图像处理芯片 Graphic Processing Unit	可并行处理数字矩降，广泛用于图像处理-并行处理大量数据。是人工智能的过渡芯片	12颗NVIDIAD的GPU可提供相当于2000颗CPU的深度学习性能	NVIDIAD等的GPU
TPU人工智能定制芯片-张量处理单元 Tensor Processing Unit	为人工智能-深度学习专门定制的芯片。能并行更快处理更大量的张量数据，且功耗很小	深度学习速度可达GPU的数十倍，“阿尔法狗”可关进盒子，且功耗小	中国科学院计算所：寒武纪深度学习处理器芯片，等

② 电脑中重要的“交通枢纽”（数据总线和控制总线）；

③ 内存：内存又叫内部存储器（RAM），属于电子式存储设备，它由电路板和芯片组成，特点是体积小，速度快，有电可存、无电清空，即电脑在开机状态时内存中可存储数据，关机后将自动清空所有数据；

④ 各种扩展接口，如RS232、USB、互联网等串行通信接口，以及并行扩展插槽。

3）外存储器。通常和主机集成为一体。

① 硬盘：分机械硬盘和速度更快的电子硬盘；

② 光驱：光驱是用来读写光盘的设备。

4）主要输入/输出设备

① 显卡和显示器。显卡通常已经集成在主板上，其作用是负责将CPU送来的数字信号转换成显示器识别的信号，传送到显示器上显示出来。

显示器有大有小，有薄有厚，品种多样，作用是把需要显示的结果显示出来。

② 键盘：是主要的输入设备，用于把文字、数字等输到电脑上；

③ 鼠标：是主要的输入设备；

以上3项是电脑不可缺少的输入输出部件。

④ 手写输入设备：是可选择的输入设备。有的计算机用软件解决。

在笔记本/平板电脑中，以上4项通常已经与主机集成为一体，也可外接。

如果采用触摸屏，则触摸屏可同时实现显示器、键盘、鼠标、手写等功能。

⑤ 声卡（通常集成在主板上）：其作用是将电脑中的声音数字信号转换成模拟信号送到音箱上发出声音。

（2）主要外部设备（简称外设）

打印机/扫描仪等：通过它可以把电脑中的文件打印到纸上或者反过来，它是重要的输出/输入设备。

摄像头音箱（喇叭）；语音输入设备。在笔记本/平板电脑中，以上三项通常与主机集成为一体，也可外接。

2. 电脑的软件

是指程序运行所需的数据及与程序相关的文档资料的集合。包括：

1）操作系统软件。人们知道，电脑能完成许多非常复杂的工作，但是它却“听不懂”人们的语言，要想让电脑完成相关的工作，必须由一个翻译把人们的输入翻译给电脑，此时，操作系统软件就充当这里的“翻译官”，负责把人们的意思“翻译”给电脑，由电脑完成人们想做的工作。

以前，通常只有通用计算机才有操作系统，现在许多单片机也有了操作系统。

2）应用软件。应用软件是在操作系统基础上开发出来的用于解决各种实际问题以及实现特定功能的程序。

3）程序设计软件。程序设计软件是一种具有开发功能的应用软件，是由专门的软件公司编制，用来进行编程的电脑语言。程序设计软件主要包括汇编语言和高级语言，例如C，C++，VC，VB和组态软件等。程序设计软件是一种再开发工具，单片机通常采用汇编语言和C语言开发软件。

8.3.4 供热控制系统的主机核心部件的选择

1. 初级阶段

（1）局部级

主要利用CPU/MCU，在传统自动监控系统中加入智能环节，如首先按定量优化模型自动求得优化供水量和优化供水温度，采用智能PID自动优化PID参数，或者采用模糊控制，或者采用灰色预测控制。

例如，热力站集中供热全程优化控制系统是多输入、多输出随动（设定值随室外温度改变）非标准控制系统，必须使用计算机控制系统。对于热力站和锅炉控制，国内外基本上有以下选择：

1）采用超高集成高可靠单片机（多功能微处理器MCU）构成的专用智能控制器。其优点是使用操作简单、可靠性高、体积小、价格最低。缺点是图像显示和计算管理功能比工控机略差。

2）采用工业控制微型计算机（工控微机）。优点是图像显示和计算管理功能比较好。缺点是价格较高、体积比较大。

采用工控微机进行控制有两种扩展方法：其一，在机箱内通过并行插槽扩展I/O接口板，优点是速度快；其二，在机箱外通过串行口（如RS232/485，USB，WIFI等）扩展I/O接口板，优点是不必开箱，缺点是速度慢。

3）也有人主张采用通用工业控制器（如PLC）。虽然PLC对通用控制有许多优点，但由于PLC现场组态编程比专用控制器复杂，系统总价格往往比工业微机控制系统高，而计算功能、显示操作界面和通信、管理功能却比工业扩展微机略差。

我们经过多年的实践认识到，由于计算机核心硬件已经越来越简单、可靠、价低，因此在选择计算机或者控制器时，重要的是考虑其扩展和外围设备（包括计算机的存储器，AD、DA、I/O扩展、软件，以及传感器、调节机构、软件等）的可靠性和价格，以及全套软件的价格和安装调试成本；另外，供热系统有一个重要特点，即局部级的检测和控制精度要求不高，采样和控制周期一般可以比较长，计算速度一般可以比较低。所以，我们一直遵守以下原则：在满足目标的前提下，局部级必须尽量减少中间环节，以“直接、简单、低速”提高系统的可靠性并降低系统造价，而不去盲目追求高速、高价、洋气、漂亮等所谓“高级”指标。

因为供热智能控制系统开始运行时，通常没有大数据进行人工智能学习，但是又必须确保用户需求，所以开始必须以求得的初步优化的供水量和供水温度作为智能控制的初始优化参数，然后根据运行大数据进一步优化。所以开始按初始优化参数运行是非常必要的。

还有，就是往往只重视硬件而不重视控制软件。要知道，没有真正适合系统特点和现场组态、调试、维护、操作水平的控制软件，再高级的硬件也没用。

（2）全局级

因为全局级必须存储大量数据和进行智能分析，所以通常必须选择云计算机/服务器，而且更要特别重视软件，因为供热智能控制的升级实质上是全局级的智能控制软件的升级。

（3）协调级

协调级则根据功能选择。如果协调级只承担数据采集，通常可采用单片机数据采集器；如果协调级还要承担区域智能优化控制，通常可采用工业PC。

2. 中高级阶段

全局级采用人工智能定制芯片TPU，而且更要特别重视人工智能软件！

8.3.5　工业控制器（系统）的开发

1. 用工业级PC机进行工业控制

1）利用串行通信口（USB、RS232、WIFI、蓝牙、互联网等）直接连接具有相对应串行通信口数字传感器、数字执行器、数字设备和各种下位计算机和控制器；

2）利用串行口（USB，RS232，互联网，WIFI，蓝牙等）连接I/O扩展板；

3）利用主板上的并行扩展槽连接各种并行I/O扩展板，并行扩展速度快。

用（工业）PC机进行工业控制最大的优点是：可以利用PC机的系统软件和丰富的应用软件进行控制程序的开发，并且不需要另外的开发装置，所以开发速度快，并且可以做出复杂、漂亮的显示界面，特别适于开发需要复杂运算和漂亮显示界面的控制系统。因此（工业）PC机可以用于供热智能控制系统的组织级/全局级（初级阶段），也可以作为协调级和执行级。等待人工智能机的价格下降后，再将供热智能控制系统的组织级/全局级升级。

2. 采用单片机——MCU（单片微机/微控制器）开发控制器

由于单片机具有多功能（改变软件就能实现不同的功能/算法）、高集成（片内有CPU、存储器（RAM/EEPROM）、计数器/计时器、控制输入输出接口、时钟，通信口等）、高可靠（工业级，有看门狗-自诊断自复位）、低价格、小体积（贴片如指甲大小）、规格全（几元～几十元，8～上百脚…）、内部数据可以硬件加密等，所以，单片机得到了更广泛的应用：可以开发成各种智能控制器，特别是，智能控制系统的执行级通常可采用单片机。

现代人类生活中所用的几乎每件电子和机械产品中都集成有单片机。IC卡、手机、电话、计算器、家用电器、电子玩具、掌上电脑以及鼠标等电脑配件中都配有1～2部单片机。汽车上一般配备几十个单片机，复杂的工业控制系统上甚至可能有数百台单片机在同时工作。导弹的导航装置，飞机上各种仪表的控制，计算机的网络通信与数据传输，工业自动化过程的实时控制和数据处理，都离不开单片机。就连PC机内也有多个单片机。

总之，目前单片机已渗透到我们生活的各个领域，几乎很难找到哪个领域没有单片机的踪迹。因此，单片机的学习、开发与应用将造就一批计算机应用与智能化控制的科学家、工程师。

单片机的学习和应用离不开编程，在所有的程序设计中C语言运用得最为广泛。C语言知识并不难，没有任何编程基础的人都可以学，初中生、高中生、中专生、大学生都能学会。当然，数学基础好、逻辑思维好的人学起来相对轻松一些。

3. 初学者如何学习单片机

（1）选择单片机。现在市场单片机很多，用法大同小异，学会一种，再用其他的就快了。如果你是新手，又想开发控制系统，则可选择PIC和STM32等系列单片控制器MCU，因为它们的片内控制资源非常丰富，几乎接电就可进行控制，因此硬件设计特别快，几乎不需要外部扩展（当然，功率放大等是需要的）。

（2）准备开发工具。包括：一台电脑，与所选单片机芯片配套的开发软件、开发板（如果开发板不能直接下载程序代码的话还得需要一个编程器或者仿真器），数据手册（DATASHEET、C语言教材等）。

（3）硬件设计包括电路原理设计和PCB电路板设计。只要懂得使用Protel等软件就没问题，但要想做的板子布局美观、布线合理还得费一番功夫。如果设计高频电路板，则布线规则就很重要了。

（4）特别注意：

1）必须确定任务，必须带着任务学，千万不能从头到尾学习芯片的数据手册，必须边应用边查数据手册。

2）实践第一是学习单片机开发的最重要原则，这是和从小学到大学“读书”的不同之处。具体来说，编了一段程序就要编译、运行、调试、修改，决不能编了一大堆程序再编译、运行、调试，开始甚至可以编一行就试一下。

3）如果不外接芯片，请不要阅读有关“时序”的介绍。

8.3.6 通信协议（Communication Protocol）

1. 通信协议概述

（1）通信协议的重要性

在进行数据传递即通信时，您必须按某种“规则”表达您的意图（相当于按“规则”

写信，有时须要翻译)，并且按“规则”写好地址（相当于写好信封)，计算机就会给您打包发送（就像邮局打包发送)，对方接收到后，计算机就会给您解包，还原原来的意图(有时需要翻译)。至于怎么打包和解包，走什么路线，您完全不必管。通俗地说，这种“规则”就是通信协议。注意，不同协议的“规则”有所不同。

通信协议是指双方实体完成通信或服务所必须遵循的规则和约定。通过通信信道和设备互连起来的多个不同地理位置的数据通信系统，要使其能协同工作实现信息交换和资源共享，它们之间必须具有共同的语言。交流什么、怎样交流及何时交流，都必须遵循某种互相都能接受的规则，这个规则就是通信协议。

协议定义了数据单元使用的格式，信息单元应该包含信息与含义、连接方式、信息发送和接收的时序，从而确保网络中数据顺利地传送到确定的地方。

在计算机通信中，通信协议用于实现计算机与网络连接之间的标准，网络如果没有统一的通信协议，电脑之间的信息传递就无法识别。因此通信协议是指通信各方事前约定的通信规则，可以简单地理解为各计算机之间进行相互会话所使用的共同语言。

（2）通信协议的要素

通信协议主要由以下要素组成：

1）语法：即如何通信，包括数据的格式、编码和信号等级（电平的高低）等。

其中，信号等级（电平的高低）还涉及硬件接口，可以称为“硬件标准”，也可以称为“硬件协议”。应用时，硬件接口必须配对，例如：Rs485 配 Rs485，wifi 配 wifi，有线互联网口配有线互联网口，GPRS 配 GPRS... 现在都有专用芯片和接口模块供选择，所以我们通常不必费时间进行研究。

2）语义：即关于通信内容的规则，包括数据内容、含义以及控制信息等。

各种协议的数据/消息帧的通信内容和顺序都有严格规定。

3）定时规则（时序)：即何时通信，明确通信的顺序、速率匹配和排序。

4）速率匹配：即设置波特率。许多通信接口有自动识别波特率的功能。

5）通信的顺序：例如，每个字节的串行通信顺序可设定，通常采用 1 个起始位、8 个数据位、1 个奇偶校验位或者无校验、1 个停止位（有校验时)、2 个停止位（无校验时)，共计 11 位。

2. 供热控制系统几种常用通信网络与协议

通信协议非常多，供热控制系统中几种常用的通信网络与协议如表 8.7 所示。

其中，RS232/RS485/短距无线等，通信协议最简单，只有应用层协议。CAN-bus 协议分为物理层和数据链路层。

互联网通信的用户数和距离不受限制，通信协议更加复杂。TCP/IP 在互联网中得到了广泛应用。TCP/IP（Transport Control Protocol/Internet Protocol）凭借其实现成本低、在多平台间通信安全可靠以及可路由性等优势迅速发展，并成为 Internet 中的标准协议。在 20 世纪 90 年代，TCP/IP 已经成为局域网中的首选协议，在最新的操作系统中已经将 TCP/IP 作为其默认安装的通信协议。TCP/IP 协议分四层：网络接口层、网络层、传输层和应用层。TCP 负责发现传输并将数据安全正确地传输到目的地；IP 是给每一台联网设备规定一个地址。实际上，用户只要管好应用层就行了，至于其他三个层的问题，由通信模块完成。

供热控制系统几种常用通信网络与协议 **表 8.7**

分类和名称	自建网络					互联网	专用协议
	有线			短距无线		有线/无线	
	RS232/RS-485	CAN-bus	M-Bus	简单无线+#	ZigBee	TCP/IP	opc
简单说明	物理层协议最简单/常用	物理层/数据链路层	中程抄表	物理层协议较简单	能自动组网智能建筑	TCP/IP 是 4 层结构	用 Windows 的 OLE 技术
网络特性	单主/广播	多主网络	单主 1 对 1	单主/广播	多主网络	多主网络	多主网络
常用传输率 kbps	0.3～9.6	0.3～9.6	0.3～9.6	0.3～9.6	20～250	=网速	=网速
通信距离	<1.5km	5kbps 可达 10km	4.8kbps 达 2400m	10～100m	10～100m	无限制	无限制
容错机制	Modbus 采用 CRC 校验	检错和处理机制	检错和处理机制	Modbus 采用 CRC 校验	检错和处理机制	检错和处理机制	检错和处理机制
其他特点	最简单，常用，不收费	不收费	不收费 *	不收费	不收费	协议不收费网络收费	opc 计点收费/收网费
开发条件	接口芯片 Modbus #	接口模块含 CAN-bus	接口模块含 M-Bus	接口模块 Modbus #	接口模块含 ZigBee	接口模块含 TCP/IP	Windows 工控系统
注	# ModBus [Modbus protocol]为控制系统应用层报文传输通用协议，不收费，全开放。 * M-Bus 可为从机供 200mA 电源；可用电话线通信；单主 1 对 1，从机间不能互通信息。						

虽然 TCP/IP、CAN-bus、M-Bus 、ZigBee 等协议比较复杂，但是已经开发了各种透明传输通信接口模块（简称透传模块）产品（其中 Windows 已安装了 TCP/IP 协议），模块内部已经包含有相应的通信协议，所以用户无需了解协议的具体内容，只要编辑好数据文件并给出目标地址，透传模块就会按相应协议再打包并且自动寻找最好的路线（路由）发送到达目的地，对方收到后，透传模块又会解包还原数据，所以应用就很简单了。透传模块工作示意图见图 8-10。图中甲乙两台（或多台）计算机/控制器中的“有效数据包”（或者称为应用层报文）完全相同。至于如何将“有效数据包”再打包、传输及解包，用户可以完全不管。

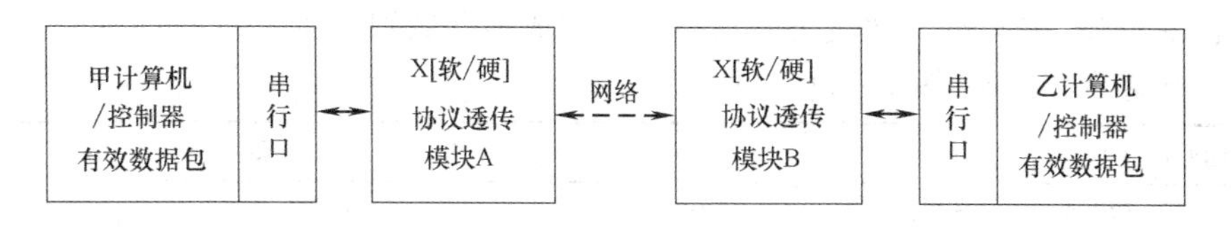

图 8.10 透传通信模块工作示意图

这一点，大家在收发电子邮件、微信等（文字、图像、数据）时都已经体会到了。可见通信协议说起来复杂，用起来简单，所以就只管用吧。所以，我们的任务就是写好需要传输的数据文件，相当于电子邮件（或信）。

ModBus [Modbus protocol] 协议就是控制系统应用层报文传输通用协议，它不但可以直接用于 RS232/RS485/近程无线等简单网络通信，而且可以用于其他网络通信的应用层。所以，表 8.7 中没有列出 ModBus 协议，下面将特别介绍。

自建网络通信的总节点数通常≤255；ZigBee 主节点数≤255，每个节点可以扩展。注意，距离越远，干扰越大，芯片/模块功能等级越低，总节点数越少，请见芯片/模块说明。互联网的节点数不受限制。

3. 应用层报文传输通用协议 Modbus 简介

（1）特点和应用

1）Modbus 有国际标准和我国的国家标准—《基于 Modbus 协议的工业自动化网络规范》GB/T 19582—2008。

2）Modbus 开放，用户可以免费使用，不需要交纳许可证费，也不会侵犯知识产权。

3）Modbus 为控制系统应用层报文传输通用协议，是应用于电子控制器通信应用层的一种通用语言。通过此协议建立的“应用层报文”，控制器相互之间、控制器经由网络（例如以太网）和其他设备之间可以通信。它已经成为一通用工业标准。

4）Modbus 可以支持多种电气接口，如 RS-232、RS-485 等，还可以在各种介质上传送，如双绞线、光纤、无线等。

5）Modbus 的帧格式简单、紧凑，通俗易懂，使用容易，开发简单。

6）Modbus 规定了公用功能码（如表 8.8 所示），还可自定义功能代码。

7）有 CRC－16 循环冗余错误校验，因此通信可靠。

8）Modbus 通信协议使用主—从技术，即仅一设备（主设备）能初始化传输（查询），其他设备（从设备）根据主设备查询发送的数据作出相应反应。

主设备可单独与从设备通信，也能以广播方式和所有从设备通信。如果单独通信，从设备必须返回一消息作为回应，如果是以广播方式查询的，则从设备不作任何回应。

（2）ModBus 系统中的传输模式和选择

在 ModBus 系统中有两种传输模式可选择。每个 ModBus 系统只能使用一种模式，不允许两种模式混用。一种模式是 ASCII（美国信息交换码），另一种模式是 RTU（远程终端设备）。控制系统数据通信通常使用 RTU 模式。

用户选择想要的模式，还包括串口通信参数（波特率、校验方式等），在配置每个控制器的时候，在一个 Modbus 网络上的所有设备都必须选择相同的传输模式和串口参数。所选的 ASCII 或 RTU 方式仅适用于标准的 Modbus 网络，它定义了在这些网络上连续传输的消息段的每一位，以及决定怎样将信息打包成消息域和如何解码。

（3）典型的 Modbus RTU 消息帧如下

起始位	设备地址	功能代码	数据	CRC 校验	结束符
T1-T2-T3-T4	8Bit	8Bit	n 个 8Bit	16Bit	T1-T2-T3-T4

“起始位”：消息发送至少要以大于 3.5 个字符时间的停顿间隔（T1-T2-T3-T4）开始。传输的第一个域是“设备地址”，可以使用的传输字符是十六进制的 0...9，A...F。当第一个域（“设备地址”）接收到，每个设备都进行解码以判断是否发往自己。在最后一个传输字符之后，一个至少 3.5 个字符时间的停顿标定了消息的结束。一个新的消息可在此停顿后开始，整个消息帧必须作为一个连续的流传输。如果在帧完成之前有超过 1.5 个字符时间的停顿时间，接收设备将刷新不完整的消息并假定下一个字节是一个新消息的地址域。同样地，如果一个新消息在小于 3.5 个字符时间内接着前个消息开始，接收的设备

将认为它是前一消息的延续。这将导致一个错误，因为在最后的 CRC 域的值不可能是正确的。

Modbus RTU 消息帧的从机（设备）地址的地址范围是 1...245。主设备通过将要联络的从设备的地址放入消息中的地址域来选通从设备。当从设备发送回应消息时，它把自己的地址放入回应的地址域中，以便主设备知道是哪一个设备作出回应。地址 0 用作广播地址，以使所有的从设备都能要接收执行，不要应答。

“功能代码”：有“公用功能码”（举例见表 8.8），还可以根据用户的需要来定义“用户功能代码”。功能代码相当于“命令”，功能代码不同，消息帧中的“数据”组成不同，要求从机应答的“数据”也不同。请详见 Modbus 规范。

Modbus 的“公用功能码”（十进制）举例　　表 8.8

功能码	功能	说明
01	读单个线圈	读 1 位
02	读离散量输入	
03	读多个寄存器	读多字节
04	读输入寄存器	
05	写单个线圈	写 1 位
06	写单个寄存器	
15	写多个线圈	
16	写多个寄存器	写多字节

4. 如何提高通信效率

1）提高通信速度，即波特率（位/秒）。通常受到网络的限制，距离越远，干扰越大，芯片/模块功能等级越低，往往波特率越低，请注意芯片、模块、网络的说明。

2）数据组合通信

从表 8.7 和表 8.8 可见，如果应用功能码 1（读单个线圈）/功能码 5（写单个线圈），则都只有 1 位数据，也必须组成 1 字节，消息帧共计 6 字节，只有一位有效。如果把每 8 个线圈组成一个字节，则效率提高 8 倍；如果再和其他数据组合成多字节，用功能码 3（读多个寄存器）/功能码 16（写多个寄存器）进行读写，则效率大大提高。

例如，执行级（如热力站、锅炉控制系统，供暖分户计量调控装置等）和协调级/全局级之间、协调级和全局级之间的通信，就必须用数据组合通信，以提高效率。此时，无论用何种网络和协议通信，如果用 Modbus 写“应用层报文”，经过再打包-传输-接收-解包后，就还原了“应用层报文”的全部信息。

8.4　现有供热计算机自动监控系统及其智能化升级

供热计算机自动监控包括常规控制和智能控制。现有供热控制系统多数为常规控制系统，所以将其进行智能化升级有重要意义。

8.4.1　现有供热系统的计算机自动监控系统简介

1. 计算机直接数字控制系统（简称为 DDC）

计算机直接数字控制系统如图 8.11 所示。图中虚线框内的元件可包括在一片单片机

（单片计算机/单片微处理器）中。因此体积大大缩小，价格大大降低，可靠性大大提高。

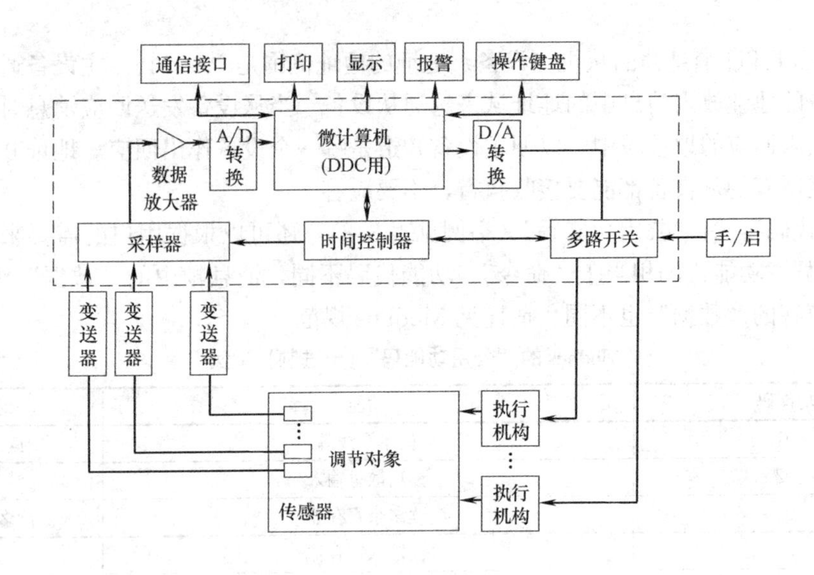

图8.11　DDC系统

计算机在对调节对象进行直接数字控制时，可根据被调参数的给定值和测量值的偏差等信号，通过规定的数学模型的运算，按一定的控制规律（如PID即比例积分微分调节），再算出调节量的大小或状态，控制执行机构（如电动调节阀等）动作，实现计算机直接对调节对象（如供热系统）进行闭环控制。由于计算机要对几个甚至几十个回路进行控制，因而对一个控制回路来说，送到执行机构上的控制信号是断续的。当控制信号中断时，则必须保持原来执行调节机构的位置不变。所以，DDC控制系统实质上是一种采样控制系统。只要将采样周期取得足够短，就非常接近于连续模拟调节，因此就可以直接应用基于连续模拟调节的控制理论，所以在介绍供热控制方案和原理时通常不区分数字控制和模拟控制。

调节对象的各被调参数（温度、压力、流量等），通过传感器（接受热工参数信号）、变送器（将热工参数信号转换为电信号），变成统一的直流电信号，作为DDC的输入信号。采样器根据时间控制器给定的时间间隔按顺序以一定速度把各信号传送给放大器（常常将放大器置于变送器内）。被放大后的信号再通过模/数（A/D）转换器转换成一定规律的二进制数码，经输入通道送到计算机中，计算机按照预先存放在内存储器中的程序，对被测量数据进行一系列的运算处理（如按PID、自学习等运算），从而得到变频泵的转速、阀门位置或其他执行机构位置的控制量，再由计算机以二进制数码输出，经数/模（D/A）转换器后，将数字量变为模拟量（电压或电流信号），通过多路开关送至执行机构，带动阀门或其他调节机构动作，达到控制被调参数的目的。手/自为手动、自动切换开关。单机控制系统一般都采取DDC系统。有的把DDC监控系统称为基本调节器。

DDC系统可以是各种单回路控制，以及锅炉、热力站、热入口、热用户计量调控装置等专用控制系统。又可分外独立DDC控制器和可通信DDC控制器。

2. 监督控制系统（简称 SCC）

该控制系统是用来指挥 DDC 控制系统的计算机系统，其原理如图 8.12 所示。SCC 计算机系统的作用是根据测得生产过程中的某些信息，及其他相关信息，如天气变化因素、节能要求、材料来源及价格等等，进行计算，确定出最合理值，即优化参数，去自动调整 DDC 直控机的设定值，从而使生产过程处于最优状态下运行。

由于 SCC 系统中计算机不是直接对生产过程进行控制，只是进行监督控制和决定直控系统的最优设定值，因此叫监督控制系统，以作为 DDC 系统的上一级控制系统。

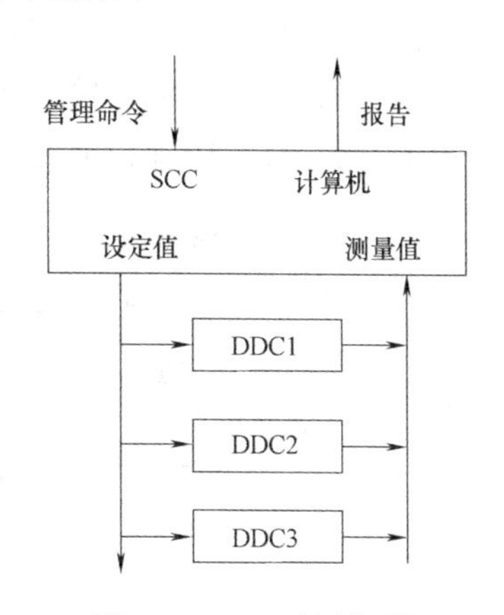

图 8.12 SCC 控制系统

由于 SCC 系统的计算机需要进行复杂的数字计算，因此要求计算机运算速度快，内存容量大，具有显示、报表输出功能以及人机对话功能。一般采用通用型或者工业控制微机。

3. 分级控制系统

将各种不同功能或类型计算机分级连接的控制系统称为分级控制系统，如图 8.13 所示。从图中可看出，在分级控制系统中除了直接数字控制 DDC 和监督控制 SCC 以外，还有集中管理的功能。这些集中管理级计算机简称为 MIS 级，其主要功能是进行生产的计划、调度并指挥 SCC 级进行工作。这一级可视企业的规模而定，例如大规模可设有公司管理级、工厂管理级、车间管理级；中规模可设公司管理级和工厂管理级；小规模只设公司管理级，甚至还可以取消 SCC 级。

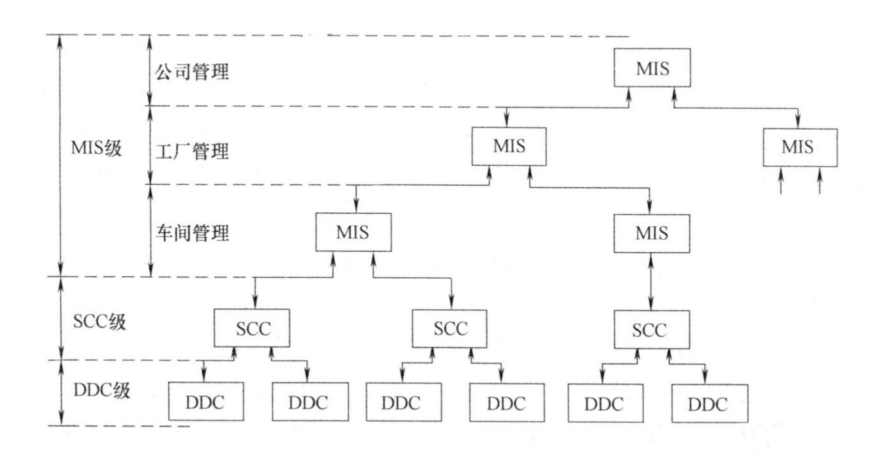

图 8.13 分级控制系统

分级控制系统是大系统，MIS 级所要解决的问题不是局部最优化的问题，而是一个工厂、一个公司的总目标或任务的最优化问题。最优化的目标可以是安全可靠、质量最好、产量最高、原料和能耗最小等指标，它反映了技术、经济等多方面的要求。对于供热系统，就是最大限度实现安全、舒适、节能减排。

MIS 级计算机，要求有较强的计算功能、较大的内存容量及外存储容量，运算速度较高，通常选用服务器。

4. 分布式计算机监控系统

(1) 整个供热系统实质上是分布式计算机监控系统

分布式监控系统又可叫集散控制系统，由于计算机技术的发展，特别是单片机、单板机技术迅速发展和普及，可以将不同要求的工艺系统配以一个 DDC 计算机子系统，子系统的任务就可以简化专一，子系统之间地理位置相距可远、可近，用以实现分散控制为主，再由通信网络，将分散各地的各子系统的信息传送到集中管理计算机，进行集中监视与操作，集中优化管理为辅的功能。其原理如图 8.14 所示。

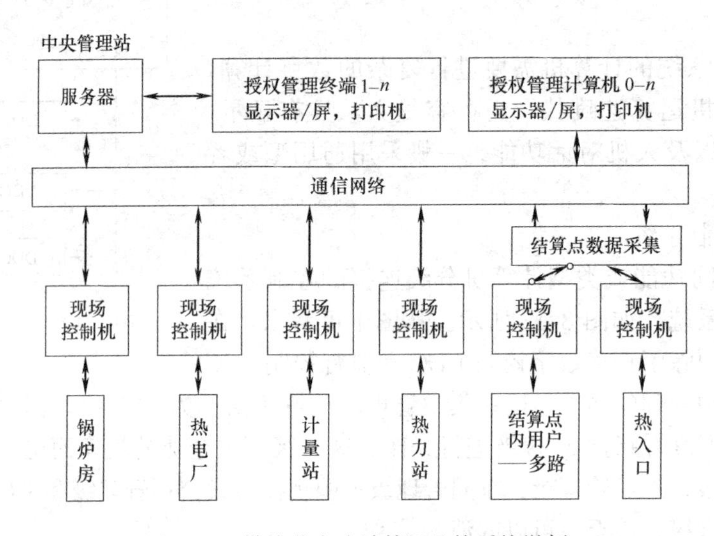

图 8.14　供热分布式计算机监控系统举例

分布式系统中各子系统之间可以进行信息交换，此时各子系统处于同等地位。各子系统之间也可不进行信息交换，它们与集中管理计算机之间为主从关系。分布式系统的控制任务分散，而且各子系统任务专一，可以选用功能专一、结构简单的专控机。它们可由单片机、单板机构成，由于电子元件少，提高了子系统的可靠性。分布式微机监控系统在国内外已广泛应用，有各种不同型号的产品，但其结构都大同小异，皆是由微处理器（单片机）为核心的基本调节器、高速数据通信通道、LED 显示操作（必要时监督控制系统，简称 SCC）等组成。

(2) 一个复杂设备的控制也可以组成分布式计算机监控系统

例如，对有多台锅炉的锅炉房，每台锅炉已经有计算机扩展系统，则可以增加一台锅炉房协调控制计算机，利用 RS485/WIFI 等和多台锅炉控制组成锅炉房分布式系统，原来的锅炉控制计算机既可独立工作，也可以按锅炉房协调控制计算机的优化命令工作。如果还有全局级/组织级，则就进行了联网升级。

同样，对一台锅炉也可以应用分布式计算机监控系统。

8.4.2　如何将原有供热监控系统提升为供热智能控制系统

近年来，已经有许多供热系统采用了计算机自动监控系统，它们可能还不是供热智能控制系统，因此，如何将原有计算机自动监控系统提升为供热智能控制系统具有现实意义。

1. 计算机直接数字控制系统（简称 DDC）可升级为供热智能控制系统的“执行级”/“局部级”

各种供热 DDC 控制系统只要修改一下程序，通过通信接口与上位计算机（协调级或者组织级/全局级）进行通信，能够上传数据并接受上级的优化调度命令实现优化控制，即使该 DDC 控制不是智能控制，只要它的上级具有“智能”，该 DDC 控制也可以升级为供热智能控制系统的“执行级”或者“局部级”。当然，如果能够将 DDC 控制提升为智能控制就更好了，这只需改变计算机软件，例如将常规 PID 升级为智能 PID。

2. 监督控制系统（简称 SCC）可提升成为智能控制系统的协调级/全局级

因为一般采用通用型或者工业控制微机，很容易加入智能控制的功能，如专家控制系统、人工神经网络控制系统、模糊控制系统、学习控制系统（遗传算法（P299-313）学习，控制迭代学习控制）等，可根据运行数据对预定数学模型进行修正，从而逐步实现真正的“最优”。这样，预定数学模型只作为初始“优化模型”，真正的“最优模型”由 SCC 系统根据运行数据建立。这样，SCC 系统就提升成为智能控制系统的协调级，对于小系统也可以成为全局级。

3. 分级控制系统可提升为智能供热控制系统

将图 8.13 和图 8.8 比较，从硬件结构看，两者完全相似，即 DDC 相当于智能控制系统的执行级/局部级，SCC 相当于智能控制系统的协调级，MIS 相当于智能控制系统的组织级/全局级。如果 MIS 级加入智能控制的功能，如专家控制系统、人工神经网络控制系统、模糊控制系统、学习控制系统（遗传算法（P299-313）学习，控制迭代学习控制）等，并且利用大数据分析，从而不断完善大系统的优化模型，实现真正的优化调度和管理。

4. 分布式计算机监控系统可提升为智能供热控制系统

图 8.14 供热分布式计算机监控系统与图 8.8 智能控制系统的分级比较，两图有完全相同的结构。因此，只要在中央管理站服务器加入全局优化智能算法，即可上升为全局级，各现场控制机可以上升为执行级……

5. 各种独立的计算机单片机控制系统，只要有通信功能，若进行软件升级，大都可以提升为智能控制系统的执行级

总之，现有的计算机单片机控制系统，大多只要进行软件升级，一般都可以提升为智能控制系统的某一部分或者系统。当然，为了积累全程优化的大数据，可能要增加必要的传感器；而且，全局级/组织级的计算机往往也需要进行升级。

8.4.3 智能控制算法简介

智能控制就是模仿人的智能，但是要完全模仿，不但价格极高，而且实际上是不可能，所以只能部分模仿，或者说从某个方面进行模仿，因而就有了各种智能控制策略算法。供热智能控制的策略算法的具体应用，将在第 8.8 节介绍。

1. 专家控制系统（Expert System）

专家指的是那些对解决专门问题非常熟悉的人们，他们的这种专门技术通常源于丰富的经验，以及他们处理问题的详细的专业知识。

专家系统主要指的是一个智能计算机程序系统，其内部含有大量的某个领域专家水平的知识与经验，能够利用人类专家的知识和解决问题的经验方法来处理该领域的高水平难题。它具有启发性、透明性、灵活性、符号操作、不确定性推理等特点。应用专家系统的

概念和技术，模拟人类专家的控制知识与经验而建造的控制系统，称为专家控制系统。

尽管专家系统在解决复杂的高级推理中获得较为成功的应用，但是其费用较高，还涉及自动获取知识困难、无自学能力、知识面太窄等问题，所以还必须进行深入研究。

专家控制系统在供热智能控制中的应用详见本书第8.3.3节。

2. 模糊控制系统

所谓模糊控制，就是在被控制对象的模糊模型的基础上，运用模糊控制器近似推理手段，实现系统控制的一种方法。模糊控制模型是用模糊语言和规则描述的一个系统的动态特性及性能指标。

模糊控制的基本思想是用机器去模拟人对系统的控制。它是受这样的事实而启发的：对于用传统控制理论无法进行分析和控制的复杂的和无法建立数学模型的系统，有经验的操作者或专家却能取得比较好的控制效果，这是因为他们拥有日积月累的丰富经验，因此人们希望把在这种经验指导下的行为过程总结成一些规则，并根据这些规则设计出控制器，然后运用模糊理论、模糊语言变量和模糊逻辑推理的知识，把这些模糊的语言上升为数值运算，从而能够利用计算机来完成对这些规则的具体实现，达到以机器代替人对某些对象进行自动控制的目的。

模糊控制用模糊语言描述系统，既可以定量描述，也可建立定性模型。模糊控制可适用于任意复杂的对象控制。但在实际应用中，模糊控制实现简单的控制比较容易。简单控制指单输入单输出系统（SISO）或多输入单输出系统（MISO）的控制。因为随着输入、输出变量的增加，模糊控制的推理将变得非常复杂。所以，减少系统变量，使系统降阶非常重要。

3. 人工神经网络控制系统

神经网络是指由大量与生物神经系统的神经细胞相类似的人工神经元互联而组成的网络；或由大量像生物神经元的处理串联/并联互联而成。这种神经网络具有某些智能和仿人控制功能（图8.15）。

传统计算机软件是程序员根据所需要实现的功能原理编程，输入至计算机运行即可，其计算过程主要体现在执行指令这个环节。而深度学习的人工神经网络算法包含了两个计算过程：

1）用已有的样本数据去训练人工神经网络；

2）用训练好的人工神经网络去运行其他数据。

学习是人类的主要智能之一，人类的各项活动都需要学习。学习算法是神经网络的主要特征，也是当前研究的主要课题。

深度学习与传统计算模式最大的区别就是不需要复杂的编程，但需要海量数据（即大数据）进行并行运算。传统计算架构无法支撑深度学习的海量数据并行运算。或者说，需要大数据和高速并行的计算能力，而“程序”相对简单。

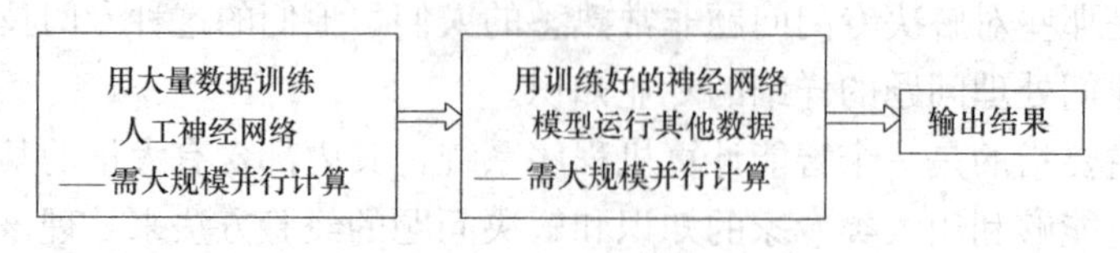

图8.15　人工神经网络工作过程

学习的算法可以分为遗传算法和迭代学习等。

(1) 遗传算法

遗传算法是模拟自然选择和遗传机制的一种搜索和优化算法，它模拟生物界、生存竞争、优胜劣汰、适者生存的机制，利用复制、交叉、变异等遗传操作来完成寻优。遗传算法及其在供热智能控制中的应用举例详见第 8.8.3 节（多热源供热系统协调运行方案优化）。

(2) 迭代学习

迭代学习控制模仿人类学习的方法，即通过多次的训练，从经验中学会某种技能，来达到有效控制的目的。迭代学习控制能够通过一系列迭代过程实现对二阶非线性动力学系统的跟踪控制，整个控制结构由线性反馈控制器和前馈学习补偿控制器组成。其中，线性反馈控制器保证了非线性系统的稳定运行，前馈补偿控制器保证了系统的跟踪控制精度。它在执行重复运动的非线性机器人系统的控制中是相当成功的。

4. 神经网络和模糊控制的比较

神经网络可以和模糊控制一样适用于任意复杂对象的控制，但它与模糊控制不同的是擅长单输入多输出系统和多输入多输出系统的多变量控制。在模糊控制表示的系统中，其模糊推理、解模糊过程以及学习控制等功能常用神经网络来实现。模糊控制和神经网络作为智能控制的主要技术已被广泛应用，两者既有相同性又有不同性。其相同性为：两者都可作为万能逼近器解决非线性问题，并且两者都可以应用到控制器设计中。不同的是：模糊控制可以利用语言信息描述系统，而神经网络则不行；模糊控制应用到控制器设计中，其参数定义有明确的物理意义，因而可提出有效的初始参数选择方法，神经网络的初始参数（如权值等）只能随机选择。但在学习方式下，神经网络经过各种训练，其参数设置可以达到满足控制所需的行为。模糊控制和神经网络都是模仿人类大脑的运行机制，可以认为神经网络技术模仿人类大脑的硬件，模糊控制技术模仿人类大脑的软件。根据模糊控制和神经网络的各自特点，所结合的技术即为模糊神经网络技术和神经模糊控制技术。

5. 关于 PID 的改进和智能 PID

常规 PID 控制器必须人工确定采样周期和控制参数。如果能够建立准确的线性模型，则可以根据完善的经典控制理论计算确定控制参数。然而在实际应用中，通常难以建立准确的线性模型，所以实际上通常采用经验法和凑试法确定 PID 调节参数。

在实际的应用中，许多被控过程机理复杂，具有高度非线性、时变不确定性和纯滞后性等特点，导致 PID 控制参数整定效果不理想。在噪声、负载扰动等因素的影响下，过程参数甚至模型结构均会随时间和工作环境的变化而变化。这就要求在 PID 控制中，不仅 PID 参数的整定不依赖于系统数学模型，并且 PID 参数能够在线调整，以满足实时控制的要求。首先人们对常规 PID 控制器进行了许多改进，直至发展成了智能 PID。

智能 RID 控制器只要按要求接好传感器和执行器，并且设置好量程和控制目标，不需要人工设定 PID 控制参数，控制器就能自动识别对象，自动适应和补偿对象的特性，自动设定 PID 控制参数，特别是对非线性对象，则分段自动设定 PID 控制参数，从而实现全程优化控制。智能 PID 控制器是一个研究热点，因为其在参数的整定和在线自适应调整方面具有明显的优势，且可用于控制一些非线性的复杂对象。

智能 PID 控制就是将智能控制（intelligent control）的设计思想是利用专家系统

(Expert System)、模糊控制（fuzzy control）和神经网络（neural network）技术，将人工智能以非线性控制方式引入到控制器中，使系统在任何运行状态下均能得到比传统PID控制更好的控制性能，具有不依赖系统精确数学模型和控制器参数在线自动调整等特点，对系统参数变化具有较好的适应性。智能PID控制主要有模糊PID控制器、专家PID控制器和基于神经网络的PID控制器等。

8.5　供暖热力站的全程优化集中控制

从本节起介绍供热智能控制系统执行级/局部级的全程优化控制方案。执行级最重要的是，在无全局级命令时，能够独立确定全程优化的供热参数，并自动实现全程优化控制；还能按组织级/全局级的命令，实现更加高级的全程优化控制。

8.5.1　供暖热力站的全程优化集中控制的目标和总体方案

供暖热力站的全程优化集中控制的目标就是对管辖范围内的用户总体实现“按需供热”，使用户室温合格率达到要求，并且耗电最小等。集中控制的优点是造价低，容易实现；缺点是无法实现每个用户之间的温度平衡，所以必须先调节好平衡，并且加以锁定。

具体设计过程可按表8.5（供热自动调节系统设计的详细内容和原则）进行。下面先具体分析供暖热力站的全程优化集中控制的目标和总体方案。

1. 作为局部级/执行级或者独立工作的热力站控制

正如第8.1.1节中的分析，影响供暖室内温度的因素很多（如表8.3所示）。如果能够实现供暖分户计量调控，就可以分别对每户室温采用反馈控制，不论有多少影响因素，也能够消除其对用户供暖温度的综合影响。因此，供暖分户计量调控是实现全程优化供热的最好方案，详见第8.6节。

然而，因为供暖面积大，全面实现供暖分户计量调控需要有一个过程。如果设计工况用户间的水力/热力平衡已经调节好，则可利用总热力站（首站）或者区域热力站集中对供水流量和供水温度进行调节，从而集中控制区域内用户的总供热量实行“按需供热”，使供暖室内温度在允许范围内，这就可以用很小的代价取得相当好的节能效果，即供暖热力站的全程优化集中控制的目标。当然，要实现这个目标的附加条件是，设计工况的用户间的水力/热力平衡已经调节好，而且在集中调节时不能打破这种平衡。

对于同一个供热对象（例如换热器）调节流量（通常称为量调节）与调节温度（质调节）的特性有很大的差别。因压力、流量等按音速b（≈1500m/s）传递，而温度（热量）按流速u（≈xm/s）传输，还有蓄热、散热等的影响，因而质调节的传递滞后时间大约是量调节传递滞后时间的1000倍，即$\tau_{1t} \approx 1000\tau_{1s}$。同时，时间常数也有很大的差别，静态调节特性—放大系数（K）也有很大的差别。可见，即使对于同一个对象，采用的调节方法不同，对象特性也有很大的差异，必须分别对待。所以，我们必须重视供热系统的不确定性（设计偏差大，个体差别大）。

本来，如果热力站至用户的距离在1.5～4.5km以内，量调节传递滞后时间约为1～3s以内，还可以用量调节对代表室温实现直接反馈控制，消除各种干扰对室温的影响。然而，因为是集中调节，必须首先调节并锁定好水力/热力平衡，在调节过程中也必须确保不破坏调节好的平衡，所以，流量调节将受到限制，流量L必须大于确保不破坏平衡的最小流量L_p。另外，因为代表室温的距离通常相当远，实时控制数据采集周期还必须为秒级，因此通常不能利用公共网络，如果敷设专线则成本比较高。

同时，大热网的首站温度（热）变化与用户之间的传递［纯］滞后非常大，可达数小时至十多小时；区域热力站供水温度（热）变化与用户之间的传递［纯］滞后也非常大，可达数分钟至数小时。对这样大的传递［纯］滞后，根本无法采用质调节反馈控制直接控制室温。

因此，通常难以用热力站集中调节直接对供暖代表室温进行反馈控制，只能够控制热力站的出口流量和温度达到优化值，才能间接集中控制室温，总体实现“按需供热”。

这样，确定热力站的全程优化的供水流量和供水温度就成了热力站集中控制的关键。这两个全程优化工艺参数对常规控制是必须的，对智能控制则是用来保证开机正常运行的初始化工艺参数。如何确定热力站的全程优化的供水流量和供水温度，请详见第3章3.4节和第7章7.3节。在这里举例说明，采用了以下两个具体方案：

方案Ⓐ：$L>L_p$，供水温度不变，按公式（3.54）确定全程优化供水流量L_{u_1}；

$L\leqslant L_p$，取$L_{u1}=L_p$，按公式（3.61）确定全程优化供水温度T_{u_1}。

方案Ⓑ：$L>L_p$，优化供水流量L_{u_1}跟随外温成直线变化，例如，相对于外温$T_p=5℃$，取L_p等于设计流量的50%；

$L\leqslant L_p$，取$L_{u_1}=L_p$（如图8.17中的虚线所示），全程按公式（3.61）确定优化供水温度T_{u_1}。

式中 L和T——分别表示热力站优化供水流量和温度；

p——表示确保不破坏用户之间室温平衡的最小流量工况的脚标；

u_1——表示热力站控制器确定的初始优化工况的脚标。

对于常规控制，最小流量工况和初始优化工况应该根据运行效果用人工加以调整；对于智能控制，则可以根据运行效果自动进行优化校正。

另外，因为影响供暖全程优化控制的因素相当多，就会使全程优化集中控制变得复杂。下面将讨论如何将热力站全程优化集中控制系统进行分解、降阶、简化。

2. 全局级的对热力站控制的高级智能控制调度功能

对于智能控制，可以用上面确定的优化流量$L_u=L_{u1}$和优化温度$T_u=T_{u_1}$作为初始值，然后再根据大数据自动寻优。

这是因为，供热系统影响因素多、热惰性大、不确定性大（如设计误差大等），用控制热力站的供水流量和温度的方法调节室温肯定有较大的误差，所以还必须进行校正，即供热智能控制系统的全局级根据热网和用户运行的大数据分析，确定热力站的最佳供水流量L_{u_2}和最佳供水温度T_{u_2}，于是$L_u=L_{u_2}$，$T_u=T_{u_2}$。

全局级对热力站集中控制进行进一步优化，主要分析以下大数据：

（1）实际室温平均值与设定值的动静态偏差；

（2）水力/热力分布平衡的动静态误差；

（3）围护结构与室外温度对室温的动静态影响；

（4）对公用建筑，可根据上下班时间实现优化正班/值班供暖，进一步节能；

（5）能耗的动态分析，使能耗最小；

（6）控制系统的过渡过程；

(7) 其他全局性优化调度。

全局级对热力站集中控制进一步优化的具体目标参数有两组：

(1) 确定全程优化的工艺参数，即最佳供水流量 L_{u_2} 和最佳供水温度 T_{u_2}；

(2) 确定全程优化的控制参数，使控制器能够稳定工作并且达到用户要求。

3. 独立工作的常规热力站集中控制系统

同样必须考虑以上因素进行必要的校正，但是这个校正只能由人工完成。因此，除了供热系统的设计参数外，还必须留有必要的可改变的设定参数，例如：L_p 和 T_p，校正围护结构影响的系数，控制器参数，以及正班/值班供暖的相关设定参数等。

下面分别举例介绍热力站集中供水流量和供水温度控制。

8.5.2　热力站集中全程优化供水流量控制（量调节）

1. 可根据表 8.5（供热自动调节系统设计的具体内容和原则汇总表）进行设计。热力站集中全程优化供水流量控制（量调节）的设计内容汇总详见表 8.9。热力站全程优化供水流量集中控制方案见图 8-16 所示。

热力站集中全程优化供水流量控制（量调节）的设计内容汇总　　表 8.9

控制系统设计内容和原则		相关章节	采用常规控制，按全局级命令智能化	采用智能控制，按全局级命令进一步智能化
0	目标：确保区内室温满足要求、节电，还必须保证不破坏已经调节好的水力平衡	集中调节	优化控制供水流量，节省电量，并且确保水力平衡	
1	确定全程优化可行的流量调节工艺方案：a—定速泵＋调节阀，b—变频泵	集中调节	方案 a—定速泵＋调节阀，复杂、有节流损失；方案 b—变频泵，简单、节能显著	
2	确定全程优化可行的调节控制方案——分解/降阶/简化	图 8.16，说明(1)	随动(补偿外温干扰)＋反馈控制	
3	确定全程优化运行的集中流量调节的工艺参数，随室外温度变化的设定流量	集中调节，说明(2)	Ⓐ(3.54)式，Ⓑ按图 8.17 虚线确定初值；按全局级命令实现高级智能控制	
4	确保全程可观性—传感器：范围/线性/精度/灵敏度	第 9 章	差压(或流量)，外温，室温(大数据)	
5	确保全程可控性—设计工况，调节范围，驱动力	第 9 章	正确选择水泵/调节阀	
6	全程静态调节特性[增益，调节特性指数]	第 9 章	要求线性	可非线性，线性降阶
7	尽可能减少传递[纯]滞后时间	第 9 章	流量传感器在泵后就近安装，减少滞后	
8	确定系统动态特性函数	测/计算	要求线性	可非线性，线性降阶
9	确保全程稳定和精度，控制参数动态优化	控制理论	计算/调试确定	定初值，再自寻优
10	确保全程经济节能减排—目标/综合结果(方案Ⓐ节电比方案Ⓑ更大)	第 8.1.3 节等说明(2)	节电分析举例，方案Ⓑ见图 8.17	
11	确保全程安全可靠性-目标/综合结果	第 8.1.4 节等	可靠＋稳定＋故障报警/预警/处理＋…	
12	控制器/计算机硬件选择设计和软件设计	详见第 8.3 节，按需要选择硬件，留有升级的软/硬接口		

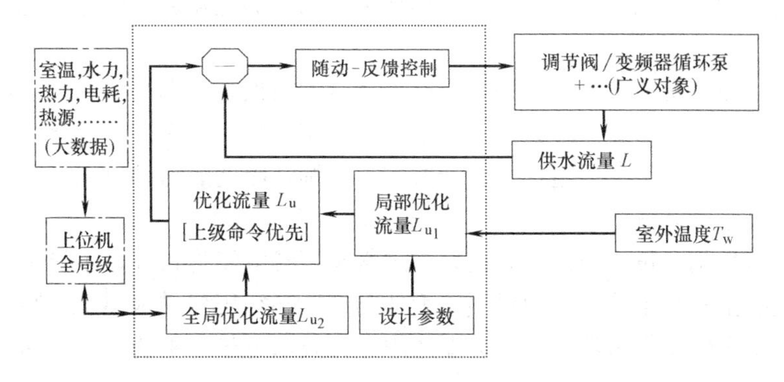

（注：点线框内为控制器，点划线框为上位机，图中未表示传感器）

图 8.16　热力站全程优化供水流量集中控制系统

2. 关于热力站全程优化供水流量集中控制的重点说明

（1）供暖热力站集中控制采用随动-反馈控制，就是对主要干扰（室外温度变化和围护结构特性等）进行自动补偿的前馈控制＋供水流量的反馈控制。具体做法是：根据设计工况和室外温度等求得最佳供水流量 L_u，然后以最佳供水流量为目标值实现反馈控制，即以最佳供水流量 L_u 作为流量控制的设定值，自动变频调节循环泵转速 P_L，控制二次网的供水流量/差压，既确保供水量 L/差压 CY 达到最佳供水流量 L_u，又确保用户都有合适的资用压头，简称量调节，其目的是尽可能节约电能，并且不破坏已经调节好的流量/温度平衡。

前面已经介绍，如果控制系统的给定值跟随该系统之外的某个变量而变化，则称该系统为随动控制系统。

优化供水流量反馈控制可以采用常规控制或者智能控制。例如，采用 PI 比例积分控制，无论常规控制还是智能控制，都必须确定控制器的比例系数 K_p 和积分时间 T_i。但是有三个非线性影响因素，即供水量调节系统静态增益 A_s、滞后时间 τ_s 和时间常数 T_s。常规控制必须是线性系统，即这三个参数必须是常数。无论是常规控制还是智能控制，减少变量和线性化，都能够简化控制计算，所以必须降阶：

1）使静态增益 A_s 为常数，即流量调节特性为线性（详见下一章），这就减少了一个影响因素；

2）将流量传感器尽量接近流量调节机构（调速泵/调节阀）安装，因为流量/差压传感器反应快，于是供水量滞后时间 τ_s 趋向 0，又减少了一个影响因素；

3）因为供水量控制反应快，流量传感器反应也很快，所以时间常数 T 很小。

于是就可以方便地确定比例系数 K_p 和积分时间 T_i。

可见，无论常规控制还是智能控制，供水流量反馈控制的参数很容易实现，已经有许多成功的策略，例如，经典的常规 PI 控制、现代的自整定 PI 和智能 PI 等。因此，确定优化差压/流量 L_u 是关键。

（2）确定全程优化流量，作为流量随动-反馈控制的设定值

1）本机自动确定初始优化流量。因为开始运行时，各种数据都无积累，再好的智能控制系统也无法学习，需要求得最佳工艺运行参数。所以必须自动确定一个初始优化工艺

参数—初始的全程优化供水流量。这样，即使无全局级的优化调度命令，也能实现初级优化控制。

可以采用供暖系统的多变量静态热平衡方程组，根据室外温度、系统设计参数，并且考虑系统的热惰性和传递滞后，采用智能多变量控制算法，确定全程优化供水流量。

前面已经说过，因为流量过低可能造成水力失调，因此热力站供水流量必须大于一定的量（例如，大于设计流量的50%，相当于供、回水压差大于设计压差的25%）。因此，热力站循环流量控制（量调节）主要是以循环水泵节省电能为目标，不能全程集中控制用户的供暖温度。全程集中控制用户供暖温度的功能还必须用变供水温度控制（质调节）完成。所以，在确定优化供水流量时，只要考虑不打破水力热力平衡、节电和外温变化就可以了。

因此，全程集中控制用户供暖温度的功能还必须用变供水温度控制器（质调节）完成。这样，就可以简单确定优化供水流量。例如，如果室外温度 T_w 从 $-10℃$ 降至 $-20℃$，通过分析可确定，当 $T_w \geq 5℃$ 时，可设定流量 $L_{u_1}=50\%$，然后随着外温下降，$L_u=L_{u_1}$ 随外温线性变化至100%（见图8.17中的虚线），还可以在运行过程中进一步优化。

2）节电分析。因为当管道不变时，水泵功率与流量的3次方成正比，如图8.17中下面的实线所示。图中两条实线之间的面积就是进行供水流量优化控制的理论节电量，可达70%。考虑调速时效率可能下降的影响，节电40%以上是有把握的。因为循环泵功率大，所以循环泵变流量调节的节电效益很高。

3）上级的全局性优化调度——确定最优供水流量。上级根据大数据，即室温效果、主要干扰，以及系统的水力/热力工况、热源、能耗等进行分析，确定最优供水流量$L_u=L_{u_2}$。

这样，当启动或者无上级命令时，控制器可以独立工作，实现初步的优化控制；如果上级进行全局性优化调度，则可以实现更高级的智能优化供水流量控制。

3. 关于热力站全程优化供水流量集中控制的注意事项

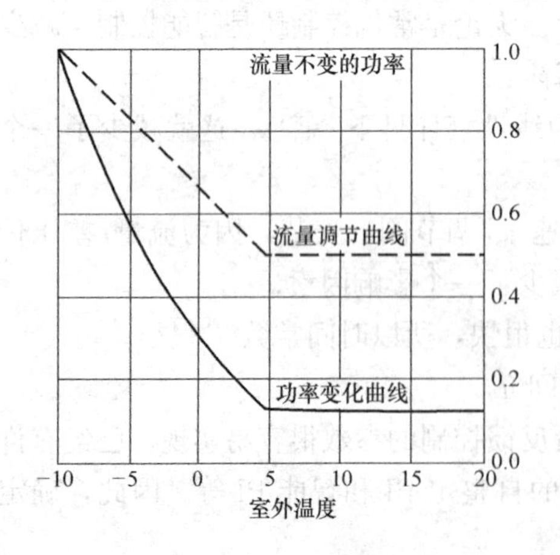

图8.17 按Ⓑ方案调节流量的节能效果分析举例

（1）因为是集中调节，必须调节好用户之间的平衡，并且锁定平衡阀；

（2）如果无局部调节并且采用间壁式换热器，则管道阻力系数不变，此时循环流量与离心水泵转速成正比，所以可以用水泵的相对转速代表相对流量，可不要流量传感器；如果有局部调节，则管道阻力系数改变，必须确定并控制优化差压，从而确保最优资用压差；

（3）如果采用混水器，则应该认真考虑混水器两个入口的全程压力变化工况，必须考虑一次水量对总循环水量的影响，所以必须安装流量传感器；

（4）为保证不破坏水力平衡，优化供水流量调节范围受到限制，所以，还要由优化供水温度控制来保证室温。

8.5.3　热力站全程优化供水温度控制（质调节）

1. 可根据表 8.5（供热自动调节系统设计的具体内容和原则汇总表）进行设计。热力站集中全程优化供水温度控制（质调节）的设计内容汇总见详表 8.10，控制方案见图 8.18 所示。

热力站集中全程优化供水温度控制质调节的设计内容汇总　　　　**表 8.10**

控制系统设计内容和原则		相关章节	采用常规控制，按全局级命令智能化	采用智能控制，按全局级命令进一步智能化
0	目标：确保区内室温满足要求，节省热量	集中调节	优化控制供水温度，节省热量	
1	确定全程优化可行的温度调节工艺方案：有四种组合 c+e，c+f，d+e，d+f	集中调节 说明(0)	调节机构：c 调节阀/d 变频泵，节能显著；换热器：e 混水，价低反应快/f 间壁式	
2	确定全程优化可行的调节控制方案：分解/降阶/简化	图 8.16， 说明(1)	随动(补偿外温干扰)+反馈控制	
3	确定全程优化运行的集中温度调节的工艺参数，随室外温度变化的设定温度	集中调节， 说明(2)	例：按式(3.61)确定初值，按全局级命令实现高级智能控制	
4	确保全程可观性一传感器：范围/线性/精度/灵敏度	第 9 章	水温，外温，室温(大数据)等	
5	确保全程可控性-设计工况，调节范围，驱动力	第 9 章	正确选择水泵/阀/换热器	
6	全程静态调节特性[增益，调节特性指数]	第 9 章	要求线性	可非线性，线性可降阶
7	尽可能减少传递[纯]滞后时间	第 9 章	水温传感器换热器后就近，减少滞后	
8	确定系统动态特性函数	测/计算	要求线性	可非线性，线性可降阶
9	确保全程稳定和精度，控制参数动态优化	控制理论	计算/调试确定	定初值，再自寻优
10	确保全程经济节能减排一目标/综合结果	说明(1)	说明(1)	说明(1)
11	确保全程安全可靠性一目标/综合结果	第 8.1.4 节等	可靠+稳定+故障报警/预警/处理+…	
12	控制器/计算机硬件选择设计和软件设计	详见第 8.3 节，按需要选择硬件，留有升级的软/硬接口		

2. 关于热力站全程优化供水温度集中控制的重点说明

(1) 确定调节温度的工艺方案

一次水调节机构，可采用 c 调节阀或 d 变频泵，其调节特性见第九章。分布式系统采用 d 变频泵，比 c 调节阀有明显的节电效果。

换热器，可采用 e 混水器或者 f 间壁式换热器，其调节特性见第九章。混水器具有简单可靠、造价特别低、阻力特别小、热惰性特别小、调节特性接近线性等优点，但必须注意水泵的安装位置和压力平衡。这样工艺方案就有四种组合：c+e，c+f，d+e，d+f，请根据情况选择。

(2) 热力站全程优化供水温度控制（质调节）方案（如图 8.18 所示）

供暖热力站集中控制采用随动一反馈控制，就是对主要干扰（室外温度变化和围护结构特性等）进行自动补偿的前馈控制+供水温度反馈控制。具体做法是，根据设计工况和室外温度等求得最佳供水温度 T_u，然后以最佳供水温度 T_u 为目标值实现反馈控制。它

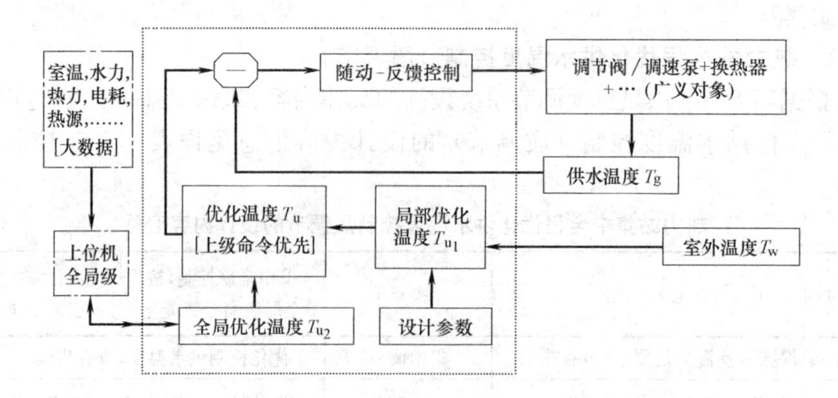

(注：点线框内为控制器，点划线框为上位机，图中未表示传感器)

图 8.18　热力站优化供水温度控制系统

的真正目标是为了确保室内温度达到要求。

优化供水温度反馈控制可以采用常规控制或者智能控制。例如采用PI比例积分控制，无论常规控制还是智能控制度，必须确定控制器的比例系数 K_p 和积分时间 T_i。但是有三个非线性影响因素，即供水温度控制系统静态增益 A_t、滞后时间 τ_t 和时间常数 T_t。常规控制必须是线性系统，即这三个系数必须为常数；无论是常规控制还是智能控制，减少滞后时间都有利于控制，减少变量数和线性化，都能够简化控制计算，所以必须降阶/简化：

① 使静态增益 A_t 为常数，即温度调节特性为线性（具体做法见下一章），这就减少了一个影响因素；

② 将换热器尽量接近温度调节机构安装，将温度传感器尽量接近换热器安装，应该采用热惰性很小的温度传感器，以便尽量减少滞后时间 τ_t；

于是就可以比较方便地确定比例系数 K_p 和积分时间 T_i 了，所以，确定优化全程优化供水温度是控制的关键。

(3) 确定全程优化供水温度，作为供水温度随动－反馈控制的设定值

1）本机自动确定初始优化供水温度

因为开始运行时，各种数据都无积累，再好的智能控制系统也无法学习，需要求得最佳工艺运行参数。所以必须自动确定一个初始优化工艺参数—初始的全程优化供水温度。这样，即使无全局级的优化调度命令，也能实现初级优化控制。

采用供暖系统的多变量静态热平衡方程组，根据室外温度、系统设计参数，并且考虑系统的热惰性和传递滞后的影响，就可以确定全程优化供水温度 $T_u = T_{u_1}$。请详见第3章第3.4节和第7章第7.3节。

2）上级的全局性优化调度——确定最优供水温度

上级根据大数据如室温效果、主要干扰，以及系统的水力/热力工况、热源、能耗等进行分析，确定最优供水温度 $T_u = T_{u_2}$。

这样，当启动或者无上级命令时，控制器可以独立工作，实现初步的优化控制；如果上级进行全局性优化调度，则可以实现更高级的智能优化供水温度控制。

8.5.4　热力站控制系统的硬件

实现执行级/局部级的硬件有3个方案：

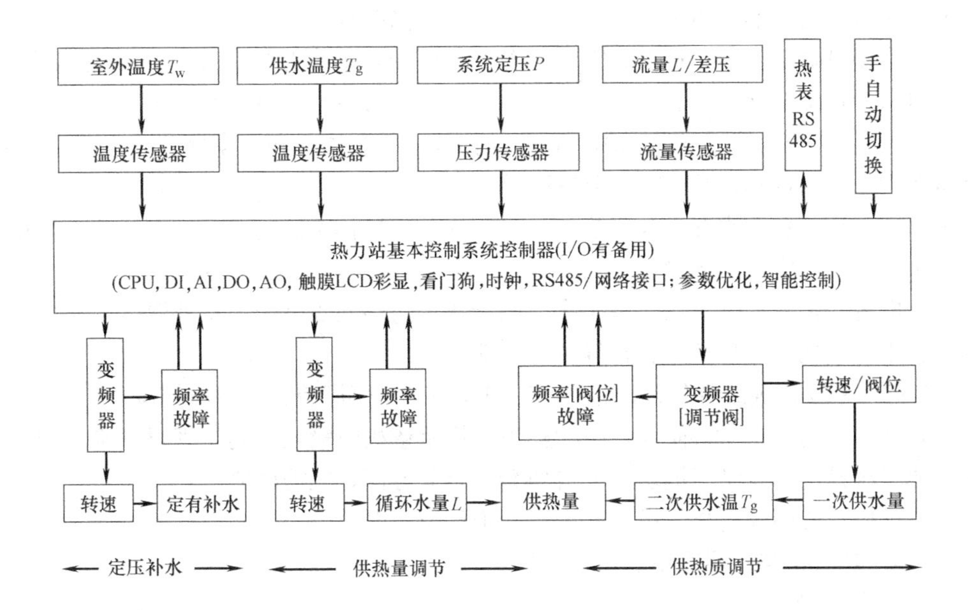

图 8.19 热力站基本控制系统

（1）采用工业 PC+I/O 扩展，显示界面和数据管理功能强；

（2）采用 PLC，现场组态比较复杂；

（3）采用热力站专用控制器，价格最低，体积最小，使用最简便。

热力站智能控制就是系统的局部级/执行级，其更高级的智能控制可以由上一级完成。热力站专用控制器的智能化可以分步进行。下面介绍热力站专用智能控制器的最基本硬件，详见图 8.19 所示。它采用高集成、高可靠器件，一体化设计，简单紧凑、可靠、价低，集多参数采集、汉字显示、参数设定和自动控制、多种通信等功能于一体，有自诊断、自复位等功能。

8.5.5 热力站控制器的其他特点

（1）可增加定压补水控制，于是可同时完成优化供水流量、优化供水温度和定压补水控制。

（2）根据用户的使用情况，自动或者强制进行正常工况（或称高工况）和值班工况（或称低工况）的切换，以便在正常工况达到设计室温，而在无人工作或者居住的时间降低要求时，实现值班（低工况）供暖/空调，进一步节能。注意冬季必须防止结冰。

（3）为了便于使用，除了各种参数可以设定外，还能够进行校正：

① 用“热惰性时间常数”考虑建筑物的热惰性。建筑物热惰性越大，热惰性时间常数越大，对外温滤波越大。

② 用“热量校正系数 K”校正设计误差，以及系统改造和结垢等影响。

$$实际供热量=计算供热量\times热量校正系数\ K$$

③ 由于混水器反应比较快，间壁式换热器反应比较慢，所以各回路采样控制周期可以设定。

对常规控制，这些参数可由人工确定；对智能控制，这些参数先由人工确定初始值，确保开机正常运行，然后由上位机（全局级）进行高级优化。

（4）有多种通信功能（GPRS/RS485/互联网等），能和智能设备（如智能仪表）、上位计算机（全局级）交换信息，同时经过授权的手机可成为信息终端，可在任何地方根据权限了解/调度热力系统。通信采用 ModBus 协议，符合国际和国家标准，不需交使用费，并且有系列产品供选择，可以适用于各种用户。

（5）可采用彩色触摸屏，汉字显示，汉字提示，操作调试简单，一看就会。根据汉字设定菜单，就可以完成全部设定。

（6）电源、输入、模拟输出有防强电磁干扰、防浪涌等措施；室外温度变送器还可以选择防雷击等功能；有自诊断、自复位等功能。

（7）可以采样常规或者各种改进的 PI/PID 调节，模糊控制和智能控制。

（8）控制器的设定非常简便，按“菜单”提示依权限输入密码，密码正确，即按汉字菜单完成各种设定。有汉字提示，一看便会，十分方便，无需说明。

（9）可以在线阅读安装、设定、操作、维护说明书等。

8.5.6　热力站控制器适用的系统分类

1. 按换热器分

1）混水器：热惰性小，容易实现线性调节特性，造价最低，两侧流体不能分开；

2）间壁式换热器：热惰性比较大，通常为非线性调节特性，造价高，两侧流体分开。

2. 按一次网（热源）调节机构分

1）变频水泵：分布式系统可以实现 0 节流损失，节电显著；

2）调节阀。

3. 按二次网调节机构分

1）变频水泵：构成分布式输配系统，可以实现 0 节流损失；

2）调节阀＋定速水泵：节流损失大，现在通常不采用。

4. 按二次网用户阻力系数变化情况分

1）用户阻力系数不变，即无局部调节，作为集中控制。控制简单，稳定性高，而且可以不用差压传感器，从而降低系统造价和可靠性。

2）用户阻力系数改变，即有局部调节。必须确定和控制优化供水差压。

5. 冬季供热和夏季冷冻水系统

1）冬季供热系统，为防止冻管，值班流量不能为 0，必须确保不破坏水力平衡；

2）夏季冷冻水系统的值班流量可以为 0。

6. 安装地点

1）首站和区域热力站。

2）楼栋热入口：既可以像热力站一样控制；如果距离代表用户近，还可对代表室温进行反馈控制，直接调节热入口的供水流量/温度，注意必须充分发挥供水流量调节反应快和供水温度调节范围大但热惰性大的特点；

3）分户计量收费结算点：既可以像热力站一样控制；而且由于采集了全部用户的各种数据，就可以独立/直接根据室温及其平衡直接调节供水流量/温度，从而独立完成比较完善的全程优化控制，注意，同样必须充分发挥供水流量调节反应快和供水温度调节范围大但热惰性大的特点。

7. 更多的应用和调节方案，请详见第3章3.4节和第7章7.4节。分布式系统请详见第5章。

8.5.7 节能效果

如果全网采用全程优化分布式温度控制，并且采用分布式混水供热系统，其装机节电量可减少到2/3。若一次网也采用变频变温度调节，可以实现全网0节流损失，0过温度，0过热！则热力站节电可达全系统理论节电80%左右，节省热能可达20%～50%。根据用户的使用情况，自动进行正常工况和值班工况的切换，以便在正常工况达到设计室温，而在无人工作或者居住的时间降低要求，实现值班供暖/空调，可进一步节能。因为夏季的值班流量甚至可为0，所以值班控制节能更加显著。

8.6 供热分户计量调控与收费

8.6.1 国家关于“供热分户计量收费”的法律、规范和现状

《中华人民共和国节约能源法》第三十八条规定：“国家采取措施，对实行集中供热的建筑分步骤实行供热分户计量、按照用热量收费的制度。新建建筑或者对既有建筑进行节能改造，应当按照规定安装用热计量装置、室内温度调控装置和供热系统调控装置。”国务院、相关部委和地方政府相继颁发了一系列有关条例、决议和实施细则。在“三北”地区，正大力进行供热计量技术的推广工作。

可见，国家对“实行供热分户计量、按照用热量收费的制度”的论述非常全面，即“供热分户计量收费”不能单独实现，“应当按照规定安装用热计量装置、室内温度调控装置和供热系统调控装置。”只有这样，才能得到节能效果。

1）完全消灭冷热不均。冷热不均是当前供暖能源浪费的重要原因，而集中调节只能分区/大致消灭冷热不均。

2）激发人的节约本能。水、电、气收费后，人们就精打细算了。

3）实现全系统全程优化运行，真正做到全网0节流。

4）可利用全系统管网蓄热，降低热源总设计容量。这是因为，室温能够分户控制，在最冷日，系统可全天在最佳流量和最大蓄热量工况运行，而在最冷的几小时，就可以利用全系统管网蓄热。由于系统越大，输送距离越远，管径越大，热容量越大，管网蓄热非常可观。

目前，在推广供热计量技术的过程中，通常是分别安装三套装置，即热计量装置、室内温度调控装置和供热系统调控装置（例如普通系统的平衡阀，或者分布式系统中的末端增压泵）。这样，不但系统复杂、成本高、不便维护管理，关键是三套装置工作可能不协调。例如，从原理上说，最完善的热计量方法是流量温差法，然而因为流量计/热量计采用稳态法标定，而室内温度调控多采用开关阀控制，温差动态变化——采用稳态热量计进行动态热计量的结果就可想而知了。另外，室温控制阀有节流损失，影响节能效果；现有的调控装置不能实现全分布式供热系统，等等。这些因素的存在，已成为影响供热计量技术推广的技术瓶颈。

其根本原因是，供热计量与水、电、气计量也有很多差别，详见表8.2所示。例如，传递滞后和其他动/静态特性有本质差别；北方供暖是一个有政策性补贴的工程；供暖又

与邻里相互影响有关，例如，如果一户长期停止供暖，热力公司给他的供热量可以为0，但是邻里会给他“供热”等等。于是，供暖分户计量调控装置既要鼓励各用户关闭门窗，适当降低室内设定温度，防止过热浪费，又要限制各用户有一个基本用热量，室内设定温度、流量下限必须进行限制。这就是集中供暖必须进行限制和分摊计费的原因。所以，无论供热计量和供热计费，都比水、电、气复杂。因此，必须认真研究动态热力计量的方法，方法之一是改进流量温差法；方法之二是采用下面将介绍的能够实现全网分布式输配的供暖分户计量调控装置。

8.6.2　供暖分户计量调控装置

1. 供暖分户计量调控装置简介

供暖分户计量调控装置（如图8.20所示），由容积泵、电动机和智能控制器组成，具有分户热计量、室温调控和系统调控一体化的功能。其中容积泵和电动机通常连接成整体，关键技术是综合开发应用了容积泵的多种功能，即容积泵既是容积法流量检测装置，又是无节流损失的有源流量调节机构，还是系统的循环动力设备。智能控制器可实现如下功能：采集容积泵的转速 r、用户供水温度 t_g 和回水温度 t_h 等参数，根据容积泵的流量特性和应用条件确定用户的循环流量 L 和供热量 H；采集室温 t_n，通过调节电动机和容积泵的转速，改变流量 L 和热量 H，使室温 t_n 自动调控到设定值；还具有电源模块、显示、设定、报警和通信等功能。

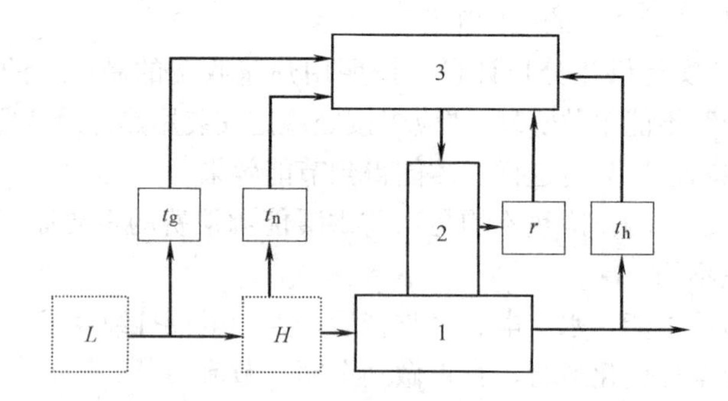

图8.20　供暖分户计量调控装置示意

1—容积泵；2—电动机；3—智能控制器

2. 供暖分户计量调控装置的功能特点

供暖分户计量调控装置＝热计量装置＋室内温度调控装置＋供热系统调控装置（例如普通系统的平衡阀，或者分布式系统中的末端增压泵）

供暖分户计量调控装置把上述三套装置合并为一套装置，使它们协调工作，不但造价低，便于施工安装和维护管理，而且克服了上述所有现存的技术弊端，因此能够大力促进供热计量技术推广工作的健康发展。供暖分户计量调控装置将供暖分户热计量（作为分摊收费的依据）、室温控制和限制、系统平衡调节、无节流损失调节机构等多个功能部件集成为一个装置，在全网输配系统中实现供热平衡和计量收费等难题。该装置用泵取代节流调节阀，本身就有明显的节能效果；该装置采用体积法测量流量，准确、稳定、可靠，而且使流量/温差检测与控制方法紧密配合，能够正确进行热量计算和积算。所以使用该装置能够实现运行 0 节流、0 过流、0 过热！因此，采用该装置既能确保舒适节能，又能简化系统、安装简便、降低造价。因此该装置对供暖分户计量收费、改善供热效果和建筑节能有重大意义。

8.6.3 供暖分户计量调控装置的智能控制器

由于控制器与电机的驱动/控制/检测、供/回水温度传感器等的连线比较多，为了安装方便，控制器必须紧密靠近电机，但是又必须在室内设定/采集/显示室温，必要时显示热量和故障等。因此控制器分为两部分：

1. 计控单元（图 8.21 中上部虚线框内），承担控制、计量、上传数据等主要功能，包括：

(1) 电机的驱动、调速、测速、安全保护（取代安全阀）；

(2) 实现室温的舒适节能的智能控制；

(3) 确保温差与流量同步测量，从而确保热量计量正确/准确；

(4) 自动上传数据，接收并且执行上级命令；

(5) 与用户操作显示单元通信。

为了接线和维修方便，计控单元必须紧密靠近电机安装，采用接插方式装配在一起，有关计量的参数用户不能改变，可以在标定时从 RS232/USB 自动写入或者人工写入。其中，电机驱动器可以根据电机功率进行更换。

请特别注意：室温智能控制已经非常成熟，其具体设计过程可按表 8.5（供热自动调节系统设计的具体内容和原则）进行。因此，计控单元设计的关键是：如何实现温差与流量的同步测量，从而确保热量计量正确/准确。

2. 用户操作单元（图 8.21 下部虚线框内），安装在室内，用户可以操作，只承担设定/采集/显示室温，上传室温和设定值，也可显示热量和故障等。

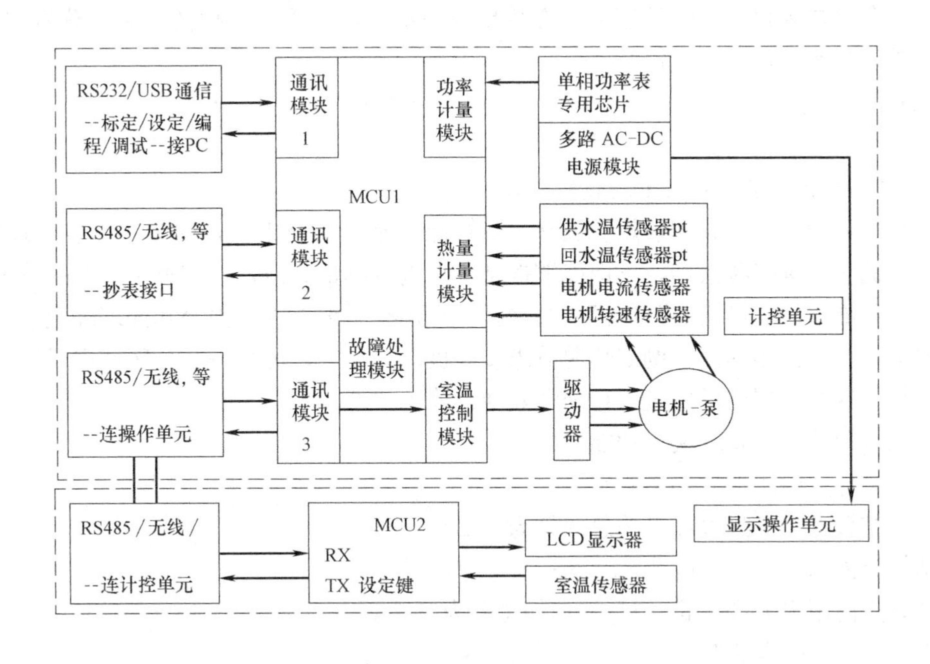

图 8.21 HTP 智能控制器原理图

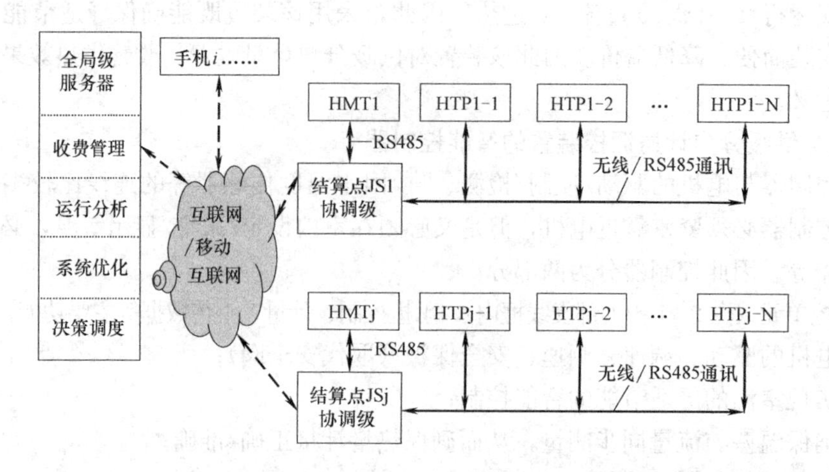

HTP—供暖分户计量调控装置；HMT—标准热表；JS—结算点控制器。N、I、j为正整数

图 8.22　供热智能控制系统的计量调控收费子系统示意图

8.6.4　供热智能控制系统的计量调控收费子系统

供热智能控制系统的计量调控收费子系统见图 8.22 所示，分为三级。

1. 局部级/执行级

每户安装供暖分户计量调控装置的智能控制器 HTP 为局部级/执行级，负责分户热计量和室温的智能调控。

手机利用 APP 也可作为特殊的执行级。如果需要，可以通过用户手机交费，用户手机也可执行授权的操作。

2. 热入口安装的结算点 JS 控制器——协调级

（1）负责热入口的优化控制，标准总热量的检测，各用户数据的采集、分析和上传，以及下传全局级的优化调度命令。

（2）结算点内水力/热力平衡分析，校正结算点优化供热参数。例如，如果有用户室温达不到设计室温，则自动提高结算点优化供热参数的设定值，这就是一种反馈补偿校正。

3. 供热智能控制全局级中的收费管理模块

为什么要把“收费管理模块”放在供热智能控制全局级中？是因为“收费管理模块”接收、存储了大量实时数据，不但能够按结算点进行热量分摊，按国家和地方的政策进行计费，而且能够供全局级的其他模块共享，并且还有详细事件、报警和处理等记录。在特殊情况下可实现供热调度，例如热源故障或者极端天气下，可统一或分区域进行优化决策和调度等。这些数据还可通过因特网和其他计算机共享。

全局级中的收费管理模块功能包括：

（1）结算点内用户的热量确定

设：结算点标准热表计量的总热量为（ΣH）

结算点内用户号 $i=1, 2, 3, \cdots$

结算点内用户 i 的热量为 H_i'，相加总数为 $\Sigma H'$，

则用户 i 计费热量为　$$H_i=(\Sigma H)\cdot H_i'/(\Sigma H')\tag{8.20}$$

（2）分户计费

用户应交费：　　$$Y_i = K_m \cdot M_i + H_i \cdot K_r \cdot K_b \cdot K_{ix} \tag{8.21}$$

式中　i——点内户号（前面加上结算点编号，就是系统内的编号）；

K_m——按面积收费率，元/m^2，不考虑面积时 $K_m=0$，但是 $K_b=1$；

M_i——用户 i 面积，m^2；

K_r——按热量基本收费率，元/GJ；

K_b——按热量基本收费比例，各地定，例如 $K_b=50\%$；

K_{ix}——用户 i 户型/朝向系数，不考虑 $K_{ix}=1$。

如果提出其他计费方法，都能够实现。

例如：为了防止户间传热过大，如果 $H_i<[H_i]$，可以取 $H_i=[H_i]$，…

又如：还可以考虑超温热量多收费等。

（3）大数据管理，为全局级的其他模块提供数据共享。

8.6.5　供暖分户计量调控装置中的容积泵（齿轮泵）

1. 齿轮泵的特点

总的来说，容积泵的效率通常高于动力式泵。回转式容积泵的流量连续平稳，流量的输出没有脉动，结构简单（无进/排阀），尤其是外啮合齿轮泵结构最简单紧凑。而且它具有一定的吸称，还可以正反转动，使用更加方便。齿轮泵是由电机直接带动，省却了其他往复式计量泵中将旋转运动转换为往复运动的复杂机构，泵组的体积十分小巧，传动效率更高，易损件更少，影响流量控制精度的环节也更少。它的易损件只有2个齿轮和对应的轴承，在现场只需要拆卸几个很小的螺钉就可以进行易损件的更换。而且容积泵可以作为用体积法测量流量的计量泵，如在加油机、液体加料机中已经得到了广泛成功的应用。齿轮泵对供暖热水中的水溶胶型污染有较好的适应性。以前，齿轮泵多用做油泵，近来，"纯水液压传动技术因其介质对环境无污染、来源广泛、价格低廉、节约能源、使用安全、压缩损失小、系统使用和维护成本低等一系列突出优点，正好满足了人们日益强烈的环保要求，因而它具有十分广阔的应用领域"。"由于齿轮泵的结构简单，工作效率高，成本低，对介质污染不敏感等特点，在生产中应用十分广泛……"。

所以，在"供暖分户计量调控装置"中开发应用了体积小、结构简单、噪声低、效率高、寿命长、易维护、价格低的微型齿轮泵（见图8.23）。

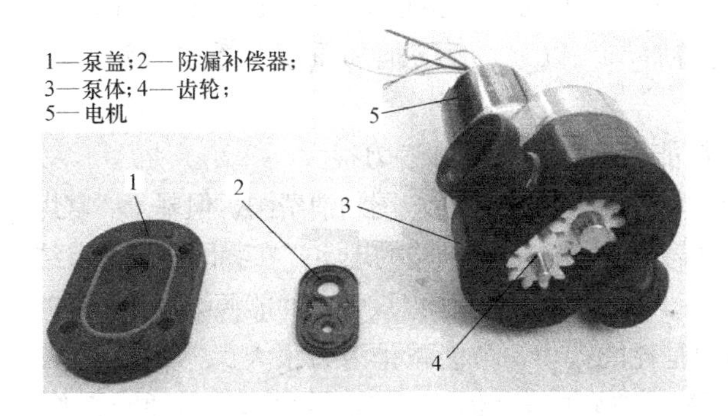

图8.23　微型齿轮水泵实物照片

2. 微型齿轮泵在"供暖分户计量调控装置"的作用

微型齿轮泵是"供暖分户计量调控装置"中的关键设备，是实现基于全网分布式输配系统的供热计量新方法的重要环节。其具有多重功能：①用容积法测量流量的传感器；②室内温度调控的调节机构（取代节流调节阀，节流损失=0）；③分布式系统中的末端增压泵（自动调节系统配合平衡，取代了平衡阀）。即同时承担计量、调节、控制功能，简称计量调控功能。

总之，由于“供暖分户计量调控装置”综合应用了容积泵的计量调控功能，所以能够建立全网分布式供热，并且实现全系统0节流，0过流，0过热。

3. 供暖分户计量调控装置中的微型齿轮泵的研发简介

(1) 在制造技术方面，重点研究了齿轮泵的噪音机理及降噪优化设计，影响齿轮泵容积效率的因素及提升方案，齿轮泵的磨损机理及优化方案，防漏防堵设计等。新型齿轮泵壳体、浮动侧板采用耐磨性好、机械强度高及几何尺寸稳定的特种工程塑料制造。齿轮采用耐磨性好、弹性高、耐水解及几何尺寸稳定的特种工程塑料制造，实现了低噪音、高效率、长寿命、更可靠的工程应用目的。

(2) 在齿轮泵的应用技术方面，根据齿轮泵和离心泵的差别，提出了泵与风机的宏观等效模型，研究了容积泵的宏观相似规律，并受到了大量试验数据的证明。利用齿轮泵的宏观相似性，可以方便地完成：

1) 大大简化了模型泵的试验，加快产品开发；

2) 大大简化用齿轮泵进行计量的流量标定，从而确保计量的准确性；

3) 可方便地进行分布式系统中泵的全工况运行分析和调节特性计算；

4) 方便地给出各种应用条件下容积泵的应用方案和安全保护、报警参数，例如，供暖分户计量调控装置应用时，如何检测、报警、防止、处理“放水”、汽化、管道堵塞等。

8.7　层燃锅炉控制的作用、难点与策略

8.7.1　锅炉全程优化控制的作用

1. 减少供暖对PM2.5的影响。

北京大学陈松蹊教授带领一个团队，研究2010～2014年北方雾霾和供暖之间的关系（论文发表在英国皇家学会会刊《Proceedings of the Royal Society A》），发现，冬季供暖会使得PM2.5浓度增加50%以上，显著地加重了冬季空气污染。可见供暖对PM2.5的影响很大。

2. 燃煤锅炉是耗能大户，节能减排潜力很大

我国现在已经是世界上最大的能源生产国和消费国，但基于“富煤、贫油、少气”的能源资源特点，形成了以煤为主的能源消费结构的现实。在我国能源消费结构中，煤炭以外的能源比重比发达国家低30%以上；而且，我国以煤为主的能源结构在较长时间内难以改变。

所以，燃煤锅炉是耗能大户，节能减排潜力很大。

3. 我国目前“清洁燃煤供暖”仍然是“清洁供暖”的重点工作

清洁供暖的定义应该是：采用清洁能源或高效能源系统，达到低能耗、低排放的供暖方式。它应该包括以降低供暖能源消耗和污染物排放为目标的供暖全过程，并包括清洁供暖能源、高效输配管网和高性能节能建筑三个环节。

根据对中国北方城镇地区供暖热源现状的调查（中国建筑科学研究院 2017 年 5 月），供暖热源仍然以燃煤为主，燃气、电、余热废热、可再生能源供暖为辅助的基本体系。当前中国北方地区 90%的供暖是燃煤，根本改变以煤为主的供暖形势绝非短时期能够实现。

在当前以煤为主体的中国能源结构条件下，从全国来说，中国供暖的能源仍然以煤为主。因此，除了天然气、电热外，采用实现环境清洁无污染、污染物排放达标的洁净燃煤供暖技术，在一段相当长的时间内，仍然应该属于“清洁能源”。

2017 年 9 月，以住建部牵头的国家四部委《关于推进北方采暖地区城镇清洁供暖指导意见》要求抓好燃煤的清洁化利用的同时，因地制宜地作好宜气则气、宜电则电。清华大学工程院士、供热专家江亿教授多次指出，电锅炉供暖相当于热效率只有 30%的燃煤锅炉供暖，能效极低，绝不是清洁供热。所以，清洁供暖应该从实际出发，因时因地制宜，宜电则电，宜气则气，宜煤则煤！

2018 年 1 月 24 日上午，国家能源局召开新闻发布会介绍 2017 年度新能源并网、投诉举报、放管服改革、清洁取暖规划等相关情况。郭伟（国家能源局电力司副巡视员）答记者问中指出：“关于煤改电、煤改气，清洁取暖并不是简单的一刀切式的煤改电、煤改气，而是对煤炭、天然气、电、可再生能源等多种能源形式统筹谋划，范围也不仅仅局限于热源侧的单方面革新，而是整个供暖体系全面清洁高效升级……。因此，清洁取暖工作必须突出一个“宜”字，宜气则气，宜电则电，宜煤则煤，宜可再生则可再生，宜余热则余热，宜集中供暖则管网提效，宜建筑节能则保温改造。即使农村偏远山区等暂时不能通过清洁供暖替代散烧煤供暖的，也要重点利用“洁净型煤＋环保炉具”、“生物质成型燃料＋专用炉具”等模式替代散烧煤。”

实际上，我国目前发电也是以煤为主，所以“宜电则电”本质上主要还是“煤”！只不过把燃煤迁到了离城市很远的地方；同时，“清洁供暖”还必须低成本，这样居民才可承受，这也是“宜煤则煤”的关键因素。因此，基于电暖的价格，电暖只能在一些特别的地方，例如电产过剩之处，或者如北京等特殊城市，或者城市的特殊区域如核心区域等使用。

因此，在未来一段较长时间内，“清洁供暖”的重点工作，从全国来说实质上还是必须放在如何实现“清洁燃煤供暖”。当然，各种低效、高污染的中小锅炉都必须淘汰！

4.“清洁燃煤供暖”的现状和工作

虽然现在中国的燃煤电厂的排放控制已经能够达到甚至超过燃气排放标准要求的水平，但是如果只抓煤电，而不管将近消费中国煤炭 50%的其他热煤用户，不解决另外 50%燃煤用户（包括工业锅炉和供热锅炉）的超低排放和节能减排，中国的大气污染和碳减排问题是无法根本解决的。而且，工业锅炉和供热锅炉的工作条件、设备等级和管理机构、人员配备等远比电站锅炉差得多，特别是供热锅炉季节性运行，大量采用季节工，条件就更差了。

所以不能把电站锅炉成功的控制经验简单用于供热锅炉，也不能把燃气锅炉和煤粉锅炉的控制简单用于层燃锅炉。

由于锅炉工艺不断改进，已经有大量相关专著，同时也已经有大量介绍锅炉控制的专著。因为供热锅炉大量采用层燃锅炉，所以在这里只重点介绍工业锅炉（特别是供暖锅炉）自动控制的任务和层燃锅炉燃烧控制的难点与策略。

8.7.2 工业锅炉自动控制的主要任务

工业锅炉的生产任务是生产具有一定压力（流量）、温度参数的蒸汽或热水，以满足外部对负荷的需求，并保证锅炉本体和系统安全、经济、节能减排。其中，自动控制的任务包括：

1. 自动检测

2. 程序控制

例如，可以实现一键启动锅炉、一键正常停炉、自动故障停炉等程序控制和安全连锁。

3. 连锁保护、自动报警和故障处理

锅炉是受压容器，必须安全第一。为了监视工业锅炉的运行工况与状况，保证锅炉正常运行的安全性与可靠性，工业锅炉必须配备完善的显示报警系统及具有自动处理紧急事故的连锁保护功能。实践证明，许多炉膛灭火、爆炸、喷火，锅炉的满水、干锅、爆管等设备事故及人身安全事故的发生，主要原因是显示报警、联锁保护不完备和/或失灵。

工业锅炉的报警、连锁功能比较多，这里只简介两个最重要的：

（1）锅炉水位故障报警和自动处理

每台锅炉至少应安装两套水位表，并有以下报警和自动故障处理：

1）极限低水位：比正常水位低 50mm，应发出报警信号；低水位指示灯亮、报警电铃或电笛响，应同时有声光报警，灯光信号应闪动，以每 2s 左右闪动一次为宜；

2）危险低水位（缺水）：比正常水位低 75 mm，锅炉已严重缺水，立即发出声光报警信号，并应自动进入停炉保护状态；

3）极限高水位：比正常水位高 50mm，为保证蒸汽品质即高干度，并防止满水事故的危险，应立即发出声光报警；

4）危险高水位（满水）：比正常水位高 75 mm，锅炉已严重满水，立即发出声光报警信号，并应自动进入停炉保护状态。

（2）超压保护报警和自动处理

当锅炉的蒸汽压力超过规定值时，锅炉自动按顺序停炉：先停炉排，后停送风机，延时 30s 后再停引风机；当汽压下降，恢复到某一规定值时，锅炉能自动按顺序启动：先开引风机，10～20s 以后启动送风机和炉排。

而且必须有安全阀，每台锅炉必须至少有两种以上的压力测量仪表。

（3）其他连锁保护、自动报警和故障处理，请见有关锅炉控制专著。

4. 自动调节控制

（1）蒸汽锅炉的给水一水位控制。即保持锅筒水位在规定的范围内。锅炉锅筒水位偏高，影响汽水分离的速度和蒸汽的质量，同时也是安全生产所不允许的；水位偏低，会造成锅筒各部位的温度偏差，形成热应力不均，甚至有爆炸的危险，同时也会造成水系统自然循环不畅，严重时导致爆管事故，因为在负荷（流量、压力）快速变化时，可能产生假水位，所以锅炉水位控制比一般水位控制复杂一些，通常采用三冲量水位控制（如图 8.24 所示）：

1）主控回路：水位（h）反馈［闭环］控制回路，通常采用 PI 调节。反馈控制可克服各种因素的综合影响，实现水位无差调节。

2）蒸汽流量（L）前馈补偿［开环］控制回路：不但可提前感知蒸汽流量变化对水位的影响，而且可以克服“假水位”的影响。

3）给水流量（L'）反馈［闭环］控制回路：无论采用调节阀还是调速泵，这个控制回路不但能够克服水源等变化的影响，更重要的是自动补偿了调节机构（调节阀/调速泵）非线性流量调节特性，即自动实现了流量调节特性的线性化。

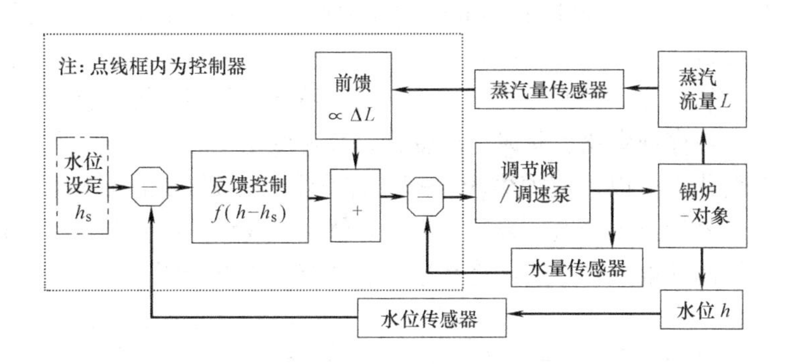

图 8.24　蒸汽锅炉三冲量水位控制

（2）热水锅炉的补水一定压控制。为防止系统漏空和汽化，确保系统稳定、安全运行。控制比较简单，其关键是确定恒压点。

现在，蒸汽锅炉的水位控制和热水锅炉的定压补水控制通常采用变频水泵。值得注意的是，由于锅炉有压，水泵为有“背压”工作，其实际工作流量和流量调节特性与闭式循环水泵有本质差别（详见下一章）。但是，如果像图 8.24（蒸汽锅炉三冲量水位控制）所示，采用了给水流量反馈［闭环］控制回路，则不但能够克服水源等变化的影响，而且自动实现了流量调节特性的线性化。

另外，由于蒸汽锅炉的水位控制与安全关系重大，所以通常还有自动或者手动蒸汽活塞泵作为备用给水泵。

（3）锅炉负荷-给煤量控制（如图 8.25 所示）。即根据锅炉负荷控制给煤量。

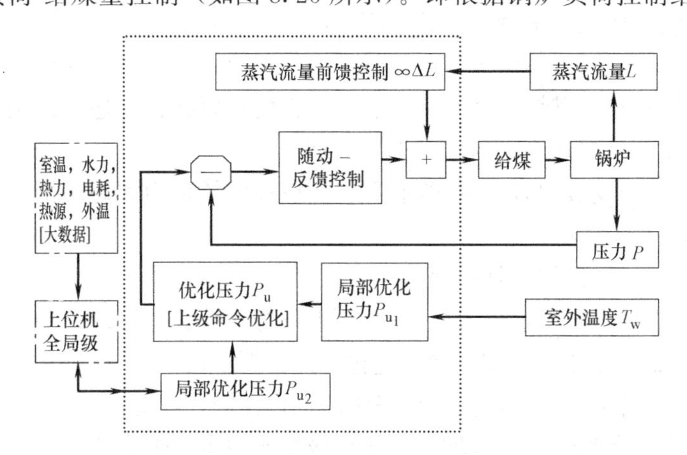

（注：点线框内为控制器，点划线框为上位机，图中未表示传感器）

图 8.25　供暖蒸汽锅炉供汽压力控制

对蒸汽锅炉，控制汽压。蒸汽压力稳定是供汽的重要指标，也是安全生产、提高锅炉寿命的重要因素。同时蒸汽压力也决定了蒸汽量，可分为：定值控制（蒸汽压力设定值全程不变）和全程优化控制（蒸汽压力设定值根据需求改变）。

对热水锅炉，控制循环水流量和出水温度。可分为：定值控制（供水温度设定值全程不变）和全程优化控制（供水流量和供水温度设定值根据需求改变）。注意，为确保安全，锅炉循环水流量不能过小，这与热力站全程优化控制有点类似，就不具体介绍了。

（4）控制烟气含氧量为最佳值（如图 8.26 所示）。为提高锅炉效率，使锅炉燃烧处于最佳工况，必须维持适当的空气和燃料比例关系。烟气含氧量高，说明送风量大，过量的风会带走热量；含氧量低，说明燃烧不充分。两种情况都不能保证经济节能减排燃烧。即使对同一个锅炉，当煤种变化、漏风情况变化、负荷变化、测点位置变化时，其最佳的烟气含氧量值也会变化。所以，应摸索出规律，并采取控制送风量与燃料之比（简称风煤比）来维持烟气含氧量为最佳值，以保证经济燃烧，提高锅炉的热效率。确定最佳风煤比是锅炉节能减排控制的重点和难点，将在第 8.7.3 节中重点介绍。

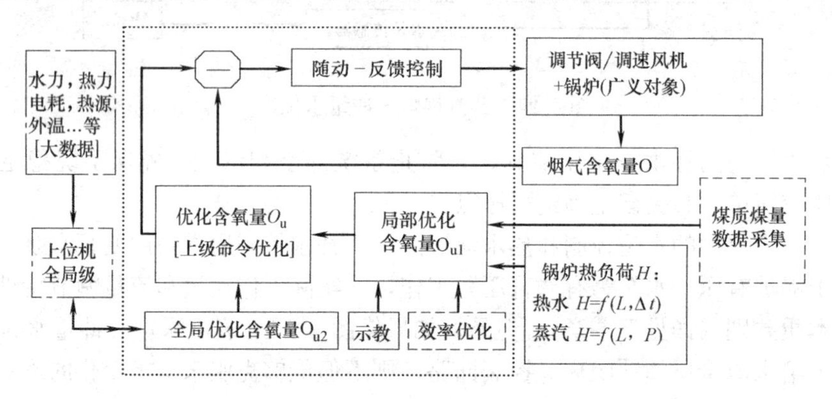

（注：点线框内为控制器，点划线框为上位机，图中未表示传感器）

图 8.26　锅炉优化燃烧控制

（5）炉膛负压控制。目前，锅炉一般采用炉膛负压运行方式。炉膛负压过小，会污染锅炉房环境、影响操作人员情绪，以致引起炉膛喷火等事故；负压过大，会引起漏风量增大，不利于经济燃烧，同时使引风机电耗量增大。因此，必须严格保证炉膛负压稳定在某一水平，这也是锅炉经济燃烧、文明生产和安全性的重要指标。通常采用鼓风量变化的前馈控制＋炉膛负压的反馈控制，与水位控制类似。

因为（3）～（5）项都与锅炉燃烧有关，所以通常统称为锅炉燃烧控制。

5. 其他功能

1）故障预测、记录打印及处理提示；

2）燃料、供水量、产汽量（或热量）、用电量等的计算、记录打印；

3）本机运行效率计算、比较、参数优化、运行提示；

4）与上级（全局级）联网，实现更高级的优化控制，等等。

如果锅炉房有多台锅炉，则可增加“协调级”实现本锅炉房的优化调度。如果一台锅炉采用多个独立的控制器，也可增加“协调级”实现本锅炉的优化调度、控制和通信。

8.7.3　层燃锅炉自动调节/控制的特点、难点与策略

与热力站优化控制一样，可根据表 8.5（供热自动调节系统设计的具体内容和原则汇

总表）进行分步设计。

从上面关于锅炉自动调节/控制的简介可以看到，在确定控制方案时，可利用前馈＋反馈等方法就能将多因素系统分解成多个单因素控制回路，从而降阶、简化。如果在设计安装时，尽量减少传递滞后；在选择设备（如调节阀/调速泵）时，除工艺先进外，还应该选择线性特性或者进行线性补偿，就可以进一步降阶、简化（详见第9章）。更详细的控制方案介绍，请参考锅炉控制的专著。在这里只重点分析层燃锅炉控制的特点、难点与策略。

与电站锅炉相比，工业锅炉（特别是供暖锅炉）的控制精度要求低得多，然而为什么工业锅炉（特别是供暖锅炉）控制的效果却远远不如电站锅炉？

只要您翻开有关工业锅炉控制的论文或专著就可以看到，许多人往往把电站锅炉上取得成功的理论和经验直接用于工业锅炉，既没有突出工业锅炉（特别是层燃供暖锅炉）的特点和难点，又没有发挥计算机控制的长处。

因此，只要我们把工业锅炉（特别是供暖锅炉）和电站锅炉进行比较，就可以发现工业锅炉的特点和难点，并采取合适的控制策略。

1. 特点/难点之一和控制策略

层燃供暖锅炉的特点/难点之一是负荷调节范围大，且对象多变。

当前各种炉窑经济节能减排的燃烧模型大都是这样描述的（图8.27）：当过剩空气系数减少，排烟损失明显减少，而机械不完全燃烧损失（炉渣与飞灰含碳量）和化学不完全燃烧损失（CO含量）略有增加，因而存在使总损失最小、效率最高的理想的最佳空气过剩系数为1.02～1.10。由于燃烧的不均匀和炉膛漏风等原因，不同锅炉的炉膛后部的最佳空气过剩系数通常大于理想的最佳空气过剩系数，例如，链条炉炉膛后部的最佳空气过剩系数为1.3～1.6（见表8-11），通常就按这个炉膛后部的最佳空气过剩系数进行设计和控制。

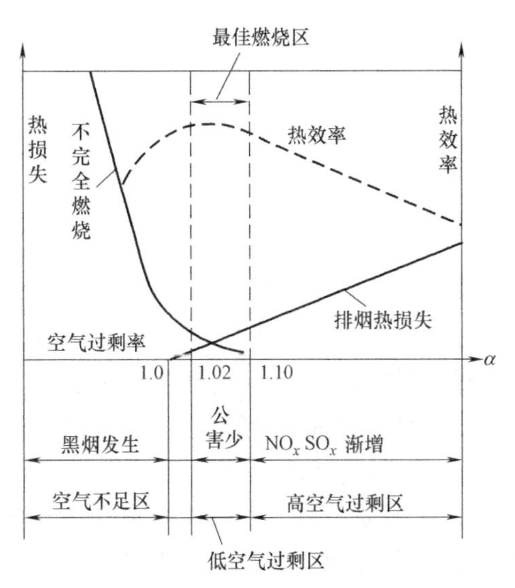

图8.27　空气过剩系数α对燃烧的影响

炉膛后部的最佳空气过剩系数　　**表8.11**

燃烧方式	燃料	过剩空气系数α	
喷燃器	重油、柴油	1.05～1.3	
喷燃器	煤气、天然气	1.05～1.2	
层燃	原煤	手工固定炉排	1.5～1.8
		抛煤机	1.4～1.7
		链条炉	1.3～1.6
		下饲炉	1.4～1.7
室燃	煤粉	1.2～1.3	

实践表明，这个最佳燃烧的概念（可称单元节能模型）对锅炉设计工况是有用的，特别对于燃煤粉、燃油、燃气电站锅炉，由于空气和燃料均匀混合，而且工作条件比较稳

定，因此在许多情况下是实用的。而工业锅炉（特别是供暖锅炉）则各种条件变化较大，特别是层燃炉燃烧离散度很大，有许多变化因素对燃烧和传热发生影响，所以用这样的单元节能模型在实际运行的工业炉窑上经常得不到全程最佳工况，有时甚至在设计负荷下也燃烧不好。即使对于同一台锅炉，同样的负荷，当检修之后，各种参数也改变了。

经过分析，层燃锅炉的最佳炉膛出口空气过剩系数 α 不但与燃烧方式有关，而且与以下因素有关：

1）负荷大小：通常采用调节炉排速度来控制进煤量，并且按额定工况 Q_0 调好各风室的进风量，使炉膛出口空气过剩系数 $\alpha=\alpha_0$。但当负荷减少时（$Q<Q_0$），由于后部燃尽段增长，所以后部空气过剩将大大增加（如图 8.28 所示），从而使炉膛出口平均空气过剩系数增加。显然，如果控制 a 为常数 α_0，则负荷变化时就会使燃烧不好。

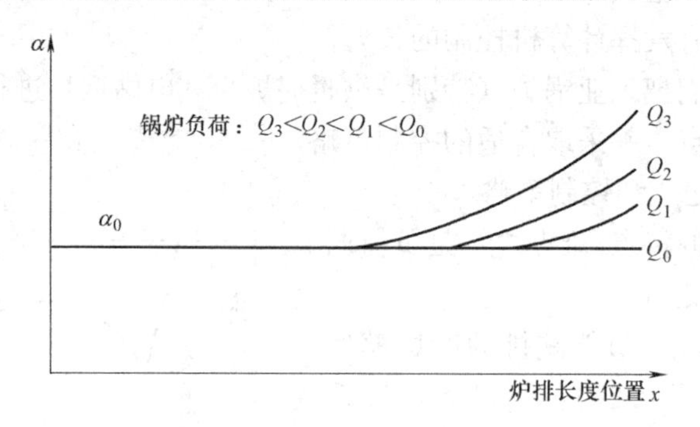

图 8.28　炉膛后部空气过剩系数 α 与 Q、x 的关系

2）炉墙状况与炉膛负压：密封好，a 小；漏风大，a 大；炉膛负压大，则漏风大。修理前和修理后，漏风有变化。对于间隙运行的锅炉，重新启动时漏风可能发生变化。

3）取样位置：含氧量及炉膛负压都与取样位置有关。

4）燃料的品质：包括发热量、成分、含水量、粒度、均匀性、结焦性等。由于工业锅炉煤的品质没有电站锅炉控制严格，因此这个问题影响很大。如燃料的粒度均匀性，当均匀时，各处通过的风满足要求，当不均匀时，通常炉排左右两侧是粗颗粒，中部是细粉末，于是大量的风从两侧进入炉膛。

显然，即使是同型号锅炉，安装也不可能完全相同。负荷变化、煤质变化、最佳空气过剩系数是不同的，即使同一台锅炉，同样的负荷，烧同样的煤，则由于炉墙状态及炉膛负压不同，最佳 α 也是不同的。因此要搞清楚最佳空气过剩系数实际上是不可能的。

同时，由于含氧量测定仪表无故障运行时间较短，需要经常维护，即使是搞清了最佳烟气含氧量，对一般工业锅炉也无法保证长期无故障运行。

同样，其他燃烧控制参数也是变化的，即使是在小范围内用一阶或二阶微分方程来近似描写燃烧控制对象，有关系数也难以得到。

为了讨论方便起见，我们把影响因素多，且变化多的经济燃烧过程控制模型称为多元多变节能模型。

控制策略：操作工示教计算机学习或者智能控制。

（1）操作工示教计算机学习

从上分析可知，当负荷、煤质、煤厚、粒度、漏风、炉膛负压等变化时，风量与风机转速（或者风门开度）的关系变化、鼓风量与煤的比例等，要搞清这组关系在实际上是不可能的。然而，有经验的操作工可以在设计工况下精心调节风量（风量为 L_0，烟气含氧量为 O_0），取得接近最佳燃烧的效果。但是，要保证整班、整天、整月、长年实现接近最佳燃烧，最有经验、最有责任心的操作工往往也做不到！

所以，我们所说的操作工示教与计算机学习是基于这样一个事实：一方面，最好的计算机也比不上一个有经验的操作工的智能和经验；另一方面，最有责任心的操作工也比不上计算机每时每刻“忠于职守”。因此，把智能的工作交给人，把重复劳动交给计算机，使之各得其所。同时使操作工为主人，计算机为听话工具，也提高了操作工的地位和积极性。

可以在计算机显示器上显示“当条件改变时，请手动调好最佳燃烧，按 F 键，机器将学习您的宝贵经验!”按提示操作完成后，即可转为自动，计算机可按操作工的经验和“优化燃烧模型”进行负荷全程控制，即学习一点，可优化控制全程。当条件变化时，再学习一次。

这里的关键是建立“优化燃烧模型”：

① 如果有烟气含氧量传感器，则求得烟气的最佳相对含氧量 α/α_0 与相对负荷 Q/Q_0 的关系；

② 如果无烟气含氧量传感器，而且鼓风流量调节特性为线性，则求得最佳相对转速 n/n_0，即相对风量 L/L_0 与相对负荷 Q/Q_0 的关系。

（2）智能控制

① 局部智能控制：根据产热量和煤质煤量数据求得热效率，进行优化；

② 全局智能控制：根据产热量和煤质煤量大数据分析，进行优化控制和调度。

对于热水锅炉，则还应该考虑循环水泵功率进行优化。

（3）进一步改进

对于大型锅炉，可以根据图 8.28 所示进行分区控制鼓风量，还可以增加二次风，这样将使系统更复杂，造价更高。当然，同样可以采用操作工示教计算机学习，或者智能控制。

2. 特点/难点之二和控制策略

层燃供暖锅炉的特点/难点之二是：对象的滞后和惰性特别大

从原则上说，没有滞后和惰性就不会有控制理论。试想，如果调节后马上就能看到调节效果，那么控制就变得很容易了。

然而对于层燃工业锅炉，从用汽增加—压力降低—测量—进煤—预热—点火—燃旺—炉膛升温—传热增加—蒸发量增加—压力升高，往往要经过很长时间，也就是说滞后很大。层燃锅炉比煤粉炉、燃油炉、燃气炉的滞后大得多，这对控制是很不利的，往往使控制系统很难稳定工作。

控制策略：预测控制。

从控制理论上说，可以进行滞后补偿，需要基于一定的数学模型，但由于参数多变，难以确定，因此补偿往往难以得到全程满意的效果。

面对燃烧过程的大滞后，可采用的对策是预测，即根据预测模型，由过去和现在的参数预测下一个时刻的参数提前采取措施。

通常的预测方法有：

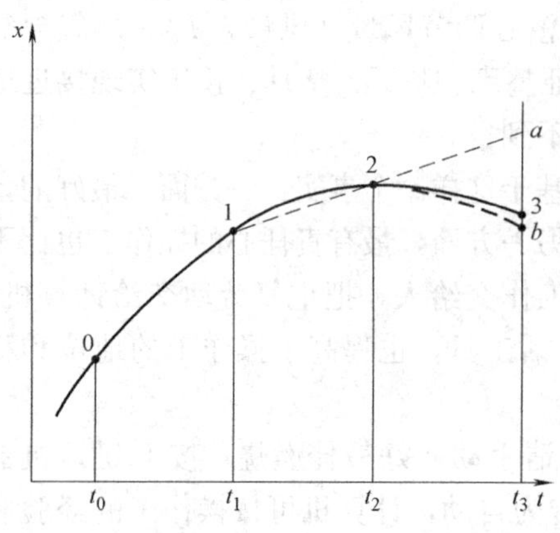

图 8.29　线性预测和抛物线预测比较

(1) 线性预测（白色预测）：简单，但对于变化率反向时将会出现错误，见图 8.29(1-2-a)，由 1 和 2 两点预测得到的 a 点与 3 点相差很大。

(2) 抛物线预测（白色预测）：较简单，可以预测变化率反向的情况，见图 8.29(0-1-2-b)，由 0、1、2 三点预测得到的 b 点与 3 点非常接近。

(3) 微分方程进行预测：比较复杂，但更准确。这种预测又可分为白色预测和灰色预测两种，灰色预测不需要建立微分方程，但数据处理量大，且更符合实际。当然，对于连续过程，滤波后进行白色预测，也是相当准确的。

(4) 智能预测，按正平衡自动寻找效率最高点。

3. 特点/难点之三和控制策略

与电站锅炉相比，工业锅炉（特别是层燃供暖锅炉）的工作环境要差得多。

(1) 物质条件差得多：工业锅炉房环境差，负荷变化大，有的间歇工作，特别是供暖锅炉季节性运行，使仪表、设备容易损坏；

(2) 技术条件差得多：例如，大量使用季节工；

(3) 设备质量等级和管理体制的级别也低得多。

因此，再好的控制系统，即使在电站锅炉上能长期无故障运行，在工业锅炉上也难以长期无故障运行。

当然，通过文明生产，可适当改变工业锅炉房的环境，但无论如何也达不到电站锅炉房的等级水平。所以要想使工业锅炉控制能推广，就必须使之适应工业锅炉房的恶劣环境；反过来，一个好的控制系统也能大大改善环境，促进文明生产。

控制策略：简化系统，简化操作，最好实现智能控制。

为提高可靠性，人们往往走两条不同的路。其一是进行大包围，层层设防，从而使系统越来越复杂，每增加一个环节，反而使可靠性下降。另一条路是尽可能简化系统，以简单求可靠（见第 8.1.4 节）。

对于工业锅炉的控制精度要求，应该以简单求可靠。也就是说，要充分发挥计算机的能力，尽可能简化系统，减少环节，这不但能降低成本，而且可大大提高可靠性。

(1) 简化输入通道。目前，许多系统的输入通道是这样组成的：物理量转换为模拟电信号，经过变送器放大，再经过外接 A/D 转换板，将模拟量转换为数字量，最后进入计算机。例如，若变为物理量－数字量－计算机，则可以省出几个中间环节；如果采用单片机（微控制器 MCU），A/D 内含，无需外接 A/D 转换板。

(2) 简化输出通道。目前许多系统的输出通道包括：计算机-D/A 转换（数字量变为模拟量）—伺服放大器—执行器—调节机构（如调节阀）。若计算机完成数字伺服放大的功能，则可省掉 D/A 转换和伺服放大器；或者采用单片机（微控制器 MCU），D/A 内含，无需外接D/A转换板。

(3) 不用故障率高的仪表。如对中小型锅炉，维护力量弱，要求造价低，就不用氧量测量仪表。

(4) 尽量不用有触点开关和电器。

(5) 尽可能简化操作，对操作加排错处理；系统自动复位，自动启动等等。

(6) 进行条理化设计，使工人一看便知如何操作，比现有手动操作柜更便于操作；要让司炉工操作计算机和各种仪表，使工人成为自动控制系统的主人。

总之，要搞好工业锅炉系统的自动控制，不能简单地把电站锅炉控制系统生搬硬套过来，而必须深入研究对象特点，研究包括锅炉机组、仪表、环境和操作人员、维修人员在内的大系统特点，采取相适应的策略，搞好大系统的一体化设计，搞好现场调试和维护管理，使操作人员成为主人，才有可能取得好的效果。

(7) 锅炉本身采用智能控制和智能预警。全局性的多热源的优化决策和调度必须由上级—供热智能控制的组织级/全局级才能完成。

8.8 供热智能控制全局级功能举例——供热智能信息管理系统简介

供热智能控制的组织级/全局级实质上包括信息一般管理和大数据深度处理与优化决策，通常也把这两部分统称为智能信息管理系统。

1. 信息一般管理

信息一般管理包括：大数据存储、系统维护、计量收费、数据设定和收发权限管理等。由于大数据管理、互联网+、云存储等技术已经相当成熟，只要根据供热系统的需要建立数据结构和参数范围等，就可以购买到成熟的服务，从而在供热行业逐步“实现生产设备网络化、生产数据可视化、生产过程透明化、生产现场无人化，提升工厂运营管理智能化水平。”

2. 信息大数据深度处理与优化决策

大数据深度处理与优化决策是开发供热智能控制系统的难点和真正价值所在。供热系统大数据深度处理与优化决策，通常还买不到成熟的产品。首先必须建立全系统的全程优化运行模型（准确的、灰色的、模糊的、统计的…），并且根据大数据分析求解。

作为供热智能控制组织级/全局级功能示例，本节将介绍供热智能信息管理系统，简介信息/大数据深度处理与优化决策，包括供热系统在线参数预测，多热源协调运行方案优化和热网故障诊断专家系统等。

8.8.1 供热系统在线参数预测举例

供热系统在线参数预测也是分门别类的，如水力工况参数预测、热力工况参数预测等。本节重点介绍水力工况参数预测，主要针对流量、压力等参数进行系统的在线预测。

对于大型供热系统，特别是多热源、多泵的环网系统，有时很难分解为简单的并联系统或串联系统；也很难与给排水或煤气管道的开式系统作类比，再加具有闭合回路的特点，当系统达到一定复杂程度时，很难用手算的办法对其参数求解。在这种情况下，我们要借助“图论”理论（数学拓扑学的一个分支）分析供热系统的图形结构规律，再根据流体网络理论和已有的专业知识，建立几十、几百的数学方程组，应用优化理论在计算机上进行方程组的数值求解，进而完成参数的在线预测。

1. 供热系统的结构模拟

任何事物之间的联系都可以用点、线加以表示。供热系统中的热源、热力站、楼栋入口以及热用户皆可用节点表示，而热源、热力站、楼栋入口以及热用户之间的连接管道可用支路表示。根据这一理念，就可利用图论中的关联矩阵 A 将任何一个复杂的供热系统的结构组成描绘出来。若一个供热系统有 $N+1$ 个节点，B 个支路，则可以通过一个 N 行、B 列的关联矩阵 A，把该供热系统的结构组成表示出来。该关联矩阵 A 中的各元素 a_{ij} 按下列规定确定，其中 i 表示 1，2，……N 行，j 表示 1，2，……B 列：

$$a_{ij}=\begin{cases}+1 & \text{当 } b_j \text{ 列与 } n_i \text{ 行相关联,且其流向离开 } n_i \text{ 时;}\\ -1 & \text{当 } b_j \text{ 列与 } n_i \text{ 行相关联,且其流向指向 } n_i \text{ 时;}\\ 0 & \text{当 } b_j \text{ 列与 } n_i \text{ 行不相关联时。}\end{cases}$$

通过上述描述，就能很方便地用矩阵形式把供热系统的特殊结构表示出来。图 8.30（a）显示了一个通常的供热系统，（b）将其描述为一个网络连通图，表明了节点、支路以及流体流向，成为一个网络有向线图。根据关联矩阵的定义，则如下的 $N=4$ 行，$B=7$ 列组成的关联矩阵 A 即表示图 8.30（a）的供热系统。

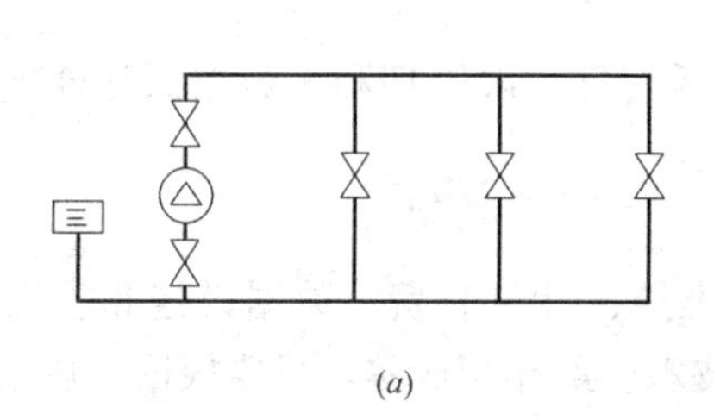

(*a*)

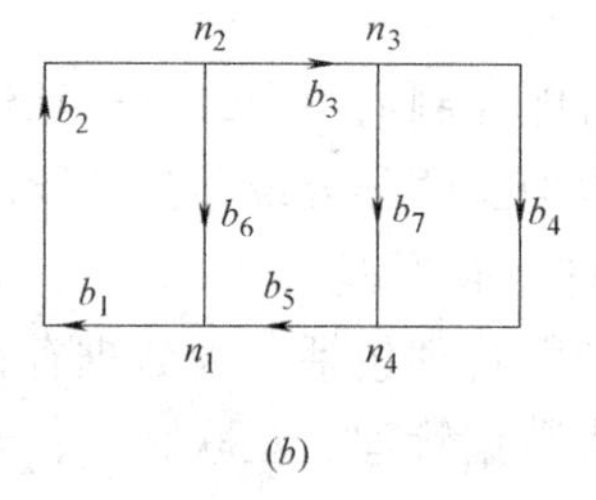

(*b*)

图 8.30

（a）管网示意图；（b）有向线图

$$A=\begin{matrix} \\ n_1 \\ n_2 \\ n_3 \\ n_4 \end{matrix}\begin{bmatrix} b_1 & b_2 & b_3 & b_4 & b_5 & b_6 & b_7 \\ 1 & 0 & 0 & 0 & -1 & -1 & 0 \\ 0 & -1 & 1 & 0 & 0 & 1 & 0 \\ 0 & 0 & -1 & 1 & 0 & 0 & 1 \\ 0 & 0 & 0 & -1 & 1 & 0 & -1 \end{bmatrix}$$

为了更进一步掌握各种图形的拓扑结构规律，对图形还规定了树支、连支的定义。一个连通线图的子线图，包含了所有节点而没有任何回路的称为该连通线图的树。一个连通线图，去掉树，剩下的子线图为该线图的连支。在一个连通线图中，由一个连支和一组唯一的树支组成的回路称为基本回路。

在图 8.31 中给出了基本回路和基本割集（定义略），并标明了基本回路矩阵 B_f 的形式。

在图 8.31 中，由 b_2、b_3、b_6 和 b_7 四个树支组成了该连通线图的一棵树（由实线标出），b_1、b_4、b_5 三个支路组成为连支（虚线表示），则该连通线图有 3 个基本回路即 l_1、l_2、l_3。其中 l_1 由连支 b_1 和唯一的 b_2、b_6 树支组成，流向由连支流向决定（见图），l_2 由连支 b_5 和唯一的树支 b_3、b_6、b_7 组成，l_3 由连支 b_4 和唯一树支 b_7 组成。对应基本回路，也可以用基本回路矩阵 B_f 将其图形结构表示出来。

$$B_f=\begin{array}{c}\\ l_1\\ l_2\\ l_3\end{array}\begin{bmatrix} b_1 & b_2 & b_3 & b_4 & b_5 & b_6 & b_7\\ 1 & 1 & 0 & 0 & 0 & 1 & 0\\ 0 & 0 & 1 & 0 & 1 & -1 & 1\\ 0 & 0 & 0 & 1 & 0 & 0 & -1\end{bmatrix}$$

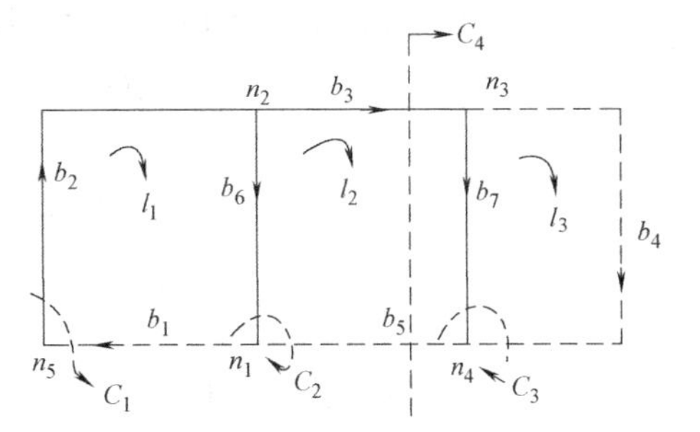

图 8.31 基本回路、基本割集

如果对连通线图的各个支路赋予一定的数值，如流量、压降等参数，对其节点赋值压力、温度等参数，则一个普通的有向连通线图就变成了流体网络。支路、节点的赋值称为权。由最大权值组成的树称为最大树；由最小权值组成的树称为最小权。这些概念的提出，为后叙的各种计算提供了许多方便。

2. 数学模型的建立

在电网络中，存在基尔霍夫电流定律（KCL）和基尔霍夫电压定律（KVL），其定义分别为：流入、流出任何节点的电流之代数和为 0，以及任何一个回路各支路电压降之代数和为 0。对于流体网络，上述两个定律也完全适用。如果用 G_B 表示流量向量，维数为 B；ΔH_B 表示支路压降向量，维数也为 B。则上述定律可分别用关联矩阵 A 和基本回路 B_f 表示为矩阵方程的形式：

基尔霍夫电流定律 $$AG_B=0 \tag{8.22}$$

基尔霍夫电压定律 $$B_f\Delta H=0 \tag{8.23}$$

若以图 8.30 的供热系统为例，则基夫霍夫电压定律的矩阵方程形式可表示为：

$$B_f\Delta H=\begin{pmatrix}1 & 1 & 0 & 0 & 0 & 1 & 0\\ 0 & 0 & 1 & 0 & 1 & -1 & 1\\ 0 & 0 & 0 & 1 & 0 & 0 & -1\end{pmatrix}\begin{pmatrix}\Delta h_1\\ \Delta h_2\\ \vdots\\ \Delta h_7\end{pmatrix}=\begin{pmatrix}\Delta h_1+\Delta h_2+\Delta h_6\\ \Delta h_3+\Delta h_5-\Delta h_5+\Delta h_6\\ \vdots\\ \Delta h_4-\Delta h_7\end{pmatrix}=\begin{pmatrix}0\\ 0\\ \vdots\\ 0\end{pmatrix} \tag{8.24}$$

根据图论的结构矩阵和基尔霍夫定律，以及流体网络已有的数学关系式，可对任何一个供热系统建立如下的数学方程组：

$$\begin{cases}AG=Q\\ B_f\Delta H=0\\ \Delta H=S|G|G+Z-DH\end{cases} \tag{8.25}$$

式中 Q——节点净出流向量，维数为节点数 N；

S——$B\times B$ 阶的对角矩阵（对角线上的 S_j 代表各管段支路的阻力特性系数）；

$$S=\begin{pmatrix}S_1 & & & & \\ & S_2 & & & \\ & & S_3 & & \\ & & & \ddots & \\ & & & & S_B\end{pmatrix}$$

$|G|$——$B\times B$阶的对角矩阵（对角线上的$|G_j|$代表各管段支路流量的绝对值）；

$$|G|=\begin{pmatrix} |G_1| & & & & \\ & |G_2| & & & \\ & & |G_3| & & \\ & & & \ddots & \\ & & & & |G_B| \end{pmatrix}$$

Z——各管段支路中两节点的位置高度差向量（B维）；

DH——管段支路的水泵扬程向量（B维），当管段支路不含水泵时，其值为0。

方程组（8.25），共有$2B$个未知变量，其中流量变量G_B为B个，管段支路压降变量ΔH_B也为B个。方程组数也为$2B$个（其中基尔霍夫流量定律方程数为N个，基尔霍夫压降定律方程数为$B-N$个，压降方程为B个），因此，该方程组必有唯一解。

一个供热系统，系统结构形式一定，则其关联矩阵A、基本回路矩阵B_f即为已知。若系统水力计算已进行，则各管段直径、长度为已知，管段的阻力系数S_j也可求得。系统平面布置确定后，地形高度已知，位置向量Z已知。循环水泵选定后，根据其工作点，确定扬程大小，则DH向量可求。这样，方程组求解后，即可算出供热系统各管段的流量、压降，进而推算出系统各节点的压力值。很明显，利用流体网络理论建立的数学模型，可以很方便地进行水力计算的校验，以及系统的可及性计算。再稍加变换，就可以已知系统设计流量进行系统的水力计算了。

对于管段阻力系数S值的计算，均可沿用本书第1章有关水力计算的基本公式

$$S=\frac{7.02K^{0.25}(l+l_d)}{10^{10}d^{5.25}}\qquad 10\text{kPa}/(\text{m}^3/\text{h})^2$$

其中的有关符号，均见第1章的论述。

3. 方程组的求解

（1）求解方法

对于计算机应用的信息时代，上述方程组的求解一般都采用数值解法，即给待解的变量（如流量、压降）任意假定设定值，然后不断地进行迭代计算，直至方程组所有等式左、右边的数值皆相等，则此时的数值即为方程组的解。计算机虽然运算速度快，但人们仍然希望能在有限的迭代次数中尽快获得最终答案。为此，计算机数值解法产生了许多巧妙的算法：尽量化简原方程组的数量，在求解不变的情况下，减少运算程序；研发各种优化求解方法，在最少的迭代次数中找到方程组的解；用并行算法代替串行算法，加快运算速度；设定计算精度，在工程上只追求更好值，不追求最优值。

对于一个大型的供热系统，如供热面积为几百万平方米或几千万平方米，若按照上述流体网络理论给出的方程组求解，则方程组的规模为$2B$，即供热系统有多少个管段组成，就要求解2倍管段数量的方程组。不难想像，这样的方程组求解的规模是相当庞大的。根据上述原理，首先要对原始方程组进行简化处理。

先将方程组中的关联矩阵A、流量向量G分块

$$A=(A_tA_l)$$
$$G=(G_tG_l)$$

式中 A_{t}——树支矩阵；

A_{l}——连支矩阵；

G_{t}——树支流量向量；

G_{l}——连支流量向量。

经过变换，方程组的第一方程式变为如下方程

$$G_{t}=A_{t}^{-1}Q-A_{t}^{-1}A_{l}G_{l}$$

该方程式中，A_{t}^{-1} 为树支矩阵 A_{t} 的逆矩阵。当连支流量 G_{l} 已知时，即可求出树支流量 G_{t}，说明在供热系统中真正的独立变量是连支流量，亦即供热系统中的热用户流量。已知连支流量，求出树支流量，则根据上述方程式，即可确定供热系统的全部流量值 G。

将上式代入方程组（8.25），可得

$$\begin{cases}G_{t}=A_{t}^{-1}Q-A_{t}^{-1}A_{l}G_{l}\\B_{f}\Delta H(G)=0\\\Delta H=S|G|G+Z-DH\end{cases} \tag{8.26}$$

方程组（8.26）中，真正的独立变量只有连支流量，其个数为（$B-N$），亦即方程组（8.25）变为方程组（8.26）后，变量数与方程数皆为（$B-N$），仍有唯一解，但方程组已得到大大简化。

计算机对方程组（8.26）求数值解的基本过程为：首先任意预设连支流量（即热用户流量），代入方程组（8.26），求出树支流量 G_{t}，并得全流量 G，然后求出各管段压降 $\Delta H(G)$，若方程组中的三个方程式左右边值皆相等，则初始预设值即为方程组的解，但通常这是不可能的。于是，需要根据第一次预测值求出下一次预测值，经过有限次的迭代计算，最终求出满足误差精度的数值解。这里，最关键的步骤是从上一次迭代值如何求出下一次迭代值，而且要求每一次迭代值离最终求得的数值解愈接近，称为快速收敛。为此，人们研究了各种最优求解方法。本文只介绍求解方程组（8.26）的一种方法，称为马克斯威求解法：

$$\Delta G_{l}^{k+1}=-M_{k}^{-1}\Delta h^{k} \tag{8.27}$$

式中 ΔG_{l}^{k+1}——连支流量 G_{l} 的 k 次迭代值与 $K+1$ 次迭代值的差值；

Δh^{k}——为基本回路管段第 k 次迭代的压降和；

$$\Delta h^{k}=B_{f}(S|G^{k}|G^{k}+Z-DH)$$

M^{-1}——称为马克斯威迭代矩阵的逆矩阵，其值

$$M^{k}=B_{f}2S|G^{k}|B_{f}^{T} \tag{8.28}$$

已知 ΔG_{l}^{k+1}，即可求出 ΔG_{t}^{k+1}，进而求出 ΔG^{k+1} 和 G^{k+1}。

$$G^{k+1}=G^{k}+\Delta G^{k+1}=G^{k}+B_{f}^{T}\Delta G_{l}^{k+1}=G^{k}-B_{f}^{T}M_{k}^{-1}\Delta h^{k} \tag{8.29}$$

由于 M 迭代矩阵是正定矩阵，可保证方程组（8.26）有唯一解。方程（8.27）通常采用平方根法求解。

上述求解步骤可归纳如下：

1）给定初始预测值 G_{l}^{0}，令 $k=0$；

2）由方程组（8.26）计算 G_{t}^{0}、G^{0}；

3）由公式（8.27）计算，ΔG^{k+1}、ΔG^{k+1}；

4）判别｜ΔG^{k+1}｜$\leqslant\varepsilon$（给定精度），若满足，则 $G^{*}=G^{k+1}$（G^{*} 为数值解）；

5）否则，令 $k=k+1$，重复（3）计算。

（2）关于 M 矩阵

方程组（8.26）的求解方法中，迭代矩阵 M 的构成非常关键，现对 M 矩阵作如下分析，其各元素为：

$$m_{ij}=\begin{cases}\sum 2S|G| \text{当 } i=j \text{ 时,即其对角元素为该基本回路中所有管段的 } 2S|G| \text{ 的代数和;}\\ \sum 2S|G| \text{当 } i\neq j \text{ 时,为 } i、j \text{ 两个基本回路中公有管段的 } 2S|G| \text{ 的代数和;}\\ 0 \quad \text{当 } i、j \text{ 两个基本回路无公有管段时。}\end{cases}$$

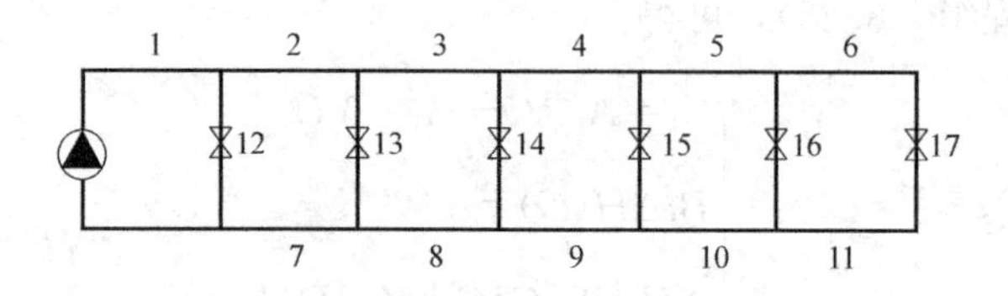

图 8.32 管网示意图

M 矩阵是以 B_f 基本回路矩阵为基础的（$B-N$）×（$B-N$）阶的矩阵，该矩阵对应于一定的树；不同的树，相对应于不同的 M 矩阵。M 矩阵可以证明是正定矩阵（略）。

试对如下的供热系统给出相应的树和 M 矩阵。该供热系统有6个热用户，其支路编号分别为12、13、14、15、16、17。一般情况下，热用户的设备、仪表、管段的阻力比其他干管的阻力大，常常将热用户管段设为连支，其他管段则为树支。由于连支的阻力大，则由此相对应的树其阻力系数之和最小，称为最小树。图8.33给出了以热用户的连支的最小树，以及由6个连支组成的6个基本回路。其中连支由虚线表示，树支由实线表示。根据 M 矩阵各元素的定义，可以构成 M 矩阵，如表8.12所示。在 M 矩阵中，各元素给出的具体数字表示支路编号，如3行、3列的元素为1、2、3、14、7、8，表示此元素由基本回路 l_3 的所有支路的 $2S$｜G｜的代数和组成。再如5行、4列的元素，给出1、2、3、4、7、8、9共7个支路，表示基本回路 l_4 和 l_5（参看图8.33）由这7个支路为共有支路。从表8.12可以看出，由最小

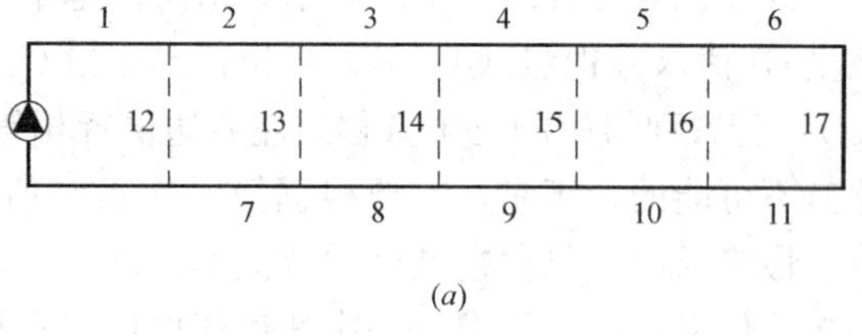

(*a*)

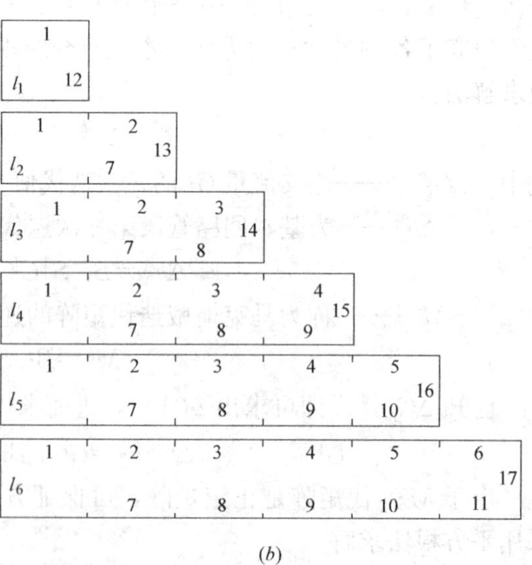

(*b*)

图 8.33

(*a*) 最小树；(*b*) 6个基本回路

树构成的M矩阵，各个元素均不为零，并且相邻基本回路的公有支路较多，不能保证对角元素的绝对占优，但由最小树组成的M矩阵，最大的优点是可提高求解时的收敛速度。

对应最小数的M矩阵　　表 8.12

l_1	1,12	1	1	1	1	1
l_2	1	1,2,7, 13	1,2,7	1,2,7	1,2,7	1,2,7
l_3	1	1,2,7,	1,2,3 14,7,8	1,2,3 7,8	1,2,3 7,8	1,2,3 7,8
l_4	1	1,2,7	1,2,3 7,8	1,2,3 4,7,8 9,15	1,2,3 4,7,8 9	1,2,3 4,7,8,9
l_5	1	1,2,7	1,2,3 7,8	1,2,3 4,7,8 9	1,2,3 4,5,7 8,9,10 16	1,2,3,4 5,7,8, 9,10
l_6	1	1,2,7	1,2,3, 7,8	1,2,3 4,7,8 9	1,2,3 4,5,7 8,9,10	1,2,3,4 5,6,7,8 9,10 11,17
	l_1	l_2	l_3	l_4	l_5	l_6

(3) 有源支路循环水泵动态工作点的确定

在迭代方程（8.27）中 $\Delta h^{k}=B_{f}(S|G|^{k}G^{k}+Z-DH)$，$DH$ 是将水泵（或风机）的扬程向量作为常数向量处理的，当其工作特性曲线较为平滑时误差不大。但对于多泵系统，特别是全网分布式输配系统，常常采用“以泵代阀”，通过变频调速进行流量调节，此时系统阻力系数变化不大。但水泵（风机）工作点的变动主要是由电机频率（即水泵转速）变化引起的，在这种情况下，在线工况参数的计算必须考虑水泵转速变化引起水泵扬程的变化，否则计算结果是不准确的。

为计算精确，常把DH向量作为流量向量的函数，通过多项式拟合水泵的工作特性曲线，

$$DH(G_i)=a_0+a_1G_i+a_2G_i^2+\cdots+a_nG_i^n \tag{8.30}$$

公式中a_0、a_1、a_2……a_n为水泵工作特性曲线的拟合常数系数。一个特定型号的水泵，其拟合常数系数不变。根据水泵型号，在频率为50Hz下的工作特性曲线下，选取对应的流量、扬程数据若干组，通过最小二乘法，在给定精度的条件下，计算a_0、a_1、a_2……a_n值。通常情况下，选取的多项式项数愈多，拟合曲线的精度愈高。把供热系统中所有的循环水泵的工作特性曲线的拟合系数输入计算机数据库，待计算时使用。

在变频调速下，水泵（风机）的频率f、转速n与流量G呈线性关系：

$$\frac{f}{f'}=\frac{n}{n'}=\frac{G}{G'}$$

式中　f'、n'、G'——工频运行（50Hz）时的参数；

f、n、G——变频运行（<50Hz）时的参数。

则有：

$$G=\frac{f}{f'}G'$$

由于为变频调速，式中 f'、G'、f 皆为已知，故 G 可求得。将关系式（8.30）用台劳公式展开，并写为向量形式

$$\begin{aligned}DH(G^{k+1})&=DH(G^k)+DH'(G^k)\Delta G^{k+1}\\&=DH(G^k)+(A_1|G^k|^0+2A_2|G^k|^1+\cdots nA_n|G^k|^{n-1})\Delta G^{k+1}\end{aligned}\qquad(8.31)$$

式中　A_1、A_2……A_n 分别为元素系数 a_1、a_2、…a_n 的 $B\times B$ 阶对角矩阵。

若令

$$M^k=B_f(2S|G^k|-A_1|G^k|^0-2A_2|G^k|^1+\cdots+nA_n|G^k|^{n-1})B_f^T\qquad(8.32)$$

仍可用关系式（8.27）迭化求解循环水泵在变频调速下的在线动态参数预测。

4. 计算软件的商品化

该计算软件为专业人员使用的软件，尚未商业化。如需要，尚需商业化处理：输入部分应能将供热系统图直接转化为网络结构图和结构矩阵，尽量减少手工操作。输出部分，应直接与供热系统图对应，让专业人员一目了然便知输出结果。以上这些内容，作者尚未完成，希望有志读者，在此基础上做得更加完善。

8.8.2　多热源供热系统协调运行方案优化

多热源供热系统协调运行方案优化问题，是指一个供热系统由多个热源组成，主热源可能是热电联产供热，调峰热源可能有燃煤区域锅炉房，也可能有燃气区域锅炉房，还有可能是各种热泵机组组成的热源。在这些热源中，有热电联产设备，各种锅炉设备以及热泵和机组设备。协调运行方案的优化，是要确定在整个供暖季，各热源、各机组设备的启动、停运次序，以期达到节能效益、经济效益最佳的目的。这是一个运算工作量大并相当复杂的任务。与此工作类似的，还有多热源选址问题，供热系统优化结构等问题。这类问题的解决，过去多用运筹学中的数学规划求解，以后又发展采用神经网络方法求解，近些年来又兴起遗传算法求解。作者曾做过多种求解方法的探讨，认为遗传算法有其独特的优点，本书只对这种方法作些介绍。

1. 遗传算法的基本步骤

遗传算法是一种概率搜索算法，利用某种编码技术把待解的优化题目组成一个数串，该数串称为染色体。按照生物遗传学的优胜劣汰的原理，对染色体数串通过有组织但又随机的信息交换，进行父与子之间的代代传递。在传递过程中，保留和发掘性能好的染色体数串，淘汰性能差的染色体数串，直至最后的染色体数串成为最优值。遗传算法寻优可归纳为以下四个步骤：

1）将寻优目标的参数代码化。任一寻优题目，一般由相应的变量参数描述为目标函数。在遗传算法中，通常用0、1代码代替变量参数。对于一个有6个热源的供热系统，可用一个有6位数的代码串表示，如111010，每位代表一个热源，1表示该热源关启，0表示该热源关闭，则一个6位数的代码串就表示了一个热源匹配方案。任一个代码串染色体就对应一个可计算的目标函数值。通常称代码串的位数为染色体的长度，染色体的长度

越长，寻优题目越复杂。

2）染色群体的再生。为了实现多点寻优，常常在寻优前给出一组染色体，称为染色群体。染色群体的大小，即表示同时可对几个方案进行寻优。染色群体可通过实际工程经验确定，也可由概率随机确定。在染色群体内比较目标函数值，根据优胜劣汰法则，由目标函数值占优的染色体取代目标函数居劣的染色体，实现染色群体的再生。

3）染色群体的杂交。经过再生的染色群体两两配对，在杂交概率下，进行部分代码的换位，如配对的一组染色体在第 4 位后换位，形成一对新的染色体如下：

$$1110 \vdots 11 \longrightarrow 111000$$

$$1100 \vdots 00 \longrightarrow 110011$$

染色群体经过两两杂交后，生成了一代新的染色群体。

4）染色群体的变异。变异是同一个染色体里位点（位数）代码的实变，即 0 变为 1，1 变为 0。在变异概率下，由计算机产生随机数，当随机数小于变异概率值时，该位点发生变异，反之亦然。经过变异后，原染色体将再次更新。

在遗传算法中，每经过再生、杂交、变异一个循环后，染色体即进行了一代新的繁殖。每繁殖一代，染色体的目标函数值就会有明显的改善。经过有限代的繁殖，即可求出全局最优解或全局满意解。

2. 遗传算法的基本特点

遗传算法与传统优化算法相比，有以下四个显著的特点：

1）遗传算法的处理对象是自变量的编码串，而不是自变量本身。因此，可以用有限的编码串位数反映变量很多的寻优问题，使问题简化。往往通过编制编码串的技巧，可以使一个很复杂的供热系统变为一个相对简单的寻优问题。

2）遗传算法属于并行算法，而不是传统的串行算法。遗传算法可同时对一组点（编码串）进行搜索，即同时可对多个方案进行寻优，而不是传统的单点寻优。不但能够加快寻优速度，而且更容易找到全局最优解或全局满意解。

3）遗传算法对目标函数没有苛刻的限制。传统优化算法，通常要求目标函数具有连续、可导、单峰等特性。而复杂的供热系统的目标函数大多数是不连续的，不可导的，而且是复杂的非线性规划寻优问题。对于遗传算法，不管目标函数有多复杂，只要能计算出目标函数值，即可应用。因此，遗传算法很适合供热系统的寻优算法。

4）遗传算法应用随机概率规律进行寻优，而不是传统的判定性法则，因此，不容易陷入局部最优的陷阱，而找不到全局最优的目的。遗传算法的缺点，是很容易找到全局满意解，而从全局满意解到全局最优解的过程则收敛较慢。对于供热系统等实际工程来说，能找到全局满意解就已经足够了。

3. 举例

我国某城市的集中供热系统，是一个多热源联供的复杂的大系统，供热系统面积远期发展为 750 万 m^2。系统中包括了两台 6MW 和 1 台 12MW 的低真空循环水发电机组，1 台 B12-35/10 的背压发电机组，1 台 CC25-35/10/3 的双抽发电机组，1 台 KT-30-110/70 的热水锅炉等 6 台供热机组和 6 台 16SH-9、4 台 12SH-9 等 10 台双吸离心泵，且整个热网是由 5 个环网组成的大环网。其拓扑结构如图 8.34 所示。

对于这样一个复杂的大系统，运行调节所要解决的问题不可避免地要包括：各个供热

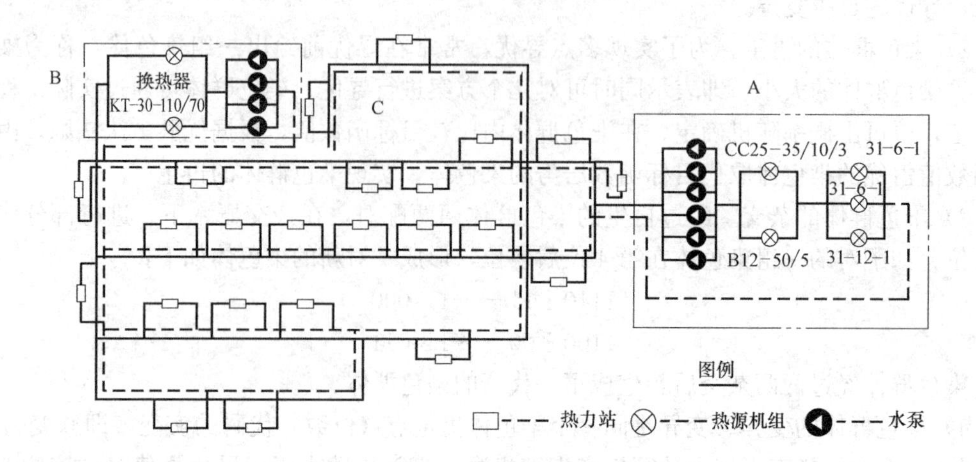

图 8.34　某市集中供热系统的拓扑结构示意图

机组何时启动以及如何启动？供热机组启动后的状态？各个水泵如何启动？热网中各个热用户的流量、温度、压力和供热量如何分布等。根据所要研究的问题，可以把寻优的目标归结为：在热量平衡（供热量与需热量相等）、水量平衡（不出现水力失调）和压力平衡（保证最不利环路的压差值）的约束条件下，选择热源机组与水泵运行的最佳匹配（运行方案），以实现运行费用最小的经济效果[2]。这样，就可列出此系统的目标函数和约束条件如下：

$$\min Z = \sum_{i=1}^{M} A_i G_{rj}^{i} + \sum_{j=1}^{M} B_j C_{\text{pump}}^{j} \tag{8.33}$$

s. t. (1) $G^{(i)} \geqslant 0.7 \times G_{sj}^{(i)}$　$i=1,\cdots NM1$；　(2) $Tin(i,1) \geqslant 28.0$；

(3) $Tout(i,1) \geqslant 28.0$；　(4) $\Delta H = S|G|G + Z - DH$；

(5) $B_f \Delta H = 0$；　(6) $AG = Q$；

(7) $Q_{\text{get}}^{(i)} \geqslant Q_{\text{necessary}}^{(i)}, i=1,NM1$；　(8) $Q_{\text{supply}}^{(j)} \leqslant Q_{\max}^{(j)}, j=1,M$；

(9) $A_i = \{0,1\} B_j = \{0,1\}, i=1,M, j=1,N.$

式中，$NM1$、N、M 分别表示热用户数、水泵数、热源数；A_i、B_j 分别表示供热机组、水泵是否启动，启动为 1，否则为 0；G_{rj}^{i} 为第 i 个热源运行所耗费用（万元/天），其中包括热源运行所耗燃料费、材料费、水费、折旧费、大修理费、运行人员的工资、福利待遇及其他管理人员的工资和福利待遇等；C_{pump}^{j} 为第 j 个水泵运行所耗费用（万元/天），其中包括水泵运行所耗电费、折旧费、大修理费、运行人员的工资、福利待遇及其他费用等；$G^{(i)}$，$G_{ij}^{(i)}$ 为第 i 个热用户的实际流量，设计流量（t/h）；$Q_{\text{get}}^{(i)}$，$Q_{\text{necessary}}^{(i)}$ 为第 i 个热用户实际得到的负荷和实际需要的负荷（MW）；$Q_{\text{supply}}^{(j)}$ 为第 j 个供热机组向外界供给的热量（MW）；$Q_{\max}^{(i)}$ 为第 j 个供热机组能向外界供给的最大热量（MW）；Q，G 为节点流入流出流量矩阵和支路流量矩阵；A，B_f，Z 为网络的关联矩阵，网络的基本回路矩阵和节点的位置向量。

从上述式子可以看出，目标函数既含有 0、1 变量，又含有连续变量，同时还不是连续、可导的。因而，用传统的优化方法很难下手，而用遗传算法却可以轻而易举地解决。

在该市的集中供热系统中，把描述每一个供热机组和水泵状态的变量看作为每一染色体的位点，这样就可得到染色体的长度为 16 位。染色体的前 6 位表示各个供热机组，后 10 位表示水泵，其具体表示如表 8-13 所示。

染色体长度各位的含义 **表 8.13**

1	1	0	1	0	1	100111	1010
31-6-1	31-6-1	31-12-1	B12-35/10	CC25-35-10/3	KT-30-110/70	六台 16SH-9	四台 12SH

再取群体大小为 10，杂交概率为 0.6，变异概率为 0.1，利用编写的 MHOP 程序，经过大约 1～20 代左右，就能找到该市集中供热系统在不同时期的运行最优解，其结果见表 8.14 所示。

最优运行方案 **表 8.14**

		10 月 15 日以前 3 月 15 日以后	10 月 15 日～ 11 月 2 日 2 月 25 日～ 3 月 15 日	11 月 2 日～ 11 月 17 日 2 月 10 日～ 2 月 25 日	11 月 17 日～ 12 月 1 日 1 月 25 日～ 2 月 10 日	12 月 1 日～ 12 月 23 日 1 月 4 日～ 1 月 25 日	12 月 23 日～ 1 月 4 日
最优值时的染色体长度		111000 1010101011	111010 1010101001	111010 1011010001	111110 1011010010	111110 1011010100	111111 1011010111
机型	数量	启动与否	启动与否	启动与否	启动与否	启动与否	启动与否
31-12-1	1	1[4]	1[4]	1[4]	1[4]	1[4]	1[4]
31-6-1	1	1[4]	1[4]	1[4]	1[4]	1[4]	1[4]
31-6-1	1	1[4]	1[4]	1[4]	1[4]	1[4]	1[4]
B12-35/10	1	0	0	0	1[4]	1[4]	1[4]
CC25-35/10/3	1	0	1[2]	1[3]	1[3]	1[3]	1[4]
		10 月 15 日以前 3 月 15 日以后	10 月 15 日～ 11 月 2 日 2 月 25 日～ 3 月 15 日	11 月 2 日～ 11 月 17 日 2 月 10 日～ 2 月 25 日	11 月 17 日～ 12 月 1 日 1 月 25 日～ 2 月 10 日	12 月 1 日～ 12 月 23 日 1 月 4 日～ 1 月 25 日	12 月 23 日～ 1 月 4 日
最优值时的染色体长度		111000 1010101011	111010 1010101001	111010 1011010001	111110 1011010010	111110 1011010100	111111 1011010111
机型	数量	启动与否	启动与否	启动与否	启动与否	启动与否	启动与否
KT-30-110/70	1	0	0	0	0	0	1[1]
16SH-9 水泵	6	3 台	3 台	4 台	4 台	4 台	4 台
12SH-9 水泵	3	3 台	3 台	1 台	1 台	1 台	3 台
运行费用(万元/天)		14.475	18.393	23.314	28.504	28.55	35.153

注：1[] 中 1 表示此热源启动。[] 中的数据表示启动后的状态。对热水、低真空循环水、背压、单抽机组，[1] 表示机组在低于额定负荷下运行，[2]，[3]，[4] 表示机组在额定负荷下运行。对双抽机组，[1] 表示低压抽汽口在低于额定负荷下运行，[2] 表示低压抽气口在额定负荷下运行，[3] 表示低压抽汽口在额定负荷下运行，高压抽汽口在低于额定负荷下运行，[4] 表示高、低压均在额定负荷下运行。

4. 讨论

通过上述实例的计算发现，杂交概率和变异概率的取值对寻优速度有着重要影响：选值恰当，经过几代就能找到满意解；否则，经过几十代甚至上百代的计算，目标函数值都无明显改善。因此，杂交概率和变异概率的确定，是遗传算法成败的关键。为了得到杂交概率、变异概率的选取范围，作者利用计算机进行了大量的计算，结果发现：在一定的群体大小和相同随机概率的情况下（变异概率一定），随着杂交概率的增加，繁殖代数（指找到满意解时所经过的代数）越来越小；当杂交概率增加到一定值时，繁殖代数不再增加；当杂交概率继续增加，直到杂交概率接近于1时，繁殖的代数均是增加的。换句话说，在一定的群体大小和相同随机概率的情况下，存在着一最优的杂交概率范围，使繁殖代数最低。同样，在一定的群体大小和相同随机概率的情况下（杂交概率一定），随着变异概率的增加，繁殖代数越来越小；当变异概率增加到一定值时，繁殖代数不再增加，当变异概率继续增加，直到变异概率接近于1时，繁殖的代数均是增加的。也就是说，在一定的群体大小和相同随机概率的情况下，存在着最优的变异概率范围，使繁殖代数最低。这就说明，对于一定的目标函数来说，存在着最优的杂交概率、遗传概率。对上述的实际工程而言，发现当杂交概率在0.5～0.8，变异概率在0.05～0.2时，繁殖代数最低。上述的范围是作者对多个实际项目进行实际运算后得出的结论，是否反映了客观规律，有待于进一步探讨。

8.8.3 热网故障诊断专家系统

在供热系统运行过程中，最容易出现的故障多为堵塞或泄漏。改革开放以来，我国引进国外的直埋敷设先进技术，使其施工安装技术水平有了长足进步。国外直埋敷设在预制保温阶段，即同时敷设了电信检漏系统。而国内业内人员，为了减少投资，自作主张，取消了电信检漏系统。20～30年过去了，直埋管道的泄漏故障频繁出现，人们才深切感知安装电信检漏系统的必要性。目前，为了从地面上检测泄漏故障，国外研发了红外检测仪、电磁检测仪，国内也已开始在实际工程上试用。

随着信息技术在供热工程上的广泛应用，供热系统的各种运行参数不但可以随时在线检测，而且能够远距离通信，建立数据库，进行大数据处理。因此，在信息管理系统的基础上研发，热网故障诊断专家系统，使故障诊断智能化，应该是未来的发展方向。

故障诊断专家系统，是人工智能应用领域中最具代表性的智能应用系统。它的宗旨是研究如何模拟人类专家的决策过程，解决那些需要专家才能解决的复杂问题。因此，人工智能必将开启人—机系统共同思考问题的新时代。故障诊断专家系统，是将行业领域内专家的智慧、知识、经验变为计算机所能描述的知识，形成知识库，然后根据实际工程出现的问题调用知识库的知识，进行分析、判断，给出故障诊断的结论。描述专家的知识、经验，常采用状态空间法、模糊理论以及神经网络进行。本节主要采用状态空间法对故障诊断专家系统作一简要介绍。

1. 专家系统的构造

专家系统的基本结构如图8.35所示。供热行业专家将有关供热系统堵塞、泄漏故障时系统参数（主要是流量、压力）的变化规律进行总结（详见第7章的7.5节，供热系统的故障识别），成为故障识别知识或经验，然后会同计算机专家（亦称知识工程师），将上述知识通过专家系统工具编译为由计算机语言表述的故障诊断知识，存入知识库。用户根据人机接口通过推理机、解释机、数据库调用知识库，学习掌握供热系统有关故障诊断专家系统的应用。当实际工程需要进行故障诊断时，可通过数据通信，将供热系统的实测参数输入数据率，由用户（即故障识别人员）通过人机接口与推理机、知识库进行询问、推

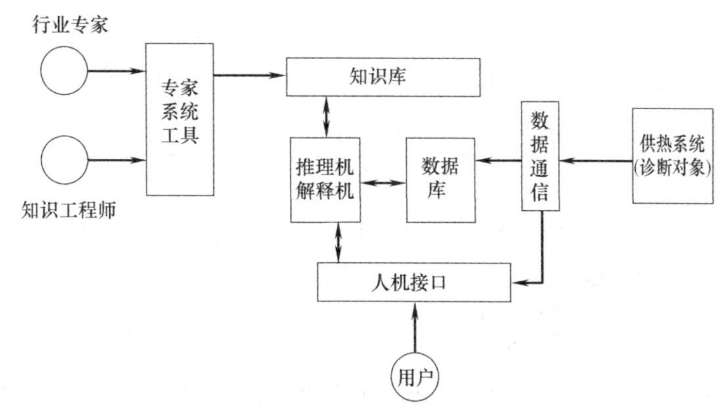

图 8.35 供热故障诊断专家系统结构图

理，最后给出故障的类别以及故障发生的位置。

2. 利用状态空间法建立知识率

自然界任何一个事物，都可能以某种状态存在。事物状态的变化过程通常可以采用相关参数及其网络加以描述，这些参数及网络所构成的集合称为事物的状态空间。热网故障诊断专家系统，就是利用供热系统中的流量、压力等参数，构成一个有向网络，即建立供热系统的状态空间。然后，根据行业专家的知识经验，对该状态空间网络进行适当的数学运算，找出发生故障的基本规律，从而建立知识率。

在热网运行中，经常发生的故障有两大类，即堵塞和泄漏。热网故障诊断专家系统也是主要针对这两大类故障的诊断进行开发的。从本书第 2 章中关于变动水力工况可知：热网发生堵塞，一定是管段阻力系统 S 值明显增加，流量急剧减少，堵塞点的上游压力增大，其下游压力下降；热网发生泄漏，则管段阻力系数 S 值明显减小，泄漏点的上游流量显著增大，泄漏点的下游流量显著减少，而且泄漏点压力急剧下降。根据热网变动水力工况的上述特点，分别建立正常运行工况下的状态空间网络矩阵和故障下的状态空间网络矩阵。然后，对比这两种工况下的状态空间网络矩阵，找出其判断故障发生时的基本规律。

首先根据本章第 8.8.1 节的图论、网络理论，将任一供热系统构成一个关联矩阵，假设其有 N 个节点、N 个压力测点和 B 个支路，及 B 个支路流量，则该关联矩阵即为 N 行 B 列矩阵。若对每个节点赋予节点压力，每个支路赋予支路流量，并表明其流向，这时一个 $N\times B$ 维的有向关联矩阵即可以以状态空间网络的形式模拟一个特定的供热系统。今设供热系统在正常运行工况（无故障发生）下有向关联矩阵的元素为 a_{ij}°（i 为 1、2、…N，j 为 1、2、…B）；又设支路流量只有正常运行工况下的支路流量的一半时为标准堵塞故障，该支路由于发生堵塞，其支路阻力系数 S° 必然增大为 $S_{0.5}$。现分别模拟各支路发生堵塞故障的情形，依次将 $j=1$、2、…B 支路的 S° 由 $S_{0.5}$ 代替，其他支路不变，运行相应的软件就能得到各支路分别发生堵塞时系统各参数的变化情况（S°、$S_{0.5}$ 由各节点压力、支路流量计算得出）：

首先考察 $j=1$，即支路 1 发生堵塞时，各节点的压差向量为

$$\Delta P_1=P_{1j}-P_{0j}=(P_{11}-P_{01},P_{12}-P_{02},\cdots P_{1N}-P_{0N})^{T}$$

将其归一化，即

$$\sum 1=\sqrt{(P_{11}-P_{01})^2+(P_{12}-P_{02})^2+\cdots(P_1-P_0)^2}$$

$$\Delta P_1=\left(\frac{P_{11}-P_{01}}{\sum 1},\ \frac{P_{12}-P_{02}}{\sum 1},\ \cdots,\ \frac{P_{1N}-P_{0N}}{\sum 1}\right)$$

这样便得到了堵塞故障状态空间矩阵的第一行的行向量。

同理，模拟第二根管段，又形成一个行向量：

$$\Delta P_2=\left(\frac{P_{21}-P_{01}}{\sum 2},\ \frac{P_{22}-P_{02}}{\sum 2},\ \cdots,\ \frac{P_{2N}-P_{0N}}{\sum 2}\right)$$

依此类推，模拟出 B 条支路所有故障下状态空间矩阵的各行向量，进而构成完整的堵塞状态空间矩阵 R_b：

$$R_b=\begin{bmatrix}\frac{P_{11}-P_{01}}{\sum 1}, & \frac{P_{12}-P_{02}}{\sum 1}, & \cdots, & \frac{P_{1N}-P_{0N}}{\sum 1}\\ \frac{P_{21}-P_{01}}{\sum 2}, & \frac{P_{22}-P_{02}}{\sum 2}, & \cdots, & \frac{P_{2N}-P_{0N}}{\sum 2}\\ \vdots & \vdots & & \vdots\\ \frac{P_{B1}-P_{01}}{\sum B}, & \frac{P_{N2}-P_{02}}{\sum B}, & \cdots, & \frac{P_{BN}-P_{0N}}{\sum B}\end{bmatrix}_{B\times N} \tag{8.34}$$

R_b 的每一行表示某一支路堵塞向量（某一根管道在标准故障下的压力差归一的结构），列数目则表示压力测点的个数。

管道泄漏工况下的 R_L 模拟方法同堵塞工况。标准泄漏工况的定义为某根管道的泄漏量为其无故障时正常流量的 50%为依据，运行软件程序，得到了泄漏工况下的故障方向矩阵 R_L。将获取的 R_b、R_L 故障状态空间矩阵加以储存，即形成知识库。

3. 故障诊断的实施

根据两个平行向量的内积最大的原理，寻找故障函数向量中等于或接近于 1 的支路管段，则是最可能发生故障的管段。具体操作步骤如下：

(1) 测试故障工况下的热网实际参数

实测各压力传感器压力，得到实测向量 $P_m=(P_1,\ P_2\cdots\cdots P_N)$，由实测用户入口和出口的压力差及用户的流量 G_m，便得到用户的阻力系数 S_u（用户的 S 值常随调节不断变化）。调用软件程序预测在无故障状态下各测点所应达到的压力预测值 P_p，便得到列向量差 ΔP：

$$\Delta P=(P_m-P_p)^T \tag{8.35}$$

并求出 ΔP 的模

$$M\Delta P=\sqrt{\sum_m(\Delta P_i)^2} \tag{8.36}$$

(2) 判断故障，分别计算堵、漏故障向量 C_b、C_L

$$C_b=R_b\times\Delta P$$

$$C_L=R_L\times\Delta P$$

式中，R 是 $B\times N$ 矩阵，ΔP 是 $N\times 1$ 列向量，故 C 为 $B\times 1$ 的列向量。对于 C 向量中的每一个元素分别除以 $M\Delta P$，得到故障函数向量 f

$$f=\frac{C}{M\Delta P} \tag{8.37}$$

根据两向量平行内积最大原理，f 向量中等于或接近于 1 的管段是最可能发生故障的管段。找出 f_{max}的值，即为故障发生点。

为了增加判断的准确性，在 C_b、C_L 中寻找出三个最大的 f 值进行比较，分析，最后确定故障类型和故障发生地点。

供热智能控制的组织级/全局级实质上就是利用计算机、智能控制、互联网＋、云计算和大数据等越来越成熟的现代技术工具，对供热信息进行管理和深度处理，例如分析整个供热系统的水力/热力/能耗平衡，站在“全局的高度”自动寻求（因热网惰性很大，实际上必须预测）全系统（包括热源、用户、管网等）全程优化运行参数（包括工艺和控制参数），等等。因此，从控制的角度进一步吃透供热系统的特点和建立全系统的全程优化运行模型和故障预测模型等（准确的、灰色的、模糊的、统计的…），并且根据大数据分析求解，是开发供热智能控制的组织级/全局级、真正实现供热智能控制的关键！

一个地区的供热系统就是一个大企业，供热系统（特别是分布式）本质上就是“网络化分布式生产设施”，我们应该借国家《新一代人工智能发展规划》的东风，推动人工智能与供热行业“融合创新”，争取成为“互联网＋供热”、“人工智能＋供热”等方面的“复合专业”人才，努力在供热行业逐步“实现生产设备网络化、生产数据可视化、生产过程透明化、生产现场无人化，提升工厂运营管理智能化水平”，才能真正实现高效供热、“清洁供暖”、智能供热！

第9章 控制系统静态优化与设备的特性指数

目前，控制理论和控制器、传感器、执行器等控制环节（可称为信号变换环节）已得到了控制专业的重视和深入研究，并开发出许多成熟产品。许多工艺设备（例如调速泵与风机、调节阀、换热器等）同时也是控制系统中的控制环节（可称为实体控制环节），其调节性能和优化设计涉及控制与工艺（流体力学、传热学、燃烧、机电、供热…）等多个专业，却往往被边缘化、被轻视，甚至被忽略，因而造成供热自动控制系统失败、能源浪费的事例屡见不鲜。例如，采用调节阀的控制系统，“根据调查，现场调节系统的故障有70％来自调节阀”。又如，变频泵得到了越来越广泛的应用，但是由于对泵的调节性能缺乏全面研究而设计不当，有些以泵代阀的分布式系统并没有达到预期的效果，等等。这些往往不是控制器本身的问题，而是系统静态设计问题。这不但白白浪费了资金和能源，而且使一些人对自动化失去了信任，因而阻碍自动化的推广。通常，人们往往把这些失败推给了控制器或者控制系统的调试人员，这实际上往往是不客观的。

在上一章介绍了自动控制设计的内容和原则，指出了静态设计的重要性：首先确保调节系统“全程可观测性”、“全程可控性”等是确保控制系统全程正常运行的必要条件，例如，如果传感器、调节阀、泵与风机、换热器等的工作范围选择不当，即使采用最高级的智能控制系统，也不可能实现全程可观测和全程可控制；第二，确保控制系统全程调节的均匀性（即系统的调节特性为线性）——通常称为控制系统的静态优化，这对于常规控制是必要条件，对于智能控制则可减少变量，从而降阶简化；第三，由于流体传送速度慢，热量传递速度非常慢，所以设计时必须尽量减少调节机构、调节对象、传感器之间的距离，从而尽量减少传输滞后，这对改善系统控制效果有非常好的作用。

现在许多人已认识到控制系统静态设计的重要性，例如许多热工控制著作都介绍了调节阀和换热器的调节特性等，但因为尚无定量解决静态优化设计的实用方法，通常只能根据定性分析/凭经验进行静态优化设计和调节阀等的选择。另外，由于管道阻力使调节阀和调速泵的调节性能变得比较复杂，这也是研究静态特性和静态优化的一个难点。

本章的目的是，从供热和控制等多专业相结合的角度出发，介绍如何正确设计供热系统和选择设备，使其既具有优良的供热性能，又具有优良的调节特性，从而有利于实现供热自动调节系统的优化。为此，作者提出了能够定量进行控制系统静态优化设计的特性指数法，并且给出了常用实体控制环节（例如调速泵、风机、调节阀、换热器等）的调节特性指数资料，从而使调节特性的表示、控制系统的静态优化设计和控制环节的优选等实现了简化、数字化和实用化。

在这里特别指出，表 9.1 列出了关于特性指数的定义、系统优化方法和公式，表 9.3 给出了常用控制环节的特性指数索引，一目了然，非常实用，可供参考。

9.1 研究设备调节特性和静态优化的重要性

9.1.1 自动控制系统中的工艺设备具有多重功能

1. 设备的第一个功能首先是工艺（供热）设备

所以，设备必须满足供热和节能减排的要求。例如，泵与风机的第一个功能是给液体加压，其扬程和流量必须满足系统热媒输送的需要，还必须考虑造价与全年或一个运行季的节能减排，进行优化设计。

2. 设备的第二个功能是作为自动控制（调节）系统的控制环节

最常用的基本反馈控制系统框图见图9.1（图中的参数见表9.1）。控制系统由控制器、执行器、调节机构、调节对象、传感器（变送器）等组成。其中每一个组成部分称为控制环节。有时，也将执行器和调节机构合称为执行器或调节机构，例如，调速器（如变频器）＋电动机＋调速泵体可以合并为调速泵，合称为执行器或调节机构；也可将执行器和调节阀体合并简称为调节阀；甚至还可以将执行器＋调节机构＋调节对象合称为“广义调节对象”。为了分析方便，我们采用了图9.1表示的调节系统。

反馈控制系统的工作过程为：控制器把控制对象的输出信号取回来（称为反馈），与所要求的设定值Vs进行比较，控制器根据比较得到的误差进行自动操作，使这个偏差消除或使控制对象的输出跟踪所需要的要求。这种“反馈”就形成了一个闭环，因此反馈控制系统是一个闭环控制系统。当然，还有许多其他控制方案，但反馈控制系统应用最广。

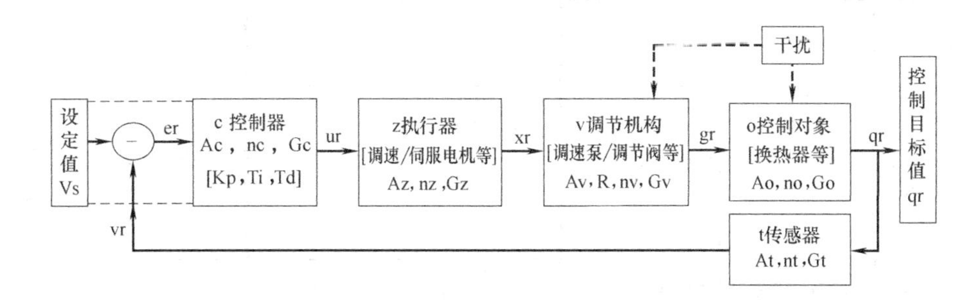

图9.1 基本的反馈控制系统

因此可见，调速泵/风机、调节阀等的第二个功能是作为自动调节系统中的流量调节机构；各种换热器的第二个功能是作为自动调节系统中的调节对象；锅炉是一个复杂的调节对象，可以分解为水位、燃烧和出率（对蒸汽锅炉为汽压和产汽量，对热水锅炉为流量和水温）、炉膛负压等多个调节对象，等等。

如果供热系统要真正做到节能减排，就必须做到全年运行节能减排，就必须采用自动控制。在自动控制系统中，许多供热设备同时是控制环节，其特性还必须满足控制系统的要求，这种控制系统要求的特性称为调节特性。

3. 其他功能

例如，传感器同时作为控制系统和工艺系统的感知环节，既是实现控制系统可观性和信号反馈的必要环节，又是实现工艺过程可视性的必要环节（为实现工艺的可视性可能还必须安装更多的传感器），有的传感器还有计量功能。因此，对传感器还有一些特别的要求，特别是用于计量的传感器，它的“精度”不但要满足控制精度的要求，而且必须满足计量精度的要求（见第9.6节）。

又如，在加油机、液体加料系统和供暖分户计量调控装置中，采用容积泵实现加压输送、流量调节和计量（作为流量的传感器，采用容积法直接计量，简单稳定可靠）功能。此时，容积泵还必须满足有关计量的要求。

可见，自动控制系统中的设备具有多重功能。对于全年或者一个季节运行的供热系统，必须考虑全年或者一个季节的运行节能并进行优化设计。这样，我们不但必须研究设备和系统的设计工况，而且必须研究其全年/全程运行的性能。这种与自动控制相关的全年/全程运行的性能就是调节特性。对于有计量功能的设备或传感器，还必须研究其计量特性，必须按有关计量规范进行标定和管理。

控制环节/开环系统的静特性与系统优化（粗线框内为本章重点）　　表9.1

（说明：①结合图9.1和图9.2，②大写－绝对值，小写－相对值，尾缀r－可调，下标$_{100}$/$_0$－上/下限）

名称 项目	c控制器（含比较器等）	z执行器（伺服/调速电机等）	v调节机构（调节阀/调速泵等）	o控制对象（换热器等）	t传感器/变送器	s系统开环特性
功能特点	信号变换环节	信号变换环节	实体控制环节	实体控制环节	信号变换/计量	开环系统特性
特别介绍			9.3节，9.4节	9.5节	9.6节	
输入IN，in	误差E	控制输出U	转速或阀位X	流量G，$g=G/G_{100}$		
输出OUT，out	控制输出U	转速或阀位X	流量G，$g=G/G_{100}$	热量Q，$q=Q/Q_{100}$		
可调输入范围 $INr:IN_0\to IN_{100}$	误差范围 $Er:E_0\to E_{100}$	控制量输出范围 $Ur:U_0\to U_{100}$	转速$Xr:r_0\to r_{100}$ 阀位$Xr:X_0\to X_{100}$	流量范围 $Gr:G_0\to G_{100}$	热量/温度 $Qr:Q_0\to Q_{100}$	误差范围 $Er:E_0\to E_{100}$
可调输出范围 $OUTr:OUT_0\to U_{100}$	控制量输出范围 $Ur:U_0\to U_{100}$ 标度变换	转速$Xr:r_0\to r_{100}$ 阀位$Xr:X_0\to X_{100}$ 标度变换	流量范围 $Gr:G_0\to G_{100}$ 工艺要求	热量/温度等 $Qr:Q_0\to Q_{100}$ 工艺要求	反馈量范围 $Vr:V_0\to V_{100}$ 标度变换	反馈量范围 $Vr:V_0\to V_{100}$ 标度变换
可调相对输入$inr=(IN-IN_0)/(IN_{100}-IN_0)$	相对误差 $er=(E-E_0)/(E_{100}-E_0)$	执行器相对输入 $ur=(U-U_0)/(U_{100}-U_0)$ （9.21）	相对转速：（9.18a） $xr=(r-r_0)/(r_{100}-r_0)$ 相对阀位：（9.18） $xr=(X-X_0)/(X_{100}-X_0)$	相对流量： $gr=(G-G_0)/(G_{100}-G_0)=(g-g_0)/(1-g_0)$ （9.19）	相对输入 $qr=(Q-Q_0)/(Q_{100}-Q_0)=(q-q_0)/(1-q_0)$ （9.20）	相对误差 $er=(E-E_0)/(E_{100}-E_0)$
可调相对输出 $outr=inr^n$ ＊＊（9.16）	$ur=er^{nc}$（9.21） $=(U-U_0)/(U_{100}-U_0)$ nc=1或已知	$xr=ur^{nz}$ （9.18），（9.18a） nz=1或已知	$gr=xr^{nv}$（9.19） $=(G-G_0)/(G_{100}-G_0)=(g-g_0)/(1-g_0)$ 通常非线性	$qr=gr^{no}$（9.20） $=(Q-Q_0)/(Q_{100}-Q_0)=(q-q_0)/(1-q_0)$ 通常非线性	$vr=qr^{nt}$ $=(V-V_0)/(V_{100}-V_0)$ nt=1或已知 （9.82），（9.83）	$sr=er^{ns}$ $=(V-V_0)/(V_{100}-V_0)$ =nc. nz. nv. no. nt （9.23）

续表

项目＼名称	c 控制器(含比较器等)	z 执行器(伺服/调速电机等)	v 调节机构(调节阀/调速泵等)	o 控制对象(换热器等)	t 传感器/变送器	s 系统开环特性
无泄漏实体输出			$G_0=0$, $g_0=0, R=\infty$ $gr=g=G/G_{100}$	$Q_0=0, q_0=0$, $Rq=\infty$ $qr=q=Q/Q_{100}$		
静态调节特性指数 n	nc	nz	nv	$g_0=0$: no * $g_0>0$: 用 no′	nt	优化 ns=1 补偿 nb=1/ns
注	* no——表示本质无泄漏调节对象的特性指数；优化时用 $no'=f(g_0, no)$——表示因调节机构(如调节阀)泄漏，使无泄漏调节对象变成了“被泄漏”对象的可调特性指数 (详 9.5.2)。 * * ——可调相对输出 $outr=(OUT-OUT_0)/(OUT_{100}-OUT_0)=(out-out_0)/(1-out_0)$ (9.16)					
静态设计要点	①调节对象设计输出 $Q_{100}=Ka[Q]$，[Q]为工艺要求，安全系数 Ka=1.1——1.2 (9.1) ②调节对象的调节范围 $Rq=Q_{100}/Q_0\geqslant Ka[Rq]$(无泄漏 $Q_0=0, Rq=\infty$ 自动满足) (9.1b) ③系统优化：优选设备 ns=nc * nz * nv * no * nt=1/补偿 nb=1/(nz * nv * no * nt) (9.24)—(9.26) 通常 nc=nz=nt=1 可简化，优选设备 ns=nv * no=1/补偿 nb=1/(nv * no) (9.24a)—(9.26a) ④调节机构、调节对象、传感器之间的距离应尽可能小，以减少传递滞后。					

9.1.2 工艺设计和控制系统静态设计的重要性

在本书第 8.2.5 节中介绍了自动调节系统设计的详细内容和原则，这里不一一重复，只着重指出：

1. 全程优化的工艺方案与参数和调节方案是控制系统成败的“基因”

例如，在分布式供热输配系统中，采用调速泵实现分布式加压并取代节流调节阀或/和平衡阀，本质上就能降低造价并且取得显著的节电、节热效果。

又如，取代隔壁式换热器的混水器本来具有简单可靠、造价特别低、阻力特别小、热惰性特别小、调节特性好等优点，但是在有的地方，由于水泵的选择和安装位置不当，使得变频水泵工作不协调，混水器不能正常工作，只好又改回隔壁式换热器，等等。

2. 静态优化设计是动态优化的前提

只有实现了可观测性（传感器优化）、可控性（调节范围满足要求）和全程调节均匀性（线性调节特性），才可能全程实现控制的稳定性与准确性。

可观测性——如果传感器选择安装不当，则系统不可观测或者部分不可观测，从而也无法实现全程控制，或者控制精度不够。传感器的特殊性将在第 9.6 节进一步介绍。

可控性——如果调节范围不满足要求，则系统不可实现全程控制。包括：如果设计工况不满足要求，则无法实现设计工况；如果调节范围 R_s 不满足要求，则低负荷时无法控制。

静态调节特性——对于常规控制，调节特性必须为线性，即只有系统的全程开环增益 K_s=常数，系统才能够全程稳定工作。定性地设：如果系统开环增益变化不大（$K_s\approx$常数），则控制器可以当作“干扰”处理；如果在某种负荷下系统的增益 $K_s\gg$平均增益，则因为调节速度过大，将可能发生超调高频震荡；如果 $K_s\ll$平均增益，因为调节速度过小，将可能发生低频欠调震荡。

虽然智能控制系统可以自动适应非线性，然而，如果非线性过大、对象滞后大、干扰过大时，智能控制系统也难以自动适应。另外，线性调节特性相当于使智能控制减少了变量，从而使智能控制降阶、简化。

对于开环控制系统（见图 8.6）和开环前馈补偿回路（见图 8.7），只有实现了线性调节特性，才能实现全程均匀控制和补偿，确保全程稳定运行。

可观测性（传感器优化）、可控性（调节范围满足要求）和全程调节均匀性（线性）等静态调节特性就是本章的研究内容。而确保全程调节的均匀性，即确保系统静态调节特性为线性（开环增益 K_s＝常数），属于静态优化设计。因此研究静态特性和静态优化是本章的重点。在前面一章已经介绍，由于非线性管道阻力使调节阀和调速泵/风机的性能计算变得比较复杂，这就是研究静态特性和静态优化的难点，学习时请注意。

以水泵为例，也可以看到研究静态调节特性的重要性。泵的说明书通常只给出了泵在设计转速下的性能，现有文献通常只定性介绍了离心泵的调节特性，认为调速水泵的流量调节特性都是线性的。但是，在实际系统中，特别是在分布式系统中，泵的工况要复杂得多，背压可＞0，或＝0，或＜0，所以调节特性也要复杂得多。如果设计不当，就会使控制系统无法正常工作或者造成能量浪费。

3. 控制环节/系统的静态设计对动态特性有直接的影响

例如，流体流动的流程越长，流速越小，执行器的迟滞（正反转之间的空程）越大，则纯滞后时间越大。传感器的安装位置对滞后时间也有很大的影响。纯滞后时间大，对控制系统的动态效果总是不利的，因此必须尽可能减少。控制对象（如换热器等）的体积越大，其中的流速越小，则时间常数越大。可见，静态设计对动态特性有直接的影响，在工艺设计时必须注意。

所以，尽量减少输送滞后时间，可大大改善动态特性，对控制非常有利。动态特性参数为常数是常规控制的要求；如果输送滞后时间＝0，或者已知，则智能控制就减少了一个变量，得到降阶/简化。

本章的目的是：从供热和控制等多专业相结合的角度出发，介绍如何正确设计供热系统和选择设备，使其既具有优良的供热性能，又具有优良调节特性，从而有利于实现供热自动调节（控制）系统的优化。

9.1.3　控制环节/系统的分类和可调区与调节范围

1. 控制环节分类

由于控制器、执行器、传感器的作用是完成控制信号的变换，所以可称为信号变换环节。信号变换环节的输入/输出范围通常可以调整，从而满足系统的需要。例如，控制器、传感器的输出与执行器的输入等，既可以是Ⅰ型（0～5V，0～10mA），也可以是Ⅱ型（1～5V，4～20mA）仪表；执行器的输出（即调节机构的输入）量程通常也能进行有限调整。所以，这些输入/输出变化范围只是标度变换，其调节特性通常也可以进行调整，例如，其输出可以调整为线性或者按需要的规律进行变换，特别是控制器可以按各种控制算法（例如 PID）输出。

然而，调节机构和调节对象的输出不是简单的信号变换，首先其输出与工艺过程对应，而且是含有一定实实在在能量的物理量，所以，可称其为工艺实体控制环节（简称实体控制环节）；其次，实体控制环节的输出由其内部的过程决定，不能像信号变换环节任意调整，例如，调节阀的泄漏 G_0 通常无法避免，即泄漏量 G_0＞0，而且调节阀的泄漏必然使调节对象（如换热器）也产生实实在在的泄漏，即 $Q_0>0$。实体控制环节调节特性也不能随意调整，而且往往是非线性。

这样，我们把控制环节分成了信号变换环节（包括控制器、执行器、传感器）和实体控制环节（包括调节机构和调节对象）。

信号变换环节已经有了成熟的理论和产品，而实体控制环节的种类繁多，与工艺紧密相连，所以我们研究的重点就是实体控制环节。

2. 可调节区（简称可调区）和调节范围

控制系统只能在可调区内进行调节。设可调区为（IN_0，OUT_0），（IN_{100}，OUT_{100}），即输入范围为 $IN_0 \sim IN_{100}$，对应的输出范围为 $OUT_0 \sim OUT_{100}$。这里，IN 和 OUT 分别表示控制系统/环节的输入和输出；100 和 0 分别表示可调区上限（100%）和下限（0%）的脚标。

各控制环节互相对应的可调区的参数定义、计算公式等详见表 9.1。

因为在可调区范围之外是无法调节的，所以首先必须确保调节范围满足要求，才能确保系统的可控性。其中传感器的输入/输出范围还决定系统的可观性，除了量程（即调节范围）外，还有精度等要求（详见第 9.6 节）。

所以，确保控制系统的调节范围满足要求，实质上就是调整信号变换环节相对应的输入/输出范围（或者称为量程/标度），确保实体控制环节即调节对象的实际输出范围同时满足工艺和调节的要求：

最大输出：
$$Q_{100}=K_a[Q] \tag{9.1}$$

最小输出：
$$Q_0<Q_{min} \tag{9.1a}$$

或调节范围
$$R_q=Q_{100}/Q_0=1/q_0 \geqslant [R_q]/K_a \tag{9.1b}$$

式中 Q_{100}，Q_0——调节对象最大（100%），最小（0%）输出；

$[Q]$——调节对象的最大设计输出，通常也称设计输出；

Q_{min}——调节对象的最小设计输出；

$$[R_q]=[Q]/Q_{min} \tag{9.1c}$$

$[R_q]$——调节对象的设计调节范围；

$K_a=1.1\sim1.2$，为安全系数；

$$q_0=1/R_q=Q_0/Q_{100} \tag{9.1d}$$

q_0——调节对象的相对泄漏量。

以上三个参数中只有两个是独立的，通常采用最大输出和调节范围两个参数进行设计。

这里，调节对象的输出 Q 可以是热量，或者是与对象输出对应的温度、压力、水位等。但是，这些输出参数不能随意调整，$OUT_0=Q_0$ 是一种实实在在的泄漏，必须满足工艺要求。

值得指出的是，不是调节范围越大越好。例如，如果换热器的换热量 Q_{100} 比设计输出［Q］大得多，则不但设备容量大，造价高，而且有效调节范围小，使调节输出分辨率降低。

3. 按实体控制环节的调节范围分类

我们研究的重点是实体控制环节，因此有必要按调节范围将实体控制环节和系统进行分类。

(1) 实体控制环节（调节机构和控制对象）的分类

1）无泄漏环节

如果调节机构或控制对象的最小输出 $OUT_0=0$，即最小相对输出 $out_0=0$，则称为无泄漏环节。调速泵通常可通过调整转速范围，使 $OUT_0=G_0=0$；如果换热器的输入为 0，则换热器的 $OUT_0=Q_0=0$。所以调速泵和换热器通常是无泄漏环节。

2）有泄漏环节

如果调节机构或控制对象的最小输出 $OUT_0>0$，即最小相对输出 $out_0>0$，则称为有泄漏环节。调节阀是[本质]有泄漏环节。

无泄漏环节是有泄漏环节的特例，即 $out_0=0$。

注意，各种信号变换环节的 $OUT_0>0$，$out_0=0$，只是量程/标度变换的需要，毫无“泄漏”之意。这是信号变换环节与实体控制环节的重要区别。关于这个差别，后面还要说明。

3）因为调节机构（调节阀）的泄漏，使本质无泄漏的调节对象（如换热器）产生了泄漏：因为 $G_0>0$，$g_0>0$ 使 $Q_0>0$，$q_0>0$，这时的控制对象可称为“被泄漏环节”，将在换热器特性一节中介绍。

(2) 调节系统的分类

1）无泄漏系统：如控制对象的实际最小输出 $Q_0=0$，最小相对输出（相对泄漏量）$q_0=0$，则该系统为无泄漏系统，其调节范围等于无限大，即 $R_q=\infty$，调节范围自然满足要求。显然，此时调节机构和调节对象都必须为无泄漏环节。

2）有泄漏系统：如果控制对象的实际最小输出 $Q_0>0$，最小相对输出（相对泄漏量）$q_0>0$，其调节范围 R_q 为有限值，则该系统为有泄漏系统，设计时必须使调节范围满足要求。显然，此时调节机构和调节对象中只要有一个是有泄漏环节，则控制系统为有泄漏系统。

实际上，利用可调区的概念可以看到，无泄漏环节/系统只是有泄漏环节/系统的一个特例，其调节范围等于无限大，即 $R_q=\infty$，调节范围自然满足要求。

9.1.4　控制系统/环节的调节特性和系统优化原理

1. 设备/环节/系统的调节特性

因为控制系统只能在可调区内工作，所以在满足了调节范围后，就只需要研究可调区内的特性和系统优化。

设在可调区内设备/环节/系统的输入为 $INr=IN-IN_0$，对应的输出为 $OUTr=OUT-OUT_0$，τ 为时间，则以下关系称为动态特性：

$$OUTr=OUT-OUT_0=F(INr,\tau)$$

分离变量通常可得：

$$OUTr=OUT-OUT_0=F(INr,\tau)=K\cdot F(\tau) \tag{9.2}$$

当系统达到稳定（即 $\tau=\infty$）时，输出与输入的关系称为静态特性：

$$OUTr=OUT-OUT_0=F(INr,\tau)|_{\tau=\infty} \tag{9.2a}$$

静态增益：

$$K=d(OUTr)/d(INr)|_{\tau=\infty} \tag{9.2b}$$

式中　IN，OUT——分别表示输入、输出参数；

r——可调区内参数的尾缀，无尾缀则表示全部范围；

K——控制环节/开环系统的静态增益，是一个重要的静态调节特性参数。

例如，在稳定工况下，水泵流量与转速之间的关系为水泵的静态特性，调节阀流量与开度之间的关系为调节阀的静态特性，换热量与流量的关系为换热器的静态特性，等等。各环节和系统的对应参数见表 9.1 所示。

K 表示稳定状态下（即 $\tau=\infty$）控制环节/系统的输出与输入之比（与时间无关）。信号变换环节的静态特性通常为线性（即增益 K 为常数，与输入无关），或者已知，或者可以根据需要调整；实体控制环节在大多数条件下为非线性，即增益 K 与输入 INr 有关，例如，调节阀流量与开度之间的关系、换热器的换热量与流量的关系等，通常为非线性。

动态特性和动态优化在控制理论中已经得到了全面深入的研究。动态调节特性的表示方法（指标）有时域法（单位阶跃响应指标）和频域法（频率特性指标）。经典控制理论通常用传递函数（时域法）或者频率特性（频域法）进行线性定常系统动态分析。传递函数是线性系统动态分析的基础，为了说明静态增益的重要性，将传递函数简介如下。

在可调区内，设一个控制系统/环节的输入函数 $\mathrm{INr}(\tau)$ 的拉氏变换为 $\mathrm{IN}(s)$，输出函数 $\mathrm{OUTr}(\tau)$ 的拉氏变换为 $\mathrm{OUT}(s)$，则这个系统/环节的传递函数为：

$$\mathrm{G}(s)=\mathrm{OUT}(s)/\mathrm{IN}(s) \tag{9.3}$$

例如，式（8.2）表示的无滞后单容对象 $\mathrm{OUTr}=\mathrm{K}(1-\mathrm{e}^{-\tau/T})=K\cdot f(\tau)$，用传递函数表示为 $\mathrm{G}(s)=K/(T+1)$；比例环节：$\mathrm{OUTr}=K$，$\mathrm{G}(s)=K$。

在两种表示方法中，K 都称为静态增益（或放大系数），具有同样的意义。各个环节的特性都可以表示为式（9.2）和

$$\mathrm{G}(s)=K\cdot \mathrm{G}^{1}(s) \tag{9.3a}$$

式中 $\mathrm{G}^{1}(s)$——单位增益传递函数。

同样式（9.2）中的 $\mathrm{F}(\tau)$ 可称为单位增益反应函数。

式（9.2）中的 $\mathrm{F}(\tau)$ 和式（9.3a）中的 $\mathrm{G}^{1}(s)$ 都表示单位增益动态特性。例如，无滞后单容对象的单位增益动态特性为 $\mathrm{F}(\tau)=1-\mathrm{e}^{-\tau/T}$，$\mathrm{G}^{1}(s)=1/(T+1)$；比例环节的单位增益动态特性为 $\mathrm{F}(\tau)=1$，$\mathrm{G}^{1}(s)=1$。

其他对象，例如多容对象也有类似的表达式，只是阶数越高，$\mathrm{G}^{1}(s)$ 和 $\mathrm{F}(\tau)$ 的表达式越复杂。

这样我们就把动态特性分解成与时间无关的静态增益 K 和单位增益动态特性。控制系统静态优化设计的实质就变成了系统静态增益的优化。

经典控制理论只适用于线性系统（也称线性定常系统），即增益 K 必须为常数，与输入及时间无关。因此增益 K 为常数是应用经典控制理论的必要条件；对于智能控制，如果增益 K 为常数，则可使控制系统降阶简化。因此，研究控制环节的静态特性，并且使系统可调区增益 K_s 为常数，就是系统静态优化的具体目标。由于静态增益也就是动态特性的增益（放大系数），所以静态优化是动态优化的前提，无论对常规控制还是智能控制都具有重要意义。

可以根据能量和质量转化与平衡等基本原理求得调节特性；也可以通过测试求得调节特性，测试方法有时域法、频域法和统计法（详见表 8.1）。

2. 设备/环节/系统的相对增益

式（9.2b）表示的增益是有量纲的，使用不方便，因此引入了无量纲相对增益。在

可调区内，设：

无量纲相对输入　$inr=(IN-IN_0)/(IN_{100}-IN_0)=INr/(IN_{100}-IN_0)$　(9.4)

无量纲相对输出　$outr=(OUT-OUT_0)/(OUT_{100}-OUT_0)=OUTr/(OUT_{100}-OUT_0)$　(9.4a)

则无量纲相对增益　$k=d(outr)/d(inr)|_{\tau=\infty}$

$k=d(OUTr)/d(INr)|_{\tau=\infty}/[(OUT_{100}-OUT_0)/(IN_{100}-IN_0)]$

设有量纲平均增益　$A=(OUT_{100}-OUT_0)/(IN_{100}-IN_0)=$常数　(9.5)

根据式（9.2b）　$K=d(OUTr)/d(INr)|_{\tau=\infty}$

则无量纲相对增益　$k=d(outr)/d(inr)|_{\tau=\infty}=K/A$　(9.6)

或有量纲绝对增益　$K=A\cdot k$　(9.6a)

这样，利用相对增益，就把有量纲绝对增益 K 分解成了有量纲平均增益 A 和无量纲相对增益 k 的乘积，并且把可调相对输入 inr 和输出 outr 的变化范围都变成了 0～1，因此就可以更加方便地研究无量纲相对增益 k，而且系统的静态优化就变成了使系统的无量纲相对增益

$$k_s=1 \tag{9.7}$$

如果实现了静态优化，即 $k_s=1$，则 $K_s=A_s$　(9.8)

式中　s——表示系统的下标。

如果实现了静态优化，即 $k_s=1$，则 $K_s=A_s=$常数，这与线性系统动态优化的必要条件一致；也与有些人的习惯（不加思考地认为 $K_s=A_s=$常数）一致。

根据式（9.5），开环系统的有量纲平均增益 A_s 可以方便地用系统的可调区参数的上/下限求得。例如，图 9.2 所示开环系统的输入即控制器输入，设 Vs 为设定值，通常取 $IN_{100}=E_{100}=Vs+(E_{100}-E_0)/2$，$IN_0=E_0=Vs-(E_{100}-E_0)/2$；开环系统的输出即传感器的输出，如果采用 I 型系列传感器，则 $OUT_0=V_0=0V$（或 0mA 取样得到 0），$OUT_{100}=V_{100}=5V$（或 10mA 取样得到 5V），如果用 II 型系列传感器，则 $OUT_0=V_0=1V$（或 4mA 取样得到 1V），$OUT_{100}=V_{100}=5V$（或 20mA 取样得到 5V）。代入式（9.5）就可以求得开环系统的平均增益 A。各环节输入输出参数的对应关系见表 9.1 所示。

显然，当输出和输入为线性关系时，不同输入/输出的相对增益 $k=1$ 不涉及仪表类型和标度。后面可以看到，如果输出和输入为非线性关系，利用相对增益 k 表示调节特性，进行系统静态优化就非常方便了。

3. 系统的开环增益和静态优化原理

图 9.1 所示的系统为最常用的最基本的反馈控制系统，这种“反馈”就形成了一个闭环，因此反馈控制系统是一个闭环控制系统，即控制器根据反馈回来的控制结果不断地进行调节，从而消除偏差。系统在具有负反馈情况下（如图 9.1）的特性称为系统的闭环特性。

图 9.2 所示系统是图 9.1 所示反馈控制系统的等效开环系统，即没有闭环、没有反馈的系统称为开环系统。开环系统具有的特性为开环特性。显然，一个控制环节本身无反馈，所以控制环节只具有开环特性；只有控制系统的特性才有开环和闭环之分。在图 9.2 中增加了补偿环节 b，是为优化补偿而设置的，可以先不考虑它的存在，即设 Ab＝1，nb＝1，Gb(s)＝1。补偿环节实际上在控制器内，只是为了讨论方便才分开表示。

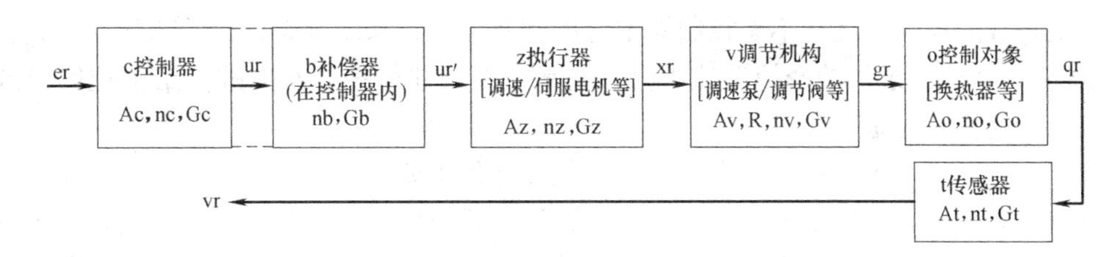

图 9.2 研究反馈系统的等效开环系统

无论是应用时域法还是频率法分析研究控制系统，都是根据系统开环传递函数：(1) 判断系统的稳定性；(2) 计算闭环传递函数（或频率特性）；(3) 估计系统的时域指标，如控制精度等；(4) 必要时进行校正或者补偿。所以研究和掌握开环系统的特性非常重要。

由于控制环节首尾相连，所以开环系统的增益 K_s 等于各串联环节增益之积：

$$K_s=K_t \cdot K_o \cdot K_v \cdot K_z \cdot K_c \tag{9.9}$$

式中 下标 s，t，o，v，c——分别表示系统、传感器、调节对象、调节机构、控制器。

根据传递函数的叠加原理，即开环系统的传递函数等于各串联环节传递函数之积，也得到同样的结果。

根据式（9.6a）和式（9.5），图 9.2 所示开环系统的增益：

$$K_s=K_t \times K_o \times K_v \times K_z \times K_c=(A_t \times A_o \times A_v \times A_z \times A_c)(k_t \times k_o \times k_v \times k_z \times k_c)$$

因为系统平均增益：$A_s=A_t \times A_o \times A_v \times A_z \times A_c=(V_{100}-V_0)/(E_{100}-E_0)=$常数

(9.9a)

所以确保图 9.2 所示开环系统增益为常数的条件为：

系统开环相对增益： $k_s=k_t \times k_o \times k_v \times k_z \times k_c=1$ (9.10)

实现控制系统静态优化有两个方法：

(1) 设备优选，例如可优选调节阀，使其相对增益为：

$$k_v=1/(k_t \times k_o \times k_z \times k_c) \tag{9.11}$$

从而使系统的开环相对增益 $k_s=1$(绝对增益 $K_s=$常数)；

(2) 增加补偿环节 b，使 $k_b=1/(k_t \times k_o \times k_v \times k_z \times k_c)$ (9.12)

从而使系统的相对增益 $k_s=1$(绝对增益 $K_s=$常数)。

因为通常控制器 $k_c=1$，执行器 $k_z=1$，传感器 $k_t=1$。以上三式可简化为：

$$k_s=k_o \times k_v=1 \tag{9.13}$$

$$k_v=1/k_o \tag{9.14}$$

$$k_b=1/(k_o \times k_v) \tag{9.15}$$

这样，控制系统的静态优化实质上通常就变成了对实体控制环节，即调节机构和调节对象的静特性的研究。

9.1.5 控制系统静态优化的历史、现状和本章的目标

1. 静态优化的历史和现状

(1) 静态优化通常被边缘化、被轻视，甚至被忽略

根据第 8.2.5 节（第 5，6 项）和本章最前面的介绍，可以看到：对实体控制环节——调节机构和调节对象的静态特性的研究和优化设计往往被边缘化、被轻视，甚至被忽略，因此而造成供热自动控制系统失败、能源浪费的事例屡见不鲜。许多控制系统工作

不好甚至失败的原因，往往不是控制器本身的问题，而是系统静态设计的错误，更直接地说，是调节阀/调速泵等的选择设计错误。通常，人们往往把这些失败推给了控制器或者调试人员，这实际上是不客观的。

(2) 人们已经开始重视控制系统静态优化设计的重要性

目前，人们已经开始重视控制系统静态设计的重要性，大多数人已经明白，调节阀和泵的工作特性与管路阻力有关，许多文献和专著都介绍了调节阀的工作特性。早在1964年Buckley就提出了选择调节阀的原则，与式(9.9)相似；不少文献已经开始研究换热器的静态特性，例如1980年美国ASHRAE手册系统篇给出了一组热水供暖的调节性能曲线图（见例题9.4和图9.5左图）；作者也于1984年（全国暖通空调年会论文）和1985年（第一届国际暖通空调大会录用论文）首次提出了调节阀的流量特性指数与选择的基本思想。

(3) 目前流行的静态优化方法

因为调节机构和调节对象的相对增益通常是非线性函数，所以通常无法直接按式(9.7)～式(9.15)求解。由于种种原因，目前流行的静态优化设计方法有：(1) 看各环节性能曲线图，凭经验进行调节阀等的选择设计；(2) 用近似作图法求调节阀与换热器联合工作的特性，但因为麻烦和不准确，实际上难以应用；(3) 追求各环节都具有线性特性，即所有环节的相对增益系数都为1，这对控制器、执行器和传感器等信号变换环节通常可以实现，但是对调节机构和调节对象等实体控制环节，通常无法实现，个别情况例外。因此，尚无完善的定量静态优化的实用方法和相应的调节特性资料，也是出现设计失误的重要原因。

2. 控制系统静态优化的难点

(1) 多种类，涉及多专业

实体控制环节（调节机构和调节对象）的种类繁多，而且在其中发生的过程不是简单的信号变换，而是复杂的工艺过程，所以调节性能涉及控制与工艺（流体力学、传热学、燃烧、机电、供热……）等多个专业。

(2) 非线性

1) 实体控制环节（调节机构和调节对象）的调节特性通常为非线性。

2) 非线性的管路阻力对调节特性影响非常大。

对于电信号的传递和变换，电阻与电流的关系为线性，而且导线的电阻通常可以忽略；然而，管路阻力与流量的关系为非线性，而且管路阻力对调节机构（调节阀、调速泵等）的调节特性有非常重要的影响。

(3) 系统由多环节组成

这就是研究调节特性和系统优化的难点。

3. 本章的目标

为了真正解决控制系统静态优化，在调节阀的流量特性指数和选择的基础上，本章将完整地介绍控制系统静态优化的特性指数法，并且给出了常用实体控制环节（泵/风机、调节阀、换热器等）的调节特性指数资料，从而使调节特性的表示、控制系统的静态优化等实现了数字化、简化和实用化。

由于控制器、执行器和传感器都是用于完成信号变换，而且对它们的研究已经相当成熟，有了成熟的产品，它们的“量程”都必须与控制目标相对应，它们的特性曲线通常为直线或已知。这样，我们主要研究的目标就是具有双重功能（既是工艺设备，又是控制环节）的实体控制环节——调节机构（调节阀、调速泵等）和调节对象（加热器等）。

9.2 特性指数定义与控制系统静态优化的特性指数法

9.2.1 控制环节/系统的特性指数和控制系统静态优化的特性指数法

1. 控制环节/系统的特性指数的定义

从原理上说，可以利用式（9.7）～式（9.15）进行控制系统优化设计。但是，如果各环节的相对增益 k 为非线性（即 k 与其输入有关），则还是不可操作。为了真正解决这个问题，我们提出了控制环节和系统的静态调节特性指数（简称特性指数）的概念。

进一步分析各种常用控制环节的调节特性曲线（相对输出与相对输入的关系曲线）的形状，它们可以用多种函数表示，其中最简单实用的函数是大家最熟悉、工程计算应用最广的幂函数。利用幂函数性质，例如，幂函数的乘法变成指数相加：$X^a \cdot X^b = X^{a+b}$；幂函数的乘方变成指数相乘：$(X^a)^b = X^{ab}$；以及 $\log(X^a) = a\log X$ 等，就可以大大简化各种运算。所以我们采用幂函数表示控制环节和系统在可调区的调节特性，根据式（9.4a）：

$$\mathrm{outr} = (\mathrm{OUT} - \mathrm{OUT_0})/(\mathrm{OUT_{100}} - \mathrm{OUT_0}) = (\mathrm{out} - \mathrm{out_0})/(1 - \mathrm{out_0}) = \mathrm{inr}^n \quad (9.16)$$

式中 inr，outr——控制环节和系统在可调区的相对输入和相对输出；

r——在可调区内的相应参数的尾缀；

n——控制环节/系统的静态调节特性指数，简称为特性指数。

可见，一个幂函数的指数 n 就能表示一条调节特性曲线，因此我们就将表示调节特性的幂函数的指数 n 称为控制环节/系统的静态调节特性指数，简称为特性指数。显然，$n=1$表示线性特性；$n=2$ 表示抛物线特性；$n=1/2$ 表示平方根特性。因此，特性指数表示的物理意义非常简单、直观，更重要的是，应用特性指数能够使调节特性的表示、控制系统的静态优化和设备优选等实现了数字化、简化和实用化。

根据幂函数的性质和式（9.16），可以求得特性指数：

$$n = \log(\mathrm{outr})/\log(\mathrm{inr}) \quad (9.17)$$

通常，在中点左右，即 inr=45%～55%之间取值，例如取 inr=50%，则

$$n = \log(\mathrm{outr_{50}})/\log(50\%) \quad (9.17a)$$

各控制环节和系统与 outr、inr、n 对应的参数详见表 9.1 和图 9.2。例如：把我们最关心的实体控制环节一调节机构（调节阀、调速泵等）和调节对象（换热器等）的对应参数表示如下：

调节阀：$\mathrm{inr} = xr = (X - X_0)/(X_{100} - X_0) = (x - x_0)/(1 - x_0)$ （9.18）

调速泵：$\mathrm{inr} = xr = (r - r_0)/(r_{100} - r_0)$ （9.18a）

阀和泵：$\mathrm{outr} = \mathrm{gr} = (G - G_0)/(G_{100} - G_0) = (g - g_0)/(1 - g_0), \mathrm{gr} = xr^{\mathrm{nv}}$ （9.19）

换热器：inr=gr，即式（9.19）

$\mathrm{outr} = \mathrm{qr} = (Q - Q_0)/(Q_{100} - Q_0) = (q - q_0)/(1 - q_0), \mathrm{qr} = \mathrm{gr}^{\mathrm{no}}$ （9.20）

式中 G，g——调节机构的绝对输出，相对输出；

Gr，gr——可调区的调节机构的绝对输出，相对输出；

Q，q——调节对象的绝对输出，相对输出；

Qr，qr——可调区的调节对象的绝对输出，相对输出；

r——调速泵的转速，特别注意和尾缀 r 的区别；

尾缀 r——相应的可调区参数；

X——调节阀的绝对阀位；

x——调节阀的相对阀位或者调速泵相对转速；

nv——调节机构的特性指数；

no——调节对象的特性指数；

$_{100/0}$——可调区的上/下限；

r_{100}和r_0——与最大流量g_{100}和最小流量g_0对应的转速。

对实体控制环节，G_0、Q_0是实实在在的泄漏量，必须满足工艺要求；而且实体控制环节的泄漏量和调节特性不能随意改变。如果$G_0=0(g_0=0)$,$Q_0=0(q_0=0)$，则可以简化，请见表 9.1 所示。

式（9.18）～式（9.20）介绍的实体控制环节，其输出范围和特性曲线不能任意调整；对信号变换环节，例如控制器的输出即执行器的输入：

$$ur=(U-U_0)/(U_{100}-U_0) \tag{9.21}$$

可以根据需要进行调整可调范围。例如，对Ⅰ型控制器输出和执行器输入为（0～5V，0～10mA），则$U_0=0$，$U_{100}=5V$；对Ⅱ型控制器和执行器为（1～5V，4～10mA），则$U_0=1$，$U_{100}=5V$。这里的U_0只是用于量程/标度变换，已经毫无“泄漏”之意。而且，现在利用计算机控制，就可以根据需要设置特性指数，可以设置各种补偿器和完成各种控制算法（例如 PID 等）。这就可以看到信号变换环节和实体控制环节的一个重要差别。

2. 控制系统静态优化的特性指数法

根据各控制环节的特性指数定义（见表 9.1 和图 9.2），在可调区内：

$$ur=er^{nc}，xr=ur^{nz}，gr=xr^{nv}，qr=gr^{no}，vr=qr^{nt}，sr=er^{ns}$$

式中，特性指数的尾缀 c，z，v，o，t，s—分别表示控制器、执行器、调节机构、传感器、系统。

而且各环节首尾相连，即前一个环节的输出是后一个环节的输入，根据幂函数的性质(幂函数的乘方变成指数相乘：$(X^a)^b=X^{ab}$）可得控制系统的相对开环特性（注意，下面的 e 为相对偏差）：

$$sr=vr=er^{ns}=((((er^{nc})^{nz})^{nv})^{no})^{nt}=er^{nc\cdot nz\cdot nv\cdot no\cdot nt} \tag{9.22}$$

于是，图 9.2 所示开环系统的特性指数：

$$ns=nc\cdot nz\cdot nv\cdot no\cdot nt \tag{9.23}$$

显然，为保证系统调节特性 $sr=er^{ns}$为线性，必须满足：

$$ns=nc\cdot nz\cdot nv\cdot no\cdot nt=1 \tag{9.24}$$

同样，根据系统开环增益的定义和优化原则式（9.10）：

$$ks=d(sr)/d(er)=ns\cdot(er^{ns-1})=1$$

其解为：ns=1 和 ns−1=0，同样得到实现系统优化的条件为式（9.24），即各环节特性指数的乘积等于 1，实际应用为≈1。

由于通常可以通过调节量程使控制器、执行器和传感器的 nc=nz=nt=1，于是式（9.24）简化为：

$$ns=nv\cdot no=1 \tag{9.24a}$$

显然，改变系统中任一环节或者多个环节的特性指数，都可改变系统的特性指数 ns。对于使用计算机/单片机的控制器，在控制器中增加一个串联补偿环节 b 非常容易，所以根据式（9.24），可求得系统优化补偿器的特性指数：

$$nb=1/(nz\cdot nv\cdot no\cdot nt) \tag{9.25}$$

还可以通过优选调节阀，从而实现调节系统的优化：

$$nv=1/(nz\cdot no\cdot nt) \tag{9.26}$$

由于通常可以通过调节量程，使控制器、执行器和传感器的 nc=nz=nt=1，于是式（9.26）简化为：

$$nb=1/(nv\cdot no) \tag{9.25a}$$

还可以通过优选调节阀，从而实现调节系统的优化：

$$nv=1/no \tag{9.26a}$$

可见，利用特性指数法，根据式（9.24）～式（9.26）和式（9.24a）～式（9.26a）进行调节特性优化设计（设备优选和优化补偿），不但使调节系统优化实现了数字化、简化和实用化，而且，如果采用补偿环节，则可以使工艺系统优化和调节系统优化分开进行，即先不必考虑调节特性，只按最大/最小负荷、全年优化节能和折旧费等进行工艺系统优化设计，然后求得各环节的特性指数，再按式（9.25）和式（9.25a）求得实现优化补偿器的特性指数 nb。

通常 nc=nz=nt=1 或已知，所以，从在通常情况下，我们的重点就变成研究调节机构和调节对象的特性指数 nv 和 no 了。

各种控制环节的特点、参数定义和优化公式请见表 9.1，而且利用表 9.3 可以方便地找到常用控制环节的特性指数的数据资料。

3. 现场调试和优化补偿概述

利用特性指数不但便于进行优化设计，而且便于现场调试，其步骤如下：

1）按表 9.1 调试好各环节相互对应的可调区上下限参数。令控制器增益=1（以 PID 为例，即 Kp=1，Ti=∞，Td=∞）。

2）改变误差输入（E_{100}，E_z，E_0），测量相应的开环系统的三点输出，即传感器的输出（V_{100}，V_z，V_0）（注意：中点 z 在 50%左右为好）。

3）根据传感器的特性，求得调节对象的最大、最小输出（Q_{100}，Q_0），并根据式（9.1）、式（9.1a）或式（9.1b）检查调节对象的最大、最小输出（Q_{100}，Q_0）是否满足要求。如果过大或者过小，则根据工艺特点进行调整。

4）根据表 9.1 中“系统开环特性”，求得：

系统可调输入为

$$er=(E-E_0)/(E_{100}-E_0)$$

根据式（9.22），系统可调输出为

$$sr=(V-V_0)/(V_{100}-V_0)=nc\cdot nz\cdot nv\cdot no\cdot nt=er^{ns}$$

5）根据式（9.17）求得：ns=log(outr)/log(inr)=log(sr)/log(er)

6）系统静态优化：如果 ns≈1，满足要求；否则增加补偿器，nb=1/ns。

可见，用特性指数法进行现场调试和优化补偿非常方便：

1）不必另外增加传感器；

2）不必测量每个控制环节的特性。

但是必须注意，如果不允许做 Q_{100} 的试验，则可降低参数，例如量调节时可降低供水温度进行试验，同样求得 V'_{100} 和 V'_z，V'_0，Q'_{100}，Q'_0，按式（9.17）和式（9.17a）求得 ns，并且根据 Q'_{100} 和 Q'_0 换算得到 Q_{100} 和 Q_0，检验调节对象的输出是否满足要求。

4. 如何利用特性指数进行静态与动态综合优化

（1）静态优化过程（图9.4）

1）调节对象的最大输出和调节范围必须满足要求［式（9.1）~式（9.1b）］。

2）按控制系统静态优化的特性指数法进行优化［式（9.24）~式（9.26）及式（9.24a）~式（9.26a）］。

因为动态特性的放大系数实质上就是静态增益 $K_s=A_s\cdot k_s$，常规控制理论只能用于线性系统。对于智能控制，如果某参数为常数，则可以降阶，从而简化寻优的过程。总之，使对象/系统的特性线性化，使系统分解降阶，可以大大简化控制。所以，在进行设计时，应该使系统的放大系数（静态增益）K_s 为常数（即 $k_s=1$），这对常规控制是必须的，对简化智能控制也非常有利。可见，静态优化是动态优化的前提。

3）尽力减少调节机构至对象/传感器的距离，从而使纯滞后时间 τ_1 最小。

相对于电，由于流体输送速度很慢，热量输送速度非常慢，而且流动流程越长，流速越小，执行器的迟滞（正反转之间的空程）越大，则滞后时间越大。控制对象（换热器等）的体积越大，其中的流速越小，则时间常数越大，滞后时间越大 。传感器安装的位置和热惰性等对时间常数和滞后时间有很大的影响。所以，在供热系统设计时，应该尽力减少调节机构至对象/传感器的距离，从而使纯滞后时间 τ_1 最小，最好接近0或者等于0，这对控制非常有利。所以，这点也必须在静态设计时加以考虑。

（2）动态优化

在满足调节范围和静态优化的前提下，只要确定了系统的开环动态特性，即系统开环传递函数，就可以进行动态优化。

根据式（9.6a），系统开环增益 $K_s=A_s\cdot k_s$，经过静态优化已经实现 $k_s=1$

于是
$$K_s=A_s=\text{系统平均增益}=\text{常数} \tag{9.27}$$

又根据式（9.9a）：　$A_s=(V_{100}-V_0)/(E_{100}-E_0)=\text{常数}$

又根据（9.3a），系统传递函数：

$$G_s(s)=K_s\cdot G^s(s)=A_s\cdot G_s{}^1(s) \tag{9.27a}$$

式中
$$G_s{}^1(s)=G_c{}^1(s)\cdot G_z{}^1(s)\cdot G_v{}^1(s)\cdot G_o{}^1(s)\cdot G_t{}^1(s) \tag{9.27b}$$

上式为系统的单位增益传递函数。如果有补偿环节，则加 $G_b{}^1(s)$。

因为系统开环传递函数已知，并且系统开环增益 $K_s=A_s=$常数，所以就可以应用经典控制理论或根据经验调试，确定控制器闭环运行的动态优化参数，例如对常用的PID-比例积分微分调节器，即确定比例系数 K_p 和积分时间 T_i、微分时间 T_d（见表9.2）。如果采用智能控制，则根据运行数据自动寻找控制器的优化运行参数。反馈（闭环）控制系统动态优化请详见有关控制理论基础文献。

因为经过静态优化，不但确保了系统的调节范围满足要求，而且使系统开环增益 $K_s=A_s=$常数，就满足了常规控制理论要求“常系数”的条件，可以实现全程均匀调节；对于智能控制，则可以降阶、简化自动优化过程。

同时，在静态设计时，尽力减少了调节机构至对象/传感器的距离，从而使纯滞后时间最小，对控制非常有利。

可见，特性指数法使控制系统的静态优化实现了数字化、简化和实用化，静态优化为控制系统动态优化创造了必要条件。于是现在的问题就变成了“如何求控制环节的特性指数?”这就是我们后面要解决的问题。

静态优化后的动态特性参数举例 **表 9.2**

环节名称 项目	c 控制器（含比较器等）	z 执行器（含伺服放大器等）	v 调节机构（调节阀/调速泵等）	o 控制对象（换热器等）	t 传感器/变送器	s 系统开环特性
平均增益	$A_c=$常数	$A_z=$常数	$A_v=$常数	$A_o=$常数	$A_t=$常数	$A_s=$常数
静态优化后：$k_s=1$						$K_s=A_s\cdot k_s$ $=A_s=$常数
滞后时间	τ_c，通常=0	τ_z，通常=0	τ_v，通常=0	τ_o 最小	τ_t 最小	τ_s 最小
单位增益传递函数	$G^1c(s)$	$G^1z(s)$	$G^1v(s)$	$G^1o(s)$	$G^1t(s)$	$G^1s(s)$ (9.27b)
动态优化参数举例	例 PID—确定 K_p，T_i，T_d					传递函数 $A_s\cdot G^1s(s)$

9.2.2 无泄漏环节/系统的特性指数的求法和应用

各种参数定义请参见表 9.1 和图 9.2。

1. 根据工艺过程（物理、电工、化学、传热、热能等）原理求特性指数

【例题 9.1】 调节机构为线性调压器，电加热器的输入电压为 IN，并且 $IN_0=0$，$IN_{100}=const$，电加热器的电阻 $Rd=const$，求电加热器的热量调节特性和特性指数。

【解】 ① 简单分析：

根据欧姆定律，电加热器的输出功率 Q 与输入电压 IN 的平方成正比，即加热量 $Q\propto IN^2$，所以特性指数 no=2。

② 定量分析：

$\because Q_0=0$，根据欧姆定律，$OUTr=Q_r=Q-Q_0=IN^2/Rd$

$$OUTr_{100}=Qr_{100}=Q_{100}-Q_0=IN_{100}{}^2/Rd$$

根据式（9.20）：$\because Q_0=0$，$q_0=0$，$\therefore outr=q_r=Q_r/Q_{100}=in^2=g^2$ (9.28)

根据特性指数的定义式（9.16），求得本电加热器的特性指数 no=2。

$\because Q_0=0$，$q_0=0$，$\therefore$此电加热器为无泄漏环节，即可调区为全部加热量。Q_r 可从 0 调节至 Q_{100}，即 $q_r=q$ 可从 0 调节至 1。

我们可以用图 9.3 的抛物线（实线）形象地表示电加热器的特性曲线。现在用一个特性指数值 no=2 就表示了这条特性曲线，这不但使调节特性的表示实现了数字化和简化，更重要的是使控制系统的静态优化和设备优选等实现了数字化、简化和实用化（见下例）。

【例题 9.2】 同例 9.1，如果传感器的特性指数 nt=1，执行器 nz=1，控制器 nc=1，如何实现系统优化补偿？

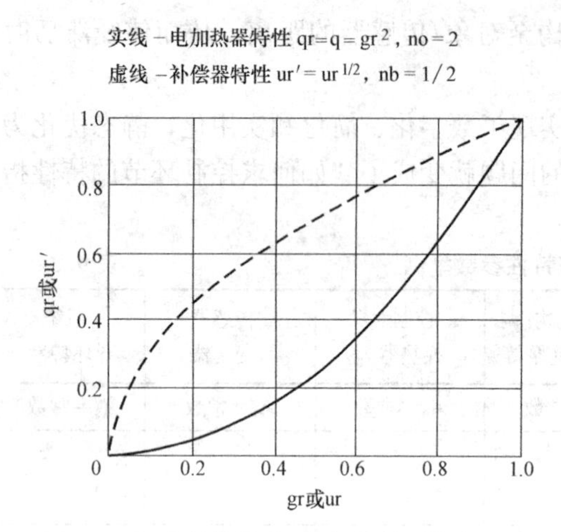

图 9.3　调节性能曲线/特性指数和优化补偿

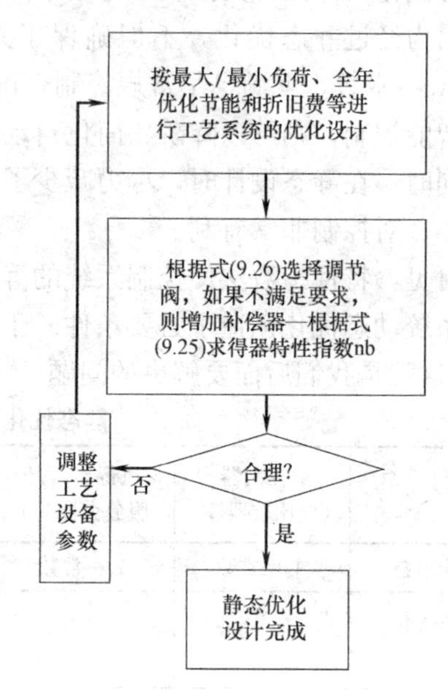

图 9.4　优化补偿的设计流程

【解】 根据例 9.1：no=2，如图 9.3 中的实线表示。

又根据式（9.25），求得实现优化补偿器特性指数 nb=1/(1×1×2×1)=1/2。

因此，增加开方补偿环节 nb=1/2（实际在控制器内），就进行了自动补偿，使系统实现了静态优化。对于使用计算机（单片机）的控制器，这很容易实现。补偿器的调节特性可用图 9.3 中的虚线表示。

2. 用两点数据法求特性指数

根据式（9.16）定义的特性指数曲线，只要知道三个点，就可以求得特性指数。由于无泄漏环节/系统的曲线过 0 点，即 $OUT_0=0$，所以只要知道两点就行了。

显然，不论何种控制环节，除了计算设计工况（这是工艺设计必须完成的）外，只要再计算一个中心工况（对工艺设计也很容易）就能够得到调节特性指数。同时，因为调节特性采用相对数值表示，许多实测或计算误差可以相抵消。另外，数据也可以在调试过程中测得，则更符合实际情况。

下面举例介绍根据实测或计算的两个性能数据求无泄漏环节/系统的特性指数的方法。

【例题 9.3】 根据实测水-空气换热器的设计工况 $Q_s=25.6$kW，采用量调节，求得 $g=L/L_{100}=0.53$ 时的 $Q=15.3$kW，求换热器的调节特性指数 no。

【解】 ∵ $inr=g=L/Ls=0.53$，$outr=q=Q/Q_{100}=15.3/25.6$

∴ 根据式（9.17），换热器的特性指数：

$$no=\log(15.3/25.6)/\log(0.53)=0.811$$

3. 从性能曲线图得到特性指数曲线

【例题 9.4】 1980 年美国 ASHRAE 手册系统篇给出了供水温度 $t_g=90$℃的热水供暖的调节性能曲线图（图 9.5 左图），其横坐标为热水相对流量 g=in=inr，纵坐标为相对热量 q=out=outr，参变数 1，2，3，4 分别表示设计工况供、回水温差 $t_g-t_h=10$，20，30，40℃。请根据（图 9.5 左）绘出特性指数图。

【解】 首先从图 9.4 左图，求得各曲线的 $g_{50}=in_{50}$，并且根据式（9.17）求得特性指数 no，然后将特性指数 no 与设计供、回水温差（t_g-t_h）的关系表示于图 9.4 右图（横坐标为设计供、回水温差 t_g-t_h（℃），纵坐标为特性指数 no）。

由图 9.5 可见，左图的一组调节性能曲线变成了右图的一条特性指数曲线，即右图表明了左图的全部信息。为考虑从图取值的误差，该图只能算近似表示图。我们还可以把不同供水温度的调节特性指数曲线全部绘在同一张图上，就形成了一张完整的特性指数图，就更便于进行系统优化设计了。我们在后面将根据我国常用暖气片的传热特性，作出更完全的特性指数图（见图 9.32）。

图 9.5 右图中的曲线通过了坐标 0 点（左图没有表示这个工况）。这个点是本文特意增加的，它表示了一种假想工况，其物理意义是：如设计供、回水温差 $t_g-t_h=0$，则设计流量必须无限大。因此 no=0 实质上只能实现开关控制，即：g=0，q=0；g=1，q=1。可见，特性指数 no=0 表示了理想的开关（ON/OFF）调节特性。

本例说明了人们早就开始了对调节特性的重视。同时通过对图 9.5 的左右图的对比，也可以初步说明特性指数的意义和优点。

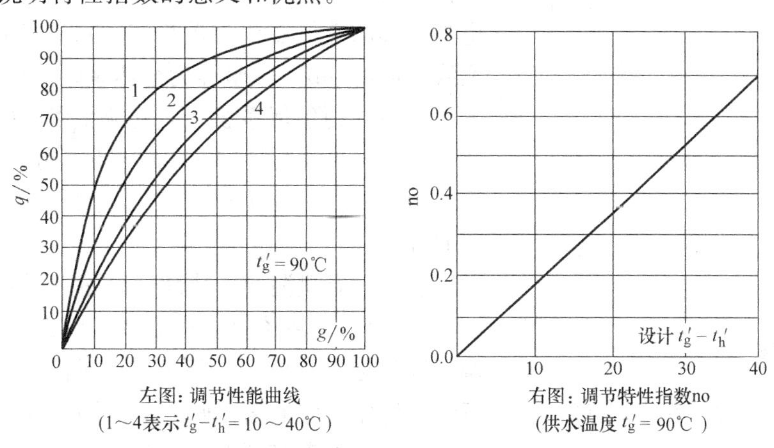

图 9.5 热水供暖调节性能曲线与特性指数

4. 根据设备性能绘制特性指数图

详见后面介绍的调速泵和换热器的特性指数图。

9.2.3 有泄漏环节/系统特性指数的求法

1. 根据工艺过程原理求有泄漏环节/系统特性指数

根据过程的原理（物理、化学、传热、热能等）求调节特性指数（见例 9.5）。

【例题 9.5】 在【例题 9.1】的基础上增加了固定加热器，其加热量为 $Q_0>0$（见图 9.6）。用线性调压器（调节机构 nv=1），求电加热器（电阻 Rd=const）热量 Q_r 的特性指数。

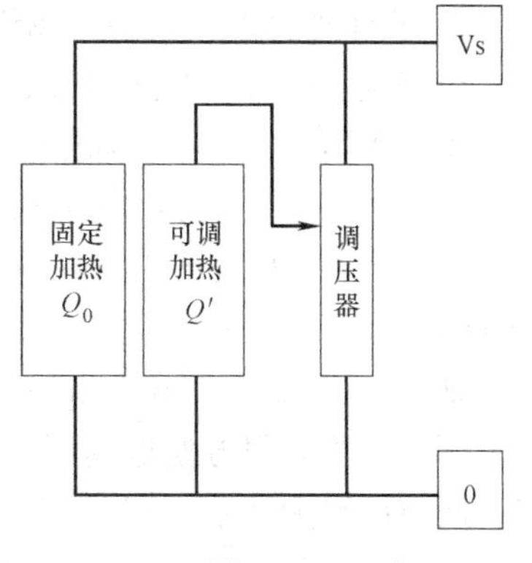

图 9.6 【例 9.5】示意图

【解】 ① 简单分析：

根据欧姆定律，在可调区内，电加热器的输出功率 $Q_r = Q - Q_0$ 与输入电压 IN 的平方成正比，即可调加热量 $Q_r = Q - Q_0 \propto in^2$，所以特性指数 no＝2。

② 定量分析

根据欧姆定律，可调输出：$OUTr = Qr = Q - Q_0 = IN^2/Rd$

$$OUTr_{100} = Qr_{100} = Q_{100} - Q_0 = IN_{100}{}^2/Rd$$

根据式（9.20）：$outr = qr = (Q_r - Q_0)/(Q_{100} - Q_0) = (q - q_0)/(1 - q_0) = in^2 = g^2$

又根据（9.16）的定义，求得本电加热器的特性指数 no＝2。

∵$Q_0 > 0$，$q_0 > 0$，∴此电加热器为有泄漏环节，即只有部分加热量可调节，Q_r 只能从 Q_0 调节至 Q_{100}，即 gr 只能从 q_0 调节至 1。在可调区域外，即 $Q < Q_0$，$q < q_0$，无法进行调节，所以在设计时必须考虑调节范围是否满足要求［式（9.1）和式（9.1b）］。

将本例与【例题 9.1】进行比较，过程几乎一样，其差别在于：本例 $Q_0 > 0$，$q_0 > 0$，为有泄漏环节，只有 $Q > Q_0$（$q > q_0$）的可调区可以调节；而【例题 9.1】中 $Q_0 = 0$，$q_0 = 0$，为无泄漏环节，$qr = q$，全部热量都可调，其调节范围自然满足要求。显然，可以将无泄漏环节看作有泄漏环节的特例。

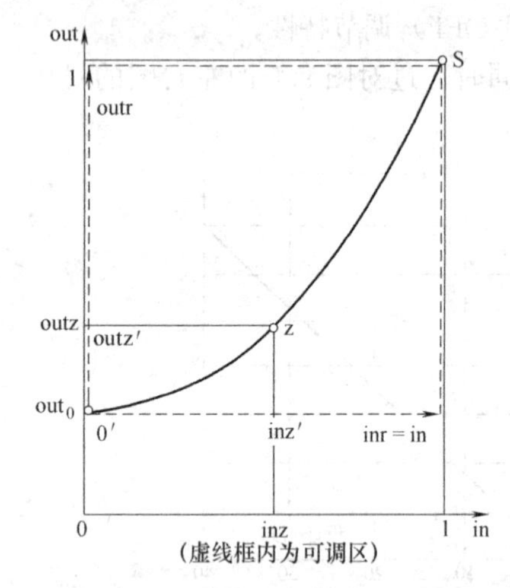

图 9.7　调节特性 out 与可调特性 outr

将【例题 9.5】的调节曲线表示在图 9.7 中，虚线框内的 outr，inr＝in 坐标为可调区，在可调区内电加热器的性能曲线为抛物线，可调特性指数为 2。实线框内的 out，in 坐标为全热量区。

在不同的坐标系统中，可调特性曲线和特性指数不变。可见，特性曲线形状/特性指数不会随坐标系统而改变。因此可得到特性曲线和特性指数的不变原理。

这样，有泄漏调节特性＝泄漏＋可调特性。

控制环节/系统只能在可调区内进行控制，在可调区以外是不可调区，不能进行调节。因此，调节特性的优化实质上是在调节范围满足要求的条件下，对可调区的调节特性进行优化。这样，有泄漏系统在可调区内的优化与无泄漏环节的优化就完全一致了。所不同的是，无泄漏环节的可调区为全部范围。

2. 求有泄漏环节/系统可调特性指数的三点法（三点工艺数据法）（参考图 9.7）

根据式（9.16）和式（9.17）　$n = \log(outr)/\log(inr)$

于是可得：$n = [\log(out - out_0) - \log(1 - out_0)]/\log(in)$

$$= \log[(out - out_0)/(1 - out_0)]/\log(in) \tag{9.29}$$

其中，可取 $in = inz = 40\% \sim 60\%$，通常可取中值 $inz = in_{50} = 50\%$，$out = outz = out_{50}$。

则：
$$n = \log[(out_{50} - out_0)/(1 - out_0)]/\log(50\%) \tag{9.30}$$

所以，可以很方便地利用工艺计算或实测得到三个工作点（参见图 9.7）：设计工况 S 点，调节起点为 0′点，以及调节过程的中间点 Z，即可求得可调特性指数。由于必须知道三个工作点，所以式（9.29）和式（9.30）可称为求有泄漏环节/系统可调特性指数 n 的三点数据法。

调节阀是自动调节系统中应用很广的调节机构，是有泄漏控制环节。后面将专门介绍。

对于无泄漏量环节/系统，$out_0=0$，调节范围 $R=1/out_0$ 为无限大，则调节范围自动满足设计要求。$out_0=0$，上面两式就可以简化。可见，无泄漏环节/系统是有泄漏环节/系统的特例。

3. 同样，可以从性能曲线图得到特性指数曲线，可以根据设备性能绘制特性指数图。请见本章的后面几节。

9.2.4 特性曲线和特性指数的性质

1. 特性曲线和特性指数的不变原理

如【例题 9.5】的分析可见，特性曲线形状和特性指数是客观存在的，不会随坐标系统改变。这就是特性曲线和特性指数的不变原理。

2. 线性特性指数不变原理（简称线性不变原理）

控制器、执行器和传感器通常是线性（特性指数 $n=1$）环节，其调节特性如图 9.8*a* 中的实直线所示，原量程如图中的实线框所示。通常其量程和零点都可以调节，或者只截取原量程的一部分（新量程如图中的虚线框所示），在新量程范围内线性调节特性仍然为直线，特性指数仍然为 1。

调节机构、调节对象的量程和零点通常由前面环节的输出决定，不能独立进行零点调节。但如果是线性特性，应用时也可以在原有特性直线上截取一段作为新工作区，则在新工作区内仍然为直线，但调节范围（泄露量）改变了。

总之，如果原调节特性为线性，在原有特性曲线上任意截取一段作为新的可调工作区，则在新工作区内调节特性仍然为直线，即新工作区特性指数 $n'=n=1$。这个原理可以称为线性特性指数不变原理，或简称线性不变原理。

控制器、执行器和传感器通常是线性无泄漏环节，量程和零点调整后仍然是线性环节。即使不调节零点，在其上截取一段也仍然是线性特性，这对简化系统的优化十分有利。

同样，如果系统实现了静态优化，则在任何一段工作区内都具有线性特性。

3. 特性曲线截段拉直原理

大家都有一个常识，即在曲线上截取的线段越短，截取的线段越接近直线；如果截取的线段为无穷短，则截取的线段完全可看作直线。这实际上就是微积分的基本原理。将这个原理用于调节特性：如果控制环节/系统的量程（如图 9.8*b* 中的实线框所示的 OUT，IN 坐标）有余量，应用时可以在原有特性曲线上截取一段作为新工作区（新工作区量程如图 9.8*b* 中的虚线框所示的 OUT′，IN′坐标），则在新工作区内调节特性曲线比原有的整条曲线更接近直线，即新工作区可调特性指数 n' 比原有特

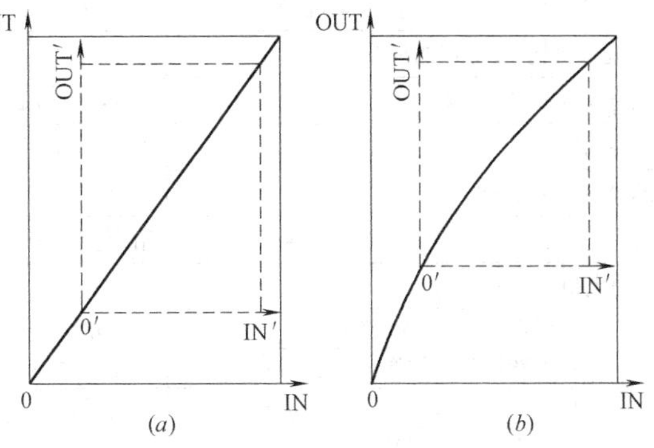

图 9.8 量程变换对调节特性的影响

(*a*) 线性特性不变原理；(*b*) 特性曲线拉直原理

性指数 n 更接近 1（如果 $n>1$，则 $n'<n$；如果 $n<1$，则 $n'>n$）这个性质可以称为特性曲线截段拉直原理。显然，如果 $n=1$，则 $n'=n=1$，于是特性曲线截段拉直原理就变成了线性特性指数不变原理。

特性曲线截段拉直原理有实际应用价值。例如，调节对象（如换热器）通常是无泄漏环节，但由于调节阀有泄漏，则换热器也变成有泄漏了，此时换热器可称为“被泄漏”对象，就可以用特性曲线截段拉直原理计算“被泄漏”对象的特性指数（见第 9.5.2 节）。在调试中可以用特性曲线截段拉直原理改造调节特性，例如，如果设计量程过大，系统就只需要在部分范围内运行，将可以用特性曲线截段拉直原理改造调节特性，使特性指数 ns 向 1 靠拢。

9.2.5　常用控制环节的特性指数资料与索引

后面各节将分别介绍调速泵、调节阀和换热器等环节的特性指数资料。为了便于查找，将常用控制环节的特性指数列于表 9.3。

常用控制环节的特性指数资料与索引（结合表 9.1）　　表 9.3

<table>
<tr><th colspan="2">控制环节名称</th><th>调节特性计算公式</th><th>特性指数</th><th colspan="2">备　注</th></tr>
<tr><td colspan="2">无泄漏控制环节/系统的特性</td><td>$outr=out=in^n$</td><td>n</td><td colspan="2" rowspan="5">$R=1/out_0$—为调节范围
特性指数定义等请见:(9.16),(9.17),(9.17a)等式
尾缀 r—可调区参数</td></tr>
<tr><td colspan="2">无泄漏实体控制环节/系统的泄漏量</td><td>$out_0=0$</td><td></td></tr>
<tr><td colspan="2">有泄漏实体控制环节/系统可调特性</td><td>$outr=inr^n$</td><td>n</td></tr>
<tr><td colspan="2">有泄漏实体控制环节/系统的泄漏量</td><td>$out_0=1/R$</td><td></td></tr>
<tr><td colspan="2">有泄漏实体控制环节/系统的全特性</td><td>$out=out_0+outr$</td><td>n</td></tr>
<tr><td colspan="2">线性环节/系统特性曲线截段仍为线性</td><td>线性不变原理</td><td>$n'=n=1$</td><td colspan="2">线性不变原理,详见 9.2.4 节</td></tr>
<tr><td colspan="2">控制环节/系统特性曲线截段拉直原理</td><td>线段越短 n'越接近 1'</td><td>$n'\to 1$</td><td colspan="2">截段拉直原理,详见 9.2.4 节</td></tr>
<tr><td colspan="2">开环系统的特性指数 ns</td><td>ns=nc・nz・nv・no・nt</td><td>ns</td><td colspan="2">静态优化 ns=1,详见 9.2.2 节</td></tr>
<tr><td colspan="2">ⓒ控制器 c(信号变换环节)</td><td></td><td>nc</td><td colspan="2">输出 0 点可调</td></tr>
<tr><td colspan="2">控制器的初始开环静态增益</td><td>通常 nc=1 或已知</td><td>nc=1</td><td colspan="2"></td></tr>
<tr><td colspan="2">实现静态增益补偿的补偿器</td><td>nb=1/ns</td><td>nb</td><td colspan="2">(9.25),(9.25a)</td></tr>
<tr><td colspan="2">ⓩ执行器(信号变换环节)</td><td></td><td>nz</td><td colspan="2">输出 0 点可调</td></tr>
<tr><td colspan="2">线性执行器(直/角行程,定位器)</td><td>xr∝控制器输出 ur</td><td>nz=1</td><td colspan="2">xr—相对行程</td></tr>
<tr><td colspan="2">非线性执行器(凸轮,曲柄连杆)</td><td>与凸轮形状有关</td><td>nz</td><td colspan="2">可改变凸轮等进行补偿</td></tr>
<tr><td colspan="2">线性调速器(如变频器等)+电机</td><td>xr∝控制器输出 ur</td><td>nz=1</td><td colspan="2">xr—相对转速</td></tr>
<tr><td colspan="2">ⓥ调节机构(实体控制环节)</td><td></td><td>nv</td><td colspan="2">xr—执行器相对输出</td></tr>
<tr><td colspan="2">无泄漏调节机构:输出泄漏=0</td><td>相对输出 $gr=xr^{nv}$</td><td>nv</td><td colspan="2">xr—执行器相对行程</td></tr>
<tr><td colspan="2">线性调压器</td><td>电压∝位置, gr=xr</td><td>nv=1</td><td colspan="2">xr—相对电压</td></tr>
<tr><td colspan="2">PWM 线性功率调节器</td><td>功率∝PWM,gr=xr</td><td>nv=1</td><td colspan="2">xr—相对 PWM 有效值</td></tr>
<tr><td colspan="2">调速电机驱动的调节机构—如给煤机</td><td>给煤量∝相对转速 xr</td><td>nv=1</td><td colspan="2"></td></tr>
<tr><td colspan="2">调速电机驱动的泵与风机</td><td>$xr=(r-r_0)/(r_{100}-r_0)$</td><td></td><td colspan="2">r_0—输出 g=0 时的转速</td></tr>
<tr><td rowspan="6">调速泵/风机</td><td>调速(鼓/引/通/排)风机 $r_0=0$</td><td>流量∝xr,gr=xr</td><td>nv=1</td><td>势差/压缩性略</td><td rowspan="6">详见 9.3 可调相对转速 $xr=(r-r_0)/(r_{100}-r_0)$</td></tr>
<tr><td>无背压系统的调速离心泵 $r_0=0$</td><td>流量∝xr,gr=xr</td><td>nv=1</td><td>进出口势差=0</td></tr>
<tr><td>闭式循环系统调速离心泵 $r_0=0$</td><td>流量∝xr,gr=xr</td><td>nv=1</td><td></td></tr>
<tr><td>有正背压的调速离心泵 $r_0>0$</td><td>$gr=xr^{nv}$</td><td>nv</td><td></td></tr>
<tr><td>可正反转调速齿轮水泵</td><td>流量 $gr=xr^{nv}$</td><td>nv</td><td>图 9.17</td></tr>
<tr><td>调速活塞泵和高黏度齿轮油泵</td><td>流量∝xr,gr=rx</td><td>nv=1</td><td></td></tr>
</table>

续表

控制环节名称			调节特性计算公式	特性指数	备　注
有泄漏调节机构/工频离心泵+调速活塞泵			可调特性指数为1	nv=1	分段投入工频离心泵
调速泵/风机	有负背压的调速离心泵				通常不用（详9.3）
	有负背压不能反转齿轮水泵				通常不用（详9.3）
调节阀	直通调节阀特性		nv=f(固有特性,Pv)	nv	图9.20～图9.23
	直通调节阀优选		用nv补偿调节对象	nv=1/no	详见第9.4节
	互补[总流量不变]三通调节阀		利用直通调节阀资料	nva,nvb	nva,nvb互补～图9.25
泵+阀	调速泵与调节阀组合系统				另详
ⓞ调节对象(实体控制环节)			no		
调节对象通用表达式(本质无泄漏)			$qr=g^{no}$	no	
有泄漏调节机构对调节对象特性的改变			$Rq=R^{no}$, $no'=f(no,R)$	no'	详见第9.5.2节,图9.27
电热	线性调压器调功率-如电加热		功率∝(电压)^2, $qr=gr^2$	no=2	g为相对电压
	PWM线性调功率—如电加热		功率∝PWM通, $qr=gr^1$	no=1	g相对接通时间
流体换热器	完全混合	量调蒸汽给液体混合加热/冷却	热量∝汽量G, qr=gr	no=1	相容无反应/汽不过量
		量调蒸汽给气体混合加湿	加湿量∝汽量, qr=gr	no=1	相容无反应/汽不过量
		量调流体给流体混合加热/冷却	热量∝源流量, qr=gr	no=1	相容无化学反应
		质调流体给流体混合加热/冷却	Qr∝Δt, $qr=g=\Delta t/\Delta t_{100}$	no=1	相容无化学反应
	液体与气体接触式热质交换		冷却塔/喷雾室 $qr=gr^{no}$	no	另详
	不接触	量调蒸汽加热器/蒸发器	Q∝汽量G, qr=gr	no=1	无过冷/无过热
		热水供暖量调节特性指数	$qr=gr^{no}$	no	美国图9.4,中国-图9.32
		空调常用水—干空气换热器	$qr=gr^{no}$	no	图9.31(举例)
		其他两侧流体无相变换热器	$qr=gr^{no}$	no	另详
		表面式空气冷却器中的热质交换	$q=gr^{no}$	no	另详
流量-流量控制对象			qr=gr	no=1	
流量—差压控制对象			差压∝L^2, $qr=gr^{1/2}$	no=1/2	
燃料-热量控制对象			$qr=gr^{no}$	no≈1	Q<设计值通常效率下降
ⓣ传感器(信号变换环节)				nt	输出0点可调,详9.6
控制差压的差压传感器			$vr=qr^1$	nt=1	注意:同样的传感器,对不同目标的nt不同。
控制流量的差压传感器			$vr=qr^2$	nt=2	
控制流量的流量传感器			$vr=qr^1$	nt=1	
各种线性传感器			$vr=qr^1$	nt=1	
各种非线性传感器			$vr=qr^{nt}$	nt	

9.3　调速泵/风机的特性指数

用调速泵与风机取代调节阀进行流量调节，不但可以实现0节流，节约电能，而且可以在分布式供热系统中实现分布式加压，既能够调节系统平衡，还能够进一步节约电能。如果在末端用户应用容积泵（如齿轮泵），可以同时作为：①容积法测量的流量传感器；②无节流损失的流量调节机构；③系统调控装置（调压/调节系统平衡）。即同时具有计量、调节、控制功能，简称计量调控功能。所以在这里重点介绍泵与风机的相似性与调节特性指数和优选。

9.3.1　泵/风机的基本知识

1. 泵与风机的分类

泵与风机的分类方法很多，这里只按泵与风机的工作原理进行分类，可以分为动力式和容积式。

最常用的动力式泵与风机有离心泵与风机等。在热能工程中，离心泵与风机用途最广。动力式泵与风机的相似理论已经比较成熟。

容积式分为往复式（如活塞泵等）和回转式（如螺杆泵、齿轮泵、转子泵等）。动力式泵与风机的相似理论不能用于容积泵，所以我们将介绍容积泵的宏观相似。

由于容积式风机通常已经成为压缩机，必须考虑气体的压缩性，所以后面介绍的容积泵通常只针对泵，而不包括压缩机；而关于离心泵的介绍通常可以用于离心风机。

总的说来，容积泵的效率高于动力式泵。而且容积泵通常可以作为用体积法测量流量的计量泵，如加油机、液体加料机和供暖分户计量调控装置等就是用容积泵作为用体积法测量流量的计量泵。

离心泵等动力式泵的流量通常较大，而容积泵的流量较小。

由于回转式容积泵噪声小、流量连续平稳、结构简单（无进/排阀），可以反转运行，尤其是“由于齿轮泵的结构简单、工作效率高、成本低、对介质污染不敏感等特点，在生产中应用十分广泛”，由于纯水“对环境无污染、来源广泛、价格低廉、节约能源、使用安全、压缩损失小、系统使用和维护成本低等一系列突出优点，正好满足了人们日益强烈的环保要求，因而它具有十分广阔的应用领域”，故而纯水齿轮泵被列入了云南省自然科学基金资助项目（1999E0008Q）。转子泵的原理和结构也与齿轮泵相近，所以，我们将以齿轮泵（图8.23）为例，对容积泵的宏观相似和计量调控功能进行理论分析和试验研究。

2. 泵的性能参数

泵的性能通常用扬程H、轴功率N、效率η、吸程等与流量L的关系表示。将泵的性能做成图，则称为泵的性能图或性能曲线。其中，扬程H与流量L的关系为应用中首先关心的性能，所以我们重点对它进行讨论。设计工况通常应该在泵的最佳工况（最高效率工况）附近。

3. 泵与风机系统的能量平衡方程

为了确保供热媒体的流量，就必须满足下面的能量平衡方程：

热媒具有的势能（压力能）=用户需要的势能+管路阻力+出口动能。

这个能量平衡方程前面已经介绍，这里采用了便于本章应用的表达式：

$$H=f(r,L)=H_0+k_z\cdot L^2+k_d\cdot L^2 \tag{9.31}$$

设

$$S=k_z+k_d \tag{9.32}$$

则 $$H=f(r,L)=H_0+SL^2 \tag{9.33}$$

式中 $f(r, L)$——泵的性能，即扬程 H 与流量 L 、转速 r 的关系，可用图表或函数式表示，不同种类、型号、规格的泵有不同的性能，泵的比较完整的说明书通常只给出了泵在设计转速下的性能；

H——水泵扬程；

$$H_0=\text{用户与泵入口的压力差 } P+\text{高度差 } Z \tag{9.34}$$

H_0——流体需要克服的势能，也称为背压差，简称背压；

$k_d \cdot L^2$——出口流体动能，其中 k_d 为与出口面积等有关的常数；除喷水系统外，此项通常可略，对闭式循环系统，$k_d=0$；

$k_z \cdot L^2$——流体需要克服的管道阻力；其中 k_z 为管道阻力系数，管道内通常为紊流，所以 k_z 为常数；

L——体积流量；

$S=k_z+k_d$——系统综合阻力系数，为方便简称为系统阻力系数；

SL^2——系统综合阻力（简称系统阻力），系统阻力＝管道阻力＋系统出口动能。

式（9.33）表明，泵的工作点为泵的性能曲线 $H=f(r, L)$ 和工艺管道设备系统的性能曲线 $H=H_0+SL^2$ 的交点。因此，泵的设计工况不能单独确定。同样，调节转速时的调节特性也不能单独确定。这就是泵应用中发生许多误区的原因。同时，应用式（9.33）还请注意：(1) SL^2＝管道阻力＋系统出口动能；(2) 必须确保泵和管道设备中无汽化、无气体；(3) 计算时注意各项的单位必须统一。

需要特别指出，背压 H_0 对泵的工作和调节性能有很大的影响，必须认真计算。

例如，对于开式系统，水泵从水池（$Z_0=0$）对 $Z=40$m 高的楼层供水，则背压 $H_0=Z-Z_0=40$m；从水池（$P_0=0$，$Z_0=0$）对 $P=4$MPa/$Z=5$m 的锅炉供水，则背压 $H_0=P-P_0+Z-Z_0=4$MPa$+5$m。

又例如，对于闭式系统，单水泵对管路循环供水，或者多水泵组合后对同一管路循环供水，则背压 $H_0=0$。但是在分布式系统中，各水泵的背压 H_0 可能 $>0/=0/<0$。

4. 不可压缩流体流动规律简介

泵与风机只处理不可压缩流体。当必须考虑流体压缩性时，就属于压缩机范畴了。不可压缩流体的流动状态通常用惯性力与摩擦力之比——雷诺数表示。

根据流体力学可知，流体的流动状态分为紊流和层流（在紊流和层流之间有过渡区，但因其范围很小，通常可忽略），流动状态可用雷诺数 Re 判断：

$$Re=\omega\rho d_e/\mu \tag{9.35}$$

式中 d_e——流动通道的当量直径，对圆管道即为管道内径；

ω——流速；

μ——流体黏度系数；

ρ——流体密度。

如果 $Re>10^5$，为紊流，流动阻力 $\Delta h=SL^2$ (9.36)

如果 $Re<10^5$，为层流，流动阻力 $\Delta h=S_cL$ (9.37)

式中 L——体积流量；

S——以体积流量 L 为准的紊流阻力系数，对同一对象等温流 S 为常数；

S_c——层流阻力系数，对同一对象等温流 S_c 为常数，为方便起见，也可以称为层流阻力计算系数（以流量一次方为准）。

由于研究泵的相似不需要阻力系数的具体数值，所以没有必要介绍其具体计算公式。同时，雷诺数 Re 为无量纲数值，必须注意 ω、ρ、d_e、μ 单位制的统一，以及 h，S，S_c，L 之间单位制的统一。

5. 泵的应用误区举例

有的地方有意或者无意提高水管出口位置，则白白浪费了能量。例如深井回灌/同水体取水回灌，有人为了减少管道，就地高位排水，大大增加运行费（水管出口位置与应该回灌的水面的高差就是浪费的能量）。

对闭式循环系统，无论设备安装高度 Z 为何数值，由于势能和动能全部回收，所以背压 $H_0=0$。但是有些设计按 $H=Z+$阻力选择水泵，不但增加了投资和运行费，而且系统有时无法正常工作。

多离心泵并联，只对一个泵进行变频调速，看起来能够调节流量，实际上却造成了很大的浪费。

有不少人认为，泵与风机的流量总是与转速成正比，其实不然！

9.3.2 离心泵与风机的（微观）相似和调节特性指数

1. 离心泵的微观相似条件

由于液体在泵中的流动过程十分复杂，很难依靠理论方程来描述和计算，一般多采用试验的方法进行研究，因此需要使用流体力学中的相似原理来指导试验，才能把模型试验的结果应用到实际问题中。相似原理为泵的设计、试验研究和性能换算等方面提供了理论依据。

离心水泵相似条件包括：

1）几何相似：两台泵内部的对应尺寸之比、叶片数和对应角相同；

2）运动相似：两台泵内对应点的液体流动速度之比、方向相同（即速度三角形相似）；

3）动力相似—两台泵内对应点的液体惯性力、黏性力等之比相同，即两泵的雷诺数 Re 相等。因离心泵主通道的流动（包括正向流、因为内部分布式差压产生的涡流和进出口差压（扬程）产生的宏观反向流动，详见泵的等效流动模型）通常 $Re>10^5$，流动阻力和运动状况已不随 Re 而变化。虽然从离心泵叶轮轴向端面间隙和叶轮顶部间隙的反向泄漏流动还可能为层流，但比主通道的反向“泄漏”小得多，通常可以忽略。所以，可认为离心泵自动满足运动相似和动力相似。

2. 与调节有关的离心泵的相似律

当无背压时，对于同一台水泵进行调速，相对可调流量：

$$g_r=g=L/L_s=r/r_s=x \tag{9.38}$$

相对扬程：

$$H/H_s=(r/r_s)^2=x^2 \tag{9.39}$$

式中 $x=r/r_s$，为相对转速，即执行器的输出。脚标 s 表示设计调节最大工况。

对于调节计算泵的容积率、水力效率、机械效率可认为近似相等。

3. 离心泵的全工况运行图

图 9.9 为一种型号为 Wilo 水泵的调速全工况性能图（图中两虚线和 C+，C−，s，$H_0>0$，$H_0<0$ 等标记是笔者增加的）。纵坐标为扬程 H(m)；横坐标为流量 L(m³/h)；从左至右的实曲线表示无背压（$H_0=0$）不同管路阻力曲线 A/B/C/D/E；从下至上 8 条实曲线表示 1400～4450r/min（控制电压 3～10V）的 H-L 性能，其中阴影区为应用区。值得注意的是，本水泵性能曲线出现了“小驼峰”，在“小驼峰”的上升段工作不稳定，不宜使用。其中 C 为 $H_C=S_cL^2$（S_c 为 C 管路的阻力系数）：C+曲线表示 $H_{C+}=H_C+H_0$；C-曲线表示 $H_{C-}=H_C-H_0$。从图可见，背压 $H_0>0$，管路阻力曲线将向上平移；$H_0<0$，则向下平移；由于离心泵不能反转，所以只能在第一象限（$H\geqslant0$，$L\geqslant0$）工作，$H_0<0$ 为有泄漏环节。

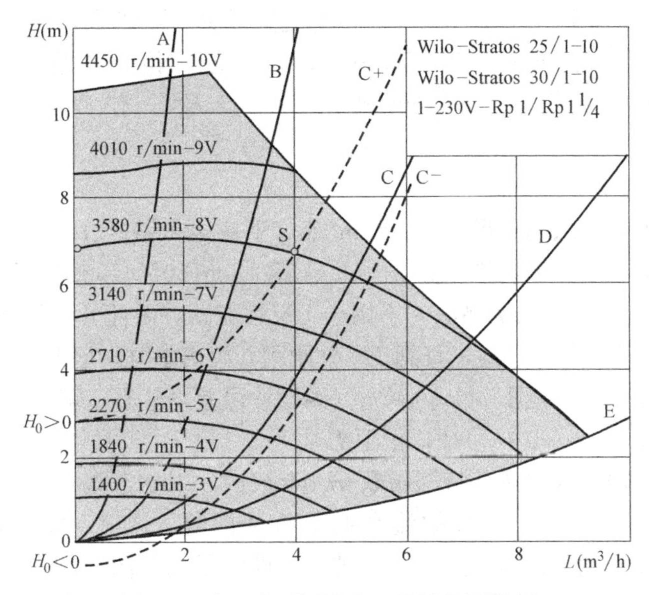

图 9.9 离心水泵调速全工况性能图举例

只要已知泵的设计工况下的扬程-流量特性曲线，就可以根据相似律［式（9.38）和式（9.39）］作出离心水泵调速全工况性能图。厂家能够提供调速泵全工况性能图，对泵的选择和调节计算是很有用的。如果还能够提供效率曲线，则有利于实现优化节能分析。

下面介绍管路阻力系数不变时调速泵的特性指数。

4. 背压 $H_0=0$ 时调速泵的特性指数

根据式（9.36）：$H=SL^2$；

设计工况 $H_s=H_{100}=SL_{100}{}^2=SL_s^2$；

两式相比： $H/H_{100}=(L/L_{100})^2$

调速泵的相对流量： $g=L/L_{100}=(H/H_{100})^{1/2}$

管路阻力曲线与泵的扬程-流量特性曲线的交点必须满足相似律式（9.38）和式（9.39）。于是，无背压调速泵的相对流量：

$$g_r=g=L/L_{100}=(H/H_{100})^{1/2}=r/r_{100} \tag{9.40}$$

所以，当无背压（$H_0=0$）而且管路阻力系数不变时，流量与转速成正比，调节特性指数 $nv=1$。转速 r 从 0 调节到 r_s，流量从 0 调节到 L_s，即在全部转速范围都有线性调节作用。

5. 背压 $H_0>0$ 时调速泵的特性指数

此时，管路阻力曲线将向上平移，如图中虚曲线 C+所示，$H_{C-}=H_C-1\text{m}$。设计工作点为水泵设计转速 $r_s=r_{100}=3580$ 的 H-L 性能曲线和阻力曲线 C+的交点 s。

下面介绍计算特性的方法。

[方法1] 根据全工况性能图求调节特性指数。

【例题9.6】 已知如图9.9，$H_s=7\text{m}$，$L_s=4.1\text{m}^3/\text{h}$，$r_s=r_{100}=3580\text{r/min}$，$H_0=3\text{m}$。

【解】 [方法1] 第一步：设计转速 $r_s=3580\text{r/min}$，从图求得对应于 $L=0$，$H=H_0=3\text{m}$ 时的转速 $r_0=2270$。

r_0 可称为起始调节转速，也可称为0流量转速。则只能在 r_0-r_s 的转速范围内有调节作用。H_0 越大，r_0 越大，使可调节的转速范围减少。当转速 $r<r_0$ 时，不但不能给设备供水，而且水会倒流。所以，当 $H_0>0$ 时，为防止水倒流，水泵出口必须安装止回阀。

第二步，求可调节范围内50%处的转速：

$$r_{50}=(r_0+r_{100})/2 \tag{9.41}$$

对于本例，$r_{50}=(2270+3580)/2=2925$

$L_{100}=4.1\text{m}^3/\text{h}$，从图查得：$L_{50}=3\text{m}^3/\text{h}$，于是 $g_{50}=3/4.1=0.68$

根据式（9.17a）：调节特性指数 $nv\approx\log(g_{50})/\log(50\%)=0.56<1$

[方法2] 系统调试时的实测法，不用全工况性能图，而且可克服设计误差。

开启系统，r 从0渐渐升高，直到 H_0 处刚刚开始出水时，记下 r_0。

调节转速使 $L=L_s$，记下 $r=r_{100}=r_s$（因设计误差，r_s 不一定是原设计 r_s）

再调节转速至 $r_{50}=(r_0+r_s)/2$，记下 L_{50}。

根据式（9.17a），求得调节特性指数 $nv\approx\log(g_{50})/\log(50\%)$。

可见，背压 $H_0>0$，离心泵的流量调节特性指数 $nv<1$。如果增加 H_0/H_s 作图（略），可以进一步看到 H_0/H_s 越大，nv 越小，即流量调节曲线越向快开流量特性过渡；同时，H_0/H_s 越大，r_0 越大，可调节的转速范围 r_0 至 r_s 减少。当转速 $r<r_0$ 时，不但不能给设备供水，而且水会倒流。所以，当 $H_0>0$ 时，为防止水倒流，水泵出口必须安装止回阀。如果 H_0/H_s 接近1时，nv 接近0，就等于水泵开关（ON，OFF）控制了。后面将看到，这时最好用容积泵调节，特别是用活塞泵控制。

这里介绍的求特性指数的图解法和运行调试时的实测法，可以用于各种泵与风机，包括离心式和容积式。

6. 分析背压 $H_0<0$ 时调速泵的特性

【例题9.7】 当 $H_0<0$ 时，图9.9中管路阻力曲线将向下平移，如图中虚曲线 C-所示，$H_{C-}=H_C-0.8\text{m}$。设计工况：$H_s=6.35\text{m}$，$L_s=5.5\text{m}^3/\text{h}$，$r_s=r_{100}=3580$，$H_0=-0.8\text{m}$

【解】 由于离心泵不能反转，曲线 C－与流量坐标的交点：$r_0=0$，$H=0$，$L_0=1.5\text{m}^3/\text{h}$，表示当转速为0时有泄漏，这种工况通常不宜采用，使用时必须注意。

9.3.3 容积泵/离心泵的差别与泵的宏观等效模型

1. 容积泵与离心泵的差别

研究泵的性能，归根到底是研究液体在泵中的流动规律。不但要研究在泵推动下的正向流动，而且要研究由于差压而产生的反向流动（泄漏）；同时，由于实际泵有机械间隙，所以还必须研究通过机械间隙的流动（泄漏）。

根据流体力学基础，容积泵和离心泵的比较见表 9.4 所示。

离心泵、容积泵的比较与微观、宏观相似原理的比较　　表 9.4

	离心泵等动力式泵	活塞泵、齿轮泵、转子泵等容积泵
泵的工作原理	借助叶轮带动流体旋转所产生的离心力把能量传递给流体	活塞、齿轮等的周期运动使工作容积交替变化，从而交替吸入/压出流体，把能量传递给流体
流动主通道当量直径 d_e	d_e 很大，且进出口直通	被活塞、齿等隔离，d_e 小
主通道流动状态	通常为紊流：$Re>10^5$	通常为层流：$Re<10^5$
主通道反向泄漏	进出口直通，"泄漏"很大	被活塞、齿等隔离，泄漏极小
机械间隙尺寸	较大，切割叶轮时很大	很小，活塞泵特别小
通过间隙的流动状态	层流或者紊流	层流，$Re<10^5$
通过机械间隙的泄漏	比经主通道泄漏小得多，可略	小，但为容积泵的主要泄漏
容积效率[注]	低	高
微观相似原理	实测几何相似的模型泵，微观分析正向流动的速度三角形相似，从而确定泵相似性	无法微观分析正向流动的速度三角形相似，从而确定泵的相似性。所以不能应用微观相似原理
宏观相似原理	实测最大流量，分析宏观反向泄漏量与扬程的关系，从而确定泵的相似性。无需完整的几何相似。可用于容积泵和多数离心泵	

注：容积效率表示实际流量与理论流量之比。齿轮泵的容积损失（即泄漏）主要通过齿轮端面与侧板之间的轴向间隙泄漏，以及齿顶与泵体内孔之间的径向间隙和齿侧接触线的泄漏损失。其中轴向间隙泄漏约占总泄漏量的 75%～80%，所以进行轴向间隙自动补充可以大大提高齿轮泵的容积效率。齿轮泵的容积效率一般为 0.70～0.95，流量越小、液体黏度越低、扬程越高的齿轮泵的容积效率低。活塞泵的容积效率更高。离心泵通过直通的主流动通道有很大的"泄漏"，相比之下，通过机械加工间隙的泄漏就很小了。

2. 研究宏观相似理论的意义

利用相似理论可以大大简化性能试验、加快产品开发设计、加速推广应用和节能调节。离心泵的相似理论已经比较成熟，因而大大加快了产品开发和推广应用。然而，从表 9.4 可见，容积泵和离心泵的工作原理不同，其中的流动有很大的差别，因此，有关离心泵的相似理论不能用于容积泵。

以前，多采用活塞泵和齿轮（高黏度）油泵，泄漏量很小，因此人们通常认为容积泵的流量几乎不受扬程的影响，所以没有深入研究容积泵的相似，甚至有人把离心泵的相似律简单用于容积泵。但是，随着低黏度纯水齿轮泵的广泛应用，已经表明流量受扬程的影响非常明显，然而却不能应用离心泵的相似律。特别是如果要利用齿轮泵进行计量，就必须像流量计一样对齿轮泵进行标定；如果要采用纯水齿轮泵进行调节，就必须研究其调节特性。所以，就必须对容积泵的相似理论进行理论研究和试验研究，才能大大简化性能试验、加快产品开发设计、加速推广应用和节能调节。

3. 泵的等效模型

既然容积泵（如齿轮泵）不能应用现有的关于离心泵与风机的相似律，所以，我们建立了泵的宏观等效模型，将复杂的泵作为一个"黑箱"进行宏观研究，从而找到泵的实用的宏观相似条件和规律。我们首先介绍泵的等效流动模型，然后再研究简单适用的泵的宏观相似。

因为泵的扬程-流量特性在应用中最重要，所以首先研究泵的扬程-流量特性有关的等效流动模型。

（1）理想泵模型 LX

图 9.10（a）和图 9.10（b）中的细虚线三角形表示无泄漏、无阻力的理想泵 LX；理想泵的性能表示于图 9.11 最右面的虚线：

流量　$$L = L_L = r \cdot l_L \tag{9.42}$$

扬程　$$H = 0-\infty, \text{效率 } \eta_L = 100\% \tag{9.43}$$

式中　L_L——理想流量；

l_L——容积泵的单位排量，即一个工作周期的最大排量，可计算求得，对活塞泵为活塞排量，对齿轮泵为旋转一周的齿轮排量；

r——工作周期数，对齿轮泵为转速，通常转速单位为 r/min。

理想泵是一个理论上的模型，实际泵的流量 $L<L_L$，效率 $\eta<100\%$。

（2）泵的微观等效模型 WM（图 9.10a）

泵内的微观流动相当复杂。在泵的微观等效模型（图 9.10a）里，可将泵内流动分成 3 个等效部分：

1）理想泵 LX（细虚线三角形），表示无泄漏、无阻力的理想泵。

2）内部分布式微观流动：包括内部分布式涡流 L_f（用多个细虚线圆圈示意）和内部分布式泄漏 L''（用多个带箭头的细虚线示意）。L_f 和 L''与外部宏观扬程无关。无论泵的外部宏观流量和扬程为何值，只要泵转动，就有内部分布式微观差压，从而产生内部分布式微观涡流 L_f 和内部分布式泄漏 L''。L''可以称为水泵的内部固有泄漏，使实际泵的最大流量 L_m 小于理想泵的流量 L_L。

$$L_m = L_L - L'' < L_L \tag{9.44}$$

所以容积泵的容积效率

$$\eta_V = L_m / L_L < 100\% \tag{9.44a}$$

因为流体有黏性，就会产生分布式微观流动阻力。内部分布式微观流动阻力产生无效能耗 N_g，可称为泵的固有内部能耗，其在分析泵的效率时很有用。

因为有内部分布式阻力和分布式泄漏，泵的扬程为有限值，流量总是小于理想泵的流量，所以泵的容积效率和功耗效率都小于 1。

3）宏观最大流量 L_m（带箭头的粗实线）和宏观泄漏 L'（带箭头的粗虚线）。

宏观泄漏 L'与泵的扬程和间隙有关。当扬程 $H=0$ 时，$L'=0$，$L=L_m$；H 增加，L'增加，$L=(L_m-L')$ 减少。

按常规（微观）相似理论，在满足几何相似的前提下，还要满足对应点的液体流动速度之比和方向相同（即速度三角形相似），即微观流动 L_f、L''和 L'等的数值比和方向相同（即速度三角形相似）。

显然，因为理想泵的参数和分布式内流动 L_f、L''和 L''都无法计算和测量，泵的机械间隙实际上也无法准确测量和计算，所以无法应用常规（微观）相似理论。而且这个微观等效模型（图 9.10a）也只能用来分析泵的性能，难以实际应用。所以有必要建立简单并可测量重要参数的模型。

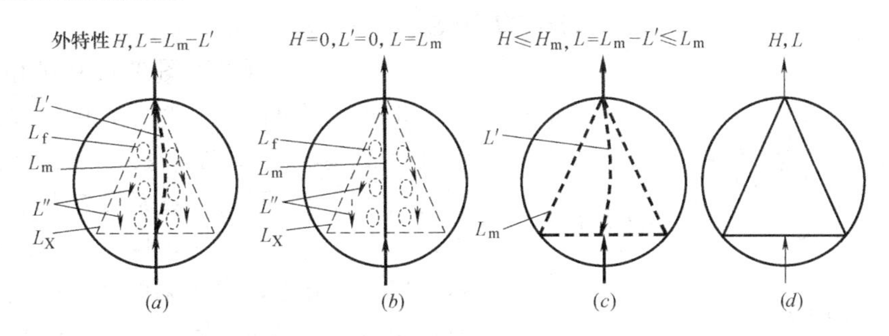

图 9.10 泵的等效模型和应用图例

(a) 微观等效模型 WM；(b) 最大流量泵模型 LM；(c) 宏观等效模型 HM；(d) 泵的应用图例

(3) 最大流量泵模型 LM（图 9.10b）

图 9.10（b）表示最大流量泵，即表示扬程 $H=0$，从而宏观泄漏 $L'=0$，达到最大流量 L_m 的泵。其性能用图 9.11 中的圆点（坐标 $L=L_m$，$H=0$）表示。在图 9.10（c）中，最大流量泵模型 LM 表示为粗实线三角形。

最大流量泵是一个真实的、性能可测的模型，即使泵的 $H=0$ 而测量得到最大流量：

$$L_m=L_{max}=r\cdot l_m=r\cdot l_L\cdot \eta_V \tag{9.45}$$

式中 r——转速；

l_L——容积泵的单位理论排量，即转速为 1（或活塞运动一个周期）的排量；

$l_m=L_m/r=l_L\cdot \eta_V$——最大实际单位排量，可测量得到，样本通常会提供。

最大流量泵也可称为 0 扬程泵。最重要的是，最大流量泵包含了难以计算和测量的内部微观分布式涡流 L_f 和内部微观分布式泄漏 L''，以及无用的固有能耗 Ng。而且最大流量泵的流量 L_m 是可实测的，只是没有考虑与扬程有关的内部宏观泄漏 L'。

(4) 泵的宏观等效模型 HM（图 9.10c）

泵的宏观等效模型 HM 包括最大流量泵 LM（粗虚线三角形）和内部宏观泄漏 L'（带箭头粗虚线）。可以假设在最大流量泵内部加一根连接进出口的“管道”（用图 9.10c 中的带箭头粗虚线表示），随着扬程的升高，“管道”内产生反向流量（内部宏观泄漏量）L'增加，从而使水泵的流量减少，即 $dL=-dL'$。

因为最大流量泵模型包含了泵的难以计算和测量的内部微观分布式涡流 L_f 和内部微观分布式泄漏 L''，而且最大流量泵的 L_m 可实测，只是没有考虑与扬程有关的内部宏观泄漏 L'，所以利用最大流量泵建立的泵的宏观等效模型 HM，就没有必要考虑内部的微观分布式涡流 L_f 和内部微观分布式泄漏 L''，只要研究宏观泄漏 $L'=(L_m-L)$ 随扬程 H 的变化规律，就可以求得泵的实际性能。这就是宏观相似方法的优点。

9.3.4 泵/风机的宏观相似

1. 扬程-流量特性的宏观相似

下面用宏观等效模型 HM（图 9.10c）进行数字分析。

对于齿轮泵等容积泵内部缝隙的泄漏，因为缝隙尺寸很小，当量直径 d_e 很小，通常处于层流区。根据式（9.37），层流区阻力：$\Delta h=S'L'=S_cL'$。对于同一台水泵，内部宏

观泄漏 $L'=L_m-L$，$\Delta h=H$，于是得到齿轮泵等容积泵的扬程-流量特性：

$$H=S'L'=S'(L_m-L) \tag{9.46}$$

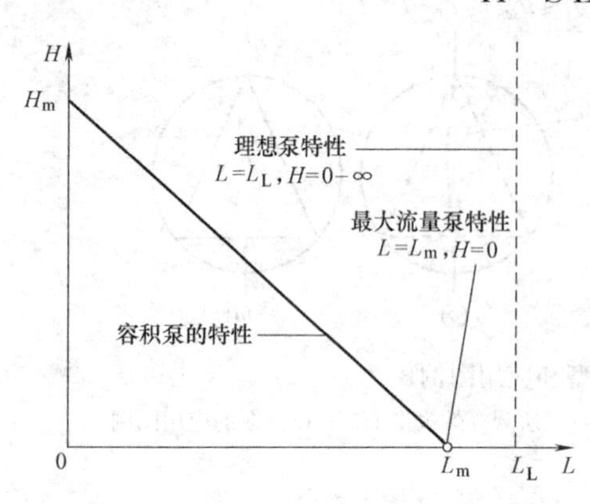

图 9.11 理想泵/最大流量泵/实际容积泵的扬程-流量特性图

式（9.46）可以用图 9.11 中的粗斜直线表示。如果容积泵的间隙越小，即泄漏通道的当量直径 d_e 越小，黏度系数 μ 越大（例如油），则间隙（层流）阻力计算系数 S' 越大、泄漏越小，最大流量 L_m 越大，性能直线就越陡，即斜率越大；反之，容积泵的间隙越大，即泄漏通道的当量直径 d_e 大，μ 越小（如热水），则阻力计算系数 S' 越小、泄漏越大，最大流量 L_m 越小，性能曲线就越平，即斜率越小。如果无泄漏，$S'=\infty$，则性能曲线与 H 坐标平行，这就是无泄漏的理想泵，如活塞泵的性能就很接近于这种情况。

根据式（9.46），当 $L=0$，泵的最大扬程：

$$H_m=S'\cdot L_m \tag{9.47}$$

可得到：

$$S'=H_m/L_m=-\Delta H/\Delta L \tag{9.48}$$

式（9.48）给出了求 S' 的两个实测方法，对于低压容积泵，可以关闭泵的出口阀，即 $L=0$，则很方便地测量得到 H_m，从而求得 $S'=H_m/L_m$；对于高压容积泵，例如高压油泵，通常安装了安全阀，不能也不允许关闭泵的出口阀进行测量，所以只能用式（9.48）的后面部分进行测量。

同时得到容积泵最基本的相似性：对于同一个容积泵，改变转速 r 时，H-L 性能直线平行（见图 9.13 所示），则：

$$L_m/L'_m=H_m/H'_m=(r/r') \tag{9.49}$$

根据式（9.42）和式（9.45），可得：

$$L_m/L'_m=H_m/H'_m=(r/r')(l/l')=(r/r')(l_L/l'_L)(\eta_V/\eta'_V) \tag{9.50}$$

对于齿轮模数相同的相似齿轮泵，而且 η_V 相同，则：

$$L_m/L'_m=H_m/H'_m=(r/r')(D/D')(B/B')$$

式中 D 和 B——分别为齿轮的节圆直径和总厚度。

对于相似活塞泵，而且 η_V 相同，则：

$$L_m/L'_m=H_m/H'_m=(r/r')(D/D')^2(X/X') \tag{9.51}$$

式中 D 和 X——分别为活塞的直径和行程。

式（9.48）表明了容积泵的相似条件：有相同的宏观泄漏阻力计算系数 S'。只要 S' 相同，不论几何尺寸如何，则都具有相互平行的流量-扬程性能直线。或者说，容积泵的几何相似、运动相似和动力相似条件都自动满足。

式（9.49）～式（9.51）表明了不同容积泵的相似律：如果 S' 相同，则容积泵的扬程-流量特性为平行直线。所以只要知道了容积泵的两个工作点，而不必知道结构尺寸、间隙或者宏观泄漏阻力计算系数 S' 等，就可以求得它的特性曲线和参数，并且根据相似律求得不同转速和流体特性下的特性曲线和参数。这对计量泵的标定和应用非常有用。

2. 泵的扬程-流量特性的广义宏观相似

式（9.46）除以式（9.47），得到无量纲表达式，即容积泵的广义宏观相似律：

$$H/H_m=1-L/L_m \tag{9.52}$$

于是所有的容积泵的相对扬程（H/H_m）－相对流量（L/L_m）特性都有相同的表达式（9.52）和相同的性能曲线（图 9.12 中的直实线），这就表明了所有容积泵的广义宏观相似。

同时，在图 9.12 中，还表示了离心泵的广义宏观相似曲线（虚曲线，推导略），其形状也与大多数离心泵的性能曲线相似。然而，离心泵的性能曲线还与叶片结构有重要关系，例如，有驼峰状的性能曲线与图 9.12 中的虚曲线就有很大的差别。

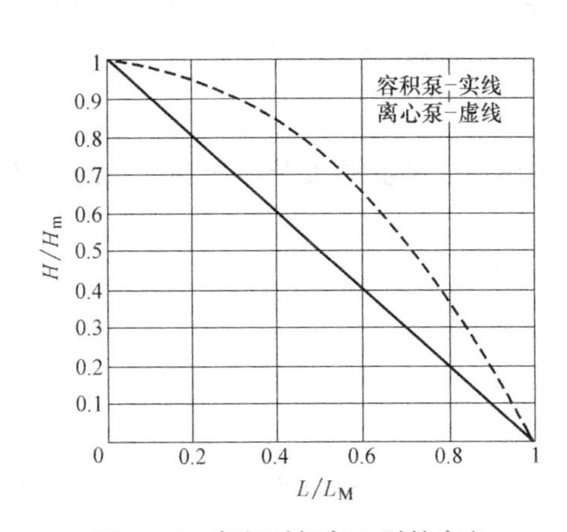

图 9.12 容积泵与离心泵的广义宏观相似曲线图

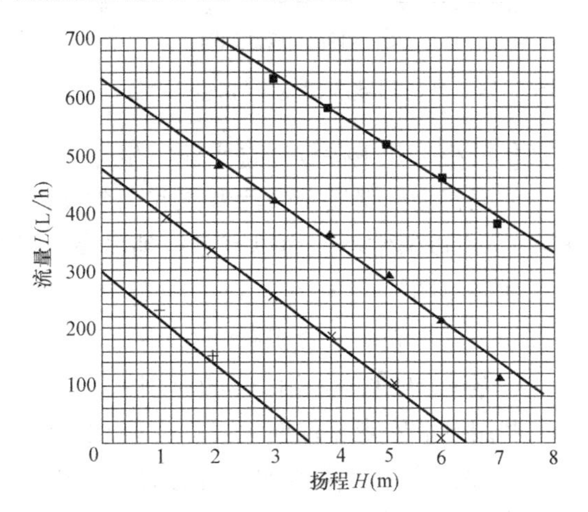

（自上至下转速 r=1320，1020，800，500r/min）

图 9.13 F＃微型齿轮泵样机实测性能

3. 容积泵宏观相似的实验数据举例

因为活塞泵、柱塞泵等的间隙比齿轮更小，所以我们在这里用间隙比较大的齿轮泵的性能数据验证容积泵的相似性，将更有说服力。

图 9.13 为供暖分户计量调控装置的 F＃齿轮泵样机（20℃水）的实测数据。其他样品泵的数据也类似，它们都表明了流量（纵坐标 L-L/h）与扬程（横坐标 H-mH_2O）、转速（r-r/min）的关系。从图可见，不同转速下的扬程-流量特性为平行直线。显然，可用公式表示性能，使用就方便了。由于水的黏度系数小，并且为了过沙，有意加大了间隙，所以泄漏计算阻力系数 S' 比较小，H 对流量的影响比较大，性能直线比较平。

图 9.14 为一组实测数据。由图可见，高扬程纯水液压齿轮泵的间隙很小，所以可以实现高扬程，并且流量受扬程的影响很小。扬程＝0～5MPa 时，流量-扬程曲线有很好的线性；扬程更大时，可能是因为泄漏流速加大，使泄漏的流动状态发生了变化，因而性能曲线发生了较大弯曲。

图 9.15 为天津某机械设备有限公司的 MGM 系列不锈钢齿轮泵的综合性能图。在一张图上表明了多个 MGM 系列高黏度齿轮油泵的扬程 P（纵坐标，bar）和流量（横坐标，L/min）的关系。由于油的黏度系数很大，S' 很大，所以 H 对流量的影响小，性能直线与扬程坐标的夹角很小。

活塞泵的泄漏间隙很小，S' 更大，所以 H 对流量的影响更小，性能直线与扬程坐标

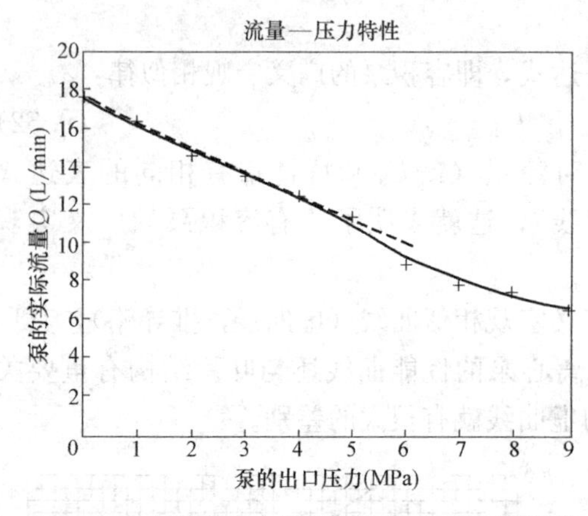

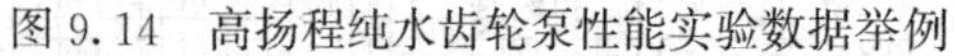
图 9.14　高扬程纯水齿轮泵性能实验数据举例

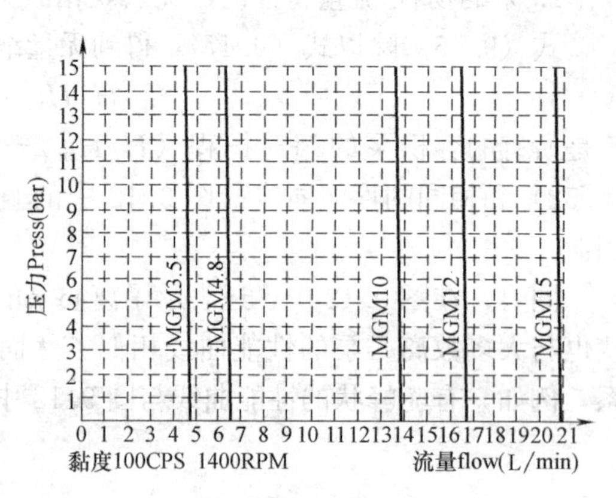

图 9.15　高黏度齿轮油泵的综合性能图

的夹角更小，几乎接近垂直于流量坐标。

注意：为确保安全，活塞泵和高黏度齿轮油泵进出口之间必须安装泄压阀（有的已经内置），所以通常不能简单实测得到最高扬程 H_m。

如果将图 9.13～图 9.15 的坐标转换成 H/H_m 和 L/L_m，则它们都变成了图 9.12 中的直线，这都表明了容积泵的扬程-流量特性的广义宏观相似。

4. 容积泵的宏观相似性的应用

利用泵的宏观相似性，可以方便地完成：

1）大大简化了容积泵的相似律（例如不必考虑几何相似等），从而大大简化了模型泵的试验，加快产品开发；

2）容积泵的相似律表明容积泵可以作为计量泵，并且可以大大简化流量标定和温度校正，从而确保计量的准确性，而且齿轮泵能够耐糊状污垢，只要用配套过滤器清除大颗粒沙，就能够确保流量测量长期准确可靠；另外，齿轮泵可以反转冲洗污垢；

3）可以方便进行泵的全工况运行分析和调节特性计算。

4）综合应用容积泵的计量调控功能举例：供暖分户计量调控装置采用微型齿轮泵，①根据流量特性的线性关系和相似性，作为热计量装置的流量传感器（容积法）；②作为室内温度调控的调节机构（以泵代阀，节流损失＝0）；③作为系统调控装置（调节平衡，末端增压）。由于充分发挥了容积泵的计量调控功能，能够用于全网分布式输配系统供热，作为末端装置能够做到 0 节流，0 过流，0 过热。因此，采用该装置既能确保供暖用户舒适节能，又能简化系统、安装维护简便、降低造价。（详见第 8.5 节供热分户计量调控与收费）

9.3.5　齿轮泵的全工况运行图和特性指数通用数字解

1. 齿轮泵的全工况运行图

分布式闭环系统中齿轮泵的实际运行调节的全工况示意图见图 9.16 所示。单泵系统的水泵通常只在第一象限（$H\geqslant0$，$L\geqslant0$）工作。因为设计误差不可避免，从图 9.16 可见，分布式闭环系统中的水泵可能在多个象限运行。但是请注意，对于活塞泵等，由于进/排水阀是单向阀，所以不能反向流动。

特别注意，应用时必须确保泵内流体无任何局部汽化。

图中，横坐标 L——流经齿轮泵的流量，正向流 $L>0$，反向流 $L<0$；

纵坐标扬程 H=泵出口压力 P_2－入口压力 P_1。

纵坐标 H 和横坐标 L 的交点“0”为坐标原点，即 0 点。

细实线——不同转速 r（正转 $r_i>0$，反转 $r_i<0$，$i=1$，2，3…）的水泵性能曲线；

虚曲线——管路阻力曲线（背压不同，曲线上下移动）；

斜粗实线——转速 $r=r_0=0$ 的静特性曲线，是正、反转分界线；水泵的容积效率越高，静特性曲线越靠拢纵坐标 H。

由于只用正向流动，所以这里只研究正向流动，即 $L\geqslant0$。为防止反向流动，水泵出口通常必须装止回阀！

转速 $r=0$ 的斜粗实线上方为泵正转，$L\geqslant0$ 的正向流动包括两个工作区：

① 正转-正常调速区。转速增加，扬程增加，流量增加。

② 正转-背压利用区。自动利用正背压，电流小，$L\geqslant0$。

转速 $r=0$ 的斜粗实线下方为泵反转，其中 $L\geqslant0$ 的工作区为：

③ 反转-节流调节区。$L\geqslant0$，齿轮泵相当节流调节阀，使齿轮泵适应不平衡的范围增大，双向适应。可用，但有节流损失。

显然，对于理想齿轮泵的间隙为 0，即无泄漏，容积效率=100%，则转速 $n=0$ 的斜粗实线就是横坐标，所有的流量特性曲线都与横坐标平行，即流量与扬程无关。

分布式闭环系统中通常采用①②③工作区实现正流量调节，见图 9.16。

三种典型的正流量调节比较见表 9.5。

（注：背压=流量为 0 时的出口压－进口压。注意：必须确保泵内流体无局部汽化！）

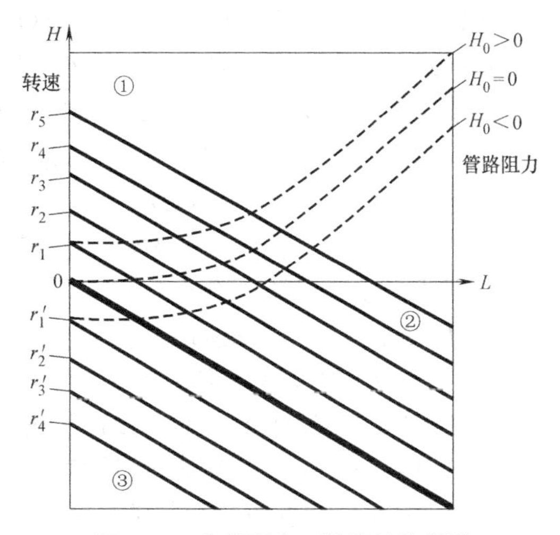

图 9.16 齿轮泵全工况运行分析图

可正反转的齿轮泵的工况分区 **表 9.5**

阻力曲线	背压	流量调节特点	应用条件举例
$H=k\cdot L^2$	0	$r=0$ 时，$L=0$；全部调节在①区完成：$r\uparrow$，$H\uparrow$，$L\uparrow$	无背压单泵，循环泵 无背压分布式系统泵
$H_h=H+H_0$	$+H_0$	$r=r_1>0$，$L=0$；然后 $r\uparrow$，$H\uparrow$，$L\uparrow$，全部调节在①区完成 $r=0$，$L<0$，必须限速或装止回阀，否则可能出现倒流	提升势能的开式系统泵 闭环分布式系统远端泵
$H_l=H-H_0$	$-H_0$	$r=r_1'$=反转，$L=0$；在③区泵=节流阀，$\lvert r\rvert\downarrow$，$H\uparrow$，$L\uparrow$ 在②①区 $r\uparrow$，$H\uparrow$，$L\uparrow$。如调节范围够，不用③区	闭环分布式系统近端泵 在②区可利用背压，耗能小

从齿轮泵的全工况运行分析图可见，它可以在四个象限工作，因此在各种工况下都可以方便地利用齿轮泵进行流量计量、流量调节和系统平衡调节，而且流量调节/系统平衡调节范围比调节阀/调速离心泵宽得多。注意，如果齿轮泵能够控制反转，则总是无泄漏调节机构。

2. 容积泵调节特性指数

（1）利用全工况运行分析图用图解法和实测法求容积泵的调节特性指数

与离心泵一样（见【例9.7】），容积泵的调节特性指数同样可以用图解法求得，也可以在实际系统调试时，用实测法求得。

（2）容积泵调节特性的通用数字解

根据式（9.46），容积泵的性能：$H=S'(L_m-L)=S'(r\cdot l-L)$

对于泵的设计工况（脚标 s）：　$H_s=S'(L_{ms}-L_s)=S'(r_s\cdot l-L_s)$

两式相除：　$H/H_s=(L_m-L)/(L_{ms}-L_s)$

$$=(L_m/L_{ms}-L/L_{ms})/(1-L_s/L_{ms})$$

因为：$L/L_{ms}=(L/L_s)(L_s/L_{ms})=g(L_s/L_{ms})$

转速 r 时的最大流量：$L_m=l\cdot r$，

设计转速 r_s 时的最大流量：$L_{ms}=l\cdot r_s$

所以：
$$H/H_s=[(r/r_s)-g(L_s/L_{ms})]/[1-(L_s/L_{ms})] \tag{9.53}$$

根据式（9.33），管道特性：　$H=H_0+SL^2$，$H-H_0=SL^2$

对于管道的设计工况（脚标 s）：$H_s-H_0=SL_s^2$

两式相除：
$$(H-H_0)/(H_s-H_0)=(L/L_s)^2=g^2$$

可得：
$$(H/H_s-H_0/H_s)/(1-H_0/H_s)=g^2$$

$$H/H_s=H_0/H_s+(1-H_0/H_s)g^2 \tag{9.54}$$

根据式（9.53）和式（9.54）

$$H/H_s=[(r/r_s)-g(L_s/L_{ms})]/[1-(L_s/L_{ms})]=H_0/H_s+(1-H_0/H_s)g^2$$

设：$a=H_0/H_s$，表示背压所占的比例，H_0 可>0，$=0$，<0，可称为相对背压。

$b=L_s/L_{ms}$，表示设计流量与设计转速下最大流量之比，称为相对设计流量。

$(1-b)=1-L_s/L_{ms}$，则表示设计工况的泵内相对宏观泄漏量。

于是可得容积泵流量特性曲线方程：

$$(1-a)(1-b)g^2+b\,g+[a(1-b)-r/r_s]=0 \tag{9.55}$$

解方程可求得有效解，就可以得到容积泵流量特性曲线：

$$g=f(a,b,r/r_s)=f(H_0/H_s,L_s/L_{ms},r/r_s) \tag{9.56}$$

因为，$a=H_0/H_s$，为相对背压，表明了使用条件；$(1-b)=1-L_s/L_{ms}$，表示设计工况的泵内相对宏观泄漏量，表明了泵的性能，例如活塞泵和高黏度齿轮油泵的宏观泄漏非常小，其扬程-流量特性曲线几乎与扬程坐标平行，即 b 趋向1，$1-b$ 趋向0，另一种情况是：$L_s=L_{ms}$，即管路阻力$=0$，泵的扬程$=0$，此时，无论何种泵与风机，其内部宏观泄漏$=0$；r/r_s 为相对转速。所以式（9.55）有明确的物理意义。

对可正反转的齿轮泵，如果 $g=0$，则 $H=H_0$，于是求得为克服背压的相对转速：

$$r_0/r_s=a(1-b)=(H_0/H_s)(1-L_s/L_{ms}) \tag{9.57}$$

式中，$1\geqslant(1-L_s/L_{ms})\geqslant0$。如果 $H_0/H_s=0$，则 $r_0/r_s=0$，表示转速 $r=r_0=0$，流量为0；如果 $H_0/H_s>0$，则 $r=r_0>0$，表示流量为0时，转速>0；如果 $H_0/H_s<0$，则 $r=r_0<0$，表示流量为0时，转速<0。因此，如果 $H_0<0$，要求流量能够调节到0，水泵就必须能够反转。

根据式（9.18b），相对转速：

$$x=(r-r_0)/(r_s-r_0)=(r/r_s-r_0/r_s)/(1-r_0/r_s)$$

相对转速 x 的变化范围为 0～1，而 r_0/r_s 可>0，=0，<0。在实际应用时，必须对最低转速 r_0 进行限制，因为 $r<r_0$ 会产生反向流动。

从式（9.55）和式（9.56）还可以看到，相对流量 g 与 H_0/H_s，L_s/L_{ms}，r/r_s 三个参数有关，因此用传统的流量调节性能曲线表示非常麻烦，也只能凭经验进行优化设计了。然而，我们利用特性指数的定义，在前面已经根据式（9.17a），将图 9.4 左面的一组性能曲线变成了图 9.4 右面的一条特性指数曲线。同样，我们可以利用特性指数的定义，将式（9.55）和式（9.56）变成特性指数：

$$\mathrm{nv}=f_n(a,b)=f_n(H_0/H_s,L_s/L_{ms}) \tag{9.58}$$

将式（9.58）做成可正反转容积泵的特性指数图（图 9.17），使用就很方便了，物理意义也就更清楚了。

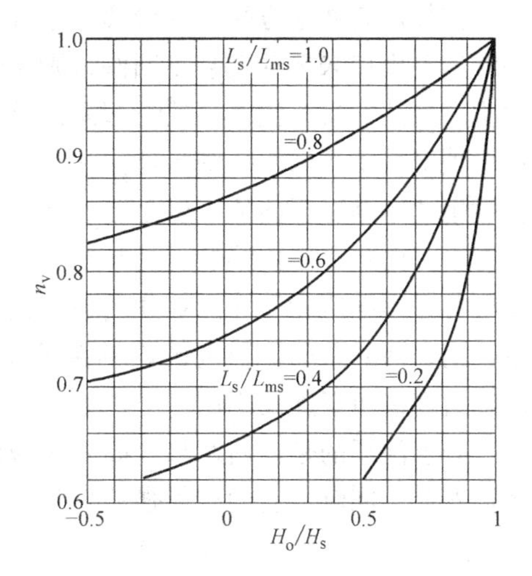

图 9.17 可正反转容积泵的特性指数

【例题 9.8】 已知：齿轮泵的 $r_s=2000\mathrm{r/min}$，$H_0/H_s=0.5$，$L_s=6\mathrm{L/min}$，从样本查得容积泵的最大实际单位排量 $l_m=5\mathrm{L/min}$，求调节的最低转速和特性指数。

【解】 根据式（9.45）求得 $L_{ms}=l_m\cdot r_s=5\times2000=10000\mathrm{L/min}$，从而得到 $L_s/L_{ms}=0.6$。

从图 9.17 可求得调速泵的特性指数 $n_v=0.83$。

根据式（9.57），$r_0/r_s=(H_0/H_s)(1-L_s/L_{ms})=0.5(1-0.6)=0.2$，于是 $r_0=400$ r/min。

表明对于流量 g 从 0 调节到 100%，转速从 400r/min 调节到 2000r/min。

在实际应用时，还可根据式（9.8），改变控制器的调节范围，可使调速泵的相对输入（相对转速）$x=(r-r_0)/(r_s-r_0)$ 的变化范围仍然为 0～100%。当然也可以不改变控制器的调节范围，而对调速泵的最低转速进行限制——变频器都有这个功能。

3. 容积泵调节特性的特点

现根据图 9.17 和式（9.55），将容积泵调节特性的特点分析如下：

（1）$a=H_0/H_s=0$ 表示背压 H_0 为 0，容积泵的 $n_v\leqslant1$，而 $H_0=0$ 时离心泵的 $n_v=1$。

（2）可正反转的容积泵（如齿轮泵），当 $H_0<0$，也能工作，并且作到“无泄漏”，这时，齿轮泵起节流调节作用，这是离心泵做不到的。

（3）从式（9.55）和图 9.17 可以看到，当 H_0/H_s 趋向 1，则 n_v 趋向 1，然而从式（9.57）可知，$r_0/r_s=1-L_s/L_{ms}$，如果 L_s/L_{ms} 趋向 0，即设计工作点接近 H 坐标轴，则 r_0/r_s 趋向 1，即 r_0 趋向 r_s，实际上无法进行调节，所以，这个 n_v 趋向 1 的工况无实际应用价值。这也可以用第 9.2.4 节介绍的特性曲线截段拉直原理进行解释，曲线段越短越接近直线，即 n_v 趋向 1；如果线段为无穷短，则完全可看做直线，$n_v=1$。

（4）式（9.55）中的 $(1-b)=(1-L_s/L_{ms})$ 表示设计工况的泵内相对宏观泄漏量。例如，活塞泵和高黏度齿轮油泵的宏观泄漏非常小，其扬程-流量特性曲线几乎与扬程坐标平行，即 $b=L_s/L_{ms}$ 趋向 1，1-b 趋向 0。另一种情况是，$L_s=L_{ms}$，即 $H_0=0$，管路阻力=0，泵的扬程=0，此时，无论何种泵与风机，其宏观泄漏=0。这时式（9.55）变成了 $g=L/L_s\approx r/r_s=x^1$，特性指数 $n_v\approx1$。从图 9.17 也可以看到这一点，当 $L_s/L_{ms}=1$，则 $n_v=1$。同时，还可以进一步看到活塞泵的特殊用途。

4. 活塞泵的特殊用途

活塞泵的泄漏非常小，S' 非常大，即泵内相对宏观泄漏量（$1-b$）几乎为 0，扬程-流量特性直线几乎与纵坐标 H 平行，于是 $b=L_s/L_{ms}\approx1$，所以可认为，活塞泵和高黏度齿轮油泵的流量调节特性指数 nv≈1，并且与管道阻力特性（H_0 与 S）和泵的型号规格几乎无关。这不但对单泵运行调节很有用，而且对多泵并联的调节非常有用。

例如，有些地方采用多台离心泵并联其中一台离心泵调速的方案。现在分析一下，如果调速泵出口未单独安装止回阀，则调速泵转速降低，扬程降低到一定数值，调速泵将会发生“短路”反向流，虽然看起来能够连续调节流量，但白白浪费了能量；如果调速泵出口单独安装了止回阀，则当调速泵转速降低到一定数值时，止回阀关闭，$L=0$，虽然不会发生“短路”反向流，但是已经变成了开关调节，看起来也能够调节流量，但大大浪费了能量，而且也白白浪费了变频器——变频器只起到了软启动/软停止的作用。这与直流发电机必须电压相等才能并联的道理是一样的。但是如果并联的调速离心泵改为调速活塞泵，则在活塞泵的流量范围内的调节特性接近线性。这样，可用多台离心泵进行分档粗调，活塞泵负责连续细调。

必须注意的是，活塞泵和高黏度液体齿轮泵的进、出口之间必须安装泄压阀，以确保运行安全。同时，它们有很强的自吸能量，启动非常方便。另外，由于活塞泵有进、排水阀，所以不能反转，因此只能实现正流量；而高黏度液体齿轮泵是可以反转的，因此可在四个象限工作。

9.3.6　多泵联合工作和分布式系统中泵的特性指数

1. 多泵并联时的调节

多泵并联一起调速，和单泵调节一样，而且多泵可以提高备用率。但是必须注意，并联水泵的工作点的扬程必须相同，总流量＜台数×单台流量；台数很多时，则总流量≪台数×单台流量。关于这一点，水泵基础文献中都有介绍。

然而，不能采用多台离心泵并联其中一台离心泵调速的方案，如果出口未安装止回阀，当降到一定速度，就会发生“短路”，调速泵会倒流。虽然也可以调节流量，但造成了很大的浪费。例如，离心水泵调速全工况性能图如图 9.9 所示，如果工作在水泵性能曲线的水平段（A，B 阻力曲线所示），则调速水泵会马上发生“短路”；如果工作在水泵性能曲线的倾斜段（D 阻力曲线所示），则调速水泵将推迟发生“短路”；水泵性能曲线的倾斜度越大，推迟发生“短路”的时间越长；如果水泵性能曲线与流量坐标垂直，则调速水泵就不会发生“短路”了，这样的水泵就是活塞泵。

所以，不能采用多台离心泵并联其中一台离心泵调速。多台离心泵并联最好采用一台活塞泵调速，节能效果和调节特性都会很好，详见第 9.3.5 节活塞泵的调节特性指数和特殊用途。

2. 分布式系统中泵的特性指数

在供热分布式系统的调节过程中，H_0 可能发生变化，这样，看起来就使得分布式系统中泵的特性指数的计算变得复杂了。然而，因为：(1) 分布式系统设计时，通常使各泵的背压 $H_0=0$，各泵分别克服各子系统的阻力；(2) 对许多系统，例如供暖系统，水量和热量不会调节到 0，通常允许有比较大的"泄漏"；(3) 各用户的调节总体与外温同步；(4) 如果采用可正反转的齿轮泵，则对背压 H_0 有很宽的适应能力；(5) 各水泵出口通常安装了止回阀，因此当某一个泵故障停机时，不会发生倒流而对系统发生大的影响。所以，在设计供热分布式系统时，各泵都必须按 $H_0=0$ 设计，这样即使有设计误差，对调节特性也不会有太大的影响。所以分布式系统设计工况的水力平衡非常重要。混水器的水泵选择更加有必要考虑水压平衡，否则可能无法正常工作。

3. 定压补水系统是开式系统，必须考虑背压 $H_0>0$ 进行设计。

9.4 调节阀的特性指数与优选

调节阀的用途非常广泛，因此发表的文献也很多，但是通常都是根据经验选择，或者进行定性选择，所以实际应用中发生的问题也很多。在这里，只重点介绍调节阀的特性指数，以及如何利用特性指数使控制系统的优化和调节阀的优选实现数字化、简化和实用化。

9.4.1 直通调节阀的基本参数和选择设计内容

1. 调节阀的流通能力和全开流量

调节阀流通能力 K_v 的定义为：当调节阀两端压差 $\Delta P_v=\Delta P_K=100\text{kPa}=0.1\text{MPa}=1\text{kgf/cm}^2$，流体密度 $\rho=\rho_K=1\text{g/cm}^3=1\text{t/m}^3$ 时，阀全开通过的流量（m^3/h 或 t/h）。

当温度变化大，必须考虑温度对 K_v 的影响。气体和蒸汽的 K_v 与温度和压力的关系，请参考相关文献。

例如：有一台 $K_v=50$ 的调节阀，则表示当阀两端压差 $\Delta P_v=\Delta P_K=100\text{kPa}=0.1\text{MPa}=1\text{kgf/cm}^2$，通过全开调节阀的水量是 $50\text{m}^3/\text{h}$（$\rho=\rho_K=1\text{g/cm}^3=1\text{t/m}^3$）。

在国外，流通能力常以 Cv 表示，其定义的条件与国内不同。Cv 的定义为：当调节阀全开，阀两端压差 ΔP_v 为 1 磅/英寸^2，介质为 60°F 清水时，每分钟流经调节阀的流量（gaL/min）。

K_v 与 C_v 定义的条件不同，实质上是单位制不同，即 K_v 用的是公制，C_v 用的是英制，因此对同一个调节阀试验所得的数值不同。它们之间的换算关系式实际上就是单位换算：

$$C_v=1.167K_v \quad (\text{gal/min}) \tag{9.59}$$

或

$$K_v=0.8569C_v \quad (\text{m}^3/\text{h 或 t/h}) \tag{9.59a}$$

虽然 K_v 和 C_v 实质上是一个有量纲系数，它们的差别是单位制及与单位制相关的测量条件不同。

用 K_v 或 C_v 就可计算调节阀的全开流量。K_v 值相同，ρ、ΔP 不同，通过阀的流量则不同。

对一般不可压流体（一般液体和常压下的气体），调节阀的全开流量 L_{100} 必须满足设计要求：

$$L_{100}=K_v\cdot\sqrt{(\Delta P_v/\Delta P_K)(\rho_K/\rho)}=k[L] \tag{9.60}$$

同时，由于执行器工作能力的限制，还必须使调节阀两端的最大压差：

$$(\Delta P_v)\max \leqslant [\Delta P_v]/k \tag{9.60a}$$

调节阀关闭时阀门两端的压差最大，这时与调节阀串联的管道阻力很小，所以从安全起见，式（9.60a）可简化为：

$$(\Delta P_v)\max \approx \Delta P \leqslant [\Delta P_v]/k \tag{9.60b}$$

式中 ΔP——作用在调节阀及其串联管道的总压差；

$\Delta P_K = 100\text{kPa} = 0.1\text{MPa} = 1\text{kgf/cm}^2$——测量 K_v 时调节阀两端的压差；

ΔP_v——应用时调节阀两端的压差，注意单位与 ΔP_K 一致；

$[\Delta P_v]$——调节阀的最大允许压差，K_v 和 $[\Delta P_v]$ 可从样本查得；

$\rho_K = 1\text{g/cm}^3 = 1\text{t/m}^3$——测量 K_v 时通过调节阀流体的密度；

ρ——应用时，通过调节阀流体的密度，注意单位与 ρ_K 一致；

$k > 1$——安全系数；

$[L]$——工艺要求的设计流量，同式（9.10）。

对高黏度液体和必须考虑压缩性高压气体、蒸气等的流通能力的修正，以及液体闪蒸、空化的影响等，请参考有关文献。

2. 调节范围：$R_v = L_{100}/L_0 = L_{max}/L_{min} = 1/g_0 \geqslant 1.2[R_v]$

式中 $g = L/L_{100}$——相对流量；

$[R_v]$——工艺要求的流量调节范围，同式（9.11a）；

脚标$_{100,0}$——分别表示全开（相对开度 $x=100\%$），全关（$x=0$）工况。

3. 流量调节特性

调节阀的流量调节特性即流量与开度的关系。本章重点介绍调节阀的流量调节特性和特性指数资料。

9.4.2 直通调节阀的固有调节特性和工作特性指数图

先介绍直通调节阀（简称调节阀），后面再介绍三通调节阀和调节阀组合。

根据表9.1中的参数，调节阀流量特性通常习惯用相对流量 $g = G/G_{100}$ 与相对开度（行程）x 来表示，即：$g = G/G_{100} = f(x)$

调节阀固有流量特性 **表9.6**

固有特性名称	固有相对流量 g_G	相对阻力系数 $sv = Sv/Sv_{100} = g_G^{-2}$
平方根型	$g_G = [1+(R_G^2-1)x]^{1/2}/R_G$	$sv_G = R_G^2/[1+(R_G^2-1)x]$
(直)线型	$g_G = [1+(R_G^1-1)x]^1/R_G$	$sv_G = R_G^2/[1+(R_G-1)x]^2$
抛物线型	$g_G = [1+(R_G^{1/2}-1)x]^2/R_G$	$sv_G = R_G^2/[1+(R_G^{1/2}-1)x]^4$
等百分比型	$g_G = R_G^{(x-1)}$	$sv_G = 1/R_G^{2(x-1)}$

注：x—相对阀位；R_G—固有调节范围。

1. 调节阀的固有流量调节特性

调节阀两端的差压不变时的相对流量 g_G 与相对开度 x 的关系称为理想特性，或固有特性。固有特性的表示方法：

(1) 固有流量特性表达式

四种常用调节阀的固有流量特性表达式见表 9.6。

(2) 固有流量特性曲线图

固有调节范围 $R_G=30$ 的固有流量特性曲线表示于图 9.18。

(3) 用相对阻力系数表示

在测试流通能力的条件（$\Delta P_v=\Delta P_K=100kPa=0.1MPa=1kgf/cm^2$ $\rho=\rho_K=1g/cm^3=1t/m^3$）下，根据式（9.60），全开流量 $L_{100}=K_v$。这就是调节阀流通能力 K_v 的定义。

于是，$\Delta P_v=\Delta P_K=S_{v100}\cdot L_{100}{}^2=S_{v100}\cdot K_v^2$

所以，根据调节阀的流通能力 K_v 可方便地求得调节阀全开阻力系数：

$$S_{v100}=\Delta P_K/K_v^2 \qquad (9.61)$$

固有特性测试的条件为：$\Delta P_v=S_v\cdot L^2=const$，所以求得固有特性：

$$g_G^2=(L/L_{100})^2=(L/L_s)^2=S_{v100}/S_v$$

调节阀的相对阻力系数：

$$s_v=S_v/S_{v100}=1/g_G^2 \qquad (9.62)$$

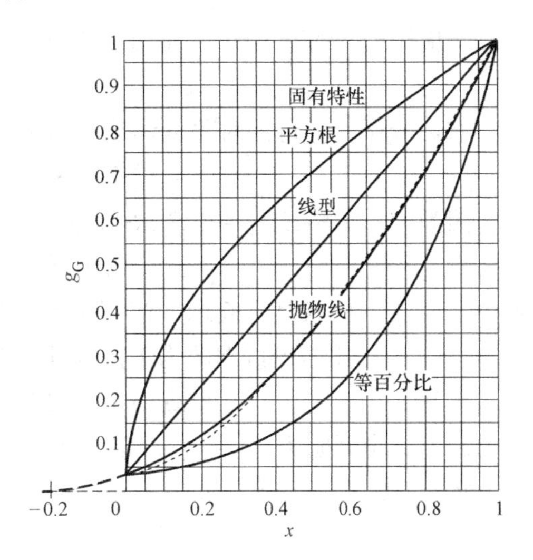

图 9.18　调节阀固有流量特性

式中　S_v 和 S_{v100}——分别为调节阀的阻力系数和全开阻力系数；

$\Delta P_K=100kPa=0.1MPa=1kgf/cm^2$，为测量 K_v 时调节阀两端的压差；

$L_{100}=L_s$——调节阀全开流量。

式（9.62）明确地表示了固有流量特性的最本质的物理意义，即调节阀实质上就是变阻力“管件”，因此，调节阀也称为节流调节机构，其调节过程必然有节流损失，这是调节阀与调速泵的重要差别。同时，根据式（9.61），可方便地求得调节阀全开阻力系数 S_{v100}；根据式（9.62），可根据固有特性方便地求得调节阀的相对阻力系数与开度的关系。几种阀型的相对阻力系数也表示在表 9.6 中。

固有流量特性必须有一个条件，即调节阀两端的压差 ΔP_v 不变。而调节阀的相对阻力系数不需要附加条件，所以，调节阀的相对阻力系数不但是固有特性，而且是最本质的固有特性。

如果固有调节范围 $R_G=30$，则相对全关阻力系数：

$$s_{v0}=S_{v0}/S_{v100}=(1/g_{G0})^2=R_G^2=900。$$

2. 调节阀与管道串联时的工作特性

显然，调节阀的实际工作条件与固有特性的条件不同，即调节阀两端的压差 ΔP_v 是变化的。调节阀的调节特性不但与调节阀的种类、型号规格等有关，而且与管道和工质源特性等有关。现在，大多数设计人员都已经明白，不能直接按固有特性进行设计，而必须按工作特性进行设计。

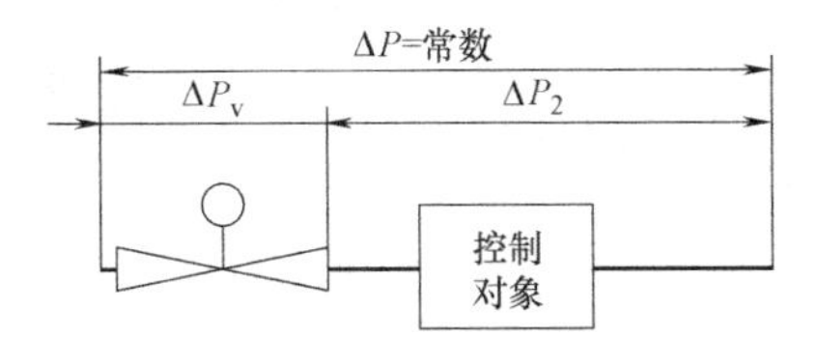

图 9.19　调节阀与管路串联

在实际系统中，调节阀与工艺管道串联（图 9.19）最常用：

通过调节阀的压降：$\Delta P_v = S_v \cdot L^2$，设计工况 $\Delta P_{vs} = S_{v100} \cdot L_s^2$

通过工艺管道的压降：$\Delta P_2 = S \cdot L^2$，设计工况 $\Delta P_{s2} = S \cdot L_s^2$

于是串联总压降：$\Delta P = \Delta P_v + \Delta P_2 = S_v \cdot L^2 + S \cdot L^2 = (S_v + S)L^2 =$ 常数

设计工况总压降：$\Delta P_s = S_{v100} \cdot L_s^2 + S \cdot L_s^2 = (S_{v100} + S)L_s^2$

∵应用时，$\Delta P = \Delta P_s =$ 常数，∴ $(S_v + S)L^2 = (S_{v100} + S)L_s^2$

$$g^2 = (L/L_s)^2 = (S_{v100} + S)/(S_v + S)$$

右边分子、分母同时除以调节阀的全开阻力系数 S_{v100}：

$$g^2 = (1 + S/S_{v100})/(S_v/S_{v100} + S/S_{v100}) \tag{9.63}$$

因为　$S/S_{v100} = [(S + S_{v100}) - S_{v100}]/S_{v100} = (S + S_{v100})/S_{v100} - 1$

设　$$P_v = \Delta P_{vs}/\Delta P_s = S_{v100}/(S + S_{v100}) \tag{9.64a}$$

式中　P_v——阀权度，表示调节阀全开（即工艺设计工况）时调节阀阻力与系统阻力之比，也可理解为工艺设计工况下调节阀阻力占系统阻力的权度。

于是，　$$S/S_{v100} = \Delta P_{s2}/\Delta P_{v100} = 1/P_v - 1 \tag{9.64b}$$

调节阀全开阻力：　$$\Delta P_{vs} = \Delta P_{v100} = \Delta P_{s2}/(1/P_v - 1) \tag{9.64c}$$

将式（9.62）和式（9.64b）代入式（9.63）得：

$$g^2 = [1 + (1/P_v - 1)]/[1/g_G^2 + (1/P_v - 1)]$$
$$= (1/P_v)/[1/g_G^2 + (1/P_v - 1)]$$

上式右边分子、分母同时乘以 P_v，整理得到：

$$g^2 = 1/(P_v/g_G^2 + 1 - P_v) = f(P_v, g_G) = f(\text{阀型}, R_G, P_v, x) \tag{9.65}$$

式中　g_G——固有流量特性，见表 9.6 或者图 9.18。

显然，如果 $P_v = 1$，则上式变成：$g = g_G$，表明阀权度 $P_v = 1$，即得到固有特性 g_G。

如果直接用表 9.6 中的相对阻力系数 s_v，则可更方便地推导出相同的结果。

式（9.65）表明，调节阀的工作特性与调节阀类型、固有调节范围 R_G、阀权度 P_v 和相对开度 x 有关。对特定的调节阀类型和特定的固有调节范围 R_G 可做出一张流量调节性能图：$g = f(P_v,\ x)$。通常，在许多关于调节阀的文献都可找到部分流量调节性能图，所以在这里就不重复介绍了。

3. 调节阀与管道串联时的工作特性图

显然，利用调节阀的工作特性曲线图，只能定性地进行调节阀的优选和系统优化。而用特性指数法，可以使调节性能的表示、控制系统的优化设计、控制环节的优选和调节特性的自动补偿等实现数字化、简化和实用化。详见第 9.2 节。

分析了各种调节阀的工作特性，在实用阀权度 $P_v = 0.2 \sim 1.0$ 的范围内，根据式（9.19），我们关心的可调工作特性可表示成：

$$\text{outr} = g_r = (G - G_0)/(G_{100} - G_0) = (g - g_0)/(1 - g_0) = (g - 1/R_v)/(1 - 1/R_v) = xr^{\text{nv}} \tag{9.66}$$

式中　$g_0 = 1/R_v$——泄漏量；

R_v——调节阀的调节范围。

根据式（9.17a），调节阀的可调流量特性指数：

$$\text{nv} = \log[(g_{50} - g_0)/(1 - g_0)]/\log(0.5)$$

根据表 9.6，如果相对开度 $x=0$，则 $g_G=1/R_G$

代入式（9.65）： $$g_0=1/R_v=\sqrt{1/(P_v\cdot R_G^2+1-P_v)} \tag{9.67}$$

根据以上推导，可以做出三个非常实用的调节阀性能图：

（1）调节范围图（图 9.20）

根据式（9.67），可得调节范围：

$$R_v=1/g_0=\sqrt{P_v(R_G^2-1)+1}=f'(P_v,R_G) \tag{9.67a}$$

通常，国产液体调节阀的固有调节范围 $R_G=30$，于是做出实际调节范围 R_v 与阀权度 P_v 的关系如图 9.20 所示。

如果固有调节范围 R_G不同，则可在图 9.20 中做出类似的曲线。

（2）调节特性指数图（图 9.21）

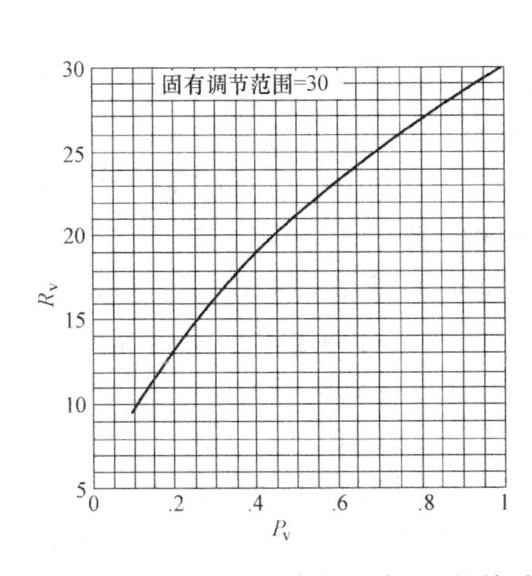

图 9.20 调节范围 R_v 与阀权度 P_v 的关系

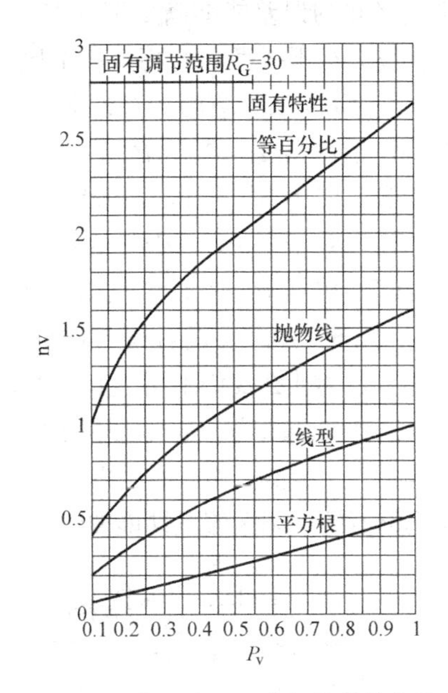

图 9.21 常用直通调节阀的特性指数

将式（9.67）和式（9.65）代入式（9.66），根据（9.17a），就可求得调节特性指数 $n_v=f$（阀型，P_v，R_G）。

通常，国产液体阀门的固有调节范围 $R_G=30$，表 9.6 中四种常用调节阀的工作特性指数 n_v 与阀权度 P_v 的关系表示在图 9.21。利用图 9.21 可以方便地根据阀型与阀权度 P_v 求得工作特性指数。

如果固有调节范围 R_G不同，则可做出类似的图形。

在应用图 9.21 之前，有必要分析一下我们定义的特性指数与表 9.6 定义的调节阀固有流量特性的幂函数之间的误差，以及为什么我们不用表 9.6 定义的幂函数表示调节阀的流量特性。

这里先以抛物线形调节阀为例进行说明。

∵根据表 9.6 中的定义，$g_G=[1+(R_G^{1/2}-1)x]^2/R_G$，对抛物线顶点微分 $dg_G/dx=0$，可求得：$x_0=-1/(R_G^{1/2}-1)<0$，如果 $R_G=30$，则 $x_0=-0.223353$；

∴完整的抛物线固有流量性能曲线的顶点（起点）为 $x_0=-0.223353$，$g_G=0$；终点

为 $x=1$，$g_G=1$。我们将完整的抛物线表示在图 9.18 中，$x\geqslant0$ 为粗实线，$x<0$ 为粗虚线，我们可将这条完整的抛物线曲线称为“全曲线”。

因为 $x<0$（粗虚线）的调节特性无法实现也无实用价值，所以工程上有用的可调流量性能曲线（$x=0$，粗实线）只是在“全曲线”（粗实线+粗虚线）上截取了一段曲线（粗实线）。于是，根据第 9.2.4 节的“特性曲线截段拉直原理”，因为原曲线的指数 $n>1$，则截段曲线的特性指数将减少，所以 $x\geqslant0$ 时的抛物线固有特性的可调特性指数为$nv_G<2$。

根据 $P_v=1$，可从图 9.21 求得 $x\geqslant0$ 时的抛物线固有特性的可调特性指数为 $nv_G\approx1.61<2$。根据式（9.21），得到 $g_G=1/R_G+(1-1/R_G)x^{1.61}$，并在图 9.18 中用细虚线表示。可以看到，两条曲线（细虚线和粗实线）基本重合，其误差完全满足工程设计要求，即在 $x\geqslant0$ 的有实际价值的可调区内，本文特性指数的定义——式（9.21）与表 9.6 中的定义式之间的误差能够满足工程需要。

同样，对于线型固有特性调节阀 $g_G=0$，$x_0=-0.03448<0$，同样可以做出其“全曲线”；根据第 9.2.4 节的“特性曲线截段拉直原理”，如果原曲线的指数 $n=1$，则截段曲线的特性指数不变。根据 $P_v=1$，可从图 9.21 求得 $x\geqslant0$ 时的线型固有特性调节阀的可调特性指数仍然为 $nv_G=1$，两者完全重合。

同样，对于平方根型固有特性调节阀 $g_G=0$，$x_0=-0.00111<0$，同样可以做出其“全曲线”。根据 $P_v=1$，可从图 9.21 求得 $x\geqslant0$ 时的线型固有特性调节阀的可调特性指数为 $nv_G=0.52>0.5$。两者误差很小，其差别同样可用“特性曲线截段拉直原理”解释。

那么，为什么我们不用表 9.6 中固有特性表达式来定义有泄漏环节的调节特性指数呢？主要是这种“全曲线”定义比较麻烦，而且不便于优化计算，同时调节阀的负行程（$x_0<0$）实际上无实用价值。对于有泄漏环节/系统，将全特性分为不可调区和可调区，而且只定义有实用价值的可调区流量性能曲线（起点为 $x_0=0$，$g_G=1/R_G$；终点为 $x_0=1$，$g_G=1$）的特性指数，见式（9.21），这样做不但定义简单，而且便于特性指数图的制作和优化设计。

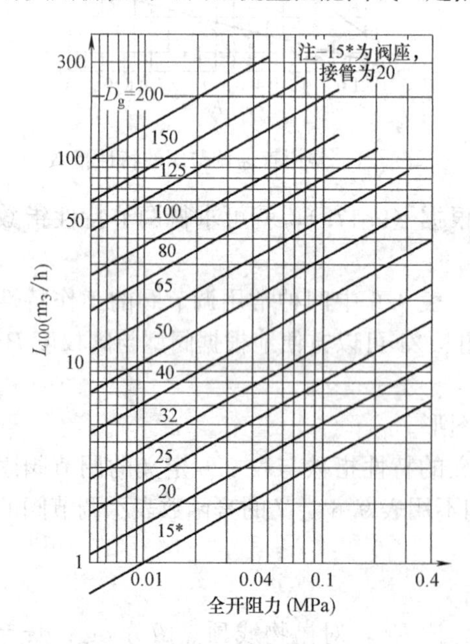

图 9.22　VP 型直通单座调节阀的全开水量 L_{100} 和全开阻力（$\rho=1$）

（3）全开流量 L_{100} 与管径 D_g、全开阻力 ΔP_{100} 的关系图（图 9.22）

为了使用方便，可以根据调节阀的流通能力系数和允许压差，将各种型号调节阀的全开流量 L_{100} 与管径 D_g、全开阻力 ΔP_{100} 的关系做成图。例如，VP 型直通单座调节阀全开水量（m^3/h）（密度 $\rho=1$）、管径（mm）、全开阻力（MPa）的关系表示在图 9.22 中。允许压差即考虑了执行器的执行力必须满足要求，从图 9.22 可见，当 $D_g\geqslant50$，随管径增加，最大流量就有所减少。

其他型号调节阀也可以作出相似的图形。

9.4.3　直通调节阀的优选和差压变化的影响

1. 直通调节阀的优选

利用特性指数图可方便地进行调节阀的优选，并通过经济比较确定设计参数。

【例题 9.9】 已知：流体为水，密度 $\rho=1$。工艺管道的设计工况：阻力 $\Delta P_{s2}=0.3$MPa，流量 $L_{100}=10m^3/h$，控制系统需要调节阀具有线性工作流量特性，即特性指数 $n_v=1$，调节范围 $R_v>8$，请优选 VP 型调节阀。

【解】 根据图 9.21，特性指数 nv=1，有两个解：

① 选择抛物线形固有特性调节阀，阀权度 $P_v=0.4$；

② 选择等百分比型固有特性调节阀，$P_v=0.1$（注意：$P_v<0.2$，曲线有些变形！）

根据图 9.20，调节范围 R_v 分别为①$R_v=19>8$ 和②$R_v=9.5>8$，

根据式（9.64c），调节阀全开阻力 $\Delta P_{vs}=\Delta P_{v100}=\Delta P_{s2}/(1/P_v-1)$

所以两种方案的经济比较如下：

① 选择固有特性为抛物线形的调节阀，阀权度 $P_v=0.4$，

$$\Delta P_{v100}=0.3/(1/0.4-1)=0.2\text{MPa}$$

根据 $L_{100}=10m^3/h$，$\Delta P_{v100}=0.2$MPa，查图 9.22 选得：

$D_g=25$，全开总阻力 $\Delta P_{v100}+\Delta P_{s2}=0.2+0.3=0.5$MPa

② 选择固有特性为等百分比型的调节阀，阀权度 $P_v=0.1$

$$\Delta P_{v100}=0.3/(1/0.1-1)=0.033\text{MPa}$$

根据 $L_{100}=10m^3/h$，$\Delta P_{v100}=0.0333$MPa，查图 9.22 选得：

$D_g=40$，全开总阻力 $\Delta P_{v100}+\Delta P_{s2}=0.033+0.3=0.333$MPa

方案②与方案①的总阻力之比为：0.333/0.5=67%，功耗之比为 $(67\%)^2=45\%$。

表明，在满足调节范围和特性指数的前提下，如果能够选择阀权度比较小的方案，就有明显的节能效果，即可以采用比较低的供水差压。

在供水差压和流量确定后，就可以进行供水系统的设计了。

2. 供水差压变化的影响

请注意，前面关于调节阀的特性都有限制条件。固有特性的限制条件为：调节阀两端的差压为常数。工作特性的限制条件为：调节系统两端的差压为常数。

因为使用直通调节阀时流量变化大，根据离心泵的扬程—流量特性，通常流量降低，扬程有所升高；根据容积泵的扬程—流量特性，通常流量降低，扬程急剧升高。所以必须考虑供水差压变化的影响，具体做法举例如下：

（1）增加恒压控制，其缺点是成本高，通常用于多调节阀并联调节系统；

（2）选择在调节范围内扬程平稳的水泵，要求调节范围大时往往无法选择；

（3）进行调节特性修正，特别是调节阀关闭时，扬程升高使泄漏大大增加；

（4）采用三通调节阀，这就是下面要介绍的内容；

（5）以调速泵取代调节阀，即采用分布式输配系统。

9.4.4 利用直通调节阀特性指数设计三通调节阀系统的简便方法

如前面介绍，由于直通调节阀应用系统只有一个通道，包括调节阀+管道，只有两个影响因素，即调节阀压降和系统压降，并且可组合成阀权度 p_v，则只有一个因素了。因此，直通调节阀的特性指数图等比较简单，分别表示于图 9.20、图 9.21 和图 9.22；而三通调节阀应用系统有三个通道，包括两个支路的调节阀+支路管道与总管路，共 2+2+1=5 个影响因素，可组合成阀权度 p_{va}（支路 a）、P_{vb}（支路 b）、p_{vz}（总管路），则还有三个因素。因此问题会变得很复杂。然而，只要我们抓住了三通调节阀的应用特点，就可

以方便地应用直通调节阀的特性指数进行三通调节阀的优选和系统优化设计。至于三通调节阀调节特性的全面介绍，需要较大的篇幅，请参阅有关文献。

1. 三通调节阀的分类

(1) 按组成结构和特性分类

三通调节阀实质上是由两个直通调节阀组成。按组成结构和特性可分为：

1) 一体化三通调节阀（图 9.23）。通常，一体化三通调节阀的两个支路的调节阀相对称，即相当于用两个相同的直通调节阀按行程反向并联（一个行程增加，另一个行程减少）组成。这种一体化三通调节阀可称为对称型三通调节阀。后面将看到，对称型三通调节阀的用途非常有限。

2) 组合三通调节阀（图 9.24）。用两个直通调节阀按行程反向并联构成组合三通调节阀：

① 如果两个阀门的固有流量特性相同，则组成对称型组合三通调节阀；

② 如果两个阀门的固有流量特性不同，则组成不对称型组合三通调节阀。

3) 互补型三通调节阀。如果两个阀门的实际流量特性实现互补，使总流量基本保持不变，则组成互补型三通调节阀。互补型三通调节阀通常是组合三通调节阀，但特殊情况下也可能是一体化三通调节阀。后面将看到，互补型三通调节阀有更好的调节特性和更广泛的用途，而且选择设计很简单。

(2) 按流动分

三通调节阀分为分流三通阀和混合三通阀（图 9.23 和图 9.24）。在图 9.23 中有意将控制对象（如换热器）接在旁流支路上，是因为内部结构—通常旁流阻力比直流通道略小，这与直观的看法不一致。

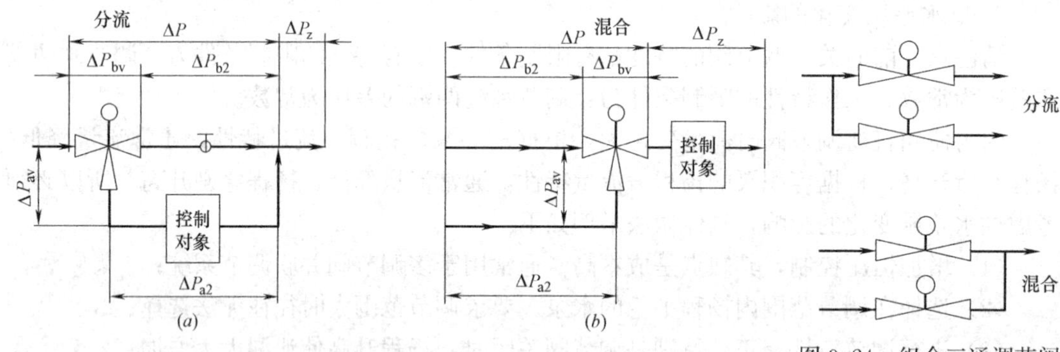

图 9.23　一体化三通调节阀的基本应用方案

图 9.24　组合三通调节阀

2. 应用三通调节阀的特点和优点

因为直通调节阀价格低而且管路简单，所以如果采用直通调节阀能够满足要求，就不采用三通调节阀。以下情况通常应该选用三通调节阀：

1) 当系统包括多个调节阀子系统时，为防止各控制回路之间的相互干扰，要求调节时各子系统的流量基本不变；

2) 将两种不同参数的流体进行混合，要求进入控制对象的流量基本不变（如图 9.23 (右) 表示的质调节）；

3) 当管道阻力很大，如图 9.23 (*a*) 中的 $\Delta P_{a2}+\Delta P_z$ 很大，如果用直通调节阀，阀

权度 P_v 会很小，无法选择到调节特性满足要求的直通调节阀；

4）防止流量调节对工质源压力的影响，如果工质源无压力控制，通常流量减少，压力会有所增加，使直通调节阀流量特性和调节范围发生变化。等等。

上面的1）和2）项表示要求总流量基本不变；3）项表示必须确保得到需要的调节特性；1）和4）项表示防止调节产生干扰。所以，确保调节特性和总流量基本不变，以及减少调节干扰等，就是应用三通调节阀的特点、优点和选择设计原则。

关于总流量基本不变，实际上容易实现：只要总管路阻力 ΔP_z（见图9.23）足够大，即 $\Delta P_z >> \Delta P$ 就行了，有的文献还求出了实现总流量不变的最佳管路阻力比值（$\Delta P_z/\Delta P$）。但是请注意，如果两个支路的实际流量特性为线性特性，则 ΔP_z 增大不会改变支路的流量特性，否则当 ΔP_z 很大时，会使流量调节特性发生变形，严重时变成开关特性（篇幅所限，不详述）。

所以在这里按一种新的思路，即根据应用三通调节阀的特点、优点和选择设计原则，利用直通调节特性指数来研究三通调节阀的特性和系统的优化设计。

3. 利用直通调节特性指数进行三通调节阀系统优化设计的原理

从三通阀的用途和优点可以看到，研究三通阀的主要目标应该为：得到需要的调节特性，并确保总流量基本不变。下面就介绍如何利用直通调节阀的特性指数，进行三通调节阀系统优化设计的简便方法。

第一步，设图9.23中的支路阻力 ΔP 在调节过程中不变（与直通调节阀的应用条件一样），并确定主调节支路，例如图9.23（a）所示系统支路a（安装了调节对象）为主调节支路；图9.23（b）所示系统也选支路a为主调节支路。于是主调节支路的优化设计就与直通调节阀完全一样：根据该支路的阀权度（$P_{va}=\Delta P_{va}/\Delta P$）、特性指数nva和调节范围 R_{va}，就能够利用直通调节阀的特性指数图（图9.20～图9.22）进行调节阀优选，即确定主调节支路的阀型和规格、阻力等参数。

第二步，确定能够实现互补，即确保总流量基本不变的副支路的特性指数 n_{vb}，进而确定副支路的阀型和规格等参数。因为副支路未安装设备，通常应该在副支路安装一个手动阀，以便调节副支路的阻力。

显然，这样就把复杂的三通调节阀系统的设计分解成了两个直通调节阀系统的设计。而且由于在第二步已经确保总流量不变，所以不必再考虑总流管路阻力 ΔP_z，或者说，这样选择的互补三通调节阀的特性与总管路阻力 ΔP_z 已经无关了。这就使三通调节阀的各种计算变得非常简便。与直通调节阀选择设计相比，三通调节阀选择设计的关键是根据主调节支路的特性指数nva求得能够实现互补（即确保总流量基本不变）的副支路的特性指数 n_{vb}。

在使用时，为减少阀门的型号规格，通常选择两个支路调节阀的型号规格（孔径）相同，全开流量 $L_{a100}=L_{b100}$，于是，根据式（9.66），三通阀的总流量系数：

$$g_z=g_a+g_b=1/R_{va}+(1-1/R_{va})x^{nva}+1/R_{vb}+(1-1/R_{vb})(1-x)^{nvb}=\text{const} \quad (9.68)$$

式中　a，b，z——分别为表示a，b支路和总管路的脚码，这里b不表示补偿器；

x，$(1-x)$——两个支路调节阀的相对开度/相对行程。

通常在使用三通调节阀时，阀权度大，泄漏量相对总流量都很小，而且通常两个支路的孔径和固有调节范围相同，所以 $1/R_{va}=1/R_{vb}$，于是得到：

$$x^{nva}+(1-x)^{nvb}=const \tag{9.69}$$

显然，如果 nva=nvb=1，则 $x+1-x=1=const$

于是可得到确保总流量不变的第一个解：　　　nva=nvb=1　　　(9.69a)

式（9.69a）表明，如果两个支路的实际调节特性指数都为1，即两个支路工作特性都为线性，则在调节过程中总流量不变。这时，三通调节阀的两个支路是对称的，既可以选择一体化三通调节阀，也可以选择组合三通调节阀。注意这里的 nva=nvb=1，是指实际（工作）调节特性指数，而不是固有流量特性指数。

下面研究两个支路调节阀实现流量互补，从而确保调节过程中总流量不变的另一个解。同样取 $L_{a100}=L_{b100}$，$1/R_{va}=1/R_{vb}$，用三点法确保调节过程中总流量基本不变的条件变为：

$$gz_0=ga_0+gb_{100}=gz_{100}=ga_{100}+gb_0=gz_{50}=ga_{50}+gb_{50}$$

因为根据式（9.66）：

$$gz_0=gz_{100}=1/R_{va}+(1-1/R_{va})0^{nva}+1/R_{vb}+(1-1/R_{vb})(1-0)^{nvb}=1/R_v+1$$

$$gz_{50}=1/R_{va}+(1-1/R_{va})0.5^{nva}+1/R_{vb}+(1-1/R_{vb})0.5^{nvb}$$

$$=2/R_v+(1-1/R_v)(0.5^{nva}+0.5^{nvb})$$

$$gz_{50}=gz_0=gz_{100}=(1-1/R_v)(0.5^{nva}+0.5^{nvb})=1-1/R_v$$

所以确保总流量不变的特性指数关系式为：　　$0.5^{nva}+0.5^{nvb}=1$　　(9.70)

即

$$0.5^{nvb}=1-0.5^{nva}$$

$$\log(0.5^{nvb})=nvb\cdot\log(0.5)=\log(1-0.5^{nva})$$

于是：

$$nvb=\log(1-0.5^{nva})/\log(0.5) \tag{9.71}$$

为了应用方便，将式（9.71）表示于图9.25。

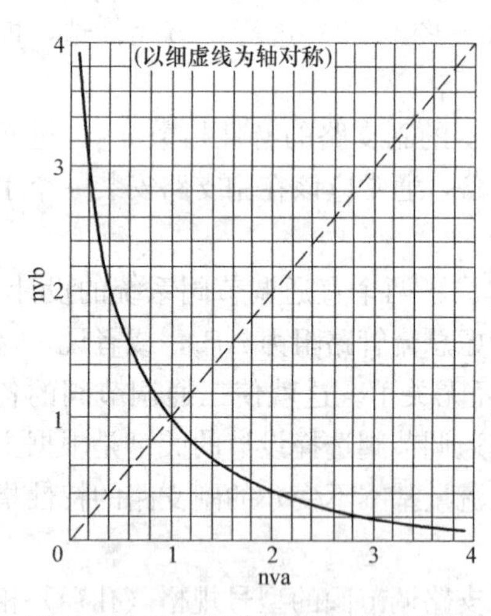

图9.25　三通调节阀的互补特性指数

显然，如果 nva=1，则 nvb=1，于是式（9.70）就变成了式（9.69a）。可见，式（9.69a）是式（9.70）的一个特例。从图9.25也可以看到：nva=1，则 nvb=1。

从以上分析和图9.25可见：

（1）如果工作特性能够满足式（9.70）或式（9.71）（即图9.25），则总流量在调节过程中基本不变。从图9.25还可以定性地看到，如果 nva>1，则要求用 nvb<1 进行流量补偿；如果 nva<1，则要求用 nvb>1 进行流量补偿，从而使总流量基本保持不变。所以，可以将这种能够互补的组合三通调节阀称为互补三通调节阀，而且互补三通调节阀的两个支路的特性指数是以过0点和 nva=nvb=1 点的连线（图9.25中的细虚线）为轴对称。显然，这种互补作用也可以从常识定性看到。

（2）当 nva=nvb=1，为对称线性工作特性，是互补三通调节阀的一个特例。

（3）组合三通阀通常可以实现两个支路相互补偿，而且直通调节阀型号规格多，产量大，价格低，泄漏量通常比一体化三通调节阀小，所以组合三通阀具体有更广泛的用途。

（4）采用互补三通调节阀，三通阀的调节特性可以不考虑总管路阻力，因此复杂的三通阀系统的计算和设计变得和直通调节阀系统一样简便了。

所以，直通调节阀的工作特性是三通调节阀特性的基础，直通调节阀的优选和系统的优化设计也是三通阀的基础。

请注意：这里没有提到固有特性，都是指工作流量特性，或称实际流量特性。

4. 互补型三通调节阀的优选

【例题 9.10】 已知：主支路调节阀特性指数 nva=2，$R_{va}>20$（其他参数略），选择互补型三通调节阀（可用 VP 型直通组合）。

【解】（1）根据 nva=2，从图 9.21 选择得到固有特性为等百分比型，$P_{va}=0.52$；根据 $P_{va}=0.52$，从图 9.20 得到 $R_{va}=22>20$，满足要求；根据 $P_{va}=0.52$ 和主支路管路阻力，利用式（9.64c），求得调节阀全开阻力；根据调节阀全开阻力和全开流量，从图 9.22 查得调节阀口径（同【例 9.9】，略）。

（2）根据 nva=2，从图 9.25 求得能够实现互补的副支路调节阀的 nvb=0.41；根据 nvb=0.41，从图 9.21 选择得到 3 个解：

① 固有特性为抛物线型：$P_{vb}=0.1$，$R_{vb}=9$，调节阀口径最大。

② 固有特性为线型：$P_{vb}=0.25$，$R_{vb}=15$，调节阀口径中等，$1/R_{vb}\approx 1/R_{va}$。

③ 固有特性为平方根型：$P_{vb}=0.9$，$R_{vb}=28$，调节阀口径最小，$1/R_{vb}\approx 1/R_{va}$。

建议采用固有特性为平方根型的调节阀：$P_{vb}=0.9$，调节阀口径最小，价格最低。然后根据副支路管路阻力，利用式（9.64c），求得调节阀全开阻力；根据调节阀全开阻力和全开流量，从图 9.22 查得调节阀口径（同【例 9.9】，略）。

定性来看：主支路 nva=2，为抛物线特性；副支路 nvb=0.41，为快开特性。从而实现互补，使总流量基本不变。

由于调节阀种类有限，因此通常只能近似满足设计要求。

9.4.5 调节阀和调速泵的比较

调节阀本质上是利用改变阻力进行流量调节，所以节流损失是不可避免的。然而，如果在保证调节范围和调节特性指数的前提下，采用尽可能小的阀权度，则可以减少节流损失。如果管路阻力很大或/和要求总流量不变，可以采用三通调节阀。当然，如果能够以调速泵取代调节阀，则可以消除节流损失。因此，在选择流量调节机构时，必须进行经济比较，即使确定了采用调节阀或者调速泵，也还要进一步进行经济比较。

从调节和节能的角度，调节阀和调速泵的简单比较见表 9.7。

调节阀和调速泵的比较 **表 9.7**

	调 节 阀	调 速 泵
调节原理	改变阀位→改变调节阀阻力→调节流量	改变转速→改变泵的扬程-流量特性→调节流量
节流损失	本质上有节流损失	本质无节流损失-分布式系统的优点
确定流量调节特性原理	研究调节阀的阻力变化＋工艺管路阻力对流量的影响	研究调速泵扬程-流量特性与工艺管路阻力＋背压的能量平衡
常用工况特性指数	有几种调节阀 nv=0.2～2.7，实际调节特性指数选择范围较大，但不连续	背压 $H_0\geqslant 0$ 时，nv$\leqslant 1$，实际调节特性指数选择范围较小，但有连续性
有无泄漏/调节范围	本质有泄漏， 调节范围 R_v 比较小	背压 $H_0\geqslant 0$，$R_v=\infty$； 可反转齿轮泵 $R_v=\infty$

续表

	调节阀	调速泵
调节特性优化方法	①调节阀优选（nv 范围比较大） ②利用控制器优化补偿	①调速泵优选（$\because R_v=\infty$，可截段拉直） ②利用控制器优化补偿
特性指数调节范围等特性	直通调节阀图 9.20～图 9.21 互补三通调节阀，图 9.25，图 9.20～图 9.21 全开阻力$=f(L_{100},D)$，例图 9.22	容积泵：图 9.17；活塞泵 nv≡1 离心泵：图解法；$H_0=0$，nv≡1 设计扬程$=f(L_{100},r_s)$，例图 9.9
节能提要	在确保调节范围和调节特性指数的条件下，尽可能采用小阀权度	在确保调节特性指数的条件下，并使水泵工作在高效率区
应用注意	不能按固有特性选择调节阀，必须考虑管路阻力，按实际调节特性设计； 管路阻力很大和/或要求总流量不变，应采用互补型三通调节阀，组合互补型三通调节阀有更广泛的用途。互补特性指数见图 9.25； 资用压头够，应该采用调节阀； 供水压力变化须修正 nv 和 R	必须考虑管路阻力对调速泵调节特性的影响； 不能采用多台离心泵并联一台离心泵调速，可多台离心泵并联共同调速，或用活塞泵调速； 出口加止回阀，活塞泵和高压齿轮油泵进出口之间必须装安全泄压阀； 资用压头不够，必须采用调速泵； 尽量不用驼峰形扬程流-量特性泵
组合应用	阀-阀/阀-泵/泵-泵组合、分布式泵——必须认真考虑全程运行水压平衡	
注	水泵管路阻力：包括调节回路中的工艺设备阻力＋工艺管道和阀阻力＋H_0 背压 H_0＝用户与泵入口的压力差＋高度差，见式(9.34)	

9.5　调节对象的特性指数

9.5.1　确定特性指数的两点/三点工艺数据计算法

调节对象（例如换热器等）的种类很多，因此无法在这里一一介绍。比较简单明了的调节对象的特性指数请见表 9.3。

大多数调节对象（如换热器）是无泄漏环节，因此可以应用两点工艺数据计算法求得特性指数，即在计算（测定）了工艺设计工况外，再计算（测定）一点中间工况，就可以求得特性指数，详见第 9.2.2 节。

如果有泄漏，就采用三点工艺数据计算法。就是在计算（测定）了工艺设计工况和中间工况外，再计算（测定）一点最小输出工况，就可以求得特性指数和调节范围，详见第 9.2.3 节。

许多设计手册和样本都给出了传热系数随流量变化的公式或者曲线，因此，对于工艺设计人员，求得调节对象特性指数比较容易。所以，这里不一一介绍。

9.5.2　无泄漏对象“被泄漏”的特性指数和调节范围

通常换热器等控制对象是无泄漏环节，但是，如果调节机构有泄漏，则控制对象也就变成了有泄漏。或者更广义地说，如果输入有泄漏，则本质无泄漏的环节也变成有泄漏了，这种泄漏可称为无泄漏环节“被泄漏”。

这里介绍无泄漏环节“被泄漏”时的调节范围和特性指数的计算。

(1) 对无泄漏特性曲线 $out=in^n$（图 9.26 实线框内）从 $in=in_0$ 处起至 $in=1$ 截取一段（图 9.26 虚线框内），于是得到新的有泄漏特性，其泄漏量为：

$$\text{out}_0=\text{in}_0^{\text{n}} \tag{9.72}$$

(2) 控制环节（如换热器）本质无泄漏，即 out=in^{no}，如图 9.26 整段曲线所示。因为调节机构有泄漏，调节对象产生了泄漏：

$$\text{out}_0=q_0=1/R_{\text{q}}=(1/R_{\text{v}})^{\text{no}}=\text{in}_0^{\text{no}} \tag{9.73}$$

其调节范围为变为：

$$R_{\text{q}}=R_{\text{v}}^{\text{no}} \tag{9.73a}$$

于是根据可调特性定义式（9.16）：

$$\text{outr}=\text{out}-\text{out}_0=\text{out}-\text{in}_0^{\text{n}}=\text{inr}^{\text{n}'} \tag{9.74}$$

式中　inr=(in−in$_0$)/(1−in$_0$)——可调的相对输入；

n，no——无泄漏特性指数；

n′，no′——“被泄漏”后的可调特性指数；

其他参数详见表 9.1。

根据图 9.26，out′的调节起点为 0′点，在原坐标中为 out=out$_0$=in$_0^{\text{n}}$；设计工况为 1 点，在原坐标中为 in=in$_{100}$=1。于是 inr 的中点 Z 在原坐标系（in，out）中表示为：
$\text{in}_Z=\text{inr}_{50}=\text{in}_0/2+1/2,\text{out}_Z=\text{in}_Z^{\text{n}}=(\text{in}_0/2+1/2)^{\text{n}}$

于是，$\text{outr}_{50}=(\text{out}_Z-\text{out}_0)/(1-\text{in}_0^{\text{n}})=[(\text{in}_0/2+1/2)^{\text{n}}-\text{in}_0^{\text{n}}]/(1-\text{in}_0^{\text{n}})$

根据式（9.25），求得“被泄漏”环节/系统的可调特性指数：

$$\text{n}'=\log(\text{outr}_{50})/\log(50\%)$$

$$\text{n}'=\log\{[(\text{in}_0/2+1/2)^{\text{n}}-\text{in}_0^{\text{n}}]/(1-\text{in}_0^{\text{n}})\}/\log(50\%)=\text{f}(\text{in}_0,\text{n}) \tag{9.75}$$

因为 R=1/ino，将式（9.75）作图于图 9.27，就可以很方便地用 R 和 n 求得 n′。从图可见，在特性曲线上截段，其特性指数向 1 靠近，这就是第 9.2.4 节中介绍的特性曲线截段拉直原理。这不但对调节对象有用，对控制系统调试也非常有用。

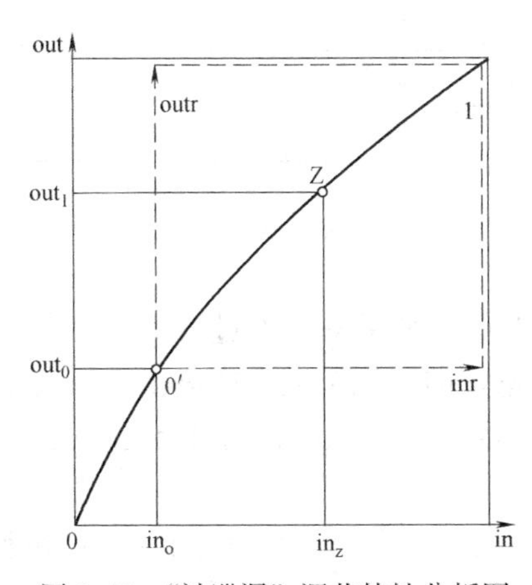

图 9.26 “被泄漏”调节特性分析图

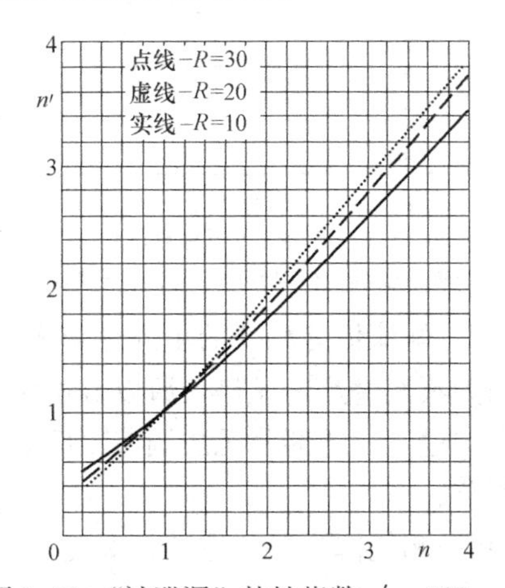

图 9.27 “被泄漏”特性指数 $n'=f(R, n)$

从图 9.27 可看到，如果 n=1，则 n′=n=1，这与第 9.2.4 节中介绍的线性不变原理相符。

9.5.3 调节对象举例——换热器的分类

调节对象种类繁多，不能一一介绍。现以换热器为例，介绍其分类和调节方案。换热器的种类很多，分类方法很多，例如按用途分类、按材料分类、按结构分类、按流程分类、按调节方案分类等，我们这里按两种流体是否相接触和调节方案进行分类。

1. 按两种流体是否相接触分类

（1）两种流体相接触，又可以分为：

1）同相流体完全混合，例如冷热流体（水、液、气）混合器，如果是冷热水相混合，则称为混水器。又可分为具有独立冷热源的混合器（混水器）和循环混合器（混水器）。资用压头够的支路必须选择调节阀，资用压头不够的支路必须采用调速泵，都需要特别注意压力平衡。

2）有相变完全混合，例如相容蒸汽与液体完全混合。如果蒸汽不过量完全混合，因为蒸汽潜热≫显热，则热量近似与蒸汽量成正比，所以特性指数 $no \approx 1$。注意，蒸汽过量，不能完全混合，则过量部分无法调节。

3）大部分气体接触后分离，只有部分气体发生相变混合，例如电厂/化工/制冷机的冷却塔、喷雾式空气处理器等湿气体与液体之间的热湿交换。在其中有蒸发或冷凝发生，虽然蒸发量或冷凝量的重量可以忽略不计，但是其潜热交换必须考虑。所以必须按热质交换进行计算，请参考冷却塔、喷雾式空气处理器等工艺设计文献。

（2）两种流体不接触，可以分为：

1）两侧流体无相变的单纯热交换，其详细分类见表 9.8 所示。

流体不接触、无相变换热器的分类　　　　**表 9.8**

号	t_{1j}	t_{1c}	t_{2j}	t_{2c}	g_1	g_2	K/K'	ε/ε'	调节方案	备注
1	调	变	C	变	C	C	C	C	质调节 t_{1j}	对于具体对象，有些参数不变或者变化很小，计算可简化。
2	调	变	变	C	C	C	C	C	质调节 t_{1j}	
3	C	变	C	变	调	C	$f(g_1)$	$f(g_1)$	量调节 g_1	
4	C	变	变	C	调	C	$f(g_1)$	$f(g_1)$	量调节 g_1	
5	C	变	C	变	C	调	$f(g_2)$	$f(g_2)$	量调节 g_2	风机盘管变风量调节
6	C	变	变	C	C	调	$f(g_2)$	$f(g_2)$	量调节 g_2	
7	C	变	$t_{2j}=t_{2c}=c$		调	C	$f(g_1)$	$f(g_1)$	量调节 g_1	热水供暖图 9.4 *

注：1. t—温度，g—相对流量，K/ε—传热系数/效率；脚标：1—热源，2—被处理介质，j/J—进口，c—出口；$'$—设计工况；C=常数，变=变数；调=调节，量调节=调流量，质调节=调温度。

2. 换热器装在恒温区内，外侧为自然对流。

2）一侧流体有相变的单纯热交换，如蒸汽加热器等。如果蒸汽不过量，能够全部凝结，因为蒸汽潜热≫显热，所以 $no \approx 1$。如果蒸汽过量，即蒸汽量大于换热器的最大冷凝量，则"过量"的部分无法调节。例如，换热器的最大冷凝量为 g_m，则只有 $g < g_m$ 时才能够调节。

3）一侧气体为湿气体的热湿交换，例如表面式空气冷却器（简称表冷器），利用热湿交换的相似和湿球温度法，可方便地利用干空气数据计算特性指数。

4）对空调机组和热泵中的热（湿）交换，还必须考虑机组的热平衡。利用制冷循环的相似与计算表冷器的湿球温度法，可方便地求得特性指数。

2. 按调节方案分类及方案优缺点概述

表 9.8 对两侧流体无相变的单纯热交换进行了详细分类，可以看到有两种调节方案，即质调节和量调节。其他换热器也都可以有这两种调节方案。质调节和量调节各有优缺点。例如：

质调节容易实现线性特性，但是混合系统比较复杂，而且如果执行器与换热器、传感器之间的距离比较远，则热量（温度）传输滞后大，所以设计时应该尽量减少执行器与换热器、传感器之间的距离。

量调节不容易实现线性特性，但是系统比较简单，而且流量以声波速传输，传输滞后比热量传输滞后小得多，所以通常采用量调节。当然，设计时也应该尽量减少执行器与换热器、传感器之间的距离，从而减少传输滞后。

然而，在分布式系统中，它们在系统上的差别就不大了。因为用调速泵不但可以调节流量，直接实现量调节，也可通过改变混合比（改变供水温度）实现质调节。如果采用混水器，就更简单了。当然，设计时也应该尽量减少调速泵与换热器、传感器之间的距离。

9.5.4 调节对象的特性指数资料举例

由于调节对象的种类很多，不能像调速泵和调节阀一样作出通用的特性指数图。当然，对于具体调节对象的某种调节方案，例如某类型换热器的具体调节方案，同样可以作出特性指数图，使用就方便了。现将调节对象的特性指数资料举例如下：

1. 比较简单的调节对象的特性指数已在表 9.3 中列出，可供参考。

2. 混水器的温度调节特性指数和设计注意

混水器的应用如图 9.28 所示。通常热（冷）源流体供水温度不变：$t_{0j}=t'_{0j}=t'_{1j}$；混合后总流量不变 $L_1=L'_0$；如果热源资用压力满足要求，则用调节阀调节流量，如果热源资用压力不够，则用调速泵调节流量。循环水必须用调速泵，根据用户条件，循环泵还可安装在 B，C 位置。

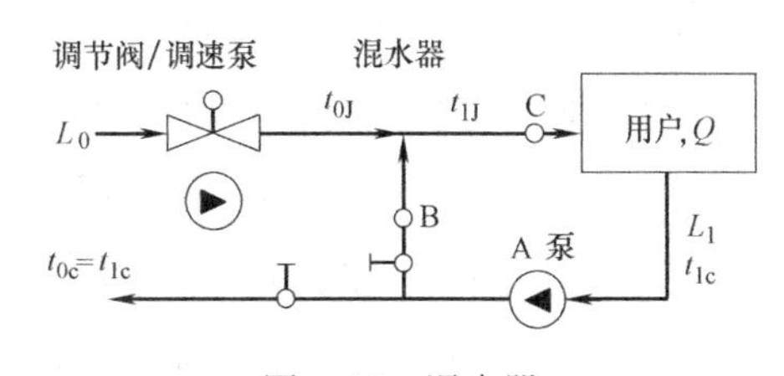

图 9.28 混水器

$\because Q=C\cdot\rho\cdot L_0\cdot(t_{0j}-t_{0c})=C\cdot\rho\cdot L_1\cdot(t_{1j}-t_{1c})$，

则相对水温：$\theta=q=(t_{1j}-t_{1c})/(t_{0j}-t_{0c})=(t_{1j}-t_{1c})/(t_{0j}-t_{1c})=L_0/L_1=g$

$\therefore\theta=q=g$，相对温度变换成特性指数： no$=1$ (9.76)

调速泵和调节阀的安装位置有多种组合。设计时必须认真考虑水压平衡，运行时也必须调节好水压平衡，否则可能无法正常工作。

3. 热水-空气换热器的特性指数

《调节阀的选择》中给出了热水-空气换热器的调节特性曲线图（图 9.30），其横坐标为 g（量调节 g 为相对流量，质调节 g 为热水占总水量比例，即水温的相对变化），纵坐标为相对热量 q，参数 α 的定义见表 9.10。调节方案如图 9.29（a）和图 9.29（b）所示，图中与热源相连的调节阀/调速泵根据热源的资用压头选择；同时调节阀可选直通/三通/

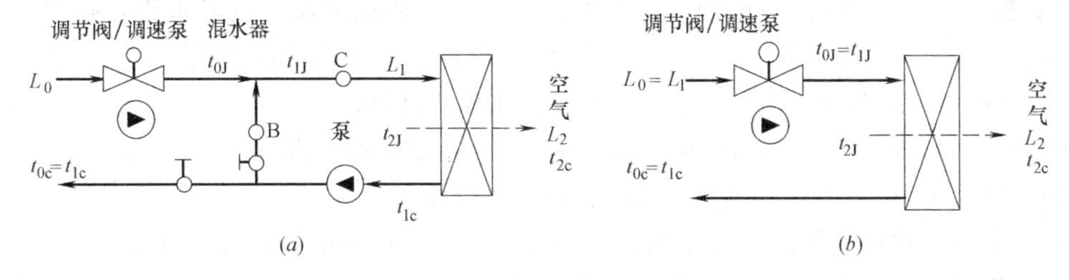

图 9.29 调节方案

（a）水-空气换热器质调节；（b）水-空气换热器量调节

组合三通调节阀；水和空气的流向为逆流（逆向交叉流）。

本文根据图9.30求得特性指数，并作图于图9.31，其横坐标为α，纵坐标为特性指数no。可见，图9.30中的一组曲线变成了图9.31中的一条曲线，从而使调节特性的表示和优化设计实现了数字化和简化（详见第9.4.6节举例）。图中no=0是本文有意加入的，其物理意义相当于开关控制（请见图9.5说明）。

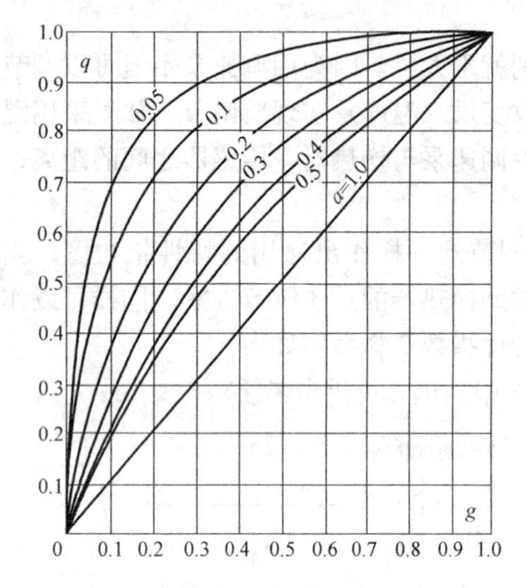

图9.30　热水-空气换热器调节曲线

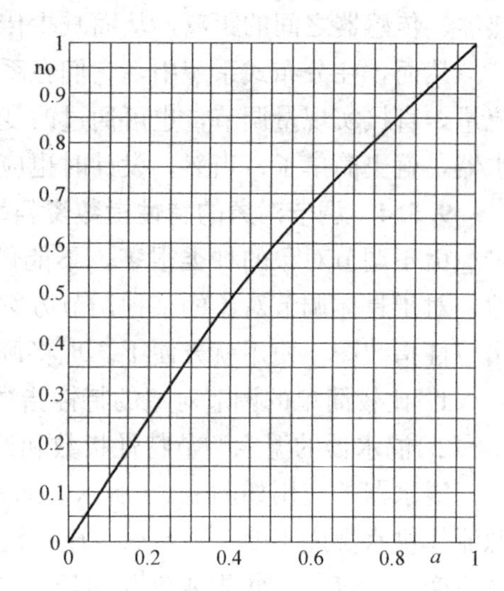

图9.31　热水-空气换热器特性指数图

值得注意的是，因为该图根据热水-空气换热器的特点，对量调节时的传热系数进行了简化（$K/K'=g_1^{m_1}$，$m_1<0.22$的近似计算），因此只能用于空调常用热水-空气换热器，不能用于其他热水-空气换热器，更不能用于水-水换热器。但是用它来说明人们对调节对象调节特性的重视和特性指数的优点是个很好的实例。

图9.29/图9.29*a*/图9.30和图9.31的参数说明　　**表9.9**

t_{1j}	t_{1c}	t_{2j}	t_{2c}	L_1	L_2	t_{0j}	调节方案与参数	处理	组合参数α
调	变	C	变	C	C	C	图9.29(a)，$K/K'=C$ $g=(t_{1C}-t_{1J})/(t'_{1C}-t_{1J})=(L_0/L_1)$	循环风	$(t_{0J}-t'_{0c})/(t_{0J}-t_{2J})$
调	变	变	C	C	C	C		新风	$(t_{0J}-t'_{0c})/(t_{0J}-t_{2c})$
C	变	C	变	调	C	C	图9.29(b)，$K/K'=g_1^{m1}$，$m_1<0.22$ 直接调节水量$g=g_1=L_1/L'_1$	循环风	$0.6(t_{1J}-t'_{1c})/(t_{1J}-t_{2J})$
C	变	变	C	调	C	C		新风	$0.6(t_{1J}-t'_{1c})/(t_{1J}-t_{2c})$

注：t—温度，K—传热系数；脚标0—热源，1—换热器工质，2—被处理介质，j/J—进口，c出口；′—设计（最大负荷）工况；C=常数，变=变化。

【例题9.11】 已知：根据图9.29b所示系统，采用调节阀，已经求得：换热器的组合参数$\alpha=0.59$，设计流量$L_s=10t/h$，供水压力$P=0.055MPa$，热量调节范围$R_q=8$，nc=nz=nt=1，请选择VP型调节阀，使系统实现线性特性。

【解】 (1) 根据$\alpha=0.59$和图9.31，求得换热器的特性指数no=0.67。

(2) $R_v=8$，no=0.67，查图9.27，求得no′=0.9。

(3) 根据优化设计条件式（9.26a）：nv·no′=1，求得nv=1/no′=1.11。

(4) 根据nv=1.5，查图9.21可选调节阀：①等百分比型：$P_v=0.13$；②抛物线型$P_v=0.52$。

（5）根据 P_v，查图 9.20，①等百分比型：$R_v=10$；②抛物线形 $R_v=22$。

（6）根据式（9.73a）：$R_q=Rv^{no}$，①等百分比型：$R_q=10^{0.67}=4.67<7.5$，不满足；②抛物线形 $R_v=22^{0.67}=7.9>7.5$，满足要求。

（7）根据 $P_v=0.52$，$P=0.05$MPa，求得调节阀全开压降=0.026。

（8）根据调节阀全开压降=0.026 和全开流量 $L_s=10$t/h，查图 9.22，$D_g=40$。

于是，调节阀的优选结果为：抛物线形 $D_g=40$。

如果无法同时满足调节范围和特性指数，则可以先满足调节范围，然后按式（9.25）或者式（9.25a）用补偿器（实际上在控制器中）进行优化补偿。

4. 我国常用热水供暖-暖气片的特性指数

我们可以根据设计手册、样本上的资料作出散热器特性指数图。作为示例，下面介绍我国常用热水供暖-散热器的调节特性指数图。

散热器内侧为热水，外侧为空气的自然对流时的传热量 Q 通常用下式计算：

$$Q=a(\Delta T)^{m} \tag{9.77}$$

不同的散热器的 a 和 m 可以在设计手册或样本上查到。例如，我国常用的铸铁暖气片的 $m=1.11\sim1.24$。对于调节计算，可以用平均温差 $\Delta T=(t_g'+t_h')/2-t_n$：

∵传热 $Q=[(t_g+t_h)/2-t_n]^m$

设计工况 $Q_{100}=[(t_g'+t_h')/2-t_n]^m$，最小工况 $Q_0=0$。

∴$q_r=q=Q/Q_{100}$，$q^{1/m}=[(t_g-t_h)-2t_n]/[(t_g'-t_h')-2t_n]$

∵通常采用量调节，即改变流量，$t_g=t_g'$不变，于是 $t_g-t_h=t_g'-t_h$

$$∴\quad q^{1/m}=[-(t_g'-t_h')+2(t_g'-t_n)]/[-(t_g'-t_h')+2(t_g'-t_n')] \tag{9.78}$$

又根据热平衡：$Q=G\cdot C\cdot(t_g'-t_h)$，$Q_{100}=G'\cdot C\cdot(t_g'-t_h')$

$$q=Q/Q_{100}=g(t_g'-t_h)/(t_g'-t_h')$$

$$(t_g'-t_h)/(t_g'-t_h')=q/g \tag{9.79}$$

式中 t_g，t_h，t_n——分别表示供水，回水，室内温度；

′——设计工况；

C——水的比热。

设：$\Phi=(t_g'-t_h')/(t_g'-t_n)$ （9.80）

式（9.78）右边分子分母同时除以（$t_g'-t_n$），并将式（9.79）和式（9.80）代入式（9.78），得到：

$$q^{1/m}=(2-\Phi q/g)/(2-\Phi) \tag{9.81}$$

根据特性指数的定义，取 $m=1.1$（实线）和 $m=1.5$（虚线）作图于图 9.32。

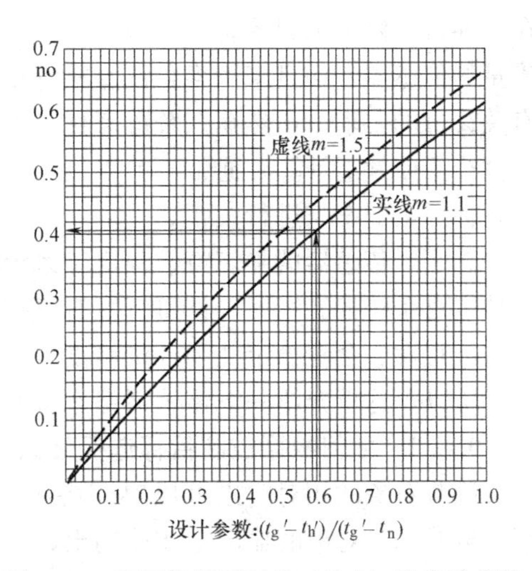

图 9.32 我国常用暖气片（热水）的特性指数

图 9.32 的物理意义分析：（1）对于同一个对象，$\Phi=(t_g'-t_h')/(t_g'-t_n)$ 越大，表示设计供水流量越小，特性指数越大。但是，因为回水温度 t_h'不能低于室温 t_n，即 $\Phi\leqslant1$，所以只作出了 $\Phi\leqslant1$ 的特性指数图。（2）图中的曲线通过了坐标 0 点，它表示了一种假想工况，

其物理意义是：如设计供、回水温差 $t_g - t_h = 0$，则设计流量必须无限大。因此 no=0 实质上只能实现开关控制，即：$g=0$，$q=0$；$g=1$，$q=1$。可见，特性指数 no=0 表示了理想的开关（ON-OFF）调节特性。这些都与图 9.4 的物理意义一致。

将图 9.32 与图 9.5 进行比较，还可以看到：

（1）图 9.5 右图中的一条曲线虽然表示了其左图中一组性能曲线的全部信息，但它只能用于设计供水温度 $t_g' = t_g = 90℃$。而图 9.32 包含了更多的信息，可以用于各种 t_g'，t_h'，t_n 的组合，并且还用 $m=1.1$ 和 $m=1.5$ 做了两条特性指数曲线，因此可用于不同的暖气片。所以图 9.4 右图的使用范围很小，而图 9.32 的用途非常广。

（2）两图有相似趋势的曲线。如果 m 为定数，（$t_g' - t_n = 90 - t_n$）不变，只改变（$t_g' - t_h'$），则图 9.32 就变成了图 9.5（右）的功能。

（3）图 9.5 表示供水温度 $t_g' = t_g = 90℃$，如果取 $t_n = 22$，则 $t_g' - t_n = t_g - t_n = 68℃$；$t_g' - t_h' = 40℃$，$(t_g' - t_h')/(t_g - t_n) = 0.588$，从图 9.5 查得 no=0.7。从图 9.32 查得 no=0.41（如箭头所示）。其结果的差别可能与暖气片的种类差别有关。

5. 其他调节对象的特性指数图

读者可根据自己的需要，特别是厂家可以根据自己的产品性能，作出相应产品的特性指数图，使用就非常方便了。

9.6 对传感器特性的特殊要求

9.6.1 传感器的多重功能和选择设计特点

（1）作为控制系统的感知环节，是实现控制系统的可观性和参数反馈的必要环节，必须满足控制范围和控制精度及系统静态优化的要求。传感器的静态特性用特性指数表示，使系统静态优化非常简便。

（2）作为实现工艺可视性的必要环节（为实现工艺的可视性可能还必须安装更多的传感器），必须满足工艺参数的范围和精度要求。

（3）有些传感器还同时具有计量功能，必须满足计量范围和计量精度的要求。例如，在加油机、液体加料系统和供暖分户计量调控装置中，还采用容积泵实现计量功能一作为流量的传感器，而且采用容积法直接计量，简单、稳定、可靠。此时，容积泵还必须满足有关计量的要求。虽然在系统静态优化时采用传感器特性指数非常简便，但在计量时（如线性校正或性能计算）通常不能采用特性指数，必须按计量规范进行定期标定，并且考虑对各种因素的影响进行校正。

总之，传感器的静态特性决定了系统的可观测性，对系统的静态优化也有直接影响，其精度对系统控制精度、计量精度有直接影响。所以选择并安装好传感器就是为了实现系统的可观性、全程稳定性和计量精度，非常重要。

所以，这里介绍一下传感器静态特性的功能特点。

9.6.2 如何根据控制目标选择传感器的种类

调节对象的相对输出可以对应各种目标，例如温度、压力、流量、水位、湿度，等等。虽然调节对象的输出是实体输出，不能随意改变，但是因为传感器只是信号变换器，其输入量程就可以根据目标进行对应调整。

1. 对同样的控制对象，控制目标不同则选择不同的传感器，即使对相同的控制目标也可选择不同的传感器

例如，如果控制对象是换热器（锅炉也是换热器），虽然都是直接控制换热量，但其最终控制目标可能不同，则传感器的种类也可能不同，如：

（1）如果最终控制目标为温度，则采用温度传感器完成信号变换：

$$v_r=(t-t_0)/(t_{100}-t_0)=(q-q_0)/(q_{100}-q_0)=(Q-Q_0)/(Q_{100}-Q_0) \quad (9.82)$$

式中 Q、Q_{100}、Q_0——控制对象的输出热量、最大热量、最小热量；

q、q_{100}、q_0——控制对象的输出相对热量、最大相对热量、最小相对热量；

t、t_{100}、t_0——控制目标与 q、q_{100}、q_0 相对应的温度。

在实体控制环节——调节对象中，其输出 Q_0、t_0 是实实在在的“泄漏”，必须满足工艺的需要。但是对于信号变换环节——传感器的输入，Q_0、t_0 只是用于标度/量程的起点，可以根据需要调整。这就是实体控制环节和信号变换环节的一个重要差别。

例如：传感器的输入可以按式（9.82），输出信号可以是Ⅰ型（0～5V，0～10mA）：V_0=0V，或者Ⅱ型（1～5V，4～20mA）：V_0=1V，也可是数字式，或者其他标度。在这里 Q_0、t_0 和 V_0 毫无“泄漏”之意，只是用于标度/量程的起点，可以根据需要调整。

（2）如果最终控制目标为饱和蒸汽压力，则可采用：

1）压力传感器完成信号变换：

$$v_r=(P-P_0)/(P_{100}-P_0)=(q-q_0)/(q_{100}-q_0) \quad (9.83)$$

式中 P、P_{100}、P_0——控制目标与 q、q_{100}、q_0 饱和压力。

此时，压力传感器的特性指数 nt=1，而且反应非常灵敏。

2）因为饱和蒸汽压力与饱和温度一一对应，所以也可以采用温度传感器，如在高压电饭锅。其优点是成本非常低，可靠性高；缺点是非线性（特性指数 nt 不等于 1）、热惰性比压力传感器大。

这时，可以根据与 P_{50}、P_{100}、P_0 相对应的饱和温度 t_{50}、t_{100}、t_0 用式（9.17a）求得特性指数 nt。

2. 同一个传感器用于不同目标，则特性指数可能不同。例如：

（1）用差压传感器控制差压，则特性指数 nt=1；

（2）用差压传感器控制流量，则特性指数 nt=2。

由于控制目标和传感器的种类非常多，就不一一例举了。

9.6.3 对传感器特性的特殊要求

除了测量范围和调节特性外，传感器的精度对工艺参数的测量精度和系统控制精度有直接影响。所以，这里有必要对传感器的特性做一个比较全面的说明。

1. 量程和测量范围满足要求

与其他环节一样，传感器的设计量程和设计测量范围，即对应调节对象的设计要求的上限（最大）值 q_{100} 与下限（最小）值 q_0 必须满足要求，见式（9.1）和式（9.1a）。如果上限值过低，下限值过高，则调节范围不满足要求，部分区域不可观。如果上限值过高，下限值过小，会降低传感器的分辨率和精度。

2. 线性度好

线性度指传感器输出量 y 与输入量 x 之间的关系曲线接近直线的程度，也可定义为

输出量的增量 dy 与相应的输入量增量 dx 之比为接近常数的程度。这个比值 dy/dx 通常称为增益，增益为常数表示线性度很好，全程有一致的灵敏度、精度和分辨率。如果传感器的灵敏度不够/线性度不好，则往往通过电路进行放大/校正（或补偿），这个电路和传感器就组成了“变送器”。

线性度好（特性指数=1），或者特性指数已知，这对其他控制环节和控制系统只要近似满足就行了，所以前面介绍的特性指数的近似计算和补偿方法完全能够满足系统静态优化设计的要求。但是传感器的线性度还直接影响测量的精度，所以通常不能用前面介绍的近似计算或者近似补偿了，或者说可以用传感器的特性指数进行系统的优化设计，但是不能用特性指数进行传感器的线性化，而必须根据要求的测量/控制精度进行相应准确的计算、补偿和标定。所以有必要简介一下传感器的精度。

3. 精度

传感器的精度是指测量结果的准确、可靠程度。测量误差越小，则精度越高。传感器/变送器的精度必须高于控制精度。

传感器的精度可用其量程范围内的最大基本误差与满量程输出之比的百分数表示，其基本误差是传感器在规定的正常工作条件下所具有的测量误差，由系统误差和随机误差两部分组成。

工程技术中为简化传感器精度的表示方法，引用了精度等级的概念。精度等级以一系列标准百分比数值分档表示，代表传感器测量的最大允许误差。

如果传感器的工作条件偏离正常工作条件，还会带来附加误差，温度变化附加误差就是最主要的附加误差。

传感器的精度是测量中各类误差的综合反映，还包括以下各项：

(1) 灵敏度

其定义为输出量的增量 dy 与相应输入量增量 dx 之比，即增益。它表示单位输入量的变化所引起传感器输出量的变化。显然，增益越大，表示传感器越灵敏。

(2) 迟滞和重复性

1) 传感器在输入量由小到大（正行程）及输入量由大到小（反行程）变化期间，其输入输出特性曲线不重合的现象称为迟滞。也就是说，对于同一大小的输入信号，传感器的正反行程输出信号大小不一定相等，这个差值称为迟滞差值。

2) 重复性：重复性是指传感器在输入量按同一方向作全量程连续多次变化时，所得特性曲线不一致的程度。

迟滞和重复性差，一方面会增大传感器的误差，即降低传感器的精度，同时增加传感器的纯滞后时间。

(3) 分辨率

传感器能检测到输入量最小变化量的能力称为分辨力或者分辨率。对于某些传感器，如电位器式传感器，当输入量连续变化时，输出量只做阶梯变化，则分辨率就是输出量的每个“阶梯”所代表的输入量的大小。对于数字式仪表，分辨率就是仪表指示值的最后一位数字的分辨率所代表的值。当被测量的变化量小于分辨率时，数字式仪表的最后一位数不变，仍指示原值。分辨率也可以用满量程输出的百分数表示。

对于计算机（单片机）控制系统，传感器的模拟信号要经过模拟-数字转换器（简称

A/D转换器）将模拟信号（A）转换成数字信号（D）。A/D转换器能检测到输入量的最小变化量称为分辨率，A/D转换器的分辨率通常用二进制位数表示，例如8位A/D的分辨率为$2^8=1/256$，10位A/D的分辨率为$2^{10}=1/1024=0.1\%$。

（4）稳定性和漂移

1）稳定性表示传感器在一个较长的时间内保持其性能参数的能力。理想的情况是，不论什么时候，传感器的特性参数都不随时间变化。但实际上，随着时间的推移，大多数传感器的特性会发生改变。这是因为敏感元件或构成传感器的部件，其特性会随时间发生变化，从而影响了传感器的稳定性。

稳定性一般以室温条件下经过一规定时间间隔后，传感器的输出与起始标定时的输出之间的差异来表示，称为稳定性误差。稳定性误差可用相对误差表示，也可用绝对误差来表示。

2）漂移：传感器的漂移是指在输入量不变的情况下，传感器输出量随着时间的变化，此现象称为漂移。产生漂移的原因有两个方面：一是传感器自身结构参数；二是周围环境（如温度、湿度等）。最常见的漂移是温度漂移，即周围环境温度变化而引起输出量的变化，温度漂移主要表现为温度零点漂移和温度灵敏度漂移。温度漂移通常用传感器工作环境温度偏离标准环境温度（一般为20℃）时的输出值的变化量与温度变化量之比表示。

与迟滞和重复性差一样，漂移一方面会增大传感器的误差，即降低传感器的精度，同时增加传感器的纯滞后时间。

综合以上分析，量程/测量范围、线性度和精度是传感器的最重要的指标，其中精度是一个综合指标。请注意灵敏度、分辨率、稳定性和精度之间的关系和差别。显然，传感器的灵敏度和分辨率、迟滞与重复性、稳定性和漂移等产生的误差之和必须小于精度所要求的误差（详见误差理论）。

通常必须满足：A/D转换器的分辨率高于传感器的分辨率，传感器的分辨率高于传感器的精度，传感器的精度高于控制精度。对于供热控制，通常采用10位A/D转换器，分辨率就能满足要求。过高的分辨率将产生脉动“干扰”，给滤波带来“麻烦”，特别是给微分调节带来“麻烦”。

再顺便说一下传感器的动态特性：（1）传感器的迟滞和漂移等一方面会增大传感器的误差，即降低传感器的精度，同时增加传感器的纯滞后时间。还有，如果传感器安装的位置不当，例如离调节机构很远，也会产生纯滞后。另外，执行器的“空程”（即上升和下降特性曲线不重合）实际上也相当于产生了纯滞后。这些“纯滞后”和管道的传递滞后对控制系统工作很不利，所以必须在静态设计时将他们降低到最小。这些“纯滞后”可以分别在各环节中考虑，也可以合并在控制对象中考虑。（2）传感器的时间常数T越大，通常越会降低传感器的灵敏度，因此越小越好。然而对于脉动的参数（例如压力）检测，则增大时间常数（如加稳压罐）可以起到滤波的作用。

9.6.4 传感器的特点小结

1. 不同的控制环节有不同的特点。例如，由于反馈控制系统能够消除误差，却不能消除传感器本身的误差，所以对传感器的要求与其他环节不同。

2. 同一个参数在实体控制环节和信号变换环节的作用也不同。例如在实体控制环节，调节对象的输出Q_0、t_0是实实在在的“泄漏”，必须满足工艺的需要；但是作为信号变换环节，传感器的输入 Q_0、t_0 只是用于标度/量程的起点，可以根据需要调整，毫无“泄漏”之意。

3. 同一个控制环节，对于不同的用途，必须用不同的方法进行研究。例如，可以用传感器的特性指数进行控制系统的优化设计，但是不能用特性指数进行有测量精度要求的传感器的线性化（即使用差压测量流量，也不能简单利用差压的开方计算流量），而必须根据精度要求进行准确计算、标定和补偿。同样，容积泵可以用特性指数进行系统优化设计，但是如果还要作为计量流量的传感器，就必须按计量传感器的要求进行标定、补偿和管理。

4. 同一个控制环节（例如传感器）用于不同目标，其特性指数也可能不同。例如，用差压传感器控制差压，则特性指数 nt＝1；用差压传感器控制流量，则 $v=q^2$，特性指数 nt＝2。

所以，学习和应用时，必须“具体情况具体分析”！

本章从供热和控制等专业相结合的角度出发，提出了控制环节/系统的特性指数和实现控制系统静态优化的特性指数法，并给出了常用实体控制环节（例如调速泵/风机、调节阀、换热器等）的特性指数资料图/表，使调节性能的表示、控制环节的优选和控制系统的静态优化等实现了简化、数字化和实用化，从而能够方便地进行系统优化设计和设备优选，使其既具有优良的供热性能，又确保控制系统的全程可控性，并确保系统增益为常数。这不但为常规线性控制系统动态优化提供了必要条件，而且使智能控制系统的动态优化降阶、简化。

最后，重复指出：表 9.1 列出了关于特性指数的定义、系统优化方法和公式，表 9.3 给出了常用控制环节的特性指数索引，一目了然，非常实用，可供参考。

主要参考文献

[1] 石兆玉. 流体网络分析与综合 [M]. 北京：清华大学出版社，1993.

[2] 石兆玉. 供热系统运行调节与控制. 北京：清华大学出版社，1994.

[3] 石兆玉. 石兆玉教授论文集. 北京：中国建筑工业出版社，2015.

注：本书大量参考资料来自 [2] 和 [3]。[3] 中的论文共 66 篇，大多数与本书有关，均未在此录入。另外，也未在此录入暖通空调供热教科书、设计手册和规范等。特此说明。

[4] 石兆玉，杨同球，杨德敏. 供暖分户计量调控装置：中国，ZL201110257361. 0. 2015-12-02.

[5] 石兆玉，杨同球，王伟，夏三华 ，杨松. 基于全网分布式输配系统的供热分户计量新方法—总体设计 [J]. 区域供热，2017 (1).

[6] 杨同球，石兆玉，夏三华 ，王伟 ，谷守棣：基于全网分布式输配系统的供热计量新方法—容积泵的宏观相似与计量调控功能. 区域供热：2017 (1).

[7] 夏三华，杨同球，石兆玉，王伟：基于全网分布式输配系统的供热计量新方法—微型齿轮泵的创新设计及运用. 区域供热：2017 (4).

[8] 杨同球，石兆玉，王伟：基于全网分布式输配系统的供热计量新方法—供热设备的调节特性指数与系统优化. 区域供热：2017 (4).

[9] 石兆玉. 对北方地区冬季清洁取暖的思考. 供热之声：2017-12-29.

[10] Buckley. P. S：Selection of Optimum Final Element Characteristics. Instrumentation in the Chemical and Petroleum Industries. 1964，Vol. 1.

[11] 清华大学暖通教研组（杨同球执笔）：三通调节阀的特性及其选择设计与调整. 清华大学，1965.

[12] 孙优贤. 自动调节系统故障的分析及处理 100 例. 北京：化学工业出版社，1982.

[13] 杨同球. 调节阀门的流量特性指数与选择. 1984 年全国暖通空调年会论文：THE COMPREHENSIVE PERFORMANCE CHART OF REGLATING VALVES AND DAMPERS，1985. 07. 30. CLIMA 2000，COPENHAGEN'85.

[14] J. W. 哈奇森主编. 美国仪表学会-调节阀手册（第二版）. 北京：化学工业出版社，1984.

[15] 施俊良. 调节阀的选择. 北京：中国建筑工业出版社，1988.

[16] 赵振元，杨同球主编. 工业锅炉用户须知——安全节能与环保技术. 北京：中国建筑工业出版社，1997.

[17] 程广振主编. 热工测量与自动控制. 北京：中国建筑工业出版社，2005.

[18] 安大伟主编. 暖通空调系统自动化. 北京：中国建筑工业出版社，2009.

[19] 魏新利，付卫东，张东. 泵与风机节能技术. 北京：化学工业出版社，2010.

[20] 龚飞鹰，刘传君，何衍庆. 控制阀实用手册. 北京：化学工业出版社，2015.

[21] 邹平华，方修睦，王芃，倪龙. 供热工程（下册集中供热）. 北京：中国建筑工业出版社，2018.

作者简介

石兆玉（1937.12.12～2018.1.26），清华大学教授，内蒙古包头市固阳县人。1956～1962年于清华大学土建系供热、空调工程专业读本科，1959年4月5日加入中国共产党，毕业后留校，先后在建工系、热能系、建筑学院任教，历任系分团委副书记、校团委组织部副部长、教研室党支部书记和系党委副书记等职，1999年退休。

在校担任党务工作30年的同时，坚持从事本科、研究生的教学和科学研究工作，教学过程中注重理论联系实际，在供热空调与太阳能等学术领域积累了丰富的教学经验，为暖通空调专业培养了一批又一批高水平人才。所承担的课题多次获得教育部、中国人民解放军、北京市等各级科技进步奖，1999年被授予“世界华人重大学术成果”荣誉。

主要著作有《供热系统运行调节与控制》（清华大学出版社 1994.1）、《流体网络分析与综合》（清华大学校内教材 1993.8）、《石兆玉教授论文集——供热技术研究》（中国建筑工业出版社，2015.2）；在国内外学术会议上和《暖通空调》、《电子科学学刊》、《区域供热》、《供热与制冷》等杂志上共发表论文70余篇。

曾任住房和城乡建设部供热专家组成员、中国城镇供热协会技术委员会委员、住房和城乡建设部供热专业标准化技术委员会名誉委员、住房和城乡建设部供热质量监督检验中心专家委员会委员、中国电子学会电路与系统分会图论与系统优化专业委员会名誉委员、中国中促会绿色建筑节能产业促进中心专业委员、北京市建筑热能动力学会名誉委员、北京市工程技术系列技术顾问等职。

在供热空调领域的主要贡献有：

(1) 首次确立了热力与水力工况之间的关系，利用图论、拓扑网络更新了暖通空调系统的水热力工况的理论基础，为多热（冷）源、多泵、多种负荷的环网系统的仿真模拟提供了可能；

(2) 建立了供热节能运行的全新理论，分析并摒弃了长期盛行的“大流量，小温差”的运行方式，倡导并推动了集中供热运行领域的全新革命；

(3) 首次应用“遗传算法”进行系统优化研究，并开发了国内最早的水力计算软件，至今仍被沿用，为优化设计开辟了新思路；

(4) 全面系统地完善了供热、空调水系统的分布式输配系统的原理、设计方法和运行方案，具体到变频循环水泵的设计、运行，混水系统的设计、调控，全网分布式设计等一系列理论和方法，有力促进了行业的技术革新；

(5) 更新了系统定压原理，提出了“模拟分析初调节法”和“简易快速初调节法”等一系列供热运行方案和调节方法；

(6) 创新性设计出“供暖分户计量调控装置”，于2013年获得国家发明专利，带领团队研发了供热专用智能控制器，对热网自动化架构、统一调度提出了独特的方法。